산업혁명으로 세계사를 읽다

산업혁명으로
세계사를 읽다

김명자

까치

저자 김명자(金明子)

경기여자고등학교와 서울대학교 문리과대학 화학과를 졸업(1966)한 뒤, 미국 버지니아 대학교(University of Virginia)에서 이학박사 학위(1971)를 받았다. 이후 30여 년간 숙명여자대학교 교수, 명지대학교 석좌교수, 서울대학교 기술정책대학원과정 CEO 초빙교수, KAIST 과학기술정책대학원 초빙(특훈)교수로 화학과 과학사, 환경정책, 과학기술정책을 강의했다.
김대중 대통령 정부에서 환경부 장관(1999. 6–2003. 2)으로 임명되어 '국민의 정부 최장수 장관'과 '헌정 최장수 여성장관'으로서 2001년 제1회, 2002년 제2회 법적 근거에 의한 정부 부처 업무평가에서 환경부를 최우수 부처(대통령 표창)로 이끌었다. 이후 제17대 비례대표 국회의원(2004. 4–2008. 5)으로 선출되어 국방위원회 간사를 지내며 '군인복지기본법' 등을 제정했고, 국회윤리특별위원장 등을 지냈다. 현재는 한국과학기술단체총연합회 50년 역사상 최초의 여성 회장으로 선출되어 300여 회의와 정책 포럼 등을 진행했고, 베이징 소재 아시아인프라투자은행(AIIB)의 국제자문관을 맡고 있다. 현재 한국환경한림원 이사장, 홍릉포럼 이사장, 한국과학기술한림원 이사, 김대중 평화센터 이사, 아산사회복지재단 이사, 유민문화재단 이사, 서울국제포럼 이사, 대한민국 헌정회 고문, 서울대학교 총동창회 부회장, 4차산업혁명융합법학회 고문 등을 맡고 있다.
저서로는 『원자력 딜레마』, 『사용후핵연료 딜레마』(공저), 『원자력 트릴레마』(공저), 『현대 사회와 과학』, 『동서양의 과학전통과 환경운동』, 『과학기술의 세계』, 역서로는 『과학혁명의 구조(*The Structure of Scientific Revolutions*)』(공역), 『엔트로피(*Entropy*)』(공역), 『에덴의 용(*The dragons of eden*)』, 『앞으로 50년(*Your Next Fifty Years*)』 등이 있다. 2015년 '과학기술훈장 창조장' 대통령상, 제25회 '자랑스러운 서울대인상'(2015), 제3회 '서울대 자랑스러운 자연대인상'(2014), 청조근정훈장(2004), 제1회 '닮고 싶고 되고 싶은 과학기술인상'(2002), '대한민국 과학기술상 진흥상' 대통령상(1994) 등을 수상했다.

산업혁명으로 세계사를 읽다

저자 / 김명자
발행처 / 까치글방
발행인 / 박후영
주소 / 서울시 용산구 서빙고로 67, 파크타워 103동 1003호
전화 / 02 · 735 · 8998, 736 · 7768
팩시밀리 / 02 · 723 · 4591
홈페이지 / www.kachibooks.co.kr
전자우편 / kachibooks@gmail.com
등록번호 / 1–528
등록일 / 1977. 8. 5
초판 1쇄 발행일 / 2019. 10. 25
4쇄 발행일 / 2024. 4. 15

값 / 뒤표지에 쓰여 있음
ISBN 978–89–7291–698–7 03400

이 도서의 국립중앙도서관 출판예정도서목록(CIP)은 서지정보유통지원시스템 홈페이지(http://seoji.nl.go.kr)와 국가자료종합목록시스템(http://www.nl.go.kr/kolisnet)에서 이용하실 수 있습니다.
(CIP제어번호 : CIP 2019040215)

차례

들어가며

시카고행 비행기 안에서 이 글을 쓰고 있습니다. 시카고는 2차 산업혁명의 꽃이자 모든 산업혁명을 통틀어서 최고의 핵심기술이라고 할 수 있는 '전기'를 상용화할 수 있게 되었음을 만방에 알린 1893년 세계박람회가 열렸던 곳입니다. 그 박람회에서 니콜라 테슬라와 조지 웨스팅하우스의 '완벽한 파트너십'의 결실로 20만 개의 전등이 박람회장을 밝히는 경이로운 장면이 연출되었습니다. 그것은 직류와 교류의 불꽃 튀는 '전류전쟁'에서 교류의 승리를 알리는 역사적인 사건이기도 했습니다. 마침 8월 하순에 국내에서 토머스 에디슨과 테슬라의 이야기를 다룬 영화 「커런트 워(The Current War)」가 개봉한다고 하니, 한국에 돌아가는 대로 보아야겠습니다. 에디슨과 테슬라에 대해서는 20세기 초와 현재의 평가가 전혀 다르기 때문에, 이를 영화에서 어떻게 그렸는지 궁금합니다.

필자는 2017년부터 한국 과학기술단체 총연합회(과총) 회장으로 일하면서, 4차 산업혁명의 모든 핵심기술을 주제로 거의 빠짐없이 포럼을 진행했습니다. 홈페이지에 이슈 페이퍼를 올렸고 책자로도 발간했습니다. 그 과정에서 필자가 쓴 토막글도 쌓여갔습니다. 어느 날 이홍구 전 총리께서 "1-3차 산업혁명은 어떻게 진행되었는지 궁금하다"고 말씀하셨습니다. 그래서 "산업혁명으로 세계사를 읽다"라는 제목으로 산업혁명과 다른 분야와의 상호작용을 살펴보기로 했습니다. 거의 30년 동안 교수로 일하며 과학사 교양 과목을 강의하면서 1992년에 『현대사회와 과학』을 썼던 터라 마침 사전 작업물이 조금 있었습니다. 그리고 2014년부터 2016년에 걸쳐서 「중앙일보」에 '중앙시평'과 '과학 오디세이'를 쓰면서 쌓인 자료도 밑천이 되었습니다.

이 책은 개인적으로 풀리지 않는 수수께끼를 풀어보려는 작업이기도 했습니다. 1972년부터 화학과 과학사를 강의하다가 1999년부터 약 4년간 관계(환경부)와 2004년부터 4년간 정계(국회의원, 국방위원회)를 거치면서 과학기술 정책, 국방, 환경 행정을 다루었던 배경에서 몇 가지 질문에 대한 답이 찾아지질 않았습니다. 질문의 시작은 이러했습니다. 역사상 유례없는 물질적 풍요를 창출한 "2차 산업혁명의 절정기인 1929년에 어째서 산업혁명의 무대였던 미국에서 대공황이 발생한 것일까?"였습니다.

2차 산업혁명이 무르익던 1910년에 영국의 노먼 에인절은 『위대한 환상(*The Great Illusion*)』이라는 책을 펴냈고, 당시 베스트셀러가 되었다고 합니다. 그는 책에서 전쟁이 일어나지 않을 세상을 예측하고 있었습니다. 2차 산업혁명에 의해서 세계가 경제적으로 통합되어 상호 의존도가 높아졌기 때문에, 산업국가 간의 전쟁은 얻는 것은 없고 잃는 것만 커졌으므로 전쟁이 일어날 이유가 없어졌다는 진단이었습니다.

그러나 그의 주장이 무색하게도 초판이 발간되고 4년 만인 1914년에 첫 번째 세계대전이 발발합니다. 세르비아가 오스트리아-헝가리 제국에 저항한 민족주의 운동에서 비롯되어 추축국과 연합국으로 갈리는 세계대전이 되어버린 것입니다. 제1차 세계대전은 협상 과정에서 논란을 빚으며 1919년 6월 베르사유 평화협정으로 마무리 됩니다. 미국의 윌슨 대통령에 의해서 새로운 국제기구인 국제연맹(The League of Nations)이 출범했지만, 미 의회의 부결로 정작 미국이 불참하는 등 우여곡절 속에서 이렇다 할 역할을 하지 못했습니다.

거기서 그치지 않았습니다. 앞의 질문에서처럼, 미증유의 풍요를 누려야 할 1929년, 느닷없이 뉴욕 증권시장의 붕괴를 기점으로 하여 미국의 대공황이 발발되고 세계적인 공황으로 번져나간 것입니다. 연방준비제도 이사회의 의장을 지낸 벤 버냉키가 "미국 같은 대국이 어째서 경제공황을 막지 못했을까?"라는 질문에 대한 답을 찾기 위해서 그 주제를 연구하여 매사추세츠 공과대학교에서 박사학위를 받았다는 이야기가 생각납니다.

엎친 데 덮쳐서 제1차 세계대전 이후의 불안정한 국제질서에 경제 대공황이 복합되면서 세계는 다시 제2차 세계대전에 휩쓸립니다. 남아메리카를 제외한 전 세계가 1939년부터 1945년까지 5,600만 명의 목숨을 앗아가는 최대 참상의 전쟁을 치른 것입니다. 그 전쟁으로 역사상 전무후무하게 아돌프 히틀러의 나치즘과 베니토 무솔리니의 파시즘, 그리고 일본의 전체주의에 맞서 싸우기 위해서 소련의 공산주의와 서방 연합국의 자유 민주주의가 손을 잡는 일이 벌어집니다. 전후 유엔이 출범하고, 브레턴우즈 체제 등 새로운 국제질서가 출현하지만, 전쟁 중의 연합국의 불안한 동거는 종전 후 곧바로 미소 양대 진영의 냉전 시대로 분열되고 맙니다. 1945년 5월의 독일 항복 이후에도 버티고 있던 일본에 1945년 원자폭탄이 투하되면서 제2차 세계대전은 종결이 되지만, 1948년 소련의 원자탄 실험의 성공으로 냉전 시대는 꽁꽁 얼어붙게 됩니다.

1970년대 이후 전개된 3차 산업혁명 시기에 세계경제는 신자유주의로 돌아섰습니다. 제2차 세계대전 이후를 주도하던 케인스주의를 대체하여 프리드리히 하이에크가 화려하게 부활한 것입니다. 1979년 취임한 영국의 마거릿 대처 총리와 1981년 미국의 로널드 레이건 대통령은 신자유주의의 기수가 되었습니다. 1990년대에는 글로벌 디지털화의 기류를 타고 사람, 자본, 상품, 정보, 서비스, 기술이 국경을 넘나드는 세계화의 물결이 드높았고, 그 가운데 불현듯 아시아, 유럽, 아메리카를 가리지 않고 곳곳에 금융위기가 닥칩니다.

2010년대 후반 4차 산업혁명기에도 금융위기의 위협은 사라지지 않았고, 강대국들이 앞장서서 국가주의에 기반을 둔 보호무역을 강화하고 글로벌 가치사슬(Global Value Chain)의 질서를 교란시키고 있습니다. 이런 초유의 현상은 오늘날에도 지구촌의 앞날에 먹구름을 드리우고 있어서 앞날이 어떻게 전개될지 초미의 관심사입니다.

산업혁명의 찬란한 성과에도 불구하고 경제 대공황이 닥친 이유는 무엇이며, 전쟁으로 얻을 것이 없는 상황에서 양차에 걸친 세계대전의 소용돌이에 어째서 많은 나라들이 휘말리게 된 것일까요? 이 질문에 대한 이론은 분분하지만 설득력 있는 정설은 아직 보이지 않는 것 같습니다. 그런 연유에서 책을 썼지만, 사회과학자가 아닌 과학자의 눈으로 산업혁명의 경제적, 사회적, 정치적 영향과 그 상호작용에 대해서 다루자니 스스로 한계를 느끼고 조심스럽습니다. 시공을 아우르는 거대 담론에 제너럴리스트로서 뛰어드는 모험을 하고 있으니, 이 책이 어떻게 읽힐까 싶으면서도 배우는 자세로 즐겁게 썼습니다.

이러한 한계 내에서 산업혁명을 출발점으로 삼고, 다른 분야에 대한 자료를 참고해서 정리하기로 했습니다. 자료로는 학술 논문이나 전문 서적이 아니라 대중적으로 알려진 다큐멘터리나 강연, 포럼, 인터뷰 등을 참고했습니다. 이 책에서 다룬 주제는 작은 꼭지 하나가 몇 권의 책으로 나왔을 정도로 방대한 연구가 이루어진 것들입니다. 그래서 대중적인 자료를 택했으나, 그것도 너무 많아서 혼란스럽고 어느 쪽이 옳은지 판단하기 어려운 경우도 꽤 있었습니다.

산업혁명에서의 기술 혁신을 개관하는 것만으로도 버거운 작업인데, 하물며 이 책의 제목대로 산업혁명으로 근대 세계사를 읽다 보니 우선 너무 방대해졌습니다. 그러나 요점은 간단합니다. 근대사에서 산업혁명에 앞장선 국가가 세계사의 주역이 되었고, 그 과정에서의 개방과 혁신은 불가결의 요소였다는 것, 또한 혁신이 최고의 가치가 되는 분야가 바로 과학기술이고 과학기술 혁신이 국가 경제와 사회발전의 동력이 되었다는 것, 산업혁명기에는 그 차수가 높아질수록 국가 간이나 개인 간의 빈부격차가 벌어져서 이를 적절히 조절하지 못하는 경우 국제적, 사회적 갈등과 분열이 심화된다는 것, 날이 갈수록 융합에 의한 혁신이 대세를 이루며 상시적인 혁신이 진행되고 있다는 것, 핵심기술 간의 융합으로 새로운 기술이 창출되는 것에서 나아가 과학기술과 다른 분야 사이의 융합이 중요해진다는 것 등의 메시지를 전하고 싶었습니다.

여기까지는 산업혁명 이후의 세계사에서 두 차례에 걸친 세계대전과 대공황과 금융위기와 빈부격차의 심화 등 어두운 모습을 얘기했지만, 산업혁명을 거치며 인류사회의 삶의 질이 얼마나 개선되었는지에 대해서는 통계 수치를 제시할 필요가 없을 정도로 분명합니다. 동서고금을 막론하고 사람다운 삶에 무엇이 필요한지에 대해서는 별 차이가 없을 것입니다. 수명, 건강, 생계, 직업, 재산, 교육, 여가생활, 행복 그리고 자유, 평화 등이 여기에 포함될 것입니다. 이들 항목은 통계 수치로 측정이 가능하고, 시간과 공간의 변화에 따른 비교가 가능합니다.

하버드 대학교의 스티븐 핑커 교수는 오늘날의 세상이 얼마나 좋아졌는지를 "인류 역사에서 평균 기대수명은 30세 정도였으나 현재는 80세를 넘어선 국가가 많다", "1차 산업혁명 이전인 250년 전에는 부자 나라에서도 어린이의 30퍼센트가 5세가 되기 전에 죽었으나 현재는 세계 최빈국의 어린이가 5세 이전에 사망할 확률은 6퍼센트 이하이다", "기근의 경우에 19세기 초반에는 세계 인구의 90퍼센트가 극심한 기근을 겪었으나 현재는 10퍼센트 이하로 줄었다", "30년 전에는 37퍼센트가 극빈층이었으나 현재는 10퍼센트이다" 등과 같은 데이터를 제시해서 설명합니다.

그는 또한 현재는 20세기 세계대전처럼 전쟁을 치를 확률이 희박하고, 그래서 역사상 가장 평화로운 시대를 살고 있다고 말합니다. 예컨대 2016년의 세계는 12개 지역이 국지전을 겪었고, 60개국이 독재국가였고, 1만 개 이상의 핵무기가 있었으나, 30년 전에는 전쟁 지역이 23곳, 독재국가 85개국, 핵무기가 6만 개 있었다는 것입니다. 베네수엘라, 러시아, 터키 등 일부 국가에서 민주주의가 후퇴하고 있고, 포퓰리즘에 의해서 민주주의가 위협을 받는 상황이 일부 나타나고는 있지만, 세계 인구의 3분의 2가 민주주의 체제에서 살고 있다는 통계를 제시했습니다.

분명히 세상은 좋아지고 있습니다. 다만 완벽한 세상은 없어서 국가마다 이런저런 문제를 안고 있고, 세계적으로도 공통의 당면 과제를 안고 있습니다. 기후위기, 자원 고갈, 생태계 훼손, 환경오염, 빈부격차, 무역 갈등 등이 그것입니다. 인간의 본성은 이런 문제들을 야기한 원인이기도 하지만, 동시에 역사적으로 지난한 도전 과제를 해결하는 또다른 본성을 소유하고 있습니다. 인류 문명의 하나의 고비에서 그런 지혜와 관용과 협력의 정신을 어떻게 살려내는지가 열쇠라고 생각합니다.

그런데 우리는 역사에서 얼마나 배우고 있을까요? 흥미로운 설문조사 하나를 예로 들겠습니다. 2019년 7월 스탠퍼드 대학교의 후버 연구소에서 열린 '20세기의 빅3' 토론회에서 나온 이야기입니다. 20세기의 빅3는 제2차 세계대전의 지도자 프랭클린 루스벨트, 윈스턴 처칠, 이오시프 스탈린입니다. 이들 빅3 연구의 세계적인 대가인 스탠퍼드 대학교의 데이비드 케네디(루스벨트 연구), 후버 연구소의 앤드루 로버츠(처칠 연구), 프린스턴 대학교의 스티븐 콧킨(스탈린 연구) 교수가 패널로 참여했습니다.

이들 석학의 대화에서 로버츠 교수가 몇 년 전에 영국 10대 청소년을 대상으로 한 설문조사 결과를 소개했습니다. 영국 청소년들의 20퍼센트는 자국의 총리였던 처칠을 허구적인 인물로 골랐고, 47퍼센트는 셜록 홈즈를 실존인물로, 53퍼센트는 엘러너 릭비(비틀스의 1996년 앨범에 수록된 노래의 여주인공)를 실존인물로 골랐다는 웃지 못 할 이야기입니다.

이런 문제를 제기한 경우도 있습니다. "금년에 대학 문을 나선 졸업생들은 70여 년 전인 1940년대의 제2차 세계대전과 그 이후에 전개된 냉전체제에 대해서 기억을 갖고 있지 않다", "오로지 현란한 신기술에만 빠져 있다", "그렇다면 이런 식으로 '역사를 잊어도 좋은가?'", "이것이 어떤 결과를 빚을 것인가?" 하는 문제였습니다. 이는 미국과 영국만의 사정이 아닐 진대, 역사를 알지 못하고 기술 혁신의 산물에만 매몰되는 후속세대의 현실을 어떻게 볼 것인지가 구세대의 걱정인 것입니다.

이 책을 쓰면서 수많은 등장인물들에 애착을 느꼈고 연민도 생겼습니다. 지면 사정상 자세히 싣는 것은 불가능했지만 테슬라, 루스벨트, 존 메이너드 케인스의 생애를 일부 넣었습니다. 세계사에 길이 남을 그들의 초인간적인 업적은, 한 인간으로서 겪었을 삶의 고뇌를 이해할 때 보다 깊어질 수 있지 않을까요? 역사적 굴곡에 대해서도 그 중심에 있었던 주요 인물과 그들의 심리적, 역학적 관계에 대한 이해를 바탕으로 할 때 좀더 실체에 다가갈 수 있지 않을까 하는 생각이 듭니다.

인류공동체가 상생과 번영의 길로 갈 수 있었음에도 그 반대로 경제 대공황과 세계대전의 파국을 초래했던 비이성적인 행로는 인간의 본성과 연관된다고 생각합니다. 그러나 밝은 미래를 찾아나서는 또다른 인간 본성에 희망을 걸고 4차 산업혁명 시대의 역사를 써야 한다는 믿음으로 탈고하고 있습니다. 오늘까지 살고 보니 개인이나 조직이나 국가나 소중한 것은 지식이 아니라 지혜라고 확신하게 됩니다. 그리고 배려와 협력이라고 생각합니다.

돌아보니, 2011년에 마지막 책이라며 『원자력 딜레마』를 썼고, 2014년에 『사용후핵연료 딜레마』를 썼습니다. 서문에 "눈이 침침해서 이제는 정말 못 쓰겠다"고 했던 기억이 납니다. 이번에는 정말 마지막이 될 것 같습니다. 쓰다 보니 너무 길어져서, 나름대로 공들여 썼던 인물의 개인사나 과학사 서술은 아쉽지만 본문에 싣지 못했습니다. 직접 삭제하기가 마치 자식 홀대하는 것 같아서, 후배 교수들에게 과감하게 삭제할 부분을 골라 달라고 했습니다. KAIST 기술경영전문대학원장 김원준 교수, KAIST 과학기술정책대학원장 김소영 교수, UNIST 기초과정부 김효민 교수가 몹시 바쁜 가운데에도 그 역할을 해주었습니다.

책을 쓰면서 아쉬웠던 점은 다큐멘터리 중에도 꼭 넣고 싶은 장면이 많았지만 그 역사적인 영상자료들을 본문에 넣지 못했다는 것입니다. 그리고 지면의 제한으로 해서 논문과 언론보도 등 구체적인 출처를 명시하지 못하고 주요 보고서만 참고 자료에 넣었습니다. 또한 원고 초고에는 인명과 기관명, 프로젝트명 등의 원어를 모두 병기했으나, 편집 과정상 원어는 찾아보기에 병기를 하게 되었습니다. '아담 스미스', '에라스무스 다윈', '조셉 스탈린' 등의 인명은 조금 어색하지만 국립국어원의 외래어 표기법에 따라서 '애덤 스미스', '이래즈머스 다윈', '이오시프 스탈린' 등으로 썼습니다.

서술 방식에서도 줄임말이 아니라 본딧말을 썼습니다.

끝으로 서울국제포럼, 아산사회복지재단, 유민문화재단의 인연으로 항상 가르침을 주시는 이홍구 총리께서 추천사를 써주시고, 한중일 30인회에서 혜안으로 이끌어주신 이어령 선생님께서 귀한 말씀을 주셨습니다. 존경하는 두 분 어른의 격려 말씀에 어떻게 감사를 드려야 할지 모르겠습니다.

원고 교정을 보아준 여러 명의 젊은이들 얼굴이 떠오릅니다. 숙명여자대학교 제자인 정수연 박사, 이영옥 선임행정원, 강희선 선생, 박혜선 셀장, 그리고 김동철, 전아름, 백혜정 연구원이 자료 검색을 도와주었습니다. 과총 회장으로 일하면서 이 책을 쓸 용기를 내게 되었으니, 과총과의 인연도 고마운 일입니다. 그동안 복잡한 원고를 편집하느라 애써준 까치글방의 이예은 편집자와 편집부 여러분, 그리고 존경하는 출판계의 어른 박종만 대표님께 깊은 감사를 드립니다. 감사합니다.

제1장
산업혁명이란 무엇인가?

인류 문명의 역사 속에서 18세기 이후에 일어난 세 차례의 산업혁명은 기적 같은 물질적 풍요와 사회문화적인 변동을 일으켰다. 산업혁명은 주요 경제국의 국내총생산(GDP)을 크게 늘렸고 세계적인 부(富)를 늘렸다. 동시에 사이언스 픽션(SF)에서나 가능했던 꿈같은 일들이 현실화되면서 삶의 질이 높아졌다. 고대에 비하면 현대인은 20명의 노예를 거느리며 사는 셈이라고 할 정도가 된 것이다. 기술 혁신으로 지구촌의 전반적인 삶의 조건이 얼마나 개선되었는지에 대한 통계는 부지기수로 많다.

여기서 기원후 1세기부터 2008년까지 세계 10대 경제국의 GDP 배분을 추정한 연구(J.P. 모건 사의 마이클 셈발레스트)를 보면, 가장 두드러지는 특징은 1차 산업혁명 시기인 1800년대 서유럽의 1인당 GDP가 급격한 성장을 기록했으며, 그 당시 산업혁명이 진행되지 않은 지역도 1인당 GDP가 동반 상승했다는 것이다. 그리고 일본과 중국의 약진이 두드러졌다. 제1차 세계대전 이전까지 동유럽에 뒤지고 있던 일본이 20세기 말에는 미국을 따라잡을 정도가 되었고, 20세기 중반까지 아프리카 지역보다 뒤졌던 중국이 현재 미국의 GDP와 거의 비슷한 수준으로 산업화에 성공한 것이다.

그러나 이야기가 여기서 끝나지 않는다. 인류사회는 1-3차의 산업혁명으로 공동 번영을 구가할 수 있는 수단과 역량을 갖추고서도 경제적, 정치적, 사회적으로 대혼란과 위기에 빠지는 경로를 밟았다. 제1차 세계대전을 겪었고, 경제 대공황에 허덕였으며, 제2차 세계대전으로 파멸의 위기를 거쳤고 그러고도 모자라 전후 냉전 시대로 돌입했다. 냉전이 끝날 무렵 1990년부터 3차 산업혁명에 의한 글로벌 디지털화와 함께 세계화의 물결이 대세를 이루었으나, 세계 곳곳이 금융위기의 고통을 겪어야 했다.

오늘날의 시점에서 글로벌 경제위기는 여전히 진행형이다. 금융자본주의가 빚어낸 세계적인 경제 침체에서 온전히 벗어나지 못한 채, 강대국 간의 무역 갈등은 과학기술 혁신의 선점을 둘러싸고 신경전을 벌이고 있으며, 신흥국 간의 경쟁도 치열하다. 그 가운데 끼인 한국의 위상은 앞뒤로 위협에 처해 있다. 그런가 하면 전 지구적으로 기후변화, 환경 이슈, 자원위기, 빈부격차 등의 글로벌 위험을 해소하지 못하고 있다. 상황이 이렇다 보니 세계적인 저성장과 겹치면서 위험이 위기 국면으로 번질 가능성을 배제할 수 없다. 이런 시점에서 이른바 4차 산업혁명의 논의가 진행되면서, 그 용어 사용 자체에 대한 논란이 발생하기도 했다. 이 책에서는 4차 산업혁명을 조망함에 있어서 '역사에서 배우기'가 중요하다고 보았고, 따라서 역사 속의 산업혁명을 고찰하고 앞으로의 기술 혁신의 전개를 전망하고자 한다.

1) 산업혁명의 정의

그렇다면 산업혁명이란 무엇인가? 산업혁명이라는 용어는 옥스퍼드 대학교의 경제사학자 아널드 토인비(1852–1883)의 연설문과 노트에 기록된 내용 등을 수록한 유고 『영국의 18세기 산업혁명 강의(*Lectures on the Industrial Revolution of the Eighteenth Century in England*)』에 처음 등장한다. 그는 1760년 영국에서 비롯되어 유럽 등지로 퍼져나간 1830년까지의 산업혁명 기간을 "근대의 정치경제가 시작된 시기"라고 정의했다.

산업혁명은 차수가 높아질수록 여러 가지 범용(general purpose) 기술 간의 융합이 다양해지고 융합 패턴이 복잡해지는 것이 특징이다. 단순히 기술과 생산 부문의 혁명이 아니라 경제, 사회, 문화 등 모든 부문에 파괴적 혁신을 일으키고, 그 충격으로 시대적 가치관까지 바꾸는 무혈의 혁명을 가리킨다. 이 과정에서 산업혁명은 그 시대 문명의 성격을 대표하는 이즘(ism)

을 낳았고, 인류 문명에 막중한 영향을 미쳤다.

옥스퍼드 대학교는 헨리 2세가 영국 학생들은 파리 대학교를 다니지 말라고 한 것을 계기로 1167년부터 급성장한 최고 명문이다. 1209년에 설립된 케임브리지 대학교와 쌍벽을 이루며, 이 둘을 합쳐서 옥스브리지라고 부른다.

1차, 2차 산업혁명의 용어 정의 역사적으로 산업혁명에 대해서는 시기를 구분하는 것에서부터 기술적인 내용, 사회적 충격 등에서 해석이 단일하지 않다. 그리고 산업혁명의 효시가 된 1차 산업혁명, 그리고 현대 산업사회를 탄생시킨 2차 산업혁명은 그것이 모두 진행된 지 수십 년이 흐른 뒤에 산업혁명이라고 불리게 된다. 더욱이 3차 산업혁명의 경우는 통상적으로 '정보통신기술 혁명'이나 '네트워크 혁명'으로 보고 있었지만, 학술적으로 개념이 정착되지는 않았다. 일례로 제러미 리프킨(1945-)은 2011년 디지털 기술과 재생 에너지의 융합을 강조하는 책을 펴내면서, 『3차 산업혁명(*The Third Industrial Revolution*)』이라는 제목을 붙였다. 이런 연유로 4차 산업혁명이 과연 혁명의 지위를 획득했는지에 대한 논란이 일었다.

좀더 자세히 들여다보면, 산업혁명이라는 용어는 토인비의 유고에 등장한 뒤 20여 년이 지난 1906년에서야 프랑스 역사학자 폴 망투(1877-1956)의 『18세기 산업혁명(*The Industrial Revolution in the Eighteenth Century*)』에 이르러 학술적인 용어로 자리 잡게 된다. 그리고 이후 2차 산업혁명(1870-1930)이 정의되면서, 1차 산업혁명(1760-1830)이 재정의된다. 2차 산업혁명이라는 용어는 1913년 영국의 패트릭 게데스(1854-1932)의 『도시의 진화(*Cities in Evolution*)』에서 처음 쓰였고, 1969년 미국의 경제사학자인 데이비드 랜디스(1924-2013)의 『언바운드 프로메테우스(*The Unbound Prometheus*)』에서 학술적인 용어로 도입된다.

1차, 2차 기계 시대의 프레임 산업혁명을 다르게 구분하는 견해도 있다. 18세기 이후 시대를 산업혁명기로 구분하는 것과 달리 '기계 시대'로 구분하는 프레임이 그것이다. 2014년에 매사추세츠 공과대학교(MIT)의 에릭 브리뇰프슨과 앤드루 맥아피가 출간한 『제2의 기계 시대(*The Second Machine Age*)』에서는 기술 혁신에 따르는 인간과 기계의 관계를 1차, 2차의 기계 시대로 규정하고 있다. 즉 1-2차 산업혁명을 묶어서 1차 기계 시대로 보고, 그 시대에는 인간의 노동과 기계가 상보적이었다고 본다. 한편 디지털 혁명으로 촉발된 3-4차 산업혁명을 묶어서 2차 기계 시대로 구분하고, 인간의 인지능력을 자동화 기계가 대체하면서 직무와 임금과 일자리에서 대규모의 경제적 파장을 몰고 오고 있다고 진단한다.

2년 앞서 발간된 브린욜프슨과 맥아피의 책 『기계와의 경쟁(*Race Against the Machine*)』에서는 미국의 노동시장 현안에 대해서 기존의 분석과는 다른 결론을 내놓고 있다. 저자들은 미국 사회에서 왜 취업 인구가 줄어드는지, 왜 경제와 사회가 더 불평등해지고 있는지에 대한 원인을 규명하면서, 디지털 혁명의 가속화가 그 원인이라고 분석했다. 중산층 근로자의 수입과 일자리 감소의 원인이 기술 정체와 경제 침체 때문이라는 기존의 해석과는 달리 빠른 기술 혁신에서 낙오하기 때문이라고 본 것이다. 이는 MIT의 디지털 비즈니스 센터의 통계와 사례 연구에서 얻은 결론이었다.

2차 기계 시대는 양면성을 지니고 있다. 하나는 생산성 향상과 가격 하락으로 경제적 파이를 키우는 긍정적인 측면이다. 다른 하나는 디지털 혁신으로 경제 파이의 배분 방식이 바뀌면서 중산층 노동자에게는 불리해지는 부정적인 측면이다. 요동치는 기술 혁신의 소용돌이에서 기술 경쟁력이 없는 사람들은 뒤떨어지고, 저임금의 나락으로 떨어진다. 기술 혁신 시대를 더불어 살기 위해서는 개인과 조직이 낙오되는 사회적 불평등과 불균형을 예방할 수 있도록 포용적 혁신성장을 위한 적절한 대책이 나와야 한다는 결론이다.

2) 새로운 역사의 시작 : 알고리즘 시대가 열리다

2016년 대한민국 수도 서울 한복판에서 벌어진 이세돌(1983-) 바둑 9단과 구글의 딥마인드(DeepMind)가 개발한 알파고의 세기적 대결은 4차 산업혁명 쇼크를 불러오기에 충분했다. 1997년 세계 체스 챔피언인 러시아의 가리 카스파로프(1963-)가 두 번째 대국 뒤에 IBM의 슈퍼컴퓨터 딥 블루에게 기권한 사건이 거의 주목을 끌지 못했던 것과는 대조적이었다. 당시 카스파로프는 초당 3개의 수를 계산했다는데, 딥 블루는 초당 2억 개의 착지 처리를 계산했다. 훗날 카스파로프는 "딥 블루는 너무 깊게 보고 있어서, 마치 신처럼 수를 놓았다"고 술회했다.

이세돌 9단에게 4 대 1로 이긴 알파고 버전은 알파고 리라고 불리며, 68회 대국에서 유일하게 이세돌에게 한 번 패한 기록을 남기고 바둑계를 은퇴했다. 그리고 알파고는 곧바로 알파고 마스터(2017. 5)로 진화한다. 알파고 마스터는 바둑계의 세계적인 인간 고수들을 상대로 60 대 1로 이긴 뒤, 다시 알파고 제로로 진화한다. 이제 인간 선수는 무대에서 빠지고, 인공지능(Artificial Intelligence : AI)끼리의 대결에서 알파고 제로는 알파고 리를 100 대 0으로 격파한다. 알파고 마스터에게는 89 대 11로 이긴다.

알파고 제로는 다시 알파 제로로 변신한다. 알파 제로는 알파고 제로를 60 대 40으로 이긴다. 2016년 기준, 알파고의 알고리즘은 머신 러닝 기술과 몬테카를로 트리 탐색(Monte Carlo tree search) 심층 신경망기술로 인간과 컴퓨터 기능의 훈련을 결합시켜서 얻은 놀라운 성과였다. 이들 AI의 초고속 진화는 불과 3년 사이에 일어난 일이었다.

영국 BBC가 2012년에 제작한 다큐멘터리 「세계의 역사(History of the World)」 8부작은 인류 역사 7만 년을 개관하면서, 1989년 베를린 장벽 붕괴와 1991년 러시아의 붕괴로 공산주의가 자본주의에 패하고, 그로써 역사가 종언을 고했다는 말까지 나왔다고 해설한다. 그리고 역사의 종언이란 새로운 역사의 시작을 의미한다고 덧붙였다. 이 다큐멘터리는 새로운 역사의 시작이 1997년 딥 블루가 카스파로프를 이긴 사건이라고 규정하고 있었다. 이를 기점으로 알고리즘이 여는 새로운 역사로 인류 문명이 전환되기 시작했다고 본 것이다.

튜링의 1950년 논문 「계산하는 기계와 지능」 ‘생각하는 기계’와 알고리즘의 역사는 비운의 천재 앨런 튜링(1912-1954)으로 거슬러오른다. 1950년 이미테이션 게임의 아이디어를 담은 철학적 논문 「계산하는 기계와 지능(*Computing Machines and Intelligence*)」이 그것이다. 인간과 기계의 지적 산출 기능을 비교한 그의 혁신적 사고는 ‘튜링 테스트’라고 부른다. 이것은 AI 분야의 최고 업적으로 인정받고 있다. 케임브리지 대학교 출신으로 2년간 프린스턴에서 유학하여 박사학위를 취득한 튜링은 1951년 왕립학회 회원으로 추대되었다.

영국에서는 1967년까지 동성애가 불법이었다. 시대를 잘못 태어난 튜링은 그 희생자로서 고난을 겪으며 불운의 생을 마감한다. 1952년에 동성애자임이 드러나면서 체포된 튜링은 당시의 법에 따라 감옥 대신 화학적 거세를 택했고, 주기적으로 여성 호르몬인 에스트로겐을 투여하게 된다. 에스트로겐 주사요법은 부작용이 심해서 훗날 다른 약물로 대체된다. 1954년 튜링은 그의 집에서 시신으로 발견된다. 그의 옆에는 한입 베어 문 사과가 놓여 있었고, 사과에는 시안화칼륨이 묻어 있었다. 그의 죽음은 자살설이 유력한 가운데, 사인에 대한 논란도 일었다.

영국은 한때 세계를 제패했으나 제2차 세계대전 이후에 미국에게 패권을 넘겨주게 된다. 만일 튜링의 능력을 살릴 수 있었더라면 컴퓨터와 AI로 기술 패권을 쥘 수 있지 않았을까? 2015년에 개봉된 「이미테이션 게임(The Imitation Game)」은 영화보다 더 영화 같은 튜링의 삶을 그렸다. 영화의 원작은 앤드루 호지스의 『앨런 튜링의 이미테이션 게임(*Alan Turing: The Enigma*)』으로, 872쪽에 달하는 방대한 저작임에도 불구하고 튜링에 대한 ‘최고의 전기’로 평가받고 있다.

브리태니커 사전은 튜링에 대해서 “수학, 암호해독학, 논리학, 철학, 수학적 생물학은 물론이고 훗날 컴퓨터 과학, 인지과학, AI, 인공생명이라고 명명되는 새로운 분야의 출현에 결정적인 공헌을 했다”고 평가하고 있다. 맨체스터 색빌 공원에 있는 튜링 기념상의 명판에는 컴퓨터 과학의 아버지, 수학자, 논리학자, 전시 코드 해독자, 편견의 희생자라는 문구가 있고, 그 아래에는 수학을 예찬하는 버트런드 러셀(1872-1970)경의 글이 새겨져 있다. 2009년 고든 브라운 총리는 튜링 사건에 대해서 사과하고, 2013년 엘리자베스 여왕은 '튜링 법'을 제정하여 그를 사면했다. 이어서 2019년 영란은행(Bank of England : BOE) 총재는 2021년부터 유통되는 50파운드 지폐 뒷면에 스티븐 호킹, 마거릿 대처(1979-1990 재임) 등 1,000명의 쟁쟁한 후보들을 제치고 1951년에 찍은 튜링의 사진을 넣기로 했다고 발표했다.

1956년 다트머스 회의 이후의 AI 개발 튜링의 '생각하는 기계'는 1956년 다트머스 회의에서 10명의 컴퓨터 전문가가 뜻을 모은 것을 계기로 기계의 제작 단계로 들어간다. 1960년대 냉전 시기에는 미국 국방부의 AI 연구개발 지원이 활발했다. 그러나 기술 성숙도가 미흡했고, 군사무기 개발에 대한 비판에 부딪쳐 수그러든다. 디지털 물리학, 디지털 철학의 창시자인 MIT의 에드워드 프레드킨(1934-)은 1980년대에 재단을 설립하여 AI 체스 개발 경진대회를 지원한다. 여기서 1981년 벨 연구소의 마스터급 체스 기계, 1989년 카네기 멜론 대학교 대학원생의 딥소트(Deep Thought), 그리고 IBM의 슈퍼컴퓨터인 딥 블루가 선정된다. 프레드킨은 우주 역사 138억 년의 3대 사건을 빅뱅에 의한 우주의 탄생, 생명의 탄생, 그리고 AI의 탄생이라고 말한 적이 있다. 요즘의 변화를 보면 그의 예언이 옳은 것 같다.

3) "4차 산업혁명이 쓰나미처럼 오고 있다"

기술 혁신은 상상을 초월하는 속도로 세상을 바꾸고 있다. 대표적으로 인터넷 사례를 들 수 있다. 1969년 미국 국방부 지원으로 개발이 시작된 아르파넷(ARPANET)에서 유래한 인터넷은 1983년부터 초고속으로 보급되기 시작했다. 그리하여 글로벌 인터넷 통신망에 들어온 인구는 1996년 150여 개국 1억 명에서 2012년 23억 명, 2018년에는 36억 명으로 늘어났다. 우리나라의 인터넷 사용 인구는 4,000만 명이 넘는다.

세계경제 포럼의 클라우스 슈밥 회장의 2016년 "4차 산업혁명이 쓰나미처럼 오고 있다"는 발언은 4차 산업혁명의 논의에 불을 붙이는 계기가 되었다. 지역에 따라서 디지털 혁명, 인더스트리 4.0, 소사이어티 4.0 등을 쓰기도 하지만, 기술과 산업, 그리고 사회의 대전환인 것만은 분명하다. 최근의 동향을 보면, 4차 산업혁명은 디지털 전환이나 인더스트리 혁신보다 훨씬 더 광범위하다. 분명한 것은 대전환이 진행되고 있으며, 그 기술적 동인은 AI, 사물 인터넷(Internet of Things : IoT), 클라우드, 빅데이터, 로봇, 드론, 가상현실(Virtual Reality : VR) 등을 중심으로 기술 간, 산업 간의 융합이 전방위로 일어나고 있다는 사실이다.

그 결과 일찍이 유례없는 사이버-물리 시스템(Cyber-Physical System)이 형성되고, 산업구조와 시장경제 모델이 바뀌고 있다. 사이버-물리 시스템의 단적인 특징은 초연결, 초지능, 초융합이다. 2020년 무렵에는 인터넷 플랫폼 가입자 30억 명이 500억 개 스마트 디바이스로 네트워킹될 것이라고 한다. 요컨대 물리적 기술, 디지털 기술, 생물학적 기술의 경계가 무너지면서 모든 부문에 유례없는 질적인 변화가 진행되고 있는 것이 4차 산업혁명이다.

그러나 4차 산업혁명이 어떤 양상으로 전개될 것인지, 산업구조와 노동시장에는 어떤 지각변동을 일으킬 것인지, 직무역량과 거버넌스는 어떻게 바뀔 것인지, 새로운 가치관과 윤리는 어떻게 요동칠 것인지 등에 대해서 수많은 예측이 나오고 있지만, 어느 예측이 맞을지는 누구도 알 수가 없을 정도로 불확실성이 크다. 다만 엄청난 변화가 일어날 것임은 확실하다. 여기서 주목할 점은 인류사회가 어떤 선택을 하느냐에 따라서 미래가 달라진다는 점이다. 그렇다면 현대 경영학의 거장인 피터 드러커(1909-2005)의 말대로 "미래를 예측하는 최선의 길은 미래를 창조하는 것"이 시대적 과제가 될 것이다.

하라리의 3권의 문제작 2010년대 50개국 언어로 번역되며 하라리 신드롬을 일으킨 히브리 대학교의 역사학자 유발 하라리(1976-) 교수는 3권의 저서 『사피엔스(*Sapiens*)』, 『호모 데우스(*Homo Deus*)』, 『21세기를 위한 21가지 제언(*21 Lessons for the 21st Century*)』에서 각각 인류가 인지혁명, 농업혁명, 과학혁명을 통하여 오늘에 이른 문명사를 개관했다. 바이오 엔지니어링과 사이보그 엔지니어링에 의해서 인간이 신으로 진화하는 미래를 내다본 그는 인류의 존속을 위해서 무엇을 추구해야 하며, 어디로 가야 할 것인지를 다루었다.

그의 예측은 파격적이다. 요컨대 7만 년의 역사를 거쳐서 지구를 정복한 사피엔스의 인류세(人類世, Anthropocene)는 종언을 고하고, 알고리즘과 데이터 기반의 지적 설계에 의해서 인간이 호모 데우스로 진화하고 있다는 것이다. 인류세라는 용어는 성층권의 오존층 파괴 연구로 1995년 노벨 화학상을 공동수상한 파울 크뤼천(1933-)이 2000년에 지질학회에서 발언하면서 주목을 받은 신조어이다. 자연적인 지질연대인 홀로세(Holocene)와 달리 인류세는 산업혁명 이후 대기 조성이 바뀌고, 1945년 원자폭탄이 개발된 이후 기후변화, 환경오염, 플라스틱의 사용 등 인간 활동으로 인해서 지구 생태계가 크게 훼손된 지질연대를 일컫는 용어이다.

『호모 데우스』와 『21세기를 위한 21가지 제언』 하라리는 신, 국가, 종교, 제도, 돈, 인권 등을 인간의 상상력이 만든 픽션이라고 표현한다. 그는 인류 문명이 종교를 만들어내면서 역사가 시작되었고, 이제 인류가 호모 데우스로 진화하면서 기존의 역사는 종언을 고할 것이라고 말한다. 『21세기를 위한 21가지 제언』에서는 인간이 알고리즘에 의해서 해킹을 당하게 되는 미증유의 기술 혁신의 전개에서, 불가측성의 인류 문명의 존속을 위해서 인간사회가 선택해야 할 길을 제시하고 있다.

그는 휴머니즘이 네트워크화된 알고리즘으로 대체되는 상황에서, 이제 인간사회는 민족주의, 종교, 문화로 나뉜 진영 논리에서 벗어나야 하고, 그로써 서로의 견해 차이를 극복하고 전 지구적인 협력을 이루어야 한다고 역설한다. 인간사회의 현명한 선택이 가져올 미래는 밝지만, 어리석은 선택의 대가는 인류 문명 자체를 소멸에 이르게 할 것이라고 경고한다.

하라리는 26세에 옥스퍼드 대학교에서 중세 역사학으로 박사학위를 받았고, 예루살렘 히브리 대학교에서 군사 역사학으로 석사학위를 받았다. 그는 여러 매체와의 인터뷰에서 자신이 동성애자이고 무신론자임을 거침없이 밝히고 있다. 하루에 2시간 이상, 1년에 1달 이상 명상을 하는 것도 특이하다. 자신이 동성애자임을 21살에 알게 되었다면서, 2017년 스탠퍼드 대학교 연구진이 개발한 AI 게이다(Gaydar)는 사람들의 얼굴 이미지 몇 장으로 90퍼센트 이상의 확률로 게이 여부를 알아맞힐 수 있게 되었다고 말한다.

다이아몬드의 문명붕괴론 한편 하라리가 큰 영향을 받았다고 하는 미국 UCLA의 제러드 다이아몬드(1937–) 교수의 문명사 연구는 독보적이다. 『총, 균, 쇠(*Guns, Germs and Steel*)』로 퓰리처상을 받은 그는 『문명의 붕괴(*Collapse*)』에서 사례 연구를 통해서 역사 속의 찬란했던 문명이 붕괴된 원인을 다섯 가지 유형으로 분류했다. 이 책은 단순히 사료에 의한 연구가 아니라 원주민과 몸소 생활하면서 체험한 연구를 담았다는 점이 돋보인다. 그는 취약한 기반 환경(물, 에너지 등), 기후변화, 적국의 침입, 무역 상대국과의 관계, 제도적 대응의 실패가 문명 붕괴의 원인이었다고 규정한다.

그는 오늘날의 산업문명이 당면하고 있는 환경위기 이슈를 12가지로 구분한다. 산림, 토양, 수자원, 포획, 생물종, 인구 과밀화를 비롯하여 자연환경에 축적되는 독소, 에너지 등이 포함되고 있다. 특히 21세기 인류 문명은 인간 활동에 기인하는 기후변화로 인해서 전 지구적인 '기후위기'를 맞게 된 상황임을 강조하고 있다. 그의 저서를 바탕으로 제작된 내셔널지오그래픽의 다큐멘터리는 200년 후의 붕괴된 현대 문명의 황량한 흔적을 보여준다. 이처럼 문명 자체의 존속에 대한 위기감이 고조되는 한편, 4차 산업혁명이 몇몇 핵심 분야에서 새 바람을 일으키고 있는 것이 오늘의 현실이다.

산업혁명에 대한 해석 차이에도 불구하고, 산업혁명에는 기술적 동인과 사회적 동인이 작용한다는 데에는 별 이견이 없다. 필자는 경제적, 사회적, 문화적 동인에 의해서 촉발된 산업혁명의 결과가 다시 경제, 사회, 문화에 막대한 영향을 끼친다는 측면에 주목한다. 1–2차 산업혁명의 특성을 기계화라고 한다면, 현재 진행되는 변화는 인간지능에 맞먹는 AI가 '인간다움'에 도전하는 사상 초유의 혁명이라고 볼 수 있다. 그 속에서 인간사회는 과연 어떤 모습이 될 것인지를 내다보면, 아마도 역사 이래 최대의 변화가 될 것임은 분명해 보인다.

제2장

1차 산업혁명, 영국에서 비롯되어 세상을 바꾸다

1. 1차 산업혁명의 전개

역사 속의 산업혁명은 오늘을 사는 우리에게 시사하는 바가 크다. 18세기 영국에서 비롯된 1차 산업혁명(1760-1830)은 산업혁명의 효시였고, 이후 그보다 더 진화된 형태로 산업혁명이 이어졌다고 볼 수 있기 때문이다. 1차 산업혁명에서의 기술적 키워드는 석탄, 증기기관, 직물산업, 도로와 운하, 코크스 제철법, 철도 등이었다. 그러나 기술과 산업에서의 혁신의 원동력이 기업가 정신이었다는 점에서 사회혁명의 성격을 띠고 있다. 나아가서 1차 산업혁명의 전개에서 근대 자본주의 이론이 나타나고, 자본주의의 어두운 측면에 주목한 마르크스주의가 태동했다는 사실은 1차 산업혁명의 역사적인 의미를 더욱 부각시키고 있다.

1) 1차 산업혁명은 왜 18세기 영국에서 일어났나?

1차 산업혁명은 왜 18세기 영국에서 일어난 것일까? 어째서 국토 면적이 영국의 2배인 나라, 과학이 발달하고 더 강국이었던 프랑스에서 일어나지 않은 것일까? 이 질문은 문명사에서 산업혁명의 영향이 절대적이었던 만큼 역사학의 흥미로운 주제였다.

프랑스는 1666년에 창립된 과학 아카데미가 과학기술 혁신을 주관했다. 그러나 관료적인 운영으로 논문 출간과 지식 보급에 수년을 보내기가 일쑤였고, 관제로 인해서 실용화와는 거리가 멀었다. 당시 프랑스 정부는 증가하는 인구에 물 공급을 하기 위해서 증기기관이 필요했던 터라, 1779년 영국에 볼턴-와트의 증기기관을 주문한다. 10여 년간 개량에 힘쓰지만 실패한다.

영국은 프랑스처럼 강력한 교회나 국가의 간섭이 없이 혁신과 효율화가 가능한 나라였다. 그로써 산업혁명의 정치적, 경제적, 사회적 토양이 조성되어 있었다. 인구 증가, 식량 증산 등의 요인 이외에 17세기 후반 제임스 2세를 퇴위시킨 무혈의 명예혁명에서 비롯된 정치적, 제도적 혁신이 있었기 때문이다. 1688년 영국은 자유무역을 허용한다. 금융 지원도 주효했다. 해외교역 증가와 소득 증대 등의 요인도 상승작용을 했다. 미국으로부터 담배, 인도로부터 향신료, 중국으로부터 차, 서인도 제도로부터 설탕을 수입하며 교역이 활발했다.

기업가 정신이 산업혁명의 동력이었다 영국에서는 자유로운 기업 활동과 시장에서의 경쟁, 기업의 이윤 추구 등 산업혁명의 경제적, 사회적 토양이 형성되었던 탓에, 자유시장경제의 기조 아래 생산자가 자본가를 겸하는 새로운 기업가의 출현이 가능했다. 미래를 위해서 당장의 위험을 무릅쓰는 이들의 '기업가 정신'이 산업혁명의 핵심 동력이었다. 루나 소사이어티는 지적 자유와 혁신 마인드를 가진 리더들의 모임으로 산업혁명 주역의 산실이었다.

산업혁명의 구심점 루나 소사이어티 루나 소사이어티는 1765-1813년 사이에 버밍엄 근처에 있는 매슈 볼턴(1728-1809)의 소호 하우스에서 회동한 모임이었다. 핵심 회원은 당대 최고의 과학자, 공학자, 사상가 14명을 중심으로 구성되었다. 루나 소사이어티는 매달 보름날에 가장 가까운 월요일에 정기 월례회를 가졌기 때문에 붙여진 이름이었다. 보름달이 뜰 때 만난 이유는 컴컴한 길에 달빛을 받아서 안전하게 귀가하기 위해서였다.

그들은 외부와도 교류해서, 손님으로 토머스 제퍼슨(1743-1826), 벤저민 프랭클린 등이 방문했다. 그들은 "과학과 기술이 어떻게 모든 사람을 위해서 사회발전에 기여할 수 있을까?"를 고민했던 선구자들이었다. 과학의 사회적 측면을 중시해서 산업혁명의 횃불을 들었던 그들의 선견지명은 특히 오늘의 우리 과학기술계에 강한 메시지를 전하고 있다.

찰스 다윈(1809-1882)의 할아버지인 이래즈머스 다윈(1731-1802)도 루나 소사이어티의 핵심 회원이었는데, 망원경을 고안하고 증기기관으로 가동되는 '탈것'을 구상하는 등 발명가의 면모를 보였다. 볼턴과 제임스 와트(1736-1819)도 루나 소사이어티의 회원으로 만났던 사이이다. 산소를 발견한 영국의 화학자 조지프 프리스틀리(1733-1804)도 그 회원이었다.

1660년에 찰스 2세의 윤허를 얻어서 설립된 왕립학회가 귀족풍의 학술적 연구에 치우쳤던 것과는 대조적으로 루나 소사이어티는 과학의 실용성을 추구한 선도 그룹이었다. 1차 산업혁명은 이러한 기업가 정신에 기반을 둔 사회적 혁신의 성격을 띤다는 뜻에서 18세기가 낳은 3대 사회혁명, 즉 미국혁명(1765-1783), 프랑스 혁명(1789-1799)과 나란히 놓기도 한다.

2) 새로운 기업가 정신 : 볼턴-와트의 파트너십과 증기기관의 상용화

인류 문명의 전환에서 에너지는 핵심요건이었다. 중세의 에너지원은 사람의 근력, 가축의 힘, 수차, 풍차였다. 1차 산업혁명기의 에너지원은 중세 말 고갈되던 나무 연료를 대체해서 해안에서 뒹굴던 석탄(sea coal)을 때게 된다. 그러나 영국 동북부 해변에서 쉽게 얻을 수 있던 석탄이 고갈되자 탄광에서 석탄 채굴을 한다. 땅속으로 파고들자 갱도에 물이 고였고, 이 물을 퍼내기 위하여 당나귀나 말의 힘을 빌렸다. 그러나 90피트 이상 파고 들어가면서 효율이 떨어졌다.

때맞춰 등장한 것이 토머스 뉴커먼(1664-1729) 증기기관을 개량한 와트의 증기기관이었다. 그는 동네 세탁 공장을 지나다가 굴뚝에서 새어나오는 수증기를 응축시켜서 에너지를 얻어낼 발상을 한다. 그런데 이처럼 수증기를 이용한 최초의 기계장치는 이미 기원후 1세기에 알렉산드리아에서 등장한 기술이었다. 장치를 만든 주인공은 헤론이었고, 그의 발명품은 아에올리파일(Aeolipile)이라고 불렸다. 다만 그때는 왕실의 장난감 수준이었고, 18세기에 이르러 증기기관으로 상용화되었다.

산업혁명 초기의 동력원은 주로 수차와 풍차였다. 따라서 이들 동력원을 갖춘 지역이라야 공업 중심지나 도시가 될 수 있었다. 증기기관의 출현은 이런 지리적, 자연적 제약조건에서 벗어나게 했고, 공업단지의 조성을 가능하게 했다. 18세기 산업혁명기의 가내수공업은 기계와 공장의 등장으로 사양길을 걷게 된다. 1760년대 이후 다축방적기, 수력방적기, 직조기 등의 발명으로 직물산업은 수차가 도는 공장으로 바뀌게 된다.

이런 변화에 따라서 수력학이 자리를 잡게 되고, 왕립학회에서도 관련 논문이 발표된다. 그러나 초기의 증기기관은 수차의 보조수단이었다. 수차의 출력을 높이기 위해서 물을 높은 곳까지 끌어올리는 데에 쓰였기 때문이다. 그러던 중 와트가 1769년에 증기기관의 효율을 높이는 응축기 특허를 내고, 1782년 그 운동방식을 회전운동으로 바꾸게 되면서, 수력의 동력시설은 획기적인 전환점을 맞게 된다. 와트의 복동회전 증기기관은 하나의 원동기를 써서 여러 개의 작업기를 동시에 가동시켜 효율을 크게 높일 수 있었기 때문이다.

여기서 의미 있는 질문이 제기된다. 글래스고 출신의 발명가인 와트가 사업가이자 자본가인 볼턴을 만나지 못했어도 그의 기술이 1785년에 세계 최초로 상용화될 수 있었을까? 역사에 가정은 없다지만, 그 시점에서의 실현은 불가능했을 것이다. 산업혁명기의 핵심기술이 자본에 의해서 상용화되는 것은 과거나 지금이나 마찬가지이다. 볼턴과 와트의 증기기관 특허는 1800년까지 연장된다. 고압 증기 엔진으로 달리는 증기기관차가 개발된 것은 1814년 조지 스티븐슨(1781-1848)에 이르러서였다. 특허 독점에 묶여서, 더 나은 기술의 개발이 지연되었다는 특허제도의 딜레마를 보여주는 사례로 지적되고 있다.

최초의 대중용 증기기관차가 상용화된 것은 1825년이었다. 1804년 리처드 트레비식(1771-1833)의 증기기관차가 나오기는 했으나, 연결이 불완

로버트 스티븐슨의 증기기관차 엔진 삽화(1868)

전했다. 만일 1차 산업혁명 후반에 증기기관차의 개발로 대량생산된 공산품을 실어 나르지 못했다고 한다면, 공장 생산은 멈추어야 했을 것이다. 그만큼 철도의 역할은 중요했다.

3) 직물산업이 산업혁명을 선도하다

18세기 영국의 산업혁명은 직물산업이 선도했다. 그 배경은 직물산업 지원 정책이 있었기 때문이다. 18세기 초, 영국 의회는 질 좋은 인도산 면직물의 대량 유입에 대응하기 위해서 인도산 면직물인 캘리코의 수입 금지(1700), 물품세 부과(1712), 캘리코 착용 금지(1722) 등 몇 가지 법률로 규제를 하고 있었다.

그러나 면화 원료가 대량 수입되는 상황으로 바뀌자, 정부는 선대 시스템(putting-out system)을 도입한다. 즉 중개인들이 농가에 원료와 기계를 먼저 빌려주고, 방적과 직조를 하도록 지원한 것이다. 이런 기반 조성에 의해서 가내수공업 형태의 모직산업으로부터 직물산업 전반으로 혁신이 확대되는 성과를 거둔다. 산업혁명에서의 법적, 제도적 기틀의 중요성과 정부의 역할을 보여주는 대목으로 시사하는 바가 크다.

이때 생산량 급증에 결정적으로 기여한 것이 기계였다. 면실을 짜는 플

제임스 하그리브스의 스피닝 제니(1764)

라잉 셔틀, 물레를 대신하는 스피닝 제니, 리처드 아크라이트 수력방적기, 스피닝 뮬, 파워 룸 등이 개발되면서 수백 명, 수천 명의 일손을 대신하게 된 것이다. 나폴레옹 군대의 군복은 화려하기로 이름났는데, 옷감은 적국인 영국산이었다. 그렇게 영국 직물산업은 앞서가고 있었다.

기계 혁신은 증기기관 개량과 방적기, 역직기 등의 혁신에 국한되지 않는다. 1795년 볼턴은 증기기관으로 가동되는 소호(Soho) 제련소를 세우고, 자개단추, 금속단추, 장신구 등 오밀조밀한 생활용 금속 정밀제품을 생산한다. 이들 품목은 '버밍엄 토이'라고 불렸다. 18세기 공장제도의 도입으로 영국의 제품 생산량은 2배 이상으로 늘어난다.

그러나 앞에서도 말한 것처럼, 산업혁명의 공신은 후반기 수송수단의 혁신이었다. 초기 수송은 운하와 도로 중심이었다. 운하가 완성되면서 운임은 10분의 1로 줄어들었다. 산업혁명 후반기 영국은 고압 증기선과 철도 확장으로 원료와 공산품 수송의 숨통을 틔우게 된다. 이 과정에서 수로, 유료 도로, '철마(iron horse)'라고 불린 기차와 철도 사이의 이해관계로 인한 갈등과 투쟁을 해소하는 일은 넘어야 할 산이었다. 철도 건설의 활성화로 1840년대 후반 영국의 철 생산은 1820년대 대비 1,000배로 치솟는다.

교통수단의 혁신은 사람들의 장거리 이동을 가능하게 했고, 도시화를 촉진했다. 많은 사람들이 모여 살면서 위생상태가 나쁘다 보니 전염병도 창궐한다. 수송수단의 혁신으로 사람들의 생활 패턴이 바뀐다. 중세까지는 하루에 두 끼를 먹고 살았는데, 아침 일찍 일어나서 출근하는 인구가 늘면서 점심 한 끼가 더 추가되었다. 또한 시간표 없이 기차를 운행하는 것은 불가능했으므로 도시마다 제각각이던 운행 시간이 표준화되었다. 공장도 시간에 맞춰서 작업 교대를 하고, 출퇴근 문화가 확산되면서 회중시계가 많이 팔리고 값이 내려간다.

4) 도자기 산업과 마케팅, 그리고 아편전쟁까지

1차 산업혁명에서 그 경제적, 사회적, 문화적 영향이 뜻하지 않은 방향으로 정치적 결과를 수반하는 사건이 발생한다. 도자기산업의 발전으로 영국의 차 문화가 빠른 속도로 시민생활에 침투하면서, 중국 청나라로부터의 차 수입 물량이 크게 늘어난다. 여전히 중상주의 경제였던 중국은 영국에 은을 요구한다. 그 결과 영국의 막대한 양의 은이 중국으로 흘러들어간다. 영국은 계속 유출되고 있던 은을 되돌려 받고자 중국에 동인도회사를 통해 재배한 아편을 들여보낸다. 이로 인하여 중국의 무역 규모에서 수입이 수출을 초과하는 역전 현상이 일어나게 된다.

웨지우드의 도자기산업과 차 문화 확산 산업혁명기 도자기산업의 대부로서 마케팅과 광고 개념을 실현하고, 수송 체계 등 인프라 혁신에 기여한 거물이 있다. 조슈아 웨지우드(1730–1795)이다. 그는 산업혁명을 이끈 대표적인 리더로 사회개혁에 기여했다는 평가까지 받는다. 도자기를 제조하던 집안에서 태어난 그는 천연두에 걸려서 38세에 오른쪽 다리를 절단하게 된다. 공장에서 힘쓰기가 어려워지자 그는 모형제작을 하면서 전문성을 넓히고, 직접 실험까지 한다.

1759년부터 시작된 웨지우드의 도자기산업은 급기야 시민의 소비생활까지 바꾸고 쇼핑 혁명을 일으키게 된다. 그는 광고 전략가와 함께 1774년 런던의 번화가 웨스트엔드에 영국 최초의 도자기 쇼룸을 차린다. 10년 내에 옥스퍼드 거리에만 153개의 숍이 들어선다. 런던의 그랜드 팔러에는 외국인들도 몰려든다. 그는 영국 최고의 부자 대열에 오른다. 산업에 의해서 아름다움을 생활 속에 구현한다는 그의 전략은 도자기산업과 귀족의 차 문화의 접목에 성공한다. 그의 고객은 왕실과 귀족으로부터 중산층으로 빠르게 확대되고 있었다.

그는 새 공장을 차려서 크림 색상의 '퀸즈 웨어'를 제작하고, 샬럿 여왕에게 납품을 한다. 1762년에는 여왕의 도자기를 제조하는 일을 맡았다. 1773년에는 로마, 그리스, 이집트의 유물로부터 영감을 얻어서 카메오 세공을 하고, 황산바륨을 함유한 다양한 색상의 자스퍼 웨어 브랜드를 창조한다. 또한 금박기술을 도입하는 등 시종일관 최고의 품질을 추구하는 장인정신을 발휘한다. 그 결과 아직까지도 생산되는 명품 디자인을 만들게 된다. 1774년에는 러시아의 예카테리나 2세 여제에게 952점의 도자기를 주문받아서 납품한다.

웨지우드, 기술자이자 인프라의 혁신가 산업혁명 초기의 수송 사정은 매우 나빴다. 회사 설립 초기에는 도자기 원료의 수송과 제품 운반에 당나귀를 동원했다. 그러다 보니 수송 과정에서 당나귀들이 난동을 부리는 바람에 도자기가 깨져서 남은 것만 팔아야 하는 지경이었다. 웨지우드는 의회에 청원을 넣고 설득하여, 유료 도로를 건설한다. 1770년에는 그의 공장이 시발점이 되는 운하와 수로 건설에 성공한다. 수송로가 생기면서 세계적인 도자기 센터도 출현했다. 이어서 철도로 수송 시스템이 근대화된다. 프랑스에서는 군사적 목적으로 도로가 깔렸던 것과 대조적으로 영국에서는 산업용으로 노선이 연결된 것이 차이였다.

웨지우드도 루나 소사이어티의 회원으로, 고온계를 개발했고 실제로 공장의 가마 온도를 측정할 때 사용했다. 그만큼 그는 기술 혁신형 자본가였다. 1783년에는 세계적 권위를 자랑하는 왕립학회의 회원으로 추대된다. 가계

제1차 아편전쟁(1841. 1. 7) 때 앤슨스 만에서 청군에 포격을 가하는 영국 네미시스 호

도상으로 그는 진화론의 창시자인 찰스 다윈의 외할아버지이자, 다윈의 아내 엠마 다윈의 친할아버지이다. 그의 뒤를 이은 웨지우드 2세는 1812년에 뼛가루를 넣은 '본 차이나'를 개발한다. 영국 총리 윌리엄 글래드스턴(1809-1898)은 웨지우드를 산업혁명에 획기적으로 기여한 리더로 평가했다.

가장 불명예스러운 전쟁 1839년 중국의 아편 중독자는 1,200만 명에 이른다. 당시 청나라 인구의 3퍼센트였다. 아편의 해악을 인식한 황제는 칙령으로 수입을 금지하고, 아편을 압수한다. 이에 대응하여 영국은 1839년 함대를 이끌고 출동한다. 이것이 1차 아편전쟁(1839-1842)이었다. 그러나 중국이 산업화로 무장한 영국의 전력(戰力)을 이겨낼 수는 없었다. 중국은 항복과 함께 난징 조약에 의해서 5개 자유항을 열고 홍콩을 조차하는 치욕을 겪는다.

영국 총리를 네 번 지낸 글래드스턴은 아편전쟁을 가리켜서 '영국 역사상 가장 불명예스러운 전쟁'이라고 했다. 이 불명예스러운 전쟁은 2차로 이어진다. 2차 아편전쟁(1856-1860)은 난징 조약의 실질적 성과에 불만을 품은 영국이 산업혁명으로 과잉 생산된 자국의 면제품 시장을 개척하기 위해서 애로 호 사건을 빌미로 벌인 전쟁으로 요약된다. 이 사건은 배는 영국인 소유, 선장은 영국인, 선적(船籍)은 홍콩에 두고 있는 돛단배가 해적 혐의를 받고 중국 관헌의 조사과정에서 선원들이 체포된 것인데, 영국은 이를 국제법 위반이라며 무력을 행사한 것이다.

2차 아편전쟁에서 영국은 프랑스와 연합군이 되어서 베이징을 함락시킨다. 그로써 청나라의 패전은 영국, 프랑스, 미국, 러시아와의 톈진 조약으로 일단락되는 듯했다. 조약 항목에는 베이징에 대사관 설치, 배상금 보상, 기독교 공인, 다수 도시의 추가 개항 이외에 "아편 무역을 합법화한다", "중국 공문서에 오랑캐(夷)라는 단어를 쓰지 않는다", "이후 모든 조약의 본문을 모두 영어로 쓴다"는 대목이 들어 있었다.

그러나 전쟁은 여기서 끝나지 않았다. 청나라는 다시 저항과 굴복의 과정을 거쳐서, 1860년 베이징 조약에 의해서 톈진 추가 개항, 구룡 추가 할양에 승복한다. 배상금은 톈진 조약의 2배로 올라간다. 중국인의 해외 이주를 자유화하여 영국의 저택에서 중국인을 하인으로 부리게 된다. 이때 '쿨리(Coolie)'라는 용어가 등장하는데, 중국, 인도 등 비숙련 저임금의 아시아 노동자를 비하하는 속어로 쓰였다. 이는 미국 2차 산업혁명의 철도 건설 노동자로 쿨리가 대규모 차출되는 근거가 되었다.

한편 러시아는 별도로 아이훈 조약을 맺어서 공동영토로 만들었던 연해주를 자국 영토로 편입시켰다. 1차 아편전쟁 이후 중국에서는 외국 자본주의 침략에 대한 저항이 커지면서 반영 민중운동이 빈발하고 있었다. 그러나 산업화에 뒤진 국가로서 군사력과 경제력에서 앞선 선진 열강의 제국주의에 대항할 힘이 없었다.

2. 1차 산업혁명과 대학, 그리고 노동 현장

1) 대학교육의 혁신 : 훔볼트 대학과 연구중심 대학의 출현

역사 속에서의 대학 역할의 변천은 오늘날에도 의미가 크다. 기초 연구의 토양은 창의성, 자율성, 다양성이다. 교육과 연구를 통해서 그런 자질과 역량을 갖춘 학문 후속세대를 키우는 일이 중요하다. 그것이 대학의 핵심적 기능이다. 과학사에서 전문 과학교육이 제도적으로 자리 잡기 시작한 것은 산업혁명기 1795년 프랑스의 종합기술학교가 설립되면서부터였다. 과학과 수학 교육에 치중한 새로운 교육 시스템은 12세기 라틴 유럽에서 설립되기 시작한 대학과는 그 성격이 달랐다. 초기의 대학 설립에서 교양학부와 신학, 의학, 법학 등의 학부로 구성되었던 전문 학부 체제를 벗어나는 새로운 도전이 이루어진 것이다. 그리하여 중세 대학의 3학(문법, 논리, 수사)과 4학(연산, 기하학, 음악, 천문)으로 짜여 있던 시스템이 사라지게 된다.

19세기 초 독일 훔볼트 대학교의 연구중심 대학개혁 1차 산업혁명은 유럽 대륙으로 전파되며 1830년대까지 진행된다. 중세 대학이 현대의 연구중심 대학의 원형으로 본격 진화한 것은 19세기 초 독일 대학개혁에서였다. 산업혁명 후반기, 독일 베를린의 훔볼트 대학교가 그 거점이었다. 프로이센 왕국의 학문의 자유를 존중하는 교육 개혁가이자 철학자, 언어학자인 빌헬름 폰 훔볼트의 주도로 프레더릭 윌리엄 3세가 1810년에 훔볼트 대학교를 설립한다. 초기의 대학교 명칭은 베를린 대학교였다. 그러나 1949년 훔볼트 형제의 공을 기려서 훔볼트 대학교로 개명된다. 설립 목표인 슬로건 '과학의 실체(The Entity of Sciences)'에 과학이 들어 있다.

이 무렵 독일 대학에서 조직적인 과학 연구와 과학-산업의 연계라는 새로운 변화가 일어난다. 개혁 초기의 자연과학은 '사회적 요구와는 유리된 반실용주의적인 경향'을 추구했다. 인문학은 '외부로부터의 간섭을 배제하는 학문의 절대적 자유'를 추구했다. 이런 경향이 상아탑이라는 대학의 이미지를 낳는다. 그러나 '학문 그 자체로서의 목적'을 강조하는 학문이념은 젊은 과학자들의 반발에 부딪쳤고, 보다 엄밀하고 분석적인 프랑스 과학의 성격을 수용하는 쪽으로 옮겨가게 된다.

독일의 대학개혁은 국가적 혁신 의지와 대학 내의 관념적 철학 전통의 결합에서 보듯이, 사회문화적 요인의 복합적인 산물이었다. 독일 대학의 자연과학 수업은 세미나 형태였고, 실험 연구는 정밀과학의 우월성을 증명한다고 믿었다. 단 실험과학은 '과학이론의 실용성을 입증하기' 위한 것이 아니라 '새로운 지식을 획득하는 우월한 방법'으로 행해지고 있었다. 19세기 중반, 독일 대학의 과학자는 '교육을 맡은 교수인 동시에 유능한 연구자'로 자리매김하게 된다. 그리고 '과학 연구를 통한 교육'이라는 현대적 개념이 자리 잡기 시작한다.

그 당시 독일 정부는 해외에 나가 있던 과학자들을 적극 유치하고, 기술연구소를 설립해서 도량형 기준을 마련하는 등 산업 기반 구축에 나섰다. 이제 대학의 과학자들은 산업체의 자문과 위탁 연구를 수행하게 되었고, 기업 부설 연구소의 설립으로 산학연 협력이 활성화되었다. 훔볼트 대학교의 대학개혁은 대학을 과학 연구의 메카로 만들었고, 유럽과 미국의 대학개혁 모델로 퍼져나간다. 이러한 대학개혁 모델은 일본을 거쳐서 20세기에 우리나라로 들어왔다. 독일 대학개혁의 성과는 컸다. 예를 들면 2차 산업혁명기인 1910년대까지도 미국 학생들이 독일로 유학하여 학위를 받고, 기계는 독일로 보내 그 도량형 기준에 맞추어 인가를 받을 정도였다.

공익을 위한 과학과 새로운 인스티튜션의 출현 훔볼트 대학교의 혁신이 영향력을 행사하던 시기, 1831년 영국은 이전의 왕립학회와는 성격을 달리하는 과학 인스티튜션을 출범시켰다. 새로운 과학운동의 태동은 케임브리지 대학교의 '철학 조찬 클럽(The Philosophical Breakfast Club)'이 주도했다. 1812-1813년 사이 일요일 아침마다 4명이 모이는데, 기계식 계산기를 발명한 찰스 배비지(1792-1871), 천문학자 존 허셜(1792-1871), 경제학자 리처드 존스(1790-1855), 1833년에 '과학자'라는 용어를 창안한 윌리엄 휴얼(1794-1866)이 그들이었다.

철학 조찬 클럽은 19세기 과학개혁의 필요성과 방향을 제시했다. 귀납적이고 증거에 바탕을 둔 방법론, 공익을 위한 과학, 과학에 대한 외부 지원,

새로운 과학 인스티튜션의 출현이라는 네 가지가 그 목표였다. 과학 활동은 더 이상 왕이나 귀족, 특정집단을 위한 것이 아니고 공공의 선을 추구해야 하며, 따라서 외부 지원이 있어야 하고 새로운 기능의 과학 인스티튜션이 출현해야 한다는 것이 요지였다.

그런 분위기 속에서 1831년 영국 과학진흥협회(BAAS)가 설립된다. 산업혁명이 모든 분야에 영향을 미쳤고, 과학 활동도 혁신의 전환기를 맞은 것이다. 그 영향으로 1848년에는 미국에서도 미국 과학진흥협회(AAAS)가 출범한다. 1차 산업혁명의 주역들은 경제활동에 따른 물질적 성장을 사회발전이라고 여겼고, 그것이 인류사회의 진보라고 믿었다. 그리고 산업혁명기에 이런 믿음은 사회 전반으로 퍼져나갔다.

2) 1차 산업혁명의 그늘 : 노동 현장의 열악한 조건과 노동 착취

18세기 산업혁명의 기계화와 공장화는 노동시장의 판도를 바꾼다. 증기기관을 이용한 방직기의 출현은 사람의 근육 대신 기계를 이용해서 품질 좋은 직물을 대량생산하도록 해주었다. 이렇게 되자 기계가 노동자들의 일자리를 빼앗아간다는 위기감이 고조된다. 1810년대 초, 영국의 직물산업 지역에서 벌어진 네드 러드 주도의 비밀결사체 러다이트(Luddite)의 기계파괴 운동이 당시 상황을 보여주는 대표적인 사건이다.

노동자들은 삶의 궁핍을 기계 탓으로 보고 기계파괴 운동에 나선다. 실은 당시의 궁핍은 나폴레옹 전쟁(1803-1815)의 영향이 컸다. 워털루 전투에서 프랑스의 패전으로 끝날 때까지, 영국은 경제 불황으로 임금 체불과 실업난이 심각했다. 방적기인 스피닝 제니도 기계 하나가 여러 사람의 몫을 하고 있었기 때문에 노동자들의 습격을 받았다. 정부와 기업은 초기에는 이들을 무력으로 진압하려고 했지만, 결국 사회개혁 운동으로 전환된다.

1차 산업혁명의 결과는 새로운 경제 체제의 출현을 낳았다. 농업 중심의 경제구조는 붕괴되고, 공장 생산 체제와 기업조직이 자리 잡게 된 것이다. 생산 활동이 혁신되며 자본가와 노동자라는 새로운 계급이 출현한다. 기계화에 따라서 힘을 덜 쓰는 노동으로 바뀌면서, 어린이와 여성이 노동시장으로 투입된다. 7살짜리도 노동자가 되고, 12살짜리 노동자는 흔했다고 한다. 거의 무임금 수준의 저임금으로 열악한 노동환경에서 하루 12시간을 혹사당한다. 당시의 상황을 재현한 자료에는, 갱도 속에서 검댕이투성이 어린이를 포함한 한 가족이 일하는 장면이 나온다. 이런 상황에 맞서기 위해서 노동조합이 출현한다. 그러나 일을 구하는 사람이 일자리 수보다 많았기 때문에 별 효과를 거두지 못했다.

당시 영국이 소비하는 설탕의 공급원은 서인도 제도였다. 이 지역은 카리브 해와 대서양 연안의 7,000개의 섬과 암초, 산호초가 분포한 곳이다. 당시 영국의 노예선(奴隸船)은 대서양을 가로질러서 아프리카에서 사들인 250만 명의 노예를 실어 날랐다. 노예는 물적 자원으로 취급되었고, 노예를 촘촘히 실어서 수송되는 도중에 죽어나가는 수가 허다했다. 그때의 노예선에 관한 자료는 사람들을 짐짝으로 취급했음을 여실히 보여주고 있다.

1차 산업혁명과 '검은 돌' 인류 문명의 에너지 역사에서 화석연료는 고대에도 등장한다. 고대 그리스의 식물학자 테오프라스투스는 대장간에서 나무가 아닌 '검은 돌'이 쓰였다고 기록하고 있다. 고대 로마의 유물에서도 석탄의 자취가 발견된다. 동양에서도 기원전 1세기에 중국에서 석탄을 썼다. 13세기 말, 마르코 폴로 여행기에는 중국인들이 오래 전부터 '검은 돌'을 썼다는 기록이 있다. 영국에서는 13세기 초부터 석탄을 쓰기 시작한다. 지층 사이의 얇은 층을 이루고 있던 석탄이 빗물에 쓸려나와 바닷가에 드러나거나 바다 밑에 깔린 것으로 바다 석탄(sea coal)이라고 불렀다.

영국에서 석탄 채굴권을 주기 시작한 것은 헨리 3세 때인 1239년이었다. 영국 헨리 3세의 왕비 엘리노어는 1257년 런던 시내의 매연을 피해서 스코틀랜드의 노팅엄 궁정으로 이사를 했다. 1270년 영국 의회는 유연탄 사용을 법으로 금지한다. 1307년 에드워드 1세는 참나무 대신 석탄을 땐 사람을 포고령 위반 죄목으로 처형한다. 13세기부터 16세기까지 석탄은 사용 금지 규제에 묶였고, 산업혁명 초기까지도 증기기관의 에너지원은 목탄이었다. 그러나 목탄 사용량의 증가로 삼림이 황폐화되고 공급도 절대적으로 부족해지면서, 석탄 사용을 금지하던 규제를 깨고 1700년경 '검은 돌'로 에너지를 전환하게 된다.

1차 산업혁명 과정에서 경제활동에 따른 물질적 성장이 곧 사회의 발전이자 인간사회의 진보라는 인식이 퍼진다. 산업혁명에서의 대규모 공장 생산과 그에 따른 소비양식의 변화는, 사람들에게 자연 자원의 가치가 사회발전에 필요한 재화 생산에 쓰이는 것이 당연하다는 믿음을 심어준다. 그 결과 환경오염이 심화되고, 자연 생태계는 훼손되기 시작한다.

납중독은 역사적으로 가장 먼저 알려진 직업병에 속한다. 고대 이집트나 로마 시대에도 중금속의 유해성은 알려져 있었다. 그러나 당시에는 죄수나 노예들이 노역을 하다가 중금속에 중독되는 것은 형벌이라고 여겼다. 16세기 스위스의 파라켈수스는 중금속 오염으로 인한 직업병의 위험을 경고하고 있었다. 산업혁명 당시 영국에서는 인구의 절반가량이 20세를 넘기기 어려웠다는 믿지 못할 기록이 있다. 산업혁명 당시 리버풀 인구의 평균수명은 28세였다고 한다. 열악한 환경여건과 산업화 과정에서의 중금속 중독이 주요 원인이었다.

3. 1차 산업혁명이 낳은 새로운 이즘의 출현

1) 스미스의 국부론: 근대 자본주의의 등장

1차 산업혁명이 진행된 18세기는 '이성의 시대', '계몽주의 시대'라는 별명을 가지고 있다. 그 이름에 걸맞게 영국의 산업혁명 초기, 근대 사상에 가장 막강한 영향을 끼친 기념비적 저서가 출간된다. 글래스고 대학교의 도덕철학 교수인 애덤 스미스(1723-1790)가 1776년에 출간한 『국부론(*An Inquiry into the Nature and Causes of the Wealth of Nations*)』이 그것이다.

그는 자본주의라는 용어를 사용한 적이 없다. 『국부론』에서 '보이지 않는 손'이라는 표현을 썼을 뿐이다. 그것이 의미하는 바는 자유시장 시스템이었다. 그런데 그는 이 책으로 경제학의 창시자이자 자본주의의 아버지라는 상징적 인물이 된다. 초판 1,000부가 6개월 만에 모두 판매되었다는데, 당시로서는 획기적인 기록이었다. 루나 소사이어티와 교류하고 있던 미국의 제퍼슨도 『국부론』을 가리켜서 가장 위대한 저술이라고 했다.

스미스의 책 제목에는 '국가(Nations)'가 복수로 쓰여 있다. 그는 특정 국가가 아니라 어느 나라이든지 간에 개인의 이익, 자유시장, 사회적 공익 프레임의 세 가지 요건이 국부를 창출하는 원동력이라고 보았던 것이다. 이는 봉건시대의 토지를 기본으로 하는 중농주의나, 스미스 시대를 지배하던 금과 은을 축적하는 중상주의를 대체하는 획기적인 이론이었다. 그는 시장경제 내에서 물건을 사고파는 것은 양측에 모두 이득이 되고, 사회적 자원을 배분하는 기능을 한다고 믿었다. 『국부론』 제1장의 제목은 분업이다. 그의 논거에 의하면, 분업은 생산성을 크게 끌어올리며, 노동이 있는 곳에 부가 있고 모든 가치는 노동에 의해서 창출된다.

『도덕적 감정론』과 『국부론』 스미스의 명성을 세상에 알린 책은 『국부론』에 앞서 1759년에 출간된 『도덕적 감정론(*Theory of Moral Sentiments*)』이다. 영국의 '애덤 스미스 연구소' 소장은 『국부론』은 이 책과 연계해야 제대로 이해할 수 있다고 말했다. 그리고 만일 스미스가 오늘날 살아 돌아온다면, 가난한 국민이 많은 나라는 자본주의에서 성공하지 못한 나라라고 말했을 것이라고 했다. 스미스의 자유시장 경제이론은 돈 많은 부자들 편에 섰다는 오해를 사기도 했다. 그러나 그의 이론은 오히려 빈곤층에 대한 연민으로부터 나온 것이고, 인간의 경제적 이기심이 사회의 도덕적 규범 내에서만 허용된다고 보았다.

『국부론』의 저술 배경 『국부론』은 단순히 경제학 이론이 아니라 사회심리학, 인생, 복지, 정치 체계, 법, 도덕을 포괄적으로 다룬 이론으로 평가된다. 그 저술 배경은 1763년부터 3년간 파리와 제네바 등을 여행하며 계몽주의 대가들과 아이디어를 나누며 쓴 견문록에 기초했다. 그리고 당시 산업혁명이 진행되던 글래스고에서의 체험이 중요한 단서가 된다. 글래스고는 공장에서 대량생산되는 공산품으로 경제 호황을 누리고 있었고, 글래스고 항을 통한 담배의 수출입 자유무역도 활발했다. 산업화의 긍정적인 측면이 그에게 『국부론』 저술의 근거가 되어준 것이다. 『국부론』은 성서 이래 최고의 저술로 평가되며, 2008년 BBC 설문조사에서도 지난 1,000년간 가장 큰 영향을 끼친 저서로 선정되었다.

글래스고 대학교와 옥스퍼드 대학교에서 수학한 스미스는 평생 독신으로 어머니와 함께 살았다. 그는 몇몇 절친한 친구들과 늘 교류하며 서로 영향을 주고받았다. 실증철학자 데이비드 흄(1711-1776), 당대의 저명한 물리학자이자 고정 공기, 즉 이산화탄소를 발견한 화학자 조지프 블랙(1728-1799), 지질학의 아버지로서 1785년 '동일과정설'을 주장한 제임스 허튼(1726-1797)이 그와 매주 대화를 나누던 친구들이었다. 1776년 세상을 떠나며, 그는 블랙에게 자신의 미완성 원고를 불태워달라고 부탁한다. 불타지 않은 2편의 유고가 그의 사후에 출간된다.

2) 마르크스의 『공산당 선언』과 『자본론』 출간

1차 산업혁명과 마르크스주의 영국의 산업혁명기에 스미스는 산업혁명의 긍정적인 변화로부터 영감을 얻어서 자본주의 경제사상을 내놓았다. 그러나 그 반대로 1차 산업혁명의 부정적인 측면에 주목하여 자본주의를 비판하면서 역사상 가장 심대한 영향을 미치고 있는 또 하나의 이즘이 출현했다. 카를 마르크스(1818-1883)의 마르크스주의이다. 그는 역사를 계급 갈등으로 보고, 산업혁명기의 새로운 계급 갈등과 자본주의를 비판한 『공산당 선언(*The Communist Manifesto*)』과 『자본론(*Das Kapital*)』 제1권을 내놓았다.

1843년에 파리로 옮겨간(1843-1845) 마르크스는 프리드리히 엥겔스(1820-1895)와 평생 동지의 인연을 맺게 된다. 영국과 독일에서 대규모 직물 회사를 경영하는 아버지를 둔 엥겔스는 사회주의, 공산주의의 신봉자로서 평생 마르크스의 후원자 역할을 했다. 그들은 파리의 카페에서 만나,

영국의 맨체스터 공장에서 어린이들이 하루에 12시간 이상 노동력을 착취 당하고 있는 현실에 분개하며 의기투합한다. 그리고 노동운동에 참여하고, 공산당 조직과 접촉하여 혁명을 시도한다. 마르크스는 1844년에 발간한 「독불연보(*Deutsch-Französiche Jahrbücher*)」에 "유대인 문제에 대하여", "헤겔 법철학 비판 서설"을 기고한다. 이 글들은 마르크스가 혁명적 민주주의에서 과학적 공산주의로 전향하고 있음을 보여준 것으로 평가된다.

마르크스는 독일 트리어의 유대인 가정에서 태어나서 여섯 살에 개신교 세례를 받았지만 평생 무신론자였다. 그는 1841년 「데모크리토스와 에피쿠로스의 자연철학의 차이」라는 논문으로 박사학위를 받았다. '자연철학'이란 오늘날의 과학을 의미한다. 1843년 마르크스는 쾰른에서 반정부 매체인 「라인 신문(*Rheinische Zeitung*)」의 편집장을 맡는다. 그러나 그의 급진적 노선으로 검열에 걸려서 2년 만에 쫓겨나고, 신문도 곧 폐간된다.

마르크스와 엥겔스의 『공산당 선언』 1845년 마르크스는 프로이센 정부의 압력으로 프랑스가 내린 추방령에 따라서 벨기에 브뤼셀로 쫓겨난다(1845–1848). 거기서 프로이센 당국의 고소를 피하기 위한 방편으로 프로이센 국적을 포기하게 된다. 그는 계속 공산당 비밀동맹과 접촉하며 계급 없는 세상을 만들기 위한 혁명을 시도했다. 1848년 마르크스는 엥겔스와 '공산주의자 동맹'의 위임을 받아서 『공산당 선언』을 공동집필하고, 1848년 프랑스 2월 혁명 직전에 런던에서 발표한다.

공산당 선언은 "하나의 유령이 유럽을 배회하고 있다"로 시작해서, "만국의 노동자여 뭉쳐라"라는 문장으로 끝맺는다. 제1장 부르주아와 프롤레타리아, 제2장 프롤레타리아와 공산주의자, 제3장 사회주의와 공산주의 문헌, 제4장 반정부적 당(黨)들에 대한 공산주의자 입장으로 목차가 구성된다. 공산당 선언은 "인류 역사는 모두 계급투쟁의 역사이다"라는 명제 아래 유물사관을 요약하고, "계급사회는 프롤레타리아트의 승리로 역사에서 사라지게 될 것"이라고 선언한다.

독일과 프랑스에서의 혁명 시도가 모두 좌절된 후, 1849년 쾰른에서 그는 다시 추방되고 마지막 종착지인 영국으로 갔다. 런던에서 곧바로 새로운 기관지를 발간한다. 가난에 쪼들리던 그의 가족은 5년 사이에 6명의 아이 중 3명을 병으로 잃었다. 1851년에는 미국의 「뉴욕 데일리 트리뷴(*New York Daily Tribune*)」의 고정 칼럼니스트가 되지만, 1862년에 그만둔다. 남북전쟁(1861-1865)이 발발했을 당시 노예제 폐지가 인류의 진보라고 믿었던 그와는 반대로 편집진은 노예제를 옹호하는 남군 편이었기 때문이다.

대영제국 박물관 독서실에서 집필된 마르크스의 『자본론』 오랜 가난에 시달린 끝에 가계의 유산을 받고 엥겔스의 지원으로 생활이 안정되자, 마르크스는 대영제국 박물관 독서실에서 『자본론』 집필에 들어간다. 1852년부터 이어진 그의 정치경제학 연구의 결실은 1867년 『자본론』 제1권으로 출간되었다. 그의 이론체계는 게오르크 헤겔(1770-1831)의 변증법과 루트비히 포이어바흐(1804-1872)의 유물사관을 결합시킨 변증법적 유물론이라고 요약된다. 그의 경제이론은 근본적으로 "노동자는 왜 항상 가난에 쪼들리는가?", "자본가는 일을 하지 않는 데도 왜 점점 더 부자가 되는가?", "자본주의가 과연 이상적인 이론인가?"에 대한 답을 찾는 길잡이였다.

자본주의의 모순을 지적하는 『자본론』의 집필 과정에서, 그는 『국부론』을 수백 번 읽었다고 한다. 그리고 그 책을 가장 많이 인용했다. 제1장은 상품과 화폐를 다루면서 화폐의 물신성에 대해 경고한다. 산업혁명과 분업으로 노동자들이 기계 부품처럼 되고, 필경 자본가에 의한 노동력 착취가 일어날 것이라고 예측한다. 그는 결국 자본주의는 위기를 맞아서 공황에 빠질 것이고, 인류사회는 공산주의, 사회주의로 가게 될 것이라고 주장한다.

마르크스의 쓸쓸한 죽음과 그의 유산 1883년 마르크스는 기관지염 악화로 후두염, 폐렴 진단을 받고, 엥겔스가 지켜보는 가운데 숨을 거둔다. 국적 없이 죽어간 그를 조국은 기억하지 않았다. 런던의 하이게이트 공동묘지에서 열린 장례식에는 11명이 참석했다. 그의 평생 동지인 엥겔스는 "마르크

평생 동지였던 마르크스와 엥겔스

스의 이름과 업적은 대대로 기억될 것"이라는 내용의 조사(弔詞)를 낭독했다. 그의 사후 엥겔스는 『자본론』 제2권(1893)과 제3권(1894)을 엮어서 내놓았다. 배려 깊고 든든한 평생의 '귀인'이 있어서 마르크스의 유고는 세상 빛을 보았다. 마르크스의 『자본론』은 성서보다 더 많이 팔렸다고 한다.

그의 공산주의 사상은 왜곡된 상태로 소비에트, 그리고 중국의 공산주의 혁명의 기초가 되었다. 상당 기간 동안 그의 사상과 이름은 공개적으로 별로 논의되지 못했다. 한국은 분단 상황에서 더욱 그러했다. 그러나 역사의 도도한 흐름에 따라서 상황이 달라져서, 1989년 베를린 장벽의 붕괴, 그리고 1991년 소비에트 연방의 붕괴로 공산주의가 자본주의에 패한 것으로 결말이 났고, 이후 마르크스주의에 대한 담론이 자유로워진 측면이 있다. 자본주의는 역사의 일부로 지나가고, 인류사회가 결국 공산주의와 사회주의로 갈 것이라는 그의 예측이 빗나간 것으로 판정되었기 때문이다.

과학기술에 대한 마르크스주의적인 시각도 실제 역사적 발전과는 거리가 있다. 그들은 생산기술과 그것에 관한 지식을 체계적, 합리적으로 정리한 것을 과학이라고 간주한다. 따라서 과학과 기술이 분리된 경우 과학이 잘못된 방향으로 나아가는 것이라고 규정한다. 그러나 이러한 주장은 실제로 17세기 과학혁명기에 이르기까지 과학과 기술이 별개의 전통이었다는 사실에 대해 설명하지 못한다. 그리스 자연철학 이래 과학과 기술이 각각 학문적 전통과 장인적 전통으로 분리된 채로 독자적인 발전을 이루었다는 것, 그 둘 사이의 상호작용이 거의 없었다는 것 등의 역사적 현상을 설명하지 못하기 때문이다.

이런저런 논란에도 불구하고, 그의 사상은 설문조사 결과에서 역사상 가장 영향력이 큰 것으로 나타나고 있다. 예를 들어 2008년 영국 BBC의 설문조사 결과에 의하면, "지난 1,000년 동안 가장 위대한 업적을 달성한 철학자는 누구였는가?", "가장 큰 영향을 미친 철학자는 누구였는가?"라는 질문에서 모두 마르크스가 1위로 꼽혔다. 그리고 자본주의가 길을 잃고 헤맬 때마다 위기 극복 과정에서 다시 등장하는 이론이 마르크스의 사상이었다. 전 세계가 신자유주의(Neoliberalism)와 금융자본주의의 부작용으로 경제위기의 늪에 빠져 있는 1990년대 이후의 상황에서, 그의 사상에 대한 재해석이 활발한 것도 수정자본주의를 찾는 과정에서 어김없이 나타나는 현상이다.

3) 1차 산업혁명기의 조선은 어떠했나?

그렇다면 영국에서 산업혁명(1760-1830)이 일어나서 인류 문명에 막강한 영향력을 미치게 된 그 시기, 조선의 상황은 어땠을까? 조선왕조 영조(1724-1776 재위), 정조(1776-1800 재위), 순조(1800-1834 재위)의 3대가 정확히 서구의 1차 산업혁명기에 해당한다. 1760년(영조 36년)에는 『일성록(日省錄)』의 기록이 시작된다. 즉위 전인 1706년부터 쓰던 일기를, 즉위 후 국왕의 언행과 정사를 기록한 공식문서로 격상시킨 것이다. 1762년에는 당파싸움으로 사도세자가 뒤주에 갇혀서 참혹한 죽임을 당한다. 1763년에는 고구마가 조선 땅에 들어왔다.

1776년 스미스의 『국부론』이 발간된 해, 조선에서는 정조가 즉위하고 규장각이 설치된다. 1783년에는 박지원의 『열하일기』가 나온다. 1791년에는 금난전권(禁亂廛權)을 폐지하고, 자유로운 상거래가 허용된다. 1792년에는 정약용의 거중기가 발명되고, 1818년에는 『목민심서』가 나온다. 그러나 아쉽게도 정조와 정약용에게서 비롯된 혁신의 기운을 사회발전의 동력으로 삼는 기회로 발전시키지는 못했다.

오히려 서양 문물에 대해서는 1786년 서학을 금한다. 1798년에는 천주교도 탄압사건이 발생하고, 순조가 즉위한 1800년 다시 천주교 탄압 사건이 일어난다. 1805년(순조 5년)에는 안동 김씨의 세도정치가 시작되고, 1811년에는 평안도 농민전쟁, 1814년에는 제주도 민란 등으로 정치사회적으로 혼란에 빠진다. 1831년에는 로마 교황청이 천주교 조선 교구를 설치한다.

제3장

2차 산업혁명과 현대 산업사회의 탄생

1. 2차 산업혁명의 서막

18세기 영국에서 비롯된 1차 산업혁명은 현대 산업문명의 기반을 구축한 사건이었다. 그 뒤를 이은 2차 산업혁명이 1870년대부터 1930년대까지 진행되면서 새로운 문명 형태인 현대 산업사회를 탄생시켰다. 그렇다면 그때 전개된 기술 혁신과 경제적, 사회적, 문화적, 정치적인 영향은 어떻게 요약될 수 있을까? 미국을 본 고장으로 진행된 2차 산업혁명의 핵심 키워드는 철강, 석유, 전기이다. 2차 산업혁명은 19세기 중반 독일의 화학염료 합성에서 시작된다. 이후 미국을 무대로 철도, 강철, 정유, 전기, 자동차, 통신 분야의 산업이 서로 얽히며 극적으로 전개된다. 이 문명사적 사건에서 1차 산업혁명의 원조인 영국은 독일과 미국에게 주도권을 내어준다. 인류 역사는 기술 혁신의 격동기에서 낙후된 국가가 약진할 가능성이 있음을 보여주고 있다. 그 대표적인 사례가 2차 산업혁명기의 미국과 독일의 부상이다.

1) 독일의 염료 합성 : 화학산업의 혁신

2차 산업혁명은 염료의 인공합성에서 시작된다. 1차 산업혁명의 직물산업 기계화를 승계하고, 표백과 염색 기술에서 화학공업이 새로운 길을 닦게 된다. 19세기 이전의 화학기술은 경험적인 지식에 의존하고 있었으나, 산업혁명으로 기계 체계가 자리 잡게 되자 상황이 달라진다. 근대화학의 이론

체계와 새로운 방법론, 그리고 공정장치의 혁신으로 대량생산이 가능해졌기 때문이다.

이때 표백기술은 무기화학에 의존했다. 회즙(灰汁)에 의한 알칼리 처리, 햇빛 건조, 산패 우유에 의한 산 처리, 비누 세척 반복 등의 옛날 방식에서 벗어나서 황산 표백으로 전환된다. 알칼리 처리는 삼림 파괴로 한계에 부딪친다. 1775년 프랑스 과학 아카데미는 소금에서 소다를 얻는 기술에 현상금을 내걸기도 했다. 유리, 직물, 종이, 비누 제조에 알칼리가 필요했기 때문이다. 1791년 프랑스의 니콜라 르블랑이 소다 제조 공장을 세우고, 1861년 벨기에의 에르네스트 솔베이는 새로운 소다 제조법을 고안한다.

염료의 유기합성이 화학산업 선도 2차 산업혁명기의 핵심 분야 중 하나는 화학산업이었다. 초기에는 염료의 유기합성이 선도한다. 인공적으로 합성하기 전까지 물감은 오로지 천연염료에 의존했다. 립스틱 등 화장품과 식품, 음료의 빨간색을 내는 연지벌레, 고대부터 쓰인 알리자린, 인디고, 티리언 퍼플, 꼭두서니 등은 대표적인 천연염료였다. 당시 사정은 영국과 프랑스가 염료작물 시장을 독점하고 있었으므로, 독일은 돈을 주고도 사기가 어려웠다. 돈을 주고도 살 수 없는 상황이 되니 '안보' 차원의 이슈였다.

이 무렵 19세기 중반 독일 기센 대학교의 화학 교수 유스투스 폰 리비히(1803-1873)의 실험실은 유기합성 연구의 메카로 부상해 있었다. 그의 제자 아우구스트 폰 호프만(1818-1892)은 당시 산업 쓰레기와 다름없던 콜타르로부터 아닐린, 톨루엔, 벤젠을 분리하게 된다. 이 쾌거로 독일은 그동안 화학연구의 중심이었던 프랑스를 따돌리고 선두주자가 된다.

최초의 인공염료 모브의 합성, 실패에서 얻은 행운 이어서 독일인으로 런던의 왕립 화학대학의 교수가 된 호프만의 실험실에서 그의 제자 윌리엄 퍼킨(1838-1907)이 엄청난 일을 낸다. 1856년, 18세의 나이에 말라리아 치료제인 퀴닌을 만들려는 과정에서 우연히 염료를 얻게 된 것이다. 더러운 적갈색 침전이 생겨서 당초의 목적에는 실패하고, 이리저리 시도하다가 중간물질인 아닐린에서 청색염료가 합성된 것이다. 이것이 세계 최초의 합성 염료인 모브(아닐린 퍼플 또는 티리언 퍼플)의 탄생이다.

퍼킨과 카로의 알리자린 동시 개발 청색의 모브는 실크에 염색이 잘 되고 인기가 좋았다. 퍼킨은 특허를 내고 공장을 세우고 벼락부자가 된다. 그러나 35세에 사업에서 손을 떼고 다시 연구에 몰두한다. 1869년에는 알리자린 염료를 합성한다. 그런데 공교롭게도 독일 바스프(Badische Anilin und Soda Fabrik : BASF) 사의 화학자 하인리히 카로(1834-1910)가 하루 먼저 알리자린 특허를 신청한다. BASF는 퍼킨이 영국에서의 알리자린의 생산권리를 가지도록 조치를 한다.

이후 여러 나라가 앞다투어 아닐린 염료를 합성하고, 다른 염료도 계속 합성된다. 퍼킨은 인공향수도 개발했다. 1865년 프리드리히 케쿨레(1829-1896)가 벤젠 구조를 밝혀내면서, 유기화학은 합성기술에 날개를 달아준다. 케쿨레는 6개의 탄소가 머리와 꼬리에 철썩 달라붙는 꿈을 꾸고, 육각형 구조에 착안했다.

인디고 합성으로 청바지 염색 1897년에는 인디고 염료가 양산되기 시작한다. 인디고는 4,000년 전부터 알려진 염료였으나 오로지 인도에서 재배되는 인디고에만 의존하고 있었다. 오늘날 청바지 색깔에 쓰이고 있으니 그 중요성은 짐작이 간다. 1880년 이전에도 여러 경로의 합성법이 있었으나 상용화에는 이르지 못했다.

1897년의 인디고 합성도 실패의 결실이었다. 나프탈렌을 발연황산과 가열하는 과정에서 실수로 온도계를 깨뜨렸는데, 그 실수가 행운이었다. 온도계에서 흘러나온 수은이 화합물을 만들고 그것이 촉매 역할을 했음이 밝혀진다. 1897년 독일의 BASF가 인디고 판매를 시작한 후 5년 뒤에 훽스트사도 판매에 들어간다.

인디고가 합성되자 인도의 인디고 수출 물량은 1985년부터 1913년 사이에 20분의 1로 줄어든다. 재배 농가는 일시적으로 타격을 받는다. 그러나 염료 식물 재배에 쓰이던 농지에 다른 작물을 심을 수 있게 됨으로써 장기적으로는 농작물 수확에 기여했다. 꼭두서니를 경작하던 농가의 경우도 그랬다.

이후 여러 가지 인공염료가 합성된다. 극히 소량만으로도 안정되고 강렬한 색상을 값싸게 낼 수 있었으니, 환상적인 성취였다. 그러나 다른 한편으로 염료공업 발전은 환경오염을 유발한다. 1970년대에는 세계 염료 생산량의 15퍼센트가 염료의 합성과 처리과정에서 유실된다는 사실이 알려진다. 그리하여 염료 생산 공정에 색소 오염물질 처리를 위한 흡착, 분해, 광분해, 생분해, 침전 등의 과정이 도입된다.

유기염료합성에서 독일이 메카가 된 이유 2차 산업혁명기에 유기합성 기술과 인공염료 개발의 중심이 된 나라는 독일이었다. 최초로 염료합성에 성공한 영국이 아니었다. 왜 그랬을까? 국가적 역량을 염료합성에 쏟은 독일의 산업화 전략이 있었기 때문이다. 그리고 독일 대학의 기초과학 연구가 축적되고 있었기 때문이다. 독일은 이때 같은 성분이라고 하더라도 합성 공정이 다르면 특허권을 따로 낼 수 있도록 특허법을 개정했다. 혁신 생태계 조성에서 바이엘, 훽스트, 아그파 등 대기업의 기초 연구 지원도 큰 몫을 했다. 산학연관 협력의 인프라가 구축된 것이다. 2차 산업혁명기의 영국은 인공염료를 먼저 합성하고서도 기존의 제도와 교육에 머무르며 제자리걸음을 하고 있었고, 신산업에서 독일에게 밀리게 된다.

1865년 영국의 자동차 적색기법 미국에서 남북전쟁이 끝난 1865년 바로 그해, 영국은 자동차 적색기법(The Locomotive Red Flag Act)을 제정한다. 내용인즉 우습다. 마차와 기차산업의 기득권을 보호하기 위해서 도시에서의 증기자동차 시속을 마차 속도로 제한한다. 3.2킬로미터였다. 자동차 1대마다 운전사, 화부(火夫), 기수(旗手)의 3명을 배정한다. 기수에게 낮에는 붉은 깃발, 밤에는 붉은 등을 들고 자동차보다 앞서가며 "물렀거라"를 하게 규제한 것이다.

요즘 우리나라에서 규제와 관련해서 자주 언급되는 이 특이한 법은 1896년에 가서야 기수를 없애도록 개정된다. 1차 산업혁명의 원조인 영국의 총생산이 19세기 후반에 급감한 것은 아니었다. 그러나 적색기법의 존재는 2차 산업혁명의 무대가 미국으로 넘어간 이유를 상징적으로 보여주고 있다.

2) 플라스틱 시대를 예고하다

2차 산업혁명기의 강철, 섬유, 철도 산업은 1차 산업혁명기와 질적인 차이가 별로 없었다. 새롭게 부상한 분야는 화학산업과 전기산업이었다. 화학산업의 방법론에서도 유기합성이 산업에 본격적으로 활용되고, 촉매법과 전기화학 공정이 효자 노릇을 했다. 합성섬유, 플라스틱, 고무, 전기부품, 비료, 살충제 등이 화학산업의 결실이었다.

19세기와 20세기의 화학기술에는 두 가지 차이가 있었다. 총괄공정 대신 연속흐름법을 도입한 것과 촉매의 사용이 그것이다. 그로써 공정 단계의 자동제어가 진전된다. 자동제어를 위해서 화학산업은 가장 먼저 컴퓨터를 도입한다. 제품 품질이 좋아지고 생산율도 올라간다. 그리고 촉매 사용으로 석유화학공업이 크게 발전한다.

화학에 대한 인식의 전환 근대 과학이 성립한 이후 화학에 대한 인식은 크게 달라진다. "화학 공부는 신사에게는 어울리지 않는다"고 했던 것과는 달리, 왕립학회는 청년들에게 그들의 손으로 직접 실험함으로써 "화학의 경이로움에 가까이 가도록 직접 화로를 만들라"라고 권할 정도였다.

그리고 18세기 계몽사조 말기, 지식층은 수학화, 추상화되어 난해하기 짝이 없는 과학에 대한 반감을 가졌던 반과학주의와는 달리 '화학이야말로 물체의 본질을 파고들어 자연을 이해하는 학문'이라고 보았다. "화학적 지식이 비록 사물의 본질에 대한 근사적 해석일지라도 자연과 이론 사이의 일치에 있어서 보다 정확하다"고 했다.

화학산업 대기업의 약진 2차 산업혁명기에는 산업의 사회사적 측면에서도 새로운 움직임이 나타난다. 산업의 독점 체제로 안정적인 시장을 확보하고, 운영관리상 조직화, 체계화, 표준화가 이루어진 것이다. 제1차 세계대전은 화학산업의 판도에 큰 변화를 가져온다. 전쟁으로 인해서 유기화학에 의한 폭약 수요가 급증하고, 특허를 둘러싸고 화학산업 구조까지 바뀌게 된다. 대기업으로 통합해서 특허를 매입하고, 전문 인력을 스카우트하고, 대형 연구를 수행하는 거대화가 일어났다. 1920년대에 화학산업계는 유니언카바이드, 듀폰, 얼라이드 케미컬이라는 3개의 대기업으로 판이 짜인다.

석유화학공업 시대의 개막 원유는 에너지원으로서 필수불가결의 자원이었다. 그러나 다른 한편으로 그것을 원료로 하여 각종 신소재를 합성하는 산업이 또 하나의 축이었다. 유기화합물을 만드는 데 필요한 탄소 골격을 석유로부터 얻게 된 것은 획기적인 사건이었다. 만일 원유로부터 신소재를 합성하는 길을 찾지 못했다면 현대 문명의 물질적 풍요는 한낱 꿈이었을지도 모른다.

석유화학공업은 원유로부터 에틸렌 등의 기초화학 원료를 얻고, 그것들로부터 갖가지 화합물을 대량으로 합성하는 장치산업이다. 모든 분야로 침투해서 현대 문명의 핵심 산업으로 발돋움한다. 그러나 제2차 세계대전 이후 급팽창한 석유화학공업은 환경과 생태계에 큰 충격을 주는 것으로 밝혀진다. 가장 획기적인 합성 산물인 플라스틱 등 고분자화합물이 생태계에서 잘 분해되지 않고, 악영향을 미치는 것으로 알려졌기 때문이다. 오늘날 글로벌 이슈로 대두된 플라스틱의 합성은 1860년대 천연 고분자 화합물을 인공적으로 변형시키는 반합성 연구에서부터 시작되어, 이후 1930년대에 크게 활성화된다.

파크신, 레이온　반합성의 최초 기록은 1862년 런던의 국제 대박람회에서 공개된 파크신(parkesine)이었다. 알렉산더 파크스는 전기 절연체를 얻으려다가 파크신을 얻는다. 구부릴 수 있고, 투명하고, 냉각 성형되는 등의 물성을 가진 파크신은 고무를 대체하게 된다. 1865년 미국의 존 하이엇은 열가소성의 셀룰로이드를 합성한다. 이후에 인화성이 적은 아세트산 셀룰로스로 개량해서 영화 필름 등의 재료로 쓰인다. 1890년대에는 값비싼 천연 거북이껍질, 상아 등을 대체하여 당구공 제조에 쓰인다.

1891년에는 파리에서 레이온이 출현한다. 목재 펄프를 정제해서 셀룰로스 섬유로 만든 레이온은 그 광택이 아름다워서 실크 대용품이 된다. 레이온은 초기에는 인화성이 높았다. 1897년 독일의 스피틀러는 우유의 카제인과 포름알데히드를 중합시켜서 갈라리드라는 상품을 출시한다. 이 반합성의 고분자는 열가소성이 아니라 열경화성이라는 점에서 셀룰로이드와는 달랐다. 이것은 단추 제작에 널리 쓰인다.

진짜 플라스틱의 등장　열경화성의 완전한 인공 플라스틱은 20세기에 개발된다. 1907년 미국의 리오 베이클랜드가 개발한 베이클라이트가 효시이다. 페놀과 포름알데히드의 축합반응(縮合反應)으로 얻은 베이클라이트는 열경화성과 스트레스 내구성으로 1930년대 시계, 전화기 등의 재료로 인기를 누린다. 베이클랜드는 벨록스 특허를 코닥 사에 넘겨서 이미 부자가 된 뒤였다. 같은 시기 영국의 전기공학자 스윈번도 절연체 연구를 하다가 똑같은 결과를 얻는다. 그러나 베이클랜드보다 하루 늦게 특허를 출원하게 된다.

베이클라이트의 개발은 과학사의 '동시 발견의 사례'에 속한다. 아무런 교신이 없이 독립적으로 연구하면서 똑같은 시기에 똑같은 발견 또는 발명을 하는 것이다. 과학사에서 미적분학은 동시 발견의 사례로 유명하다. 영국의 아이작 뉴턴(1643-1727)과 독일의 고트프리트 라이프니츠(1646-1716)는 미적분학 우선권을 둘러싸고 양국의 과학자 사회에서 오랫동안 논쟁을 빚었다. 결국 두 거물이 독립적으로 연구해서 동시에 창안한 것으로 결론을 지었다.

셀로판, 폴리염화비닐, 폴리염화비닐리덴 합성 1912년에는 스위스의 화학자 자크 브란덴버거가 셀로판(cellophane) 특허를 획득한다. 셀로판은 셀룰로스(cellulose)와 투명(diaphane, transparent)의 합성어이다. 셀로판은 방수성 테이블보를 만들기 위한 연구의 결과였으며, 생산 공장은 프랑스에 세워진다. 1912년 미국의 휘트먼 사는 캔디 포장에 셀로판을 사용한다. 1924년까지는 프랑스산 셀로판을 수입한다. 1927년에 듀폰 사가 습기가 완전히 차단되도록 셀로판을 개량하는 것에 성공하면서 셀로판은 모든 가정으로 들어가게 된다.

폴리염화비닐은 흔히 비닐이라고 부르는 고분자이다. 원래 고무 대용으로 1872년에 개발되나 1926년까지 상용화되지는 못했다. 제2차 세계대전 이전에 독일과 미국에 공장이 건설되고, 의료용, 건축용으로 널리 쓰이게 된다. 한편 폴리염화비닐과 이름이 비슷한 폴리염화비닐리덴은 1933년 다우 케미컬의 실험실에서 우연히 만들어진다. 초기에는 저항성이 높고 소금물에 부식되지 않는다는 특성 때문에 전투기 코팅의 군사적 용도로 쓰인다. 그러나 투명하고 질기고 점착성이 있어서, 1953년 사란 랩으로 출시되어 오늘날까지 육류 등 식품 포장에 널리 쓰이고 있다.

폴리에틸렌, 폴리프로필렌, 폴리스티렌의 합성 폴리에틸렌은 1898년 독일 화학자 한스 폰 페치만이 우연히 만들어낸다. 원래 공정은 고온고압법이었고, 생성물은 저밀도 폴리에틸렌이었다. 영국 임페리얼 케미컬 인더스트리 사가 제2차 세계대전이 터지던 날 최초로 생산한다. 초기에는 특수 전기부품으로 쓰이다가 주방용 가정용품으로 확대되고, 미국에서 대량생산된다. 1953년부터는 저온저압법을 이용해서 고밀도 폴리에틸렌까지 생산하게 된다. 이 공정을 개발한 것은 각각 독일과 이탈리아에서 폴리에틸렌을 독자적으로 연구하고 있었던 카를 치글러(1898－1973)와 줄리오 나타

(1903-1979)였다. 이 역시 동시 발견의 사례로 이들은 1963년에 노벨 화학상을 공동수상했다.

이어서 나타는 치글러 형태의 촉매를 써서 1954년에 폴리프로필렌 합성에 성공한다. 1957년 이탈리아 몬테카티니 사가 폴리프로필렌 생산에 들어가면서, 폴리프로필렌을 몰딩, 필름, 섬유 등 다양한 형태로 널리 쓰이게 된다. 폴리스티렌은 1930년대 개발, 1940년대에 생산되었고 점차 내충격성을 높이면서 아세트산 셀룰로스를 대체하게 되었다.

폴리에스터 합성 폴리에스터는 1950년대 듀폰의 섬유 브랜드 데이크론으로 출시되었다. 폴리에스터는 물빨래가 가능한 신소재 섬유로 각광을 받으며, 1980년대 패션 혁명을 일으킨다. 폴리에틸렌 테레프탈레이트(Polyethylene Terephthalate)의 머리글자를 따서 명명한 PET는 폴리에스터 계열로, 병과 같은 용기로 쓰인다. 섬유의 경우에는 보통명사로 폴리에스터라고 부른다. 섬유용이 세계 폴리에스터 생산량의 60퍼센트 이상이다. 폴리에스터는 세계 폴리머 시장의 18퍼센트 수준이고, 폴리머 가운데 폴리에틸렌, 폴리프로필렌, 폴리염화비닐 다음으로 생산량 4위이다.

1939년 뉴욕 세계박람회에 등장한 나일론 1939년 뉴욕 세계박람회에 구름같이 몰려든 사람들은 신소재 시대가 열렸음을 실감한다. 나일론 스타킹의 출현을 눈으로 직접 보았기 때문이다. 듀폰의 월리스 캐러더스(1896-1937)가 개발한 나일론은 합성섬유의 대명사이다. 1910년 무렵까지 화약 제조 공장을 운영했던 듀폰은 제1차 세계대전이 끝난 후 독점적 군수산업체라는 이미지를 벗기 위한 시도의 일환으로 유기화학 기초 연구와 염료 응용 연구실에 예산을 집중 투입한다. 그러나 기초 역량이 미흡함을 절감하고, 독일의 기술자에게 손을 내민다.

이어 듀폰은 1925년경 1,200명의 화학자를 고용하며 고분자화학의 기초 연구 투자를 대폭 확대한다. 그 무렵 1927년에 하버드 대학교 출신으로 화학강사였던 캐러더스가 발탁되고, 고분자화학 연구에 몰두하게 된다. 이때 연구를 지원했던 화학부장 찰스 스타인의 리더십이 연구 활성화에 결정적인 역할을 한다. 1930년에는 예기치 않게 합성고무인 네오프렌을 만들게 되고, 10년 뒤 생산 체제로 회사에 큰 수익을 안겨준다.

캐러더스의 죽음 이후 스타인이 승진해서 자리를 떠나면서, 캐러더스는 갈등에 빠진다. 캐러더스는 상용화가 확실한 제품을 개발하라는 경영진의 압박에 심적인 부담을 느끼며 다시 나일론 연구로 돌아오고, 결과를 얻는 데에 성공한다. 그가 처음 개발한 것은 헥사메틸렌디아민과 아디프산, 즉 탄소사슬 6개짜리의 두 가지 원료를 중합시킨 것으로 파이버 66이라고 불렸다.

이러한 성공에도 불구하고 캐러더스는 그 과정에서 심한 우울증으로 정신과 치료까지 받는다. 1937년 누이의 죽음으로 실의에 빠지고, 결국 필라델피아 호텔 방에서 청산가리를 먹고 자살한다. 그의 나이 41살 때이다. 과학계는 미국의 노벨상 수상자 후보를 잃은 것을 애석해 했다. 미국 과학아카데미는 그를 회원으로 추서한다. 기업 연구소의 연구자에게 주어진 최초의 영예였다.

그가 죽은 뒤 발표된 1938년의 보고서에는 "석탄과 공기와 물로부터 거미줄처럼 가늘고 강철보다 강한 실"을 개발하는 데에 성공했다고 적혀 있었다. 나일론은 1939년 생산되기 시작한다. 1930년대 미국은 실크 수입의 90퍼센트를 일본에 의존하고 있었다. 그중 75퍼센트 이상이 스타킹 제조에 쓰였다. 1939년에 나일론 스타킹이 시판되자 3시간 동안에 4,000켤레가 팔린다.

나일론과 태평양전쟁 1941년 일본의 진주만 폭격으로 태평양전쟁이 발발하자 일본으로부터 실크 수입이 끊긴다. 이제 나일론은 민수용 공급이 중단되고 모두 군수용으로 투입된다. 미국 여성들은 나일론을 군으로 보내고, 스타킹 대신 물감으로 다리에 스타킹 선을 그려 넣었다고 한다. 전쟁에서 미국이 이긴 것은 나일론을 낙하산 로프, 재킷 등의 군수용으로 유용하게 썼기 때문이라는 말도 있다. 제2차 세계대전 중에는 플렉시글라스, 실리콘, 우레탄 등이 개발되어 군수용으로 쓰인다.

전쟁이 끝난 뒤에는 나일론의 인기가 다시 치솟는다. 1만3,000켤레의 나일론 스타킹을 사는 데 4만 명이 몰려들었다고 한다. 레이온은 값비싼 실크를 대체했고, 의류 제작에 사용되는 등 용도가 계속 확대된다. 과학사에서 나일론의 개발은 '기초 연구에 바탕을 둔 산업적 기술'과 '전문 공학자이자 경영인의 체계적인 과학적 관리'가 빚어낸 결실로 평가된다. 기업의 기초 연구 투자, 연구행정의 탁월한 리더십이 캐러더스의 불행한 죽음에도 불구하고 신소재 시대를 연 것이고, 이는 2차 산업혁명이 불러온 변화였다.

2. 미국 2차 산업혁명의 시대적 배경

1) 노예제와 남북전쟁: 미국의 아이콘 링컨 대통령

19세기 중반 미국은 노예제를 둘러싼 갈등으로 사분오열의 상태였다. 그 당시의 미국 지도를 보면, 노예제를 반대하는 유니언 주, 노예제를 찬성하는 남부연합, 노예제를 채택한 남부 주 가운데 북부와 타협 태도를 보였던 경계 주, 그리고 노예제 허용을 결정하지 않은 서부 등으로 구획되어 있었다. 노예제를 기준으로 국가가 완전히 분열된 상태였다.

미주리 타협안의 폐기 미국의 각 주와 구역이 노예제를 채택하는 방식은 1820년 5대 대통령 제임스 먼로(1817-1825 재임) 때 제정된 '미주리 타협(The Missouri Compromise)'안에 정해져 있었다. 이 타협안은 의회에서 노예제를 허용한 주와 금지한 주 사이의 힘의 균형을 유지하기 위한 고육지책으로 나온 것이었다. 내용인즉 미주리 주는 노예제를 허용하고, 메인 주는 노예제가 없는 주로 규정하고 있었다. 또한 미주리를 제외하고는 북위 36도 30분 이상의 구역은 노예제를 금지하도록 규정하고 있었다. 이처럼 국가가

법에 의해서 위도를 기준으로 노예제 허용 여부를 결정한 것이 타당한가를 둘러싸고 찬반 양측으로 나뉘어 논란이 분분했다.

13대 대통령 밀러드 필모어(1850-1853 재임)는 12대 대통령 재커리 테일러(1849-1850 재임)가 콜레라로 급사하면서, 뜻하지 않게 부통령에서 대통령직을 승계한다. 그는 1850년 도망노예법(Fugitive Slave Act)을 시행하여 연방정부가 도망간 노예를 소유주에게 돌려주는 것을 지원하도록 했다. 이 때문에 그는 북측으로부터 비난의 대상이 되었고, 급기야 자신의 출신정당인 휘그당의 붕괴까지 초래하게 된다. 필모어 대통령이 노예제를 지원해준 이유는 면화산업 중심의 남부연합의 사정을 고려해서 노예제를 건드리는 것은 남부 경제에 타격이 될 것이라고 보았기 때문이다.

14대 프랭클린 피어스 대통령(1853-1857 재임)은 사가들에 의해서 최하위권의 평가를 받는 대통령이었다. 그 이유는 노예제를 둘러싼 갈등에 대해 우유부단하게 대응했다는 것 때문이었다. 그는 취임 이듬해에 통과된 1854년의 캔자스-네브래스카 법(Kansas-Nebraska Act)에서 노예제 허용 여부를 캔자스 구역 주민의 일반투표로 결정하도록 했고, 이는 당시 상원의 압박에 승복한 결과였다.

실상 캔자스-네브래스카 법은 미주리 타협의 폐기를 의미했다. 캔자스-네브래스카 법의 초기 목표는 수천 개의 새로운 농장을 개방해서 중서부 횡단철도 건설을 가능하게 하자는 취지였다. 그리고 캔자스와 네브래스카 구역을 설치하고, 각각 주민투표에 의해서 노예제 허용 여부를 결정한다는 것이었다. 그러나 법 제정 이후 3년 만에 미주리 타협안은 대법원에서 위헌 판결을 받게 된다. 의회가 미시시피 강 서쪽과 북위 36도 30분 위쪽에서는 노예제를 금지하는 권한이 잘못되었으므로 인정하지 않는다는 판결이었다.

블리딩 캔자스 사태 캔자스-네브래스카 법은 계속 논란에 휩싸인다. 노예제를 허용 또는 불용한 상태에서 캔자스 구역이 유니언에 가입할 것인지를 놓고 폭력 사태가 벌어진다. 1854-1861년 사이 '블리딩 캔자스' 또는 '경계 전쟁'이라는 일련의 유혈사태가 그것이었다. 캔자스와 이웃 미주리까지 노예제 찬성 측(Border Ruffians)과 반대 측(Free-Staters)으로 갈라져 폭동과 살인 등 극심한 사회혼란이 계속된다. 14대 대통령 피어스 때부터 벌어진 폭력 사태는 15대 대통령 제임스 뷰캐넌의 임기 중에도 계속되었고, 16대 대통령 에이브러햄 링컨에 이르러서 급기야 남북전쟁으로 폭발하게 된 것이었다.

남부연합과 분리 독립 19세기 중반 노예제를 둘러싸고 남과 북은 경제적, 문화적으로 심각하게 분열된 상태였다. 이 와중에 1850년 사우스 캐롤라이나와 미시시피는 분리 독립을 했다. 1860년까지는 남부의 농업경제와 노예 의존형 면화업을 위해서는 노예제가 해법이라고 믿고 있었다. 1860년에 남부연합은 11개 주로 늘어난다. 이들의 분리 독립 사태에 대해서 전혀 대응을 하지 못했다는 이유로 여러 명의 대통령이 두고두고 기대 이하라는 평가를 받게 된 것이다. 전문가들은 대통령이라는 자리는 임기 중이나 그후에 발생하는 모든 상황에 대해서 책임을 질 수밖에 없는 운명이라고 말하고 있었다.

휘그당 출신의 4명의 대통령과 노예제 휘그당은 1833년부터 1856년까지 미국 의회의 양당제에서 중요한 역할을 했던 정당이다. 7대 대통령 앤드루 잭슨(1829-1837 재임)의 독재, 그리고 민주당의 리더십에 의한 잭슨 방식의 민주주의에 투쟁하기 위하여 미국의 독립정신을 되살려서 결성된 정당이 바로 휘그당이었다. 그들은 행정부보다 의회의 중요성을 강조하며 현대화 프로그램을 추진했다. 잭슨은 미국 역사상 처음으로 저격을 받고도 살아남은 대통령이었다. 물론 그 뒤로는 여럿이 있었지만.

휘그당은 20여 년 존속하는 동안에 선거와 승계에 의해서 4명의 대통령을 배출했다. 그리고 그들 모두가 노예제 지지로 인해 물의를 빚게 된다. 9대 대통령 윌리엄 해리슨(1841 재임), 10대 대통령 존 타일러(1841-1845 재임), 12대 대통령 테일러, 13대 대통령 필모어가 그들이다. 이 중 테일러와 필모어는 대학교육을 받지 않았다. 해리슨은 하원의원, 상원의원을 지낸 뒤 1840년에 9대 대통령으로 당선되었으나 취임 32일째 되는 날 감기가 폐렴으로 번져서 급사한다. 그리하여 임기 중 백악관에서 죽은 최초의 대통령이 된다. 그의 손자인 벤저민 해리슨이 23대 대통령(1889-1893 재임)이다.

10대 대통령 타일러는 해리슨의 죽음으로 대통령직을 승계하지만, 이후 당에서 밀려나고 만다. 12대 대통령 테일러는 멕시코-미국 전쟁(1846-1848)의 영웅으로 추앙받았다. 그러나 눌변인데다가 정치에 전혀 관심이 없어서 자신이 출마한 선거에도 투표하지 않을 정도였다. 그는 취임 이듬해에 복통 증세로 급사한다. 독살설도 떠돌았으나, 1991년 재검시를 실시한 결과 콜레라가 사망 원인으로 밝혀졌다. 13대 대통령 필모어는 개인적으로는 노예제에 찬성하지 않았다. 그러나 남부의 경제를 위해서 노예제를 유지하자는 편에 섰고 결국 휘그당 출신의 마지막 대통령이 된다. 휘그당은 노예제를 지지하다가 노예제를 구역으로 확대할 것인지를 두고 분열했고, 결국 역사 속에서 사라져버렸다.

공화당의 출현 링컨도 한때 '프론티어 일리노이'의 휘그 리더였다. 그러나 1854년 캔자스-네브래스카 법에 분개하고, 그 법에 반대해서 공화당을 만든다. 휘그당의 소멸로 일부 지지자들은 공화당으로 돌아섰다. 공화당은 GOP(Grand Old Party)라고 불리며, 미국 양당제의 한 축이 되었다. 1854년에 서부 구역으로의 노예제 확장에 반대하기 위한 목적으로 창당된 공화당은 남북전쟁 이후 흑인의 인권보호에 적극 나선다. 미국 카툰의 원조로서 현대판 산타클로스의 모습을 그려낸 토머스 내스트(1840-1902)는 공화당의 정치적 심볼로 코끼리를 그렸는데, 오늘날까지도 계속 쓰이고 있다.

미국의 아이콘 링컨 대통령 공화당을 창당한 링컨은 1860년의 대선에서 승리를 거둔다. 미국 역사상 최초의 공화당 출신의 대통령이 된 것이다. 당시의 선거 이슈도 역시 노예제였다. 1861년 남부연합의 7개 주는 멕시코-미국 전쟁(1846-1848)의 영웅 제퍼슨 데이비스(1861-1865)를 대통령으로 추대한다. 이미 1860년에 사우스캐롤라이나 주는 분리 독립을 한 상태였고, 6개 주가 유니언을 탈퇴했다.

링컨은 원래는 보수주의 편이었다. 다만 노예제가 서부로 확대되는 것을 막아서 현상 유지를 한다는 것이 당초 그의 목표였다. 그러나 당시의 복잡한 상황을 관리하는 과정에서, 자신의 처음 의지와는 달리 점차 진보적인 성향으로 바뀌게 되었고, 노예제 폐지를 목표로 삼고 결행을 하게 된 것이었다.

1861년 4월에는 남부연합이 사우스캐롤라이나 주에서 공격을 자행한다. 링컨은 최대한 확전을 피하려고 했으나, 지원군을 파견하는 사이 남군이 공격을 개시하는 궁지에 몰린다. 4개 주가 추가로 남부연합에 가입했고, 전세는 남부군 리 장군의 승세였다. 게티즈버그 전투는 북군의 처참한 패배였고 링컨은 실의에 빠지기도 한다. 그는 전쟁의 총사령관으로서 게티즈버그로 가서 그 지역을 국립군사묘지로 선포한다. 전쟁은 링컨이나 데이비스가 예상하지 못한 상태로 악화되었으며 희생자는 60만 명에 달했다.

링컨의 재선 성공 1864년 무렵 미국 사회는 종전(終戰)으로 민심이 돌아선다. 그 가운데 대선 일정을 앞두고, 선거 두 달 전부터 북군의 전세가 호전되고 있었다. 링컨은 재선에 성공하고, 1865년 3월 4일 철 돔으로 새 단장을 한 의사당 앞에서 5만 여 명의 군중이 지켜보는 가운데 재선 취임식을 한다. 그는 첫 번째 취임 때와는 전혀 다른 새사람이 되어 있었다. 그의 정치적 지향은 '모두를 위한 인류애, 모두를 위한 자비'였고, 평화와 재건이 목표였다.

링컨의 일생은 고난의 연속이었다. 9살 때 어머니를 여의었고, 그때부터 가게에서 일했다. 초등학교도 중퇴했고 대학은 문전에도 가지 못했다. 22세 때 일하던 가게에서 해고를 당하고, 다음 해 빚을 얻어 친구와 가게를 차린다. 그러나 친구가 죽어서 혼자 빚을 갚는 데에 15년이 걸린다. 30세 때 약혼녀가 갑자기 죽고 35세 때 결혼을 하는데 아내는 악처로 소문이 난다. 지방 하원의원에 출마했다가 세 번 낙선했다. 상원의원에 두 번 출마했다가 낙선했고, 49세 때 부통령으로 출마하지만 또 낙선한다. 그 뒤 52세에 대통령이 되었다. 링컨 부부는 4명의 아들을 두었으나, 맏이를 빼고 3명이 죽었다. 둘째인 에디는 4살에 폐결핵으로, 셋째인 윌리는 1862년 대통령 재임시절 11살에 장티푸스로, 넷째 테드는 18살에 심장병으로 세상을 떠났다. 그로 인해서 아내 메리는 정신병원에 들어갔고, 링컨은 우울증에 시달렸다. 윌리를 잃은 뒤 그는 실의에 빠져 백악관을 떠나 출퇴근을 하면서 임기의 4분의 1을 보내기도 했다.

링컨, '제2차 미국혁명'의 아버지 링컨의 강력한 리더십과 공화당의 지원으로 1865년 노예제가 폐지된다. 드디어 미국이 하나의 국가로 통일된 것이었다. 그런 의미에서 링컨은 '제2차 미국혁명'의 아버지라고 불린다. 또한 미국인이 가장 존경하는 대통령으로 기록된다. 대통령 임기 중에 가장 많이 늙어버린 대통령으로도 기록된다. 그는 조각(組閣)에서 자신의 정적이었던 4명을 장관에 임명하는 포용의 정치를 실천한 진정한 정치인이었다.

링컨은 연설문을 직접 썼다. 대통령이 되기 전후의 연설문 중 11가지가 유명 연설로 꼽힌다. 특히 다섯 가지의 초안이 알려진 1863년 11월 펜실베이니아 게티즈버그 연설문과 1865년 4월 재선 취임 연설문이 감동적이다. 남북전쟁 전후를 정치 지도자로 살았던 링컨은 분열을 통합으로 이끄는 과정에서 민심의 중요성을 이렇게 피력했다. "민심이 전부다. 민심을 얻으면 못할 것이 없다. 민심을 잃으면 아무것도 할 수가 없다. 결국 민심을 얻는 이가 법령 제정이나 정책 결정을 하는 사람보다 더 많은 일을 해낸다."

링컨의 암살 1865년 4월 9일 남부군의 리 장군은 마침내 항복을 한다. 남북전쟁 이후 현충일이 제정되는데, 모든 전몰 병사들을 기리며 공무원이 사흘 동안 연휴를 가질 수 있도록 1971년에는 5월의 마지막 월요일을 현충일로 정하게 된다. 남부군이 항복한 지 닷새 지난 4월 14일 금요일 저녁에 링컨 부부는 포드 극장으로 코미디 연극 「우리 미국인 사촌(Our American Cousin)」을 보러 간다. 거기서 유명 배우 존 부스의 손에 저격당하고, 이틀날 새벽에 운명한다. 이 암살 음모에 가담한 남부 추종자들은 8명 이상이었고, 그들의 저격 대상도 여럿이었다. 국무장관은 칼에 찔리는 부상을 입었다. 북부는 링컨의 죽음을 애도했고, 남부는 링컨의 사망 소식에 기뻐했다. 남북전쟁은 끝났으되 남북의 원한의 골은 여전히 깊었다.

앤드루 존슨 부통령은 부스가 암살을 지시했던 암살범이 술에 취해버리는 바람에 살아남아서 17대 대통령(1865-1869 재임)이 된다. 존슨은 남부 출신에 민주당 소속이라는 이유로 득표 전략과 포용 정치의 메시지를 전하기 위해서 선택된 인물이었다. 학교라고는 다닌 적이 없고, 독학으로 글을 배웠다. 그는 대통령 암살로 인해서 대통령에 오른 최초의 인물이었다. 취임 후 의회와 갈등을 빚던 끝에 탄핵당할 위기에 몰렸다가, 한 표 차이로 살아나서 소리 없이 임기를 마친다. 존슨의 탄핵 사건 이후 30년간 대통령의 권력이 약화되는 결과를 빚게 된다.

코튼 진이 이룩한 면화산업 혁신 18세기 미국에서 개발된 가장 혁신적인 기계는 면화에서 씨를 빼내는 '코튼 진(cotton gin)'이라는 조면기였다. 영국에서 비롯된 1차 산업혁명의 핵심인 직물산업은 방적기, 역직기 등의 새로운 기술 혁신에 의해서 가능했다. 그러나 면화에서 씨를 빼내는 코튼 진은 미국의 독자적인 발명품으로 작지만 획기적인 발명이었다. 이는 1차 산업혁명기인 1793년 미국 북부 매사추세츠 주 출신의 엘리 휘트니(1765-1825)가 남부 지역을 방문하면서 개발한 간단한 장치였다.

미국은 영국의 1차 산업혁명기의 직물산업 발전으로 대규모 면화시장을 확보하게 된다. 그때 가장 장애가 된 것이 면화에서 씨를 빼내는 과정에 일손이 많이 들어간다는 것이었다. 따라서 코튼 진의 개발은 면화산업의 축복이었다. 휘트니는 코튼 진의 특허를 낸다. 그러나 그것과 상관없이 기계가 복제되어서 널리 퍼져나갔다. 코튼 진의 발명으로 이제 목화를 따는 노예만 있으면 수익이 보장되는 호황이 된다. 따라서 남부는 목화를 계속 심었고, 노예의 일손은 필수불가결이었다. 남부의 면화업은 1860년대까지 수출산업의 60퍼센트를 차지했다. 코튼 진은 점점 크기가 커지면서 증기기관으로 가동하게 된다.

한편 북부의 상황은 달랐다. 2차 산업혁명이 본격화되기 이전에 이미 증기기관을 이용하는 면직물 공장이 들어서면서 제조업이 기계화되고 있었다. 따라서 노예제의 필요성이 없어져버렸다. 결국 북부로부터의 산업혁명 전파로 기계화가 남진을 하면서, 노예제 유지보다 공장 기계화에 경제적 비용이 덜 들게 되었다. 이는 노예제 폐지의 요인으로 작용했다.

2) 2차 산업혁명과 농업기술 혁신

2차 산업혁명에서도 강조된 농업기술 혁신 정책 미국의 농업 중시 정책은 산업혁명에서도 빛났다. 19세기 중반에는 증기기관으로 작동되는 쟁기가 개발되어 경작 속도가 빨라진다. 그 결과 소맥, 대맥의 평균 수확량이 30퍼센트 늘어나는 등 기계영농으로 농작물 생산량이 급증한다. 그리하여 1860–1910년 사이에 경작지 면적은 2배 늘어나고, 밀은 4배, 옥수수는 3.5배, 면화는 3배가 증산된다. 2차 산업혁명기의 농기계 개발은 현대식 기계영농 시대의 서막이었다.

콤바인에서 트랙터로 넓디넓은 농경지에서 농작물을 손으로 수확한다는 것은 엄두내기가 어려운 일이었다. 따라서 농작물 수확을 높이기 위한 농기구 혁신으로 곡물을 베는 리퍼, 탈곡기, 철제 쟁기 등이 이미 쓰이고 있었다. 19세기 초반에는 이들 기능을 모두 합친 콤바인이 개발된다. 콤바인은 거의 모든 곡물의 수확, 탈곡, 까부르기를 하나의 과정으로 통합해서 영농의 효율을 높이는 획기적인 농기구였다. 미국에서는 1835년 하이럼 무어가 최초의 콤바인 특허를 얻는다. 그로써 여러 마리의 말이 끌면서 넓은 농지의 곡물을 수확하게 된다. 1890년에는 가솔린으로 가동되는 트랙터가 출현한다. 트랙터는 수천 년 동안 농사의 파트너였던 말과 소의 힘을 대체하게 된다.

1862년 홈스테드 법이 만든 농업 혁신 기계 영농화 못지않게 산업혁명기의 농업 혁신을 촉진한 것은 1862년의 홈스테드 법(Homestead Act)이었다. 이 법은 둘 중 하나를 선택하게 했다. 하나는 가구당 10달러를 내면 160에이커의 농지를 무상으로 임대해서 5년간 농사를 지을 수 있게 하는 것이었고, 또 하나는 1에이커당 1.5달러 비용으로 농지를 살 수 있게 하는 것이었다.

이 제도에 힘입어 수많은 가구가 1870년대 켄터키, 미주리, 일리노이 주로 이주하며 홈스테드에 참여했다. 그러나 가물고 척박한 조건에서 곡물의 작황이 나빴으므로, 격년제로 농사를 짓는 드라이 농법이 도입된다. 그리고 그것에 가장 적합한 작물로 밀을 대량 경작하게 된다. 이후 미국 국토의 10퍼센트인 1억6,000만 에이커의 땅이 홈스테드 자영지로 전환되었다. 그 당시로서는 특이하게 여성과 이민자에게도 홈스테드 참여가 허용되었다.

이러한 제도에 힘입어 1850-1890년에는 동일한 면적의 농지에서 산출되는 농작물 수확량이 3배로 늘어난다. 1890년대에는 오히려 잉여생산이 현안으로 떠오른다. 게다가 밤에는 춥고 낮에는 뜨거운 열악한 주거 환경에서 고전하게 되면서, 1900년경 홈스테드의 80퍼센트가 5년을 채우지 못하는 상황으로 바뀐다.

홈스테드 제도는 1916년에 이르기까지 여러 가지 법에 의해서 확대되고 있었다. 그 결과 기계영농으로 일손을 줄이면서 생산성을 크게 높일 수 있었고, 홈스테드 법으로 농지를 미시시피 강 서쪽의 대초원으로 넓혀갔다. 또한 기차와 철도의 보급으로 판매망을 넓혔고, 폐기물 발생을 줄이고 농가의 수익을 높이는 등 산업혁명기 미국의 농업은 일대 혁신을 이루게 된다.

서부로의 골드러시 홈스테드 법이 혁신의 바람을 일으키던 그 시기에 미국 서부로의 골드러시가 일어난다. 이 과정에서 약탈로부터 자기방어를 할 수 있도록 보호하기 위해 비질란트 법(Vigilante Act)이 제정된다. 그리하여 서부 영화의 한 장면처럼 보통 사람들도 로프와 총을 소유할 수 있게 되었다. 최근 미국에서 계속 심각한 사회적 논란을 빚고 있는 총기 소지는 미국 산업혁명기에 광물자원을 찾아서 러시를 이루었던 서부개척 시대의 사회문화적인 유전자라고 할 수 있다.

카우보이의 전성시대도 1860-1890년 산업화 과정에서 일어난 변화였다. 이 기간 동안 미국의 인구는 2배 이상으로 늘어났다. 식량 공급을 위해서 축산업도 활기를 띤다. 텍사스에서 방목한 소떼는 시카고, 피츠버그, 세인트루이스 등 대도시로 이송해야 했으므로, 소몰이 카우보이가 필요했다. 텍사스에는 400만 마리의 소가 있었고, 캔자스 주에는 카우보이 집합소가 만들어졌다. 이들은 소떼를 이끌고 텍사스로부터 여러 대도시로 이동한다. 그 이동 과정에서 홈스테드 농지는 엉망이 되었고 농가들의 반발을 샀다. 1890년 무렵에는 기차를 이용해서 가축을 실어 나르기 시작했고 카우보이 전성시대는 저물어간다.

도시의 성장, 일자리를 찾아서 도시로 2차 산업혁명으로 미국은 시골 풍경의 농업국가로부터 공장 지대가 들어선 산업국가로 탈바꿈한다. 지역적으로는 북부 도시에서 혁신 산업이 성장하고 있었고, 남부 지역은 남북전쟁으로 인한 상처를 극복하지 못한 상태였다. 이민자들도 엘리스 섬에 위치한 이민국을 거쳐서, 그곳에서 가까운 동북부 지역에 거주하며 직장을 찾고 있었다. 소규모 영세 기업은 대기업으로 합병되고 있었고 그 배경에는 정부의 지원이 큰 몫을 한다.

미국의 산업혁명은 산업 혁신에서 나아가 국가 전체의 모습을 바꾸어놓는다. 그중 도시의 출현은 상징적인 변화였다. 1860-1910년 사이에 도시에 사는 인구는 600만 명에서 4,400만 명으로 늘어난다. 대도시도 생겨난다. 1870-1890년 사이 뉴욕은 인구 200만 명, 시카고와 필라델피아는 인구 100만 명의 대도시로 성장하고 있었다. 볼티모어, 보스턴, 세인트루이스도 19세기 후반에 성장한 도시였다. 사람들이 도시로 몰려든 이유는 일자리 때문이었다.

일자리를 찾아서 미국으로 이민 러시 산업혁명으로 미국에 일자리가 늘어나게 되자, 1870년 무렵 미국으로의 이민 러시가 시작된다. 1870년대에는 연간 40만 명의 이민자가 엘리스 섬을 거쳐서 들어오고 있었다. 이 숫자는 1882년에는 연간 80만 명으로 2배로 늘어난다. 초기의 이민자들은 영국과 북유럽으로부터 들어오고 있었다. 1880년대 후반에는 동유럽, 서유럽, 남아프리카, 남아메리카로부터 들어온다. 세계 곳곳으로부터의 이민 인구가 급격히 늘어나면서, 새로운 사회문제가 대두된다. 이민자들은 대부분 빈곤했고, 급팽창한 도시는 보건 위생, 쓰레기 처리, 혼잡, 안전 등의 관리가 제대로 되지 않아 열악하고 위험한 환경에 처하게 된다. 여기에 이민으로 인한 문화적인 충격까지 겹치며, 이민자 문제는 복합적인 양상으로 전개된다.

3) 2차 산업혁명과 식품산업

(1) 식품안전 규제

2차 산업혁명의 본산인 미국은 19세기부터 식품안전과 첨가물에 대한 제도를 도입한 나라이다. 그 전통으로 오늘날에도 미국 식품의약국(Food and Drug Administration : FDA)은 세계적으로 가장 영향력이 큰 규제기관으로 자리하고 있다. 산업혁명기에 식품산업에서도 앞서간 미국은 어떤 배경과 경로를 통해서 현재의 식품안전 규제에 이르렀을까? 미국의 농식품안전 행정은 1862년 5월 링컨 대통령의 농무부 설립에서 비롯된다. 링컨은 화학자 웨더릴을 책임자로 임명해서 화학부서를 출범시킨다. 이것이 오늘날 FDA의 전신이다.

> 우리나라의 식품의약품안전처(2013)의 뿌리가 1949년 보건부 산하의 중앙 화학 연구소와 1954년의 중앙 생약 시험장 설치에서 출발한 것에 비하면 미국은 우리보다 90년 앞섰다. 남북전쟁의 혼란스러운 시기에 화학자로 하여금 농업과 식품안전을 다루게 한 배경이 무엇인지 궁금해서 자료를 찾아보니, 그로부터 3달 전에 링컨의 셋째 아들 윌리가 11살의 나이에 장티푸스로 죽었고 그 사인이 백악관의 식수오염으로 추정된다는 기록이 있었다.

축산업과 육류가공 기준 19세기 후반 미국은 강철의 대량생산에 따른 철도 확장과 전기 보급에 의한 기술 혁신으로 기차에 냉장시설도 갖추게 된다. 이에 따라서 축산 포장업이 발전한다. 축산업이 활기를 띠면서, 이미 1865년 수입육의 위생검역 필요성이 제기되고 있었다. 1883년 하비 와일리(1844-1930)가 화학부서 책임자로 부임하면서 제도 정비가 활기를 띠게 된다. 1884년 농무부 동물산업국은 병든 소나 돼지의 식품 사용을 금지하는 법을 제정한다. 1890년에는 육류 제품의 검역이 의무화된다. 1898년에는 식품표준위원회가 설립되고, 와일리를 위원장으로 육류 가공 기준 제정이 이루어진다. 1901년 화학부서는 화학국으로 확대 개편된다.

불량식품 범람 1900년대 미국 시장에서는 불량식품이 판을 쳤다. 라벨에 표기된 성분을 값싼 원료로 바꿔치는 수법으로, 꿀에는 글루코스 시럽을 섞었고 올리브유에는 값싼 면화씨를 섞었다. 심지어 모르핀을 넣은 아기용 시럽이 버젓이 판매되는 일도 생긴다. 1849년에 출시된 윈슬로 시럽이 그것인데, 이가 나느라 근질거려 보채는 아기를 재우는 용도로 시럽에 모르핀을 첨가하고 있었다. 1911년 미국 의학협회 보고서는 이 약을 '베이비 킬러'라고 불렀다. 그런데 놀랍게도 19세기 후반까지도 모르핀, 코카인, 헤로인 등은 기적 같은 치유 효과가 있다며 공공연하게 첨가되고 있었다. 1950년대까지도 음료 등에 코카인이 들어갔다.

와일리 법의 제정 와일리는 인디애나 대학교 의과대학과 하버드 대학교에서 학위를 취득하고, 30대 후반까지 퍼듀 대학교에서 화학 교수로 재직한 과학자였다. 1883년 워싱턴의 농무부 화학부서의 책임자가 된 후, 그는 식품 순도시험 등 시험법과 안전기준 개발에 나선다. 1880년대부터 끈질기게 식품순도법안(pure-food bills)을 의회에 제출하고 있었으나 업계의 강력한 로비에 밀려서 의회의 벽을 넘지 못한다.

1902년에는 청년 자원자 그룹인 포이즌 스쿼드를 구성하여 식품에 첨가되는 화학물질의 안전시험에 들어갔다. 1906년에야 드디어 일명 '와일리

법'이라는 순수식품 및 의약품 법안(Pure Food and Drugs Act)이 통과된다. 그 험난한 과정에서 그는 의회, 식품업계, 특허의약품 산업계에 많은 적을 만들게 되었고, 결국 1912년에 관직에서 밀려났다. FDA의 아버지라고 불린 그는 또한 과학적인 소비자 운동의 선구자가 된다.

와일리는 「굿 하우스키핑(*Good Housekeeping*)」 지의 산하 연구소 실험실에서 19년 동안 일하면서 육류 검사를 시행했다. 그리고 밀가루에 다른 곡물을 섞는 것을 금지시키고, 제품에 시험인증 씰(Tested and Approved)을 부착하는 등 과학 연구에 근거한 소비자 운동을 한다. 이미 1927년에 그는 담배의 발암성에 대해 경고하고 있었다. 그러나 미국 의무감(Surgeon General)이 흡연의 건강 위해성 보고서를 발표한 것은 그로부터 40년이 지난 1964년이었다.

소설 『정글』과 육가공산업 1905년에 언론인이자 작가인 업턴 싱클레어(1878-1968)가 쓴 소설 『정글(*The Jungle*)』이 사회적으로 큰 반향을 일으킨다. 육류 식품안전에 대한 대책에 결정타를 날린 이 소설은 1914년에 영화로 제작되었으나 소실되었다. 저자는 7주일 동안 시카고 정육 공장을 취재하며 노동자의 근로조건이 얼마나 참담한지를 고발하려는 의도에서 소설을 썼다. 그러나 작가의 의도와는 달리 정육산업에서의 도살과 육류 가공포장 처리가 얼마나 비위생적인지 세상에 알림으로써 소비자들의 식품안전에 대한 공포를 증폭시켰다. 싱클레어는 시어도어 루스벨트 대통령에게 연방정부가 육류 생산 포장 공장을 검역할 것을 요구한다. 그리하여 1906년 '와일리 법'이 통과되던 날 '연방 육류검역법안'도 루스벨트 대통령의 서명을 받게 된다.

1900년대 미국의 식품산업에서는 육류 가공처리와 유통에서 부패를 막는 일이 가장 시급했다. 이때 육류 가공품 보존에 필요한 아질산나트륨의 최소량을 산출하는 연구가 이루어진다. 연구의 결론은 아질산나트륨이 병원성 미생물의 성장을 억제하고, 육류의 맛과 색을 좋게 하고, 지방의 산패를 막는다는 것이었다. 안전하게 오래 저장할 수 있는 육류 가공의 길을 찾은 셈이었다.

FDA의 개편 1914년 미국에서는 식품첨가물에 관한 최초의 대법원 판결이 나온다. 그 판결의 골자는 "아질산염이 들어 있는 표백 밀가루를 판매 금지시키려면 인체 유해성이 있다는 것을 증명해야 한다", "아질산염이 들어 있다는 것만으로는 불법식품의 근거가 불충분하다"는 것이었다. 그로써 아질산염은 법적으로 첨가물의 지위를 유지할 수 있게 되었다. 1920년대에는 아질산나트륨의 농도를 평균치에서 69퍼센트 낮추는 조치가 시행된다.

1927년 화학국은 살충제까지 다루도록 확대된다. 1931년에는 기관 명칭이 FDA로 바뀐다. 이 무렵 캔 식품 품질에 대한 FDA 기준이 설정된다. 이때 육류와 유제품은 규제 대상에서 제외되었다. 1938년 의회는 법령에 의해서 FDA를 식품안전 기준을 규정하는 기관으로 승격시킨다. 1940년에는 FDA의 소속이 농무부에서 연방안전청으로 바뀐다. 1949년에는 산업계를 대상으로 한 '식품에 든 화학물질 독성 평가 지침'이 제정되고, 블랙 북이라고 불린다.

1950년에는 의회의 델라니 위원회가 식품과 화장품에 든 화학물질 안전성에 대한 조사를 시작한다. 위원회가 낸 '델라니 단서'는 "인체나 동물에 발암성이 있는 것으로 나타난 첨가물에 대해서 인가를 금지한다"는 것이었다. 이 조사에 기초해서 1954년에 제초제, 1958년에 식품첨가물, 1960년에 색소첨가물에 대한 개정안이 잇달아 나온다. 1953년에 FDA가 속한 연방안전청은 보건교육복지부로 확대 개편되는데, 현재의 보건복지부이다.

1958년에는 법 개정으로 식품제조업체가 신규 식품첨가물의 안전성 입증을 의무화하도록 조치한다. 이때 식품첨가물 규제 관련 시험과 인가 절차 의무화에서 두 부류는 제외된다. 그중 하나는 '일반적으로 안전하다고 알려진 물질(Generally Recognized as Safe : GRAS)'이었다. FDA는 1958년에 GRAS 200종을 최초로 등록해서 발간한다. 옛날부터 해롭지 않다고 알려진 소금, 설탕, 향신료, 비타민, MSG 등이 여기에 포함된다.

1982년에 FDA는 1949년도에 발간한 블랙 북의 후속으로 최초의 레드북을 발간하여 식품첨가물에 대한 개정 내용을 발표한다. 이후에 개정된

식품 의약품 관련 규제는 수없이 많다. 식품첨가물의 역사는 고대로 거슬러 오르나, 풍미, 향미, 영양의 기능이 강화되면서 오늘날에는 식품첨가물이 3,000종에 이른다.

1969년에는 FDA가 GRAS로 분류되어 있던 인공감미료 시클라메이트의 사용을 금지시켰다. 1971년에는 역시 GRAS로 분류되어 있던 사카린에 대해서 새로운 연구결과가 나올 때까지 사용을 금지시킨다. 1973년에는 캔 식품에서 보툴리누스균 식중독이 발생한다. 그 대책으로 산성이 낮은 식품가공과정에서 가열처리가 의무화된다. 1977년에는 의회가 '사카린 연구와 라벨법'을 제정해서, FDA가 사카린 사용을 금지시켰던 조치를 철회하도록 하는 대신 "실험실 동물에서 발암의 원인이 된다"는 경고를 표기하도록 했다.

당신이 먹는 것이 곧 당신이다 1820년대에 발간된 프랑스의 생리학 책에는 "당신이 무엇을 먹는지 내게 말해주면 진단을 할 것이다"라는 대목이 있었다. 1860년대 독일에서 출간된 에세이에는 "사람은 그가 먹는 음식으로 정해진다"라는 구절이 있었다. 매일 먹는 음식이 그 사람의 기질과 건강을 결정한다는 뜻이다. 미국에서도 1924년에 식이습관과 건강을 다룬 책, 헨리 린들라르의 『당신이 먹는 것이 곧 당신이다(*You Are What You Eat*)』가 출간되었다. 이 제목은 1930년대 라디오 프로그램에서도 방송되면서 사람들의 관심을 끌었고, 1960년대 환경운동과 함께 유행을 탔다. 지금도 이 이론은 여전히 성립한다.

(2) 식품 산업화의 대표 브랜드 '켈로그'

켈로그 형제는 오늘날에도 시판되고 있는 콘플레이크의 왕국을 건설한 주인공이다. 존 켈로그(1852-1943)는 9살까지 폐결핵을 앓다가 살아났고, 그의 가족은 1866년 미시간 주의 배틀크릭에 정착한다. 존은 14세부터 당시 신흥종교이던 제칠일안식일 예수 재림교의 신자로 교회 일을 맡아서 했다. 어릴 때부터 그는 매우 부지런했고 책 읽는 것을 좋아했다.

그는 교사가 되리라고 했지만 교회에서 『헬스 리폼(*Health Reform*)』의 출판 일을 보다가 당시에 대유행이던 물 테라피를 접하게 된다. 미국 전역에 50여 개의 물 테라피 리조트가 있었는데, 치료법은 목욕을 자주 하고 하루에 40-50컵의 물을 마시는 것이었다. 19세기 후반 미국인의 식생활은 건강과는 거리가 멀어서, 지방이 몸에 좋다며 많이 먹었고 과식을 했으며 음주와 흡연도 지나쳤다. 위장병도 많았고, 정체불명의 약도 마구 먹었다.

존은 종교적인 이유로 차, 커피, 알코올, 고기를 먹지 않았다. 그는 물 테라피 리조트에 직접 참여하면서 그 방법이 과도하다고 보고 의사가 되기로 한다. 1874년 뉴욕의 벨 뷰 메디컬 스쿨에 들어가서 2년 만에 졸업한 뒤 배틀크릭 새너토리엄(Sanatorium, 샌)을 운영하게 된다. 그의 요법은 특별한 다이어트와 규칙적인 운동, 일광욕, 마사지 등이었다. 그는 또 1890년 백열전등 치료기도 개발해서 1893년 시카고 세계박람회에 출품까지 했다. 치료실에 깨끗한 공기를 주입하는 파이프도 설치하고, 정전기 치료로 피로를 푸는 장치도 개발했다. 무균 수술실도 만들었다. 변비가 건강에 유해하다고 본 그는 치료법과 함께 묘한 치료기도 개발했다. 그는 5피트 남짓한 작은 키에 항상 흰옷을 입었는데, 흰색이 햇빛을 많이 흡수한다고 믿었기 때문이다. 환자들에게 행진곡풍의 음악에 맞추어 운동을 하게하고 팬티 모양의 기저귀를 차고 햇볕을 쬐게 했다.

켈로그 콘플레이크 존이 운영하는 배틀크릭 샌의 다이어트 체계는 특이했다. 고기를 금했고 요리에 소금과 설탕을 쓰지 않았다. 샌의 환자와 샌이 발간하는 「굿 헬스(*Good Health*)」를 구독하는 애독자에게만 특별히 밀 플레이크를 제공했다. 환자들은 고기를 먹으러 몰래 인근 식당에 드나들었는데, 그런 사람들을 위해서 1894년 플레이크를 개발했다. 처음에는 밀로 시작하여 이후에는 쌀, 귀리, 그리고 콘플레이크가 주종이 된다. 1877년 존은 샌에 공급하기 위하여 새너토리엄 헬스 푸드 회사를 설립한다. 1897년 피넛으로 넛 버터를 만들었고, 그것이 피넛 버터의 원조가 된다.

그의 대형 건강 요양원은 세계적으로 이름을 날리게 되었다. 조지 버나드 쇼, 헨리 포드, 존 록펠러 2세도 그의 고객이었다. 월스트리트의 사주는 콘플레이크를 상업화하면 큰 수익이 날 것이라고 조언하지만 존은 듣지 않는다. 이때 플레이크로 큰돈을 벌게 된 것은 엉뚱하게 텍사스에서 환자로 온 찰스 포스트(1854-1914)였다. 그는 샌의 부엌을 들여다보고 첫 제품으로 곡물로 인조 커피를 만든다. 그다음에는 밀, 보리 등으로 플레이크를 만들어서 시판한다. 당시 배틀크릭에는 시리얼 공장이 100개 이상 들어서고 있었다.

포스트의 성공을 보고 동생인 윌 켈로그는 1906년 형이 출장 간 사이에 플레이크에 설탕을 가미한다. 돌아온 존은 불같이 화를 냈고 둘의 사이는 틀어졌다. 동생 윌은 독립해서 1906년 '켈로그 토스티드 콘플레이크 컴퍼니'를 세운다. 회사는 1910년에 수백만 달러 기업으로 성장한다. 존은 샌에 공급하기 위한 제품 생산을 위해서 '켈로그 푸드 컴퍼니'를 세운다. 이들 형제가 각각 켈로그라는 이름이 들어간 회사를 차리게 되자, 소비자들이 혼란을 일으키고 결국 형제 간의 송사로 번진다. 미시간 주 대법원은 동생 윌의 손을 들어주었다.

이후 윌의 켈로그 컴퍼니는 베트남 전쟁에서 시리얼의 군납을 맡았다. 윌은 자선사업에도 나서서 빈곤층 아이들에게 시리얼을 무료로 배급한다. 1930년대 대공황 때에는 공장의 인력 배치를 하루 6시간 4교대로 조정해서 일자리를 2배로 늘린다. 미국 사회는 켈로그의 따뜻한 기업 경영을 기억했고 시리얼 시장에서 켈로그가 포스트를 누르고 1위에 오른다. 윌은 켈로그 재단을 통해서 그의 이름을 후세에 남겼다.

3. 2차 산업혁명의 핵심 산업

1) 철도산업과 미국의 국토 통일

1870년까지만 해도 미국은 지역적으로 단절되어 있었다. 한 나라라고 하기에는 너무 먼 다른 세상이었다. 철도가 깔리기 시작하면서 비로소 남북과 동서가 연결되기 시작한다. 의회는 1832년부터 국토를 연결할 철도 노선을 논의하면서 1853년 펀드까지 조성한다. 그러나 전쟁의 상처로 분단된 남과 북은 여전히 노선에 합의를 보지 못해서 별다른 진전이 없었다.

1862년 공화당의 주도로 퍼시픽 철도법(Pacific Railroad Act)이 제정된다. 유니언 퍼시픽과 센트럴 퍼시픽이라는 2개의 회사에 토지와 자금을 지원하여 대륙횡단 철도 건설에 착수하도록 한다는 내용이었다. 이러한 조치로 1866년 네브래스카 주의 오마하와 캘리포니아 주의 새크라멘토에 북부 횡단 노선 건설이 착수되었다. 일부 지역에서 건설되던 철도는 1865년에 미시시피 강의 서쪽으로 연결된다.

철도 공사는 생사를 거는 난관투성이였다. 혹한과 혹서에 인디언이 급습하는 등 무법천지인 낯선 땅에서 유니언 철도 공사에 동원된 인력은 남북전쟁 퇴역군인과 아일랜드계 이민자, 아프리카 이민자였다. 센트럴 퍼시픽의 노동자는 중국계 이민자가 80퍼센트 이상이었다. 센트럴 퍼시픽은 시에라네바다 산맥의 난공사를 맡아서 고전을 했다. 양쪽 모두 하루 12시간 이상을 최악의 작업 조건에서 일하며 혹사를 당했다.

1869년 드디어 서부와 동부 양쪽에서 건설하고 있던 철도가 유타 주에서 대륙 간 철도로 연결된다. 유니언 퍼시픽과 센트럴 퍼시픽 두 회사의 회장이 유타 주의 프로먼토리에서 만나서 횡단 노선을 연결하는 행사를 치른다. 미국 최초의 대륙 간 철도의 개통으로 몇 달이 걸리던 대륙횡단은 8일로 줄어들었다. 이 역사적인 쾌거 이후 미국 철도는 1870년에 5만7,000마일에서 1890년 16만7,000마일로 노선이 연장된다. 20년 사이에 철도의 길이가 3배로 늘어난 것이다. 철도가 거미줄처럼 연결되자 사람은 물론 냉동 기술 개발로 축산업이 산업화되고, 곡물 등 온갖 물자를 실어 나르게 된다.

릴런드 스탠퍼드(1824-1893)는 남부 퍼시픽 철도 회사의 회장을 거쳐서 1861년 캘리포니아 주지사를 지냈고 상원의원을 역임했다. 그는 44세에 얻은 외아들이 이탈리아에서 유학하던 중 장티푸스에 걸려서 16세에 사망하자, 청년들을 모두 아들로 여기겠다면서 스탠퍼드 대학교를 설립한다. 1891년에 개교한 스탠퍼드 대학교의 초기 설립 목표는 농업 연구였다. 스탠퍼드 대학교의 첫 번째 입학생인 허버트 후버(1874-1964)는 31대 대통령이 된다.

(1) 해운업과 철도산업

해운왕 제독 밴더빌트의 증기선 항로 19세기 산업혁명 초기 해운업과 기차산업에서 자수성가한 거물이 코닐리어스 밴더빌트(1794-1877)이다. 1850년대 초 캘리포니아 골드러시가 시작되던 시기, 그러나 아직 대륙 간 철도가 개통되기 이전에, 그는 뉴욕에서 니카라과를 경유해서 샌프란시스코까지 가는 신항로를 개설했다. 그 항로는 기존의 파나마 운하를 경유하는 것보다 항해 시간이 훨씬 짧았다. 몇 달씩 걸리는 남아메리카의 케이프 혼을 거치는 경로와는 비교가 되지 않았다. 신항로 개척으로 그는 매년 100만 달러를 벌었다. 남북전쟁 때는 가장 크고 빠른 증기선인 밴더빌트 호를 북군 해군에 기부했다.

밴더빌트는 11살에 학교를 그만두고, 아버지를 도와서 뉴욕 주의 스태튼 아일랜드와 맨해튼을 왕복하는 카고 선의 운영을 거든다. 1817년에는 뉴욕과 뉴저지 주를 왕래하는 증기선 페리의 선장을 지내며 '해운업이 미래'라고 확신한다. 1820년대 후반부터 증기선을 제조하고, 경쟁자는 수단 방법 가리지 않고 제거한다. 그런 과정을 거쳐서 뉴욕 지역의 페리 라인을 장악하고, 미국 최대 규모의 증기선을 운영하게 된다.

제독 밴더빌트의 철도 엠파이어 밴더빌트의 이름 앞에는 항상 제독이라는 별명이 붙었다. 냉혹한 대마불사의 기업가 밴더빌트는 해운업에서 철도산업으로 전향한다. 1860년대 철도의 급성장 시기에 밴더빌트는 시카고-뉴욕 간 노선을 운영한다. 이는 철도 역사에서의 대전환을 의미했다. 단거리 노선으로 뿔뿔이 운영되던 철도 시스템을 여러 개의 주를 잇는 네트워크로 통합했기 때문이다. 그로써 표준화에 의해 비용을 낮추고 효율을 높이는 여행과 운송의 황금기를 열게 된다. 밴더빌트는 1871년에 개통한 맨해튼의 그랜드 센트럴 역 건설의 주역이었고, 이 역은 훗날 1913년에 개장한 현재의 그랜드 센트럴 터미널의 전신이었다. 철도에서 또 하나의 왕국을 세운 그의 경영철학은 시장 독점으로 낮은 가격과 최고의 효율을 추구하는 것이었다. 2차 산업혁명기에는 다른 산업에서도 그런 식의 경영 원리가 부의 축적의 지름길이었다.

미국의 금박 시대(Gilded Age)의 거물들은 초대형 저택을 소유하고 살다가 말년에는 막대한 기부로 생을 마감했다. 그러나 밴더빌트는 1873년 테네시 주의 내슈빌에 100만 달러를 기부해 밴더빌트 대학교를 세운 정도였다. 사촌과 결혼해서 13명의 자녀를 둔 그는 가장 총애하던 아들을 남북전쟁에서 잃고 크게 좌절한다. 그러다가 못마땅하게 여기던 큰아들 윌리엄(1821-1885)에게 혹독하게 사업을 가르치고 사후에 막대한 유산을 물려준다. 부인과 딸들에게는 거의 주지 않았다. 미국 여러 곳에 건설된 금박 시대의 밴더빌트 저택은 그의 후손들이 지은 것이었다. 19세기 말에 건설된 250개의 방이 있는 밴더빌트 저택은 손자가 지은 것으로, 현재 미국의 개인 주택 가운데 최대 규모이다.

(2) 풀먼의 철도산업 황금시대와 노조 스트라이크

풀먼의 침대차, 세계 최고의 호텔 미국의 산업혁명의 시작은 기차산업이었다. 기차산업의 융성에서 핵심 키워드는 카네기의 철강 대량생산, 조지 웨스팅하우스(1846-1914)의 에어브레이크와 기어 개발, 조지 풀먼(1831-1897)의 침대차 호텔이었다. 풀먼은 장시간 기차로 출퇴근을 하면서 좀더 안락한 기차를 설계할 필요성을 절감하고 그 해결에 나선다.

그는 기존의 침대차를 개량해서 1863년에 파이오니어 모델을 개발했다. 그러나 그 폭이 넓어서 플랫폼과 트랙 등을 개조해야 했기 때문에 보급이 어려웠다. 그러던 중 1865년 링컨 대통령(1861-1865 재임)이 암살되자 그 시신을 워싱턴에서 일리노이 주의 스프링필드로 운구해야 하는 상황이 발생한다. 이때 풀먼의 침대차가 동원되고, 거기에 맞춰서 기차 회사가 개조에 나선다.

풀먼의 등장은 미국 기차산업의 일대 사건이었다. 침대차, 식당차, 팔러 차의 도입으로 기차의 모습이 완전히 달라졌기 때문이다. 또한 풀먼은 노동자들과의 충돌로 노동운동을 촉발시킨 기업인이기도 했다. 1867년에 세운 회사의 명칭은 풀먼 팰리스 카였으나, 이후에 회사명이 여러 번 바뀐다. 1890년 풀먼 팰리스 카는 2,135개의 객차를 운영하며 16만 마일을 달리고 있었다. 고용 인원은 1만2,000명이 넘었다.

풀먼은 "안전하고 편안하게 여행하고 잠자기"를 회사의 모토로 1만여 개의 침대차를 세계 최고의 호화 호텔로 운영했다. 밤마다 10만 명의 고객이 승차했고, 고객들 중에는 부호들과 대통령들도 있었다. 1920년대는 연간 3,500만 명이 탑승한다. 회사는 타월 400만 개, 시트 350만 개를 보유했고, 세탁은 10개의 자회사가 맡아서 세탁비만 300만 달러였다. 풀먼은 다른 용품들도 모조리 자회사를 세워서 비용을 절감했다. 인쇄 회사까지 차려서 티켓, 일정표, 홍보물 등을 인쇄했다.

1894년 풀먼 스트라이크 1894년에는 풀먼 스트라이크(Pullman Strike)가 발생한다. 풀먼은 직원을 위한 '회사 타운'을 운영하고 있었다. 회사 측은 모델 커뮤니티라고 홍보했지만, 노동자들의 반응은 달랐다. 시카고의 풀먼 타운에는 주로 흑인 가족이 살고 있었다. 경제 침체기였던 1890년대, 풀먼은 노동자를 해고하고 임금을 깎는다. 그러나 타운의 주택 임대료는 내리지 않았다.

이에 불만을 품은 풀먼 시카고 공장의 4,000명 노동자들이 회사 측의 임금 삭감에 항의하며 파업에 돌입한다. 양측의 충돌로 30명의 노동자가 사망하는 사태로 번진다. 이는 미국 최초의 전국적인 파업이었다. 2개월 이상 지속된 철도 파업으로 전국의 3분의 2 이상 지역의 화물과 여객 수송이 마비되고, 결국 이 사태는 노동법 개정을 촉발한다.

풀먼 스트라이크를 진압하는 국가 방위군

철도 노조의 스트라이크 1893년 유진 데브스(1855-1926)의 주도로 미국 철도 노동조합이 결성된다. 그러나 미숙한 운영으로 회사에 영향력을 행사하지 못하고, 파업이 유발된다. 이때 포터(porter)와 감독 그룹은 동참하지 않았다. 미국 철도 노동조합은 풀먼 카를 운영하는 모든 열차로 파업을 확대시켜서, 한때 최대 27개 주에서 25만 명의 노동자가 스트라이크에 동참했다. 철도 형제단, 미국 노동총동맹은 보이콧에 반대하고 철도감독협회도 반대편에 선다.

이 폭동에서 30명이 사망하고, 8,000만 달러의 물적 피해가 발생한다. 연방정부는 노조와 주동자 데브스에게 강제명령을 내리고, 우편 자동차를 운반하는 기차를 방해하지 말 것을 명령한다. 이에 불응하자 그로버 클리블랜드(1837-1908) 대통령은 군대를 출동시켜서 사태를 진압했다. 결국 파업은 중단되고, 데브스는 법원 명령을 위반한 혐의로 유죄 판결을 받고, 미국 철도 노동조합은 해산된다.

클리블랜드 대통령, 기차산업의 독점적 운영규제법 제정 클리블랜드 대통령은 남북전쟁 이후 대선에서 민주당이 공화당에 잇달아 여섯 차례 패한 뒤 어렵사리 당선된 최초의 민주당 출신 대통령이었다. 1861년부터 1933년(프랭클린 루스벨트 대통령 취임) 사이에 민주당이 배출한 대통령은 클리블랜드와 우드로 윌슨(1913-1921 재임) 단 2명뿐이었다. 클리블랜드 대통령은 미국의 22대(1885-1889 재임)와 24대(1893-1897 재임) 대통령을 역임함으로써 4년 공백을 두고 재선에 성공한 유일한 미국 대통령이었다.

첫 번째 임기를 마치고 백악관을 나오면서 대통령의 부인은 "다시 돌아올 테니 잘 관리하라"고 했다고 전해진다. 그는 첫 번째 임기에서 부패 척결, 국방 강화, 해군 현대화, 작은 정부, 루스벨트 대통령 다음으로 잦은 거부권 발동으로 유명했다. 그러나 두 번째 임기 때는 취임한 해에 '패닉의 1893년'이라는 공황기가 닥쳐서 고전을 면치 못했다.

클리블랜드 대통령은 1887년에 주간상업법(Interstate Commerce Act) 제정으로 철도산업의 독점적 운영을 규제한다. 내용은 철도 요금은 합리적이고 적정해야 하고 운임을 공표해야 하며 요금 차별을 금지해야 한다는 등이었다. 주간상업법은 미국 연방정부 최초의 민간기업에 대한 규제였다. 그리고 모니터링으로 이 법의 준수 여부를 확인하기 위해서 연방규제기구를 설치한다. 이 기구는 규제 조치의 모델로서 다른 분야에서도 벤치마킹 대상이 된다. 독립적인 기구로 규제 대상인 기업과는 연관이 없는 인력 구조로 운영되었다.

"조지"라고 불린 풀먼 카의 포터 풀먼 카 운영에서 포터는 전설적인 존재였다. 그들은 항상 함빡 웃는 얼굴로 고객이 단추만 누르면 즉각 출동했다. 그리고 구두 닦기 등 모든 서비스를 완벽하게 해내야 했다. 포터는 저임금으로 하루 24시간 대기하며 근무했다. 회사 측은 포터가 팁을 받기 때문에 급여가 낮지 않고 팁 제도가 서비스 품질을 높인다고 주장했다. 포터는 흑인이었고 '조지'라고 불렸다. '조지 풀만의 소년'이라는 뜻이있다. 승무원은 백인이었다. 고객 중에 조지 둘라니가 자신의 이름이 기차에서 수도 없이 불리는 것에 제동을 건다. 1937년에 '풀먼 침대차의 포터를 조지라고 부르는 것을 막는 협회'를 결성한 것이다. 회원이 3만 명에 달했다.

풀먼의 사후에 1897년 링컨 대통령의 아들 로버트 링컨이 회장을 맡게 된다. 그는 이후 14년간 회장으로서 미국 최대의 기업 독점 체제를 완성한다. 풀먼의 침대차는 1899년에는 밴더빌트의 계열 회사(Wagner Palace Car) 하나까지 모조리 통합해서 완벽한 독점 체제를 구축했다. 풀먼은 설립 후 50년 동안 최대 규모로 흑인을 고용해서, 미국에서 가장 많은 흑인을 고용한 기업으로 기록된다.

루스벨트 대통령의 기차 노동법 개정 풀먼 카의 포터는 1920년 주당 100시간 일하고 저임금에 묶여 있었다. 불평이라도 하면 곧바로 해고되었다. 상황을 개선하기 위해서 1925년에 필립 랜돌프(1889-1979)의 주도로 침대차의 포터 연합체가 결성된다. 흑인 기차 노동자와 메이드의 인권 보호가 목표였다. 랜돌프는 마르크스의 책을 읽고 영향을 받았다. 사람들은 그를 공산주의자라고 했다. 회사는 이 노조 모임을 무시한다. 랜돌프를 회유하기 위해서 백지수표를 건넸으나 거절당한다. 회사는 수백 명 포터를 해고하고, 대신 필리핀인을 고용했다. 이렇게 되자, 노조 활동은 기차를 통해서 메시지를 전달하는 등 비밀결사조직처럼 활동을 했다.

1932년에 당선된 루스벨트 대통령은 취임 후 곧바로 의회를 설득해서 법 개정에 나선다. 포터 등 기차산업 노동자와 항공산업 노동자의 권리를 보호하기 위한 철도노동법(Railway Labor Act)의 개정이었다. 당초 1926년에 제정된 이 법은 1934년과 1936년에 개정을 거쳤다. 그로써 12년간 노조를 무시하던 풀먼 카의 사 측은 노조와의 협상에 나서게 된다. 1937년에는 드디어 노동계약이 타결된다. 회사는 노조의 주장을 대부분 수용하여, 임금 인상, 1주일에 60시간 노동, 야간근무 시 4시간 수면을 허용한다는 내용이 담긴다. 랜돌프는 '시민권의 할아버지'라고 불렸다.

기차 황금시대의 전설이 된 풀먼 카 1941년 12월 일본의 진주만 폭격으로 미국이 전쟁을 선포하자, 풀먼 카는 입대하는 병사들의 수송에 투입된다. 호화 침대는 자리가 모자라서 임시로 개축하여 층층이 병사를 실어 날랐다. 1940년 풀먼의 협력업체인 버드 사의 에드워드 버드는 풀먼이 독점 체제로 침대차를 생산, 판매, 운영하여 기차산업을 위협에 빠뜨리고 있다고 항의한다. 미국 법원은 반독점법(Antitrust Law) 위반으로 풀먼을 제소했고, 1944년에 위법 판결이 나온다. 1947년 풀먼은 침대차, 팔러 차 생산 회사를 매각한다.

달도 차면 기운다고, 풀먼의 기차산업은 20세기 중반 무렵 비행기와 자동차에 밀려서 고전을 면치 못했다. 개인용 침실 칸을 만들어서 혁신을 시도하지만 다른 회사들까지 침대차 생산에 뛰어들어 사면초가가 된다. 1960년대에는 매년 수백만 달러의 적자를 내고 있었다. 1969년에 풀먼 카 시대는 막을 내린다. 그러나 풀먼의 기차산업 신화는 미국 땅에서 세계적으로 유례없는 호사스러운 침대차 시대를 열었고, 기차가 미국인의 라이프 스타일이 되는 기차 황금시대의 주역이라는 전설을 낳았다.

(3) 웨스팅하우스의 에어브레이크

웨스팅하우스의 기업 경영 웨스팅하우스는 미국에서 가장 존경받는 기업가이자 가장 위대한 기업가였으며 탁월한 발명가였다. 그는 이상적인 경영자였다. 그의 공장에서는 미국의 산업화에서 전국적으로 노동쟁의가 빈발하는 상황에서 유일하게 단 한 건의 스트라이크도 없었다. 지극히 예외적인 일이었다. 미국 노동조합 회장은 "만일 웨스팅하우스와 같은 사람이 회사 경영자라면 우리 조합은 존재할 필요가 없을 것"이라고 말했다. 니콜라 테슬라(1856-1943)는 자신이 지금까지 만난 사람들 가운데 웨스팅하우스가 가장 훌륭하고, 그가 가장 존경하는 인물이라고 말했다.

웨스팅하우스는 어릴 때 학교 공부에는 별로 흥미가 없는, 요즘으로 치면 문제아였다. 아버지 공장에서 일하는 것이 그에게는 가장 즐거웠다. 13살 때부터 하루에 50센트의 임금을 받으며 공장에서 일했다. 아버지의 공장은 소형 증기기관으로 농기구를 개발하고 있었다. 아이디어가 뛰어난 그는 증기선과 바이올린까지 만들었다.

1861년 웨스팅하우스가 15세 되던 해에 남북전쟁이 터진다. 그는 처음부터 참전하려고 하지만 아버지가 어리다고 말린다. 그리하여 2년 뒤 법적인 징집 연령이 된 17세에 입대한다. 기계분과 시험을 보고 해군에 입대했다. 종전 후에는 유니언 대학에 입학했으나, 교장 선생이 "너는 학교에서 공부를 하는 것보다 공장에서 일하면 훨씬 더 훌륭한 인물이 될 것"이라며 집으로 돌려보낸다. 공장으로 돌아온 그는 발명을 계속한다. 15세에 이미 터빈 발전기를 개발했고, 1865년에는 회전형 증기 엔진 개발로 첫 번째 특허를 받았다. 그는 한 달 만에 특허를 하나씩 받았다. 기차에 난방을 하는 증기 히터도 개발했다. 어린 시절 아버지 공장에서 일한 것이 그의 평생의 산업 활동에 길잡이가 되었다.

발명가로서 웨스팅하우스의 에어브레이크 개발은 기차산업 확대에 최대 공신이 된다. 19세기 중반에는 기차 운행 사고가 매우 잦았다. 웨스팅하우스 자신도 기차 사고를 겪은 경험이 있어서, 안전 운행의 필요성을 절감했다. 1차 산업혁명 후반기인 19세기 초반에 기차가 먼저 다니기 시작한 영국에서도 찰스 디킨스를 비롯해서 기차 타기를 꺼리는 사람들이 많았다. 사고의 가장 큰 원인은 불완전한 제동장치였다. 웨스팅하우스의 또다른 기술 혁신으로는 기차 사이의 충격을 줄여주는 기어 기술이 있다. 기차산업의 융성은 철강의 대량생산 공정과 풀먼의 호텔 침대차 경영에 힘입은 바가 컸으나, 기술 혁신에서는 웨스팅하우스가 있었기 때문에 철도 시대의 황금기를 구가할 수 있었다.

미국 '산업혁명의 아버지' 슬레이터 18세기 후반부터 미국의 제조업 혁명에 기여한 인물이 영국 출신의 엔지니어 새뮤얼 슬레이터(1768-1835)였다. 그는 카트라이트와 동업했던 제데디아 스트럿 밑에서 도제식 훈련을 받으며 7년 동안 수력방적기 기술을 습득했다. 그후 1789년 미국으로 건너가서 면직물 공장을 차린다. 이후 크게 성공하면서 동북부에 공장 시스템을 구축하게 된다. 그 공로로 잭슨 대통령으로부터 미국 '산업혁명의 아버지'라는 칭호까지 받았다.

한편 슬레이터가 미국으로 건너갈 당시 영국은 특허와 기술 유출을 막기 위해서 엔지니어의 이민을 금지하고 있었다. 슬레이터는 허름한 농부 복장으로 위장하고 영국을 벗어난다. 영국은 그를 '배반자 슬레이터'라고 낙인을 찍었다. 기술을 기억 속에 넣고 그는 미국으로 건너갔다. 슬레이터 사건에 대해서는 논란이 있다. 미국에서 면직물 공장이 확대되고 있을 즈음에는 수력방적기 특허 시효가 만료되었다는 설도 있고, 잭슨 대통령이 기술을 빼내도록 슬레이터를 부추겼다는 설도 있다. 어쨌거나 로드아일랜드 주에는 그의 이름을 딴 슬레이터 빌이 있고, 면직물 공장은 박물관이 되어 지역 명소가 되었다.

웨스팅하우스의 에어브레이크 개발 19세기 중반 기차산업 시대에는 '브레이크 맨'이라는 직업이 따로 있었다. 기차 운전사가 호루라기를 불면 차량마다 뛰어다니며 한 대씩 따로 제동을 해야 기차를 세울 수 있었기 때문이다. 기차가 한 번 정차하려면 이런 과정을 거치느라 2마일을 가서야 멈출 수 있었다. 기차가 많이 보급되고 속도가 빨라지고 차량이 길게 연결되면서 사고도 더 잦아졌다. 브레이크 맨의 작업은 매우 위험해서 한 해에 5,000명이 목숨을 잃을 정도였다.

기차의 안전성을 높이는 데에 착안한 웨스팅하우스는 피츠버그로 가서 1868년에 기차용 에어브레이크를 개발한다. 사람들은 "바람으로 기차를 멈추게 한다"는 것은 정신 나간 짓이라고 했다. 1869년에는 드디어 에어브레이크를 시연한다. 말 2마리와 기차가 충돌하게 된 상황에서 기차의 에어브레이크는 급제동에 성공했다. 기차산업 관계자들은 이 광경에 감탄한다.

기차의 제동장치가 온전하게 작동한다는 것은 엄청난 기술 혁신이었다. 제동장치 덕분에 기차를 더 길게 여러 칸 연결할 수 있었고, 하중이 무거워도 괜찮았다. 1869년 웨스팅하우스는 피츠버그에 에어브레이크 공장을 세우고 계속해서 개량한다. 1889년 공장은 대규모로 확장되고 노동자를 위한 시설을 건설한다. 공장과 집도 가스, 수도, 전기 등 시설을 갖추어서 편하고 안락했다. 공장에는 병원과 의사를 상주시켰고 공장의 안전조치에 완벽을 기했다. 그는 최초로 노동자들에게 토요일에는 오전 근무만 하도록 한 기업인이라는 기록을 남겼다. 카네기나 다른 경영자들은 못마땅하게 여겼다.

사회 진보를 위한 기술 여객용 기차에는 에어브레이크가 장착되기 시작한다. 그러나 밴더빌트는 장착을 꺼린다. 웨스팅하우스는 에어브레이크 장착을 거절하는 회사 임원에게 "내가 더 젊으니 기다리겠다"고 답한다. 거절 이유는 화물용 기차에 에어브레이크 장착하려면 추가 비용이 들었기 때문이다. 브레이크 맨은 주급 1달러 50센트면 해결되는데, 에어브레이크 장착에는 5달러가 들어갔다. 심지어 의회에 로비를 해서 "이익이 잘 나고 있는 사업을 왜 흔드냐"며 에어브레이크 장착을 방해한다.

20세기 초 웨스팅하우스 사의 슬로건은 "믿을 수 있습니다……웨스팅하우스라면!"이었다. 그의 기업 경영의 목표는 이윤추구가 아니라 사회적 진보였다. 웨스팅하우스는 기술은 사람들에게 이로워야 하고, 인류사회 발전에 기여해야 한다고 믿는 도덕적인 기업인이었다. 그는 평생 담배도 술도 하지 않았다. 4살 연상인 부인의 다정한 반려자이자 동지였으며 부인 나이 40살에 외아들을 얻기도 했다. 그는 1913년에 심장병이 발병하여 1914년에 세상을 떠난다.

2) 철강산업과 카네기

철도산업의 확대는 철광석과 선철(pig iron)에서 강철(steel)을 만드는 공정이 개발되면서 급진전된다. 강철은 철-탄소 합금으로 2퍼센트 정도의 탄소 함유로 강도가 훨씬 강했다. 그러나 당시의 공법은 소량생산만 가능해서 가격이 비쌌다. 장식품 정도를 만들 수 있을 뿐, 철도 건설에 쓰는 것은 상상조차 어려웠다.

강철의 대량생산 공정도 영국과 미국에서 거의 같은 시기에 일어난 동시 발명의 사례이다. 미국의 경우, 켄터키 주에서 철공장을 운영하던 윌리엄 켈리(1811-1888)가 용융된 선철에 공기를 불어넣으면 불순물인 탄소가 제거되고 용광로의 온도가 더 높아진다는 사실을 발견한다. 불을 덜 때도 온도를 유지할 수 있게 된 것이다.

수년간 이 방식을 개발하는 데에 몰두한 켈리를 그의 장인은 정신이상이라며 진찰까지 받게 한다. 그러나 의사는 과학적으로 근거가 있는 이야기라며 켈리의 후원자가 된다. 1850년경 켈리는 자신의 공기주입공법 강철공장을 세우고 계속 품질을 높이는 연구에 열중한다.

(1) 카네기, "강철이 산업의 미래"

영국 베서머의 철강 생산 특허 그러는 사이 1855년 영국에서 헨리 베서머(1813-1898)가 같은 방법의 철강 생산 공정의 특허를 얻는다. 베서머 공정은 1850년대 크리미아 전쟁(1853-1856)에서 대포 제조를 위해서 대량생산 공법을 연구하면서 얻어진 결실이었다. 기존의 괴철로 공법(bloomery)은 철도 라인 한 조각을 만드는 데 들어가는 강철의 생산에 2주일이 걸렸다. 그러나 베서머 공법으로 같은 물량을 15분 만에 생산할 수 있는 대량생산 체제가 가능해진다.

베서머는 1856년 미국에서 공기주입공법으로 여러 개의 특허를 신청한다. 뒤늦게 이 사실을 알게 된 켈리는 개발의 우선권을 주장하며 미국에 특허를 신청한다. 결국 1857년 베서머보다 앞서 켈리가 미국 내 특허를 획득하게 된다. 이런 과정을 거치며 미국의 강철 생산량은 1870년 7만7,000톤에서 1900년 1,140만 톤으로 급증한다. 그러나 초기에는 여전히 강철의 가격이 비쌌다. 대량생산으로 그 가격을 내린 것이 카네기였다.

카네기 스틸의 설립 1862년에 베서머의 셰필드 공장을 방문한 미국의

이즈 브리지의 전경(1875)

알렉산더 홀리(1832-1882)는 그 라이선스로 뉴욕에 철강 공장을 세운다. 카네기는 자본을 대서 1872년 철강 공장(에드가 톰슨 스틸)을 세우고, 철도용 강철의 대량생산에 들어간다. 12살에 스코틀랜드에서 이민을 와서 면직물 공장에서 허드렛일부터 시작한 카네기는 영국을 방문해 베서머 공정을 보고 '이것이 산업의 미래'라고 생각한다.

그의 경영철학도 저임금과 효율화가 키워드였다. 카네기는 공장 경영을 맡긴 헨리 프릭(1849-1919)의 제안을 수용하여 1892년에 회사를 합병하여 카네기 스틸로 확대한다. 카네기 공장이 입지한 피츠버그는 1870년대부터 '세계 최고의 철강도시'가 된다. 그의 성공 비결은 '자신보다 더 현명한 사람들에게 둘러싸인 것'이었다.

1874년 세계 최초의 철교 '이즈 브리지' 완공 카네기는 당시로서는 리스크가 컸던 이즈 브리지 건설에서 그의 저돌적인 사업 수완을 증명한다. 카네기의 청장년기 멘토였던 펜실베이니아 철도 회사의 토머스 스콧(1823-1881)은 세인트루이스에 철교를 건설하라고 한다. 스콧은 소년 시절의 카네기에게 심부름을 하는 일자리를 주었다가 그를 조수로 삼았다. 카네기는 스콧의 지시를 따르기 위해서 "불가능은 없다"면서 프로젝트에 착수한다. 미시시피 강을 가로지르는 철교 도면의 설계는 공학자 제임스 이즈(1820-1887)가 맡았다. 강철 생산량과 적기의 자금 확보 등 온갖 시련 끝에 세계 최초로 금속 아치의 도로와 철도를 겸한 철교가 건설된다.

마지막 최대 난관을 극복하는 과정에서 카네기는 "만일 이 다리 건설이 성공한다면 인류 문명의 제8의 불가사의가 될 것"이라며 투자자를 설득했다. 몇 년 동안의 지연 끝에 1874년 철교는 완공된다. 다리 이름은 설계자의 이름을 따서 이즈 브리지가 되었다. 그 무렵에 다리를 건설할 때 사용했던 건축 자재는 돌이나 나무였고, 따라서 4개 중 하나는 무너질 정도로 허술했다. 그러다 보니 아무도 이 새로운 자재로 만든 다리가 안전하다고 믿지 않았다.

코끼리 테스트 최초로 건설된 철교의 마지막 과제는 안전성 테스트였다. 그 당시에는 "코끼리는 안전하지 않은 구조물에는 발을 딛지 않는 육감을 가졌다"는 속설이 있었다. 카네기는 고심 끝에 코끼리를 앞세운다. 그 뒤를 사람들이 줄줄 따라가며 다리를 건너는 코끼리 테스트가 벌어진 것이다. 행사는 무사히 치러진다. 그리하여 오늘날까지 건재하는 철교가 탄생한다. 카네기는 철도 건설이 과포화에 이르자 강철의 새로운 쓰임새를 찾는다. 그것이 미국 대도시에 우후죽순으로 들어서는 마천루의 건설이었다. 카네기로 인해서 현대 산업문명을 상징하는 대도시 모습이 나타나게 된다.

(2) 회사 경영의 두 얼굴

카네기 스틸은 두 얼굴로 경영된다. 그는 기업 이윤을 극대화하기 위해서 거친 성품으로 악명이 높았던 프릭에게 실질적인 경영을 맡겼다. 노동자들은 1주일 동안 6일, 하루에 12시간에서 18시간 일해야 했다. 컴컴하고 공기도 나쁘고 위험이 도처에 널린 공장 시설에서 노동자들을 저임금으로 장시간 혹사시켜서 기업 이윤을 최대로 높였다. 카네기는 뒤로 물러나서 프릭의 노동자 탄압 행위를 방조한다. 프릭은 수단과 방법을 가리지 않고 임금을 삭감하여 기업 이윤을 극대화했다. 또한 용병들을 동원해서 스트라이크를 총격으로 강제 진압하는 등 엄청난 사태를 유발한다. 프릭은 자신의 공장 노동자로부터 저격까지 받지만 살아남았고, 그의 노조 박해는 더욱 심해진다.

존스타운 홍수, 미국 최악의 인재 프릭과 카네기 등은 1879년 소수 회원만 입장이 가능한 호화 사교 클럽을 만들었다. 프릭은 자신이 다니는 길을 넓히기 위해서 안전성을 무시하고 사우스 포크 댐을 개축한다. 그 결과 1889년에 미국 역사상 최악의 인재로 기록되는 존스타운 홍수 사태가 발생한다. 2001년 9.11 테러 사태의 피해가 더 크기는 했지만 이 홍수는 그것과는 성격이 전혀 다른 최악의 인재였다.

이 파국적인 재앙으로 인해서 댐 아래쪽의 회사 타운에 살고 있던 카네기 스틸의 공장 노동자 가족 2,200여 명이 홍수에 휩쓸려서 희생된다. 3명 중 1명은 시신을 확인할 수 없을 정도로 부패했고, 어떤 시신은 멀리 떨어진 신시내티까지 떠내려갔다. 침수된 가옥은 1,600채였다. 미국 전역을 뒤흔든 스캔들로 카네기 스틸은 사회적 비판에 휩싸인다. 주민들은 이 클럽의 회원들을 고소하지만 누구도 책임을 인정하지 않았다. 법원은 벌금으로 사건을 종결한다. 1889년의 존스타운 참사로 카네기는 크게 충격을 받는다. 그리하여 그는 존스타운 복구와 카네기 홀 건립에 자신의 재산을 기부한다. 카네기 홀의 오프닝 공연에는 차이콥스키가 초청되었다.

1901년 카네기 스틸, 모건에게 매각 1901년 금융인 J.P. 모건(1837–1913)은 카네기의 오른팔인 찰스 슈밥을 통해서 카네기 스틸을 원하는 값에 사겠다고 제안을 한다. 카네기는 메모지에 4억8,000만 달러를 적어서 전달한다. 모건은 두말도 않고 그 액수에 카네기 스틸을 인수했다. 그리고 카네기에게 월 급여로 100만 달러를 지급하기로 한다. 모건은 카네기에게 "세계 최고 부자가 된 것을 축하한다"고 말했다. 모건은 다른 철강회사를 모두 합병해서 US 스틸을 세운다. 세계 최대, 최고의 강철 회사의 탄생이었다.

1896년 대선에서 3명의 재계 거물이 만들어낸 대통령 2차 산업혁명의 중반기인 1896년 미국의 대통령 선거에서 3인의 거물 모건, 록펠러, 카네기는 대통령을 만들어낸다. 당시 민주당 유력 후보는 반기업, 친노동 편에 선 윌리엄 브라이언(1860-1925)이었다. 브라이언은 사상 최초로 전국 순회 유세에서 대기업의 행태를 강력 비판하며 500회 이상의 대규모 대중 연설을 했다. 이는 미국 대선의 새로운 선거운동 모델이 된다. 이에 대응해서 3명의 거물은 브라이언을 꺾을 공화당 후보를 만들어낸다. 공화당이 뽑은 후보를 지원하는 것이 아니라 처음부터 친기업의 후보를 내세운 것이었다.

그때 선택된 사람이 오하이오의 주지사 윌리엄 매킨리(1843-1901)였다. 이 세 사람은 선거 자금을 제공한다. 오늘날의 화폐 가치로 2,000만 달러에 해당하는 액수를 각각 내놓는다. 미국 대선사상 최대 선거 비용이 투입된 대선이었고, 그들은 연설문을 비롯하여 대언론, 대국민 홍보에도 개입했다. 당시 언론사는 소수였으므로 통제가 용이했다.

일반인에게는 반기업, 친노동 후보가 당선되면 공장이 문을 닫게 될 것이므로 선거 다음 날 출근할 필요가 없다고 홍보했다. 선거 결과는 매킨리의 압도적인 승리였다. 그로써 19세기 말 미국은 '기업의, 기업에 의한, 기업을 위한' 나라를 더욱 굳히게 되었다는 해석인데, 이 얘기는 앨 고어의 책 『우리의 미래(*The Future*)』에 나온다. 남북전쟁 당시 링컨 대통령이 펜실베이니아의 게티즈버그 연설(1863)에서 말한 구절을 패러디한 것이다.

루스벨트 부통령이 대통령으로 3명의 거물은 거침없이 독점 체제의 기업 경영을 계속했다. 1900년 대선에서도 매킨리가 재선에 성공한다. '기업의 나라 아메리카'가 공고해지던 때 부상하고 있던 정치인이 시어도어 루스벨트였다. 그는 뉴욕의 부유한 가문 출신이라는 이미지를 서민형으로 바꾸고, 정치적 부상을 준비한다. 3명의 거물은 의도적으로 루스벨트를 부통령으로 만든다. 부통령 자리는 그의 정치적 영향력을 차단하고 대통령으로 나서는 것을 막을 수 있는 최적의 방안이었기 때문이다.

그러나 그들의 전략적 의도는 빗나간다. 1901년에 매킨리 대통령이 연설차 버펄로로 가는 길에 저격을 당하고, 8일 만에 사망하는 사태가 벌어졌기 때문이다. 미국 대통령 중 16대 대통령 링컨과 20대 대통령 제임스 가필드(1881 재임)에 이어서 세 번째 암살당한 대통령이 매킨리였다. 암살범은 모건이 카네기로부터 인수한 US 스틸에서 해고당한 뒤 무정부주의 운동을 벌이던 노동자였다.

그로써 시어도어 루스벨트는 미국 역사상 최연소인 43세에 대통령 자리에 오른다. 이때부터 1892년에 제정된 반독점법을 무기로 문어발식 경영을 하던 대기업과의 대결이 시작된다. 첫 번째 타깃은 모건이었다. 실무자끼리 잘 해결해보자는 모건의 제안을 거절하고, 루즈벨트는 독점 철강산업의 해체 수순을 밟는다. 풀먼 카, 록펠러의 스탠더드 오일 등도 같은 운명이 된다.

시어도어 루스벨트는 미국 대통령 최초로 1906년에 노벨 평화상을 받았다. 그의 공로는 러일 전쟁의 종결을 중재했다는 명분이었다. 그러나 일본 뒤에는 미국과 영국이 있었고, 러일 전쟁은 미국이 동아시아 정세에 개입하고 한반도 분할이라는 지정학적 상황을 만드는 계기가 되었다. 미국은 러일 전쟁이 끝나가던 1905년에 태프트-가쓰라 밀약에 의해서 "미국은 필리핀을 차지하고, 일본은 한반도를 차지하며, 극동 평화 유지를 위해서 미영일 간의 3국 동맹을 유지한다"는 약속을 한다. 루스벨트의 노벨 평화상 수상에 대해서는 미국과 스페인이 벌인 전쟁을 열렬히 주창했고, 필리핀의 민중운동을 잔인하게 진압했으며, 인종주의적인 성향으로 물의를 빚는 등의 이유로 상에 어울리지 않는다는 비판이 많았다.

3) 정유산업과 록펠러

20세기 문명은 석유문명이라고 한다. 석유(petroleum)의 어원은 돌기름(rock oil)이라는 라틴어에서 나온 것이다. 19세기 이전까지 석유는 여러 지역(바빌론, 이집트, 필리핀, 로마, 아제르바이잔)에서 쓰이고 있었다. 그러나 석유산업 차원으로 보면 1846년 캐나다의 에이브러햄 게스너가 석탄으로부터 등유를 추출하는 공정을 개발한 것이 시초이다. 1850년 스코틀랜드의 제임스 영은 역청탄(瀝青炭)과 혈암(頁巖)으로부터 석유를 증류하는 방법을 고안해낸다. 1854년에는 폴란드의 이그나치 루카시에비치가 등유를 만들기 시작한다. 최초의 대형 정유시설이 건설된 것은 1856년 루마니아의 플로에스티에서였다. 북아메리카에서는 캐나다 온타리오 주의 제임스 윌리엄스가 1858년에 최초로 유정을 개발했다.

석유는 아득한 옛날부터 쓰고 있었다. 성경에 나오는 "낮에는 구름기둥, 밤에는 불기둥"이라는 구절의 불기둥은 시나이 유전 지대에서 새어나온 천연가스 불길이었으리라고 추정된다. 고대 페르시아와 메소포타미아 지역에서는 원유를 증류하여 등잔 기름으로 쓰고, 비단 등을 세탁하는 데에 썼다. 중국에서도 기원후 3세기경으로 거슬러올라, 소금 우물을 파면서 동시에 석유 시추(試錐)를 했던 것으로 알려져 있다.

(1) 록펠러의 등장

화석연료가 산업의 영역으로 들어와서 본격적인 정유산업이 태동한 것은 2차 산업혁명 때였다. 기존의 정유기술은 원유를 유정으로부터 퍼 올려서 공장 체제로 정유하는 것에 비할 수는 없었다. 미국에서는 1859년 펜실베이니아에서 에드윈 드레이크가 원유 시추에 성공했다. 이는 미국이 주도하는 석유산업 시대를 예고하는 사건이었다.

이전에도 1814년 오하이오 주에서 원유를 소량 채취해서 약으로 파는 일은 있었다. 그러나 회사를 차려서 새로운 기술로 채유한 것은 19세기 중반이었다. 원유를 증류하면 가솔린, 등유, 증유액을 얻을 수 있다는 것도 이때 알게 된다. 19세기 후반에는 러시아가 원유 시추법을 개량해서 미국과 나란히 석유 공급에 나선다. 이런 배경에서 원유의 정유와 수송을 비즈니스로 하는 대규모 회사가 나타나게 된다.

록펠러는 23세에 정유 사업에 손을 대기 시작했다. 16세에 가게 직원으로 일하며 모은 돈이 그의 종잣돈이있다. 27세 때 동업으로 오하이오 주의 클리블랜드에 작은 정유 회사를 차리고, 1870년에 독립한다. 그는 19세기 중반의 기술 수준에서 원유 채유부터 손을 대는 것은 위험하다고 보고, 초

록펠러의 스탠더드 오일의 석유 산업 독점을 풍자한 그림

기에는 정유산업에 치중하다가 차츰 영역을 넓혀갔다.

스탠더드 오일의 확장 록펠러의 스탠더드 오일은 계속 가지를 쳐서 1880년 뉴욕, 필라델피아, 피츠버그, 클리블랜드에 정유 공장을 세웠다. 그로써 1880년대 세계 정유 유통량의 90퍼센트를 차지하게 된다. 그는 금박 시대에 미국 산업가들의 경영철학이 그랬듯이, 중앙집중화에 의해서 기업 경영의 효율화를 기하고 가격을 낮추고 생산 체제와 시장을 안정시켜야 한다고 믿는 기업인이었다.

당시 기름 수요가 가장 컸던 것은 램프를 밝히는 등유였다. 1910년대까지 가솔린은 용도가 없었기 때문에 산업 폐기물이었다. 스탠더드 오일에서 버린 휘발유 폐기물에 기차 스파크가 튀어서 화재가 발생하기도 했다. 1868년, 1883년 오하이오 주의 쿠야호가 강에서 일어난 화재사건은 스탠더드 오일의 폐기물에서 발화된 유명한 환경사건이다.

정유의 수송은 기차에 의존했으므로 록펠러는 철도산업의 최고 핵심 고객이 된다. 그는 철도 제국의 제왕 격인 밴더빌트와 배짱 좋게 협상해서, 독점계약을 따낸다. 이후 기차산업의 거물들과 줄다리기를 계속하다가 아예 자체적으로 수송 파이프라인을 건설한다.

(2) 스탠더드 오일의 해체

1911년 반독점법에 의해서 독점 체제가 해체되다 록펠러의 스탠더드 오일은 41개 기업으로 확장되어, 세계 최대 규모이자 최초의 다국적 기업이 된다. 수직적, 수평적 통합 체제를 갖춘 것이었다. 독점 자본주의의 대명사가 된 록펠러는 평생 기업 간의 경쟁을 금기로 여겼고, '경쟁은 죄악'이라고 말하고 있었다. 회사는 1890년에 제정된 존 셔먼의 반독점법(Sherman Antitrust Law)에 근거한 오랜 소송(미국 정부 대 스탠더드 오일)에 휘말린다. 그 결과 대법원 판결로 1911년 34개 기업으로 해체된다. 1911년 록펠러가 법정에서 한 최후 발언은 "세상은 기름이 있어서 돌아간다. 당신은 그것을 독점이라고 하고, 나는 기업이라고 한다"였다.

문어발 기업이 해체되었으나 석유산업에서의 록펠러의 위상은 별로 달라지지 않았다. 분산된 회사의 주식을 이용해서 회사들을 실질적으로 움직였기 때문이다. 초기 정유산업은 등유 중심이었으나 1896년 나이아가라 폭포 수력발전이 교류 송전에 성공하게 되자 상황이 달라진다. 전기가 등유 시장을 빼앗았기 때문이다. 그러나 1910년대 자동차가 돌아다니게 되자 또 사정이 달라진다. 정유 공정에서 휘발유 생산량을 늘림으로써 록펠러의 돌파구가 열린 것이다.

> 록펠러는 신앙심이 깊었고, 평생 술을 입에 대지 않았다. 그의 아버지는 이름난 사기꾼으로 떠돌이 약장사였고, 이중결혼으로 평생 범법자로 살았다. 록펠러는 기업 경영에서 독점과 경쟁으로 적을 많이 만들었고, 사회적 이미지도 좋지 않았다. 록펠러 회사는 기업으로서 최초로 홍보 부서를 차렸다. 이미지 전환의 일환으로 록펠러는 만나는 사람마다 10센트짜리 동전을 건네는 이벤트를 했다. 시카고 대학교를 설립할 때 거액을 기부하는 등 막대한 재산을 사회에 환원했다.

(3) 크래킹 법에 의한 가솔린 증산

스탠더드 오일은 정유 과정에서 휘발유를 많이 값싸게 빼내서 경쟁력을 키워야 했다. 1911년 스탠더드 오일의 정유 공정 책임자인 윌리엄 버턴은 크

테슬라와 에디슨

래킹 방식을 고안했다. 가열 가압 증류 과정에서 섭씨 400도로 가열하니 말간 기름이 2배 수율로 얻어진 것이다. 1921년에 버턴은 그 공로로 퍼킨 메달을 받는다. 그러나 그는 후에 자신이 고안한 방식은 실은 탱크 폭발이 일어날 지도 모르는 위험한 것이었다고 털어놓았다. 이후 공정 개선으로 연속 크래킹 법이 보급된다.

정유산업은 자동차의 대량생산 체제에 힘입어 10년 내에 최고 산업으로 부상한다. 자동차의 등장으로 사회적 인프라도 바뀌었다. 타이어 산업이 대형화된다. 1925년 도로 건설 공법에서는 클로버 잎새 형태의 고속도로 교차 방식이 나타난다. 이후 록펠러의 석유산업은 전략적으로 의약산업과 농약 생산 등 그린 혁명으로 영역을 넓힌다.

4) 19세기 '전기의 세기' : 테슬라 대 에디슨의 '전류전쟁'

19세기는 '전기의 세기'라고 불린다. 화학산업에서의 신소재 개발이 2차 산업혁명의 한 축이었다면, 전기산업은 2차 산업혁명의 하이라이트였다. 1890년대 직류와 교류 사이의 숨 막히는 전쟁이 벌어지고, 언론은 이를 가리켜서 '전류전쟁'이라고 명명했다. 18세기 사회혁명에 의해서 건국하고 이민 러시로 성장한 후발국가 미국을 세계 문명의 최첨단 국가로 올려놓은 것은 전기산업이라고 해도 지나치지 않다.

전류전쟁을 한마디로 요약하면, 토머스 에디슨(1847-1931)의 기술과 결합한 투자의 귀재 모건 대 테슬라의 기술과 결합한 발명가이자 산업가인 웨스팅하우스의 대결이었다. 전류전쟁은 유례가 드문 기술사의 대사건이었다. 흔히 과학은 가치중립적이고 합리적인 영역으로 여겨지는데, 다른 분야에 비하면 그런 경향이 있는 것도 사실이다. 그러나 역사는 우리에게 어느 시대이든지 간에 과학 활동이 과학 외적인 요소와 상호작용하는 가운데 진화하고 있었음을 보여주고 있다. 또한 과학자 개인의 품성과 자질, 신념과 가치관에 따라서 과학 활동의 성격이 달라진다는 것을 보여준다.

19세기 말, 전기기술을 둘러싸고 벌어진 전류전쟁도 다양한 요소가 복합적으로 작용한 총체적 산물이었다. 인류 역사에서 유례가 드문 천재의 역할로 전개된 전무후무한 기록이기도 하다. 천재성에 대한 해석은 다를 수 있지만 특정 분야의 천재에게 전인적인 능력과 평범한 행동을 기대하는 것은 무리일 듯싶다. 전류전쟁은 한마디로 인간의 천재성과 상상력, 순수와 열정, 신념과 집착, 야망과 갈등, 투쟁과 음모가 뒤얽힌 대하 드라마였다. 그런 과정을 거쳐서 전기가 여는 20세기의 새로운 세상이 창조된 것이다.

(1) 전기산업의 출현

전자기 현상의 발견 전기산업의 출현은 산업혁명사상 다른 어느 분야보다도 과학이론에 힘입은 바가 컸다. 1800년 이탈리아의 알렉산드로 볼타(1745-1827)의 금속전기 현상의 발견은 전지의 발명으로 이어진다. 볼타는 영국 왕립학회 회장에게 자신의 연구결과를 보고했고, 이에 대해서 이웃나라에 사는 나폴레옹도 큰 관심을 보였다. 볼타는 프랑스 학사원에 초청되어 설명회를 열고 나폴레옹과 교류를 계속했다. 나폴레옹은 그의 통치에 유력한 과학자 그룹을 곁에 두고 자문을 받고 있었다.

패러데이의 천재성 영국 왕립학회 회장을 지낸 험프리 데이비(1778-1829)는 실험 중에 화재사고로 눈을 다쳐서 마이클 패러데이(1791-1867)

를 조수로 채용하게 된다. 이후 패러데이가 개척한 전기화학과 전자유도 현상 연구는 현대 전기화학과 전기기술 혁신의 기반이 되었다. 가난과 싸워야 했던 패러데이는 그 당시로서는 매우 드물게 가장 우수한 물리학자의 반열에 오른다. 그때 물리학자라는 호칭이 쓰이기 시작한 시기였으나, 패러데이는 철학자로 불리기를 원했다.

1980년 10월에 출간된 칼 세이건(1934-1996)의 『코스모스(*Cosmos*)』는 그 이전인 9월에 먼저 13부작의 다큐멘터리로 제작되어 다큐멘터리 역사상 최고의 시청률을 기록했다. 세이건이 골수암으로 타계한 후, 2013년에 그의 세 번째 부인인 앤 드루얀이 리메이크한 13부작의 「코스모스」는 버락 오바마 대통령이 젊은이들에게 시청을 권한 작품이다. 이 다큐멘터리에서는 패러데이의 생애가 비중 있게 다루어진다. 가난한 대장장이 아들로 태어나 특정 발음을 제대로 하지 못해서 13살에 학교를 그만둔 그가 역경을 딛고 역사상 최고 과학자가 되는 인생역정은 매우 감동적이다. 그의 수많은 발명들 가운데 1821년의 전자기 회전 실험은 장차 전기 모터의 개발을 예고한 사건이었다. 그는 1823년에는 기체의 액화와 냉각효과에 대한 실험을 했고, 1825년에는 벤젠을 발견했다. 패러데이는 말년에 치매로 생을 마감하게 된다.

전자기 현상과 빛　　패러데이의 획기적인 발견은 1831년 자기장의 변화가 전기회로에서 전류를 흐르게 한다는 사실을 실험으로 보여준 것이었다. 이는 장차 전기산업 시대가 열릴 것임을 알리는 사건이었다. 과학사상 또 하나의 눈에 띄는 발견이라고 꼽히는 것이 1845년의 패러데이 효과이다. 전자기 현상과 빛 사이의 관계를 밝히는 단서가 되었기 때문이다.

훗날 1864년 영국의 제임스 맥스웰(1831-1879)은 수학적 관계식에 의해서 빛이 전자기파라는 사실을 증명해 보인다. 유복한 환경에서 태어난 맥스웰은 전기와 자기와 빛을 단일한 힘으로 통합한 공로로 뉴턴 역학과 함께 근대 과학의 초석을 놓은 업적의 과학자로 평가된다. 1999년 영국 밀레니엄 폴에서 100명의 저명한 물리학자의 업적에 대해서 설문조사한 결과, 맥스웰은 뉴턴과 알베르트 아인슈타인의 뒤를 이어서 3위에 올랐다. 아인슈타인은 그의 사무실에 3명의 과학자의 사진을 놓아두었는데, 사진 속

주인공은 뉴턴, 맥스웰, 그리고 패러데이였다.

패러데이의 뒤를 이어 전기 관련 중요한 이론이 줄줄이 나온다. 독일의 게오르크 옴(1789-1854)이 발견한 저항 법칙, 제임스 줄(1818-1889)이 발견한 전류와 열의 관계에 대한 법칙, 전류와 자기의 관계에 대한 한스 외르스테드와 앙드레 앙페르의 법칙 등이 그것이다. 19세기 중반의 전자기 현상의 기초 연구는 19세기 말 전기산업의 이론적, 기술적 토대가 됨으로써 인류 문명의 질적이고 극적인 변화를 추동하게 된다.

헤르츠, 전자기파의 존재 실증 하인리히 헤르츠(1857-1894)는 오늘날 주파수 단위로 대중에게 알려져 있다. 그는 1887년 라디오파를 발생하는 장치를 설계해서 전자기파가 존재함을 최초로 증명한다. 앞서 전기신호가 공기를 통해서 전달될 수 있다고 본 맥스웰과 패러데이의 예측을 실험으로 증명한 쾌거였다. 맥스웰은 눈에 보이지는 않지만 특정 형태의 전자기파가 존재하며, 적외선, 자외선, 가시광선 등 이미 알려진 빛과 비슷한 행동을 할 것이라고 예측했었고, 헤르츠가 그것을 실험으로 밝혀낸 것이었다.

헤르츠의 실험은 "맥스웰의 가설이 옳다면, 특정 전자기파를 발생시킬 수 있는 장치를 고안한다면 그 파장을 발견할 수 있을 것이다"라는 간단한 가설에 기초하고 있었다. 그는 발신기와 수신기를 제작해서 실험한 결과 불꽃 방전 현상이 나타나는 것을 확인하게 된다. 전자파를 통해서 전기적 신호를 보낼 수 있음을 증명한 것이다. 헤르츠의 이 중대한 발견은 훗날 라디오, TV, 레이더의 기술적인 토대가 됨으로써 20세기 전파가 만드는 새로운 인류 문명을 예고했다.

헤르츠의 전기 연구, '영원한 금자탑' 그 당시에는 헤르츠의 발견이 얼마나 획기적인 것인지 누구도 잘 알지 못했다. 맥스웰의 예측이 옳았다는 사실을 증명한 정도로만 여겼다. 헤르츠는 실험을 계속 진행해서 전자파가 빛처럼 빠른 속도로 움직이고, 굴절과 반사도 일으키며, 일정하게 진동하는 파동의 형태로 이루어졌다는 것을 밝혀낸다. 훗날 아인슈타인이 설명한 광전효과를 최초로 발견한 사람도 그였다. 즉 물체에 주파수가 높은 빛을 쬘수록 전자를 잘 내놓는 현상을 실험으로 밝힌 것이다.

헤르츠는 1889년 독일 자연과학 진흥협회에서 전자기파의 발견을 발표하며 이렇게 말했다. "전기는 거대 왕국을 이루었다. 여기저기에서 전기의 존재가 드러난다. 전기의 영역은 자연세계 전반으로 확장되었다." 헤르츠의 사후에 발간된 논문집 서문에는 그의 업적이 이렇게 적혀 있었다. "패러데이 이후 수많은 물리학자들이 실험과 이론으로 기여했으나, 그중 헤르츠의 전기 논문들은 '영원한 금자탑'이 될 것이다."

헤르츠는 독일 본에서 만성 패혈증으로 37세에 요절한다. 1906년 창립된 국제전자위원회는 라디오파를 최초로 발견한 헤르츠의 업적을 기려서, 주파수의 국제표준 단위를 사이클에서 헤르츠(Hz)로 바꾸었다. 그의 조카인 구스타프 헤르츠(1887–1975)는 닐스 보어의 원자모형을 증명해서 1925년 노벨 물리학상을 수상했다.

발전기의 원조 전기현상의 이론적, 실험적 성과를 실용화한 장치가 전류를 발생시키는 발전기였다. 초기 개발에서는 1867년 독일의 에른스트 지멘스, 1873년 프랑스의 제노브 그람 등 유럽의 발명가들이 발전장치를 만들어낸다. 발전기는 기계적 에너지를 전기적 에너지로 바꾸는 장치이기 때문에 발전기에 기계적 동력을 공급하는 원동기가 필요했다. 그 원동기로 초기에는 증기기관이 이용된다. 1차 산업혁명이 있어서 가능했던 일이었다.

벨의 전화 특허와 벨 전화 회사 2차 산업혁명의 중반기인 19세기 후반, 미국을 중심으로 전기기술의 놀라운 발명품이 줄줄이 쏟아져 나온다. 스코틀랜드 태생의 미국인 알렉산더 벨(1847–1922)은 모스의 방식에서 더 나아가 부호를 쓰지 않고 전선을 통해서 사람의 목소리를 직접 전달하는 방법을 찾기 시작한다. 모스 부호를 외워서 통신에 사용하는 것은 그리 쉬운 일이 아니었기 때문이다.

모스 부호는 1832년 새뮤얼 모스(1791-1872)가 당시의 통신장비를 써서 고안한 부호 체계였다. 스위치를 눌렀다 뗐다 하면서 전기신호를 길게 뚜-우(-), 짧게 뚜(·)로 전달하는 방식을 조합해서 알파벳 26자와 10개의 숫자 그리고 부호를 표현했다. 옛날 전쟁영화에서 보는 '뚜뚜-우 뚜 뚜 뚜-우'하는 신호가 바로 모스 부호 소리였다. 부호나 알파벳 1개를 나타내기 위해서 그는 전기신호를 한번에 5개씩 조합해서 썼다. 컴퓨터 용어로 5비트였다. 1837년에 특허를 얻고 실용화에 몰두한 결과, 1844년 워싱턴과 볼티모어를 잇는 세계 최초의 전기통신에 성공한다. 전선을 타고 전달된 최초의 메시지는 "하느님이 섭리하신 이 업적"이었다.

벨은 자신의 조수 토머스 왓슨과 실험을 거듭한 끝에 1876년 세계 최초로 전화에 관한 특허를 얻는다. 특허 명칭은 '전기적 텔레그래프의 송신기와 수신기'였다. 그는 액체 송신기와 전자기 수신기를 사용해서 "왓슨 씨, 이리 오시오. 봅시다"라는 메시지를 최초로 송신했다. 1877년 벨의 장인인 가디너 허버드는 보스턴에 벨 전화 회사를 세운다. 이 회사는 벨의 특허를 기반으로 이후 두어 번의 합병을 거치면서 세계 최대의 통신 회사 AT&T로 성장한다. 그리고 유럽으로 통신망을 넓혔고, 그 과정에서 미국인들에게 비싼 요금을 물게 해서 유럽에 투자한다는 비난을 받기도 했다.

메우치의 '말하는 텔레그래프' 기계장치에 의해 음성을 전달한다는 아이디어는 이미 벨 이전에 실용화된 것이 있었다. '말하는 텔레그래프(talking telegraph)', 즉 전화 설계가 그것이었고, 주인공은 이탈리아에서 이민 온 안토니오 메우치(1808-1889)였다. 그는 이민 오기 전 1854년에 음성전달장치를 시연해 보였고, 그런 형태의 전화가 유럽에 보급되고 있었다. 메우치는 1871년 미국에서 특허 출원을 하지만, 공식적인 것이 아니었다. 훗날 2002년에 미국 하원은 그의 공로를 인정하는 결의안을 통과시키지만 상원에서는 부결된다. 따라서 정치적인 제스처였다는 지적이 나온다.

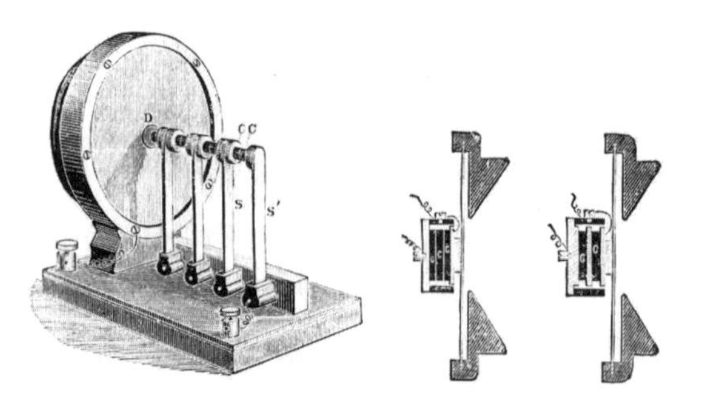

에디슨 연구소가 개발한 흑연 마이크로폰

전화기 발명 우선권 논쟁 전화기 발명은 우선권 논쟁을 둘러싼 숱한 소송과 맞고소로 얼룩진 역사였다. 오벌린 대학의 엘리샤 그레이 교수도 벨과 같은 날 전화기 특허 신청을 한다. 그러나 그레이 교수 측 변호사는 벨의 변호사보다 늦게 특허청에 도착했기 때문에 전화기는 공식적으로 벨의 발명으로 인정을 받게 된다. 상황이 이렇게 되다 보니, 벨이 그레이의 아이디어를 도용했다는 주장에서부터 이런저런 논란이 불거지게 된다. 그레이는 1872년 웨스턴 일렉트릭 매뉴팩처링 회사를 세웠다. 전화기 발명 우선권을 둘러싸고 이들 이외에도 여러 명이 다투었다.

에디슨 연구소의 흑연 마이크로폰 개발 전화기 기술의 개량으로 실용화에 기여한 공로는 미국의 벨과 에디슨 연구소가 차지한다. 전화기의 상용화로 미국의 전화 기술은 유럽 등지로 퍼져나갔다. 에디슨 연구소는 전화기와 관련해서 1877년 흑연 마이크로폰 특허를 신청한다. 그러나 소송에 걸려서 15년 뒤에야 특허를 받게 된다. 그 당시 새로운 현상은 기업 연구소가 설립되어 전기산업기술에 대한 과학적, 이론적 연구가 이루어진 것이었다. 역사상 최초로 산학협동에 의해서 과학이론이 산업기술에 긴밀하게 연결되기 시작한 것이다.

에디슨, '멘로 파크의 마술사' 1876년 에디슨은 뉴저지 주의 멘로 파크에 연구소를 차렸다. 도서실도 있었고 과학자도 채용했다. 그의 곁에는 1870년부터 함께했던 스위스의 시계 기술자 존 크루지, 그리고 기계를 전공한 찰스 배철러가 있었다. 에디슨은 1871년부터 연구 활동을 자세히 기록하고 있었으므로 훗날 사가들은 그 스케치를 근거로 발상의 경로를 추적하고 분석했다.

에디슨은 멘로 파크 연구소를 설립하면서 "열흘에 한 번씩 간단한 발명, 6개월에 한 번씩 굉장한 발명"을 하겠노라고 선언했다. 1877년 축음기 발명은 그에게 '멘로 파크의 마술사'라는 칭호를 안겨주었다. 그만큼 반응이 컸다. 1881년에는 뉴욕으로 가서 금융가에 이웃한 펄 스트리트의 전기 사업 계획을 맡는다.

에디슨은 제1차 세계대전 중에 해군 자문위원장으로 정부의 과학기술 정책에 참여하여 중장비를 개발한 경력이 있다. 그는 사재를 털어서 광물 분리 공정에 투자했으나 철광석 가격의 하락 등으로 고전하다가 실패한다. 1868년에 개표기 특허를 얻은 뒤 다음 해에 웨스턴유니언 전보 회사의 기술직을 그만둔다. 초기에는 웨스턴유니언과 긴밀한 관계를 맺고 관련 연구를 수행했다.

시스템 구축가 에디슨 2차 산업혁명기의 전기화에 대해서 심층 연구한 과학사학자 토머스 휴즈는 에디슨을 시스템 구축가로 평가한다. 1879년 백열등 개량뿐만이 아니라 발전기, 전동기, 전선, 소켓, 스위치, 퓨즈, 계량기 등 관련 기술을 통합 시스템으로 다루었다는 것이다. 전등의 상업화에서도 에디슨은 시스템적인 접근을 했다. 1878년 전등 개발은 에디슨 전등사, 1881년 전등 생산은 에디슨 전구제작소, 발전기와 전동기 제작은 에디슨 기계제작소, 전선 생산은 에디슨 전기 튜브 사를 설립하여 진행한 것이 시스템적 접근이라는 분석이다.

그러나 시스템 구축가라는 평가와는 달리 에디슨의 발명은 '이것저것 골라서 시도하는 방식'이었고, 경험적인 재능과 영감에 의존했다는 평가도 있다. 이는 "천재는 1퍼센트의 영감과 99퍼센트의 땀으로 이루어진다"라는 그의 말에서 드러난다. 에디슨은 대학교육을 받지 않았고, 그가 사망한 1931년에서 61년이 지난 1992년에 뉴저지 주의 토머스 에디슨 주립대학으로부터 이학사 학위를 받았다. 그것은 명예학위가 아니라 그의 업적에 대한 보상이었다.

에디슨 제너럴 일렉트릭 설립 1882년 에디슨은 에디슨 전기 조명회사를 설립하면서, 뉴욕 시에 세계 최초의 중앙발전소를 건설했다. 전등의 연구개발, 전력 공급, 발전기 제작, 전선 생산 등의 분업체제로 개별적인 회사를 설립하되 전기에 관한 모든 서비스를 통합적으로 제공하는 에디슨 제국이 구축된 것이었다. 이들 에디슨 기업은 통합되어 1889년에 에디슨 제너럴 일렉트릭 사로 출범하게 된다.

이 무렵 영국 태생의 전기공학의 대가 엘리후 톰슨(1853-1937)이 등장한다. 톰슨은 에드윈 휴스턴과 아크등을 발명하고, 1880년 아메리칸 일렉트릭 사를 설립한 엔지니어였다. 톰슨은 전기 분야에서 아크등을 비롯하여 백열등, 발전기 제어장치, 교류 변압기, 전기 모터, 전기 용접, X선 관 등 696건의 특허를 등록한 발명의 귀재였다. 이후 1883년 그는 회사 이름을 톰슨-휴스턴 전기 회사로 바꾸고, 에디슨 제너럴 일렉트릭의 자문을 맡는다.

에디슨 이름으로 낸 특허 1,093건 1886년 에디슨은 10만 달러를 투자해서 뉴저지 주 웨스트 오렌지에 호화스러운 연구소를 차린다. 여기서 '밤샘부대' 개발 팀을 운영한다. 연구소에는 지금도 '아이디어에서 프로젝트로'라는 슬로건이 있다. 에디슨은 실험실 장의자에서 3시간 동안 쪽잠을 자는 것으로 유명했다. 그는 전화, 전축, 전보, 전등, 활동사진, 배터리, 콘크리트 건축, 광석 분리 등의 분야에서 자신의 이름으로 1,093건의 특허를 출원하는 신기록을 세운다.

1887년 그는 축음기의 상업화에 나섰다. 이미 축음기는 주크박스로 변형이 되어 수익을 올리는 사업에 도입되고 있었다. 그러나 에디슨은 계속해서 축음기를 구술 기록기로 개량하는 일에만 열중한다. 축음기가 여는 새로운 문화에 대해서는 관심이 없었고, 축음기라는 기술 혁신에 문화를 접목시켜야 한다는 것은 수용하지 않았다.

에디슨의 영화 사업도 문화 사업으로 발전하지 못한다. 그는 1891년 키네토스코프 활동 사진기를 개발하고 1893년 시카고 세계박람회에 출품까지 한다. 그리고 활동사진이 인기를 끌자 필름 제작에도 손을 대서 1893년 세계 최초로 영화 스튜디오 블랙 마리아를 차렸다. 1894년에는 에디슨 제작 회사를 설립해서 그해에만 75편의 단편영화를 제작하고, 한 편당 25센트의 관람료를 받으며 영업을 시작한다. 19세기 말 미국의 영화산업은 대중화의 길을 걷고 있던 때였다. 영사기와 스크린의 보급으로 사람들이 한데 모여서 관람하고 5센트의 입장료를 받는 니켈로디언 극장이 전국 곳곳에서 호황을 누리고 있었다. 그러나 에디슨은 콘텐츠 개발에서 교육과 과학에 치중했고, 영사기의 성능 개량에만 열중한다.

축음기와 영화산업의 사례는 기술 혁신이 과학기술 이외의 영역에서 새로운 변화를 일으킨다는 역사적인 사실을 잘 보여주고 있다. 그러나 발명가 에디슨은 기술 혁신에는 크게 성공했지만 그것을 사회적, 문화적으로 적용하는 것에는 폐쇄적이었다. 그는 5센트 극장에서 상영되는 영화가 선정적이고 폭력적이라며, 검열 제도의 필요성을 강조했다. 그가 발명한 축음기와 영화는 20세기 대중문화의 상징으로 급부상했지만, 그 자신은 새로운 문화산업의 태동에서는 이방인이었다.

에디슨, 백열등의 발명가(?) 에디슨은 백열등의 발명가로 알려져 있다. 그러나 이는 사실과 다르다. 백열등 특허는 캐나다 국적의 헨리 우드워드와 매슈 에번스가 1875년에 받은 것이었다. 에디슨은 이것을 사들여서 50명의 인턴을 고용해 개량함으로써 1879년에 40시간 동안 점등할 수 있는 탄소 필라멘트를 제작한다. 1880년에는 필라멘트의 성능을 더 높여 600시간 점등이 가능한 제품을 출시한다. 그는 백열등의 발명자는 아니었으나, 필라멘트를 개량해서 백열등을 상용화한 것은 맞다.

당시 등유를 기반으로 한 가스등은 약한 불빛에 가격이 비쌌고, 아크등은 너무 밝은 데다 폭발 위험이 있었다. 직류 전등의 걸림돌은 값비싼 구리를 다량 써야 한다는 것이었다. 에디슨은 이 문제를 해결하기 위해서 옴의 법칙과 줄의 법칙을 이용하여 전도체의 길이를 줄이고 단면적을 작게 하는 방법을 연구한다. 그 결과 오늘날 쓰고 있는 1암페어 100옴(Ω)짜리 고저항 필라멘트를 제작하고, 기술표준 확립에 기여한다.

고대문명에서는 잘 타는 나무를 태워서 횃불을 밝혔고, 짐승과 식물의 기름에 섬유질을 담가 심지를 만들어 빛을 밝혔다. 촛불의 최초 기록은 기원전 3000년 미노스 문명에서 발견된다. 중세에는 갈대 고갱이를 기름에 담가서 골풀초를 켰다. 근대에 들어서는 향유고래의 경랍(spermaceti)을 원료로 초를 만들었다. 1860년에는 향유 고래초에서 유래하여 촉광(燭光)이라는 밝기의 단위가 정해진다. 1944년도의 영화 「가스등(Gaslight)」의 이야기를 잠시 하면, 여주인공 폴라를 정신병자로 몰고 가는 남편 그레고리는 폴라의 이모가 소유했던 보석을 찾기 위해서 밤마다 다락방에 가스등을 켜고 짐을 뒤진다. 런던은 가스등으로 불을 밝히던 때였으므로 그레고리가 다락방의 가스등을 켤 때마다 집안의 가스등 불빛은 희미해진다. 가스등 불빛이 어두워진다고 말하는 아내를 남편은 정신착란으로 몰아간다. 이런 식의 정신적 학대를 가스라이팅(Gaslighting)이라고 한다.

(2) 조선 시대 경복궁 점등

에디슨의 탄소 필라멘트 전구의 개량 이후, 조선 땅에는 1887년에 경복궁의 향원정 연못가 근처에 발전기가 설치되었다. 그리고 건천궁에 전깃불이 처음 켜진다. 에디슨의 전등이 일본, 중국의 왕실보다 앞서 조선의 왕실에 들어온 데에는 1882년 미국으로 간 보빙사 민영익 등 일행 8명의 역할이 컸다.

이 사절단은 '대아비리가(大亞非里加, 아메리카)' 대통령 체스터 아서(1881-1885 재임)에게 고종의 친서를 전달하는 등의 임무를 맡고, '화성돈(워싱턴)'에 도착한다. 그러나 대통령이 뉴욕에 있어서 그곳까지 따라가서 만나고, 보스턴과 로웰의 산업박람회와 산업 시설을 시찰한다. 이것이

한미 간의 최초의 과학기술 교류였던 셈이다.

보빙사가 보스턴에서 묵은 벤돔 호텔에는 1882년부터 전등이 가설되어 있었다. 이들은 전기로 기계가 돌아가고 불이 켜지는 것을 보고 놀란다. 특히 전등에 홀렸다. 일행 중 유길준은 "전등이 석유등보다 값싸고 좋다는 것이 입증되었으니 조선에 전등부터 달자"고 서둘렀다.

에디슨 회사의 전기 기사 입국 새로운 상품을 시장에 내어놓는 일에 능했던 에디슨은 1883년에 조선에 부임한 미국 공사 루셔스 푸트에게 "조선에 전등과 전화를 가설하고, 그 운영권을 얻을 수 있도록 해달라"는 편지를 썼다. 1884년에 조선은 미국에 전등을 주문한다. 미국은 전등과 전화를 조선에 동시에 들여보내는 계획을 추진한다.

그러나 갑신정변으로 1년 지연되고, 1886년 말 에디슨이 추천한 전기 기사 윌리엄 맥케이가 조선에 들어온다. 그는 건청궁과 향원정 연못 사이에 발전시설을 건설한다. 보일러, 증기기관, 다이너모, 점등 장비 등이 갖춰지고, 1887년 양력 3월 6일에 고종과 명성황후의 침전인 경복궁 건청궁에 전깃불이 밝혀진다. 그것은 당시로서는 동양 최고의 설비로 16촉 광열등 750개를 돌릴 수 있는 용량의 발전기가 천둥 같은 소리를 내며 가동되기 시작했다.

건달불로 전락 그런데 에디슨의 직류발전은 고장이 잦았다. 게다가 경복궁의 향원정에서는 환경사고까지 발생했다. 발전한 후에 뜨거운 물을 다시 연못으로 내보내다 보니, 물고기들이 떼죽음을 당한 것이다. 당시 이런 재앙은 임금의 부덕의 소치에 대한 하늘의 노여움이라고 여겼으므로, 이를 본 신하들이 들고 일어난다. 결국 사고를 낸 전깃불은 '건달불'로 전락했고 성취가 어려운 곤달화(困達火)가 되고 만다.

설상가상으로 전기 기사 맥케이가 사고사를 당한다. 그는 6연발 권총을 지니고 조선에 왔는데, 조선인 조수 김기수가 그 권총을 이리저리 만지다가 방아쇠를 당기는 사고가 발생한 것이다. 이 일로 맥케이는 비명횡사한다.

조수는 구속되고 수사를 받지만, 과실로 판결이 난다. 미국이 그의 석방을 요청함에 따라서 양국 외교 관계에 문제가 되지는 않았다. 고종은 맥케이 가족에게 위로금을 전한다.

맥케이의 뒤를 이어서 미국의 추천으로 여러 명의 기술자가 잇달아 조선에 들어온다. 1892년에는 창덕궁에 점등을 하기 위해서 새 발전시설을 세우는 계획이 추진된다. 전기기술자인 토머스 파워가 책임을 맡아서 1894년에 완성된다. 전화가 우리나라에 처음 들어온 것은 1896년, 장소는 덕수궁이었다. 1898년에는 한성 전기 회사가 설립되면서 전화(電化) 사업이 새로운 단계로 넘어간다. 동대문 발전소에 200킬로와트 발전시설이 설치되어 전차와 전등에 전력이 공급된다. 종로에는 가로등 불도 켜진다. 1901년에는 경운궁, 즉 덕수궁 편전에 전등이 켜진다. 1905년 조선에는 전화기 101대가 있었고, 1,000만 대를 넘어선 것은 1987년 9월이었다.

(3) 전구의 출현과 발전소 건설

전구가 널리 보급되자, 뉴욕, 런던 등에 화력발전소가 건설된다. 전력 생산이 새로운 산업으로 부상한 것이다. 초기에는 도심에 발전소를 세우고, 거기에서 정전압의 직류를 분배하는 방식이었다. 그러나 전력 수요가 증가함에 따라서 증기기관 출력으로는 감당할 수 없게 되자, 터빈이 등장한다. 1895년 나이아가라 폭포에 건설된 수력발전소에는 테슬라의 터빈이 들어간다. 물 대신에 증기 에너지를 이용하는 증기터빈이 개발되면서 선박 등 수송기관의 기술도 한 단계 올라선다.

세계박람회의 송전기술 시연 전기기술에서 발전기술 못지않게 중요한 것은 송전기술이었다. 송전기술은 유럽에서 먼저 시연된다. 1873년 오스트리아의 빈 세계박람회에서 공개실험이 이루어졌고, 1882년 뮌헨 전기박람회에서는 프랑스의 마르셀 드프레즈가 57킬로미터 직류 송전실험을 시연했다. 그러나 효율이 겨우 22퍼센트였다. 원거리 송전을 해결한 사람은 독일 아에게(AEG) 사의 기사 미하일 돌리보도브로볼스키였다. 그는 1891년 프랑크푸르트에서 열린 세계박람회에서 3상 교류를 이용해서 177킬로미터 떨어진 곳까지 송전을 한다. 효율은 77퍼센트였다. 역사적으로 세계박람회는 기술 강국이 최첨단기술을 겨루는 경연장이었다.

모건과 에디슨, 그리고 테슬라 전기산업의 태동에서 모건은 가장 먼저 "전기가 세상을 완전히 바꿀 것"이라고 예상한 금융자본가였다. 그러나 전기기술은 아직 성숙 단계가 아니었다. 모건은 에디슨에게 자신의 저택 지하실에 직류 발전기를 설치하도록 한다. 그리고 손님들을 초대해서 "이것이 미래", "전기 만세"를 외치며 저택에 전등을 밝히는 이벤트를 벌인다. 그러나 고장이 잦았고 소음이 심해서 모건의 아내가 불평을 한다. 맨해튼 일부 지역에서도 직류 발전시설이 설치되고 있었으나 최대 약점은 장거리 송전을 못하는 것이었다.

직류는 일종의 배터리로서 발전시설에서 1마일 정도 떨어지면 전기가 약해졌다. 따라서 1마일 간격으로 발전기를 설치해야 했다. 이런 한계에도 불구하고 에디슨은 발전시설을 촘촘히 세우면 된다고 주장한다. 실제로 1870년대 미국 전역에는 100개소 정도의 직류 발전시설이 설치되어 있었다. 에디슨의 기술과 결합한 모건의 전기 프로젝트가 착착 진행되는 가운데, 결정적인 적수가 등장한다. 에디슨 실험실에서 일하고 있던 테슬라의 교류기술이었다.

테슬라는 1856년 7월 9일 천둥 번개 치던 날 자정 무렵에 오스트리아-헝가리 제국, 현재의 크로아티아에서 태어난다. 이 아이는 '어둠의 아이'가 될 것이라는 산파의 말에, 그의 어머니는 '빛의 아이'가 될 것이라며 그의 미래를 정확히 예언했다. 그는 5살 때 작은 수차(水車) 모형을 고안했고, 훗날 터빈 설계에 그 개념을 도입한다. 12살 때 멀리 이국땅의 나이아가라 폭포의 그림을 보고 폭포 옆에서 돌아가는 바퀴를 연상했는데, 그것은 수력 에너지의 전기화였다. 아들을 사제로 만들겠다고 한 성직자 아버지의 서약대로 사제 공부를 하던 중, 테슬라는 17살 때 콜레라에 걸려서 사경을 헤매게 된다. 그때 그는 아버지에게 “공학을 공부하게만 해주면 당장 일어날 것이고, 모든 일이 잘될 것”이라고 간청한다. 아버지는 신에게 자신의 죄를 사해달라면서 허락을 한다. 그는 어릴 때부터 어른이 되어서도 분량을 재고서야 음식을 먹는 버릇이 있었고, 한 끼를 먹는 데 12장의 냅킨을 써야 했다. 특정 행동을 지속적으로 반복하는 강박장애 때문에 손을 씻을 때 세 번 씻고 수건으로 세 번 닦아야 했다. 실험도 꼭 세 번씩 반복해야 했다. 평생 호텔 방 호수는 3의 배수라야 했다.

에디슨 회사의 유럽 지사에 취직한 테슬라 테슬라는 삼촌의 도움으로 에디슨 회사의 부다페스트 전화 교환소 지사에 일자리를 얻는다. 거기서 교류장치 연구를 시작했다. 그는 친구와 공원을 산책하다가 회전 자장의 원리를 이용한 새로운 시스템에 착상한다. 회전 자장은 둘 또는 셋의 서로 위상이 다른 교류 전류에 의해서 형성되므로, 직류 모터에 필수인 정류자와 브러시가 필요 없었다. 현재도 브러시는 전동기나 발전기에서 회전자와 고정자의 접속에서 접촉 역할을 하고 있고, 탄소나 흑연 브러시가 사용되고 있다.

테슬라는 빛을 보고 영감을 얻고, 설계도 없이 발명의 과정을 머릿속에서 그려냈다. 그는 그라츠, 부다페스트, 파리 등지로 옮기면서 태양, 빛, 에너지, 교류, 전자기 현상 등에 대한 상상을 현실로 옮기기 시작한다. 그 과정에서 교류발전, 전송, 배전, 변압, 이용에 필요한 장치를 설계한다. 이때 그의 상상은 훗날 다상 유도 모터, 위상 분할 유도 모터, 다상 동기 모터 등의 개발로 이어지고, 이는 전기산업의 발전에 결정적인 기여를 한다.

그는 머릿속에서 실험장치를 실제처럼 설계하는 비상한 능력을 지니고 있었다. 고등학생 때 미적분을 머릿속에서 풀어내자 교사는 속임수를 썼다고 했다. 책은 읽는 대로 외웠고 청년 시절에 이미 8개 국어를 구사했다. 21살에 그라츠 공과대학교에 입학한 뒤 그는 학장이 뽑은 최고의 ‘스타 학생’이 된다. 그 시절에 교류발전의 아이디어에 대해서 설명하지만, 교수는 영구운동이라며 무시해버린다. 새벽 3시부터 밤 11시까지 공부를 했기 때문에 교수는 그의 아버지에게 “이렇게 공부하다가는 죽을 것 같다”는 편지를 쓴다. 2학년 때는 한때 노름에 빠져서 장학금을 날린다. 이후 가족과 연락을 끊었고, 대학도 중퇴했다. 그는 독일인 교수 포에쉴에게 전기장치를 배웠고, 이것이 교류장치 개발의 기초가 된다.

테슬라는 1882년에 에디슨 전화 회사 파리 지사에서도 일했다. 그때 에디슨을 만난 적이 있다. 에디슨은 동료인 배첼러를 소장으로 임명하고 유럽에 컨티넨탈 회사를 차렸는데, 스트라스부르에 직류 발전시설을 건설하는 과정에서 애로를 겪고 있었다. 에디슨은 테슬라에게 문제를 해결해주면 2만5,000달러를 주겠다고 제안한다. 테슬라는 문제를 해결했으나, 대가는 받지 못한다. 단순히 자문을 구한 것이기 때문에 회사 측에서 지불을 거절했다는 것이다.

테슬라, 교류 유도전동기 제작 테슬라는 에디슨 회사의 유럽 지사에서 일할 때, 1883년 교류 유도전동기를 제작했다. 이 장치는 내부에 고정자와 회전자가 있고, 고정자에만 전기를 공급해서 회전자에 전기가 유도되도록 만들었다. 당시의 전동기는 고정자와 회전자 둘 다에 각각 외부에서 전기를 공급해야 했는데, 테슬라는 회전자에 유도 전기로 회전력을 일으켜서 더 오래 견디고 값이 싼 전동기를 만든 것이었다.

개발의 뒷이야기도 있다. 1880년대 유도 모터 연구는 두 사람이 각각 따로 작업하고 있었다. 테슬라 이외의 또 한 사람은 이탈리아의 갈릴레오 페라리였다. 그들은 똑같이 1888년에 연구결과를 발표한다. 페라리가 2달 먼저 엔진을 소개했으나 테슬라가 먼저 특허 신청을 했다. 유도 모터는 쓰임새가 매우 많아서 오늘날도 진공, 블로우드라이어, 파워툴 부문에 쓰이고 있다.

테슬라, 1884년 미국행 1884년 28세의 테슬라는 파리 생활을 접고 미국행 뱃길에 오른다. 배첼러가 써준 추천서를 가지고 에디슨에게로 간 것이다. 그 추천서에는 "내가 아는 천재가 2명이 있는데 1명은 당신이고, 다른 1명은 이 편지를 들고 가는 테슬라"라고 쓰여 있었다. 추천서에 적힌 직책은 책임 엔지니어였다. 그는 배에서 절도와 폭행을 당해서 배표와 돈을 잃어버리고, 달랑 4센트를 가지고 미국 땅을 밟는다.

1884년 에디슨은 이미 뉴욕의 펄 스트리트에 직류발전소를 세우고, 뉴욕 부호들의 대저택과 공장, 극장 등에 송전을 하고 있던 때였다. 에디슨은 테슬라를 받아들인다. 그러나 책임 엔지니어 자리가 아니라 고장 난 설비를 수리하는 자리였다. 전기 조명의 수요가 계속 늘어나는 상황에서 직류장치는 고장이 잦았고, 누전과 화재로 부자 고객들의 성화에 고전하고 있었기 때문이다.

테슬라, 에디슨의 실험실에서 연구 테슬라는 자신의 선망의 대상이었던 에디슨의 실험실에서 하루 18시간에서 20시간 동안 초인적으로 일한다. 그는 기이하게도 평생 하루에 두 시간 정도 잠을 잤다. 에디슨은 그에게 직류발전의 개량이라는 새로운 과제를 준다. 테슬라는 24개 항목의 직류 시스템 개량 아이디어를 보고한다. 에디슨은 "그만 하면 나쁘지 않군, 이민자로서는……"이라면서 보고서를 받아 쥔다.

테슬라는 에디슨 실험실에서 연구하는 동안 직류송전은 1마일마다 발전소를 설치해야 하므로 상용화가 가능하지 않다고 확신하게 된다. 그는 이민 오기 전에 틈틈이 구상했던 교류발전에 대한 연구를 계속했고, 그 결과도 에디슨에게 보고했다. 에디슨은 교류는 고압송전을 해야 하므로 위험하다고 보았고, 절대로 실용화할 수 없다고 믿는 듯했다. 실은 이미 직류 기반의 사업을 키우고 있었던 터라 교류발전의 성공은 곧 자신의 실패를 의미한다고 생각한 것이 가장 큰 이유였다.

직류발전기는 테슬라가 개량한 자동조절장치의 설치로 훨씬 더 효율이 좋아진다. 화재가 줄었고, 다이너모를 비롯해서 시스템의 효율이 40퍼센트 높아진 것이다. 에디슨은 당초 문제를 풀어내면 5만 달러를 주겠다고 말했다. 테슬라는 그 약속을 믿고 5만 달러를 요구한다. 이 말에 에디슨은 "미국식 농담을 못 알아들었군. 미국의 유머 감각을 익혀야겠어"라고 대꾸한다.

대신 "급여를 주당 18달러에서 26달러로 올려줄 수는 있다"고 덧붙인다. 테슬라는 이래저래 그의 상대가 되지 못했다. 그는 이미 거물의 성공한 사업가였고, 유럽에서 건너온 이민자 테슬라는 무명의 가난뱅이였다.

에디슨의 실험실을 떠난 테슬라 테슬라는 에디슨에게 실망하고 연구소를 떠난다. 그러나 당시 전기 분야는 미지의 세계였으므로 전기기술자가 취업할 수 있는 자리는 없었다. 실직한 1885년부터 그는 끼니를 채우기 위해서 1년 넘게 막노동을 한다. 그것도 에디슨 직류발전의 케이블을 묻기 위해서 땅을 파는 노역을 했다. 그 일로 하루에 2달러 정도를 벌었고 4센트로 한 끼씩 연명한다.

공사판에서 그는 교류는 중앙집중식으로 발전과 송전이 가능하다고 설명한다. 이를 들은 한 기술자가 투자자 그룹을 소개해준다. 투자를 받은 테슬라는 경제적이고도 단순한 디자인의 아크등을 개발해서 특허를 얻는다. 1886년에 테슬라 아크등 회사를 세우고, 화려하고 효율적인 아크등 시스템으로 돈을 번다. 그러나 수익은 투자자들에게 돌아갔다. 1886년 그는 전기와 관련해서 4개의 특허를 받는다. 그중 교류발전 특허가 2개였다.

테슬라는 1886년에 웨스턴유니언 전신 회사의 경영자 브라운을 알게 되고, 교류 모터 연구의 지원을 약속받는다. 브라운은 에디슨 전기 회사가 가까이에 위치한 펄 스트리트에 있는 자신의 사무실을 실험실로 쓰도록 배려했다. 1887년에 테슬라는 교류와 관련된 다상 모터와 송전기술에서 7개의 특허를 얻는다. 이 체계는 교류 시스템의 완성을 의미했다.

1888년 테슬라는 컬럼비아 대학교에서 열린 미국 전기기술자협회(American Institute of Electrical Engineers : AIEE)에서 2상 유도 모터에 의해서 0.5마력의 전기가 생성되고 장거리 송전이 가능하다는 것을 실험장치로 시연해 보였다. 전기공학자들은 그의 설계의 완벽성과 천재적인 아이디어에 기립박수를 보낸다. 이를 계기로 그는 일약 유명인사가 되고 언론 인터뷰 등 초청이 빗발친다. 그는 뉴욕의 거물들과 교류하게 되고, 뉴욕 최고급 식당

델모니코의 단골손님이 된다.

테슬라의 연설은 대중을 사로잡았다. 키 189센티미터(6.2피트)에 푸른 눈동자를 가진 그는 한때 사교계의 별 같은 여성들에게 인기였다. 그러나 사회적인 기술이 제한된 천재였다. 그럼에도 연구비를 얻기 위해서 자본가들을 만났고 상류사회에서 어울리기도 했다. 언론인, 문인들과도 교류했고 특히 작가 마크 트웨인(본명 새뮤얼 클레먼스)과 가까웠다. 그는 어릴 때 트웨인의 책을 읽고 병에서 나은 적도 있다고 했다. 트웨인은 실제로 테슬라의 전기실험에 기꺼이 참여하고, 테슬라의 모든 이론에 동의하는 적극적인 지지자였다.

(4) 웨스팅하우스와 테슬라의 '완벽한 파트너십'

1888년 테슬라는 브라운의 소개로 웨스팅하우스와 운명적인 관계를 맺게 된다. 기차의 에어브레이크 개발로 회사를 차리고, 250여 명의 직원으로 사업을 하고 있던 웨스팅하우스는 테슬라의 AIEE 강연에 대해서 알고 있었다. 그는 테슬라에게 평생의 귀인(貴人)이었다. 그들의 관계는 '완벽한 파트너십'이라고 불렸다. 웨스팅하우스는 미국 산업의 역사에서 인격적으로 가장 존경받는 인물이었다.

웨스팅하우스는 당시 테슬라가 가지고 있던 특허를 모두 사는 조건으로 100만 달러를 지원한다. 테슬라는 그중 50만 달러를 브라운에게 수표로 선뜻 건네준다. 그러나 이 부분에 대해서도 사료가 일치하지는 않는다. 7개의 교류 특허를 사는 조건으로 6만 달러와 주식을 주었다는 자료도 있다. 분명한 것은 그가 돈을 버는 것과는 거리가 멀었고, 평생 오로지 연구개발을 위해서만 돈이 필요했다는 사실이다.

웨스팅하우스는 에디슨의 직류 시스템 기반의 발전소를 가지고 있었다. 그러나 테슬라의 설명을 듣고는 교류 시스템이 직류의 대안이라고 판단한다. 테슬라는 2,000달러의 자문 급여를 받으며 웨스팅하우스의 설비를 교류 시스템으로 바꾸는 일을 맡게 된다. 1888년에는 대폭설 사태로 기차, 전신 체계가 모두 마비되는 가운데 지상의 직류 전력선의 붕괴로 사상자가 발생하고, 이들 인프라를 지하화할 필요성이 제기된다.

1886년 웨스팅하우스의 설립 테슬라가 교류 전기의 최초 발명자였던 것은 아니다. 그의 앞에는 적어도 22명의 발명 관련자가 있다. 그러나 테슬라는 교류발전과 송전과 이용을 실용화해서 인류 문명의 가장 획기적인 전환을 이룩한 '전기의 천재'였고, 전기의 실용화는 오로지 그의 공헌이었다. 1881년 유럽에서는 이미 교류 전기 실험을 하고 있었다. 웨스팅하우스는 1885년 골라드-깁스 변압기와 지멘스 발전기를 수입해서 피츠버그에 전기 회사 설립을 준비하고 있던 터였다. 그는 1886년 웨스팅하우스 전기 회사를 설립하고, 교류 전동기 특허로 전기를 생산하기 시작한다.

1889년 오리건 주의 윌래밋 폴스에서 최초의 장거리 직류 송전이 이루어진다. 그러나 홍수로 시설이 파괴되면서, 회사 측이 웨스팅하우스에 교류발전기 설치를 요청하게 된다. 이로써 미국 최초의 장거리 교류 전송이 시작된 것이다. 이 무렵 나이아가라 폭포 수력발전소 건설에 대해서는 영국, 프랑스, 스위스의 전문가로 국제위원회를 구성해 19개의 제안서를 심의하고 있었다. 세계 최초이자 최고의 이 사업을 지원한 자본가는 모건, 로스차일드, 존 애스터 등의 거물이었다.

(5) 불꽃 튀는 전류전쟁의 시작

에디슨은 테슬라와 웨스팅하우스의 계약 소식을 듣고 분개한다. 언론이 이름붙인 직류와 교류의 '전류전쟁'은 1888년부터 시작된다. 에디슨은 웨스팅하우스에게 넘긴 테슬라의 특허에 대해서 자신의 특허권을 침해한 것이라며 소송을 제기하지만 1889년에 패소한다. 그 뒤 1890년부터 에디슨 측은 더 심하게 네거티브 미디어 캠페인을 벌인다. 교류가 위험하다는 갖가지 자료를 만들고, 교류를 이용해서 동물을 죽이는 그림을 그린 전단지를 배포한다.

1887년까지 설치된 에디슨의 직류 발전시설은 장거리 송전을 하지 못하는 채로 1마일마다 하나씩 발전소를 세우고 있었다. 시간이 흐르면서 교류가 대세가 되었고, 테슬라는 웨스팅하우스와의 계약을 연장한다. 1891년 교류 시스템 발전소는 광산 지역으로 들어가서 전기를 공급하기 시작한다. 백악관에 교류 전등이 설치된 것은 1891년 해리슨 대통령(1889-1893 재임) 때였고, 3년 후 클리블랜드 대통령 때에는 백악관 크리스마스트리에 최초로 점등이 이루어진다.

에디슨 측의 비열한 동물 감전사 홍보전 에디슨의 기여를 평가한다면 시스템 구축가로서의 이미지가 가장 돋보인다. 한편 그런 면모와는 달리 전류 전쟁에서는 매우 편협하고 비열한 모습을 보였다. 사실 현재의 시각에서 본다면 기술적 절충안으로 직류와 교류의 혼용으로 원거리 송신은 교류로 하되, 가정이나 사무실로 배전되기 직전에 직류로 전환시키는 대안이 충분히 고려될 수 있었다. 그럼에도 불구하고 그런 고심의 흔적은 어디에도 보이지 않았다. 그는 오직 교류 전기의 대표 기업인 웨스팅하우스와 테슬라를 온갖 네거티브 캠페인으로 죽이는 일에 열중했다.

1886년 에디슨은 "에디슨 사가 경고합니다"라는 팸플릿을 배포해서 웨스팅하우스를 살인자로 몰아간다. 고전압의 교류전선에 가까이 가면 위험하다고 경고하면서, 고압 전류에 의해서 전기구이가 된 사람 명단까지 싣는다. 팸플릿 말미에 "이렇게 무서운 교류를 가정에서 사용하시겠습니까?"라는 문구까지 넣었다.

그 과정에서 돌발 변수가 생긴다. 하나는 프랑스의 구리 사업자들이 구리 가격을 3배로 인상한 것이었다. 직류발전에서 전류는 굵은 구리선을 통해서 송전하고 있었으므로, 이로 인해서 경제성이 더 악화된다. 또 하나는 1888년 테슬라가 교류에 사용할 수 있는 유도 전동기를 개발한 것이었다. 그로써 전기 에너지를 운동 에너지로 전환시킬 수 있게 된 것이다. 이 발명 이전에는 교류로 전기를 생산하는 것이 경제적이기는 했지만, 응용범위가 좁다는 약점이 있었다. 유도 전동기로 그 한계가 극복된 것이다.

에디슨에게 집중 투자하고 있던 모건은 교류에 대한 직류의 경쟁력에 대해서 불안해지기 시작한다. 모건은 무슨 수를 쓰더라도 이겨야 한다며 에디슨에게 압력을 가한다. 에디슨은 직류가 안전하고, 교류는 '죽음의 전기'라는 홍보를 강화한다. 그는 갖가지 동물들을 웨스팅하우스 교류발전기 금속판 위에 놓고 동물들이 어떻게 죽는지를 보이는 시연을 1888년부터 1903년까지 계속한다.

에디슨의 교류 네거티브 캠페인의 작업 책임자는 멘로 파크 연구소의 수석 엔지니어 해럴드 브라운이었다. 브라운은 50여 마리의 개를 구입한 뒤, 전기충격 실험을 했다. 전압을 일정한 수준까지 단계적으로 올리면서 어느 수치에서 개가 감전사되는지를 과학적으로 밝힌다는 것이었다. 에디슨의 전기감전 실험에 동원되어 죽은 동물들은 고양이, 개, 송아지, 말 그리고 코끼리였다. 학생들에게 개나 고양이를 훔쳐 오면 25센트씩 준다고 홍보했고, 어느 날부터인가 에디슨의 오렌지 연구소 근처에서 개와 고양이가 사라지는 일이 생긴다. 이렇게 잡혀온 동물들은 사람들이 둘러서서 지켜보는 가운데 전기감전으로 세상을 떠났다.

'전기구이가 된 사형수' 1890년 에디슨 측은 급기야 공개적인 사형집행에 나선다. 그 무렵 뉴욕 주는 교수형을 대신할 수 있는 인도적인 사형집행 방법을 찾고 있었다. 에디슨은 전기가 "가장 짧은 시간 안에 덜 고통스럽게 죽게 할 수 있는 최선의 방안"이라며, 웨스팅하우스의 교류발전기를 사용할 것을 제안한다. 그리고 웨스팅하우스의 발전기를 구해서 형무소로 보낸다. 그리고 직접 전기의자를 설계한다.

1890년 8월 6일 뉴욕 주의 오번 형무소에서는 언론계를 초청해서 세계 최초로 도끼 살인자의 전기사형을 시연한다. '전기구이가 된 사형수'에 관한 기사가 언론에 대서특필된다. 실제 사형 현장에서는 에디슨의 말과는 달리, 빨리 죽기는커녕 사형수의 척추에서 연기가 났고 피가 흐르는 등 참혹한 장면이 벌어졌다. 에디슨은 전기의자 사형에 대하여 "웨스팅하우스되다"라는 신조어까지 제안했다.

코끼리 감전사 1903년에는 1,500명이 지켜보는 가운데, 톱시라는 이름의 은퇴한 서커스 코끼리를 6,600볼트 교류로 감전사시켰다. 이 장면은 동영상으로 제작되고, 후에 '코끼리 감전사'라는 제목으로 방영되었다. 전류전쟁의 가장 추악한 에피소드는 에디슨의 잔혹한 동물 살해와 사형수의 전기의자 사형이었다. 그러나 그의 끈질긴 네거티브 캠페인은 웨스팅하우스와 테슬라를 꺾고 교류의 이미지를 악화시킨 것이 아니라 오히려 "전기는 위험하다. 치명적이다. 그리고 그 뒤에 에디슨이 있다"라는 식으로 자신의 이미지를 훼손시키는 결과를 빚었다.

웨스팅하우스는 교류에 관한 캠페인으로 연설, 기사 등을 내보낸다. 이 와중에서 에디슨과 웨스팅하우스의 두 회사 간에는 맞고소 등의 사태가 벌어지고, 웨스팅하우스는 자금난에 빠진다. 에디슨은 고압으로 전송되는 교류발전의 확대를 막기 위해서 알바니에서 전압을 800볼트로 제한하는 법안을 통과시키려고 한다. 웨스팅하우스는 위법적인 음모를 꾸몄다며 에디슨을 고소한다.

1891년 테슬라는 다시 AIEE 학회에 초청을 받아서 교류의 안전성에 대하여 노련한 태도로 시연을 했다. 흰색 정장을 입고 그의 충성스러운 조수 시초의 도움으로 자신에게 고주파 교류를 흘리는 실험을 연출한다. 이 실험이 안전했던 것은 100만 볼트의 교류를 주파수 700헤르츠 이상으로 신체에 통과시키는 경우 그대로 표면에서 스쳐 가기 때문이었다. 테슬라는 직류의 공격에 대응해서 교류를 신체에 흘리는 실험을 수없이 해야 했고, 사람들은 이 마술에 경탄하며 기립 박수를 보내고는 했다. 1891년 그는 미국 시민권을 얻고 가장 행복한 날을 보낸다.

(6) 교류의 승리

모건과 에디슨, 그리고 웨스팅하우스와 테슬라, 두 진영의 전류전쟁은 1893년 시카고 세계박람회에서 테슬라와 웨스팅하우스 팀이 1승을 거두는 것으로 한판 승부가 났다. 크리스토퍼 콜럼버스의 신대륙 입성 400주년을 기념하는 시카고 세계박람회에서 20만 개의 교류 전등이 점화되며, 세계 최초이자 최고의 빛의 향연이 펼쳐진 것이다. 점등 버튼을 누른 것은 클리블랜드 대통령이었다.

에디슨 측이 박람회 점등 사업에 제시한 액수는 55만4,000달러였다. 웨스팅하우스와 테슬라는 39만9,000달러를 제시했다. 박람회에서 테슬라는 에디슨의 전구를 쓰려고 했으나, 모건은 법원에 청원해서 사용을 금지해버린다. 그러나 비상대책으로 테슬라와 웨스팅하우스는 따로 전등을 개발해서 아슬아슬하게 고비를 넘길 수 있었다. 시카고 세계박람회가 끝난 뒤 교류발전은 날개를 달았고, 현재까지 우리가 쓰는 전력 시스템으로 자리 잡게 되었다.

시카고 세계박람회에서 테슬라는 특이한 디자인과 글자를 넣은 네온사인도 공개했다. 신기한 네온사인과 네온램프는 큰 인기를 끌었고, 이후 전 세계 대도시로 퍼져나간다. 테슬라는 형광등도 개발했다. 또한 박람회장에서는 에디슨의 네거티브 캠페인에 대응하기 위해서 교류의 안전성을 증명하는 '콜럼버스의 달걀'을 전시했다. 교류 모터에 의해서 회전 자기장이 생기게 하여 달걀이 돌아가도록 만든 장치였다. 이후 5년 사이 테슬라는 교류발전과 송전을 완성시키는 22개의 특허를 얻는다.

1893년 시카고 세계박람회의 개막식에는 클리블랜드 대통령을 비롯해서 10만 명의 관객이 몰려왔다. 박람회는 농업, 원예, 예술, 전기, 기계, 수송 등의 분야에서 일어난 놀라운 혁신을 만방에 알리는 잔치였다. 박람회가 열리는 6개월 동안 전 세계에서 2,700만 명이 관람했다. 당시 시카고는 곡물, 육류, 목재 교역의 중심이었고, 1850년대에 철도가 깔리면서 더 활력을 얻게 된다. 1890년에는 미국 2위의 철강 생산지가 된다. 시카고 세계박람회는 산업혁명에서 미국의 약진을 보여주는 상징적 사건이자 미국이 세계 최강대국의 면모를 갖추고 있음을 만방에 알리는 역사적인 사건이었다.

(7) GE의 탄생

전류전쟁에서의 직류가 교류에게 밀리게 되자, 모건은 에디슨 제너럴 일렉트릭(1878년 설립)의 주식을 사들여서 최대 주주가 된다. 그리고 1891년에 에디슨의 이름을 빼고 제너럴 일렉트릭(General Electric Company : GE)으로 만들어버린다. 뒤통수를 맞은 에디슨은 분노했으나 모건에게 당할 길이 없었다.

GE는 1892년 톰슨-휴스턴 사와 합병을 한다. 톰슨은 GE의 소장이 되어 달라는 요청을 받지만 사양하고, 자신의 조수였던 에드윈 라이스를 추천한다. 두 회사가 합병한 배경에는 몇 가지 요인이 있었다. 과도한 사업 확장으로 재정이 어려웠고, 시카고 세계박람회와 나이아가라 폭포 수력발전을 둘러싼 전류전쟁에서 웨스팅하우스와 테슬라의 기술과 경쟁하기 위한 포석을 깔기 위해서였다. 이 모든 과정은 자본가 모건의 막후 조종으로 이루어졌다.

전류전쟁에서 재정 지원을 하고 있던 에디슨의 직류가 1893년 나이아가라 폭포 수력발전에서 패하자, 모건은 전기산업의 구조조정에 들어간다. 그리하여 기업 경영의 주인이 발명가에서 금융가로 바뀐 GE는 1893년 아이케마이어 사를 합병해서 독점 체제를 구축한다. 그리고 직류가 아니라 교류 시스템에 투자하기 시작한다. 에디슨이 끝까지 직류를 고집한 것과는 대조적으로 금융자본가인 모건은 재빨리 패자인 직류를 버리고 승자인 교류를 택한 것이었다.

GE의 첫 번째 연구소 GE의 공동 창업자 톰슨은 기업의 연구개발의 중요성을 이렇게 강조했다. "GE 같은 거대기업은 새로운 분야의 연구개발 투자를 지속해야 한다. 새로운 이론을 발견하고, 상업화할 수 있는 연구소가 반드시 필요하다." GE의 연구개발의 역사는 전기공학자이며 GE의 수석 기술자문이었던 찰스 스타인메츠(1865-1923)의 집에 있는 나무로 만든 헛간에서 시작되었다.

1900년 연구소 초기에는 3명의 연구원이 있었다. 화재가 나서 연구소를 이전했고, 스타인메츠는 MIT의 젊은 화학 교수인 윌리스 휘트니(1968-1958)를 초대 소장으로 영입한다. 굴리엘모 마르코니(1874-1937), 양자물리학의 보어, '파블로프의 개' 실험으로 유명한 이반 파블로프 등은 연구소를 방문하며 교류했다.

저명인사들도 GE 연구소를 찾았다. 프랭클린 루스벨트 대통령(1933-1945 재임), 존 케네디 대통령(1961-1963 재임), 리처드 닉슨 대통령(1969-1974 재임)을 비롯해서, 미국 최초의 여성 비행사 아멜리아 에어하트, 마술사 해리 후디니 등이 GE를 방문하고, GE 부설 라디오 방송국 WGY을 통해서 스케넥터디 지역주민들에게 연설을 하게 했다. 1922년부터 전파를 내보낸 이 라디오 방송은 미국 최초의 정규 편성 라디오 방송국 중의 하나였다.

GE의 엔지니어 이바르 예베르는 물질의 양자 터널 효과를 실험으로 증명해서 1973년 노벨 물리학상을 수상했다. 이 기술을 기초로 10여 년 후 GE는 자기공명영상법(Magnetic Resonance Imaging : MRI)을 개발한다. GE는 독일, 인도, 중국에 걸쳐서 3,000여 명의 과학자의 국제 네트워크를 구축하고 있었다.

GE 연구소에서의 휘트니의 탁월한 행정 GE 연구소장이었던 휘트니는 철두철미하게 성실했다. 그는 누구에게서나 좋은 면을 보려고 애쓰는 사람이었다. 그는 우수 인력 유치를 위해서 대학교수 못지않은 연봉과 자유로운 연구를 보장했다. 집무실에는 "언제라도 들어오십시오"라는 팻말을 붙여놓았다. 그리고 아무것도 하지 않았다고 써도 좋으니, 일지를 기록해달라고 연구원들에게 부탁한다.

당초 GE 연구소는 특허의 시효 소멸에 따라서 새로운 특허가 필요했기 때문에 설립된 조직이었다. 휘트니는 이에 따른 스트레스가 컸다. 대기업의 복잡한 조직 속에서 과학자 그룹과 경영진 사이의 조화를 이루려고 부단히 노력하는 과정에서 신경쇠약 증세가 우울증으로 번졌고, 1932년에 사임하게 된다. GE 연구소는 휘트니의 인간성이 뒷받침되면서 전등 사업의 연구가 조직적, 체계적으로 진행된 결과 큰 성공을 거두었다.

GE의 수석 기술자문 스타인메츠 "무엇을 해야 하는지 아는 것" GE의 연구원으로 명성을 떨친 스타인메츠는 곱사등이라는 신체적 기형을 지니고 있었다. 그는 수학, 물리학, 고전문학에 특별한 재능이 있었고, 1883년 브레슬라우 대학교에 입학해서 독일 사회민주주의자들과 어울리며 학생 사회주의 클럽에 참여한 경력이 있었다. 한때 당 기관지인 「민중의 소리」의 편집장을 맡기도 했고, 1888년 선동적인 기사를 써서 경찰 수사를 받기도 했다.

그는 취리히로 도망한 뒤, 1889년 미국으로 건너온다. 뉴욕에서 루돌프 아이케마이어 소유의 작은 전기 회사에서 일하게 된다. 그는 자성물질의 전력손실에 대해서 실험 연구를 했고, 교류장치의 상용화에 대한 연구를 했다. 1893년 GE는 아이케마이어를 매입한다. 특허 때문에 사들인 회사였으나, 스타인메츠를 데려온 것이 큰 자산이 되었다. 그는 계산부서에 배치되어 나이아가라 폭포의 새 발전소에 발전기를 설치하는 일을 맡았다.

1903년 설립된 포드 사가 출시한 자동차의 헤드라이트를 개량한 것도 GE의 스타인메츠였다. 이전에는 헤드라이트의 발전기가 바퀴 축에 연결되어 있어서 차가 움직일 때만 작동하고 정차하면 헤드라이트가 꺼졌다. 이 때문에 고객들의 불만이 컸다. 포드는 이 결함을 해결하기 위해서 스타인메츠에게 용역을 맡긴다. 당시 포드의 모델 A의 가격은 750달러였고, 자동차 한 대를 팔아서 남는 이익은 150달러 정도였다. 스타인메츠는 자동차용 축전기를 개발해서 결함을 해결했다. 포드에 청구한 용역비 내역은 인건비와 재료비를 합쳐서 100달러, 그리고 '무엇을 해야 하는지 아는 것'이 9,900달러, 그래서 합계 1만 달러였다.

기초과학과 응용과학의 조화를 이룬 랭뮤어 GE의 어빙 랭뮤어(1881–1957)는 만능이었다. 기업 연구소에서 일하면서 순수과학 연구를 훌륭히 해낸 그는 조명과 전자공학에서 주요 특허를 얻었다. 랭뮤어는 백열등 개량 실험에 열중한 결과 GE에서 가장 효율적인 투자성과를 올렸다. 특히 1916년의 기체 충진 백열등 특허는 회사에 막대한 이윤을 안겨주었다. 랭뮤어는

1912년 이래 매년 평균 5편 이상의 학술 논문을 발표했다. 1932년 랭뮤어는 노벨 화학상을 받았고, GE 연구소는 수천 건의 특허를 냈다. 그러나 "연구소 직원의 발명은 회사의 재산이 된다"라는 회사의 원칙은 철저했다. 그가 개발한 모든 발명과 상표 등록은 회사의 고유권한으로 귀속된다.

GE의 산업연구의 의의 20세기 초, 산업체의 자체적 연구개발 활동의 정착이 그리 순탄한 것만은 아니었다. 기업 연구소에서 오직 독창적인 연구에 매진한다는 것은 기업 임원으로서는 수용하기가 어려웠다. 경영진은 연구를 새로운 발명에 이르는 수단으로 보았다. 따라서 GE의 실험전기화학 연구소 설립은 과학자의 연구를 산업이 지원한다는 메시지의 천명이었고, 산업체의 연구 활동의 성격에 중요한 전환점이 된다.

1916년 무렵 연구소가 개발한 텅스텐 전등이 보급되고, 라디오 진공관과 X선 연구가 채택된다. 당시 연구진은 박사학위를 가진 과학자 10여 명과 50여 명의 엔지니어와 기술자, 그리고 100여 명의 보조 인력으로 구성되어 있었다. 1930년에는 2배 이상으로 충원된다. 그리고 행정을 관장하는 기술간부직이 신설된다.

산업적 연구의 효시로서 GE의 모델은 널리 확산된다. 코닥 연구소의 설립자인 커네스 미즈, 제너럴 모터스(General Motors : GM)의 찰스 케터링 등이 그 모델을 수용한다. 그러나 실패 사례도 있었다. 1917년 찰스 스키너는 웨스팅하우스에서 GE 모델의 연구소 설립을 시도했으나, 3년 뒤 경영진과의 마찰로 기존 연구소마저 대폭 축소되고 말았다.

GE 연구소의 산업적 연구는 산학협동에도 영향을 미쳤다. 하버드 대학교의 화학 전공 대학원생이었던 제임스 코넌트(1893-1978)는 휘트니가 1913년에 산업체가 과학자에게 제공하는 기회에 대해서 연설하는 것을 듣고 큰 감명을 받는다. 코넌트는 후에 하버드 대학교 총장을 지냈다. 그리고 아서 콤프턴(1892-1962) 역시 1915년 GE 연구소를 방문한 뒤, 순수과학의 실용적 응용의 중요성에 대해서 확신을 가지게 된다. 콤프턴은 후에 맨해튼 프로젝트의 원자탄 개발에서 핵심적인 역할을 한다. 이들은 산학협동 연구를 활성화하는 데에 크게 기여했다.

(8) 나이아가라 수력발전에서의 테슬라-웨스팅하우스 승리

나이아가라 수력발전 건설위원회의 위원장을 맡은 영국의 저명한 물리학자 배런 켈빈(1824-1907)은 시카고 세계박람회를 참관한 뒤, 나이아가라 발전 사업에 교류를 택하기로 판단을 굳힌다. 박람회 현장에서 테슬라의 다상 시스템에 깊은 인상을 받았기 때문이다. 당초 그는 직류에 우호적이었으나 교류가 직류보다 싼 비용으로 안전하게 장거리 송전이 가능하리라고 본 것이다. 켈빈은 1893년 웨스팅하우스에게 사업 계약서를 보낸다. 같은 날 모건은 탈락 통보를 받는다. 그리하여 1896년 나이아가라 폭포 수력발전소 건설에서의 전류전쟁에서도 또다시 교류가 승리한다.

1896년 11월 16일, 세계 최대 규모의 나이아가라 폭포 수력발전소 스위치가 켜졌을 때 가동된 것은 5,000마력의 발전기 3개와 애덤스 변압기였다. 이후 10개의 발전기가 더 설치되고, 버펄로와 뉴욕 시의 360마일 거리까지 전깃불을 밝히게 된다. 이 혁명적인 모델은 현대 수력발전소의 표준형으로 자리 잡게 된다.

직류발전은 진동 주파수가 없고 전류 방향이 바뀌지 않는다. 연결이 쉬운 것이 강점이었으나, 장거리 송전을 못하는 것이 결정적인 약점이었다. 송전거리가 1마일 정도라서 도시를 온통 발전소로 채워야 했고, 값비싼 구리전선을 팔뚝만 한 굵기로 써야 했다. 당시 에디슨 연구소는 직류 발전으로 인한 화재와 고장 등 사고를 수습하고 수리하느라 바빴다. 한편 교류발전과 송전은 2만2,000볼트의 고압으로 전송해서 110볼트로 낮추어 전압을 조절함으로써 원거리 전송이 가능했다. 선도 가늘었다. 그럼에도 에디슨 측은 교류가 고압송전이라는 점을 들어서 위험성을 부각하고 있었다.

전동기 기초의 대량생산 체제 1895년 나이아가라 폭포 수력발전 이후

1920년 전후로 선진국은 자국의 산업구조에 맞는 장거리 초고압 전력 시스템을 구축하기 시작한다. 미국의 초전력 방식, 영국의 그리드 시스템, 독일의 석탄 화력과 화학 콤비나트, 소련의 국가전화계획 등이 대표적인 계획이었다. 전력의 이용은 전동기를 기초로 하는 기계 체계를 획기적으로 발전시킨다. 증기기관은 공장마다 따로따로 전력원을 설치해야 했으나, 전동기 보급으로 대량생산 체제가 자리 잡게 된다.

1893년 나이아가라 위원회가 웨스팅하우스와 계약을 체결하자, GE는 테슬라의 업적을 자사의 공으로 돌리는 광고 캠페인을 벌이기도 한다. 웨스팅하우스는 테슬라의 교류 특허를 보호하느라고 20건의 특허 논쟁에 휘말리나, 승소를 한다. 그러나 비용이 과다하게 지출되어 재정 상황이 악화된다.

웨스팅하우스는 기업가이자 361건의 발명 특허를 획득한 발명가였다. 그러나 에디슨은 웨스팅하우스를 장사꾼이라고 했다. 에디슨의 발명 특허는 연구소의 연구원들이 발명한 것까지 그의 이름으로 출원한 것이었다. 웨스팅하우스는 회사 연구원들이 개발한 것은 모두 그들의 이름으로 특허를 받게 했다. 만일 에디슨처럼 자신의 이름으로 했더라면, 웨스팅하우스의 특허가 더 많았으리라고 한다.

웨스팅하우스와 테슬라는 전류전쟁의 승자였다. 그러나 이미 송전설비는 GE가 독점하고 있던 터였다. 상황이 그렇다 보니, 나이아가라 폭포 수력발전소의 공사는 웨스팅하우스가 맡고, 발전소에서 버펄로로 전기를 공급하는 전선의 제작은 GE가 맡는 협력체제가 된다. 나아가서 두 기업은 특허를 공유하는 방식으로 서로 사업 영역을 확장한다. GE는 웨스팅하우스가 독점했던 철도장치 제작에 참여하고, 웨스팅하우스는 GE의 전등과 전력기기를 생산하게 되었다.

(9) '모거니제이션'과 모건 제국의 건설

미국의 전기산업 전개에서, 발명가는 따로 있었고 막후에서 조종해서 수익의 큰 부분을 가져간 것은 금융인 모건이었다. 모건은 아버지 주니어스 모건의 엄격한 훈련으로 "절대로 경쟁하지 말라"는 경구를 들으며 성장했다. 그는 교회에 꾸준히 나가고 명랑하고 쾌활한 성격이었던 반면, 병치레를 많이 했다. 음악회 등 예술을 접할 기회가 많아서 어릴 때부터 예술품 수집에 일가견이 있었다. 훗날 그는 유럽에서 희귀한 고서, 예술품을 모아서 최고의 수집가가 된다. 고대 그리스 유물을 모은 다음 고대 이집트 유물을 모은다. 상당수는 메트로폴리탄 미술관에 기증된다.

그는 20살에 뉴욕으로 돌아온 뒤 사업에 열중하면서 어릴 때부터 다니던 세인트 조지 교회에 나간다. 거기서 패니 트레이시를 만나서 1865년에 결혼한다. 슬하에 3명의 딸과 1명의 아들을 두었다. 후에 건강이 나빠져서 두통과 어지러움에 시달렸고, 코에 심한 피부병을 앓아서 피부색이 붉게 변하고 모양도 울퉁불퉁하게 변형된다. 이후 그의 사진은 모두 수정되어 실린다.

그는 앤서니 드렉셀(1826-1893)과 합작하여 국제은행을 설립한다. 1879년에는 밴더빌트로부터 25만 주를 사들여 철도산업을 장악한다. 미국의 철도산업이 과잉투자와 과열경쟁으로 파산의 위기를 맞게 된다. 이 사태의 해결에 모건이 나선다. 그는 기차 회사 대표들을 소집해 자신의 요트에서 내리지 못하게 하고 협상을 타결하게 한다. 철도산업 회생의 길을 찾는 강제 협상에서 철도산업계는 서로 영역을 침범하지 않기로 합의를 한다.

'모건 하우스'의 보스인 그의 아버지는 아들이 에디슨 전기 사업에 투자하는 것을 반대했다. 더욱이 1890년 에디슨의 '전기의자' 사형 사건이 언론을 비롯해서 사회적인 비판에 부딪치게 되자, 재정 지원에서 손을 떼라고 명령한다. 에디슨의 네거티브 캠페인이 오히려 에디슨의 평판을 떨어뜨리고 전기는 위험하다는 인상을 주었기 때문에 불확실한 사업에 절대로 엮이지 말라는 것이었다.

그렇게 말하자마자, 1890년 이탈리아 여행을 떠난 아버지는 마차 사고로 세상을 떠난다. 아버지의 죽음으로 모건은 1억4,000만 달러의 재산을 소유하며 모건 하우스의 주인이 된다. 1895년 모건은 회사명을 J.P. 모건으로 바꾼다. 그리고 전기산업이 새로운 미래라는 확신으로 추가 투자를 한다.

에디슨에게 400만 달러를 투자한 그는 성공을 위해서 경쟁자를 제거하는 작업에 나선다. 당시 경제가 매우 나빴던 상황에서 막강한 영향력으로 주식 시장에 교묘하게 개입한다. '급성장한 기업, 기술 벤처 기업'이 위험하다며 웨스팅하우스를 겨냥해서 주식의 '팔자' 국면을 조성하고, 그의 의도대로 웨스팅하우스는 부도 위험에 몰린다.

고등학교 때 그의 영웅은 나폴레옹이었고, 그에 관한 글도 쓴다. 1854년 아버지가 런던 은행으로 부임하면서 17살에 가족이 함께 영국으로 간다. 그러나 대학은 독일에서 다녔으며, 다른 과목 중에서도 특히 수학에 뛰어났다. 아버지는 일찍 사업을 배우라며 그를 20살 때 뉴욕 월스트리트의 은행으로 보낸다. 청년 시절부터 그는 화려한 사교생활로 인맥을 쌓았고, 그 과정에서 부유한 가정의 딸 미미를 깊이 사랑하게 된다. 1861년에는 독립해서 회사를 차린다. 아버지와 함께 유럽의 자본을 미국의 산업에 투자하도록 유치하는 일을 한다. 그러던 중 남북전쟁이 발발한다. 그는 군에 입대하는 대신 300 달러를 들여서 다른 사람을 대신 내보낸다. 사업이 번창하는 가운데, 미미가 폐결핵에 걸린 사실을 알게 되고, 반드시 병을 낫게 해주겠다며 미미와 결혼한다. 전지 요양 겸 신혼여행으로 알제리아로 떠난다. 그러나 1862년 미미는 결혼 4개월 만에 죽는다.

로열티 계약서를 찢어버린 테슬라 더욱이 문제가 되었던 것은 마력당 2.5달러의 로열티를 테슬라에게 지급하기로 한 계약 때문에 웨스팅하우스가 망하게 될 것이라는 소문이 퍼진 일이다. 웨스팅하우스는 회사의 부도 상황을 테슬라에게 알린다. 이 내용에 대해서도 사료가 일치하지 않는다. 1마력당 1달러로 계약했다는 설도 있는데, 중요한 것은 만일 테슬라가 로열티를 받았다고 한다면 3,000억 달러 또는 조 단위의 엄청난 거액이었을 것이라는 사실이다. 테슬라는 결국 계약서를 찢어서 웨스팅하우스를 도산으로부터 구해낸다.

모건은 웨스팅하우스에게 화살을 돌려서 결국 물러나게 만든다. 테슬라 특허에 대해서 특허 침해 소송을 걸 테니 알아서 하라고 협박한다. 웨스팅하우스는 "특허에 문제가 없으므로 내가 이길 텐데, 무슨 소송이냐"고 반문한다. 모건은 "당신에게는 재정적인 대응 능력이 없다"고 대꾸한다. 실제로 그는 모건을 상대로 한 소송의 비용을 부담할 수가 없었다. 이미 소송에 휘말려서 막대한 비용을 썼고, 사업 확장으로 경영 상태가 극히 악화되었기 때문이다. 그는 결국 1907년에 모건이 요구하는 대로 경영권을 내놓는다. 모건은 테슬라의 특허로 GE를 교류 전기 회사로 만든다.

웨스팅하우스는 1914년 68세를 일기로 뉴욕에서 심장병으로 사망한다. 그의 바람대로 남북전쟁 참전용사로서 알링턴 국립묘지에 안장된다. 웨스팅하우스와 평생 다정한 부부였던 그의 아내는 3달 뒤 웨스팅하우스를 따라서 함께 묻힌다. 그의 사후에도 웨스팅하우스는 그의 동생과 외아들이 맡아서 운영했고 가전제품 생산으로 번창한다. 미국의 모든 가정에 웨스팅하우스 가전제품이 2개 이상 있을 정도로 사람들에게 가장 친숙한 브랜드가 된다. 1950년대에는 원자력발전소 건설에 참여해서 초기 원자력발전소 민영화에 기여한다.

모건, 국가 재정위기의 해결사 1, 2차 산업혁명기에 미국은 여러 차례 경제공황을 겪었다. 그중 1893년 증권시장이 폭락했을 때, 철도산업도 도산지경에 처한다. 그때 구조조정에 나선 것이 모건이었다. 주요 산업을 장악하고, 효율성, 경제성 위주로 구조조정을 하는 것이 그의 신경영 기법이었다. 그의 구조조정은 모거니제이션이라고 불렸다. 모건은 전신 회사 웨스턴 유니언도 장악했는데, 도청으로 금괴의 이동 정보를 알아내어 사업에 이용했다는 등 에피소드도 많다. 그는 1899년 전신전화와 관련된 회사를 묶어서 미국 전신 회사로 통합하는 데에도 주도적 역할을 했다.

1894년 정부가 재정 파탄 지경에 이르자, 클리블랜드 대통령은 모건에게 재정 회생을 도와달라고 요청한다. 모건의 재정 지원으로 국가 재정은 파탄을 면하고 회생된다. 국가 부도의 위기에서 국채 2억 달러를 금으로 사준 것이다. 정부를 살려낼 정도의 압도적 권력자에게 클리블랜드 대통령은 크게 감사를 표한다. 이런 사태에 대해서 한편에서는 충성심과 탁월한 능력으로 국가를 재정위기에서 구했다고 칭송하는가 하면, 다른 한편에서는 개인이 정부를 완전히 장악하고 사익을 챙겼다고 비판했다.

모건은 1901년에 카네기 스틸을 인수하고 다른 회사까지 합병해서 US 스틸로 통합해 세계 최고의 철강 회사를 만든다. 모건은 이미 철도산업에도 참여해서 뉴욕 센트럴 철도 회사의 중역이 되었다. 그리고 영국의 로스차일드 가에 주식을 판 뒤, 영국 측의 주주 대리인으로 대표이사가 된다. 로스차일드 가는 독일-유대계 혈통의 세계 최고의 국제적 금융 재정 가문이었다. 19세기 영국의 벤저민 디즈레일리 총리는 "로스차일드 가문이 세계 금융시장을 주도하면서 다른 분야도 거의 장악했고, 유럽 모든 국가의 국왕과 정부가 이들 영향권에 있다"고 말했다.

월스트리트, 모건의 제국 모건은 밴더빌트 가문을 비롯한 철도산업체를 노던 시큐리티스로 합병한다. 모건의 경영방식은 다른 산업에도 그대로 영향을 미쳤고, 19세기 후반 미국 대기업의 공통된 경영 모델이 되었다. 모건은 1996년 대형 은행들과 합병해서 J.P. 모건체이스 앤드 컴퍼니로 개편한다. 월스트리트는 모건의 제국이었다.

19세기 후반 미국의 2차 산업혁명기에 대기업은 독점 체제에 의해서 공룡화되면서 스미스의 『도덕적 감정론』과는 전혀 다른 길을 가고 있었다. 사회적 도덕성이라는 개념은 실종된 상태였고, 규제가 없는 자본주의의 절정에서 역사상 유례없는 부의 편중과 노동 착취가 일어나고 있었던 것이다. 이런 움직임에 제동을 건 장치가 1890년 상원의원 셔먼의 주도로 제정된 반독점법이었다. 이 법의 주요 내용은 제1조 '거래를 제한하는 계약과 결합의 공모 금지(합리의 원칙 내에서)'와 제2조 '부당한 독점, 독점시도, 독점 공모의 금지' 등이었다.

1901년에서야 이 법은 적용 대상을 만난다. 모건, 록펠러, 카네기의 합작으로 1896년에 만들어진 매킨리 대통령이 재선에 성공한 뒤 1901년에 암살되고, 부통령이던 루스벨트가 대통령이 된 것이 계기였다. 그로써 모건의 경영에 일대 제동이 걸린다. 반독점법에 의해서 노던 시큐리티스를 분해시키는 계획이 진행된다.

모건은 루스벨트 대통령을 만나서 스스로 구조조정을 할 테니 맡길 것을 요구한다. 그러나 거절당한다. 실무선에서 해결하도록 하자고 다시 제안하지만 받아들여지지 않았다. 모건은 소송을 걸어서 대응하나, 결과는 노던 시큐리티스의 해체였다. 그동안 오랜 기간 증인 출석을 피해 다니던 록펠러는 1911년에야 대법원의 판결로 스탠더드 오일을 분할하게 된다.

1907년에는 월스트리트의 증시가 다시 폭락하고, 그 해결에 모건이 다시 개입하게 된다. 하나의 개인이 국가의 재정위기를 두 번이나 구한 경우는 유례가 없었다. 이때 그는 전국의 트러스트 회사의 사주를 저택의 도서실에 모아 넣고, 문을 잠그고 열쇠를 채운다. 그는 국가 재정위기 타개 방안에 모두 합의하기 전까지는 도서실에서 나올 수 없다고 했다. 모건은 옆방에서 카드를 만지며, 트러스트 기업가들의 타결 소식을 기다린다. 밤을 새우고 난 뒤 새벽에 도서실로 들어가서 지쳐 있는 대표들에게 펜을 주고 액수를 쓰게 한다. 그들이 재정위기를 타개하기 위해 내놓은 액수는 2,500만 달러였다.

모건은 은퇴를 한 뒤 세계 여행을 다닌다. 그러나 그의 영향은 여전했다. 1912년 월스트리트를 조사하기 위해서 열린 청문회에 출석한 모건은 자신은 돈이나 자산이 아니라 사람에 대한 신뢰를 보고 투자한다고 말했다. 증언을 한 뒤 다시 여행길에 올랐다가 1913년 이탈리아 로마의 호텔에서 숨을 거둔다. 뉴욕에서 장례식이 치러지던 날 오전에 뉴욕 증시는 휴장을 한다. 이는 매우 이례적인 일이었다.

1894년, 1907년 개인이 국가 재정위기의 해결사로 나선 데에 대한 문제제기로 새로운 기구가 출범한다. 윌슨 대통령 때인 1913년 연방준비법(Federal Reserve Act)이 통과되면서 연방준비제도(연준)가 설립된 것이다. 1930년대 대공황을 거치며 연준의 기구가 확대된다. 연준은 대통령이 임명하고 상원이 승인하는 이사 7명으로 구성된 이사회가 운영을 맡는다. 정부는 연준의 독립성을 철저하게 보장해준다. 가장 중요한 기능은 달러화의 발행이며, 사립은행들이 100퍼센트 지분을 소유하고 있다.

(10) 테슬라의 발명품

테슬라 코일 1891년 테슬라는 테슬라 코일을 제작했다. 간단한 장치로 수십만-수백만 볼트의 전압을 만들어낸 테슬라 코일은 획기적인 발명이었다. 테슬라 코일은 6개의 기본요소로 구성된다. 1차 고전압 트랜스, 고전압 콘덴서, 스파크 갭, 1차 코일, 2차 코일, 토로이드가 그것이다. 그는 60헤르츠였던 가정용 전기를 수천 헤르츠의 고주파로 바꾸며, 고전압을 얻었다.

테슬라는 이 코일로 실험하는 과정에서 라디오파 신호를 같은 진동수로 공명시키면 송수신이 가능하다는 것을 확인하게 된다. 이 원리가 바로 라디오와 TV의 원리였다. 테슬라는 무선으로 도시에 전기를 공급하겠다는 일념으로 이 장치를 고안하고 그 용량을 키웠다. 오늘날 테슬라 코일은 과학관이나 박물관의 인기 전시품이 되었고, 엔지니어들이 전기의 본질과 이용에 대하여 이해하는 데 큰 기여를 했다.

런던 IEE 초청 테슬라의 일생에서 1892년은 의미가 컸다. 휴스턴 가로 실험실을 옮겼고, 시카고 세계박람회위원회로부터 세계 최초로 전깃불을 밝히는 그의 제안서가 통과되었다는 통보를 받았기 때문이다. 한편 모건은 박람회 프로젝트에서 탈락하자 테슬라가 에디슨의 램프(1-piece)를 쓰지 못하게 금지명령을 내리도록 법원에 신청한다. 이에 테슬라는 에디슨의 특허에 저촉되지 않는 램프(2-piece)를 개발한다.

그러나 이 방식의 전등은 사용 도중에 진공이 약해져서 등이 꺼질 우려가 있었다. 테슬라는 20만 개 전등 가운데 하루에 몇 개 정도의 전등에 문제가 생길지를 계산해서 비상 작전을 마련한다. 매일 박람회가 끝나고 문을 닫자마자 전등을 시카고에서 피츠버그까지 기차로 실어 나른 뒤 손을 봐서 다시 새벽까지 박람회장에 돌려놓는 일을 계속한 것이다. 관람객들은 아무것도 눈치 채지 못했으나, 날마다 그런 가슴 졸이는 일을 하면서 일궈낸 성공이었다.

1892년에는 런던의 전기기술자협회(Institution of Electrical Engineers :

IEE) 초청으로 가장 저명한 과학자와 공학자 앞에서 고주파 전기의 실험 결과를 발표한다. 시연 내용은 전선 없이 빛을 밝히는 것이었다. 이를 본 존 레일리는 테슬라의 천재성을 알아보고, '하나의 빅 아이디어'에 집중해야 할 것이라고 조언을 한다. 테슬라는 이미 1890년 진공관에서 발광하는 것을 확인하고, 그때부터 무선 에너지 전송에 강한 집념을 가지고 있었다. 자연으로부터 무제한으로 공급할 수 있는 에너지 개발 기술이 그의 뇌리에서 떠나지 않았고, 바로 그 무선 에너지가 레일리가 말한 '하나의 빅 아이디어'였던 것이다.

런던 방문에서 테슬라는 윌리엄 크룩스(1832-1919)를 만난다. 크룩스는 방사성 물질 연구의 대가였다. 1861년 방사성 물질의 스펙트럼 분석으로 탈륨을 발견하고 원자량을 측정했다. 그 과정에서 진공저울을 사용하면서 1874년부터 진공관(크룩스 관) 내의 방전에 대한 실험 연구를 한다. 그 결과 1875년에 라디오미터를 발명하고 기체분자의 운동을 확인하게 된다. 1878년에는 물체에 따라서 음극선(cathode ray) 그림자가 생긴다는 사실을 발견한다. 그리고 음극선이 미세한 전기입자의 흐름임을 확인하고 기체, 액체, 고체 이외의 물질의 제4상태라고 규정한다. 이 방전 연구는 빌헬름 뢴트겐(1845-1923)의 X선 발견에 큰 기여를 하게 된다.

한편으로 크룩스는 텔레파시 등 심령현상 연구에도 관심이 컸던 과학자였다. 텔레파시(telepathy)는 그리스 어원으로 텔레(tele)와 파테(pathe)의 합성어이다. 멀리 떨어진 사람 사이에서 말이나 문자 없이 뇌를 통해서 생각을 주고받는 심령의 능력을 가리킨다. 이런 현상은 SF에서나 가능한 일이었고, 과학의 주류에 속하는 개념은 아니었다. 그러나 최근에는 뇌파를 이용한 실험에서 8,000킬로미터 떨어진 사람 사이에서 텔레파시가 일어난다는 것이 확인되었다.

X선의 발견 1893년 테슬라는 사우스 5번가에 실험실을 차린다. 그리고 두문불출하고 테슬라 코일의 개량 등 실험에 몰두한다. 그는 튜닝이 가장

중요하다고 보았다. 그의 발명 특허 출원은 계속 이어진다. 1893년 테슬라는 무선통신 분야에서 17개의 특허를 얻었다. 그리고 전력 송전 시스템, 발전기, 증기기관, 전자기 코일, 왕복기관 등의 특허도 받는다.

그리고 사우스 5번가의 새 실험실에서 조수 시초의 도움으로 X선을 발생시켰다. 그는 X선으로 손의 이미지를 본 최초의 과학자였다. 그러나 그가 발표하기 전에 1895년 독일의 뢴트겐이 먼저 실험 결과를 발표해서, 우선권을 빼앗기게 된다. 방사선은 태곳적부터 자연적으로 존재했으나 이처럼 과학의 영역에 들어온 것은 19세기 말이었다.

1895년 뢴트겐은 음극선을 연구하는 과정에서 방전관에서 나오는 '무엇인지 모르는 선'을 형광판에 쏠 때 형광판이 빛을 발하는 현상을 발견했다. 그로부터 거의 1년 만에 그것이 X선이라는 것을 확인하게 된다. 그가 찍은 X선 사진은 아내의 손가락이었고, 사진에는 손가락뼈와 결혼반지가 뚜렷하게 나타났다.

테슬라의 섀도 그래프 뢴트겐의 발표 이후, 테슬라는 진공관을 이용해서 X선을 발생시키고, 사진을 찍어 '섀도 그래프'라고 명명한다. 그가 찍은 것은 구두를 신은 발이었다. 그는 뢴트겐에게 축하한다는 편지와 함께 그 사진을 보낸다. 뢴트겐은 사진이 매우 선명하다고 감탄하는 답신을 보낸다. 테슬라의 섀도 그래프는 X선 기기 제작에 도움을 주었다. 후에 개발된 기기로는 테슬라만큼 선명한 화질을 얻지 못했다. 독일의 뢴트겐은 1901년 노벨 물리학상의 제1회 수상자가 된다. 테슬라는 다른 주제는 접어두고, 전선 없이 에너지와 메시지를 전송할 수 있는 기술 연구, 즉 그의 '하나의 빅 아이디어'에 몰입하게 된다.

당시 X선의 치료 효과에 대한 실험도 이루어졌다. 에디슨은 그의 실험실의 연구원인 클라란스 델리에게 테스트를 했다. 그 과정에서 델리는 팔을 절단하게 되었고, 결국 암으로 사망한다. 그리고 X선이 실명 치료에 효과가 있다는 잘못된 이야기가 퍼지면서, 에디슨은 자신의 눈에 실험을 했다.

테슬라는 X선의 위해성에 대해서 경고하지만, 아무도 진지하게 받아들이지 않았다. 1903년 에디슨에게 누군가 X선에 대해서 묻자, 그는 "무섭다. 그 이야기는 하지 말라"고 했다고 한다.

1895년의 연구실 화재 1895년, 테슬라는 다시 뉴욕 AIEE 학회에 초청되어 강연을 한다. 여기서 그는 전선이 없이도 전기를 전송할 수 있다는 것을 실험으로 보여주고, 자기 몸에 교류 전기를 흘려보내는 실험의 시연을 한다. 전기공학자들은 기립 박수를 쳤다. 그리고 패러데이가 쓰던 의자에 앉고, 패러데이의 술병에 든 술을 마시는 영광스러운 이벤트도 진행된다.

1895년 3월 13일, 사우스 5번가의 그의 실험실이 있는 빌딩이 대화재로 잿더미가 된다. 그의 평생의 업적이 고스란히 들어 있는 실험실이 몇 시간 사이에 사라져버린 것이다. 그동안 실험한 자료와 고가의 실험기기가 다 타버렸고, 피해액은 100만 달러를 넘었다. 보험이 없었던 터라 그는 파산하고 만다. 그의 강박장애 증세는 크게 악화된다.

테슬라는 하루에 잠을 2시간 정도 잤고, 꿈속에서 현실을 보았다. 이런 현상은 REM 수면 도중에 일어나는데, 인지능력이 매우 높은 사람은 꿈속에서 기계 설계를 실물처럼 보고 실제로 실험을 행할 수 있다고 한다. 테슬라는 시청각 인지능력이 너무 강해서 환상에 사로잡힐 때가 많았고, 병원 치료까지 받았다. 강박장애 증세는 스트레스가 많을 때는 악화되곤 했다.

테슬라 연구소는 민감한 타이밍에 화재를 당한다. 연구실 화재로 무선통신, 무선 에너지 전송, 수송수단, X선, 액화탄소 제조기술 등 천재의 숨은 결실이 세상에 빛을 보지 못하고 사라진 뒤, 그는 순전히 기억을 되살려서 자료를 복원해낸다. 그 모든 것을 기억으로 복원해낸다는 것은 테슬라가 아니고서는 할 수 없는 일이었다. 화재 원인은 밝혀지지 않았다. 에디슨이 테슬라 연구소의 직원을 매수해서 벌인 사보타주라는 소문이 파다했다. 테슬라는 훗날 인터뷰에서 "교묘하게 행동하는 에디슨이 증거를 남겼겠느냐"고 반문한다. 1895년 화재 당시의 상황은 실로 미묘했다. 테슬라는 이미

1893년 필라델피아 소재의 프랭클린 연구소와 세인트루이스 소재의 국립 전등협회에서 최초로 무선통신 시범을 보인 뒤였기 때문이다.

그는 5킬로와트짜리 스파스 송신기로 30피트 떨어진 가이슬러 관에 수신하게 만들어서, 무선 주파수 자극에 의해서 가이슬러 관에 불이 들어오도록 시연을 했다. 테슬라의 이 시연은 매우 중요했다. 무선통신의 최초 발명을 입증하는 기록이었기 때문이다. 그는 무선통신의 기본인 안테나, 공중선, 접지, 인덕턴스, 송수신장치, 전자관 검파기 등을 모두 보여주었다. 2년 뒤인 1895년 마르코니가 공개한 무선장치 장비들은 테슬라의 것과 동일했다.

그 뒤 테슬라는 나이아가라 폭포 수력발전 회사의 대표인 에드워드 애덤스의 지원으로 50만 달러짜리 회사를 설립한다. 그리고 웨스팅하우스에 장비를 요청해서 무선통신 연구를 계속한다. 그는 불사조처럼 부활했으나, 물적, 심적으로 손실이 너무 컸다. 무엇보다도 화재 사건의 충격으로 강박장애 증세가 악화되고, 동양 신비주의와 영성주의에 심취하게 된다.

테슬라는 인도의 신비주의 지도자 스와미 비베카난다를 만나 그로부터 고대 우주관의 영향을 받았다. 비베카난다는 서양에 베다 철학과 종교를 전수한 동양 요가의 최초의 계승자였다. 테슬라는 물질세계의 메커니즘에 대한 동양의 세계관을 연구하는 과정에서 물질의 근원, 존재, 구조의 기술에서 에테르, 아카샤, 프라나 같은 산스크리트 용어를 사용했다. 1891년에는 우주를 '어느 곳에서나 얻을 수 있는 에너지로 충만한 동력학적 시스템'이라고 말하고 있었다. 우주관에 관한 저서인 『유니버설 원(*The Universal One*)』)를 펴낸 월터 러셀에게 그는 이런 메시지를 보낸다. "우주에 관한 지식은 인간이 받아들일 준비가 될 때까지 1,000년 동안 금고 속에 넣어두라." 테슬라는 우주를 진동과 파동의 조화라고 보았고, 불교와 조로아스터교를 언급하면서 과학의 진정한 이론이 그 이치 속에 있다고도 했다.

그는 1900년 자신의 친한 친구였던 로버트 존슨이 편집장으로 있던 서명 잡지 「센추리(*Century*)」에 글을 썼다. "자신의 정신과 육체를 외부의 자극과 상황에 반응하는 자동기계로 본다", 그가 살던 "그 시대의 오토마톤은 빌려온 정신력으로 먼 곳의 지적 작동자의 명령을 따른다", "언젠가 그 자체의 정신을 소유한 기계를 만들 수 있을 것이다"라는 등의 내용이었다. 그러나 "그것도 환경적 자극에 감응하게 될 것"이고 말하고 있었다. 그의 이런 생각이 그를 신비주의 과학자나 과학의 비주류로 만든 측면이 있다.

테슬라와 절친했던 존슨 부부는 죽을 때까지 각별한 사이였다. 존슨은 1881년에 창립된 「센추리」의 편집장으로 언어와 시에 뛰어났다. 테슬라는 존슨 부부와 함께 유럽의 예술가와 작가와 교류한다. 존슨의 아름다운 아내 캐서린은 테슬라를 깊이 사랑하지만, 내내 친구 사이로 지냈다. 테슬라는 어릴 때부터 시를 썼으나 공개하지는 않았고, 캐서린 존슨과 세르비아 시를 번역해서 발표한 적이 있다. 캐서린은 죽으면서 남편에게 테슬라를 잘 돌보라고 부탁하고, 테슬라는 죽기 전에 로버트에게 자신이 가족처럼 돌보던 비둘기를 잘 보살펴달라고 부탁한다.

테슬라의 예지 능력에 관한 에피소드도 있다. 절친한 친구 존슨에게 기차사고가 날 것이라며 타지 말라고 했고, 실제로 사고가 나서 존슨은 사고를 피했다는 것이다. 한편 테슬라와 친한 사이로 그에게 후원도 했던 월도프 아스토리아 호텔의 애스터에게는 타이타닉 호에 타지 말라고 했다는데, 애스터는 1912년 타이타닉 사고에서 아내를 구명보트에 태우고 자신은 타지 못해서 죽음을 당했다는 설도 있으나 확인되지는 않는다.

라디오 발명 우선권 논쟁 라디오 발명 특허의 역사에서 테슬라는 너무도 큰 피해자였다. 1895년 테슬라는 50마일의 거리를 전송할 수 있는 라디오 시그널을 찾아낸다. 고주파와 고압에서 라디오파가 발생한다는 것을 확인한 것이다. 그러나 앞에서 말했듯이, 실증을 하기 바로 직전에 연구소 빌딩이 불에 타서 그의 모든 실험 자료들이 소실되고 공개 테스트가 지연된 것이다. 그러는 중에 이탈리아 출신의 마르코니가 1896년 영국에서 무선통신 장치의 특허를 얻는다. 마르코니의 시스템은 테슬라가 한 것과 달라서, 2개의 회로를 사용해서 장거리 전송을 하는 것이 불가능했다. 반면 테슬라의 기술은 복수의 서킷 사용으로 훨씬 더 강력했다.

테슬라는 1894년 라디오 무선통신 실험에 성공한 뒤, 1897년 미국 특허청에 특허 신청을 한다. 그리고 1900년에 승인을 받는다. 마르코니는 1900년에 미국으로 건너와서 자신의 라디오 특허를 미국 특허청에 신청한다. 그러나 앞서 인증된 테슬라의 특허와 너무 비슷하다는 이유로 기각된다. 특허와 상관없이 마르코니는 미국에 '마르코니 아메리카 회사'를 차린다.

이때 마르코니에게 자본을 댄 사람이 바로 테슬라의 운명적인 적수인 에디슨, 그리고 카네기와 모건이었다. 모건은 당초 테슬라의 라디오파 전송 개발을 지원하다가 테슬라가 메시지가 아니라 자유 에너지 전송에 열중하는 것을 알고 나서, 지원을 중단해버린다. 그리고 테슬라의 특허를 이용해서 무선전신을 상용화하고 있던 마르코니에게 투자를 한 것이다.

1901년 마르코니는 대서양 횡단의 시그널 전송에 성공한다. 그 유명한 S자였다. 테슬라 발진기 등 테슬라의 특허를 써서 이룩한 성공이었다. 테슬라는 이것이 장차 자신에게 어떤 영향을 주게 될 것인지에 관해서 별로 괘념치 않았다. 그는 "마르코니는 좋은 사람이다. 지금 내 특허를 17개 사용하고 있는데 그대로 계속하게 하라"고 말하고 있었다.

테슬라의 연구실 화재는 이처럼 라디오 특허를 둘러싸고 팽팽한 긴장관계가 형성되는 가운데 발생했다. 그리고 1904년에는 테슬라의 특허와 같다는 이유로 이미 1900년에 기각되었던 라디오 특허가 미국 특허청에 의해서 돌연 마르코니의 특허로 인정되는 해괴한 일이 생긴다. 그로써 테슬라의 특허권은 박탈당한다. 아무런 이유도 밝히지 않은 채, 특허청이 4년 전의 스스로의 결정을 번복해서 라디오의 발명자를 바꾸어버린 것이다.

마르코니는 1909년에 노벨 물리학상을 받았다. 테슬라는 마르코니 회사를 상대로 특허 침해 소송을 제기한다. 그러나 그에게는 대기업과 거물들을 상대로 소송비용을 감당할 능력이 없었다. 그래서 포기하고 만다. 거의 40년이 지난 1943년 6월, 미국 대법원은 마르코니에게 주었던 특허권을 다시 빼앗아 테슬라의 특허로 인정한다. 제1차 세계대전에서 미국이 자신의 특허를 도용했다고 마르코니가 소송을 건 것이 계기가 되었다는 추측도 있다.

어쨌거나 테슬라는 부당하게 빼앗겼던 특허를 찾기는 했으나, 그가 세상을 떠난 지 다섯 달 뒤의 일이었다.

마르코니의 라디오파 연구 　마르코니는 이탈리아로 이주한 아일랜드 위스키 양조장집 아들로 태어났다. 1895년 그의 최초의 실험도구는 헤르츠가 고안한 불꽃 파동을 만드는 발진기(oscillator)와 거의 비슷했다. 그는 런던 왕립 연구소의 지원으로 새로운 중계기를 개발하고, 앞에서 본 것처럼 1901년 무선신호로 S자의 대서양 횡단에 성공한다.

이 실험은 전파가 지구 표면을 따라서 굴절되어 전송될 수 있음을 입증한 것이었다. 이를 계기로 전자기파에 새 명칭이 생긴다. 전기장이나 자기장의 진동에 의한 눈에 보이지 않는 파동이 대서양을 횡단했다는 사실로부터 '외부로 퍼져나가는(radiated)' 파동이라는 뜻에서 전자기파를 라디오(radio)라고 부르게 된 것이다.

사르노프의 텔레컴 기여 　이후 마르코니는 무선 전신 회사를 설립한다. 마르코니 회사의 미국 지사에는 러시아 출신의 전신 기사 데이비드 사르노프(1891-1971)가 일하고 있었다. 사르노프는 1912년 4월 타이타닉 호의 침몰 때, 배로부터 SOS를 최초로 포착한 것으로 유명해졌다. 1900년에 뉴욕으로 이민한 그는 1919년 라디오 코퍼레이션 오브 아메리카(Radio Corporation of America : RCA)가 설립될 때 영업부장으로 들어가서 3년 뒤 총지배인이 되었다. 1926년 NBC가 창립될 때는 회장으로 선임되어 1930년에 취임한다. 사르노프는 AM 라디오, FM 라디오와 TV 상용화에 선구적인 기여를 하며 반세기 동안 미국 텔레콤과 미디어 왕국의 대부가 된다.

테슬라와 노벨상의 악연 　1901년 X선 연구에서 테슬라는 최초의 사진을 찍었지만, 그가 아닌 뢴트겐이 노벨 물리학상을 받았다. 다시 1909년에는 무선전신 분야의 테슬라 특허를 17개 사용한 마르코니가 노벨 물리학상을 받았다. 테슬라는 1915년 노벨상과 인연이 생기는 듯했다. 그러나 곧 물거품이 된다. 사연인즉 1915년 11월 6일 「뉴욕 타임스(*The New York Times*)」 1면에 에디슨과 테슬라가 나란히 노벨 물리학상의 공동수상자로 결정되었다는 기사가 실린 것이다. 테슬라는 자신이 수상한다면 무선 에너지 전송기술 개발 때문일 것이라고 말한다. 「타임스(*The Times*)」, 「전기 세계(*The Electric World*)」 등도 「뉴욕 타임스」와 같은 기사를 실었다.

그런데 8일 후인 11월 14일, 로이터 통신은 노벨상위원회가 X선으로 결정학 연구를 한 영국 리드 대학의 윌리엄 브래그 교수와 그의 아들인 케임브리지 대학교의 로런스 브래그 교수를 노벨 물리학상 수상자로 선정했다고 보도한다. 그 기사대로 노벨상은 이 두 부자가 받았다. 이처럼 수상자가 뒤집힌 경위에 대해서 노벨 재단은 아무런 해명을 하지 않았다.

테슬라는 에디슨과 공동수상을 원치 않았다는 말을 인터뷰에서 한 적이 있다. 그러나 자료가 일치하지 않아서 확인은 어렵다. 또 어느 전기 작가의 말에 따르면 에디슨이 테슬라가 상금을 받지 못하도록 수상을 거부했다는 설도 있다. 이 무렵 테슬라의 재정 상태는 극도로 나빠져서 생계가 어려웠고, 실험 연구는 막힌 상태였던 것은 사실이다. 그것을 증명이라도 하듯이 노벨상 수상 소식이 헛소문으로 판명된 뒤 그는 자신이 빚으로 살고 있으니 세금 935달러를 돌려달라는 반환 신청을 하고 있었다.

1916년 AIEE는 노벨상을 받지 못하게 된 테슬라에게 위로의 뜻을 담아서 권위 있는 에디슨상을 수여하기로 한다. 에디슨은 업무상 여행이라며 시상식 날 자리를 비워버리고, 테슬라는 비둘기 모이를 주면서 시상식장에 나타나지 않는다. 결국 옆에서 설득해서 시상식에 나타난 그는 소감 연설에서 "무선 에너지로 전 세계가 전기를 공급받을 수 있다"는 얘기를 한다. 시상식에 참석한 사람들은 그가 현실세계에서 벗어나 비정상이라고 보았다.

테슬라는 AIEE에서 받은 에디슨 금메달을 반으로 쪼개서 자신의 조수들에게 준다. AIEE는 1844년 에디슨, 테슬라, 톰슨, 휴스턴 등 당시 전기공학의 거물들이 창립한 전기 분야의 최고 단체였다. 1963년 AIEE는 전파공학협회(Institute of Radio Engineers : IRE)와 합병해서 전기전자기술자협회(Institute of Electrical and Electronics Engineers : IEEE)로 확대된다.

테슬라는 1892년 런던 방문 때 구름 속의 천사 중 하나가 어머니로 변하는 모습을 보고 어머니의 죽음을 직감했다. 그는 어머니와 자신의 뇌 주파수가 공명을 일으킨 것이라고 믿었다. 그의 직감대로 어머니가 위중하다는 소식을 받고 급히 고향으로 달려가 어머니의 임종을 지켰다. 그는 말년에 수천 마리 비둘기에게 먹이를 주며 살았다. 그중 흰 비둘기 한 마리와는 특히 각별했다. 테슬라는 그 비둘기 생각을 하면 그 비둘기가 찾아왔고, 그것은 마치 남녀의 사랑 같은 것이라고 했다. 어느 날 밤 그 흰 비둘기가 열린 창으로 방에 들어와 눈에서 강한 빛을 냈고 테슬라는 그것이 비둘기가 죽음을 알리는 것임을 직감했으며 비둘기는 정말 죽었다는 것이다. 이런 말을 하는 그를 사람들은 임상적으로 비정상이라고 본 것이다.

리모컨 1898년 테슬라는 뉴욕의 매디슨 스퀘어 가든에서 열린 전기박람회에서 모형 보트를 무선조종하는 실험을 공개했다. 테슬라는 이 시범실험을 가리켜서 텔레오토메이션이라고 명명했다. 아무 선도 연결하지 않고 라디오 주파수를 이용해서 멀리 떨어진 물탱크 속의 모형 보트를 운전한 것이다. 세계 최초의 이 시연을 보고 초청객들은 경탄을 금치 못한다. 이 공개실험은 나이아가라 폭포 수력발전 이후의 최대 뉴스거리였다. 행사장 현수막에는 매디슨 스퀘어 가든이 "오늘밤 지금까지 본 적이 없었던 가장 혁신적인 발명을 시연합니다"라고 적혀 있었다.

리모컨 장치는 실내 수조, 4-피트 길이의 소형 보트, 여러 가지 레버를 갖춘 컨트롤 박스로 구성되었다. 보트는 배터리로 움직였고, 보트의 데크에는 시그널을 받는 안테나가 설치되어 있었다. 가장 높은 안테나를 중앙에 놓고, 다른 두 안테나에는 꼭대기에 작은 등을 달았다. 시연은 수조에 모형 보트를 띄우고, 연단에서 테슬라가 리모컨으로 작동하는 방식이었다. 배경음악도 흘러나왔다.

이 시연에 초청된 손님들은 밴더빌트, 록펠러, 로스차일드, 모건 등의 대기업 가문과 작가 트웨인, 프랑스 영화배우 사라 베르나르를 비롯해서 해군과 백악관 관계자 등이었다. 테슬라는 자그마한 라디오파 조절용 컨트롤 박스로 작은 모형 보트를 왔다 갔다 운행시키면서 등을 켰다 껐다 조작했다. 보트는 운행하는데, 보트와 테슬라 사이에는 선이라고는 아무것도 없었다.

더욱이 테슬라가 보트를 향해서 "64의 세제곱근이 얼마냐?"고 물으니, 등이 네 번 반짝거렸다. 누군가가 "보트 속에 원숭이가 있나보다"라고 소리쳤다. 사람들의 의구심을 풀기 위해서 테슬라는 그의 조수 시초를 시켜서 모형 보트의 뚜껑을 열어 보인다. 이것이 현대인이 수도 없이 계속 사용하고 있는 리모컨의 최초 시연이었다. 그러나 이 리모컨 기술에 대해서 테슬라는 특허를 내지 못했다. 특허청이 실현 가능성이 전혀 없는 기술에는 특허를 줄 수 없다고 했기 때문이다. 테슬라는 특허청의 판단이 무색하게도 무선조종을 당당히 실현해 보인 것이다.

이 발명은 기술사에서 세 가지의 특별한 의미를 지니는 기술 혁신이었다. 첫째, 오늘날 일상생활 속에서 보편화된 리모컨 기술의 시작이었다. 둘째, 그때 사용한 보트는 사람이 손대지 않고 조종되는 로봇의 최초 형태였다. 셋째, 로봇 기술과 라디오 조종기술이 융합된 테슬라의 보트는 오늘날의 드론 기술의 원조였다. 실제로 무선조종 기술은 제2차 세계대전 이후 함정의 무선조종 기술로 개발된다. 제1차 세계대전 때 그는 잠수함 탐지의 아이디어를 냈는데, 제2차 세계대전에서 레이더로 실용화되었다. 즉 레이더 기술의 단초를 연 과학자가 바로 테슬라였다.

당시의 매디슨 스퀘어 가든의 시연을 보고 언론은 기사의 제목을 "테슬라의 실험이 무선조종이 가능한 어뢰 개발 등 무기 개발로 이어질 것"이라고 뽑았다. 그러나 평생에 걸쳐서 테슬라가 철두철미하게 실현하고자 했던 것은 "전쟁을 일으키고 전쟁에서 이기게 하는 무기 개발이 아니라 전쟁을 일으키지 못하게 막는 기술의 개발"이었다. 그의 이런 믿음, 즉 전쟁에 대한 기피와 혐오는 정교회 사제였던 그의 아버지로부터 받은 정신적 유산이었다. 그러나 당시의 군 당국은 테슬라의 이 리모컨 기술이 군사기술로서 실용성이 없다고 보고 있었다.

마거릿 체니의 저서 『테슬라(*Tesla : A Man Out of Time*)』에는 이렇게 쓰여 있다. 테슬라에게 '폭약 운반체로서 그 보트의 잠재력'에 대해서 물으니, 테슬라는 "거기서 당신은 무선의 어뢰를 보는 것이 아니다. 거기서 로봇이라는 종의 최초 형태, 즉 인간의 고된 노동을 맡아줄 기계식 인간을 보는 것이다"라고 답했다. 21세기 4차 산업혁명 시대의 로봇 과학자들은 테슬라의 '텔레오토메이션'의 후예들이다.

지진기계 테슬라는 나이아가라 폭포 수력발전소 사업으로 번 돈으로 '테슬라 발진기'를 개발하고, 1893년 특허를 냈다. 증기관으로 작동되는 길이 7인치, 무게 5파운드의 이 장치로 그는 1898년 휴스턴 46번가의 실험실에서 실험을 했다. 그 과정에서 갑자기 실험실의 물건들이 떨어지고 부서지고, 빌딩이 흔들리는 소동이 벌어진다. 경찰서에는 이웃 사람들의 전화가 빗발치고, 결국 테슬라의 실험실에 경찰이 출동하는 사태가 벌어진다.

테슬라는 실험장치를 망치로 깨서 상황을 종료시킨다. 막 문을 열고 들어서는 경찰을 향해서 그는 "방금 아주 재미있는 실험 구경을 놓쳐서 안됐다"고 말했다. 그는 공진동에 의해서 브룩클린 브리지를 파괴시킬 수도 있었다고 말했다. 특정 공명 주파수에 진동하게 만들면 지진처럼 파괴력이 클 수 있었기 때문에 일명 테슬라 지진기계라고 불렸다.

1899년 콜로라도스프링스 실험 연구 1899년 5월 18일 테슬라는 레오나르드 커티스의 초청을 받아들여 콜로라도스프링스로 떠난다. 테슬라는 전선 없이 전력을 전달하는 방법을 찾는 데에 심취해 있었고, 높은 고도에서의 실험이 돌파구가 되리라고 기대했다. 콜로라도스프링스는 땅의 자기장이 강해서 맑은 날보다는 천둥번개 치는 날이 많았고, 따라서 번개 연구에 안성맞춤이었다.

테슬라는 자기 자신을 번개의 일부라고 생각했다. 그의 별명은 '번개의

테슬라의 콜로라도스프링스 연구소의 전기방전 실험(1900)

마스터', '전기의 마스터'였다. 우주의 에너지를 통제할 수 있다고 믿었던 그에게는 그 기술의 상용화가 필생의 꿈이었다. 그는 인공적으로 전기를 이용해서 기후도 바꿀 수 있다고 믿었다. 실제로 군사기술에서는 그가 말한 대로 마이크로파를 실용화했다. 그는 AI에 대해서도 다루고 있었다.

콜로라도스프링스에서 테슬라는 머물 곳과 실험을 할 수 있는 땅을 제공받았고, 전기도 마음대로 쓸 수 있었다. 테슬라는 새로운 목표 두 가지를 세운다. 하나는 전 세계를 연결하는 무선 전신 시스템을 개발하는 것, 또 하나는 에너지를 전 세계로 효율적으로 전달하는 방법을 찾는 것이었다. 그러나 다른 사람들에게는 1900년에 열리는 파리 박람회에 전신을 보내는 연구를 한다고 말하고 있었다. 그는 콜로라도스프링스에 실험실을 차리고, 가장 크고 가장 강력한 테슬라 코일을 제작한다. 이것이 테슬라의 '확대 송신기'였다. 이 장치는 3개의 코일로 구성되고, 최외곽 코일은 지름이 52피트, 높이 25피트였다. 그리고 무선으로 무제한의 전력을 송신하기 위한 장치로 송전탑을 세운다. 안테나의 높이는 145피트였다. 밤이 되면 그의 실험실에서는 고전하의 액체 플라스마에서 기이한 파란 불꽃이 튀어나왔고, 22마일 밖의 작은 탄광 마을까지 파란 불꽃이 퍼져갔다.

테슬라는 거대한 변압기를 써서 수억 볼트의 전압을 얻고, 여러 가지 주파수의 전류를 발생시킨다. 실험실에서는 제트 엔진 소음이 났다. 그는 이때 개발한 장치를 자신의 발명품 중에서 가장 멋진 것으로 꼽았다. 1899년 테슬라는 천둥이 칠 때의 번개를 측정해서, 번개가 일정한 주기를 가지고 있음을 확인하게 된다. 폭풍이 300킬로미터 멀어질 때마다 번개가 하나의 주기를 나타내는 것을 보고, 번개가 정상파라는 사실을 알게 된다.

실험을 하는 과정에서 그는 지구가 하나의 큰 도체(導體)라는 생각을 하게 된다. 그리고 그것을 이용하면 무선으로 메시지를 지구 반대편으로 보낼 수 있으리라고 생각했다. 그렇게 하려면 변압비를 높게 해야 하고, 공명이 일어나도록 하는 것이 과제였다. 테슬라는 막대한 에너지를 저장했다가 인공번개를 방출하는 실험에 몰두한다. 그 결과 130피트 길이의 인공번개가 콜로라도스프링스 인근 지역에 퍼지고, 땅에 미리 설치한 전구 200여 개에 전깃불이 들어온다.

그러나 그 실험으로 막대한 전력이 소모됨으로써, 엘파소 발전소의 발전기가 모두 타버리는 사고가 발생한다. 도시 전체가 암흑천지가 되자, 마을 사람들은 공포를 느끼게 되고 테슬라는 기피 인물이 되어버린다. 테슬라로서는 단지 자신이 만든 발전기를 고치는 문제였기 때문에 지역주민들처럼 겁을 낼 이유가 전혀 없었다. 피해를 보상한 뒤, 그는 연구소에 계속 전력을 공급해달라고 요청한다. 6개월간 실험은 더 계속된다. 그는 이곳에서의 실험으로 10만 달러의 과도한 비용을 써버렸다.

당시 테슬라의 부자 친구로서 너그러운 재정 지원을 해주던 애스터는 새로운 조명 시스템 연구를 위해서 테슬라에게 10만 달러를 후원한다. 테슬라는 그 돈을 콜로라도스프링스에서의 인공번개 연구에 몽땅 바쳤다. 이 일로 몇 년간 둘 사이는 소원해지기도 한다. 이때 테슬라의 법률 자문역인 조지 셰리프는 모건이 라디오 방송 등 무선통신에 관심이 많아서 투자를 할 의향이 있다고 전해준다.

테슬라의 콜로라도스프링스 실험장비는 외부에 공개되지 않고, 비밀리에 실험을 진행한다. 이때의 테슬라의 실험장치에 관한 이야기는 허버트 웰스의 소설 『달 세계 최초의 사람(*The man in the moon*)』에 나온다. 테슬라는 콜로라도스프링스에서 무선수신 장치를 연구하면서 정체를 알 수 없는 전파를 받은 적이 있었다. 그 패턴이 규칙적임을 발견하고 그는 외계인의 메시지라고 믿었다. 그는 미국 적십자회에 "형제들이여, 외계로부터 교신이 왔고, 그 메시지는 하나, 둘, 셋이었다"라는 편지를 쓴다.

그는 그것이 화성에서 온 메시지라고 말해서 주위의 비웃음을 산다. 콜로라도스프링스의 신문사 「가젯(*The Gazette*)」은 "왜 하필 외계인이 콜로라도스프링스를 골랐는지는 모르지만, 탁월한 선택"이라는 식으로 테슬라를 조롱하는 기사를 내보낸다. 콜로라도스프링스 프로젝트의 목표가 달성된 것은 아니었으나, 그의 비전과 발상은 시대를 앞서가는 놀라운 경지였다. 당시에는 공상과학 이야기처럼 들렸지만, 오늘날의 과학자들은 전파망원경을 통해서 태양과 행성 등 우주로부터 끊임없이 전자기파를 수신하고 있기 때문이다.

21세기 우주인들은 외계에서 지구를 보며, 지구 전체가 번개로 번쩍이는 모습이 장관이었다고 말했다. 1초에 100번씩, 즉 하루에 800만 번의 번개가 여기저기에서 마치 신경망에서의 네트워크처럼 번쩍인다는 것이다. 테슬라는 우주인이 본 모습대로, 번개의 에너지를 끌어내려 이용하고 또 인공번개를 올려 보내서 전기적 영향을 미칠 수 있다고 믿었다.

1899년 전자기파에 근거한 테슬라의 연구는 현대적 외계지적생명체탐사(Search for Extra-terrestrial Intelligence : SETI)의 효시라고 할 수 있다. 테슬라는 "우주로부터의 전파를 수신하여 분석하면 외계 문명을 찾을 수 있을 것"이라고 믿었다. 외계의 지적 생명체를 찾는 SETI는 우주로부터의 전자기파를 검출하거나 지구에서 전자기파를 보내는 방식으로 진행된다. 고대에서부터 외계인의 존재에 대한 추론은 있었으나, 최초의 과학적 연구가 진행된 것은 1984년 미국 정부 지원의 국가 프로젝트가 시작되면서부터였다. 그러나 그 프로젝트는 막대한 예산을 낭비한다는 지적을 받으며 규모가 축소되었다. 1994년에는 62개국 1,500명의 천문학자들이 'SETI 리그'를 구축했다. 27개국에 분산된 143개 망원경을 네트워크화해서, 실시간으로 하늘을 탐사하는 아르구스(argus) 프로젝트를 시작했다. 1995년에는 피닉스 프로젝트로 연장된다. 1999년에는 슈퍼컴퓨터의 용량 부족을 극복하기 위해 분산 컴퓨팅 프로그램의 세티앳홈(SETI@Home)을 구축해서 개인을 참여시켰다. 가장 최신 연구로는 2018년 SETI 연구소가 "AI 기술로 수상한 외계 신호 72개를 찾아냈다"는 소식이 있다.

1900년 테슬라의 뉴욕 귀환　콜로라도스프링스에서 1년 반 동안 실험한 뒤, 1900년 테슬라는 뉴욕으로 돌아온다. 20세기가 열리며 뉴욕의 풍경은 신세계로 바뀌고 있었다. 전차가 다녔고, 새로운 지하철 시스템 공사를 위한 땅파기가 한창이었다. 도시는 불야성을 이루고 미국 마르코니 회사, 즉 RCA가 모건, 카네기, 에디슨의 참여로 설립되어 방송도 전파를 탔다. 에디슨과 마르코니는 이 회사의 자문 엔지니어였다. 뉴욕에 돌아온 테슬라는 모건과의 만찬 자리에서 모건의 딸 앤 모건을 소개받아서 친구로 지내게 된다.

테슬라는 1890년 이후, 특히 콜로라도스프링스에서의 인공번개 실험 이후, 자기장을 이용하여 무선으로 에너지를 보내고, 전 세계 기상을 조절할 수 있다는 일념으로 무선통신 기술에 대한 아이디어를 발전시키며 매우 생산적이고 보람찬 시기를 보낸다. 전 세계가 전선 없이 태양 에너지를 자유롭게 쓰게 하는 '무선 에너지 송전(Wireless Energy Transmission)'의 상용화 프로젝트를 위해서 1901년 그는 로드아일랜드 주의 숄햄으로 떠난다.

테슬라는 1901년 숄햄에 워든클리프 타워, 즉 '꿈의 타워'를 세우고, 무선 에너지 전달 시스템을 구축하겠다는 꿈을 실험에 옮기기 시작한다. 타워의 높이는 187피트였고, 옆에는 당대의 저명한 건축가인 화이트가 설계를 도와준 비밀스러운 건물이 들어섰다. 모건은 타워를 장거리 무선전신의 '글로벌 커뮤니케이션 네트워크' 연구로 이해하고, 테슬라에게 15만 달러의 연구비를 지원하겠다고 제안했었다. 막대한 자본을 댈 수 있는 모건과의 계약이 성사되지만, 서로 생각이 달랐기 때문에 매우 불안한 파트너십이었다.

테슬라와 모건은 동상이몽의 상태였다. 테슬라의 목표는 오로라가 발생

테슬라의 워든클리프 타워(1904)

하는 상공 80킬로미터 이상의 이온전리층의 에너지를 지구상으로 끌어내려서 전 세계에 자유 에너지를 공급하는 것이었다. 반면 모건은 그런 원대한 꿈에는 관심조차 없었고, 조속히 라디오 시그널의 장거리 무선통신을 성공시켜서 라디오 방송 센터를 세우고 세계 시장을 선점하는 것이었다.

초기에 테슬라는 자신의 속셈을 드러내지 않았다. 지원이 끊길 것을 우려했기 때문이다. 그러나 실험에 비용은 계속 들어가고, 모건은 일부만 비용을 대고 있어 갈수록 재정난이 심해진다. 결국 테슬라는 단순히 메시지를 전달하는 기술이 아니라 에너지를 전송하는 기술을 개발하는 프로젝트라고 실토를 하게 된다. 그리고 모건을 설득하려 하지만 전혀 먹혀들지 않았다.

모건이 손을 뗐다는 소문이 돌면서 테슬라는 빚더미에 앉게 된다. 테슬라의 시간은 속절없이 흘러가고 연구비는 바닥난다. 그 상황에서, 1901년 마르코니는 대서양 횡단 무선통신에 성공한다. 모건은 테슬라의 연구비를 중단하는 데서 그치지 않았다. 테슬라의 특허로 회사를 차린 마르코니에게 투자해서 테슬라에게 큰 상처를 입힌다. 역사에 가정은 없다지만, 모건의 투자가 테슬라가 원하는 만큼 이루어졌다고 한다면 그 결과는 어떻게 되었을까?

1902년 테슬라는 자유 에너지 개념에 대해서 존슨에게 편지를 써서 보낸다. 새로운 에너지 발전기 개발로 연료를 소모하지 않는 에너지 공급이 가능할 것이라는 내용이었다. 이 서신은 1976년 뉴욕에서 열린 IEEE 테슬라 심포지엄 때 컬럼비아 대학교 도서관의 테슬라 컬렉션에서 찾아낸 것이다.

워든클리프 타워의 꿈의 프로젝트를 기점으로 테슬라의 운은 기울게 된다. 모건의 연구비 중단에 이어서 설상가상으로 1904년 특허청이 마르코니의 특허를 인정하고, 테슬라의 라디오 특허를 박탈하는 어이없는 조치를 취했기 때문이다. 이어서 1905년에는 테슬라의 주요 교류 특허가 시효 만료가 되어 누구나 비용을 내지 않고 테슬라의 특허를 쓰게 된다.

1908년 그는 워든클리프 프로젝트를 재개한다. 장소는 동시베리아 퉁구스카였다는데, 관련 정보는 불확실하다. 그 당시 세상에 알려지기로는 소행성이 지구에 충돌해서 마치 원자폭탄이 떨어진 것 같은 피해를 입은 것이었다. 그러나 테슬라는 인터뷰에서 미국 정부에게 기밀로 부친다는 서약서를 쓰고, 1908년 6월 30일에 실험을 했다는 말을 한 적이 있다. 사실관계는 확인되지 않는다. 폭발 당시 북반구에서는 빛을 볼 수 있을 정도의 대폭발이었다. 워든클리프에 세웠던 테슬라 타워는 1917년 제1차 세계대전 중에 독일 스파이가 그것을 이용해서 스파이 행위를 할지도 모른다는 우려에서 미군이 파괴해서 사라져버렸다.

퉁구스카 폭발사건 퉁구스카 폭발사건은 1908년 6월 30일 오전 7시 17분에 러시아 시베리아 크라스노야르스크 지방, 즉 폿카멘나야 퉁구스카 강 유역의 밀림에서 발생한 대형 공중폭발 사건을 가리킨다. 그 폭발은 불덩이가 서쪽에서 동쪽으로 날아가면서 발생했다. 폭발한 불덩이는 1,000만 톤 이상이었고, 나무 6,000-8,000만 그루를 태웠고, 1,500마리의 순록 시체가 나왔다. 450킬로미터 떨어진 곳의 기차도 땅이 흔들리고 돌풍이 몰아쳐서 전복된다. 사건 현장에서 15킬로미터 떨어진 곳의 가축 1,500마리도 타 죽었다. 폭약 TNT 500만 톤의 폭발에 버금가는 대폭발이었다.

1931년 소련 과학 아카데미에서 현장을 조사했으나 정확한 결론을 내리지는 못했다. 운석이 지구로 날아왔다는 설도 있었으나 2013년에 운석 파편을 발견하면서 소행성의 충돌로 결론을 내렸다. 핵폭탄이 폭발하거나 소행성이 충돌할 경우에만 형성된다고 알려진 석영이 발견되었기 때문이다.

테슬라 터빈 20세기 초 자동차는 피스톤 엔진으로 가동되고 있었다. 테슬라는 피스톤 엔진보다 성능이 좋은 엔진의 개발에 나선다. 블레이드의 날개 날이 없고, 연료가 디스크가 들어 있는 챔버에 들어가기 전에 연소하면서 스핀하는 부드러운 디스크를 써서 만들었다. 1909년 테스트 결과 효율이 69퍼센트였다. 현재 효율이 42퍼센트인 것에 비하면 효율이 훨씬 더 좋았으나 당시에는 보급되지 않았다. 이 엔진은 1913년에 특허를 받았다.

1917년 미국이 제1차 세계대전에 참가할 무렵, 연합군은 독일군의 잠수함 공격 때문에 어려움을 겪고 있었다. 잠수함을 사전에 추적하는 기술이 중요해지자, 테슬라는 군수용 레이더 기술의 기본 개념을 설계한다. 그 원리는 초당 수백만 단위의 초고주파의 전기파동 다발을 쏜 뒤, 그 광선이 잠수함 선체에 부딪혀서 반사되는 빛을 중간에서 가로채고, 그 반사광선을 형광 스크린에 투사해서 비추게 하는 것이었다. 단 파장을 짧게 하고 가공할 만한 천문학적인 에너지로 진동하는 광선을 만드는 것이 과제였다. 이 아이디어는 1930년대에 본격적인 연구를 거쳐서 실용화된다.

현대 전기공학기술을 거의 다 개발하고 나서 10년 뒤, 테슬라는 오일, 석탄, 수력 등 기존의 에너지원을 쓰지 않는 발전기 개발에 관심을 돌린다. 그는 그 발전기는 '주위 매질'로부터 에너지를 얻을 것이라고 말하고 있었다. 테슬라는 1931년에 뉴욕에서 교류 전기 모터를 개발해서 차량에 장착한다. 가솔린 등 다른 동력이 없이 자동차가 달리는 것을 실제로 보여준다. 그러나 그의 전기자동차는 관심을 끌지 못하고, 오히려 조롱을 받는다. 그의 실험에 대해서 언론은 악마가 씌었다고 평했다. 테슬라는 비행기 설계도 했다. 그는 그 모델을 헬리콥터라고 말했으나, 프로펠러를 이용해서 좁은 공간에서도 이착륙할 수 있는 수직 이착륙기였다. 1950년대 테슬라의 이 아이디어는 시제품으로 시험운행을 하게 된다.

1933년에 그는 그 새로운 에너지원에 대해서 이렇게 말하고 있었다. "세계의 기계를 작동시키는 새로운 동력은 우주를 움직이게 하는 에너지로부터 얻을 수 있고, 지구는 어디서나 무한하게 존재하는 태양으로부터의 우주 에너지를 이용할 수 있을 것이다." 이후 거의 100년 동안 테슬라의 '자유 에너지' 발전기는 과학자들의 연구 대상이었으나, 그 기계의 성격과 작동에 대해서는 밝히지 못했다.

세계를 잇는 무한 에너지의 네트워크 구축은 미완성으로 끝났다. 그 실패로 인해서 테슬라의 신화는 무너져갔다. 그는 무선통신과는 달리 산업적 에너지의 전송은 전송 중에 에너지 손실이 크다는 것을 고려하지 못했다. 라디오파 물리학에 대한 이해가 부족했기 때문에 실패했다는 이야기도 있다. 그가 후세에 남긴 과제는 힘의 소실 없이 전송이 가능한 기계를 만드는 일이었다.

테슬라와 아인슈타인 테슬라는 아인슈타인의 연구에 대해서 비판적으로 보았다. 수학적인 방정식에 과도하게 의존해서 실용성과 거리가 멀다거나, 원자의 힘을 방출하는 것은 재앙이 될 것이라고 말하고 있었다. 당시에는 아무도 귀를 기울이지 않았으나, 1945년 원자폭탄 투하 이후 그 말의 뜻을 이해할 수 있게 된 셈이다.

그는 아인슈타인의 상대성이론을 비판하고, 대신 전중력학이라는 이론을 제시한다. 테슬라는 공간의 휘어짐은 자연의 작용 반작용 성질 때문에 불가능하며, 우주는 에테르로 가득 차 있다고 보았다. 누구도 귀 기울이지 않았지만, 그는 계속 이 이론에 매달렸다. 2012년 유럽의 CERN 연구소는 우주의 모든 물질에 질량을 부여하는 소립자로서 힉스 입자의 존재를 증명할 수 있게 되었다고 발표했다. 이 발견은 2014년 노벨 물리학상을 차지했다.

일부에서는 이 힉스 입자가 테슬라가 말한 에테르일지도 모른다고 생각한다. 마치 물속에 떠 있는 것처럼 우주의 모든 물질이 힉스 입자로 가득 찬 공간에 존재한다고 보는 학자도 있고, 힉스 입자만이 다른 차원들을 오갈 수 있기 때문에 4차원 이외에 수학적으로만 존재가 증명된 7개의 다른 차원에 존재할 것이라고 추측하는 학자도 있다. 테슬라는 전하량이 전자보다 작은 입자가 존재할 것이라고 예언했는데, 쿼크의 발견으로 그의 예언은 증명되었다.

75세에 다시 세상 밖으로 1924년 언론에는 테슬라가 콜로라도스프링스에서 연구할 때, 데스레이(death ray, 살인광선) 머신을 개발했다는 기사가 실린다. 그 무렵 아인슈타인은 상대성 이론으로 세계의 주목을 끄는 스타 과학자가 되어 있었다. 그는 아인슈타인의 연구 방향이 잘못되었다고 비판한다. 테슬라는 신비주의에 몰두해서 저녁마다 독일계 미국 시인 게오르크 비레크의 모임에 가서 어울린다. 비레크는 신비주의자로서 아돌프 히틀러(1889-1945)를 인터뷰한 적이 있고, 히틀러의 지지자이기도 했다.

아인슈타인에게 물었다. "지구상에서 가장 똑똑한 사람으로 살아가는 소감이 어떻습니까?" 그의 대답은 "나야 모르지. 테슬라에게 물어보시오"였다. 20세기 미국이 세계의 파워 하우스로 부상한 것은 테슬라의 기술이 있었기 때문이다. 전류전환 장치, 발전기용 조절기, 무선통신 기술, 고주파기술, 전자현미경, 수력발전소, 네온사인, 형광등, 라디오, 무선조종 보트, 자동차 속도계, 최초의 X선 사진, 레이더, 지진기계, 리모컨 등 현재 사람들이 일상에서 쓰고 있는 기술의 80퍼센트는 테슬라의 연구에서 유래한다고 할 정도이다. 무선의 모바일 인터넷도 테슬라의 1893년 아이디어로 거슬러오른다.

1931년 10월 에디슨이 사망한다. 당뇨병 등 지병이 겹쳤고, 말기 2년간은 건강이 나빠져서 일을 하지 못했다. 그의 최후 연구는 1920년대 말 친한 친구였던 포드와 하비 파이어스톤의 요청으로 자동차 타이어의 고무 대체 물질을 개발하는 일이었다. 미국에서는 고무나무가 재배되지 않아서 수입에 의존했고 계속 가격이 오르고 있었다. 에디슨은 그의 방식대로 1,000여 가지의 식물을 시험해서 골든로드 위드 종을 찾아내고 있었다.

에디슨이 세상을 떠난 해, 테슬라는 다시 세상 바깥으로 나온다. 그의 나이 75세였다. 「타임(*Time*)」은 표지에 테슬라의 사진을 싣고, 캡션으로 "테슬라 박사가 20세기를 창조했다"고 썼다. 테슬라는 몹시 기뻐한다. 그의 생일을 축하하는 의미로 7월에는 각계 인사 70명으로부터 업적을 치하하는 서신이 쇄도한다. 내내 존경을 표해온 아인슈타인의 서신도 있었다. 그는 이때 새로운 힘의 원천을 찾았다고 말했다.

테슬라는 한때 시카고 세계박람회 등으로 가장 유명한 남자가 되어서 사교계의 주목을 끌기도 했다. 1892년 유럽 초청 강연 때, 런던에서 파리로 건너간 그는 12살 연상인 영화배우 베르나르를 만나서 첫눈에 각별한 사이가 된다. 그와 가장 오랫동안 가깝게 지낸 그녀는 테슬라의 특이한 취향에 맞추면서 대화할 수 있었던 여성이었다. 도지 자동차의 상속녀인 플로라 도지는 1895년에 발생한 테슬라 연구소 화재 사건 이후 그의 옆에서 위로를 해준 여성이다. 1899년부터 1년 반 동안 콜로라도스프링스에서 실험하던 시기에는 마거릿트 머싱턴이 그를 따랐고, 1900년 뉴욕에 돌아온 후 모건의 딸 앤을 소개받아서 친구로 지내기도 한다. 진주 귀걸이 등 여성들의 보석과 향수를 피했고, 머리카락이 닿는 것을 꺼렸다. 일상생활에서 포비아가 너무 많아서 결혼을 할 수 없는 남자였다. 그는 사람들과 악수를 하지 않았다고 한다.

텔레포스 기술　1930년대 독일의 나치가 세력을 굳혀가자 테슬라는 그가 말한 새로운 힘을 군사적 목적으로 사용할 때라고 생각한다. 1905년의 특허(자연 매질을 통한 전기 에너지의 송전기술[Art of transmitting electrical energy through the natural mediums])와 관련해서 콜로라도스프링스에서 실험했던 인공번개의 규모를 키우는 일이 필요했다. 그는 지상과 대기 사이에서의 전기방전에 의해서 하늘에서 전투기를 격추시킬 수 있는 텔레포스 기술을 실용화하려는 계획을 세운다. 지상에서 상공으로, 상공에서 지상으로 텔레포스를 쏘아서 전쟁을 종식시키는 것이 그의 목표였다.

말년에 근근이 연명하면서도 그의 머릿속에서는 새로운 아이디어가 떠나지 않다. 1934년 웨스팅하우스는 그의 공로를 고려해서 자문료로 매달 125달러씩 지불하고, 그가 죽을 때까지 호텔 숙박비를 부담하기로 결정한다. 1934년 그는 「사이언티픽 아메리칸(*Scientific American*)」에 기고문("정전 발전기의 가능성[Possibilities of Electrostatic Generators]")을 싣는다. 텅스텐이나 수은 입자의 에너지를 음속의 48배로 가속시켜서 입자광선 무기를 개발하는 아이디어였다.

그의 이런 발상은 나치의 등장으로 군부의 관심을 끌게 된다. 테슬라는 텔레포스 기술을 독일과 싸우는 영국, 소련, 미국 측에 제안한다. 우선 영국과 3,000만 달러의 연구비를 놓고 협상이 진행된다. 그 과정에서 테슬라가 최종계획을 전달하기 전에 연구비를 지급해달라고 요구하면서 협상이 무산된다. 영국은 자체적으로 입자광선 무기를 개발하려고 시도하다가 중단하고 말았다. 그러던 중 유고슬라비아가 나치에 포위되자, 그는 자신의 조국이었던 유고슬라비아에 텔레포스 체계를 구축하는 계획을 구상한다. 세르비아에 4개의 스테이션을 세우고, 크로아티아에 3개, 슬로베니아에 2개를 세우는 방안을 제시하지만, 옛 조국에서도 비현실적인 계획이라고 여겨서 진전을 보지 못했다.

테슬라는 시인 친구에게 자작시 "올림피아 가십의 파편(Fragments of Olympian Gossips)"을 헌정한다. "'나의 우주 전화(cosmic phone)'를 들으며 올림푸스에서 들려오는 말을 들었다……"로 이어지는 시의 등장인물은 아르키메데스, 뉴턴, 아인슈타인, 켈빈이었다. 당시의 과학을 비판하는 메시지와 함께, 전쟁을 원천 봉쇄하는 무기 개발의 의지도 담겨 있었다. 음향, 물질, 힘, 지구, 강풍, 코스믹 건(cosmic gun) 등의 단어도 등장한다.

(11) 테슬라의 죽음과 유산

1937년, 그의 나이 81세 때, 그는 뉴요커 호텔 앞에서 비둘기에게 모이를 주다가 택시에 부딪쳐서 갈비뼈 3대가 골절되는 사고를 당한다. 그는 우유와 나비스코 크래커만으로 연명하고 있었다. 그가 최후를 맞기 전, 국방 요원 엔지니어들이 찾아와서 협의한 끝에 1943년 1월 8일 백악관에서 고위직 인사를 만나기로 약속한다. 그러나 테슬라는 1월 7일 세상을 떠난다.

테슬라는 시대를 너무 앞서 태어났고, 그래서 더욱 파란만장한 삶을 살았다. 그 자신은 인터뷰에서 자신을 행복한 사람으로 써 달라고 했지만, 그의 말년은 불행했다. 20세기와 21세기 문명의 기반을 구축한 천재였음에도 '미친 과학자(Mad Scientist)'로서 SF 만화나 영화에 등장하는 비주류 과학자였다. 그는 최고의 휴머니스트로, "다른 사람들이 돈에 부여하는 의미가 나에게는 없다", "과학자는 즉각적인 결과를 기대해서는 안 된다", "현재는 그들의 것이지만, 지금껏 실현을 위해서 노력해온 미래는 나의 것이다"라는 말을 남겼다. 그의 말이 맞았을까? 2015년부터 '미 육군 매드 사이언티스트 콘퍼런스(US Army Mad Scientist Conference)'가 열리고 있고, 우리나라에서도 마찬가지로 진행되고 있다.

테슬라가 뉴요커 호텔 방에서 운명한 다음 날, 호텔 메이드가 그의 죽음을 발견한다. 방문에 걸린 "방해하지 마시오"라는 팻말을 무시하고 들어가서 그의 시신을 보고 비명을 지른다. 호텔 방의 번호는 3327호였다. 그는 평생 3이라는 숫자에 집착했고, 모든 경우에 3의 배수를 선택했다. 메이드가 그의 시신을 발견한 뒤 15분 만에 FBI 요원들이 도착한다. 그들은 테슬라가 쓰던 방 2개를 봉쇄하고 시신을 옮겼다. 그리고 유품을 모조리 검열하고 금고열쇠를 따고 철저히 조사했다.

테슬라의 사후에 그의 연구 노트와 실험 기록을 검열한 것은 FBI 요원 폭스워스였다. 뒤늦게 테슬라의 조카 사바 코사노비치가 유고슬라비아에서 달려와서 삼촌의 유품이 검열된 것을 알게 된다. 그는 모든 유품을 돌려줄 것을 요구했으나 돌려받은 것은 9년 뒤였다. 코사노비치는 유고슬라비아의 외교관이었고, 당시 유고슬라비아는 공산국가였다. 유품에서 유서는 찾지 못했다.

1943년 1월 10일 뉴욕 시장 피오렐로 라 과디아(1882-1947)는 라디오 방송으로 테슬라의 죽음을 애도하는 메시지를 내보냈다. 테슬라의 장례식은 1월 12일 뉴욕의 성당에서 거행되었고, 2,000명 이상의 조문객이 참석했다. 그가 죽은 지 5개월 뒤인 1943년 6월, 미국 특허청은 라디오 특허를 테슬라의 특허로 다시 바꾼다. 그리하여 라디오 특허는 테슬라에서 마르코니로 넘어가서 그에게 노벨상을 안겨준 뒤, 테슬라의 사후 다시 주인에게 돌아오는 곡절을 겪게 된다.

테슬라의 죽음에도 루머가 많았다. 1943년에 사망한 것이 아니라 납치를 당했다는 황당한 추측도 있다. 그는 그렇게도 파란만장한 삶을 살았다. 말년에 "트웨인에게 100달러가 든 봉투를 전하라"고 하고, "웨스팅하우스를 며칠 전에 만났다"고 하는 등, 수십 년 전에 세상을 떠난 친구들과 계속 함께 살고 있었던 그를 가리켜서 세상은 임상적으로 정신이상이라고 했다.

테슬라 사후 연구 자료의 행방 테슬라의 죽음 이후 그의 모든 연구결과의 행방에 대해서도 여러 가지 설이 있다. 우선 미군 측이 자료를 모두 가져가서 마이크로필름을 뜨고 분석했고, 그 결과에 대해서 별것이 없다고 발표했다는 것이 하나이다. 한편 미국 정부가 쓸모없는 것들만 돌려주고 중요한 핵심기술은 숨겼다는 추측도 있다. 그런가 하면 미국이 자료를 돌려주면서 중요한 부분을 놓치고 넘겼다는 이야기도 있다.

제2차 세계대전과 전후의 극심한 대결 구도 속에서 테슬라의 군사 연구의 중요성을 고려할 때 치열한 첩보전이 펼쳐졌을 것이라는 점은 미루어 짐작이 간다. 미국은 종전 후 7년 뒤 1952년 테슬라의 조국이었던 유고슬라비아로 테슬라의 자료를 이관한다. 외교관인 테슬라의 조카가 중간 역할을 하는데, 그가 인수받았을 때는 이미 빠진 문서가 많았다는 것이 그의 주장이다.

조카가 인수받은 모든 유품은 유고슬라비아의 요시프 티토 대통령의 지시로 설립된 테슬라 박물관에 소장된다. 1948년부터 시작된 냉전 시기 때문에 서방측은 이들 유품에 접근을 할 수가 없었다. 1978년 테슬라의 비밀실험을 기록한 '콜로라도스프링스 노트'가 공개되었을 때에도 과학자들의 기대와는 달리 자료에 의문이 많았다.

테슬라는 운명적으로 세르비아, 크로아티아, 유고슬라비아의 세 나라와 얽혀 있다.

부모는 세르비아계였고, 그 자신은 오늘날의 크로아티아에서 태어났고, 말년에는 조국이 유고슬라비아였고, 그곳에 테슬라 박물관이 있다. 유고슬라비아는 1929년 세르비아, 크로아티아, 슬로베니아 왕국이 합쳐져서 세워진 왕국이었으나 1941년에 소멸된다. 제2차 세계대전 후 1945년에 티토의 등장으로 소련의 지원을 받아서 군주제를 폐지하고 공산주의 유고슬라비아 민주연방으로 태어난다. 1946년에는 유고슬라비아 인민공화국이 되고, 1963년에는 유고슬라비아 사회주의 연방공화국이 된다. 이후 1980년 독자적인 공산주의 경제 체제로서 경제를 살린 지도자 티토가 사망하자 1980년대 말 공산주의 진영의 붕괴와 함께 해체의 길을 걸었다. 1991년에 슬로베니아, 크로아티아, 마케도니아, 보스니아 헤르체고비나로 분리 독립하고, 1992년에는 세르비아(코소보 등 포함)와 몬테네그로가 (신)유고슬라비아 연방공화국을 세운다. 그러나 2003년 세르비아 몬테네그로로 개명되면서 유고슬라비아라는 국가명은 역사의 뒤안길로 사라진다. 2006년 몬테네그로가 국민투표에 의해서 분리 독립하고 2008년 코소보가 독립을 선언하면서, 결국 유고슬라비아는 현재의 7개국으로 분리되는 운명이 된다.

테슬라의 유산과 입자광선 무기의 연구 제2차 세계대전 종전 후에도 테슬라의 입자광선 무기에 대한 관심은 여전했다. 테슬라의 자료는 오하이오주의 데이턴 소재 공군기지로 이관되고, 1945년 프로젝트 니크가 시작된다. 테슬라가 실험한 입자광선 무기의 개념을 확장시키는 연구를 수행한 것인데, 1년이 지나서 종결된 것으로 알려졌다. 그러나 그 프로젝트의 결과에 대해서는 공개된 것이 아무것도 없었다.

1960년 소련의 니키타 흐루쇼프는 소련이 새로운 강력한 무기를 개발했다고 발표한다. 소련은 1978년 우크라이나에서 테슬라 연구를 계속하고 있었다. 소련이 테슬라가 실험했던 입자광선 무기를 연구하면서, 미국은 1980년대에 로렌스 리버모어 연구소에서 입자광선 무기 연구를 수행했다. 마이크로파를 이용하는 군사기술에 대해서는 위성기술로 실용화가 되었으나, 입자광선 무기의 실현 여부에 대해서는 아직도 과학계의 의견이 일치하지 않고 있다.

1983년 로널드 레이건 대통령(1981-1989 재임)은 우주방위계획 전략방

위구상(Strategic Defense Initiative : SDI) 계획을 발표한다. "우리의 과학자 사회는 원자폭탄 개발로 군사기술에 기여했으나, 이제 핵무기를 방어할 수 있는 새로운 무기를 개발해야 할 때가 되었다"는 요지였다. 이는 미국의 군사기술이 고도의 기술집약적이고 자본 투자가 높은 전쟁방식으로 옮겨 가는 것을 의미했다. '별들의 전쟁'이라는 별명이 붙은 이 계획의 목표는 하늘을 날아가는 대륙 간 탄도 미사일(Intercontinental Ballistic Missile : ICBM)을 쏘아서 맞추는 장거리 우주무기의 개발이었다.

SDI 계획은 심각한 비판에 부딪친다. 1조 달러 이상의 비용이 필요했고, 탄도탄 요격 미사일 조약에 위배되었다. 이 계획이 성공했다면, 사상 최고로 복잡한 컴퓨터 시스템이 장착된 무기가 출현했을 것이다. 만약 그 무기가 개발된다고 하더라도 실제 전시상황과 비슷한 조건에서 시험하고 보정하는 방법을 찾을 수 없다는 것이 결론이었다. 미국은 1980년대를 거치며 소련의 핵 공격력을 무력화할 수 있는 핵 능력을 갖추게 되었고, SDI 성과의 일부는 걸프 전쟁에서 위력을 과시했다.

테슬라의 또다른 유산, 이온전리층 에너지 연구 미국이 수행한 '고주파 활성 오로라 연구 프로그램(High Frequency Active Auroral Research Program : HAARP)'은 알래스카 가코나에서 이루어진 이온전리층의 에너지를 이용하는 연구였다. 미국의 군사기술 연구에서 테슬라의 기술적 논문이 인용된 사례는 찾아보기 어렵다. 이 프로젝트도 테슬라의 연구를 직접 인용한 기록은 없으나, 1987년에 테슬라의 특허를 인용한 실험 결과로부터 출발한 것이므로 간접적으로 테슬라의 연구를 인용한 것으로 볼 수 있다.

2014년까지 지속된 HAARP는 고주파를 이용하여 이온전리층을 관찰하는 실험 연구로, 안테나를 많이 설치해서 고에너지의 고주파를 발사시키는 실험연구였다. 미 해군, 공군과 고등연구계획국 등이 참여했다. HAARP에 대해서는 기후변화로 재앙을 일으킨다는 등 음모론이 많았으나 과학적으로 밝혀진 것은 없었다.

테슬라의 자취는 세계 도처에 남아 있다. 자기장의 국제단위 테슬라(T)는 프랑스 파리 국제 도량형 총회에서 1960년에 제정된다. 달 뒤편의 직경 26킬로미터 크기의 크레이터는 2244 테슬라라고 불린다. 세르비아의 최대 발전소는 테슬라의 이름을 붙여 TPP이다. 세르비아의 화폐 디나르에는 테슬라의 초상이 새겨져 있다. 세르비아의 베오그라드에는 테슬라 공항이 있다. 테슬라가 부회장을 지낸 IEEE는 테슬라상을 제정했다. 나이아가라 폭포에는 테슬라의 동상이 폭포를 내려다보고 있는데, 벨그레이드 전기공학대학교에 있는 동상의 복제품이다. 캐나다 쪽 나이아가라 폭포의 퀸 빅토리아 공원에도 테슬라 동상이 있다. 일론 머스크(1971-)는 전기자동차 제조 회사를 세우며 테슬라 모터스라고 명명했다. 그러나 머스크는 인터뷰에서 상용화의 성과가 컸다는 점에서 에디슨을 높게 평가하며 자신의 롤 모델은 에디슨이라고 말했다.

5) 자동차 산업과 포드주의

자동차의 원조는 증기차이다. 1769년 프랑스 장교였던 니콜라 퀴뇨가 나무를 재료로 최초로 세 바퀴 트랙터를 만들었다. 앞쪽에 무거운 증기 엔진이 달려 있었기 때문에 최고 시속은 3킬로미터 정도였다. 핸들이 뻑뻑하고 브레이크가 없어서 시험주행에서 커브를 돌다가 담벼락에 부딪쳤다. 증기기관 자동차의 최초 개발은 1801년 영국의 광산기술자 리처드 트레비식이 제작한 마차 모양의 9인승 자동차였다. 그는 주행시험에서 친구 8명을 태우고 시냇물을 건너다가 물에 빠져버린다. 인근 선술집에서 술로 몸을 녹인 뒤 다시 주행을 하다가 다리 밑으로 빠져서 2명이 부상을 당한다. 음주 사고가 난 셈이다.

19세기 내연기관의 진화 20세기 초까지 자동차 대접을 받은 것은 전기자동차였다. 최초의 전기자동차는 1830년대 전기마차 형태였다. 1865년에는 프랑스에서 축전지형 자동차가 개발된다. 이후 1881년 파리 국제 전기박람회에 구스타브 트루베(1839-1902)의 삼륜 전기자동차가 출품되어 인기를 끌었다. 기어를 바꿀 필요도 없었고 소음도 적었다. 1884년 영국 토머스 파커(1843-1915)의 모델은 1900년 초반에 양산된다. 전기자동차는 여성용 '마담 카'라고 불렸다. 1912년은 전기자동차의 절정을 기록하나, 포드의 모델 T의 등장으로 퇴조한다.

내연기관은 19세기 초부터 개발되고 있었다. 1860년 프랑스의 에티엔 르누아르는 전기점화장치를 부착시킨 내연기관을 개발했다. 르누아르의 내연기관은 증기기관과 비슷한 구조로, 증기 대신 밸브에서 가스와 공기를 혼합해서 흡입시키고, 전기불꽃으로 점화시켜서 배기시키는 방식이었다. 이후 독일의 니콜라우스 오토는 피스톤의 2왕복으로 가스와 공기의 혼합물을 흡입시키고 압축, 점화, 폭발, 배기의 일련의 과정을 거치는 4사이클 기관을 개발한다. 그는 1872년 회사를 설립하여 본격적인 내연기관 제작에 들어간다.

이 회사의 기사였던 고틀리프 다임러(1834-1900)가 1876년 제작한 4사이클 기관이 오늘날의 내연기관의 원조였다. 다임러는 1883년 가솔린 기관을 제작하고, 1887년 이를 부착하여 최초의 4륜 화물자동차를 제작했다. 비슷한 시기에 독일의 벤츠와 미국의 포드도 자동차 제작에 성공한다. 1903년 미국의 라이트 형제는 그들이 만든 가솔린 기관을 장착한 비행기를 날려 동력 비행기 시대를 열기 시작했다. 이밖에 디젤은 1897년 점화장치가 필요 없고, 가솔린 엔진 대비 연료비도 싸고 열효율이 좋은 디젤 엔진을 개발한다. 이들 내연기관의 개량과 함께 자동차 보급이 늘어나면서 20세기 초반부터 석유, 천연 가스 등의 사용량이 급증하게 된다.

세계 최초 장거리 가솔린 자동차 주행 자동차는 20세기 초만 해도 부자들의 고급 장난감 수준이었다. 가솔린 자동차는 독일, 프랑스에 이어서 미국에서 1893년에 개발된다. 이 무렵 자동차 대중화 시대의 문을 열기 시작한 것이 포드였다. 1920년대 텍사스에서 대규모 유전이 발견된 데다가, 배터리 무게, 충전시간, 저속 등의 한계로 전기자동차는 가솔린 자동차에게 밀리게 된다.

카를 벤츠는 자동차 특허에 앞서 1876년 내연기관 특허를 얻고, 3년 뒤 세계 최초로 가솔린 엔진을 개발한다. 1883년에는 벤츠 사를 세우고, 1899년 세계 최대 자동차 회사로서 572대를 생산했다. 한편 같은 해에 다임러는 마이바흐와 함께 내연기관을 개발했다. 10년 뒤에는 고압 점화식 휘발유 엔진을 얹은 오토바이가 제작된다. 1887년에는 마차를 개조해 휘발유 엔진을 얹은 사륜 자동차가 1889년 파리 박람회에 출품되었다. 벤츠는 다임러 사와 경쟁하다가, 경기침체로 인해서 1926년 다임러-벤츠로 합병하게 되고, 다시 메르세데스 벤츠로 재편된다.

가솔린 자동차의 최초의 장거리 주행은 모험심 많은 여성이 해냈다. 1888년 8월 5일 아침, 독일 만하임에서 세계 최초의 상업용 자동차 특허를 받은 벤츠의 삼륜 가솔린 차 파텐트 모토바겐을 그의 아내 베르타가 몰고 나온 것이었다. 벤츠는 자동차를 만들어놓고도 주행할 생각을 하지 않았다. 자본까지 투자했던 베르타는 어머니가 사는 포르츠하임으로 최고 시속 16킬로미터로 106킬로미터의 여정에 오른다.

중간에 기름을 넣고, 스타킹으로 고장 난 차를 고치는 등 우여곡절 끝에 12시간이 걸려서 늦은 밤 친정에 도착한다. 남편은 전보로 그 소식을 들었다. 그 당시 말이 끌지 않는 객차는 상상하기 어려웠다. 황제가 말을 좋아한다는 소문도 한몫을 했다고 한다. 세상에 처음 나온 낯선 기계를 여자가 직접 몰고 장거리 운행에 성공한 것은 뉴스거리가 되고도 남았다. "벤츠 차로 여행을 할 수 있다"는 마케팅에 성공한 것이다.

(1) 자동차 산업과 포드의 등장

유럽 대륙에서 이런 일들이 일어나고 있을 때, 미국에서는 2차 산업혁명의 2세대 리더로서 포드가 등장한다. 포드는 미국 최초의 가솔린 자동차가 나오기 30년 전인 1863년 미시간 주 서부 지역의 성공한 농가의 맏아들로 태어났다. 그는 학교 교육을 8년도 받지 못했다. 농사일을 건성으로 거들었고, 기계 만지는 일만 좋아했다. 아버지는 아들의 재주를 알아보고 부엌을 기계실처럼 만들어주었다. 디트로이트에 일자리도 구해준다. 1879년 16살에 그는 고향을 떠나 9마일을 걸어서 디트로이트의 아주머니 집으로 간다.

19세기 후반의 미국의 교통수단은 지극히 열악했다. 시골 마을은 격리된 상태였다. 몇 년 주기로 경기침체가 반복되면서 농부의 아내는 빵도 살 수 없을 정도였다. 1880년대 유럽에서 이민자들이 물밀 듯이 몰려오면서 산업화와 도시화가 진행되고 있었고, 현대 자본주의가 정착되고 있던 때였다. 포드는 1891년 클라라 브라이언트와 결혼한다. 5년 만에 외아들 에드셀 포드(1893-1943)가 태어난다.

포드는 디트로이트의 이곳저곳의 공장에서 기계직으로 일했다. 31살에는 디트로이트에 있는 에디슨 조명 회사에서 엔지니어로 일하기도 했다. 1893년은 미국 최초의 가솔린 자동차가 출현한 해였다. 포드는 일을 마치고도 회사에 혼자 남아서 실험에 열중했다. 그는 에디슨 회사에서 일하면서도 관심은 자동차에 꽂혀 있었다. 자동차가 부자들의 사치스러운 스포츠 용품이 아니라 보통 사람들이 타고 돌아다닐 수 있어야 하고, 시골과 도시를 연결해야 한다는 것이 그의 신념이었다.

1895년 그는 싱글 실린더 모터가 달린 자동차를 제작한다. 1896년에는 친구와 함께 자전거 프레임을 변형한 네발 자전거 형태로 만들었다. 말이 끌지 않는 네발짜리 마차 격이었다. 그러나 안장이 너무 높았고, 엔진도 부실했다. 디트로이트 시장이 조금의 관심을 가졌으나 그리 큰 호응을 얻지는 못했다. 3년 뒤 13명이 모여서 디트로이트 자동차 회사를 세운다. 그때 자동차 회사는 57개였고, 2년 뒤에는 100개가 난립했다.

포드 모터 회사 설립 포드는 34세에 고향으로 갔다가 1900년에 디트로이트로 돌아온다. 1903년 새로운 투자자를 모아서 자신의 이름을 딴 포드 모터 회사를 설립한다. 자동차는 주문 제작이었다. 8마력 엔진을 달아서 만들었는데, 첫 번째 고객은 시카고의 치과의사였다. 잇달아 주문이 쏟아져 들어와서 하루에 25대를 생산했고 그해 1,000대를 판매했다. 자체 공장에서 생산하는 개량된 강철을 써서 알파벳 순서로 모델을 내어놓았다. 모델

K는 너무 무겁고 비쌌고, 모델 N은 엔진 설계가 미흡했다.

포드는 자동차 경주에 출전한다. 1901년 미시간 주에서 열린 최초의 자동차 경주였다. 고속운전을 해본 적이 없는 아마추어였지만, 그는 자신이 개발한 우수한 성능의 자동차를 세상에 알리기 위해서 모험을 하기로 한다. 초반에는 뒤졌으나, 엔진 과열로 프로 선수 알렉산더 윈턴이 처지게 되자 그가 1마일 이상 앞서서 이긴다. 이튿날 언론보도로 그는 일약 지역의 영웅이 된다. 다음 해에는 사이클 챔피언을 영입해서 시속 57마일의 기록을 세웠다.

1903년 포드는 850달러짜리 모델 A를 출시했다. 그러나 계속 잔손질을 해야 하는 복잡한 기계라서 기사가 몰아야 했다. 포드는 단순하고 고장 없고 값싼 차를 만들어서 자동차를 대중화하리라고 결심한다. "5퍼센트가 아니라 95퍼센트를 위한 자동차를 만든다"는 것이 그의 목표였다. 그는 또 자사의 근로자들이 월급으로 자동차를 살 수 있게 하겠다고 말했다. 그렇게 하기 위해서는 기계 고장을 줄이고 가격을 대폭 낮추는 것이 과제였다. 포드는 차량 품목을 단순화하고 대량생산을 하는 저가 정책을 고수한다.

1905년 미국에서는 2만4,000대의 차량이 팔리고 있었다. 그중 2,000대가 포드 차였다. 1906년에는 포드의 시장 점유율이 25퍼센트가 된다. 1907년 자동차 보유 대수는 미국 14만3,000대, 프랑스 4만 대, 독일 1만6,000대였다. 1908년 포드는 그 유명한 모델 T를 선보이고, 같은 해 윌리엄 듀랜트는 GM을 설립한다. 생산량은 GM이 포드를 앞섰다. 포드의 1908년 시장 점유율은 9.5퍼센트였다.

모델 T 생산 1908년에 세상에 나오기 시작한 모델 T는 4기통 20마력으로 최고 시속은 40마일이었다. 수리가 간단했고 값은 825달러였다. 타사의 차는 2,000달러였다. 더욱이 바나듐 강철의 신소재를 사용해서 가볍고 튼튼했다. 모델 T는 처음에는 녹색 바탕에 빨간 무늬를 넣었었다. 그런데 검은색 페인트가 빨리 마른다는 사실을 알게 되면서, 1913-1925년 사이에는

자동차의 대중화를 이끈 포드의 모델 T(1909)

검은색만 생산한다. 포드는 소비자가 검은색을 선호한다고 말했다. 그리고 모델 T가 오르막길도 산골의 험한 길도 잘 달린다고 홍보했다.

자동차 가격이 크게 떨어지자 자동차는 사치품이 아닌 생활필수품이 되기 시작한다. 당시의 모델 T 가격은 냉장고보다 쌌다. 노동자가 중산층으로 올라서고 중산층이 자동차를 구입할 수 있게 되면서, 포드의 모터리제이션이 진행된다. 1913년 윌슨 대통령은 마차가 아니라 자동차를 타고 취임식장에 입장했고, 국민에게 자동차의 이미지를 부각시켰다.

컨베이어 벨트 시스템으로 대량생산 체제 구축 1911년 포드는 하일랜드 파크에 세계 최대 규모의 자동차 공장을 차린다. 그리고 전 공정에 컨베이어 벨트 시스템을 도입한다. 이 생산기술 혁신의 아이디어는 시카고 정육 공장에서 얻은 것이었다. 엔지니어 윌리엄 클랜이 1912년 시카고 정육 공장의 도살장에 있는 컨베이어 벨트 해체 라인을 보고, 그 공정을 반대로 하는 방식으로 자동조립 라인을 구상해서 포드에게 보고한 것이 계기가 되었다. 포드는 집중적인 검토를 거쳐서 실행에 들어간다.

(2) 포드의 컨베이어 벨트 시스템

그 공정은 근로자가 조립 라인에 서 있으면, 제작 중인 차가 컨베이어 벨트를 따라서 이동하도록 해서 생산 공정 속도를 높인 것이었다. 컨베이어 벨트 시스템은 50개의 하위 공정과 87개의 별개 기계 조립 라인으로 구성되었다. 이 공정의 도입으로 12시간 13분이 걸리던 차대(車臺) 제작시간이 1시긴 33분으로 줄어든다. 1913년 하일랜드 파크 공장에서 일어난 자동차 산업혁명으로 이듬해 생산량은 연간 24만8,000대가 된다. 24초당 1대씩 만들어낸 것이다. 포드의 시장 점유율은 48퍼센트로 치솟는다. 포드의 자동차 대량생산 조립 라인은 2차 산업혁명 시대를 대표하는 상징적인 기술 혁신이었다.

포드가 구축한 이동조립 공정은 본격적인 대량생산 시스템의 출현을 의미했다. 1914년 생산 대수는 하루에 1,000대가 되고, 1916년에는 하루에 2,000대로 늘어난다. 당시 미국에서 생산되는 자동차의 60퍼센트가 모델 T였다. 취임식장에 자동차로 입장했던 윌슨 대통령은 격려차 디트로이트의 포드 공장을 방문했다. 1914년 포드는 영상부를 설치해서, 공장 내의 작업 상황과 교육용 자료를 제작하여 배포한다. 포드 딜러는 홍보 교육 영화의 상영장이 된다. 「행복으로의 길(*The Road to Happiness*)」 등 여러 개의 교육용 필름을 배포했고, 한 달에 400만 명이 포드 방식의 더 나은 세상의 비전을 그린 필름을 보았다.

포드는 철강도 생산했다. 바나듐 강철을 사용한 모델 T는 강도가 3배 높아지고 훨씬 더 가벼워졌다. 1908년 825달러였던 모델 T는 대량생산 체제의 성과로 4년 뒤에 575달러로 떨어진다. 1925년에는 300달러가 된다. 차 조립에 걸리는 시간은 12시간에서 계속 줄어들었다. 1917년에는 조립시간이 93분으로 단축된다. 4기통 20마력에 최고 시속 65-70킬로미터였다. 첫해에 1만 대 이상 팔린다. 1915년 포드는 신년 축하연에서 "연말까지 모델 T 30만 대를 구매한 고객 모두에게 1인당 50달러를 보너스로 지급하겠다"고 제안한다. 그의 말대로 1915년 30만8,000대가 팔려나갔고, 포드는 1,500만 달러를 내놓았다.

포드는 약속을 지켰다. 자사의 근로자들이 월급으로 차를 살 수 있게 한 것이다. 그 효과는 회사의 시장 장악으로 돌아온다. 1914년 시장 점유율이 48퍼센트로 올랐고, 모델 T의 증산으로 포드는 4,000명을 더 고용했다. 모델 T는 1927년까지 18년 동안 1,500만 대가 팔려나갔다. 훗날 모델 T는 20세기를 대표하는 차로 뽑힌다.

그러나 포드의 경영이 순탄했던 것만은 아니었다. 값싼 대중용 모델을 고집하는 포드, 그리고 다른 회사들처럼 이윤이 많이 남는 고급 승용차 제작을 원하는 대주주 간에 갈등이 빚어진다. 1917년 대주주인 도지 형제 등은 이윤을 배분하지 않는다며 포드에게 강제명령이 떨어지게 만든다.

포드는 투자자는 돈만 밝히고 산업에 기여하는 것이 없다며 탐탁지 않게 여긴다. 그는 모델 T를 모조리 딜러에게 내주고, 그것을 현금화하여 투자자들을 정리한다. 1919년 주식 매입으로 100퍼센트 소유주가 된 그는 자신의 경영철학을 밀고 나간다. 그리고 아들과 손자에게로 계승되는 다이너스티를 꿈꾼다. 이때 투자자들은 주식 양도로 2,500배의 이익을 얻었다.

포드는 컨베이어 벨트의 성능을 개선하면서 계속 확대한다. 그 결과 공정속도는 빨라지고 있었지만 그 때문에 노동자들은 인내의 한계에 도달하고 있었다. 기업으로서는 심각한 이직률이 발등의 불로 떨어진다. 포드의 공장은 연간 소요 인력이 1만4,000여 명이었다. 그런데 매년 7만 명을 새로 고용해야 하는 사태로 번지게 된다.

하루 8시간 노동, 5달러 임금 이에 대응해서 포드는 1914년 또 하나의 혁명적인 돌파구를 찾아낸다. 1914년 그의 나이 51세 때 포드는 비공개 임원회의를 거쳐서 충격적인 임금 인상안을 발표한다. 수천 명에 달하는 공장 근로자들의 업무 조건을 하루 9시간 근무, 급여 2.38달러이던 것에서 하루 8시간 근무, 급여 5달러로 대폭 개선하겠다는 것이었다. 온 나라가 이 소식에 들썩였고, 이튿날 포드 공장 앞에는 1만 명의 구직자가 몰려들었다.

그 배경에는 몇 가지 요인이 있었다. 우선 극심한 소음과 오염된 공기, 위험한 작업조건에서 기계 부품처럼 일하는 과정에서 노동자들의 이직률이 계속 높아지고 있었고, 사람을 새로 뽑아서 훈련을 시키는 데에 시간이 걸렸다. 다른 이유도 있었다. 포드는 53개국에서 온 이민 노동자들에게 영어 교육을 시켰다. 또한 소년들을 위해서 과학기술과 소양을 함양하는 교육 프로그램을 개설했다. 그가 추구한 것은 단순히 산업화가 아니라 사람의 생각을 바꾸는 '사회적 엔지니어링'이었다.

1918년 리버루즈 공장을 건설한 뒤에는 임금을 하루 6달러로 올린다. 산업계의 아이콘으로 부상한 포드에 대해서 업계는 거세게 비난했다. 당시 미국은 노동운동의 과격화로 공산당과 사회주의자들의 국제적 네트워크가 조직적인 저항을 벌이던 때였고, 포드가 거기에 기름을 부은 꼴이었기 때문이다. 사람들은 '크레이지 헨리'라고 수군거렸다.

그러나 그의 '하루 5달러' 전략은 대성공이었다. 이직률이 낮아지고 노동의 대가가 늘자 저축도 늘어났다. 2년 뒤 평균 예금 액수가 196달러에서 750달러가 된다. 노동자도 자동차를 사게 되면서 자동차 공장의 생산시설이 늘어났고, 인력도 더 뽑았다. 결국 포드 덕분에 미국의 노동자가 최초로 중산층을 형성하는 사회적 변화가 일어난 것이었다.

당시 정치적으로는 철도나 선박보다 자동차 산업을 진흥하는 쪽으로 가닥이 잡혔다. 1918년 포드는 미국 자동차 생산의 50퍼센트를 차지했다. 대량생산 체제의 포드주의는 21세기 새로운 생산 모델로 전파되었다. 주주들은 호화스러운 차종을 개발해서 수익을 더 올리고, 그 수익을 배분하라고 했다.

이 시기는 자유방임주의 경제 정책이 주류였다. 트러스트가 해체되기는 했으나 독과점 기업에 의한 노동력 착취는 사라지지 않았다. '하루 5달러' 전략은 노동운동에도 영향을 미쳤다. 노동자들의 수입이 올라가면서 일단 노조 모임이 활기를 잃었던 것이다. 정치권에서는 특히 이 대목에 관심이 컸다. 포드는 독일에서 인기였고, 그의 권위주의적인 경영은 전체주의자들의 호감을 샀다. 이오시프 스탈린(1879-1953)과 히틀러도 그에게 열광한다.

세계 최초의 자동차 할부 금융 포드주의는 다른 분야로 퍼져나가서 사회적 엔지니어링에도 기여했다. 1921년에는 세계 최초로 자동차 할부금융 제도가 도입된다. 자본과 노동의 결합으로 엄청난 시너지 효과를 냈다는 점에서 포드주의가 마르크스주의를 눌렀다는 평가도 있었다. 모델 T가 시장에 나올 무렵 미국의 여성 운전자는 심한 차별을 받고 있었다. 그러나 자동차 업계의 캠페인과 1920년대 여성의 투표권 인정으로 자동차로 벌이는 선거 운동이 일어나면서 여성 운전자에 대한 시각이 달라지게 된다.

포드는 흑인과 여성, 전과자, 장애인 등 사회적 약자를 많이 고용했다. 1919년을 기준으로 포드에 고용된 장애인이 20퍼센트 이상이었다. 이 때문에 포드는 인도주의자라는 말도 들었다. 그러나 여성의 임금은 남성보다 낮았다. 1902년에 개점한 미국의 최대 규모의 백화점 메이시스 등은 여성 고객을 위한 문화 센터를 만들었다. 문화 활동으로 여성들의 자존감을 높이는 서비스를 하고 그 소비가 급증한 것이다. 여성들이 자동차를 타면서 자동차 시장도 확대된다. 드라이브 인 레스토랑도 생겨난다. 차를 세우고 투숙하는 모텔도 1925년 캘리포니아 주에 등장했다.

포드, 철강에서 자동차까지 1920년대 세계 최대의 리버루지 공장으로 철강석이 들어가면 하루에 7,500대의 자동차가 출구로 굴러 나온다. 1922년에 포드는 고급 자동차 회사 링컨을 인수한다. 포드는 실용적인 브랜드였고, 링컨은 호화로운 고급 브랜드였다. 1927년 포드의 야심찬 구상인 "철강에서 자동차까지"를 슬로건으로 철강 생산시설까지 갖춘 미국 최대의 공장이 건설된다. 1920년대 미국은 300만 대 자동차를 생산하고, 1929년에는 459만 대를 기록한다. 이 즈음에는 고급차 수요가 늘어난다.

1910년경 모델 T는 수출에 들어간다. 브라질과 아르헨티나 등에서 조립생산을 한다. 1924년에는 영국, 남아프리카, 1925년에는 독일, 오스트리아, 멕시코 등지에 자회사를 설립해서 생산 조립 체계를 국제화한다. 1920년대 중반 들어서 시장 수요가 다양화되면서 단일 차종을 양산하던 포드는 고전을 하게 된다. 1930년대 포드 자동차의 점유율이 20퍼센트로 떨어지고, 1949년에는 크라이슬러 다음으로 순위가 밀린다.

1924년 포드는 요한손게이지 회사를 인수하고 그 특허를 매입하고 그 발명가인 카를 요한손을 엔지니어링 전문가로 참여시켰다. 이런 조치는 포드가 이동 조립 라인의 대량생산 체제 구축에서 측정기구와 게이지를 보정하고 표준화하는 데에 결정적인 기여를 한다.

GM은 매년 호화스러운 새로운 승용차 모델을 출시하고 있었다. 쉐보레는 1925-1926년에 선두로 올라선다. 사람들은 100달러를 더 지불하고 스타일리시한 차를 원했기 때문이다. 모델 T는 내내 같은 디자인이었기 때문에 인기가 떨어진다. 라인 교체가 절실해진 포드는 새로운 모델의 라인을 깔면서 1만2,000명을 해고한다. 1927년 포드의 외아들 에드셀은 전혀 새로운 후속 모델을 개발하고, 이는 다시 모델 A로 명명된다. 4기통의 베이비 링컨에 해당했고, 1929년 모델 A는 20만 대가 팔린다.

포드, 세계 자동차 생산의 50퍼센트 점유 1927년 하일랜드 파크 공장을 디어본의 루지로 옮길 무렵, 모델 T의 보급 대수는 1,500만 대였다. 세계 자동차 생산의 50퍼센트를 포드에서 맡고 있었다. 자동차 산업은 철강, 고무, 석유, 도로 등 주요 연관 산업을 발전시켰다. 미국은 새로운 생산혁명에 의해서 1차 산업혁명의 요람인 영국을 제치고 20세기 최강국이 된다.

모델 T는 1927년 단종될 때까지 엔진도 바꾸지 않고 여전히 검은색을 고집했다. 단일 차종, 단일 모델로 전 세계에 1,574만 대가 팔린 차는 역사상 모델 T가 유일하다. 우리나라에서도 볼 수 있었는데, 쌀 한 가마에 10원 정도 할 때 차값이 4,000원이었다.

1929년 10월 21일 포드의 '그린필드 뮤지엄 테크놀로지' 개관 기념식에 저명인사들이 각지에서 몰려든다. 마침 에디슨의 전등 발명 50주년을 맞아서 에디슨은 후버 대통령과 함께 기차를 타고 왔다. 이전에 포드는 에디슨 앞에서 자신의 가솔린 자동차의 개발 계획을 이야기했고, 에디슨은 매우 현명한 발상이라며 칭찬을 했던 인연을 계기로 친한 사이가 되었다. 성공의 상징인 인물들이 각계에서 왔고, 재계 거물로 GE의 스타인메츠, 베들레헴 스틸의 찰스 슈와브, 라디오의 리 디포리스트, 그리고 헬렌 켈러, 마리 퀴리, 오빌 라이트 등이 VIP 리스트를 장식했다. 포드는 타이어 산업의 파이어스톤, 그리고 에디슨과 아주 친했고 캠핑 여행도 같이 다녔다.

후버 대통령이 디트로이트에서 행진하고 있을 때, 뉴욕의 증시가 폭락으로 문을 닫게 되는 최악의 대공황 사태가 발생한다. 포드는 공화당에 가입하고, 연설을 통해서 후버 대통령의 역량을 치켜세우고 지지한다. "에이브러햄 링컨이 졌던 짐을 지금 후보 대통령이 지고 있는데, 잘 헤쳐 나갈 것이다"라는 그의 말은 틀린 것으로 판명난다.

1930년 대공황으로 포드 자동차 판매는 50퍼센트 급감한다. 쉐보레는 5퍼센트가 감소한다. 포드 자동차 공장 앞에서는 시위대가 시위를 하고, 사측은 무력으로 진압한다. 해리 베넷의 처사였는데, 포드는 그의 편을 든다. 포드는 노동운동의 유니언주의를 증오한다. 당시 포드는 1억5,700만 달러의 손실을 입는다. 노사관계는 계속 나빠지고, 시장의 구매력은 약해진다. GM은 자동차 노조와 노사협약을 체결하지만 포드는 버틴다.

⑶ 대량생산 체제의 두 얼굴

대량생산 개념은 이미 18세기 말, 1차 산업혁명 시대에 스미스 때부터 등장했다. 자동차 산업은 20세기 초에 본격적인 대량생산 체제를 갖추었고, 1920년대에는 리버루지 공장이 포드 자동차의 중심이 된다. 대량생산 체제는 생산방식의 혁명임이 분명했다. 대량생산과 대량소비에 의한 생활수준의 향상이 없었다면 대중의 삶은 여전히 궁핍하고 민주주의의 구현도 제한될 수밖에 없었을 것이다.

그러나 포드의 대량생산 체제는 긍정적 측면과 함께 부정적 측면의 양면성을 드러내게 된다. 열악한 작업환경에서 혹사당하는 노동자에게는 형벌이나 다름없었기 때문이다. 미국의 2차 산업혁명이 본격화된 1888-1908년 사이 미국 산업현장에서의 산업재해로 죽어간 목숨은 70만 명이었다. 사망자가 하루에 거의 100명꼴이었다. 쉬지 않고 돌아가는 컨베이어 벨트 공정에서 하나의 기계 부품처럼 단순노동을 반복하는 과정에서 사상자가 발생하는 재해가 급격히 늘어난 것이다.

포드 공장에서도 공정 라인을 우마(牛馬)처럼 끌면서, 옮기던 엔진이 떨어져 부상을 당하기 일쑤였다. 조금 지체하면 현장 감독의 채찍질이 날아왔다. 공장 내의 소음은 100만 마리의 원숭이가 비명을 지르고, 100만 마리의 사자가 으르렁거리는 소리와 같았다고 묘사된다. 노동자들은 신경쇠약과 정신착란에 걸린다는 소문도 나돌았다.

포드의 노사 갈등 포드는 노동자들의 임금을 대폭 올린 것으로 유명하지만, 말년에는 조합과의 갈등으로 어려운 시기를 보낸다. 1920년대 인플레이션으로 인해서 포드 차는 1년에 100만 대를 생산하지만, 이윤은 1대에 2달러밖에 발생하지 않았다. 또한 1924년 포드 공장 임금의 실질적인 가치는 10년 전의 수준으로 떨어진다. 포드는 베넷을 시켜서 노조활동을 감시하게 한다.

포드의 노조운동 통제는 비판의 대상이 된다. 작업 도중에 화장실을 자주 가는 노동자를 가려내는 감시 팀까지 만들었고, 감시 팀에게 걸리면 해고 대상자로 분류되었다. 권투선수 출신의 전과자들을 경호원으로 고용해서 그들에게 악역을 맡겼다. 그는 노동자들이 노조를 만드는 것을 적극 반대한다. 임금을 올려주는 데에 따른 태도가 아니라는 입장이었다. 1937년에는 포드 노동자들이 공장을 장악하고 사 측이 폭력으로 진압하는 사태가 벌어진다. 4년 뒤, 1941년 포드는 결국 자동차 노동조합-산업별 노동조합 회의와 협약을 체결한다. 포드는 자동차 공장 중에서 가장 늦게 노조 제도를 받아들인 회사였다.

유니언주의 1935년 프랭클린 루스벨트의 의회 지지자들은 와그너 법

(Wagner Act)으로 알려진 국가 노동관계법(National Labor Relations Act)을 통과시킨다. 이 법은 노동자의 단체교섭권(collective bargaining)과 고용인, 피고용인, 노조의 부당 행위를 규제하는 획기적인 내용을 담고 있었다. 1937년에 공장 내에서 노동자들은 농성을 벌였고, 강제해산을 시키려는 사측은 외부에서 진입하지 못하고 있던 상황에서 GM과 크라이슬러 자동차는 자동차 노조와 협상을 타결한다. 포드만이 여전히 자동차 노조와 대결상태에 있었다.

포드의 회장인 에드셀은 와그너 법의 준수가 불가피하다고 인식하고 아버지를 이해시키려고 한다. 그러나 포드는 유니언에 여전히 적대적이었고, 포드 서비스부의 책임을 맡고 있는 베넷의 노조 탄압을 지지했다. 1937년 오버패스 충돌에서 리버루지 공장에 전단을 배포하려던 자동차 노동조합 조직원들에게 폭력을 가하면서 사회적 물의를 빚게 된다. 포드는 이 사건에서 와그너 법을 위반했다는 판정을 받게 되고, 1941년 노사위원회로부터 노조 조직에 대한 방해를 중단하라는 명령을 받는다.

1941년 포드는 여러 명의 노조 회원을 해고하고, 이에 리버루지 공장에서 스트라이크가 발생한다. 회사는 공장을 폐쇄한다. 그러나 아프리카계 미국인들은 백인 노동자들보다 먼저 공장에 출근해서 스트라이크가 깨지게 되자, 인종 분쟁으로 번진다. 포드는 당초에는 자동차 노동조합-산업별 노동조합 회의와의 협상안에 서명을 하느니 공장 문을 닫아버리겠다고 강경한 태도를 보였다. 이때 그의 태도를 바꾸게 한 사람은 포드의 아내 클라라였다. 아내는 그 이상의 유혈사태에 대한 공포와 우려로, 남편에게 이대로 버티면 이혼할 것이라고 말했다.

아이러니하게도 포드는 결국 GM이나 크라이슬러보다 훨씬 더 높은 임금을 지급한다. 노조 분쟁으로 해고했던 4,000명 이상의 노동자들에게 밀린 임금을 지불하고, 자동차 산업계의 최고 임금으로 올리며 노조 비용을 급여에서 제외시키는 등의 조치를 한 것이다.

포드와 히틀러 포드는 반유대주의자로 활동하면서 나치즘에 호감을 가지기도 했다. 히틀러의 생일선물로 수표를 보냈다는 말이 있었고, 유대인을 싫어한 언론 재벌인 윌리엄 허스트와도 친한 사이였다. 나치 독일에 공장을 세우고, 제2차 세계대전 후 독일 정부로부터 공장 시설 파괴에 대한 보상금도 받았다. 또한 1938년에는 나치즘을 지지하는 외교관과 해외 저명인사에게 주는 최고 등급의 독수리 대십자 훈장도 받았다. 포드는 유럽에 포드 공장을 세우고 유럽풍의 소형 콤팩트 자동차인 포드 F 시리즈 등을 생산한다.

포드는 히틀러가 제1차 세계대전에 참전한 뒤 나치당을 키우며 쿠데타를 일으키려다 투옥되었을 때 집필한 『나의 투쟁(*Mein Kampf*)』이 포드의 반유대주의 『국제적 유대인(*The International Jew*)』과 비슷하다는 논란에 휩싸이기도 했다. 그는 「인터내셔널 위클리(*International Weekly*)」도 발간했다. 포드는 자신이 만든 주간 신문 「더 디어본 인디펜던트(*The Dearborn Independent*)」의 기사를 묶어서 책으로 냈고, 이 책 때문에 고소를 당해 법정에 서게 되자 자신이 『국제적 유대인』의 저자가 아니라고 증언한다. 포드는 결국 이에 대해서 사과를 한다.

아버지 포드와 아들 포드는 어릴 때 농장 생활을 싫어했다. 그러나 노년에는 시골 농장에서 편안함을 느낀다. 농기구에도 관심을 두어서 가벼운 트랙터를 개발하기도 했다. 그가 개발한 트랙터는 값싸고 가볍고 어느 곳에서나 잘 굴러갔다. 1924년에는 농부 4명 중에서 1명이 이런 농기계를 가졌다. 포드는 그린필드에 콩 실험 농장을 만든다. 그리고 시골에 작은 공장을 여럿 만들어 자동차의 부품을 만들게 해서 경제 살리기에 도움을 준다. 그는 1920년 브라질에 고무 농장을 세우기 위해서 코네티컷 주만 한 규모의 땅을 매입한다. 그러나 손자인 헨리 2세가 싼값으로 다시 팔아서 정리한다.

그는 외아들 에드셀과 불행한 부자관계였다. 우선 부자의 성격과 스타일이 전혀 반대였다. 에드셀은 어릴 때부터 아버지를 존경하고 차를 좋아했다. 부자간이 가까웠고, 포드는 아들을 자랑스럽게 여겼다. 그러나 성장 과정에서 에드셀은 상류사회에서의 사교생활을 즐기는 것 때문에 아버지의 눈 밖에 난다. 포드는 어릴 때부터 자본주의에 대해서 반감이 있었고, 이후 부자가 된 뒤 투자자들에 대해서 하는 일 없이 돈만 챙긴다는 부정적인 생각을 가지고 있었다.

포드의 외아들 에드셀도 대학교육을 받지 않았다. 포드는 자신이 그랬듯이, 교육으로 많이 배우는 것보다는 열심히 실천하는 것이 중요하다고 생각했다. 포드의 눈에는 에드셀이 부유한 신세대답게 디트로이트 부촌의 호화 저택에서 와인 파티를 즐기며 사는 것도 눈에 거슬렸다. 어느 때는 아들이 없을 때 사람들을 보내 아들 집에 있는 와인 병을 다 깨부수기도 한다. 포드는 디트로이트 부촌의 반대편 시골에 농장 같은 커다란 집을 지었다.

스타일과 스피드를 좋아한 에드셀은 1927년 포드가 유럽에 간 사이에 모델 A를 디자인한다. 포드는 이를 탐탁지 않게 여겼고 세상에는 부자의 공동작품으로 알려졌다. 1940년 뉴욕 세계박람회에서는 포드의 V8 모델 전시된다. 에드셀이 1943년에 위암으로 죽은 뒤, 경영을 맡겼던 베넷이 득세한다. 이때 등장하는 사람이 포드의 손자 헨리 포드 2세(1917-1987)이다. 1947년에는 포드가 세상을 떠났고, 각계각층의 7만 명이 문상을 했다.

에드셀은 아버지에게 병명도 미처 말하지 못한 채 49세에 위암으로 생을 마감한다. 마지막에 아들이 위암에 걸렸다는 사실을 알게 된 포드는 의사들에게 꼭 살려내야 한다고 말하지만, 이미 죽음을 앞둔 때였다. 아들의 죽음으로 포드는 큰 충격을 받는다. 측근에게 자신이 아들을 가혹하게 대했느냐고 묻는다. 가혹하게 대한 것은 아니지만, 아들이 무척 화가 났을 것이라는 답에 포드는 "그것이 내가 바란 것이었다"고 말한다.

헨리 포드 2세의 등장 헨리 포드 2세의 등장은 포드의 새로운 장을 열었다. 그는 1941년 군에 입대해서 해군학교(Great Lakes Naval Training School)의 소위로 일하고 있었다. 그러나 할아버지 포드의 고집스러운 경영으로 회사 재정이 악화되고, 아버지 에드셀이 1943년 작고하며 회사가 위기에 처하게 되자, 프랭클린 루스벨트 내각은 포드를 제대시킨다. 헨리 2세는 준비가 되지 않은 채로 25세에 회사의 부회장 자리를 맡게 된다. 그는 악행으로 회사 이미지를 실추시키고 있었던 베넷을 내보낸다. 그리고 곧 할아버지의 신임을 얻어서 환란에 빠진 회사를 구하는 일에 나서게 된다.

1945년 28세에 포드의 회장이 된 그는 해군 출신의 10명의 신예 경영분석 팀(휘즈 키즈)을 초빙해서 구조조정을 시작한다. 1949년경 회사는 회생하고, 새로운 모델 머스탱과 선더버드를 출시한다. 당시 막대한 예산을 투입한 에드셀 모델은 시장에서 실패했다. 그는 해외 진출도 확대한다. 이때의 휘즈 키즈 팀 가운데 2명이 포드의 회장을 역임하게 된다. 그중에는 국방장관(1961–1968 재임)을 지내며 베트남 전쟁에 개입하게 되는 로버트 맥나마라가 있었다.

1950년대 포드는 자동차 판매에서 2위를 기록하고 생산 혁신의 리더로 부상한다. 1960년 포드는 자신의 경영에 자신감을 가지게 되고 할아버지의 스타일을 연상시키는 1인 컨트롤 경영으로 회사를 장악한다. 포드는 외부 전문 경영인 회장 체제로 20년 동안 운영하다가 다시 가족에게로 돌아간다. 1972년 석유위기를 계기로 자동차는 소형 모델로 바뀐다. 그리고 일본 엔진의 약진이 두드러지는데, 헨리 2세는 일본과의 협력에 거부 반응을 보였다. 이 때문에 다른 회사보다 국제 협력에서 뒤처지게 된다.

그는 선대와는 달리 대학교육을 제대로 받았다. 포드의 방침에 따라서 65세에 정년퇴임을 하지만 그의 영향력은 여전했다. 예일 대학교에서 사회학을 공부한 그는 훗날 기업인으로서 사회 관련 기관의 장도 맡았다. 1987년 70세에 헨리 포드 병원에서 폐렴으로 사망하고, 그의 시신은 화장되어 재로 뿌려진다.

(4) 전시 군수 공장으로 전환

양차 세계대전에서 자동차 공장은 군수 공장으로 1917년 미국이 제1차 세계대전에 참전하게 되면서 포드 자동차 공장은 군수품 생산기지로 바뀐다. 포드는 이글함을 10일 만에 제조할 수 있는 포드 시스템을 작동시켜서 군수품 생산에 크게 기여한다. 그러나 전쟁으로 큰돈을 벌고 있다는 비판에 부딪친다. 「시카고 트리뷴(*Chicago Tribune*)」은 포드를 무지한 이상론자라고 말하며, 전쟁 중에 이익을 취한 것을 비난하는 기사를 싣는다. 이로 인해서 그의 공적인 이미지는 나빠진다. 에드셀이 군대에 입대하지 않은 것도 논란거리였다. 포드 측은 회사 경영을 해야 하기 때문이라고 해명한다.

양차 세계대전 중 미국의 자동차 공장은 군수용 조달 공장으로 전환된다. 특히 제2차 세계대전에서 디트로이트 자동차 공장들이 생산한 군수물자는 미국의 총 군수 생산품 가격의 5분의 1을 차지했다. 포드는 1942년 2월부터 민수용 생산은 중단하고, B-24 폭격기, 지프, 탱크 엔진 등을 제작한다. GM은 1940년대 폭격기 생산으로 시스템을 전환해서 B-24, B-17 등의 생산기지가 된다.

포드 공장은 유럽 도처에 세워졌고, 영국 정부에 비행기 엔진을 공급한다. 특히 1941년 진주만 폭격 이후 생산량이 늘어난다. 대규모 공장(윌로런)을 새로 지어서 B-24 폭격기 생산 라인을 깔고, 1942년부터 한 달에 수백 대씩 생산했다. 폭격기는 시간당 1대씩 대량생산되어서 종전 무렵 포드는 8만6,865대의 비행기, 5만7,851개의 비행기 엔진 등을 생산했다.

포드의 자동차 산업 혁신은 대량생산이라는 현대 산업사회의 새로운 가치를 낳았다. 포드주의는 20세기 이즈음의 대표적인 상징으로 전 세계로 퍼져나갔고 세상을 바꿨다. 대량생산에서 대량소비로 그리고 대량폐기의 시대가 열린 것이다. 1930년대 포드주의는 노동운동의 유니언주의의 반격을 받는다. 1936년 기계화로 인해서 인간성이 위협받는 상황을 풍자한 찰리 채플린(1889-1977)의 무성영화 「모던 타임스(Modern Times)」는 아직도 명작이다.

자동차의 진화에서 증기, 전기, 가솔린의 세 가지 에너지원이 경쟁을 벌인다. 증기에서 시작해서 선두를 가던 전기가 20세기 초반에 패하고, 가솔린에게 완전히 자리를 내준다. 4차 산업혁명 시대, 자율주행 자동차 개발 경쟁 시대를 맞아서 전기자동차가 다시 각광을 받고 있다. 1990년대 초반

GM의 순수 전기자동차가 캘리포니아 주에서 2만여 대 판매된 적이 있다. 주유소에 배터리 팩 교체기가 설치되어 있어서 충전된 배터리로 바꿔 끼우면 되었다. 플러그를 꽂고 10분 이상 기다릴 필요가 없었다. 비용도 저렴했다. 그러나 생산이 중단된다. 시기가 무르익지 못했던 탓이었을까?

(5) 자동차의 동반 산업, 타이어 산업

자동차 산업의 융성은 관련 분야의 혁신과 동반해서 진행된다. 그중 타이어는 중요한 2차 산업이었다. 독일에서 베르타가 남편 벤츠가 개발한 자동차를 시험주행한 1888년, 북아일랜드 벨파스트에서는 외과의사 존 던롭(1840–1921)이 타이어를 개량하고 있었다. 어린 아들에게 세 발 자전거의 바퀴를 고쳐주는데, 울퉁불퉁한 길에서 자전거가 뒤뚱거리는 것을 보고 착안한 것이었다. 그는 딱딱한 고무 타이어를 공기 쿠션으로 부풀려진 타이어로 바꾼다. 수술대에 까는 고무 시트로 자전거의 바퀴를 싸서 외과의사의 노련한 솜씨로 꿰맨 뒤 접착제를 바르고, 축구공 펌프로 공기를 불어넣어 만들었다. 어설프지만, 세계 최초의 공기 타이어가 탄생한 순간이었다.

이어서 그는 경기에 출전하는 무명 선수의 자전거 바퀴에 공기 타이어를 달아주는데, 그 선수가 경기마다 우승을 한다. 그가 만든 공기 타이어가 모터스포츠의 발전에 기여한 것이다. 이후 자동차와 타이어 회사들은 자동차 경주대회를 치르며, 고성능 엔진과 타이어 개량으로 시트로엥, 부가티 등 세계적인 명차를 탄생시켰다.

던롭은 특허를 내고, 1890년 더블린에 던롭 사를 세운다. 3년 뒤인 1893년에는 독일, 1895년에는 프랑스, 캐나다, 호주, 미국 등에 회사를 세운다. 고무가 필요했으므로, 1910년에는 말라야에 5만 에이커의 고무 농장을 매입한다. 1913년에는 일본 고베로 진출한다. 던롭의 특허 이후 20년 만에 딱딱한 타이어는 멸종된다.

던롭은 타이어로 최초의 글로벌 다국적 기업을 설립했다. 1984년 던롭 회사의 유럽, 미국, 일본 지사의 비즈니스는 스미토모 그룹으로 개편된다.

1999년 스미토모와 찰스 굿이어의 글로벌 얼라이언스의 등장으로 세계 최고의 타이어 제조 회사가 출현한다. 연간 생산량 10억 개를 돌파하면서. 미국에서는 1898년 굿이어 사가 설립된다. 자전거 타이어, 말굽 패드를 만들다가 자동차 타이어로 확장해서, 포드에게 경주용 타이어를 공급한다. 1903년 최초의 튜브리스 타이어 특허를 낸다. 이 타이어는 처음부터 모델 T에 장착되고, 1909년에는 최초로 공기식 비행기 타이어를 생산했다. 제1차 세계대전 때는 소형 비행선과 비행선 제작에 주력했고, 1926년에는 세계 최대의 고무 회사가 된다. 1924년 독일의 페르디난트 체펠린과 조인트 벤처를 했다가 제2차 세계대전으로 결별하고, 2011년에 다시 파트너 사가 된다.

이들 선발주자를 앞질러서 타이어 업계 1위에 오른 회사가 브리지스톤 사였다. 브리지스톤은 1931년 일본 후쿠오카에서 쇼지로 이시바시(1889-1976)가 설립했다. 회사명 자체가 설립자 이름(石橋, stone bridge)을 뒤집어서 작명한 것이다. 현재 24개국에서 141개의 생산시설을 운영하고 있다. 이후 타이어 기술은 레이온 코드 타이어, 나일론 타이어, 레이디얼 타이어, 슈퍼 레이디얼, 포텐자 레이디얼 타이어 등으로 이어진다.

브리지스톤, 굿이어와 함께 세계 3대 타이어 회사에 드는 것이 미슐랭이다. 미슐랭 사는 1889년 프랑스에서 고무 공장을 하던 두 형제가 설립했다. 공기식 자전거 타이어를 수리하다가 접착하는 대신 뺐다 꼈다 할 수 있는 디자인으로 특허를 낸 것이다. 이 타이어는 1891년 세계 최초의 장거리 사이클 경기에 출전하는 선수의 자전거에 장착해서 일약 유명해진다. 20년대 이후 미슐랭은 베트남에서 대규모 고무산업을 추진하고, 1930년대 파산상태가 된 시트로엥을 인수했다.

(6) 라이트 형제, '공기보다 무거운 탈 것'

1903년 노스캐롤라이나 주의 키티 호크에서 라이트 형제가 처음으로 비행기를 날린다. 사람이 풍선에 매달리지 않고 하늘을 날기 시작한 것은 19세기의 마지막 10년 사이에 일어난 일이었다. 1901년 독일계 미국인인 구스타브 화이트헤드가 엔진 비행기로 비행을 했으나 일회성으로 끝나고 잊히고 만다. 비행선은 1936년까지 계속 규모가 커지고 있었으나, 비행기 개발에 밀려서 자취를 감추게 된다.

라이트 형제는 1896년부터 비행기 제작에 몰두하기 시작해서 6년 동안 공을 들여 쌍날개형의 '공기보다 무거운 탈것'을 개발했다. 무게는 355킬로그램이었다. 키티 호크의 첫 비행에서 네 번을 날았고, 가장 긴 비행은 30마일로 시속 59초였다. 형제는 꼬리 스핀을 개량했고, 1905년에 형 윌버가 조종하여 38분 동안 24마일을 비행했다. 그들은 보스턴의 명문 카보트 가의 지원을 받아서 1908년 미국 국방부와의 계약으로 비행기를 제작한다. 그 시범 비행에 1,000명의 구경꾼이 몰려들었다. 시범 비행에서 오빌과 동승했던 육군 병사가 비행기 프로펠러의 파손으로 목숨을 잃는 사고가 발생한다. 그러나 국방부는 무기용으로 비행기를 채택한다.

이후 독일, 프랑스, 미국에 라이트 비행기의 제작 회사들이 들어선다. 1909년 설립된 라이트 회사는 라이트 형제가 특허를 소유한다. 형 윌버가 1912년에 죽은 뒤 오빌은 1915년까지 비행기 개량과 생산을 계속하다가 주식을 매각하고, 1948년 죽을 때까지 항공 연구에 몰두한다. 이후 비행기는 프로펠러와 가솔린 엔진을 달며 비행기 시대를 열게 된다.

고급 장난감 수준이던 비행기는 제1차 세계대전을 거치며 유럽을 중심으로 제작기술에서 큰 진전을 이룬다. 1926년에는 미국 클라크 대학교의 물리학 교수인 로버트 고더드(1882-1945)가 액체연료를 써서 세계 역사상 최초로 로켓 발사에 성공하여 184피트를 비행한다. 제2차 세계대전에서의 새로운 무기의 출현, 그리고 인간의 우주로의 진출을 예고하는 사건이었다.

린드버그의 단독 비행 비행기가 민수용으로 개발되기 시작한 것은 1920년대의 일이었다. 1927년 미국의 파일럿 출신의 청년 찰스 린드버그(1902-1974)가 뉴욕에서부터 '스피리트 오브 세인트루이스 호'를 몰아서 33시간 만에 파리에 착륙하는 쾌거를 이룬다. 논스톱으로 대서양을 횡단한 이 사건은 항공산업에 대한 열기를 고조시켰다. 린드버그는 레이몬드 오티그가 내걸었던 상금 2만5,000달러도 받았다.

이 역사적인 비행으로 일약 세계적인 명성을 얻은 그에게 액운이 닥친다. 1932년 린드버그의 어린 아들이 유괴되어 살해된 것이다. 이 사건은 '세기의 범죄'라고 불린다. 제2차 세계대전에서 그는 미국이 나치에 대항하여 영국을 도와서 참전하는 것에 반대해 나치 동조자라는 비난에 휩싸인다. 말년에는 자연보호주의자가 되어서 '비행기보다는 새'를 택하겠노라고 말했다.

4. 2차 산업혁명과 사회적 변화

1) 2차 산업혁명과 대학교육 혁신

남북전쟁 이전 미국 대학의 모델은 영국 대학이었다. 연구보다는 교육 위주였고, 고전학, 언어, 문법 등이 주요 과목이었다. 하버드 대학교(1636년 설립), 예일 대학교(1701년 설립) 등을 제외하고는 영세한 규모였고, 미국의 대학교 중 아홉 번째로 설립된 다트머스 대학교(1769년 설립, 종합대학교이지만 칼리지[college]라는 명칭을 고수)의 경우에도 1877년 재학생 수가 37명 수준에 그쳤다.

산업혁명기의 대학 진흥 정책 1862년 미국은 토지지원대학법(Land-Grant College Act), 즉 모릴 법(Morrill Act)을 제정한다. 토지를 제공하는 제도의 도입으로 농업과 기술 분야의 단과대학을 지원하기 시작한다. 주립대학교들은 독일 방식을 따라서 공학부를 설치한다. MIT(1865년 설립), 코넬 대학교(1869년 설립) 등도 이 무렵 설립된다.

1870-1890년대는 미국 대학의 확장기였다. 모릴 법 시행 이후 10년 사이에 엔지니어링 학교가 6곳에서 70곳으로 늘어난다. 1880년에는 85곳, 1917년에는 126곳이 된다. 대학개혁에서는 과학교육을 중시해서 남북전쟁의 피해 복구에 주력했다. 1870-1914년 사이 공학 인력은 4만3,000명이었

고, 1930년에는 23만 명이 된다. 대학의 기능은 교육에서 연구 기능까지 확장된다. 1876년에는 존스 홉킨스의 유산 700만 달러를 기금으로 미국 최초의 지식 증대를 위한 존스 홉킨스 대학교가 설립되고, 초대 총장 대니얼 길먼(지실학)은 연구 시원 체세를 구축했다.

1890년에는 제2 모릴 법 제정으로 산학협동 연구가 대학에 도입된다. 산학협동의 초기에는 미국 개척 시대의 실용주의를 따라서 산업 진흥에 치중하고 있었으나 산업과 대학을 잇는 징검다리로서 '공학 실험 스테이션'이 운영되고 있었다. 20세기 초에는 산학연 연구의 대폭 강화로 투자 대비 성과를 높이는 정책이 추진된다. GE의 산업 연구는 에디슨 백열등의 특허 시효가 만료된 것을 계기로 본격화되었고, 다른 대기업(미국 전신전화 회사, 듀폰, 웨스팅하우스, 이스트먼 코닥, GM)에서도 산학연 협동 연구가 대세를 이룬다. 그 과정에서 기초와 응용 분야 간의 우선성에 관한 논란이 빚어지기도 한다.

2차 산업혁명기 미국 대학의 역할 과학사에서 2차 산업혁명의 가장 큰 의미는 무엇일까? 역사적으로 별개의 전통이었던 '과학과 기술이 과학기술'로 연결되었다는 사실이다. 역사상 최초로 과학에 기반을 둔 기술이 출현하고, 이후 그 둘의 상승작용으로 지속적인 과학혁명 시대로 진입하게 된다. 대학교육을 받은 공학 인력이 모든 산업 분야에 침투해서 대기업 CEO가 되고 산업뿐만 아니라 사회적 엔지니어링을 주도하게 된다.

MIT의 사례 이 시기에 설립된 MIT를 중심으로 대학교육의 혁신을 살펴보자. MIT는 1861년에 설립되지만 남북전쟁 때문에 1865년에 개교를 한다. 17세기에 설립된 하버드 대학교가 19세기 중반까지 과학기술에 별 관심을 가지지 않자, 윌리엄 로저스가 보스턴 유지들과 별개의 공과대학교를 세우기로 뜻을 모았고, 산업과학대학을 세운다. 그러나 교명이 별 인기가 없어서 MIT로 개명한다.

기초 연구와 응용 연구 사이의 갈등 1890년대는 독일로 가는 미국의 유학생이 가장 많던 시기였다. 1888년 워런 루이스 주도로 MIT에 화학공학과가 설치된다. 이 무렵 학내 갈등이 일어난다. 기초 연구 위주의 연구중심 대학을 지향하는 아서 노예스 측과 전통적인 응용과학과 산업기술을 중시하는 윌리엄 워커 측의 대립이 그것이었다.

노예스는 학부 교과과정에 열역학 등 물리학 이론의 기초 교육을 시키는 것은 학생들에게 문제 해결의 방법론과 원리를 터득하게 하는 첩경이며, 산업적인 문제풀이에도 창조적으로 대응할 수 있는 역량이라고 강조한다. 한편 워커는 독일 산업의 초고속 발전을 예로 들면서, 산학의 유기적인 협력으로 응용과학과 공학의 진흥을 강조해야 한다고 주장한다. 그는 응용화학 연구로 산업 생산성을 높이기 위해서 1905년에 화학과 내에 화학공학 프로그램을 신설하고, 응용화학 실험 연구소를 설치한다.

이 두 진영의 갈등은 개인의 성향 차원이 아니었고, 그 역학 관계가 MIT의 진로에 큰 영향을 미친다. 일차적으로 승리한 것은 워커 진영이었고, 여기에는 제1차 세계대전의 발발도 상당한 영향을 미쳤다. 1911년 워커는 "진리는 공공의 이익에 기여해야 한다. 순수과학과 응용과학이라는 용어 사이의 차이가 급격히 소멸되고 있다"고 말하고 있었다.

기초 연구 강화로 전환 그러나 MIT 기술 프로그램 운영이 기초 연구 강화로 전환되는 계기가 발생한다. 1916년 보스턴에서 찰스 강을 건너서 케임브리지로 이전할 무렵 MIT는 산학협력 기술 프로그램으로 대기업의 파격적인 지원을 얻어낸다. 노예스는 기초과학 연구의 활성화 시책을 건의하다가 1919년 교수직을 사임한다.

이때 기술 프로그램의 연구과제 선정에서 기업의 간섭과 규제에 대한 반동이 거세지고, MIT를 산업계 자문기관으로 전락시켰다는 비판에 몰리게 된다. 1923년 신임 총장 새뮤얼 스트래턴은 기초과학과 응용과학의 균형을 맞추는 방향으로 전환했고, 후임 칼 콤프턴 총장(1930-1948 역임)도 기초

과학 분야의 교수를 늘리고, 기초실험 시설을 대폭 확충한다.

캘리포니아 공과대학교의 출범과 3인방의 활약 미국의 다른 대학들에서도 산학협력이 대세를 이룬다. 캘리포니아 주에서는 목재업 재벌 플레밍의 지원으로 조지 헤일이 드룹 칼리지를 개편한다. 이때 "화학을 비롯한 과학 분야를 산업에 응용하도록 활성화한다"라는 목표로 출범한 것이 1920년에 학교명을 바꾼 캘리포니아 공과대학교(Caltech)였다. 이때 MIT로부터 워커와 맞서다가 사임한 노예스와 시카고 대학교의 로버트 밀리컨이 합류한다.

이들 3인방은 제1차 세계대전 이후 미국 과학계의 구심점이 된다. 이들이 은퇴할 즈음 등장한 신진세력이 맨해튼 프로젝트 시대를 주도한 아서 콤프턴(1927년 노벨 물리학상 수상, MIT 총장을 역임한 칼 콤프턴의 동생), 버니바 부시(MIT 공대 학장 및 부총장), 코넌트(1933–1953년 하버드 대학교 총장)였다. 부시는 과학연구개발국(Office of Scientific Research and Development : OSRD) 국장으로, 유명한 보고서를 쓴다. 1945년에 루스벨트 대통령에게 보낸, 종전 후 미국의 과학 연구 프로그램의 청사진인 "과학, 끝없는 프론티어(Science, The Endless Frontier)"라는 글이다. 전쟁 이후에도 과학 연구가 중요함을 역설한 그의 보고서는 현재도 인용될 정도로 역사적 가치를 지니고 있다.

대학과 산업계의 관계 정립 20세기 초반, 현대 산업사회의 출현 과정에서 대학과 산업계는 인력 양성을 놓고 갈등을 겪는다. MIT에서 물리학과 전기공학 강사를 지내다가 1925년 벨 전화 회사의 회장이 된 프랭크 주이트는 "산업 연구는 인력을 소모하는 반면, 대학 연구는 인력을 생산하는 활동이므로 잘 훈련된 전문 인력을 지속적으로 공급하는 대학이야말로 산업계의 증대일로의 요구를 충족시킬 수 있는 대안이다"라고 말했다. "대학은 대학들을 재생산할 수 있는 고유 기능 때문에 다른 어떤 형태의 기관도 모방할 수 없는 조직이다. 산업계는 그들이 빚지고 있는 대학을 장기적인 안목에서 전폭적으로 지원하는 것이 마땅하다." 그의 말대로 기업이 인력 양성과 기초 연구에 필요한 '생산의 2차비용'을 대학에 지불한다는 기조 아래에 산학 관계가 강화된다. 산학연 간의 긴밀한 관계는 양차 세계대전을 계기로 더욱 공고해진다.

대기업 재단의 연구 지원 20세기 들어서 대기업은 재단 설립으로 다양한 사회활동을 전개했고, 초기에 카네기 재단과 록펠러 재단의 활약이 컸다. 카네기 재단은 1902년 우수 대학생의 연구 지원에 기금 1,000만 달러를 기부한다. 재단의 초대 회장은 존스 홉킨스 대학교의 길먼으로 곧 교육진흥재단을 별도로 설립한다.

록펠러도 1901년 의학 연구소를 설립하고, 1903년 일반교육위원회를 설립한다. 1913년에는 록펠러 재단을 공식 출범시키고 1928년 '로라 스펠먼 록펠러 재단'과 합병한다. 의학 연구와 관련되는 물리, 화학 분야의 기초 연구를 중점 지원하고, 1919년부터 미국 국립연구회의가 지급하는 장학금 예산의 부담으로 기초과학 연구를 지원한다. 1930년대 이후는 산업 연구를 직접 지원했다.

2) 기술열광시대 : 포드주의와 테일러주의

2차 산업혁명은 주변국에 머물던 신생국가인 미국을 현대 산업기술문명의 모델 국가로 급부상시켰다. 산업혁명 초기에 앞서갔던 독일도 문화적 낙후국가에서 기술 선진국으로 발돋움했다. 미국의 과학사회사에서 1870-1970년은 기술열광 시대라고 불렸다. 산업기술의 거대화, 복합화의 거침없는 행진 속에서, "큰 것이 아름답다", "빠를수록 좋다"는 믿음이 퍼져나간다. 그 과정에서 시행착오와 갈등을 거치면서, 사람들의 생각과 행동은 크게 바뀌고 있었다. 단적으로 기계화, 체계화로의 변화와 더불어서 그에 걸맞은 질서, 체계, 조종, 효율의 관념이 최고의 방법론과 시대적인 가치로 부상했다. 미국의 산업혁명은 현대 산업사회의 새로운 가치관을 태동시켰다는 점에서 인류 문명사의 획기적인 사건이었다.

포드주의와 테일러주의 산업혁명기 산업 부문의 엔지니어링은 궁극적으로 '사회적 엔지니어링'을 낳게 된다. 영국의 철학자이자 수학자인 앨프리드 화이트헤드(1861-1947)는 이를 가리켜서 "발명의 방법을 발명한 것이 그 기술열광 시대의 최고의 발명이었다"고 진단했다. 이 과정에서 역사상 최초로 대학에서 양산한 엔지니어 그룹이 등장하고, 자본주의의 정착과 맞물리며 결정적인 역할을 했다. 새로운 전문직의 출현으로 산업 부문에서도 기초 연구가 본격화된다.

생산 공정은 포드주의로 대표되는 대량생산 체제로 전환된다. 자동차 산업의 포드주의는 다른 산업 분야로 전파되면서 새로운 공정 모델로 자리잡았다. 그리고 대량생산의 필연적 결과로 대량소비와 대량폐기를 낳게 된다. 생산 활동에서의 엔지니어링 방식의 도입은 기업 경영에도 파격적인 혁신을 불러온다. 대표적으로 '과학 관리(Scientific Management)'라는 개념의 테일러주의가 탄생한다. 포드주의는 인간과 기계를 결합시켜서 노동의 최대 효율을 얻어내는 테일러주의와 결합해서 대량생산 체제를 만들어낸 것이었다.

테일러주의의 공장 경영 모델에서는 사람을 기계의 한 부품이자 기계화 시스템의 한 부분으로 보았다. 예를 들면, 노동자가 부품을 조립하는 작업대 앞에 공구를 어떤 순서로 배치하는 것이 작업 속도를 최고로 높일 수 있을까? 몇 분 동안 일하고, 몇 분 동안 쉬는 것이 근육의 생산성을 최대로 올릴 수 있을까? 1명의 관리인이 몇 명의 노동자를 통제하는 것이 가장 효율적일까? 조립 시 차량 밑의 부품을 조립할 때, 노동자의 머리에서 몇 센티미터 거리를 두면 근육의 피로가 가장 덜 할까? 등의 주제가 최대 관심사였다. 그 목표는 노동자와 기계가 일체가 되는 인간-기계의 복합체를 가장 효율적으로 작동시키는 것이었다. 오로지 효율의 극대화를 위해서 작업장의 배치, 공장의 구조, 공구의 크기와 무게, 조명 밝기, 점심시간 배정 등 모든 작업 요소를 철저히 '과학적으로' 관리했던 것이다.

대공황 당시 미국의 다른 공장들도 테일러주의와 포드주의를 결합시켜서 시스템화한다. 그러나 산업현장의 조직과 능률만을 강조하여 사람을 기계장치의 한 부품처럼 다룬다는 비난에 부딪힌다. 2차 산업혁명에서는 1차 산업혁명 때보다 훨씬 심각하게 노동환경의 열악함과 노동력 착취가 노조운동으로 비화되고 있었다. 그러나 이런 반발과는 상관없이, 두 '이즘'은 빠른 속도로 유럽으로 퍼져나가면서, 거대 산업기술을 관리하는 효율적인 방법으로 그 진가를 인정받았다. 특히 소련의 블라디미르 레닌(1870-1924)은 포드주의와 테일러주의에 열광했다.

미국 산업혁명은 과학기술사상 최초로 엔지니어, 산업 과학자, 경영인, 기업가, 자본가들의 머리와 손에 의해서 조직적으로 운영되는 과학기술사회를 탄생시켰다. 포드주의와 테일러주의의 확산은 현대 산업사회의 경영능력이 국가 발전의 핵심요소임을 널리 확산시킨다. 그 결과 하드웨어 혁신에 걸맞은 소프트웨어 혁신이 일어나서 '사회적 엔지니어링'에 의한 현대 산업사회가 탄생한 것이다.

2차 산업혁명에서는 과학자와 엔지니어 사이의 구분이 모호한 경우도 나타난다. 과학기술 혁신의 기초-응용-개발이라는 선형 주기 모델에서 주기 간의 시간격차가 점차 짧아지면서 기초과학이 곧바로 산업화되는 일이 빈번해진다. 특히 20세기 중반 이후 정부와 대기업이 임무 지향형의 거대 프로젝트를 추진함에 따라서 산학연 협동이 더 중요해졌고, 과학자와 엔지니어의 협력이 확대되면서 과학과 기술이 과학기술로 통합되는 변화가 일어났다. 이것이 20세기 과학의 특징이다.

3) 사회진화론이란 무엇인가?

20세기 초에 다윈의 1859년 『종의 기원(*The Origin of Species by Means of Natural Selection*)』은 생물학의 신기원을 열었다. 다윈은 "일반대중이 이해할 수 있도록 저술하는 것은 전문적인 작업에 못지않게 과학의 진보에 중요하다고 생각한다"면서 그 책을 썼다. 그의 의도대로 책은 많이 팔려나가서 사람들에게 큰 영향을 미쳤다. 다윈은 철학자 허버트 스펜서(1820-1903)의 적자생존 개념으로부터 영향을 받았고, 인간사회의 진화를 설명한 경제학자 토머스 맬서스(1766-1834)로부터 생존경쟁 개념을 받아들였다.

다윈 자신은 자신의 이론의 사회적 의미에 대해서 언급한 적이 없음에도 불구하고, 다윈의 생물학의 진화론으로부터 비롯되어 사회진화론이 태동하는 일이 일어난다. 다윈의 진화론 발표 이후 스펜서와 맬서스 학파는 그것을 인간사회의 진화에서 확인된 이론을 생물학에서 증명한 것으로 해석했고, 그것이 사회진화론의 출현 배경이 된다. 사회진화론의 형성은 과학이론과 사회이론 사이의 상호작용을 보여주는 대표 사례가 된다.

> 사회진화론이라는 용어를 최초로 사용한 학자는 조지프 피셔였고, 1877년 영국의 「왕립 역사학회 학술지(*Transactions of the Royal Historical Society*)」에 실린 논문에서였다. 그러나 사회진화론을 주창한 것은 스펜서였고, 그는 사후에 사회진화론으로 더 유명해진다. 스펜서의 이론은 인간사회와 자연세계를 동질적으로 보는 사회 유기체설에서 출발하는데, 진화의 개념을 과학 분야에서 꺼내서 일반 세계로 확대시킨 것이었다.

자본주의에 적자생존 개념 도입 스펜서는 다윈의 적자생존 개념을 영국 1차 산업혁명기의 자유방임주의 경제와 규제받지 않는 자본주의에 도입한다. 그러나 다윈과 달리, 스펜서는 절제나 도덕성이라는 고귀한 덕목이 유전적으로 전승된다고 믿었다. 그는 노동자와 빈곤층을 지원하는 법과 제도에 대해서 반대 입장에 섰다. 이유는 부적응자의 퇴출을 지연시켜서 문명의 진화를 저해한다고 보았기 때문이다.

스펜서의 사회진화론은 19세기 후반에 미국의 경제학자 윌리엄 섬너(1840-1910), 소스타인 베블런(1857-1929) 등으로 계승된다. 당시 미국사회는 외형적으로는 유럽으로부터 이주한 백인들의 신천지였고, 개인의 노력으로 모든 것이 실현되는 사회처럼 보였다. 섬너는 스펜서가 개인의 역량과 자주적 노력을 강조한 것에 동조하면서, 사회진화 고유의 특성으로서 특히 문화 현상에 주목했다. 문화적 전통이 낳은 기술 진보와 그 전파가 사회진화의 추동력이라고 본 것이다. 섬너도 복지국가 이론에 반대했다.

베블런은 사회진화의 동력으로 기술과 제도를 강조했다. 그리고 인간의 기술적 역량을 최대한 활용해서 새로운 산업 질서를 확립해야 한다고 주장한다. 베블런 이후 사회진화론은 사회학에서 퇴장한다. 생물유기체와 인간 사회를 비교하는 것 자체가 비과학적일 뿐만 아니라 문화인류학의 연구가 역사적 다양성을 증명하고 있었기 때문이다.

19세기 말부터 20세기 초까지, 그 타당성과 무관하게 사회적 다윈주의는 사회적 불평등을 합리화하는 도구로 이용되고 있었다. 대표적으로 1883년 영국의 프랜시스 골턴(1822-1911)은 부적합한 사회 구성원을 제거해서 인종을 개량하는 인종과학(race science)이라며 우생학(eugenics, well-born)을 창안한다. 그는 복지제도나 정신병원은 우월한 부유층의 인구보다 열등한 계층의 인구가 더욱 빠르게 증가하게 만들어서 사회 진보를 저해한다는 주장까지 폈다.

골턴의 주장은 영국에서는 호응을 얻지 못했다. 그러나 1920-1930년대 미국에서는 한때 우생학의 주장이 마치 사회개혁 운동처럼 번진다. 책과 영화로 우생학 선전물이 나오고, 전국적으로 '좋은 가정'과 '우량아'를 주제로 한 전시와 행사가 열렸다. 사회에 부적합한 사람은 아이를 낳지 않도록 해야 한다는 주장도 나온다. 20세기 전반, 미국의 32개 주는 입법에 의해서 6만4,000명의 사람들에게 불임시술을 받도록 했다. 이민자, 유색인종, 미혼모, 정신질환자가 그 대상이었다.

사회진화론은 당시 자본주의의 당위성을 강조하는 데에도 적용되고 있었다. 산업혁명기 부를 축적한 인물들의 행위를 합리화하고, 독점경영의 타당성을 뒷받침하는 근거로 삼았다. 예를 들면 록펠러는 "거대기업의 성장은 단지 적자생존일 뿐이다", "돈을 버는 능력은 신이 부여한 것이다"라고 했다. 미국 금박 시대의 풍조가 가능했던 이유는 산업사회의 승자는 부지런함과 부를 축적하는 능력을 갖추었기 때문이고 패자는 게으르고 어리석기 때문이라는 것이었다.

이런 견해에 대해서 사회진화론자 내에서도 반론이 있었다. "신은 누군가의 노고에 의해서 어떤 사람들이 부를 축적하고 편안하게 살게 한다"는 것이 반대 논거였다. 교회 내의 진보주의 진영은 "빈곤은 일부 계층의 욕심 때문에 발생하는 것이므로 신의 뜻을 따라야 한다"면서 사회적 복음운동을 펼쳤다.

사회진화론과 히틀러 사회진화론의 논의에서 히틀러를 빼놓을 수는 없다. 세계 최악의 사회진화론자이자 역사상 최악의 우생학 신봉자였기 때문이다. 그는 정신박약자에 대한 캘리포니아 주의 강제 불임 시술 조치에서 아이디어를 얻어서, 그것을 기초로 나치 독일의 인종 정책을 구상했다. 1924년 뮌헨의 맥주홀 폭동의 쿠데타 시도에 실패하고 1년여의 구금생활을 하는 동안, 그는 우생학과 사회진화론에 대한 책을 읽었다. 그리고 생존경쟁과 적자생존의 개념에 혹하게 된다. 그는 아리아족이 아닌 다른 인종 때문에 독일인의 유전자가 나빠졌다고 믿고 생물학적으로 열성인 인종을 멸종시키기에 나선다. 유대인, 집시, 소비에트, 장애인, 동성애자 등과 자신의 정적이 그 대상이었다.

제2차 세계대전을 겪으며 기술 혁신이 사회 진화와 경쟁력 강화의 동력임이 확실해지자, 사회발전에서의 기술의 역할에 대한 재해석이 활발해진다. 그 과정에서 사회진화론은 다시 주목을 받았으나, 사회진화론과 우생학은 미국과 유럽의 대부분 지역에서 자취를 감추게 된다. 사회진화론은 나치의 프로파간다에 연관되었거니와 과학적으로도 아무런 근거가 없다는 것이 드러났기 때문이다.

5. 2차 산업혁명의 그늘

1) 2차 산업혁명기의 노동 현장과 산업재해

2차 산업혁명(1870-1930)을 거치며 미국의 GDP는 급격하게 증가했다.

그러나 일찍이 빈부격차가 심화되고, 열악하고 위험한 노동환경에서의 노동력 착취로 계층 간의 갈등이 표면화되기 시작한다. 당시 미국의 상황은 국민의 90퍼센트가 한 달에 100달러 이하로 살고 있었고, 하루 임금은 평균 1달러 수준이었다. 미국의 산업화가 한창이던 1888-1908년 사이 노동 현장에서 산업재해로 목숨을 잃은 노동자는 하루에 100명꼴이었다. 철강 산업에서는 11명 중 하루에 1명의 노동자가 작업 현장에서 목숨을 잃었다.

노동자들은 하루 12시간에서 18시간 혹사당한다. 공장은 어둡고 더럽고 위험했다. 자본가들은 기계에는 투자를 했으나 사람들에게는 투자를 하지 않았다. 심지어는 사람을 기계 부품처럼 여겨서, 고장이 나면 바꿔야 한다는 말까지 공공연히 할 정도였다. 여성과 어린이에게는 1주일 급여로 고작 30센트를 주기도 했다. 노동자들이 불평을 하면 즉각 해고였다. 이민자들이 계속 몰려오고 있어서 새로운 사람들로 채우면 되었기 때문이다.

나이츠 노조 출현 결국 노동운동이 격화된다. 부분적으로 일어나던 노동운동이 전국 규모로 번진다. 초기의 사례로 1869년 필라델피아에서 옷을 만드는 재단사들이 만든 비밀결사 조직인 나이츠 노조가 출현한다. 노조는 1870년대 경제 침체기에 활성화되고, 1877년 철도 대파업 이후 노동자 밀리턴시의 확대로 조합회원도 증가한다. 1879년 '그랜드 마스터' 파우덜리의 등장과 함께 1886년에 조합원이 70만 명에 이르게 된다. 당초 비밀결사로 조직되었으나 공개적인 노조 활동으로 전환하고, 하루 8시간 노동, 아동 노동 폐지, 동일 작업에 동일 임금 등의 정치개혁을 요구한다.

나이츠 노조 연합은 산업체의 모든 노동자들의 수직 체계를 구축해서 성별이나 기술의 수준을 불문하고 모두가 참여하는 것이 특징이었다. 흑인은 후에 1883년에 회원으로 받아들인다. 나이츠 노조는 1882년 중국인 배제법(Chinese Exclusion Act)과 1885년 계약노동법(Contract Labor Law)을 적극 지지했다.

파우덜리는 노조원들의 보이콧에는 찬성했으나 스트라이크는 반대한다.

그러나 1884년 제이 굴드의 남서철도 노조의 스트라이크를 말리지 못했는데, 이때 새로 조합원이 늘어나서 70만 명이 되었다. 1886년 시카고에서의 굴드 스트라이크는 실패한다. 시위 도중 폭약이 폭발하면서 전국적으로 노동자들이 구속되고 노동운동이 억압받았기 때문이다. 결국 나이츠 조합 측은 그 책임을 지게 되고, 1890년 회원이 10만 명으로 줄어든다. 노조의 분열과 노조에 대한 무력 진압으로 유니언 운동은 퇴조한다. 1900년에는 근로조건 교육 개선법이 통과된다.

'세계 여성의 날'의 유래　　1908년 3월 8일 뉴욕의 루트커스 광장에는 봉제업에 종사하는 1만5,000여 명의 여성 노동자들이 뛰쳐나온다. 선거권과 노동조합의 결성을 외치는 대규모 시위가 벌어진 것이다. 구호는 "빵과 장미를 달라"였다. 빵은 남성의 임금과 비교했을 때 매우 낮은 여성 노동자들의 생존권을, 장미는 참정권을 의미했다. 그들은 최악의 조건인 노동 현장에서 하루 12-14시간씩 일하면서, 선거권과 노동조합을 결성할 권리도 가지지 못했다. 결국 이에 항거하여 1910년 '의류노동자연합'을 창설한다. 이를 계기로 1911년 남녀 차별 철폐와 여성의 지위 향상을 요구하는 여성운동이 유럽 등 전 세계로 확산된다. 유엔은 1975년을 '세계 여성의 해'로, 1977년 3월 8일을 '세계 여성의 날'로 정한다. 여성의 날 제정도 2차 산업혁명이 낳은 역사적 산물이었던 것이다.

2) 환경오염과 생태계 훼손

2차 산업혁명 초기인 1870년대부터 광물, 동물, 식물 자원의 남용과 생태계 훼손이 가시화되기 시작한다. 이에 따라서 자연보호운동이 일어난다. 1880년에는 의회가 규제를 가하는 법제화에 나선다. 클리블랜드 대통령은 자연보존 구역을 설정해서 2,000만 에이커를 보존했다. 1888년에 시어도어 루스벨트는 대통령이 되기 전에 '스포츠맨들의 보전협회'를 결성했다.

1891년에는 산림보존법(Forest Reserve Act)이 통과되어 보존 가치가 있는 공공 토지를 대통령이 보전, 지정할 수 있도록 했다. 1892년에는 27명이 시에라 클럽을 결성한다. 1899년에는 수질보존법을 제정해서 하천, 운하, 수로에 폐기물을 투기하는 것을 금지한다. 이것이 2차 산업혁명 중반에 이루어진 대표적인 환경보전 규제였다.

19세기 온실효과로 인한 기후변화 예측　　19세기 과학자들은 20세기에 닥쳐올 환경 재앙을 예견하고 있었다. 온실효과로 인한 기후변화도 19세기 초에 예측된다. 최초로 거론한 과학자는 프랑스 과학자 조제프 푸리에(1768-1830)였다. 그는 지구 대기권에서 이산화탄소, 수증기 등의 농도가 변화해서 기상이변이 야기될 것이라고 보았다. 당시 실험 결과들도 이런 추론을 뒷받침해주고 있었다.

영국의 존 틴들(1820-1893)은 1872년 이산화탄소의 온실효과를 예측하는 논문을 발표한다. 1872년 영국에서 발간된 「화학적 기후학의 시초(*The Beginning of Chemical Climatology*)」에서는 산성비라는 현상이 최초로 언급된다. 1891년 당대의 최고 과학자인 스웨덴의 스반테 아레니우스는 산업화에 의한 환경오염이 대기권의 이산화탄소 농도를 2배로 증가시키고, 그 결과 지구의 평균기온이 5도 정도 올라갈 수 있다고 예측했다.

산업화 역사 속의 대기오염　　현대 문명에서 석유화학공업의 공로는 실로 컸다. 그러나 1차, 2차 산업혁명을 거치며 산업화에 비례하여 환경오염과 생태계 훼손이 심화되고 있었다. 미국의 산업혁명기에 환경오염은 사회적인 이슈로 대두된다. 초기의 대기오염 방지 조치는 예컨대 1876년 세인트루이스에서 공장의 굴뚝을 이웃 건물보다 적어도 20피트 이상 높게 세우도록 한 것이었다. 시카고는 1881년 매연을 내뿜는 행위에 대해서 벌금을 물도록 규정했다.

런던형 스모그의 재앙　　스모그는 헨리 보에가 창안한 용어로 런던형과

로스앤젤레스형으로 구분된다. 1차 산업혁명 이후 석탄을 에너지원으로 사용하면서, 영국 런던은 1880년 1,000명 이상의 희생자를 낸 '살인 스모그'를 겪게 된다. 당시 런던의 기온은 약 10도였고, 안개가 뒤덮여 상대 습도가 거의 100퍼센트인 저온다습의 상태였다. 살인 스모그 사태를 악화시킨 변수는 바람이 불지 않았다는 것이다. 스모그가 나흘간 지속되면서 4,000명이 사망하고, 이 기간 중에 발생한 환자 8,000여 명이 그후 한 달 동안에 사망하는 참사가 빚어진다. 그 당시 오염물질은 주로 이산화황과 미세먼지(Particulate Matter : PM)였다. 사망 원인은 호흡기 질환과 심장 질환이었다. 우리나라에서는 PM을 분진이라고 부르다가 미세먼지로 바꾸어 부르고 있다.

런던형 스모그는 계속해서 1952년, 1956년, 1962년에도 각각 4,000명, 1,000명, 700명의 생명을 앗아가는 대기오염 사건을 일으켰다. 런던형 스모그는 주로 겨울날 이른 아침에 상대 습도가 높을 때, 햇빛에 의한 화학반응이 없는 상태에서 일어난다. 영국 정부는 1956년 대기청정법을 제정하여, 공장 굴뚝에서 나오는 매연이 시간당 10분 이상, 링겔만 차트에서 2도를 넘지 않도록 규제한다.

로스앤젤레스형 스모그와 대기오염 로스앤젤레스형 광화학 스모그는 1944년에 처음으로 알려진 후발의 대기오염 현상이다. 로스앤젤레스형 스모그는 1951년 아리 얀 하겐스미트가 1차 대기오염물질의 광화학 반응으로 2차 오염물질(오존, 이산화질소 등)이 생성되는 것이 원인이라고 밝혀낸다. 1차 오염물질은 주로 자동차가 내뿜는 산화질소, 탄화수소, 일산화탄소 등이다. 대체로 기온이 높은 화창한 날씨에 청명하고 습도가 낮은 대기 상태로부터 차츰 발생한다. 겨울날 따뜻할 때 발생하기도 하는데, 대체로 대낮에 절정을 이룬다.

이후 1946년 일본의 요코하마 사건, 1950년 멕시코의 석유산업단지 포자리카 사건(황화수소 오염) 등은 20세기에 대기오염으로 인해서 발생한 대표적인 사건이다. 일본 시가 현의 욧카이치는 1954년부터 석유 콤비나트 지역으로 변모하면서, 1961년 말부터 기관지 천식 환자가 크게 늘어났고, 지역명을 따서 '욧카이치 천식'이라고 명명된다.

뫼즈 계곡의 대기오염 사건 1930년에는 벨기에의 뫼즈 계곡에서 대형 대기오염 사건이 발생한다. 이 계곡(깊이 100여 미터, 길이 25킬로미터)에는 화력발전소와 황산 공장 등이 몰려 있었다. 공장에서 배출되는 오염물질이 짙은 안개와 기온역전, 무풍 등의 악조건과 겹친 상태가 사흘간 계속되면서, 60여 명이 사망하고 수천 명의 환자가 발생한 것이다.

도노라 계곡의 대기오염 사건 미국에서는 1948년 펜실베이니아 주의 도노라 계곡의 대기오염으로 20여 명이 사망하고 6,000여 명의 환자가 발생한다. 철강 공장, 황산 공장 등이 몰려 있는 조건에서 바람이 불지 않고 기온역전 현상까지 겹쳐서 이산화황 농도가 치솟았다. 5일간 지속된 스모그로 결국 마을 인구 1만4,000명 중 절반이 피해를 입는다. 플루오르화물과 황산화물이 주요 원인으로 알려지고, US 스틸 사의 자회사인 '도노라 징크 웍스'와 '아메리칸 스틸 앤드 와이어' 공장이 원인이라고 고소를 당하지만, 회사 측은 천재(天災)라며 책임을 인정하지 않았다.

이 사건은 1951년에야 판결이 나오고, 회사 측은 23만5,000달러의 벌금을 물게 된다. 고소에 참여한 피해 주민의 수는 80명이었다. 당시 사망자의 혈중 플루오르화물 농도는 치사량보다 몇 배나 높았다. 회사 측은 사태 파악에 필요한 증거를 은폐한 혐의를 받았다. 농작물과 가축의 피해도 컸다. 도노라에 위치하고 있는 US 스틸의 2개 회사는 1966년에 문을 닫는다. 도노라 사건의 영향으로 1963년 청정공기법(Clean Air Act)이 제정된다. 이 법은 미국의 최초이자 가장 영향력이 큰 환경법이자 세계적으로 가장 포괄적인 대기법안으로 평가된다.

필자가 환경부에서 일하던 시절(1999-2003)의 서울의 대기오염은 외교관이 근무를 꺼릴 정도였다. 그런 상황에서 전국 10대 도시에서 2002 월드컵을 개최하게 되었고, 따라서 천연 가스 버스 도입을 강력 추진했다. 이 사업은 각종 세금의 인센티브를 비롯해서 충전소 설치 등 70여 개 조치 시행으로 난관 그 자체였다. 또한 1999년부터 시작된 한국과 중국, 일본의 3국 환경장관회의에서 2000년에는 3국 환경장관회의 7개 프로젝트를 출범시켰다. 여기서 국경이동 대기오염 공동 연구에 의해서 2007년에 황산화물의 29퍼센트가 중국에서 발원하고, 2012년에 질소산화물의 58퍼센트가 중국에서 발원한다는 발표가 나온다. 3국 환경장관 회의는 3국 간 유일한 연례 정례회의로서 국제사회에서도 성공 모델로 꼽혔다. 천연 가스 버스는 대기오염 개선에 일등공신이 되었으나, 2013년부터 미세먼지에 관한 언론보도가 폭주하고 국민적 관심이 높아진다. 바로 그해에 세계보건기구(World Health Organization : WHO)의 국제 암 연구소가 미세먼지를 발암물질 1군으로 발표했고, 정부의 미세먼지 대책도 강조된다. 2015년부터는 초미세먼지 농도를 측정하게 되고, 2018년 3월에는 대기환경 기준이 강화된다. 데이터 상으로는 전국 미세먼지의 연평균 농도가 나빠지는 것은 아니지만, 지역에 따라서 나쁨 일수가 증가하고 고농도 발생 일수도 늘고 있다.

3) 일제강점기 조선의 산업화

조선왕조(1392-1910)는 서구사회가 2차 산업혁명의 역동적 변화를 겪던 20세기 초까지 이른바 은자(隱者)의 나라였다. 중국의 영향으로 문치주의가 주도했고, 서구로부터의 기술 도입은 이루어지지 않았다. 19세기까지 사농공상(士農工商)의 신분으로 구분되어, 사농은 관직에 오를 수 있었으나 공상은 천시를 받으며 관직에 나갈 수도 없었다. 20세기 초까지 과학기술과 산업이 불모인 상태에서, 결국 산업혁명에 의해서 강력한 군사력을 갖춘 제국주의 열강에게 침탈을 당한 것이다.

그러나 조선 초기 세종 시대(1418-1450)의 과학기술은 세계 최고 수준이었다. 일본에서 발간된 『과학사 기술사 사전(科學史技術史事典)』(1983)에 의하면, 1400-1450년 세계 주요 과학기술 업적 62건 가운데 조선의 업적이 29건이었다. 중국은 5건, 일본은 0건, 동아시아 이외의 지역은 통틀어

28건이었던 것에 비하면 경이로운 업적이었다. 훈민정음 창제를 비롯하여 천문기기, 의약학 저서, 농업기술 등에서 찬란한 업적을 냈고, 사람을 귀히 여기는 어진 군주의 리더십으로 장영실은 비천한 노비 신분에도 불구하고 전문가로서 요직에서 활동할 수 있었다.

세종 이후 권력 투쟁으로 조선의 국력은 쇠퇴하고, 임진왜란과 병자호란 등의 국난으로 시련을 겪게 된다. 서구에서 1차 산업혁명이 일어나고 있던 무렵, 영조와 정조 시대에는 한때 과학기술의 부흥기를 맞는 듯했으나, 사회혁신에 이르지는 못했다. 미국에서 2차 산업혁명이 전개되던 시기의 조선은 고종(1863-1907 재위) 시대였다.

바로 그 시기 구한말 조선에서 활동한 의사이자 외교관인 호러스 알렌은 고종에 대해서 이렇게 혹평을 했다. "일찍이 구만리를 돌아다녔고 위아래 4,000년 역사를 보았으나, 조선 황제와 같은 사람은 처음 보았다……조선은 경제력, 국방력, 인재가 고갈된 삼갈지국(三渴之國)이다."

조선은 일본·과 청나라, 러시아 등 외세의 침략으로 피폐해졌고 대원군의 쇄국 정책으로 서구문물의 유입이 봉쇄되고 있었다. 1876년에는 조일수호조규(朝日守護條規)로 개항을 하고 무기 기술을 비롯한 서양 문물이 도입되기 시작한다. 과학기술 도입과 군국기무(軍國機務)의 총괄 기구로 통리기무아문(統理機務衙門)이 설치되기도 한다. 그러나 임오군란(1882) 이후 대원군이 재집권하면서 폐지된다. 고종은 1897년 대한제국을 선포하고, 칭제건원(稱帝建元)에 따라서 연호를 광무(光武)로 정한 뒤, 광무개혁(1899-1904)에 의해서 서양 문물을 도입하기 시작한다.

개혁의 골자는 부국강병, 신분제 폐지, 유학생 파견, 관영공장 설치, 상공업 진흥이었다. 그로써 시내에 전차가 다니고, 경인선이 부설되고, 한성 전기 회사가 설립되고, 보부상 단체인 황국협회를 상무사로 개칭하고, 한성은행이 설립되는 등 일부 혁신이 이루어졌다. 대한제국 시기에는 과학기술 교육을 위한 상공학교가 설립되었고 전무(電務) 학당에서는 전기통신기술을 가르쳤다.

조선 말기에는 갑신정변(1884)에 의한 14개 조 정강, 갑오개혁(1894)에 의한 홍범 14조, 독립협회의 만민공동회와 관민공동회(1898) 주도의 헌의 6조의 시행 노력 등 근대화를 위한 3대 개혁이 시도되었으나 성공하지 못한다. 일본의 메이지 유신이 사회개혁과 산업구조 혁신을 추진하여 일대 전환기를 기록한 것에 비하면 개혁의 성과가 지극히 미미했다.

이후 20세기 초 을사조약(1905)과 한일병합(1910)에 의해서 일제강점기로 접어든다. 과학기술 정책은 일본 제국주의의 목적에 따라서 시행되었다. 일본 제국은 통감부를 설치해서 상공학교를 관립 공업 견습소로 축소하고 가내공업 위주의 2년제 교육을 시행하고 측량 기술 견습소를 설치했다. 1915년 이공계 고등교육기관으로 경성 공업 전문대학이 설립되었으나 학생은 주로 일본인이었고, 1920년대 중반까지 조선인 졸업생은 1명도 없었다.

1924년에는 일본 제국의 설립 법률안 공포로 경성제국대학이 경성에 설립되고, 우선 예과가 개설된다. 2년 뒤 법문학부와 의학부가 설치되고, 1941년에 이공학부가 설치된다. 일제강점기의 이공계 대학 졸업자는 400명 정도였다. 그중 조선에서 37명, 일본에서 230명, 미국과 유럽에서 120명, 중국과 소련에서 10-20명 정도의 졸업생을 배출했다. 박사학위를 받은 사람은 10명에 불과했다. 이런 상황은 조선에서의 산업혁명은 애당초 가능하지 않았음을 보여주고 있다.

일제강점기에는 '과학 데이'가 지정되었는데, 이는 특별한 의미를 지닌다. 1933년 김용관 선생이 다윈의 50주기 기일인 4월 19일을 과학 데이로 정하는데, 그 취지는 윤리와 지배 질서는 동양의 것으로 하되 서구 과학기술에 의해서 부국강병을 이룬다는 조선말의 동도서기론(東道西器論)의 연장선상에 있었다. 그러나 과학을 일으켜서 나라를 살리겠다는 사회운동이 일본 제국주의 치하에서 순탄하게 진행될 리 없었다. 일본은 1938년 과학 데이 행사가 끝난 뒤에 김용관 선생을 투옥하고, 갖가지 방법으로 탄압을 가했다. 세월이 흘러서 과학 데이는 1968년에 '과학의 날'로 바뀌게 되고, 날짜는 1967년 4월 21일에 설립된 과학기술처의 발족을 기념하는 날로 바뀐다. 1960년대 후반으로부터의 근대화, 산업화에서 과학 입국의 기치는 경제성장의 견인차가 되었다.

1930년대 과학 데이 시절에 만들어진 김안서 작사, 홍난파 작곡의 '과학의 노래'는 우리 선조들의 과학에 대한 기대를 잘 보여주고 있다.
새 못 되어 저 하늘 날지 못(하)노라, 그 옛날에 우리는 탄식했으나,
프로펠러 요란히 도는 오늘날, 우리는 맘대로 하늘을 나네.
작은 몸에 공간은 너무도 넓고, 이 목숨에 시간은 끝없다 하나,
동서남북 상하를 전파가 돌며, 새 기별을 낱낱이 알려주거니.
두드려라 부숴라 헛된 미신을, 이날 와서 그 뉘가 믿을 것이랴.
아름다운 과학의 새론 탐구에, 볼 지어다 세계는 맑아지거니.
(후렴) 과학 과학 네 힘의 높고 큼이여, 간 데마다 진리를 캐고야 마네.

6. 2차 산업혁명기의 신발명

미국의 2차 산업혁명은 철도, 강철, 정유, 화학산업의 혁신을 비롯해서 전기산업에서 절정에 달하고, 이들 혁신이 모든 분야로 전파된 전방위적 혁신이었다. 발명의 시대가 된 그 당시의 미국의 특허 건수의 경우, 남북전쟁 이전에는 등록 건수가 1년에 1,000건 이하였으나 1890년대에는 2만5,000건으로 급증한다. 카메라, 계산기, 타자기, 승강기 등등 수많은 신기술 제품들이 시장에 쏟아져 나왔고, 벨의 전화기도 1900년에 미국의 100만 가구에 들어간다.

1920년대 가스 보일러가 나올 즈음에는 전기 모터로 물을 가열하고 뜨거운 물을 기계적으로 저어주는 원시적인 형태의 세탁기도 등장한다. 제2차 세계대전 이후에는 물을 가열하면서 동시에 세탁물을 저어주는 세탁기로 개량된다. 식기 세척기도 이미 1860년대에 나왔으나, 가정용으로 보급된 것은 1950년대 이후였다. 이들 가전제품의 출현은 합성세제의 개발과 맞물려서 일어난 변화였다.

런던은 1863년에 세계에서 가장 오래된 지하 철도 네트워크를 구축한 도시였다. 미국 최초의 지하철은 1897년 보스턴에서 개통되고, 뉴욕은 그보다 7년 늦은 1904년에 개통된다. 그러나 곧 세계 최대 규모의 지하철 시스템으로 올라섰고, 현재 하루에 450만 명의 승객을 실어 나르고 있으며, 세계에서 유일하게 연중무휴 하루에 24시간 운행한다.

미국의 AP 통신은 세계 36개국의 71개 언론사를 대상으로 설문조사를 실시해서 20세기의 10대 발명품을 선정했다. 비행기, 진공청소기, TV, 페니실린, 나일론, 컴퓨터, 피임약, 레이저, 인터넷, 워크맨이 여기에 포함된다. 그런데 라디오, 리모컨, 휴대전화, 자동차 등이 빠진 것은 이상하다. 어쨌거나 이 10개 가운데 7개가 미국의 발명품이다. 2차 산업혁명이 세계 기술 강국, 아니 세계 강대국의 판도를 바꾼 것이다.

1) 20세기 초반 주요 기술 혁신

화학비료-하버의 암모니아 합성 지구상의 동물은 식물의 광합성작용에 의존해서 살아가고 있다. 식물의 성장에는 탄소, 수소, 산소, 질소, 인, 칼륨 등이 필요하다. 탄소는 공기 중에서 이산화탄소의 형태로 얻고, 수소와 산소는 뿌리를 통해서 물의 형태로 얻는다. 그밖에 원소들은 흙에서 흡수한다. 땅은 농작물을 키우느라 계속 영양분을 빼앗기기 때문에 비료를 뿌려줘야 한다. 산업화 이전까지는 천연비료가 사용되었으나 19세기 이후부터는 인공적인 화학비료의 필요성이 급증했다.

1840년 독일의 리비히는 질소, 인, 칼륨이 농작물의 성장을 촉진한다는 사실을 알아냈고, 그것들이 비료의 3요소이다. 유럽에서는 이 3요소 가운데 질소가 가장 이슈가 된다. 인산 비료와 칼륨 비료에 비해서 질소 비료는 구하기가 어려웠다. 당시 유럽은 칠레 초석을 남아메리카로부터 수입해서 질소 비료의 원료로 쓰고 있었다. 그러나 수요가 급증하는 가운데, 1879-1883년 아타카마 사막의 칠레 초석 산지를 둘러싸고, 페루, 칠레, 볼리비아 간에 전쟁이 일어나서 원료 수입에 차질이 생긴다.

질소 고정법을 찾아서 질소비료는 공기 중의 78퍼센트를 차지하는 질소에서 답을 찾게 된다. 초기에는 산화질소 합성법이 주목을 끌었다. 산화질소는 18세기 중엽 영국의 헨리 캐번디시가 전기방전으로 합성을 했다. 고온에서 공기 중의 질소와 산소를 반응시켜서 얻었다. 산화질소를 물에 녹이면 질산이나 아질산이 생기고, 그로부터 질소 비료를 만들고 있었다. 19세기 말 프리드리히 오스트발트와 발터 네른스트 등은 산화질소 합성에 나서는데, 막대한 양의 전기가 필요하다는 것이 대량생산의 걸림돌이었다.

그 대안으로 나온 것이 새로운 암모니아 합성법이었다. 질소를 수소와 반응시켜서 비료의 원료인 암모니아를 만드는 것이다. 리비히 이후 여러 화학자들이 암모니아 합성법을 시도했으나 실패한다. 이 난제를 해결한 것이 프리츠 하버였다. 1903년부터 질화칼슘과 수소를 고온에서 반응시켜서 암모니아를 얻었으나 생성된 양이 너무 적었다. 이어서 질소와 수소를 직접 반응시켜서 암모니아를 합성하지만 반응의 수율(收率)이 너무 낮았다.

하버는 압력을 높이면 반응의 수율을 높일 수 있으리라고 생각한다. 그는 카를스루에 공과대학교에서 기계기술을 전공한 프리드리히 키르헨바우어의 도움으로 고압 반응 기구를 제작한다. 이어서 영국 출신의 화학자 로버트 르 로시뇰과 함께 실험을 진행한다. 또 하나의 과제는 고온에서 효과적으로 작용할 수 있는 촉매를 찾는 일이었다. 당시 촉매로는 철, 니켈, 망간 등이 쓰였다. 그러나 고온에서 기능이 크게 떨어지는 결함이 있었다. 결국 촉매로 오스뮴 가루를 찾아낸다. 1909년 3월 하버 연구진은 섭씨 550도, 175기압에서 오스뮴 촉매를 쓰면 암모니아의 수율이 8퍼센트가 된다는 결과를 얻게 된다.

하버는 암모니아 합성법을 상용화하기 위해서 1909년 BASF의 지원을 받는다. BASF는 독일 최대 규모의 화학산업체로 인공염료에 이어서 화학비료 개발에 큰 관심을 쏟고 있던 터였다. 그런데 촉매인 오스뮴은 구하기가 어려웠다. BASF는 수석 화학자 카를 보슈를 중심으로 2만 번의 실험을 반복한 끝에, 산화 알루미늄을 소량 함유한 산화철이 촉매로 뛰어나다는

GERMAN ANTI-AIRCRAFT MACHINE GUN. THAT THROWS A VAST NUMBER OF PROJECTILES WITH AMAZING RAPIDITY. BEING OPERATED IN A REGION THAT IS INFESTED WITH POISON GAS.

독가스에 대응하기 방패용 마스크를 착용한 독일군

사실을 밝혀내게 된다. BASF는 1910년 파일럿 플랜트에서 암모니아를 시험 생산한다. 1913년에는 하루에 20톤가량의 암모니아를 대량생산한다. 이것이 '하버-보슈 공정'이었다. 이 공정은 현재에도 암모니아 합성의 가장 저렴하고 효율적인 방법으로 자리하고 있다. 그 공로로 하버와 보슈는 각각 1918년과 1931년에 노벨 화학상을 수상했다.

하버는 '공기로 빵을 만든 과학자'라는 칭송을 받았다. 그런데 몇 년 뒤 그의 운명이 바뀐다. 1918년 하버가 노벨상을 수상한 것과 관련해서 1915년 제1차 세계대전의 신무기로 독가스를 개발했다는 비판에 휩싸이기 때문이다. 제1차 세계대전을 계기로 하버의 합성법은 농업용에서 군사기술로 넘어갔고, 1913년 독일 정부는 화약 제조를 위한 원료 개발에 하버-보슈 공정의 절실히 필요했다. 전쟁 발발 직전 BASF의 역점 사업은 화약 원료의 제조였고, 독일에는 수많은 화약 공장들이 건설되고 있었다.

독일 육군은 새로운 무기로 독가스에 주목한다. 하버는 1914년 말 네른스트의 뒤를 이어서 독가스 연구의 책임자가 된다. 하버의 연구진은 수많은 물질들을 검토한 끝에 염소를 독가스 원료로 택하게 된다. 1915년 1월에 독가스의 시험 생산에 성공하고, 4월에는 벨기에 이프르 전선에 세계 최초로 독가스가 살포되었다. 7,000명의 군인이 독가스 공격에 노출되었고 350

명이 사망했다. 세계 최초의 화학전 이후 참전국들은 독가스와 방독면 개발을 경쟁적으로 추진한다. 독가스의 발포로 병사들이 방독면을 쓰고 전쟁터에서 싸우는 모습이 오늘날까지 전해지고 있다.

로켓 기술의 발전 로켓의 기원을 거슬러오르면 냉동 기술과 만난다. 로켓의 연료인 액화기체는 식품 저장 기술의 산물이었다. 초기의 식품 저장은 가열한 뒤 병이나 캔에 넣고 밀봉하는 병조림과 통조림 형태였으나, 19세기 식품 산업화에 따라서 대량 수송과 저장의 보다 효율적인 방법이 필요했다. 독일에서는 독일식 저온발효 맥주의 대량생산에 냉장 기술이 중요했다. 1870년 카를 폰 린데는 저온을 얻는 새로운 방법을 찾아낸다. 뮌헨에 위치한 양조장의 요청으로 냉동장치를 설계하면서 그는 암모니아 액화기체를 이용해서 저온을 얻었다. 이후 더 낮은 온도에서 액화되는 수소와 산소 액화법이 나온다. 냉동과 액화기체에 대한 연구로 1904년 독일의 라인홀트 부르거는 보온병을 만들어냈다.

보온병의 개발은 그 모양을 닮은 로켓의 개발로 이어졌다. 로켓 발사의 원리는 간단하다. 불이 잘 붙는 기체를 액체 상태로 만들어서 보온병 속에 저장했다가, 뚜껑을 여는 순간 기체가 급격히 증발할 때 불을 붙여서 폭발하도록 하는 것이다. 액화기체를 이용하기 전에도 고체화약을 터뜨려서 추진력을 얻는 방법을 쓰고 있었다. 18세기 화약을 터뜨려서 그 추진력으로 포탄을 쏘게 만든 대포가 그것이었다. 그러나 고체연료는 추진력에 한계가 있었고, 연료의 양을 조절하기가 어려웠다. 무엇보다도 산소가 있어야만 탈 수 있었다. 따라서 액화기체가 고체연료의 자리를 대체하게 된다.

액화기체를 연료로 쓰는 로켓 연구의 선구자는 미국의 고더드와 러시아의 콘스탄틴 치올콥스키였다. 클라크 대학교의 물리학 교수였던 고더드는 높은 고도에서 일어나는 기상현상 연구를 위해서 로켓 개발에 몰두했다. 1926년에 실험에 성공하지만 이 획기적인 연구에 관심을 보인 곳은 기상대뿐이었고, 기상대의 지원으로 연구를 이어갔다. 칼루가 대학의 물리학 교수

치올콥스키는 1929년 다단계 로켓 발사 실험을 했으나 주목을 받지 못했다. 그는 우주여행의 꿈을 품고 연구를 계속하지만 그의 연구는 그대로 묻혀버리고 말았다.

액체연료 로켓 기술을 실용화한 나라는 독일이었다. 제2차 세계대전에서 히틀러는 장거리 액체연료 유도탄 V-1의 개발을 지원한다. 기술 책임을 맡은 헤르만 오베르트는 독일 로켓 학회 창립의 주역이었고, 유능한 조수 베른헤르 폰 브라운과 함께 일한다. 그들은 작은 구멍을 통해 산소와 수소를 내뿜고 반대편에서 혼합기체에 불을 붙여서 발사하는 로켓을 설계했다.

승강기의 등장 승강기 기술의 원형은 기원전 3세기 아르키메데스의 도르래로 거슬러오른다. 근대에 들어서는 독일, 프랑스에서 개발되었고, 1845년 영국의 켈빈은 수압을 이용하여 승강기를 제작했다. 그러나 사람이 안심하고 탈 만한 승강기를 개발한 것은 2차 산업혁명기 미국의 엘리샤 오티스였다. 오티스는 1851년에 뉴욕의 침대 제작 회사의 수석 기계공이었다. 그는 침대 틀을 최상층까지 끌어올릴 수 있는 승강기를 개발한다. 1853년 오티스 승강기 회사를 세운 뒤, 1854년 뉴욕의 크리스털 궁전 세계박람회에서 공개 시연을 했다.

1857년에는 오티스 승강기가 시판에 들어간다. 브로드웨이의 5층짜리 하우워트 백화점이 첫 고객사였다. 이 승강기는 증기기관으로 움직였고, 453킬로그램 무게를 분당 12.2미터 속도로 끌어올렸다. 1861년에는 안전 승강기 설계로 특허를 받는다. 그러나 오티스는 49세의 나이로 세상을 떠났다. 회사는 두 아들이 물려받았고 1878년에 상용 수압식 승강기를 개발했다. 1880년 독일의 지멘스는 전기 모터로 구동하는 승강기를 개발한다.

1889년에는 오티스 사가 전동식 승강기를 출시한다. 1882년에는 유압식 제동장치가 개발된다. 1903년에는 속도와 제동이 훨씬 더 우수한 승강기가 개발되었는데 분당 35미터 속도로 운행했다. 오티스는 에스컬레이터도 개발한다. 미국의 에스컬레이터의 초기 특허는 1892년 제시 리노와 조지 휠러의 것이었다. 오티스는 그것을 사들여서 개량한다. 에스컬레이터는 1900년 필라델피아의 짐벨 가게에 처음 설치된다. 영국에서는 1911년 런던 지하철에 처음으로 에스컬레이터가 설치된다.

마천루의 탄생 1931년 4월 30일 저녁, 뉴욕 맨해튼 34번가에서 지상 높이 381미터의 102층짜리 엠파이어 스테이트 빌딩의 준공식이 열렸다. 그때 6,400여 개의 창에서 일제히 불이 켜진다. 여기에 오티스의 승강기 67개가 설치된다. 1971년에는 417미터 높이의 세계무역 센터가 세계 1위의 마천루가 된다. 2001년 붕괴되기 전까지 255개의 승강기가 운행되고 있었다. 뉴욕 맨해튼의 하늘을 찌르는 마천루의 건설은 승강기가 없었다면 불가능했다. 1948년에는 승강기에 자동제어장치와 버튼이 등장한다.

우리나라에 처음으로 설치된 승강기는 1910년 조선은행의 화물용 승강기였다. 조선은행 건물은 오늘날 화폐금융 박물관으로 사용하고 있다. 승객용 승강기는 1914년 철도 호텔, 즉 현재의 웨스틴 조선 호텔에 설치된다. 이들 승강기는 모두 오티스 제품이었다. 우리나라 회사의 승강기는 1960년에 설치되었고, 1968년 금성사가 히타치 사와의 기술제휴로 승객용 승강기를 삼풍상가에 설치했다.

세탁기의 진화 기원전 1900년경 고대 이집트 벽화에는 강가에서 긴 막대를 이용해서 빨래를 비틀어 짜는 그림이 그려져 있다. 로마 귀족들은 세탁 담당 노예를 두었다. 조선 시대의 화가 김홍도는 빨래하는 여인들의 모습을 그렸다. 세탁 도구로는 나무 빨래판을 쓰다가 1833년 미국의 스티븐 러스트가 최초의 금속 빨래판을 만들었다.

기계식 세탁기는 18세기 중반에 영국과 독일 등에서 출현한다. 그러나 최초의 세탁기 특허는 1797년 미국의 너새니얼 브리그스가 받았다. 최초의 현대판 세탁기는 미국에서 1851년 킹이 만든 드럼 세탁기였다. 1858년 해밀턴 스미스는 회전식 세탁기 특허를 받았다. 1874년에는 윌리엄 블랙스톤

이 아내의 생일에 세탁기를 선물로 주는데, 이것이 최초의 가정용 세탁기이다. 블랙스톤은 세탁기 사업을 시작한다. 세탁기 홍보에도 박람회장이 유용했다. 1876년 마거릿 콜빈은 필라델피아 박람회에 새로운 모델의 회전식 세탁기를 출품한다. 그는 5분 반에 남성용 셔츠 20장을 세탁하는 공개 시연을 한다. 당시의 모델은 크랭크를 돌리는 수동식 세탁기였다.

20세기 세탁기는 기계식에서 전기식으로 바뀌었다. 1904년에 이미 전기세탁기 광고가 실렸고, 전기세탁기 특허도 나왔다. 그러나 기록상 최초 전기세탁기는 헐리 사가 1907년에 시판한 '토르'로 되어 있다. 알바 피셔의 설계로 1910년에 특허 등록을 했기 때문이다. 미국의 가정에 들어간 세탁기는 1928년을 기준으로 91만3,000대였다. 1929년 대공황으로 주춤했다가 1930년대 증가세를 보였다. 1941년을 기준으로 미국 가정의 52퍼센트에 세탁기가 들어간다. 1934년 텍사스 주의 포트워스에서 동전 세탁기가 설치된다. 1937년에는 벤딕스 사가 완전 자동 세탁기를 개발한다.

이어서 1947년 그는 프론트 로딩 모델을 개발해서, 위쪽이 아니라 앞쪽의 문으로 세탁물을 넣고 빼도록 설계한다. GE는 톱 로딩 모델로 위쪽의 뚜껑으로 세탁물을 넣고 빼는 제품을 출시한다. 1950년대에는 세탁과 탈수의 기능을 분리한 2조식 세탁기가 나온다. 1970년대에는 세탁기의 모터 속도를 전자적으로 제어하는 기술 혁신이 이루어진다.

국내에서 최초로 만들어진 세탁기는 1969년 금성(현재의 LG 전자)의 백조였다. 히타치와의 기술제휴로 개발한 1.8킬로그램의 2조식 세탁기였다. 1980년대의 치열한 경쟁 체제를 거치며 1975년에 1퍼센트이던 세탁기 보급률이 1993년에는 91퍼센트로 올라간다.

천연 고무의 유래 인류 문명에서 고무의 역사는 기원전 1600년경 중앙아메리카 원주민사회로 거슬러오른다. 고무는 고무나무의 유액을 말린 것이었다. 기원전 500년경 이집트에서는 아카시아 고무에서 코미(Komi)를 추출하여 아라비아고무를 만들어, 접착용이나 미라를 방부 처리할 때 사용했다.

1493년 콜럼버스가 서인도제도로 두 번째 항해를 떠났을 때, 그는 아이티 섬의 원주민들이 파라 고무나무 유액으로 만든 공으로 공놀이를 하는 것을 본다. 그런데 유럽에서 쓰던 것보다 가볍고 탄력이 좋았다. 이 유액이 라텍스이다. 콜럼버스는 이 고무를 가져왔고, 1770년에 프리스틀리가 이 고무의 새로운 용도를 찾게 된다. 바로 지우개였다. 이를 통해서 '문지르다'라는 의미가 있는 럽(rub)이라는 단어에서 러버(rubber)라는 단어가 나온다. 고무는 프랑스에서 수소 열기구 제작에 사용된다. 1803년 세계 최초의 고무 공장이 파리에 건설되고 용도가 계속 확대된다. 1823년에는 영국의 화학자 찰스 매킨토시가 인도산 천연고무로 비옷을 만들었다.

합성고무 시대의 개막 합성고무의 시대를 연 것은 미국의 굿이어였다. 1839년 굿이어는 실험 도중 실수로 고무와 황을 혼합해 가열하여 세상에 없던 새로운 고무를 만들어내게 된다. 적당한 온도와 가열시간, 고무와 황의 비율을 찾아내는 것이 과제였다. 그는 1844년 가황법을 개발해서 특허를 받게 된다. 그의 방법은 간단했기 때문에 모방이 쉬웠다. 그는 특허 소송을 걸지만 8년이나 계속된다. 우여곡절 끝에 굿이어는 옥살이까지 하고 쓸쓸하게 죽는다. 그는 "반드시 나의 시대가 올 것이다. 그때를 위해서 가황고무를 계속 발전시켜라"라는 유언을 남겼다.

1898년 굿이어의 이름을 딴 회사가 설립된다. 프랭크 세이버링이 오하이오 주의 아크론에 세운 회사였다. 그는 가황법으로 자전거 타이어를 만들어 팔았다. 1910년대에는 자동차 타이어를 생산한다. 굿이어는 한때 세계 자동차 타이어 시장의 50퍼센트를 점유했다. 굿이어의 사후 50년 뒤의 일이었다.

가황고무의 후속으로 합성고무가 등장한다. 1907년 독일의 화학자 프리츠 호프만이 최초의 합성고무 폴리이소프렌을 개발한 것이다. 천연고무와 거의 비슷한 성분이었지만, 품질이 조악하고 가격이 비싸서 상용화되지는 못했다. 1920년대 고분자화학의 발전으로 중합체 연구가 활성화되면서 돌파구를 찾게 된다.

세계 최초로 상업화에 성공한 합성고무는 네오프렌이다. 듀폰의 연구원 캐러더스가 1930년에 개발한 것이다. 네오프렌은 열에 강하고 유기용매에 잘 녹지 않는다. 따라서 자동차 벨트, 연료 고무호스, 패킹용 오링(O-ring) 등 다양한 용도로 사용되었다. 1986년에 우주왕복신 챌린저 호가 사람들이 지켜보는 가운데 공중에서 폭발한 이유는 오링이 탄성을 잃었기 때문이었다.

석빙고와 냉장고 　현대식 냉장고 이전 시대에는 어떻게 냉장을 했을까? 중국 전국 시대의 『예기(禮記)』에는 '벌빙지가(伐氷之家)'라는 사자성어가 나온다. 겨울에 얼음을 모아서 저장했다가 여름에 사용하는 집이라는 뜻이다. 신라 시대 석빙고, 조선 시대 동빙고와 서빙고에 한강의 얼음을 저장하는 것과 비슷한 시설이었다. 겨울철이면 한강 인근에 사는 장정들이 얼음을 깨서 나르는 고된 채빙에 끌려갔기 때문에 눈에 띄지 않으려고 도망을 다녔다고 한다.

최초로 인공적인 얼음에 착상한 것은 영국의 윌리엄 컬런이었다. 1748년 그는 에틸에테르를 골라서 거의 진공상태에서 기화시켜 물을 냉동했다. 이 원리를 산업화시킨 발명가는 여럿이 있었다. 미국의 올리버 에번스는 1805년 최초로 얼음 만드는 기계의 설계도를 그렸다. 영국에서 미국으로 이민을 간 제이컵 퍼킨스는 1834년 최초로 얼음 기계로 특허를 얻었다. 1851년 스코틀랜드 출신의 인쇄공 제임스 해리슨은 에테르 냉매에 공기 압축기를 장착한 냉장고를 내놓았다. 1875년 독일의 린데는 암모니아를 냉매로 쓰는 냉장고를 양조장에 보급했다.

최초의 가정용 냉장고는 미국의 프레드 울프가 1913년에 개발한 도멜레였다. 1918년에는 프리지데어와 켈비네이터가 시판을 시작한다. 그러나 포드 자동차 가격보다 더 비쌌다. 켈비네이터는 1920년의 가격이 1,000달러였는데 1925년에는 500달러로 내려간다. 그러나 당시 가구의 연간 수입이 2,000달러 이하가 대부분이었던 상황에서 켈비네이터는 그림의 떡이었다.

1925년 GE는 최초로 전기 압축식의 모니터 톱 모델을 출시한다. 부품이 냉장고 꼭대기의 원형상자에 설치된 디자인이었다. 오디프렌의 특허를 매입해서 8년 만에 개발한 제품이었다. 출시 가격은 300달러였고, 매월 10달러로 대여하는 제도도 도입했다. 1929년 5만 대가 팔렸고, 1931년 누적 생산량은 100만 대를 넘어선다. 냉장고 시장의 확대로 웨스팅하우스 등도 냉장고 생산에 뛰어든다.

GE는 1926년에 세계 최초로 밀봉된 냉장고 압축기를 생산한다. 1939년에는 냉장실과 냉동실이 따로 있는 냉장고를 선보였다. 1930년에는 GM의 토머스 미즐리 팀이 안전하고 독성이 없는 냉장고용 냉매로 염화불화탄소를 합성한다. 이 냉매는 프레온이라는 상표명으로 시판된다. 그러나 1980년대 들어서 프레온 가스는 오존층 파괴의 주범으로 밝혀지고, 대체물질로 교체된다.

우리나라에서는 1965년 금성, 현재의 LG 전자가 국산 눈표냉장고를 출시했다. 이어서 대한전선과 삼성전자가 냉장고 사업에 참여해서 1980년대에는 모든 가정에 냉장고가 들어간다. 초기에는 냉장고가 흰색으로 제작되어 백색 가전이라고 불리기도 했으나, 요즘은 천연색으로 제작되고 있다. 냉장고의 보급이 사람들의 건강에 미친 영향은 상상하는 것보다 커서, 질병과 식중독 발생률을 낮추는 데 크게 기여했다.

습식과 건판 사진술 현대적인 사진기술은 프랑스 화가 루이 다게르에서 비롯된다. 그는 1839년 은판 사진기술을 개발한다. 동판에 요오드 증기를 쏘인 감광판으로 사진을 찍은 다음 수은 증기를 쏘여 현상한 뒤 소금물로 요오드화 은을 제거하는 방식이었다. 1839년 프랑스 과학 아카데미와 미술 아카데미는 합동으로 다게르의 사진술을 공개한다. 최초의 사진의 탄생이었다.

이 방식으로는 한 번의 촬영으로 한 장의 사진만을 얻을 수 있었다. 1841년에 영국의 윌리엄 탤벗은 종이 위에 감광물질을 발라서 촬영하고 현상한 뒤, 다시 같은 감광지에 인화해서 한 번 찍은 사진을 여러 장으로 뽑아낼 수 있게 만든다. 그는 우선 음화를 만든 다음 인화할 때 양화로 변화시키는 사진 공정을 개발했으나 이미지가 흐린 것이 흠이었다.

1851년 영국의 조각가 프레더릭 아처는 습판 사진술을 개발한다. 유리판에 접착제인 콜로디온을 바른 뒤 마르기 전에 촬영하고 현상하는 방식이었다. 선명도와 복제 측면에서 일단 사진술의 개량이었다. 1871년 영국의 사진사 리처드 매독스는 건판 사진술을 개발한다. 유리판에 젤라틴을 발라서 말린 후 사진을 찍는 방식이었다. 그러나 건판은 습판에 비해서 감도가 떨어졌다.

이스트먼 카메라, "버튼만 누르세요" 사진술의 개량에 획기적으로 기여한 것은 미국의 조지 이스트먼(1854-1932)이었다. 로체스터 저축은행에 근무하던 그는 사진에 관심이 많았다. 그는 크고 무거운 카메라에다가 직접 현상과 인화를 해야 하는 불편함을 해결하기로 작정하고, 1878년부터 어머니의 부엌에서 3년 동안 젤라틴 에멀션 실험을 했다. 1880년에 드디어 성능이 뛰어난 젤라틴 건판을 만들고, 특허를 받았다.

그리고 로체스터의 기업인 헨리 스트롱의 지원으로 1881년 이스트먼 건판 회사를 세운다. 이스트먼은 건판이 깨지기 쉽고 무겁다는 점 때문에 발생하게 되는 문제점, 그리고 현상과 인화에 따른 불편함을 해소할 방도를 찾는다. 롤 형태로 말 수 있는 필름이 그것이었다. 롤필름은 1875년 폴란드 출신의 사진사 레온 바르네르크가 개발한다. 이스트먼은 롤필름을 개량하고 부대적인 장비를 엮어서 하나의 시스템으로 통합하는 작업을 한다.

1884년 이스트먼은 워커와 함께 롤필름 시스템을 개발하기 시작한다. 워커는 롤 홀더 설계를 맡고, 이스트먼은 롤필름 개발과 필름을 생산하는 기계의 설계를 맡았다. 그 둘은 1884년 9월 롤필름 시스템의 특허를 받고, 다음 달에 이스트먼 건판 필름 회사를 세운다.

1885년 이스트먼의 롤필름 카메라는 런던 국제 박람회에서 사진 부문 최고상을 받았다. 그러나 전문 사진사들의 반응은 냉담했다. 필름 재료인 종이가 알갱이로 뭉쳐져서 사진에 남기 때문이었다. 이스트먼은 그 한계를 인정하고, 일반인이 사용할 수 있는 카메라 개발에 나선다. 대중으로 시장을 넓혀야 한다고 믿었기 때문이었다. 이스트먼은 롤필름을 원통에 감아서 작은 암실상자에 넣고, 그 속에서 필름을 돌릴 수 있도록 손잡이를 달았다. 그리고 상자의 바깥쪽에 작은 렌즈를 달고, 노출 수치를 읽을 수 있게 작은 창도 만들었다. 이것이 1888년에 출시된 소형의 코닥 카메라였다. 카메라의 가격은 100장짜리 필름을 포함해서 25달러였다.

이스트먼은 사진을 다 찍은 다음 카메라를 회사에 보내면 현상과 인화를 해주는 서비스를 시작한다. 사진이 완성되면 다시 카메라에 100장짜리 필름을 넣은 뒤 10달러를 받고 주인에게 돌려준다. 이스트먼은 코닥 카메라를 이렇게 홍보한다. "버튼만 누르세요. 나머지는 우리가 합니다." 제품과 함께 친절한 에프터 서비스까지 제공하면서 코닥 카메라는 대성공을 거둔다. 1888년 12월 미국 사진사협회는 코닥 카메라를 '올해의 최고 발명품'으로 선정했다.

'코닥 걸'의 등장 1889년 이스트먼은 헨리 라이헨바흐와 함께 감광성 셀룰로이드 필름을 개발한다. 종이 필름을 대체한 것이다. 1890년 로체스터에 코닥 공업단지가 착공되고, 1892년 이스트먼 코닥 사가 설립된다. 1895년 포켓용 카메라에 이어서, 1897년에는 접는 포켓용 카메라가 출시된다.

1900년 이스트먼 코닥은 브라우니 카메라를 출시한다. 6장짜리 필름이 장착된 것으로 가격은 1달러였다. 필름 교체에는 15센트가 들었다. 브라우니 카메라는 순식간에 큰 인기를 얻고, 수백만 명의 보통 사람들이 모두 사진사가 된다. 1901년 이스트먼 코닥은 전 세계 필름 판매량의 80퍼센트를 차지했다. 에디슨의 조수이던 윌리엄 딕슨도 브라우니 카메라를 구입한다. 필름 때문이었다. 에디슨 사는 활동사진을 볼 수 있는 키네토스코프에 쓸 필름을 찾던 중이었다. 이스트먼 코닥의 필름은 60센티미터 이상 말아서 감아도 끊어지지 않을 정도로 탄력 있고 강했다.

1910년대 코닥은 카메라와 필름의 대명사가 된다. 파란 줄무늬 원피스를 입은 '미시즈 코닥'이나 '코닥 걸'이 광고에 나와서, 카메라가 전문가용이 아님을 홍보한다. 이스트먼은 기업의 수익금을 직원들에게 배분하고, 로체스터 대학교와 MIT에 크게 기부한다. 교육, 예술, 의료 등의 사업에 그가 기부한 금액은 1억 달러 규모였다.

사회적으로 존경받는 기업가로서의 그의 삶은 1932년 78세에 권총자살로 마감된다. 그는 비가역적 척추 질환이라는 진단을 받고 친구들에게 짤막한 메모를 남겼다. "나의 일은 끝났다. 왜 기다려야 하는가?" 이스트먼의 사후에도 카메라는 계속 변신을 거듭한다. 1970년대에는 흑백에서 컬러로 바뀐다. 1975년에는 디지털 카메라가 처음 등장하고 1990년대 말부터 급속히 보급된다.

세기의 발명품, 피임약 BBC에서 제작한 다큐멘터리 「세계의 역사」에서는 20세기를 다루면서, 히틀러, 마하트마 간디(1869–1948) 등 역사적 인물과 산업계 거물, 양차 세계대전과 나란히, 피임약과 그 개발을 위해서 투쟁한 마거릿 생어의 스토리를 함께 다루었다. 그만큼 영향력이 컸다는 의미이다.

기원전 1500년경 이집트 시대에 이미 벌꿀, 탄산 소다, 산패 우유, 악어 배설물 등을 빚어서 만든 좌약으로 피임을 했다는 기록이 있다. 고대 그리스의 히포크라테스는 야생 홍당무의 씨가 피임에 효과가 있다고 했고, 아리스토텔레스는 "납 성분이 든 연고나 올리브오일을 섞은 바닐라를 바르면 피임이 된다"고 했다.

16세기 이탈리아의 해부학자 가브리엘 팔로피우스는 유럽 전역에서 창궐했던 매독을 막기 위해서 아마 섬유를 약품 처리해서 튜브를 만들었다. 콘돔이라는 명칭은 17세기 영국 찰스 2세의 주치의였던 콘돔 백작의 이름에서 유래했다. 굿이어가 1844년에 개발한 가황고무로 콘돔을 만들기 시작하면서 대량생산에 들어간다.

마거릿 생어, 가족계획운동의 대모 피임약 개발의 역사에서 마거릿 생어는 대모였다. 간호사 출신으로 평생 산아제한을 위해서 싸운 사회운동가였다. 그의 어머니는 1897년 50세로 사망하기 전까지 11명의 자녀를 낳았고 7명을 유산했다. 생어는 어머니의 장례식에서 아버지가 어머니를 죽인 것이라고 원망한다. 어릴 시절의 이런 경험이 그를 투사로 만들었다.

빈민가에서 간호 활동을 하면서 그는 다산과 빈곤이 산모와 아이를 죽이는 현실에 분노하여 산아제한 운동을 시작한다. 1914년 「여성의 반란(*The Woman Rebel*)」이라는 신문을 만들면서, 여성이 가족계획을 주도할 권리가 있음을 강조한다. 그리고 피임에 관한 정보를 보급한다. 그러다가 자신과 상담했던 여성이 불법 낙태 수술을 받고 죽는 것을 보고, 피임 운동에 나서게 된다. 그의 끈질기고 헌신적인 투쟁으로 미국 법원은 1937년에 피임을 합법화한다.

당시 그가 펴내고 있던 신문은 당국에 의해 음란죄로 판매금지 처분을 당하게 된다. 연방정부가 생어를 외설죄로 기소한 것이다. 재판정에서 그는 산아제한을 음란죄로 모는 정부를 강하게 비난한다. 생어의 사건에 대해 사회적인 비판이 거세지면서 연방정부는 소송을 취하하게 된다. 생어는 1916년에 미국 최초의 산아제한진료소를 열었다. 그리고 1921년에는 미국 산아제한연맹을 결성했다.

피임약 연구 지원의 결실 1950년대까지는 실제로 산아제한을 실천할 수 있는 수단이 별로 없었다. 생어는 쉽게 복용할 수 있는 경구피임약이 대안이라고 생각한다. 그런데 그것을 개발하려면 자금이 필요했다. 때마침 경제력이 있는 캐서린 매코믹과 연결이 된다. 캐서린은 인터내셔널 하비스터사 대표인 매코믹의 아내로, 1904년 생물학 전공으로 MIT를 졸업했다. 캐서린은 유럽에서 피임약을 옷에 넣고 바느질을 해서 미국에 있는 생어에게 보내주기도 했다. 그러나 발각이 되어 중단된다.

1947년에 캐서린은 남편이 남긴 유산으로 피임약 연구를 지원하기로 한다. 그 무렵 이미 멕시코의 제약 회사 신텍스는 프로게스테론 연구를 하고 있었다. 연구소 부소장 칼 제라시는 1951년 여름 자연산 호르몬보다 8배나 강력한 프로게스테론 유사체를 합성한다. 바로 노르에티스테론이었다. 그러나 제라시는 상용화에는 관심이 없었다.

1951년 생어는 포유동물의 생식을 연구하던 그레고리 핀커스를 만나게 된다. 핀커스는 피임약 개발에 착수하고, 1952년 중국 출신의 생물학자 장 민추와 함께 동물을 대상으로 프로게스테론 실험을 시작한다. 이어 존 록의 도움으로 임상실험에 들어간다. 1952년 제약 회사 서얼에 근무하던 프랭크 콜턴은 핀커스 팀과는 별개로 프로게스테론 유사체인 노르에티노드렐 합성에 성공한다. 1954년 록은 핀커스의 요청으로 콜턴의 노르에티노드렐의 임상실험을 시행한 결과 1960년 5월 경구피임약으로 공식적인 승인을 받고, 서얼 사는 세계 최초의 경구피임약 에노비드를 시판하기 시작했다.

록은 지원자 50명을 선발한 임상시험 결과, 노르에티노드렐이 배란을 막는 효과가 있음을 확인했다. 핀커스와 록은 국제 학회에서 이 결과를 발표한다. 그리고 미국 FDA의 승인을 얻기 위해서 1956년 두 사람은 푸에르토리코에서 임상실험을 한다. 실험 결과, 경구피임약을 처방에 따라서 복용한 여성들은 임신을 하지 않았다. 중간에 약 복용을 중단한 여성들은 정상적으로 아이를 출산했다.

경구피임약은 알약의 대명사가 되었고 사회적으로 그 파장이 매우 컸다. 미국의 경우, 이 알약의 복용자 수는 1962년 120만 명에서 1965년 650만 명으로 늘어났다. 1973년에는 15-44세의 여성 중 70퍼센트가 피임약을 사용하고 있었다. 피임약의 보급은 여성의 사회 참여율을 높였다. 이전에는 직업과 결혼 중 양자택일을 해야 하는 경우가 많았으나, 피임약의 보급으로 여성으로서의 삶을 주체적으로 결정하게 된 것이다. 피임약은 20세기 여성 해방운동에 가장 크게 기여한 기술이었다. 한편 피임약은 결혼 없는 섹스의 성적 해방을 유발한 측면도 있다.

우리나라에서는 1960년대에 가족계획 사업이 국가 정책으로 채택되면서, 1964년에 루프가 도입되었다. 1968년에는 구강피임약이 전국적으로 보급되기 시작한다. 1980년대에는 여성의 복강경 난관수술과 남성의 정관수술이 확산된다. 정관수술 장소 중에는 예비군 훈련장이 포함되었다. 정관수술을 받을 경우 예비군 훈련이 면제되었다고 한다. 시대 변화가 보여주는 역사적인 장면이 아닐 수 없다.

컨테이너 컨테이너는 18세기 후반 영국 산업혁명의 산물이었다. 석탄 운반용으로 마차 뒤에 나무 박스를 연결한 것에서 유래하기 때문이다. 산업혁명 후기인 19세기 영국과 유럽에 철도가 깔리면서, 컨테이너는 뚜껑 없이 나무로 만들고 있었다. 1830년대에는 바지선에 적재하는 대형 목재 컨테이너를 써서 석탄을 수송했다.

현재의 직육면체 모양의 컨테이너는 미국의 말콤 맥린(1913-2001)의 작품이었다. 1935년에 중고 트럭으로 화물 운송 사업을 하면서, 그는 트럭에 실은 화물을 그대로 선박에 옮겨서 실을 수 있는 방법을 궁리한다. 그래서 나온 것이 컨테이너였다. 1952년에는 표준화된 화물용기를 만들어서 배에 싣고, 노스캐롤라이나 주에서 뉴욕 주로 운송하기 시작한다. 그러나 초기의 트럭용 컨테이너는 화물선에 맞지 않았다. 이 때문에 선박에 공간이 많았고, 차대에 올려놓지도 않아서 비효율적이었다.

그는 이 문제를 해결하기 위해서 2,200만 달러를 융자받아 선박 회사를 차린다. 그리고 유조선을 개조해서, 컨테이너 박스가 적재되도록 만든다. 1956년 35피트 길이의 컨테이너 58대를 꽉 채워서 싣고, 뉴저지 주에서 휴스턴까지 첫 운항에 성공한다. 이후 맥린은 해운업자, 트럭업자 등 100여 명에게 이 상자의 효용성을 설명하면서, 컨테이너라고 명명했다. 화물노조 간부는 거세게 반발한다. 규격화된 컨테이너로 운송할 경우 사람의 손이 덜 필요하고, 그렇게 되면 화물운송 노동자 수가 줄어들 것이기 때문이었다.

그러나 기술 혁신의 대세를 막을 수는 없었고, 세계 물류시장은 컨테이너 시대로 전환된다. 1957년 세계 최초의 컨테이너선 게이트웨이 시티 호가 건조되고, 뉴욕 주에서 플로리다 주, 텍사스 주로 컨테이너를 수송하기 시작한다. 맥린의 사업은 나날이 번창한다. 화물량이 늘어나고 운송비는 낮아졌다. 1963년 맥린은 뉴저지 주의 뉴악 항에 컨테이너 부두를 건설했다. 1968년에는 미국 최대의 해운 회사 시랜드가 미국-유럽 간 항로에 컨테이너 운반을 시작한다. 동아시아에도 컨테이너 화물 수송이 이루어진다.

물류 역사를 새로 쓴 컨테이너 단순히 화물을 싣는 철제 상자인 컨테이너의 출현이 세계 물류의 역사를 바꾸게 될 줄은 누구도 몰랐다. 네모난 철제 상자의 도입으로 세계 화물 운송량은 5배로 늘었고 해상 수송비는 60퍼센트가 줄었다. 화물이 항구에 체류하는 시간은 4분의 1로 줄었다. 컨테이너로 운송요금이 내려가면서 선박 수송이 세계 물류를 지배하게 된다. 드러커는 "컨테이너는 세계경제사를 바꾼 대혁신 발명품"이라고 평가했다. 2007년 「포브스(*Forbes*)」는 맥린을 '20세기 후반 세계를 바꾼 인물 15인'에 선정했다.

컨테이너는 전쟁과도 관계가 깊다. 미국은 한국전쟁 때 '코넥스' 컨테이너를 썼다. 컨테이너는 1960년대 중반까지 세계 물류 운송의 10퍼센트 정도를 차지했다. 그러나 1967년 베트남 전쟁에서 미군이 컨테이너로 전쟁 물자를 운송하면서 급증하게 된다. 1970년대에는 컨테이너 운송 시스템이 물류시장을 주도하게 된다. 현재는 총 물동량의 60퍼센트 이상이 컨테이너로 운송되고 있다. 세계적으로 선박용 컨테이너는 크기가 20피트와 40피트짜리 두 가지뿐이다. 육상용, 철도용으로는 다른 크기를 사용하기도 한다. 물론 항공화물도 컨테이너를 사용한다. 보잉 747은 300-400명의 승객을 태우고도 컨테이너로 100톤의 화물을 싣고 있다.

2) 1900-1930년의 주요 발명 개요

2차 산업혁명기에 이루어진 기술 혁신에 대해서 앞에서 다룬 것은 전기, 전등, 형광등, X선, 라디오, 전보, 전화, 계산기, 자동차, 비행기, 에어컨디셔너, 엘리베이터, 카메라, 피임약, 컨테이너, TV, 세탁기, 냉장고, 컴퓨터 등이었다. 그밖에 1900-1930년대 사람들의 생활을 바꾼 몇몇 발명품을 간략히 추려보기로 한다. 2차 산업혁명에 의해서 역사상 유례없는 물질적인 풍요와 편의를 누리게 된 상황에서, 1914년 제1차 세계대전이 발발하고, 1929년에 미국의 뉴욕 증시의 붕괴로 촉발된 대공황이 세계적인 경제공황으로 번지고, 1939년 제2차 세계대전이 발발한 사건 사이의 연관성을 살피기 위해서이다.

1900년대가 시작되면서 시어도어 루스벨트 대통령 재임 때인 1903년 최초로 비행기가 하늘을 날고, 1906년 AM 라디오가 개발되고, 1907년 항생제가 개발되어 수많은 생명을 살려내게 된다. AM 라디오는 에디슨 회사에서 일하던 엔지니어 레지널드 페센든(1866-1932)의 발명이었다. 기술 혁신의 소산인 라디오를 국민과의 소통에 가장 잘 활용한 정치인은 경제공황기와 제2차 세계대전 때 세계를 이끈 루스벨트 대통령이었다. 1906년은 또 윌리엄 캐리어(1876-1950)가 에어컨디셔너의 특허를 받은 해였다. 냉방기기의 개발은 뜨거운 지역에서도 사람들이 도시를 이루고 살 수 있게 만들었다. 1901년에 킹 질레트(1855-1932)가 개발한 면도기는 제1차 세계대전 때 군부대에 보급되어 독가스 방독 마스크의 밀착성을 높여 주었다. 비행기를 비롯해서 지문기술(1901), 진공청소기(1907), 투명 플라스틱(1908) 등도 1900년대에 발명되었다.

1910년대 들어서는 낙하산, 기관총 등 전쟁 관련 발명품이 여럿 나온다. 낙하산의 원형은 4,000년 전 중국으로까지 거슬러오르는데, 이후 르네상스 시대 등 동서양 역사 속에서 내내 전통을 잇고 있었다. 그러나 현대적인 형태의 낙하산의 특허가 나오고 군사 작전에 쓰이게 된 것은 1914년 제1차 세계대전 때였다. 낙하산 특허를 낸 주인공은 슬로바키아에서 미국으로 이민 온 탄광 광부 스테판 바니츠(1870-1941)였다. 비행기의 추락으로 조종사가 사망하는 것을 본 바니츠는 우산에서 아이디어를 얻어서 2년 만에 낙하산을 개발한다. 그는 미국 특허청 건물에서 뛰어내린 후 낙하산을 펼쳐서 무사함을 증명했고, 특허를 받게 되었다. 미군은 이를 사들여 개량했고, 그로써 낙하산이 필수 군수품이 된다.

AM 라디오를 개발한 페센든은 이어서 1913년에 초음파 탐지기도 개발한다. 1912년 타이타닉 호의 침몰로 충격을 받은 것이 계기였다. 그는 사고 난 곳을 탐사해서 실제로 자신의 탐시기로 거리를 측정하기도 했다. 그밖에 새로운 생활용품으로 매트리스가 등장한다. 1913년에 도입된 포드의 자동차 대량생산 조립 라인은 2차 산업혁명 시대를 대표하는 상징적인 기술 혁신이었다.

1920년대 영상기술의 혁신 1920년대 발명품에서 20세기를 영상 시대로 바꾸는 기술이 출현한다. 예술은 과학기술과 밀접한 관련이 있다. 두 분야 모두 창의성이 중요하고, 기술에 의해서 예술의 성격과 장르가 영향을 받기 때문이다. 1910년대는 무성영화 기술로 많은 작품들이 제작된다. 1913년 이탈리아의 사극 「폼페이 최후의 날(The Last Days Of Pompeii)」, 「쿠오 바디스(Quo vadis)」 등이 유명했다. 무성영화 시대 후기에는 유럽과 미국에서 영화 예술이 크게 발전한다. 1920년대 미국에서는 세실 데밀(1881-1959)의 「십계(The Ten Commandments)」, 「왕중왕(The King Of Kings)」 등 대작이 제작된다.

'리틀 트램프' 채플린 20세기 영상 시대의 개막에서 가장 주목을 받은 인물은 채플린이었다. 영국에서 비참한 소년 시절을 보내다가 미국으로 이민한 그는 단편 희극의 연기자로 시작해서, 배우, 감독, 제작자 등 만능 영화인이 된다. 실크해트와 헐렁한 구두의 허름한 차림의 리틀 트램프 캐릭터는 영화사상 불후의 캐릭터로 기록된다. 「개의 삶(A Dog's Life)」, 「키드(The Kid)」, 「황금광 시대(The Gold Rush)」 등 수십 편의 작품을 제작했으며, 그중에서도 특히 「모던 타임스」는 현대 기계문명을 풍자한 명작으로 남아 있다. 1926년 유성영화가 나오지만, 채플린은 무성영화를 고집했고 1931년에 무성으로 제작한 「시티 라이트(City Lights)」는 대성공을 거두었

기계문명을 비판한 채플린의 「모던 타임스」(1936)

다. 그때 채플린은 아인슈타인, 간디, 윈스턴 처칠 등을 만났다고 한다. 1940년 히틀러를 풍자한 영화 「위대한 독재자(The Great Dictator)」도 화젯거리였다.

채플린은 영화를 찍다가 영감이 떠오르지 않으면 무작정 몇 달 동안 작업을 중단하는 등 기행으로도 유명했지만 희극 속에 비극을 그려내는 걸출한 예술가였다. 1950년대 초 매카시즘의 영향으로 사상 논쟁에 휘말린 그는 1952년 FBI의 입국 금지조치로 스위스에서 여생의 대부분을 보내게 된다. 1962년 옥스퍼드 대학교에서 명예 문학박사 학위를 받았으며, 1972년 아카데미 시상식에서 공로상을 받게 되어 약 20년 만에 미국을 방문한다.

무성영화 말기, 미국 영화에는 할리우드 스타일이 출현한다. 제1차 세계대전으로 유럽의 영화계가 침체기에 빠지면서 미국은 상업주의 전략으로 시장을 확장했다. 그리하여 오락영화가 강세를 이루고, 알베르토 발렌티노, 더글러스 페어뱅크스, 글로리아 스완슨 등의 스타가 배출된다. 더글러스 페어뱅크스는 채플린과 함께 제1차 세계대전 때 미국 정부가 발행한 채권인 리버티 본드(Liberty bond)의 홍보에 나선다. 「포장마차(The Covered Wagon)」, 「철마(iron horse)」 등의 서부극도 주요 장르가 되었고, 프랑스는 영화 예술에서 큰 영향력을 행사했다.

1920년대에는 1926년에 비타폰(Vitaphone)이라는 디스크 방식의 발성 영화기가 발명되면서 유성영화 시대가 열린다. 1927년 뉴욕에서 상영된 「재즈 싱어(The Jazz Singer)」는 제1기 유성영화로 대히트를 했다. 이미지와 소리를 일치시킨 유성영화 시대를 맞게 되자, 영화산업에 대자본이 투입되고 연극과 문학의 요소를 더해서 영화는 더 다채로워진다. 또한 컬러 영화를 만드는 기술이 보급되면서 디즈니의 만화영화가 대중에게 큰 인기를 얻는다. 1939년에 나온 「바람과 함께 사라지다(Gone With The Wind)」는 할리우드 대작주의의 꽃이었다. 영국에서는 알프레드 히치콕 감독이 만든 영화와 다큐멘터리가 인기를 끌었다.

레마르크의 『서부전선 이상 없다』 미국에서는 독일의 에리히 레마르크(1898-1970)의 소설 『서부전선 이상 없다(Im Westen nichts Neues)』를 원작으로 한 영화가 제작된다. 제1차 세계대전에서의 서부전선은 벨기에와 프랑스 동북부에 걸친 전장이었고, 독일군과 연합군의 교착상태 국지전으로 엄청난 사상자를 내고 있었다. 제1차 세계대전 초기에 독일군은 러시아군을 격파하며 기선을 잡았으나 연합군에 밀리게 되었고, 적의 진격을 저지하기 위해서 양측은 참호를 파고 장기전에 들어가게 된 것이다. 자원입대한 학도병들은 식량이 부족한 비참한 환경에서 참호를 파고 철조망을 제거하는 등 중노동에 시달렸다.

『서부전선 이상 없다』는 18세 때 제1차 세계대전에 출전한 저자 레마르크의 경험을 1929년에 르포 형식의 단문으로 쓴 작품이다. 레마르크는 전장에서 벌어지는 인간성의 상실, 극한 상황에서의 인간의 본능, 삶에의 집착, 기성세대에 대한 절망과 분노를 소설 속에 처절하게 그려냈다. 이 소설은 1년 반 사이에 25개국에서 번역되며 발행 부수 350만 부를 기록한다. 그는 반전을 테마로 하는 작품 활동을 계속했고, 1933년 나치가 집권하자 스위스를 거쳐서 1939년 미국으로 망명한다. 나치는 그의 작품을 금서로 지정하고, 독일 시민권을 박탈했다. 그의 대표작으로는 『개선문(*Arc de Triomphe*)』(1946), 『사랑할 때와 죽을 때(*Zeit zu Leben und Zeit zu Sterben*)』(1954) 등 다수가 있다.

레마르크는 『서부전선 이상 없다』에서 박격포와 수류탄, 기관총이 주도하는 현대 전쟁의 특징을 실감 나게 그려냈다. 젊은이들은 참호전에서 영웅심과 애국심을 잃고 정신적, 육체적으로 피폐해진다. 소설의 주인공 파울은 휴가를 나갔다가 전쟁의 비참함은 꿈에도 모르고 전쟁에 대해서 가볍게 여기는 고향 사람들의 생각을 접한다. 또한 여전히 학생들에게 전쟁에 나가라고 독려하는 교수들의 모습에 분노와 절망을 느낀 채 병영으로 돌아온다. 파울은 참호에서 적군과 대치하던 중 훨훨 나는 나비를 발견한다. 18세 소년은 어린 시절의 추억을 연상하며 손을 뻗다가 적군의 총에 맞아서 숨을 거둔다.

1920년대 발명품 1920년대에는 훗날 1960년대 우주 시대 개막에 결정적으로 기여하는 액체연료 로켓 기술이 개발된다. 정부는 제1차 세계대전을 계기로 군수 목적의 과학기술 개발을 지원했고, 그 결과 잠수함, 비행기, 탱크, 독가스 등의 군사 신기술이 출현한다. 거짓말 탐지기도 이때 개발된다. 거짓말 탐지기는 1921년 미국 경찰관이자 법의학자인 존 라슨(1892-1965)이 사람의 맥박, 혈압, 호흡, 땀 등의 변화를 그래프로 표시하도록 만든 장치였고, 정확도는 떨어졌다. 거짓말 탐지기는 1970년대에 심리학계의 비난을 사게 된다. 그리하여 1988년에는 거짓말 탐지기 보호법 제정으로 사용이 금지되기도 했으나, 미국의 절반 정도의 주에서는 여전히 사용하고 있다. 2001년 미국에서 개발된 뇌지문 탐지기는 그해 「뉴욕 타임스」가 선정한 미국의 5대 발명품에 들어갔다.

1926년에는 LP(Long Playing) 레코드와 개량된 팝업 토스터가 등장한다. 1919년 미네소타 주의 공장에서 일하던 찰스 스트라이트(1878-1956)는 매점에서 사먹는 토스트가 새까맣게 탄 것을 보고 화를 낸다. 그리고 당시 이미 보급되어 있딘 토스터의 개량에 나선다. 우선 한 번에 한쪽 면만 구울 수 있었던 기존 토스터와 달리 양쪽에 열선을 설치해서 빵의 양면이 모두 구워지게 만들었다. 그리고 타이머 기능을 추가해서 식빵이 적당히 구워지면 저절로 튀어 오르게 했다. 팝업 토스터는 1921년에 최초로 특허를 받았고, 출시와 함께 큰 인기를 끌었다. 1929년에 '원더 브레드' 상표의 슬라이스 식빵이 시판되면서 팝업 토스터는 주방의 필수품이 되었다.

1930년대 발명품 1930년대에는 헬리콥터, 워키토키, 복사기, 전기기타 등등이 나온다. 헬리콥터는 독일의 항공기 제작자 하인리히 포케(1890-1979)가 1909년부터 3년 간 연구해서 동력 비행에 성공했다. 제1차 세계대전이 발발한 1914년 그는 게오르크 불프(1895-1927)와 공동으로 포케불프 6호기를 제작하고 종전 후에는 7호기를 제작한다. 1923년 포케는 불프와 베르너 노이만(1903-1957)과 함께 포케불프 항공기 제작 회사를 설립한다. 1936년에는 세계 최초로 오토자이로를 장착한 헬리콥터 포케불프 61(FW-61)을 개발하고, 베를린에서 시험 비행에 성공한다.

워키토키는 캐나다의 도널드 힝스(1907-2004)가 1937년 휴대용 무선 신호 시스템을 만든 것이 효시였다. 초기에는 팩셋(packset)이라고 불렀으나 워키토키로 이름이 바뀌었다. 힝스의 모델은 1940년부터 기밀연구를 거쳐서 1942년부터 제2차 세계대전에 투입된다. 이런 방식으로 1900년대 초반의 신발명품은 전쟁터와 일상생활의 모습을 바꾸고 있었다.

제4장
20세기 양차 세계대전과 경제공황

1. 제1차 세계대전(1914–1919)

1) 에인절의 『위대한 환상』

1910년대 영국의 노먼 에인절(1872–1967)은 『위대한 환상(*The Great Illusion*)』을 펴낸다. 이 책은 곧이어 세계적인 베스트셀러가 된다. 당초 초판은 1909년에 '유럽의 시각적 환상'이라는 제목으로 출간되었다가 이후 개정판이 나오면서 '위대한 환상'으로 바뀐다. 이 책은 미국에서도 널리 읽혔다.

『위대한 환상』의 논지를 간략히 요약하면, 2차 산업혁명에 의해서 세계 각국은 경제적, 재정적으로 통합되면서 상호 의존도가 매우 높아졌고, 따라서 산업국가 간의 전쟁은 승자도 패자도 없이 모두에게 피해와 고통을 주게 되었으며, 전쟁으로 얻는 것은 없고 잃는 것만 많으므로 이제 전쟁은 폐기되고 일어나지 않을 것이라는 논리였다. 에인절은 전쟁은 경제적, 사회적으로 정신 나간 짓이고, 정복 세력이 점령하는 영토의 주민은 생산의 인센티브를 잃게 되므로 정복에 따른 부담만 늘어난다고 보았다. 그는 무장 충돌, 군사주의, 침략을 통해서 무엇인가를 얻는 것은 헛된 환상일 뿐이라고 역설했다.

그러나 그의 주장이 무색하게도 책의 초판이 출간된 지 4년 만에 제1차 세계대전이 발발한다. 그의 주장을 조롱하는 반응이 나온 것은 당연한 일이었다. 그러나 에인절은 자신의 주장을 굽히지 않았다. 내용이 일부 수정되기는 했지만, 여전히 국가의 경제적 독립의 중요성과 혁신성에 대한 논의를 강조했다. 1933년에 노벨 평화상을 받을 정도로 그의 주장은 시대적으로 큰 영향을 미쳤다. 1933년에 출간된 개정판에서 그는 '집단 방어의 주제(the theme of collective defence)'를 추가한다. 그런데 또다시 1939년에 제2차 세계대전이 발발한다. 에인절은 영국의 언론인, 작가, 노동당 국회의원을 지냈고 95세까지 살았다.

에인절의 영향을 직접 받은 것인지는 알 수 없지만, 1914년 1월 카네기는 친구들에게 신년인사 서신을 보내면서 에인절과 비슷한 얘기를 했다. "세계열강이 국제법에 따라서 쟁점을 해소하기로 합의한 단계에 있기는 하나, 국제 평화가 곧 정착되어 펜이 칼보다 강하다는 것을 증명할 것이라고 확신하며 새해를 맞는다"라는 요지였다. 그러나 현실은 타당한 논리가 전혀 적용되지 않는 양상으로 비관적으로 전개되고 있었다.

2) 제1차 세계대전 발발의 원인과 과정

1910년대 에인절이나 앤드루 카네기의 판단대로라면, 제1차 세계대전은 일어나지 않았어야 한다. 실제로 그 경위를 들여다보면 고비 고비마다 우발적으로 엇나간 측면이 없지 않다. 전쟁의 발단은 유럽의 화약고인 발칸 반도에서 시작된다. 당시 발칸 반도는 세르비아, 보스니아, 알바니아가 오스트리아-헝가리 제국의 치하에 있었다. 오스트리아 황제이자 헝가리 국왕인 합스부르크 왕조의 프란츠 요제프(1830-1916)는 1914년 제1차 세계대전 발발 당시 장장 68년간(1848-1916) 통치자로 군림하면서 시대적 변화를 수용하지 않는 군주였다.

요제프는 1848년 3월 혁명의 민중봉기로 피신한 큰아버지 대신 황제의 자리에 올랐다. 그의 동생 막시밀리안 1세는 1867년 반란군에 붙잡혀 죽었다. 요제프는 사촌동생 엘리자베트 오이게니(1854-1898)와 결혼한다. 그는 오늘날까지도 시시(SiSi)라고 불리며 오스트리아 사람들의 사랑을 받는 전설적인 황비이다.

요제프 황제의 외아들 루돌프의 자살로 인해서 황제의 계승자는 조카인 프란츠 페르디난트(1863–1914)가 된다. 1914년 무렵에는 그가 황제에 즉위하는 것은 단지 시간문제로, 공식적인 초상화까지 마련된 상태였다. 그는 삼촌에게 반발해서 왕족의 혈통이 아닌 아내를 맞았다. 페르디난트는 표면적으로는 발칸 반도의 평화를 추구하고 세르비아와의 화평을 원한다고 말하고 있었으나, 실은 세르비아 정복에 뜻을 두고 정치개혁을 꿈꾸던 제국주의자였다.

시시는 유럽의 최고 미인이라는 소문이 자자했고, 그들 부부는 1남 3녀의 자식을 두었다. 요제프는 검소하고 성실하게 일하는 사람이었고 시시는 호사를 즐기는 전형적인 황족이었다. 그들의 딸 조피는 어린 나이에 죽는다. 외아들인 황태자 루돌프(1858-1889)는 31살에 애인 마리 폰 베체라(1871-1889)와 동반 권총자살을 한다. 루돌프는 매독환자였다. 시시는 다이어트를 심하게 했고, 정신적인 결함으로 궁정을 떠나서 사는 시간이 길었다. 시시의 남자에 얽힌 스캔들에도 불구하고 요제프 황제가 평생을 사랑한 시시 역시 44세 나이에 괴한의 무도한 손에 죽음을 맞는다. 그는 거의 70년을 황제로 살았지만 슬프고도 슬픈 인생이었다.

사라예보 사건 당시 오스트리아–헝가리 제국의 정세는 예속국가들의 민족주의 운동으로 전국에서 폭동이 그칠 날이 없었다. 지역의회가 해산되는 등 통치에 큰 혼란을 겪는 가운데, 특히 세르비아는 비밀 결사대를 구성해서 슬라브 국가주의를 기치로 내걸고 독립운동을 하고 있었다. 세르비아는 루마니아, 크로아티아, 폴란드 출신의 여러 민족이 모여 사는 다민족 국가였다. 세르비아는 제국을 붕괴시켜서 슬라브족의 유고슬라비아를 건설하고 대세르비아주의를 실현하는 것을 목표로 조직적으로 저항하고 있었다.

그러던 중 1914년 6월 28일, 오스트리아–헝가리 제국의 황태자 페르디난트 대공과 황태자비 조피가 보스니아 헤르체고비나의 수도인 사라예보를 예방한다는 소문이 퍼진다. 방문 목적은 사라예보 외곽에서 오스트리아–헝가리 제국의 군사 훈련을 격려하기 위한 시찰이었다. 빈의 주재 대사는 현지 상황이 엄중하니 황태자의 방문을 중단해달라고 요청했다. 그러나 당국은 대사의 공포심을 비웃으며 경고를 무시해버렸다.

세르비아 군부에서는 오스트리아-헝가리 제국에 특히 적대적이었던 디미트리 예비치가 절호의 기회라며 벼르고 있었다. 합스부르크 왕가에 굴복한 것이 최대의 치욕이라고 여기던 그는 비밀 군사 결사체 '검은 손(Black Hands)'을 결성해서 제국의 군부와 정부 요인의 암살을 최우선 목표로 삼고 있었다. 물론 페르디난트 대공은 그 리스트에 이름이 올라 있었다.

제1차 세계대전의 방아쇠를 당기는 사건이 터지던 날은 세르비아의 국경일이었고 국가주의 열기로 분위기가 더욱 들떠 있었다. 황태자의 방문은 사라예보의 긴장을 최고조로 고조시킨다. 그러나 사전 경고에도 불구하고 페르디난트 황태자 일행의 보안은 너무 허술했다. 사라예보 한복판에서는 가브릴로 프린치프(1894-1918) 등 청년 암살단 6명이 대공의 차량 행렬이 지나가는 거리에서 저격의 기회를 노리고 있었다. 암살단은 예비치와 검은 손의 지시를 받은 것은 물론, 그들도 단원이었다. 암살단은 4개의 피스톨과 폭탄 6개, 그리고 실패할 경우 자살하기 위한 청산가리 알약까지 지니고 있었다. 대공의 차량이 지나가자 암살단 중 1명이 수류탄을 던진다. 그러나 10여 명이 부상을 당한 채 대공은 무사하게 그대로 피해서 사라져버렸다.

그러나 1시간 뒤쯤 대공은 부상자를 살피기 위해서 병원으로 가겠다며 시청 건물에서 돌아오던 중, 길을 잘못 들어서 유턴을 하게 된다. 한편 프린치프는 암살 시도가 허사로 끝났다고 포기한 채 가게에서 샌드위치를 사들고 돌아온다. 그 순간 운명적인 상황이 벌어진다. 라틴교 인근의 모퉁이에서 프린치프와 대공 일행이 마주치게 된 것이었다. 프린치프는 대공과 황태자비에게 총격을 가한다. 황태자 부부는 병원으로 이송되지만 가는 도중에 숨을 거둔다. 그 당시 오스트리아-헝가리 제국의 사람들은 대공의 죽음에 거의 무관심했다고 한다. 예를 들면 빈의 시민들은 그 소식을 듣고도 별일이 없었다는 듯이 음악을 듣고 와인을 마시고 있었다.

프린치프는 자살용 캡슐을 삼켜서 죽으려했지만 독약이 불량품이라 죽지 않는다. 다시 권총자살을 시도하지만 권총을 쏘기 직전에 사람들에게 붙잡혀서 이송된다. 오스트리아-헝가리 제국은 사라예보 사건에 관해서 수사를 하겠다는 통첩을 보낸다. 세르비아는 수락한다고 했으나, 오스트리아-헝가리 제국은 세르비아에 선전포고를 한다. 프린치프는 오스트리아-헝가리 제국으로부터 살인 혐의로 기소되었으나 범행 당시 나이가 18세의 미성년자였기 때문에 사형 대신 20년 징역형을 선고받았다. 그후 제1차 세계대전 종전 이전인 1918년 4월 테레진 감옥에서 25세에 결핵으로 사망한다.

1914년 7월 4일, 빈에서 황태자 부부의 장례식이 치러진다. 그때 이미 오스트리아 제국 정부는 외무성을 통해서 우방국 독일 제국에 참전 요청을 한 상태였다. 페르디난트 황태자는 살아서는 세르비아의 평화주의를 표방했다는 점에서 평화를 상징하는 듯했지만 죽어서는 인류 역사상 최초의 세계대전을 촉발시키는 원인이 된다. 이 사태에 대해서는 일국의 대공의 암살 사건이 세계 초유의 세계대전으로 번졌어야 하는지의 질문도 제기되었다.

독일의 산업화 독일의 산업화 뿌리는 1862년 프로이센의 철혈(鐵血)재상 오토 폰 비스마르크(1815-1898)로 거슬러오른다. 비스마르크는 재상에 오르면서, 중공업 육성과 군사력 증강, 교육 혁신으로 통일 제국의 기반을 닦기 시작했다. 그리고 1870년대부터 급속히 진행된 산업화를 기반으로 1870년 프로이센-프랑스 전쟁에서 나폴레옹 3세 군대를 대파하게 된다. 1871년 파리 베르사유 궁전에서 거행한 프로이센 국왕 빌헬름 1세 황제의 즉위식은 독일 제국의 출범을 의미했다. 이때 오랫동안 프랑스와 영유권 분쟁을 하고 있었던 엘자스-로트링겐 지방을 차지하게 된다.

그러나 독일의 초기 산업화 정책에는 한계가 있었다. 프로이센의 지배계급이자 보수적인 토지 귀족 세력인 융커(Junker, 도련님) 계층의 주도로 시장 규모가 작았기 때문이다. 따라서 경제 불황을 겪게 되었고, 그 돌파구로서 자원과 시장을 확보하기 위한 식민지 정책을 펴기 시작했다. 아프리카와 중국 등지로 영토를 확대하는 제국주의의 길로 나섰고, 비스마르크는 서구 열강과 여러 건의 동맹조약을 맺고 프랑스가 보복하지 못하도록 고립시키는 외교 정책을 구사했다. 러시아, 오스트리아, 헝가리, 이탈리아 등과의 복잡한 동맹 관계를 맺은 것도 그런 연유였다.

1888년 빌헬름 1세가 사망한 뒤 황태자 프리드리히 3세가 즉위했으나 6개월 만에 후두암으로 사망한다. 후계자로 그의 아들인 빌헬름 2세가 즉위하면서 1년에 3명의 황제가 탄생하는 기록을 남긴다. 빌헬름 2세는 즉위하자마자 비스마르크와 자주 대립하게 되고 결국 비스마르크는 1890년에 실각한다. 이후 외교 정책은 대외 팽창 정책을 대폭 강화하는 방향으로 추진되었고, 대영제국과 프랑스의 식민 제국에 비해서 출발이 늦었다는 조바심에 1890년대 빌헬름 2세는 군사력에 의해서 식민지를 확보하는 정책을 밀어붙인다.

20세기 초 독일은 중공업 생산에서 세계 제2위의 급속한 경제발전을 이룩한다. 독일의 산업화는 경제시장의 변화를 선도하는 적극적인 방식으로 추진된다. 그 과정에서 보수층인 융커층과 그들을 후원하는 자본가 계층이 한편에 서고, 반대편에는 프롤레타리아의 노동자 세력이 대립함으로써 내부 갈등이 심화된다. 이러한 사회적 분열은 제1차 세계대전 발발에도 영향을 미쳤다. 독일 제국의 식민주의 정책은 유럽 국가들을 긴장시켜서 러시아 제국과 프랑스, 대영제국과 프랑스, 러시아 제국-영국-프랑스 간의 협정이 맺어진다. 독일 제국을 견제하는 이들 협정국가 세력과 독일 제국을 주축으로 하는 동맹국 세력의 대립 구도로 유럽의 외교 판도가 분열된 것이다.

1905-1906년과 1911년에는 모로코에서 프랑스가 영향권을 행사하려고 하자, 독일 제국이 개입해서 프랑스와 충돌이 빚어진다. 그리고 범슬라브주의 기치 아래 영구 부동항을 확보하려는 러시아의 남하 정책과 독일 제국과 오스트리아-헝가리 제국의 범게르만주의가 대립하는 양상이 됨으로써 발칸반도의 상황이 위태로워진다. 독일의 팽창 정책은 삼국 협상 국가와의 외교적 마찰을 빚게 되고, 이 또한 1914년 제1차 세계대전 발발의 배경이 된다.

3) 추축국과 연합국의 대결

오스트리아-헝가리 제국의 대 세르비아 선전포고 독일 제국의 황제 빌헬름 2세는 오스트리아-헝가리 제국의 전쟁 준비 상황도 파악하지 않은 채로 절대적인 지지를 약속한다. 그리고 휴가 여행을 떠난다. 빌헬름 2세는 영국 빅토리아 여왕의 장손이었고, 담대하나 치밀하지 못한 성품으로 알려져 있었다. 오스트리아-헝가리 제국은 독일 황제의 언질을 굳게 믿고, 황태자 부부가 사망한 지 한 달 만인 7월 28일에 세르비아에 선전포고를 한다.

세르비아에게는 동족인 슬라브 민족의 러시아가 배후에 있었다. 그 무렵 강력한 공업화 정책으로 국력을 강화하고 있었던 러시아는 7월 30일 군대의 총동원령을 내리며 세르비아 지원을 선언한다. 같은 날, 휴가를 떠났던 독일의 빌헬름 2세는 러시아의 총동원령에 급거 복귀하고, 똑같이 총동원령을 내린다. 그리고 8월 1일에 러시아에 선전포고를 한다. 독일은 러시아의 동맹국인 프랑스도 참전할 것으로 판단하고 8월 3일에 프랑스에 선전포고를 한다.

영국의 참전 독일은 프랑스를 공격하기 위해서 우선 중립국인 룩셈부르크와 벨기에 국경을 침범했다. 이에 영국은 독일에 선전포고를 하게 된다. 이때 영국은 이 전쟁에 참전하는 것에 대해서 여러모로 망설였다. 세르비아의 독립을 지원하기 위해서 굳이 전쟁에 끼어들 이유가 없었고, 거의 1세기 동안 유럽 대륙의 전쟁에 휘말리지 않았던 터에 다시 개입하는 것이기 때문이었다. 그러나 만일 끝까지 참전을 하지 않고 방관할 경우 유럽 대륙에서의 국가 위상에 영향을 받게 될 것이고, 동맹국인 프랑스와 러시아와의 외교관계가 소원해질 가능성을 고려하지 않을 수 없었다. 영국은 고심 끝에 결국 유럽에서의 주도권을 잃지 않기 위해서 참전이 불가피하다고 판단한다.

영국의 선전포고 이후, 영국과 일본의 동맹에 의해서 일본도 독일에 선전포고를 한다. 국제적인 정세를 지켜보던 이탈리아는 영국, 프랑스, 러시아 연합군의 편으로 합류하기로 결정한다. 그리하여 이탈리아와 불가리아는 1915년에 참전하고, 루마니아 왕국은 1916년에 참전한다. 이런 과정을 거치면서, 결국 세르비아 민족주의자였던 한 청년의 총격으로 오스트리아–헝가리 제국의 황태자 부부가 사망한 사건은 양국 간의 전쟁에서 급기야 세계대전이라는 사상 초유의 사건으로 번지게 된다.

제1차 세계대전 중 1916년 오스트리아–헝가리 제국의 요제프 황제는 86세를 일기로 영욕의 세월을 마감한다. 제1차 세계대전에 참여한 군 병력은 7,000만 명에 달했고, 전쟁으로 인한 사망자는 1,000만 명이었다. 무고한 양민이 잔혹하게 살해되고 살아남은 사람들도 지울 수 없는 피해와 상처를 입었다.

제1차 세계대전의 신형 무기 제1차 세계대전의 전쟁터에 등장한 신형 무기는 독가스였다. 전투기, 폭격기, 기관총, 탱크, 잠수함도 있었다. 그 무렵의 유럽 대륙은 이미 1차 산업혁명을 거친 뒤였고, 1870년대 미국에서 시작된 2차 산업혁명의 파고가 전파되고 있었다. 따라서 전쟁의 주역은 산업국가였다. 전장에는 기술 혁신에 의한 과학 무기가 등장했고, 화학무기인 독가스에 대응하기 위하여 독가스 방패용 마스크가 출현한다.

영국의 시인 윌프레드 오언(1893–1918)의 시 "고귀한 영예(Noble Honor)"에는 독가스가 등장한다. "……독가스가 찬 폐 속에서 쿨렁쿨렁 쏟아져 나오는 피 소리를 들을 수 있다면……친구여 영광의 이야기를 졸라대는 아이들에게, 그렇게 진심으로 거짓말을 하지는 못할 테지……조국을 위해서 몸 바치는 것은 고귀한 영예라고."

제1차 세계대전은 참호를 기반으로 전개되었고, 참호를 뚫기 위해서 농기계 트랙터를 군용으로 개조한 탱크가 등장한다. 참호전의 참상은 처참했다. 독일의 화가 오토 딕스(1891–1969)가 그린 "전쟁 제단화"(1929)에는 참호 속에 흩어져 널려 있는 병사의 사지와 흙더미에 거꾸로 박힌 시체, 피범벅이 된 진흙탕이 묘사되어 있다. 왜 그렇게까지 끔찍하게 그렸느냐는 질문에, 그는 "당시의 상황이 바로 저랬다. 나는 보았다"라고 대답했다.

제1차 세계대전에서 등장한 새로운 전력은 미래전의 대량 살상 능력을 예고하고 있었다. 최초로 대서양 횡단의 잠수함이 바다를 가로지른 것도 이때였다. 수뢰를 쏘는 잠수함 유보트(U-boot)는 '침묵의 살인자'라고 불리며 해상의 군함들을 무력화시켰다. 유보트는 19세기 중반에 독일 제국의 해군이 개발한 무기로 '바다 밑의 보트(Unterseeboot)'를 의미한다. 해양국가 영국은 그 명성에 걸맞게 군함 20척을 보유하고 있었다. 이는 미국 군함 10척, 오스트리아-헝가리 군함 3척에 비해서 훨씬 우세했다. 그러나 독일의 유보트가 해상의 군함과 상선 5,708척(1,100만 톤)을 격침하면서 새로운 양상의 해상전이 벌어진다. 그 과정에서 독일의 피해도 컸다. 제1차 세계대전 중에 건조된 370척의 유보트 가운데 절반을 잃었기 때문이다.

제1차 세계대전 때 독일 제국 비행단의 조종사는 대부분 귀족 출신이었다. 그들은 중세 시대의 기사도와 같은 환상을 가지고 참전을 했다. 대표적인 예로 '붉은 남작'이라고 불리던 만프레트 폰 리히트호펜(1892-1918)은 전장에서도 결투의 예우를 지키려고 했으나, 서부전선에서 벌어진 참호전의 현실은 무자비하고 참혹했다. 그는 자신의 전투기 역시 살상 무기에 지나지 않고, 전투 기록을 갱신할수록 주변의 동료들이 사라진다는 사실에 절망한다. 1917년 그가 남긴 자서전 형식의 비행 교본 「붉은 전투기 조종사(*Der rote Kampfflieger*)」에는 이런 글귀가 있다. "전투마다 나는 비참한 영혼이 되어서 돌아온다. 전쟁은 사람들의 상상처럼 환호와 포효로 이루어진 것이 아니라 엄숙하고 냉혹한 것이다."

2008년 니콜라이 뮬러숀 감독이 만든 영화 「레드 바론(The Red Baron)」은 제1차 세계대전 때 독일 제국의 전설적인 전투기 조종사 리히트호펜의 실화를 영화화한 것이다. 리히트호펜은 붉은색으로 칠한 전투기를 몰았기 때문에 붉은 남작이라고 불렸다. 그는 80회의 공중전 승리 기록을 남기고 26세에 전사한다. 사망 원인은 기체 피격에 의한 추락사가 아니라 총상으로 인한 과다 출혈이었다. 1925년에서야 리히트호펜의 유해는 독일로 귀환된다. 그때 전국에 조기가 게양되고 장례 행렬 뒤로는 베를린이 생긴 이래로 가장 긴 행렬이 늘어섰다고 한다. 베를린 군인묘지에 안장할 때 첫 삽을 뜬 사람은 독일 대통령 파울 폰 힌덴부르크(1847-1934)이었다.

1917년 러시아 공산혁명 제1차 세계대전이 예상보다 장기전이 되면서 1917년 2월과 10월, 러시아 본토에서는 볼셰비키 공산혁명이 잇달아 일어나고 있었다. 전쟁으로 피폐해지고 궁핍해진 민중의 불만이 급기야 두 차례의 공산혁명으로 폭발한 것이다. 그로써 러시아 제국의 황제 니콜라이 2세는 폐위되고, 황제의 가족은 몰살된다. 왕녀 중 아나스타샤가 살아남았다는 전설 같은 이야기는 영화나 다큐멘터리로 만들어졌고 오랫동안 세계인의 관심을 끌었다.

혁명의 전개를 간략히 살펴보면, 1917년 3월 8일 러시아 제국의 민중운동은 생존권 쟁취를 외치는 페트로그라드 시위로 번지게 된다. 밀가루 반입량이 절반으로 줄고 빵을 살 수 없게 되고, 어린이에게 먹일 우유도 절반으로 줄어들자 분노가 폭발한 것이다. 마침 3월 8일은 '세계 여성의 날'이었고, 그날 페트로그라드 여성들은 빵과 우유를 달라는 시위를 벌인다. 거기에 노동자 8만 명이 동참하며 노동쟁의로 확대된다. 여기에 병사들이 가세하면서 '페트로그라드 노동자, 병사 소비에트' 단결의 혁명으로 발전된다. 소비에트는 러시아어로 평의회를 뜻한다.

그에 앞서 1917년 2월 22일 푸틸로프 공장에서는 파업이 일어났다. 니콜라이 황제는 군 병력을 투입해 진압하려 했지만, 군대까지 노동자 편에 가담하게 된다. 3월 2일 러시아 제국의 황제 니콜라이 2세는 동생 미하일에게 정권을 넘겼으나 곧바로 폐위되면서 제정 체제는 붕괴된다. 그리고 부르주아와 사회주의자의 연합 정권인 알렉산드르 케렌스키 임시정부가 들어섰다.

케렌스키 임시정부는 경제 파탄에 대응하는 데에 무기력했다. 따라서 곧 지지기반을 잃고, 다시 9월에 볼셰비키 세력이 득세하게 된다. 1917년 러시아 달력으로 10월 25일, 볼셰비키 군사혁명위원회의 위원장 레온 트로츠키

(1879-1940)가 수도 상트페테르부르크에서 1,000명을 이끌고 임시정부를 타도하고, 소비에트 정권의 수립을 선포하게 된다. 이것이 볼셰비키 혁명이다. 훗날 1940년 트로츠키는 멕시코시티에서 암살되는데, 암살 지시를 내린 것은 스탈린이었다.

레닌의 등장 1917년 2월 혁명 이후 러시아는 귀족과 부르주아들이 주축이 된 임시정부와 노동자와 병사들의 소비에트가 서로 대립하는 상황이 된다. 이때 스위스에 망명 중이던 레닌이 독일 제국에서 제공한 열차 편으로 귀국한다. 레닌의 수송 작전을 주도한 것은 독일의 외무장관 아르투어 치머만(1916-1917 재임)이었다. 치머만이 레닌을 스위스 취리히로부터 혼란에 빠진 러시아로 보낸 것은 조속히 러시아 제국의 붕괴를 마무리하기 위해서였다. 소련을 제1차 세계대전에서 빠지게 하려는 치머만의 술책이었다.

치머만의 구상대로 레닌은 10월 제2차 공산혁명을 성공시켰다. 레닌은 페트로그라드에 도착한 후 열렬한 함성으로 환영하는 민중 사이에서 장갑차에 올라타 "세계 공산주의 혁명 만세"를 외쳤다. 그는 "자본주의의 타도 없이는 종전이 불가능하다"를 비롯한 10개 항목의 4월 테제를 발표한다. 이 테제는 볼셰비키의 원칙으로서 임시정부를 타도하고 모든 권력을 소비에트로 모으는 혁명의 공약이 되었다. 레닌이 스위스에서 급거 귀국한 지 6개월여 만의 일이었다. 그는 세계 최초의 사회주의 정권을 세웠고, 1917년 11월 자신의 권력 장악을 지원해준 독일과 정전 협정을 체결한다.

4) 미국의 참전과 연합군의 승리

독일의 전보 스캔들과 미국의 참전 1917년 1월 16일, 멕시코 주재 독일 대사에게 전보 하나가 도착한다. 요지는 독일이 무제한으로 잠수함 작전을 펼칠 예정이며, 만일 멕시코가 미국을 공격한다면 빼앗긴 영토를 찾도록 독일이 지원하겠다는 것이었다. 멕시코를 향해서 1848년 미국과의 전쟁에서 빼앗긴 텍사스 주, 애리조나 주, 뉴멕시코 주를 찾도록 지원해줄 테니 미국과 전쟁을 벌이라는 내용이었다.

이 전보를 보낸 사람은 갓 취임해서 공을 세우려고 했던 치머만이었다. 그는 비밀리에 복잡한 숫자로 암호를 만들어서 암호문을 멕시코에 보냈지만, 영국이 중간에서 모조리 해독하고 있었다. 영국은 미국 측에 이 사실을 통보한다. 치머만의 계략은 멕시코가 미국을 상대로 전쟁을 일으켜서 미국이 유럽 대륙의 전쟁에 참전하지 않도록 하려는 것이었다.

치머만은 사실인지를 묻는 독일 기자들의 물음에 그렇다고 인정했다. 이 텔레그램 스캔들은 미국을 크게 분노하게 만든다. 독일은 앞서 1915년 5월 영국의 해상 봉쇄에 맞서서 무제한 잠수함 작전을 벌였고, 그 과정에서 영국 선박 루시타니아 호에 승선했던 미국인 128명을 포함해서 1,128명의 사망자를 내는 사건이 있었다. 이처럼 자국민이 무고하게 희생된 사건이 벌어졌음에도 불구하고 참전을 하지 않았던 미국의 윌슨 대통령은 드디어 결단을 내려서, 1917년 4월 6일 독일에 선전포고를 한다. 멕시코 전보 스캔들을 계기로 대전쟁(Great War)이 세계전쟁(World War)으로 확대된 것이었다. 치머만은 이 사건에 책임을 지고 장관직에서 물러난다.

연합군의 승리 1918년 미국은 병력을 유럽 전선에 본격적으로 투입한다. 미국의 직접 참전으로 영국과 프랑스와의 막강한 연합군이 결성되고, 연합군은 독일의 방어선을 헤치고 진격을 시작했다. 1918년 11월 4일 오스트리아-헝가리 제국은 독일보다 1주일 앞서 휴전에 합의했다. 1918년 서부전선에서는 독일군이 춘계 공세를 감행한 이후, 연합군의 일대 진격으로 독일군 참호가 줄줄이 점령되고 있었다. 독일은 11월 혁명을 겪은 터였고, 이후 1918년 11월 11일 휴전에 합의한다. 그로써 제1차 세계대전은 4년간의 전투에서 1,000만 명의 군인과 민간의 사망자를 내고, 연합국의 승리로 막을 내린다.

독일의 1918년 11월 혁명 독일의 11월 혁명은 독일 제국이 붕괴되고 의회민주주의의 바이마르 공화국이 수립된 역사적 사건이었다. 그 경위를 보면, 1918년 여름에 독일의 패전 기운이 돌면서 10월 초 새로운 내각이 구성되었고 휴전 교섭에 들어갔다. 그런 상황에서 10월 말 해군 지도부가 공격 명령을 내린다. 어떻게 보더라도 질 것이 분명한 전투를 벌이라는 명령에 해병들은 11월 3일 발트 해의 킬 군항에서 봉기를 일으킨다. 이것이 도화선이 되어서 노동자와 병사의 소비에트가 구성되고, 킬의 통치를 장악한다. 이제 혁명은 독일 전역으로 확산되며 급진적인 소비에트가 지방정부를 대체하게 된다. 11월 9일 황제 빌헬름 2세는 네덜란드로 망명하고, 바로 그날 사회주의 바이마르 공화국 수립이 선포된다. 1918년 11월 혁명의 결과였다.

11월 혁명 후 첫 번째 총리에 오른 프리드리히 에베르트(1919-1925 재임)는 혁명 세력과 협약을 맺는다. 공화국을 온건한 방향으로 이끌고, 급진적인 소비에트 운동은 억압하기로 약속한 것이다. 그러나 로자 룩셈부르크(1871-1919)를 중심으로 급진파들은 온건 노선에 반발했다. 그들은 따로 독일 공산당을 창당하고, 1919년 1월에 봉기를 일으킨다. 에베르트는 의회민주주의 기치 아래에서 구체제 인사들을 포용했고, 공산당 세력은 진압당한다. 급진파인 룩셈부르크는 우익 민병대에게 체포되어 무참히 살해되었다.

5) 베르사유 평화협정 체결

베르사유 조약 협상 1914년부터 4년 이상 계속된 제1차 세계대전의 종전으로 세계 역사상 유례없이 독일 제국, 오스트리아-헝가리 제국, 러시아 제국, 오스만 제국 등 4개 제국이 한꺼번에 해체되는 격동기를 겪게 된다. 독일과 오스트리아의 2개 제국은 승계 국가가 탄생했지만, 영토를 크게 잃었다. 후자의 2개 제국은 완전히 해체된다. 유럽과 서남아시아의 지도는 신생 독립국가의 탄생으로 다시 그려져야 하는 상황이 된다. 1918년 11월 11일, 독일이 종전 협정에 서명함으로써 제1차 세계대전은 일단 정전이 된다.

이후 1919년 6월에 이르기까지 쟁점을 정리하는 지난한 협상 과정을 거쳐서 파리 베르사유 조약이 체결된다.

평화 체제 구축의 3명의 지도자 정전된 지 2달 뒤부터 전후 평화 구축을 위한 베르사유 조약 협상을 주도한 인물은 미국의 윌슨 대통령, 프랑스의 조르주 클레망소(1841–1929) 총리, 영국의 데이비드 로이드 조지(1863–1945) 총리였다. 그의 이름은 조지가 아니라 로이드 조지라고 불린다. 3국의 세 지도자는 제1차 세계대전 이후의 새로운 국제질서를 탄생시키는 협상을 위해서 베르사유 궁전에 모인다. 전 세계에서 대표단도 몰려왔다. 베르사유 조약의 협상은 자유의 진전과 관련된 안건(Liberal Progress Agenda)을 다루는 것이 주목적이었다. 그러나 실제로는 전쟁을 일으킨 독일을 비롯해서 독일과 연합했던 불가리아, 오스만 제국, 오스트리아–헝가리 제국 등에 대한 징벌 수위를 정하고, 유럽 대륙의 지도를 다시 그리는 일이 더 첨예한 관심사였다.

제1차 세계대전에서 독일은 180만 명, 대영제국과 그 연방은 100만 명이 목숨을 잃었고, 모두 1,000만 명의 사망자가 발생한다. 프랑스는 18세에서 30세 사이 남성 중 25퍼센트가 전쟁으로 사망하거나 중상을 입었고 전국이 폐허가 될 정도로 큰 피해를 입었다. 유럽 대륙의 전쟁에 100여 년 만에 개입한 영국은 앞으로 다시는 유럽 전쟁에 개입하지 않아야 한다는 것이 협상의 핵심 목표였다. 독일 제국을 비롯해 오스트리아–헝가리, 오스만, 러시아 제국의 동시 붕괴로 인해서 국가의 영토 소유를 결정하고 국경선을 다시 그리는 일은 지난한 과제였다.

전쟁의 후속 조치 협상을 위해서 1918년 11월의 정전 3주일 뒤에 미국의 윌슨 대통령이 파리에 도착한다. 그는 전후 협상에서 "악에 대해서는 응징해야 하지만, 재기의 기회도 주어야 한다"는 온건한 입장이었다. 1918년 12월 프랑스에 도착한 그는 프랑스 국민의 뜨거운 환영을 받는다. 수만 명이 파리 시가에 나와서 깃발을 흔들며 그를 반겼다. 프랑스는 윌슨이 평화와 재건을 실현하는 지도자가 될 것이라고 믿었기 때문이다.

또 한 명의 평화 구축의 지도자, 프랑스의 클레망소 총리는 여러 권의 책을 저술한 사상가이자 언론인이었다. 매우 소박한 성품으로 뜨거운 에너지로 충만한 정치인이었다. 클레망소는 프랑스를 세계대전의 승리로 이끈 위대한 지도자로서 19세기 프랑스 역사에 대한 지울 수 없는 트라우마를 가지고 있었다. 프랑스가 1870년 프로이센 제국의 비스마르크에게 패한 뒤 1871년 1월 베르사유 궁전의 '거울 방'에서 독일 제국의 수립을 선포하고 프로이센 국왕 빌헬름 1세가 초대 독일 제국 황제로 추대되는 행사를 치른 것이 그것이었다.

그런데 1914년 독일에게 또다시 침략을 당해서 국가적 권위는 물론 국토가 폐허가 되고 말았으니, 클레망소로서는 앞으로 또다시 국가적 수모를 반복해서는 안 될 일이었다. 따라서 그의 종전 협상의 최대 목표는 앞으로 프랑스가 다시는 유럽에서의 권력을 잃는 일이 없도록 하는 것이었다. 그런데 결국 20년 뒤에 제2차 세계대전에서 또다시 독일에게 침공을 당하고 만다. 그는 1929년에 사망했으니, 직접 제2차 세계대전의 수모를 겪지는 않았다. 영국의 로이드 조지 총리는 영국이 다시는 유럽 전쟁에 개입하는 상황이 발생하지 않도록 유럽 대륙의 안정을 위한 평화 구축에 주력하면서 베르사유 협상에 대표단 400명을 참여시켰다. 그중에 영국 재무성 대표로 존 메이너드 케인스(1883－1946)가 실무 작업에 참여하고 있었다.

국제연맹의 창설 1919년 1월 파리 협상 자리에는 세계 각국에서 32개국 대표단이 참여했다. 국왕, 대통령, 외무장관 등 고위직이 참여했고, 시베리아에서 고려인도 왔다고 한다. 유럽의 지도를 새로 그리는 역사적인 작업에서 윌슨 대통령은 영구적인 국제평화를 유지할 수 있는 새로운 질서 구축을 위한 국제연맹(The League of Nations)의 창설을 주창한다.

윌슨 대통령은 1919년 2월 13일 평화협정의 초안을 작성한 뒤, 의회를 설득시키기 위하여 미국으로 돌아간다. 그러나 공화당이 주도하는 미국 상원은 국제연맹 창설이 미국의 먼로주의 정신에 어긋난다면서 미국의 국제연맹 가입을 부결시킨다.

국제연맹은 세계대전이 발발하는 국제적인 상황을 예방하기 위한 국제적인 협의체로서 태동한다. 그러나 성과는 미흡했다. 미국의 가입 불발과 각국의 이해관계 충돌로 국제기구에 의해서 국제평화라는 인류사회의 공동의 목표를 구현한다는 이상은 실현되지 못하고, 제1차 세계대전 이후에 태동하던 국제 거버넌스의 구축은 결국 실패로 끝난다.

> 윌슨 대통령이 2월에 미국으로 돌아간 뒤 파리 평화협정의 협상은 휴지기에 들어간다. 3월 14일에 윌슨은 다시 파리로 돌아오지만, 윌슨을 대하는 파리의 분위기는 3달 전과는 전혀 다르게 차갑고 냉담했다. 심지어 프랑스 언론은 윌슨 대통령의 부인이 짧은 치마를 입었다는 등 가십 기사를 썼다. 이 무렵 파리의 리츠 호텔에서는 베트남의 호찌민이 주방 보조 일을 하고 있었다. 그는 베트남의 독립을 청원하는 서신을 전달하지만, 그 누구도 반응을 보이지 않는다.

전쟁 배상금 책정과 세계 지도 다시 그리기 미국, 독일, 영국의 세 지도자는 크레용 호텔에서 다시 만나서 독일의 전후 처리에 대한 협상을 재개한다. 긴 논의 끝에 독일이 전쟁 배상금으로 60억 파운드를 지불해야 한다는 결정이 내려진다. 프랑스는 독일에게 침략당한 영토를 돌려받고, 독일과의 사이에 안전한 국경을 구축해야 한다고 주장한다. 윌슨은 국경 설정에서는 해당 지역의 주민이 결정권을 가져야 한다고 보았다. 그러나 현실적으로 쉽지 않았다. 지역주민의 의견이 단일하지 않았고, 의사결정 방식의 결정도 간단하지 않았기 때문이다. 평화 협상안을 둘러싸고 긴장이 고조되는 가운데 전문가 그룹의 토론을 거치게 된다. 이 과정에서 영국의 젊은 외교관 해럴드 니컬슨(1886-1968)이 큰 역할을 한다.

유럽 이외의 지역에 대한 국경 설정도 파리 평화협정에서 다루어졌다. 그 원칙은 소수 국가의 권리를 보호한다는 것이었다. 특히 대부분이 제국주의의 식민지였던 아프리카 국가들이 강력하게 독립을 주장했고, 그중 아랍

국가의 대표단도 있었다. 이때 파이잘 왕자의 자문역이자 통역을 맡았던 것이 영화 「아라비아의 로렌스(Lawrence Of Arabia)」의 주인공 토머스 로렌스(1888-1935)였다. 결과적으로 아프리카 식민 국가들은 영국과 프랑스의 몫으로 돌아가고, 남태평양 지역은 일본에게 내어주게 된다.

한편, 이탈리아에서도 비토리오 오를란도 총리(1917-1919 재임)가 1919년 1월부터 평화협상에 참여했다. 이탈리아는 제4의 연합 때부터 제1차 세계대전에 참전했다. 이탈리아는 협상 과정에서 이탈리아 반도와 발칸반도 사이에 위치한 아드리아 해안의 영토 할양을 요구했다. 그러나 거절당했고, 그에 대응해서 자국의 협상 대표단을 철수시킨다. 제5차 연합부터 개입한 일본도 파리 평화협정에 참여했다. 이미 1919년 이전에 만주와 조선을 침략했던 일본은 베르사유 협상에서는 중국의 산둥반도를 요구하고 나섰다. 윌슨은 그 요구를 들어주지 않으면 탈퇴하겠다고 버티는 일본의 편에 선다.

베르사유 조약의 내용이 마무리되자, 협상 대표단은 독일이 조약에 서명할 것을 요구한다. 조약이 체결되면서 독일은 전쟁 이전에 비해 13퍼센트의 영토와 10퍼센트의 국민을 잃게 되었다. 동쪽 지역 일부를 폴란드에, 알사스-로렌 지방을 프랑스에 내어주게 된 것이었다. 원래 60억 파운드로 정해져 있던 전쟁 배상금은 52퍼센트를 프랑스가 받고, 28퍼센트를 영국이 받는 것으로 결정되었다.

막대한 전쟁 배상금 부과에 대한 반대 이때 배상금 액수에 대해서 강경한 반대 의견이 나온다. 막대한 전쟁 부담금을 부과하는 것은 독일의 경제 회복을 불가능하게 만들 것이고, 그에 따른 경제 파탄이 또다시 전쟁을 유발할 것이라는 이유에서였다. 그러한 주장을 하면서 윌슨 대통령을 비판한 사람이 바로 영국 협상단의 케인스였다. 케인스의 주장대로, 파리 평화협정이 제2차 세계대전의 주요 원인이 되었다는 시각도 있다. 그러나 그렇게만 보기에는 양차 세계대전 사이의 정치적, 경제적 이슈가 매우 복잡하기 때문에 그렇게 단순하게 볼 수는 없다는 시각도 있다. 실제로 전쟁 배상금 60억 파운드는 계속 탕감되면서 최종적으로 독일이 배상한 액수는 1932년까지 10억 파운드였다.

1919년 5월 독일 대표단은 조약에 서명하기 위해서 파리에 도착한다. 다리가 후들후들 떨리고 진땀을 흐르는 상태로 독일 대표는 조약에 서명한다. 파리 평화협정 항목에는 독일의 전력 규모 제한에 대한 내용도 들어 있었다. 군함은 최대 6척을 보유하고, 유보트, 항공기, 탱크는 보유할 수 없도록 규정한 것이었다. 육군의 인력 규모는 10만 명을 넘지 못하도록 제한했다. 이는 물론 독일이 다시 전쟁을 일으킬 수 없게 하기 위한 국제사회의 강경책이었다. 그러나 히틀러는 1930년대부터 그러한 조약 내용을 모조리 위반하고, 유럽의 민족주의 부활, 독일과 이탈리아의 파시즘 대두 등으로 국제정세가 악화되면서 사상 초유의 이데올로기 투쟁은 결국 사상 최악의 제2차 세계대전을 촉발시킨다.

6) 전쟁과 과학기술의 진보

역사 속에서 과학기술은 모든 이데올로기와 공존해왔다. 고대나 근세나 현대를 막론하고, 사회주의나 자본주의, 민주주의나 독재정권, 제국주의나 공산주의나 파시즘을 막론하고 과학기술은 전쟁과 밀월 관계로서 그 승패를 가르는 결정적인 요인으로 작용했다. 근대 과학의 기원인 자연철학을 탄생시킨 고대 그리스 문명에서 기술의 지위는 보잘 것 없었으나, 농업기술과 군사기술은 예외였다. 공중목욕탕에서 '유레카'를 외치며 뛰쳐나와서 나체로 질주했다는 아르키메데스는 군사기술에도 탁월했다. 그는 지레의 원리로부터 투석기를 개발해서 시러큐스 군주에게 팔았다. 시러큐스는 아르키메데스의 투석기와 태양열 무기를 써서 고대 로마와의 전쟁에서 이길 수 있었다.

르네상스 시대의 레오나르도 다 빈치는 요새술(要塞術) 연구의 대가로서 성벽의 방어술을 알려주고 밀라노 공작으로부터 사례를 받았다. 17세기 과학혁명의 주역인 갈릴레오 갈릴레이도 투스카니 대공에게 포탄 궤도를 계산해주고 보상을 받았다. 18세기 프랑스의 화학혁명의 주인공인 라부아지에는 화약 관련 일을 했고, 나폴레옹은 과학자 그룹을 막강한 친위세력으로 두면서 신형 포탄을 제작했다. 크리미아 전쟁(1853-1856) 때 영국 정부는 당대 최고의 과학자 패러데이에게 독가스의 무기화를 의뢰했으나 패러데이는 거절한다.

과학기술이 더 본격적으로 전쟁에 동원되기 시작한 것은 1861-1865년 미국의 남북전쟁과 1870-1871년 프랑스와 독일 프로이센 왕국 간의 전쟁 때부터였다. 이들 전쟁에서는 대규모 병력이 철도를 통해서 이동했고, 전신을 이용해서 작전 통제가 이루어졌다. 또한 과학자와 엔지니어들이 설계하고 개량한 무기체계가 대량생산되어 전력 강화에 결정적으로 기여하고 있었다.

19세기 프랑스와 독일 프로이센 간의 전쟁은 프랑스 의회가 1870년 전쟁 선포 여부를 묻는 투표를 실시한 뒤 독일 영토를 침공함으로써 개시된다. 당시 독일연합은 대규모 군대를 출동시켜서 재빨리 프랑스의 동북부를 공략했다. 독일 병력은 규모와 훈련과 리더십에서 우세했고, 철도와 무기도 현대화되어 있었다. 전쟁에서 나폴레옹 3세는 체포되고, 프랑스의 제2공화국 군대는 패망한다. 곧이어 파리에서 프랑스 제3공화국이 선포된다.

이때 독일은 전쟁 중이던 연합체를 프로이센 빌헬름 1세 치하의 프로이센 독일 왕국으로 통일을 이룬다. 이 전쟁의 승리로 민족국가 형태의 독일제국이 탄생하고, 비스마르크 총리가 국제외교 무대에서 20년 동안 권세를 누린다. 전쟁 무기와 피를 상징하는 철혈 재상 비스마르크는 1814년 38개국의 독일 연방이 출범된 이후 여러 차례의 좌절 끝에 독일의 '통일과 자유'의 염원을 현실화한 탁월한 지도자였다. 그는 1848년 3월 혁명의 실패로부터 교훈을 얻어 1862년 프로이센 수상이 된 뒤에는 민주적 통일 방식이 유효하지 않다고 폐기한다. 철혈 재상의 길을 택한 그는 군 최고사령관의 위치에서 위기 국면을 돌파하고 전진했고, 그 결과 1866년에는 오스트리아와 전쟁, 1870년에는 프랑스와의 전쟁에서 승리를 거둔다.

1871년 독일 통일의 비전을 달성한 비스마르크는 세계 최초로 사회복지

제도를 도입했다. 거의 10년 간 의회를 설득해서 1880년대 노인 연령을 70세로 정하고 노인 복지 정책을 폈다. 1880년대 입법 준비를 하면서 비스마르크는 복지 혜택을 받는 나이를 65세로 하려고 했으나 1889년 의회의 입법 단계에서 70세로 상향 조정되었다. 독일은 1916년에 노인 나이를 65세로 하향 조정한다.

비스마르크는 탁월한 역사의식과 외교력, 정치력을 기반으로 강성과 유연성을 조화롭게 구사하는 통합전략의 대가였다. "정치는 다룰 수 있는 예술이다", "역사에서는 불변의 원칙이란 없다. 어느 나라와도 동맹이 될 수 있고 적대국이 될 수 있다", "군사력은 국토 확장이 아니라 평화 유지가 목적이다" 등은 그가 남긴 경구이다. 비스마르크의 정책 기조는 교육과 과학기술의 강화였다. 비스마르크와 계속 견해를 달리했던 빌헬름 2세는 1890년 비스마르크를 물러나게 했고, 이후 비스마르크와는 전혀 다른 방향으로 군국주의 노선을 밀어붙인다. 1910년경 독일은 유럽 전체 국가의 국가 생산성을 상회하게 되지만, 제1차, 제2차 세계대전을 잇달아 일으키며 전범국으로 패망의 길을 걸었다.

제1차 세계대전은 화학자들의 전쟁이었다. 그때 개발된 첨단무기가 독가스였기 때문이다. 독가스는 이미 19세기에 개발되었으나, 그 잔인성 때문에 1899년 헤이그 조약에서 사용금지 협약이 체결된다. 그러나 협약에 아랑곳하지 않고 제1차 세계대전은 최루 가스와 독가스가 발포되는 화학전이 된다. 독일은 암모니아 제조법으로 유명한 하버와 네른스트에게 강력한 독가스 개발을 의뢰한다. 하버는 1918년 암모니아 합성법으로 노벨상 수상자로 지명되면서 독가스 개발에 참여한 경력 때문에 비난을 받았다. 제1차 세계대전 때까지 개발된 독가스 물질은 무려 3,000가지였다. 그중 가장 독한 것은 포스겐과 아르신이었다.

과학기술이 인명을 참혹하게 대량 살상하는 전쟁무기 개발에 이용된 역사는 과학기술의 사회적 책임을 가장 통감하게 하는 부분이다. 과학기술의 사회적 책임은 원자탄 개발과 투하에서 크게 부각되었고, 원자탄 개발은 전쟁이 끝나자마자 곧 다시 냉전체제로 진입하는 데에도 큰 영향을 미쳤다. 1989년 독일의 베를린 장벽이 붕괴되고, 1991년 소련의 해체로 냉전 체제가 소멸되면서, 군사기술에 대한 연구비는 감소 추세를 보이고 민군 겸용 기술 개발에 관심이 쏠리기도 했으나 여전히 무기 체계 개발은 과학기술의 핵심 분야로 존재하고 있다.

전쟁과 에너지 기술 인류 문명의 최대 사건인 전쟁에서 에너지는 승패의 열쇠였다. 고대 알렉산더 대왕은 횃불로 그의 코끼리 군단을 부렸다. 기원전 212년 시라큐스에는 아르키메데스의 거울로 햇빛을 집광한 '거울광선 무기'를 만들어서 저 멀리 로마 군함의 돛에 불을 질러서 격파했다. 2005년 미국 MIT의 교수와 학생들은 이 장면을 재현하는 데에 성공했다. 7세기 후반 콘스탄티노플에 출현한 '그리스 화약'인 폭약무기는 증류한 석유를 주원료로 했다. 십자군전쟁에서는 역청과 나프타로 강력한 화력의 '도깨비불' 무기가 등장한다. 중세 시대의 대포는 급기야 봉건 체제를 무너뜨리는 사회변혁의 원동력이 되었다.

에너지는 제2차 세계대전 시기의 히틀러와도 관련이 깊다. 비산유국인 독일에서 그는 석탄의 액화공정으로 석유를 확보하는 계획을 추진한다. 전쟁 중 휘발유 합성에 성공했으므로 석유를 확보하는 것 역시 가능하다고 보았다. 히틀러가 당대의 1급 디자이너였던 페르디난트 포르쉐 박사에게 설계를 맡겨서 만든 독일 국민차인 딱정벌레차, 즉 폴크스바겐도 초기에는 석탄에서 뽑아낸 가솔린으로 달렸다. 그러나 석탄의 액화기술로 뽑아낸 기름연료는 전쟁의 에너지 수요를 감당하기에는 턱없이 모자랐다.

히틀러는 특히 공군력과 기갑부대의 맹활약에 승리의 희망을 걸고 있었다. 그러나 승리를 확보하기 위해서는 연료 확보가 관건이었다. 그는 소련의 바쿠 유전을 장악하려고 했으나 작전에 실패한다. 후방의 석탄액화 공장들도 폭격을 당한다. 게다가 1944년에는 연료 보급창이던 루마니아의 플로이에슈티 유전마저 미국 공군의 공습으로 파괴된다. 석탄액화 공장의 피폭 현장은 불 속의 기름통 같았다. 이를 계기로 사실상 승부는 판가름이 난다. 독일은 다시 연합군의 허리를 자르면서 연료 창고를 탈취하려던 벌지 전투에서도 패한다. 연료가 없어서 그들의 막강한 군수 장비들은 고철 덩어리가 되고 만다. 결국 에너지 확보의 실패가 독일 패망의 결정적인 요인이 된 것이다.

미국은 1945년 베를린에 입성한 뒤 50만 장에 달하는 석탄액화공정 기밀문서를 입수해서 본국으로 가져간다. 1970년대 오일쇼크가 닥치자 이들 문서를 연구 대상으로 공개했다. 석탄 매장량이 풍부한 미국이 21세기의 기술계획에 경제적이고 우수한 석탄액화 기술을 포함시킨 것은 지극히 당연한 일이었다. 1991년 걸프 전쟁이 터지고 난 뒤 대체 에너지를 개발하려는 세계 각국의 노력은 더욱 치열해졌다. 대체 에너지의 개발과 보급은 경제성과 기술력에 달려 있다. 정책 지원에 의한 시장의 신뢰 여부가 변수이며, 기술 개발 속도는 화석연료 가격과 밀접한 상관관계를 보인다.

2. 1930년대 경제 대공황과 뉴딜 정책

1) 2차 산업혁명의 절정에서 왜 대공황이 일어났나?

1929년 마른하늘의 날벼락처럼 미국으로부터 대공황이 닥친다. 인류 역사상 가장 풍요로운 시대가 열리고 있던 때였다. 물질적 풍요의 근원은 1870년대부터 1930년까지 미국에서 일어난 2차 산업혁명이었다. 그렇듯 최고의 물질적 부가 창출되고 있던 때, 왜 경제 대공황이 일어난 것일까? 그 원인이 무엇인지에 대해서 경제학의 여러 가지 이론을 바탕으로 오랫동안 다각적인 해석이 나오고 있으나, 논쟁은 아직도 종결되지 않은 듯하다. 더욱이 지금도 내연하고 있는 금융위기가 4차 산업혁명의 전개와 맞물려 앞날을 가늠하기가 어렵고 보니, 그 진단과 해법은 비상한 관심사가 아닐 수 없다.

경제 대공황은 언제까지나 풍요를 즐길 수 있을 것 같던 환상을 깨고 1929년에서 1940년까지 이어졌다. 뉴욕 증권시장으로부터 주가가 대폭락하고, 3년 사이에 3,000개 은행이 파산을 한다. 금융시장이 요동치는 가운데, 자살과 실직 사태로 사회적인 대혼란에 빠진다. 자살 건수는 과장되게 부풀려졌다고는 하지만 뉴욕 마천루에서 투신하는 끔찍한 장면이 일어났던 것은 사실이다. 좀도둑이 득실거렸고 출산율은 떨어졌고 아이들은 영양실조에 걸렸고 심지어 90만 명의 아동이 가족을 떠나서 부랑자 대열에 끼는 상황이 벌어진다.

이 경제공황은 미국 땅에서 그친 것이 아니라 온 세계로 들불처럼 번졌다. 1933년 실직률은 28퍼센트로 치솟았고, 국제무역은 반토막이 났다. 1929-1932년 사이 산업 생산량은 46퍼센트 감소하고 제품 가격은 32퍼센트 떨어지는 디플레이션에 빠진다. 국가의 경제적 기초가 무너지면서, 시장경제에 대한 근본적인 회의가 팽배하고 정치적, 사회적 혼란이 야기된다. 대공황의 파동은 급기야 제2차 세계대전으로 연결되고 있었다.

1929년 뉴욕 증권시장 붕괴 1929년 10월 24일의 검은 목요일과 10월 29일의 검은 화요일, 뉴욕 월스트리트가의 증권거래소에서 비롯된 주식 폭락으로부터 미국발 대공황은 시작된다. 주식을 팔겠다는 사람은 쏟아지는데 주식을 사려는 사람은 없었다. 주가는 매일 30포인트씩 곤두박질을 쳤다. 닷새 만에 증권시장은 완전히 붕괴된다. 수천 명이 증권가로 몰려들어서 우왕좌왕한다. 뉴욕 증시에 투자하고 있던 영국의 처칠(1874-1965) 총리도 월스트리트에 나타났고 사람들이 알아봤다고 한다.

세계적으로 번영하던 경제가 돌연 파국을 맞게 되는 상황에서, 특히 미국의 GDP는 60퍼센트가 증발했다. 이후 1929년부터 3년 사이에 미국 주식시장은 시가 총액 900억 달러의 90퍼센트가 증발해버렸다. 전후 독일의 바이마르 공화국은 화폐를 찍어내서 전쟁 배상금 지불 능력을 과시하는 상태였고 경제는 초인플레이션으로 치닫게 된다. 독일 경제는 결국 파탄지경에 이르고, 노동인구의 44퍼센트가 실업자가 되었다. 그 틈을 타서 히틀러 같은 선동적인 정치인이 대중을 현혹하며 집권하는 일이 벌어진다.

그 당시의 증권시장의 붕괴를 경제 대공황의 근본적인 원인이라고 보기는 어렵다. 오히려 증권시장의 몰락은 대공황이 빚은 하나의 현상이라고 할 수 있고, 대공황의 근본적인 원인은 보다 광범위한 사회문화적인 환경과 정치경제적인 요인에서 찾는 것이 합당할 것이다. 그 예로 20세기 초반을 풍미하던 '즐기자 문화'나 소비지향주의 등의 물질주의적 낙관론의 확산도 한몫을 한 것으로 보인다.

20세기 초 미국 사회는 보통 사람들도 신기술의 혜택을 경험하고 누릴 수 있을 정도로 기술사회로 진입하고 있었다. 전기가 전국의 도시를 밝혔고, 가전제품의 보급으로 생활의 편익이 증대되고 있었고, 교통에서는 비행기와 자동차가 신천지를 열고 있었고, 광고와 홍보의 발달로 과거의 희귀한 사치품은 생활필수품처럼 보편화되고 있었다. 중산층이라면 포드의 모델 T와 크라이슬러 자동차를 굴릴 수 있을 정도였다. 때마침 도입된 신용거래제도는 할부 판매를 일상화해서 "우선 사고 나중에 갚으면 된다"는 즉흥적인 소비형태와 사치스러운 소비문화를 확산시키고 있었다.

새로운 비즈니스 모델, 주식시장 활기 미국 정부는 제1차 세계대전 참전으로 재정 조달을 위한 리버티 본드를 발행했다. 정부로서는 국민으로부터 전쟁 자금을 조달하는 중요한 수단이었고, 투자자로서는 6개월에 한 번씩 이자를 받으니 좋은 일이었다. 이처럼 전쟁을 계기로 사람들이 채권을 사는 일이 보편화되기 시작하자, 두뇌 회전이 빠른 월스트리트 은행가에서 새로운 비즈니스 모델이 나타난다. 이에 앞장선 사람이 국립 시티 은행의 회장 찰스 미첼(1877-1955)이었다. 기업의 회사채를 월스트리트의 소수 기업인끼리 거래할 것이 아니라 매수자 범위를 일반 국민으로 넓혀서 시장을 확대한다는 발상을 한 것이다. 당시 주식시장에서 큰 몫을 잡은 슈퍼스타 중에는 훗날 대통령이 되는 존 케네디의 아버지 조지프 케네디(1888-1969)도 있었다.

때맞추어 호재가 된 것은 산업혁명의 결실에 힘입어 대기업 주식은 위험한 상품이 아니라 신뢰할 수 있는 투자라는 인식이 퍼진 것이었다. 그로써 보통 사람들에게도 금융 상품의 매입이 새로운 재산 증식의 수단이 된다. 이때 발 빠르게 새로운 시장을 활성화하는 매체로서 증권 중개 회사들이 우후죽순으로 들어선다. 아예 대출까지 맡아서 중개를 해주고, 수수료를 받아서 성업을 이루게 된다.

증권시장의 확대에는 기술 혁신도 큰 몫을 했다. 텔레그래프 티케팅 인쇄가 가능해져서 전국의 각종 매장이 증시가 되고 있었고, TV도 증권시장 홍보에 큰 몫을 했다. 신문과 방송이 앞다투어 보통 사람들도 주식을 사고 보유할 수 있다는 사실을 알렸고, 산업계는 재빠르게 증권산업으로 진출하고 있었다.

산업의 발달은 증권시장에 활력소였다. 특히 라디오 코퍼레이션 오브 아메리카(RCA)를 비롯해서 자동차 산업의 GM, 철강산업의 US 스틸, 석유산업의 스탠더드 오일 등 핵심 산업체의 주식이 인기 종목이 된다. 회사를 다니는 직장인은 물론 구두닦이, 벨 보이, 이발사 등 모든 직종에서 증권시장 고객 진입의 열기가 뜨거웠다.

그 당시의 다른 시장과 달리 여성 고객이 몰린 것도 특이한 현상으로 꼽혔다. 1920년에는 수정 헌법 제19조의 통과로 여성 참정권 행사가 미국의 전역에서 가능해지면서 여성의 권익이 증진된 것과 관련이 있다는 해석이다. 주식 열풍으로 온종일 주식에 매달리는 사람들이 많았는가 하면, 주식시장의 정보를 얻기 위해서 글을 배우는 정도였다. 300만 명의 일반인이 주식시장에 진입하는 활황 국면에서 1928년 한 해 동안 주식 가격은 50퍼센트 상승하고 있었다. 그런데 문제는 너도나도 빚을 내서 주식 투기를 하면서 증권시장의 거품을 계속 부풀리고 있었다는 사실이다.

2) 자유시장주의 정책과 3명의 대통령

미국에서의 대공황을 이해하기 위해서는 제1차 세계대전 이후 호황기를 누리게 된 정책적 배경을 살펴볼 필요가 있다. 종전 후 미국은 감세 정책을 폈다. 대공황 이전의 3명의 대통령은 공화당 출신으로 모두 자유방임 시장

주의자였다. 윌슨의 뒤를 이어서 1920년에 29대 대통령에 당선된 워런 하딩(1921-1923 재임)의 선거 구호는 "정상으로의 복귀"였다.

1920년 대선에서 민주당 측의 부통령 후보로 출마했다가 낙선한 인물이 프랭클린 루스벨트였다. 루스벨트는 민주당 대통령 후보 제임스 콕스 주지사의 러닝메이트로 개혁 성향이 강했다. 그들은 그 당시 국내의 반대 여론에도 불구하고 미국이 국제연맹에 가입해야 한다고 외쳤고 선거에서 패배한다. 1920년 대선은 여성이 처음으로 유권자로서 투표에 참여한 선거였다.

29대 하딩 대통령 대선에서 하딩은 국제연맹 가입에 대한 모호한 입장을 취함으로써 표심을 얻었고, 일반투표 득표율 60퍼센트로 당당하게 대통령에 당선되었다. 1921년 하딩의 대통령 취임 이후, 의회의 다수인 공화당은 전시 규제 철폐, 세금 삭감, 연방예산 제도 강화, 고율 보호관세 부활, 이민 제한 규정 강화 등의 자유시장 경제 옹호 정책을 밀어붙였다. 그 영향으로 금융시장에 돈이 계속 풀려 들어나갔고, 1923년 경기가 반짝 살아나는 듯했다. 이에 언론은 하딩 행정부가 기업에 대한 간섭을 줄이고 정부 본연의 임무에 충실하고 있다면서 추켜세웠다.

하딩의 행정부에서 상업부 장관을 맡은 후버는 비행기의 운항과 라디오 방송의 진전에 큰 기여를 한다. 그러나 하딩은 '오하이오 갱'이라고 불린 자신의 측근들을 내각에 앉히면서 그들의 비리 스캔들로 곤혹스러운 처지에 놓인다. 그는 캐나다와 알래스카를 방문하는 최초의 미국 대통령이 되었으나, 시애틀을 지나는 기차에서 식중독에 걸리고 샌프란시스코에서 폐렴으로 급사한다. 하딩의 급서로 캘빈 쿨리지 부통령이 대통령(1923-1929 재임)에 취임한다.

30대 쿨리지 대통령 쿨리지 대통령도 계속해서 연방정부의 개입을 배제하는 자유방임주의를 고수했고, 특정 산업에 대한 지원도 철저히 배격했다. 그는 대통령 취임사에서 "미국은 일찍이 경험하지 못한 충족된 상태에 도

달했다"며 "현상 유지를 하겠노라"고 선언한다. 그후 농가지원법안에도 거부권을 행사하고, 연방정부 주도의 테네시 강 수력발전 계획도 백지화했다. 그 자신은 당시 과열 조짐을 보이고 있던 주식시장의 투자자였고, 대공황 이후의 주식시장 실태 조사에서 증권거래의 부당 거래 비리로 특혜를 본 고위직의 리스트에 이름이 올라가 있었다.

1928년 말부터 세계 실물 경기 지표는 폭락세를 기록하고 있었다. 2차 산업혁명에서 나타난 대량생산과 대량소비의 결과, 소비재 생산의 신산업은 경기에 더욱 민감하게 반응했기 때문이었다. 라디오와 TV가 시장에 처음 나왔을 때의 주식 투자는 닷컴 버블(Dot-Com Bubble)보다 훨씬 더 심했다.

31대 후버 대통령과 경제공황 1929년 대통령에 취임한 공화당의 후버도 자유시장주의자였다. 증권시장 거품이 위험한 수준이라는 것을 알면서도 정부의 직접적인 규제 도입은 고려하지 않았고, 이러한 소극적 대응이 결국 화를 키웠다. 이 무렵 은행가에서도 증권시장의 붕괴를 우려하는 목소리가 나오고 있었으나 그것 또한 무시되고 만다. 1929년 9월, 주식시장의 붕괴 한 달 전에도 60개 증권회사가 새로 들어서고 있었고 1억 주가 더 쏟아져 나왔다. 기업들은 증권으로 재테크 경쟁을 벌이고 있었고, 소시민들은 경쟁적으로 은행 돈을 빌려서 주식을 사들이고 있었다. 중개소에서는 고객이 사는 증권 매입의 4분의 3까지 맡아주면서 이익을 챙겼다. 이 같은 주식시장 과열 속에서 은행 돈을 빌려서 증권에 투자한 액수는 시장의 90퍼센트까지 치솟았다.

후버는 하딩에 이어서 쿨리지 행정부에서도 상무장관으로 능력을 인정받고 대통령 자리에까지 오른 유능한 행정가였다. 그는 대선 후보 연설에서 "미국은 역사상 세계 어느 나라도 실현하지 못한 빈곤의 궁극적인 정복에 가깝게 다가섰다"고 강조한다. 후버는 균형 예산을 유지하면서 감세 정책을 추진하고, 공공사업 지출을 늘리겠다고 대국민 발표를 한다. 1931년에 후버는 기업을 지원하는 재건금융공사 설립, 모기지 압류에 직면한 농가 지원,

금융개혁, 주정부 단위의 실업자 식료품 배급을 위한 자금대출, 공공사업 확대, 정부조직의 초긴축 운영을 골자로 하는 대책 안을 의회에 제출하지만, 입법에 제동이 걸렸고 유럽의 대공황 등으로 상황은 더욱 악화된다.

기업가이자 정치가인 앤드루 멜런(1921–1932 재임)은 미국의 공황 사태와 관련이 있는 3명의 대통령, 즉 하딩, 쿨리지, 후버의 행정부에서 11년간 재무장관을 역임하면서 대공황에 대응하는 정책을 밀어붙인 인물이다. 그는 대공황을 극복하기 위해서 기업의 회생과 서민 구제 대책을 편 것이 아니라, 계속 구조조정과 균형재정 우선 정책을 고집했다. 뒤늦게 후버는 그를 해임시키고, 경기 부양에 나서지만 이미 실기한 뒤였다.

후버는 1891년에 개교한 스탠퍼드 대학교의 첫 입학생으로 1895년 졸업 후 광산업에서 크게 성공한다. 중국으로 건너가서 엔지니어로서 일하던 중 1900년에 후버 부부는 톈진에서 의화단 사건을 겪으면서, 맹렬한 공격을 무릅쓰고 중국인 아이들을 구해냈다. 이후 1914년에 런던에 체류하던 중 독일이 프랑스에 선전포고를 한 제1차 세계대전을 겪게 되고, 후버 위원회를 조직해서 영국에 있던 12만 명의 미국인을 귀국시키는 데에 기여했다. 또한 당시 독일군의 침공을 받은 벨기에에 식량을 공급하는 임무를 수행하는 등 인도주의자로 명성이 높았다. 1917년 미국의 참전 이후 윌슨 대통령은 후버를 식량청장으로 임명한다. 그는 연합국의 식량 보급까지 맡았고, 종전 후에는 미국 구호청장으로서 유럽으로의 식량원조 사업을 총괄한다.

후버빌과 후버 깃발 대공황으로 인한 경제 파탄으로 집도 없이 골판지나 신문지를 이불로 삼는 사람들이 전국에 널리게 되었고, 그들이 지내는 허름한 판자촌은 후버빌이라고 불렸다. 1930년대 미국 대공황 시대의 궁핍을 그린 소설인 존 스타인벡의 『분노의 포도(*The Grapes of Wrath*)』에는 후버빌이 등장한다. 돈 한 푼 없는 뒤집어진 주머니는 후버 깃발이라고 불렸다.

대공황의 장기화로 기업은 빚에 쪼들리다가 도산했다. 은행은 5,000곳 이상이 파산하고 농가 수입은 반토막이 났다. 1932년 미국인의 25퍼센트는 실직 상태가 된다. 이런 상황에서 후버는 시간이 흐르면 대공황은 회복될 수 있는 일시적인 현상이라고 말하고 있었다. 그리고 자신을 비롯해서 어느 누구도 해결할 수 없는 불가항력의 상태이라고 말해서 국민적인 조롱거리가 된다. 후버는 대공황기에 무능하게 대처했다는 오명으로 1932년 대선에서 민주당의 프랭클린 루스벨트에게 대패한다.

퇴임 후 후버는 국가통제주의로 흐르는 뉴딜 정책의 경향에 대해서 강도 높게 비판하고 점차 보수 성향을 띠게 된다. 해리 트루먼 대통령(1945-1953 재임)은 그를 정부 부처 재정비를 위한 특별위원회의 위원으로 임명하고, 위원회는 후버를 위원장으로 선출한다. 1953년에도 그는 드와이트 아이젠하워 대통령(1953-1961 재임)의 요청으로 후버 위원회를 이끌었다. 이들 위원회의 권고에 따라서 정부조직은 감축된다. 후버는 90세로 세상을 떠날 때까지 계속 활발하게 저술 활동을 했다.

후버는 영국에서 제1차 세계대전을 겪고 1919년 파리 베르사유 평화협정 대표단에 참여하면서 다시는 전쟁이 일어나지 않도록 전쟁에 대한 자료를 모으고 연구를 해야 한다고 확신한다. 그리하여 1919년 파리에서 전보를 보내 모교인 스탠퍼드 대학교에 5만 달러를 기부하겠다고 약정했고, 그것이 1919년 후버 연구소 설립의 기반이 되었다. 도서관을 겸한 이 연구소는 10년 뒤에는 세계에서 가장 방대한 전쟁 관련 자료를 소장한 기관이 된다. 1941년에는 자료 소장을 위한 후버 타워도 건립된다.

대공황에 대한 해석 자본주의 초기에는 5-8년 간격의 짧은 주기로 공황이 발생하지만 대공황으로 치닫지는 않았다. 산업의 연계가 긴밀하지 않았고, 무역의 범위가 한정되어 있었으며, 기술 혁신 시장이 계속 열리고 있었기 때문이다. 그러나 산업화의 절정에서, 시장이 위축되고 비대한 경제구조가 붕괴되고 있었음에도 그것을 제어할 수 있는 어떤 대책도 쓰지 못했던 정책의 무기력이 대공황의 늪에서 헤어나지 못한 이유라고 할 수 있다.

대공황에 대한 해석은 경제와 사회를 보는 시각과 이념에 따라서 크게 다른 것이 특징이다. 케인스주의와 마르크스주의 시각에서는 무절제한 시장경제의 한계가 드러난 것으로 규정하고, 정부의 자유방임주의 정책이 그것을 방기해서 대응을 하지 못한 것을 원인으로 보는 경향이 있다. 케인스 이론에 의하면, 1929년 주식시장의 붕괴는 자산 가치의 저하와 불확실성의 증가로 소비가 위축된 것이 원인이 된다. 1931년까지 3년간 3,000곳의 은행이 부도가 나면서 자금 조달이 되지 않아서 투자가 감소했고, 정부 경제 정책이 긴축에 치우쳐 있어서 실업 급증에도 불구하고 균형재정 정책을 고수했기 때문에 경제공황이 악화되었다는 해석이다.

사회적으로 보면, 라디오와 TV, 영화라는 미디어의 발전과 거품경제, 할부 시스템 도입 등으로 소비가 소득 수준 이상으로 과열되고 있었다. 그런 한계 상황에서 소비가 위축된 것이 공황을 불러온 측면이 있다. 한편 유럽 대륙의 사정은 제국주의의 식민지 확장이 한계에 이른 상황에서, 제1차 세계대전에 의한 경제적 손실을 메울 수 있는 세력의 확장이 막힌 것이 경기 침체를 악화시켰다는 해석이다. 역사 속의 대공황의 원인을 묻고 답을 찾노라면, "자본주의란 무엇인가?"라는 물음으로 귀결된다. 그 답을 찾고 새 길을 모색하는 과정에서 21세기 새로운 유형의 자본주의가 세상을 어떤 소용돌이에 휩쓸리게 할 것인지 불확실하다.

3) 루스벨트의 등장과 뉴딜 정책

프랭클린 루스벨트 대통령은 미국 역사상 전무후무하게 4선 대통령이 된 전설적인 인물이다. 그는 변호사 자격을 얻은 뒤 월스트리트의 카터 레디어드 밀번 사에서 상담역으로 일하다가 시어도어 루스벨트의 권유로 정치에 입문했다. 1910년 민주당 후보로 뉴욕 주 상원의원에 당선되고, 북부 지역 농민의 편에 서서 진보적인 개혁을 이끌었다. 1911년 말에는 대통령 후보 지명 전당대회에서 뉴저지 주지사 윌슨을 지원한 인연으로 해군부 차관보(1913-1918 재임)에 임명된다. 1920년에는 콕스와 러닝메이트로 민주당 부통령 후보로 출마했다가 공화당의 하딩 후보에게 패배했다.

1921년 8월 그의 나이 39세 때 인생 최대의 재앙이 닥친다. 메릴랜드 주의 신용예금회사에서 부회장으로 일하던 때 여름휴가를 떠났던 캐나다의 캄포

벨로에서 돌연 척수성 소아마비로 전신마비 상태가 된 것이다. 이후 조지아 주의 웜스프링스 요양소 온천에서의 피나는 재활을 했음에도 불구하고 평생 양쪽 다리를 쓰지 못하게 되었고, 이 상태로 초유의 경제 대공황과 제2차 세계대전 중에 미국 대통령직을 수행하는 초인간적인 삶을 살게 된다.

뉴욕 시의 하이드파크에서 태어나서 가정교사에게 교육을 받은 루스벨트는 14세 때 매사추세츠 주 그라튼 학교에 입학한다. 1900년 하버드 대학교에서 역사학을 공부했고, 1903년 컬럼비아 대학교 법학대학원을 다녔다. 졸업은 하지 않았으나 규정에 따라서 이후에 학위가 수여된다. 1905년 그는 12촌의 먼 친척인 시어도어 루스벨트의 저택에서 시어도어의 조카인 엘리너 루스벨트(1884-1962)를 만난다. 그리고 어머니의 반대를 무릅쓰고 엘리너와 결혼해서 5명의 자녀를 둔다. 엘리너는 청년 시절의 루스벨트를 뉴욕 시 슬럼가의 비참한 삶에 관심을 가지도록 한 사회운동가였다. 루스벨트가 장애인이 되자 어머니는 뉴욕 시의 하이드파크로 은퇴하라고 했지만, 아내 엘리너는 정치계에서 목소리를 내며 살아야 한다고 했다. 그는 10파운드 무게의 기다란 철제 의족에 의지해야 거동을 할 수 있었고 그것도 한쪽을 꽉 붙잡아야 중심을 잡을 수 있었다. 혼자서는 옷을 벗지도 입지도 못했고 침대에 오르지도 못했으며 화장실에 갈 수도 없었다.

루스벨트 대통령의 등장 그는 신체적 장애에도 불구하고 1924년 뉴욕에서 열린 민주당 전당대회에서 뉴욕 주지사 앨프리드 스미스를 대통령 후보로 지명하는 지원 연설을 했다. 버팀목에 의지해서 연단에 올라 열정적으로 연설하는 그의 모습은 감동적이었고 사람들에게 '뉴욕 주지사의 행복한 전사'라고 불렸다.

1928년 그는 뉴욕 주지사로 당선되고, 1930년 큰 표 차로 재선에 성공한다. 그리고 대공황 시대에 주 차원의 구호 프로그램을 시행해서, 1931년 주 단위로는 최초로 임시 긴급 구제국을 설치했다. 1932년 대선에 대통령 후보로 출마하면서 그는 불편한 몸을 이끌고 전국을 순회하며 뉴딜 경제부흥 개혁안에 대한 유세를 벌였다. 샌프란시스코에서는 "민간기업 활동은 사회적 책임을 수반한다"고 연설해서 서부의 진보적인 공화당원 지지까지 얻는다. 선거 결과 60퍼센트에 가까운 일반 득표율로 압도적인 승리를 거둔다.

1933년 3월 4일 취임 연설 중에서 "위대한 미국은 과거에도 그랬던 것처럼 역경을 딛고 살아남아 번영을 이룰 것입니다. 우리가 두려워해야 할 것은 오직 두려움 그 자체입니다"라는 대목은 특히 유명하다. 그는 신속하고 과감한 대공황 극복 조치를 약속하면서 국민에게 자신감을 불어넣었다. 그의 연설을 듣고 사람들은 "대통령은 우리를 믿는다. 우리도 우리 자신을 믿자"라며 용기를 내게 된다. 당시 실직자가 1,300만 명 이상인 상황에서 그의 카리스마 넘치는 모습은 그의 테마송대로 "행복한 시절이 다시 오리라"를 꿈꾸게 만든다. 대통령으로 취임한 지 8일 만에 첫 번째 라디오 연설을 한 그는 라디오라는 신기술을 국민과의 소통에 가장 효과적으로 이용한 정치인이었다. 시간은 일요일 밤 9시, 청취율이 가장 높은 시간이었고 그의 노변담화(Fireside Chat)는 이후 12년간 27회에 걸쳐서 계속된다.

그는 노변담화에서 "경제 시스템을 재건하는 데 화폐나 금보다 더 중요한 것은 우리 자신에 대한 믿음입니다. 믿음과 용기는 우리의 계획을 실행하는 데 결정적인 요소입니다. 믿음을 가져야 합니다. 루머나 추측에 휘둘리지 말고, 공포를 몰아내기 위해서 우리가 함께 뭉쳐야 합니다. 정부는 경제 시스템을 회복할 수 있는 수단을 제공할 것입니다. 그러나 그 수단을 이용하는 것은 여러분 자신입니다"라며, "친구들이여! 경제위기를 극복하는 것은 나의 문제인 동시에 여러분의 문제입니다. 우리가 함께하는 한, 우리는 결코 실패하지 않을 것입니다"라고 말했다.

그는 국민의 신뢰와 지지를 이끌어내고, 다양한 정파를 아우르는 폭넓은 리더십의 소유자였다. 정치평론가들은 루스벨트 행정부가 때로 역할 분담의 혼선을 빚기도 했으나, 유례없이 효율적인 행정 능력으로 국가를 안정시켰다고 평가한다. 1932년 루스벨트는 대통령직에 대해서 "대통령직이란 고도의 윤리성이 요청되는 책무입니다"라고 설명했다.

그의 기념관에는 대통령 재임 시절의 사진 3만5,000장이 소장되어 있다. 그런데 그중 딱 2장만이 휠체어에 앉아 있는 사진이다. 가족 모임에서 친지가 찍은 것으로, 생전에는 공개되지 않았다. 미국 언론은 그의 장애를 기사로 다룬 적이 없었다. 국민은 그가 장애인이라는 사실을 느끼지 못했다고 한다. 어느 신참 기자가 대통령의 불편한 모습을 보고 깜짝 놀라며 사진을 찍으려고 하자, 옆의 동료가 발로 걸어서 넘어뜨렸다는 일화도 있다.

루스벨트의 당선과 함께 상하원 선거에서도 민주당이 의회를 장악한다. 모든 정치 세력이 그의 동맹자가 된 것을 기회로 그는 취임 후 초기 100일 안에 주요 법안을 밀어붙였다. 그로써 미국 역사상 임기 초에 일을 가장 많이 하고, 평화 시에 가장 많은 법률을 제정한 대통령으로 기록된다. 내각은 지역 안배와 정치적 균형을 고려해서 민주당 내 진보와 보수 세력을 아우르고, 3명의 공화당원도 합류시켰다. 특히 미국 최초의 여성 각료로 프랜시스 퍼킨스(1880-1965) 노동장관을 임명해서 주목을 받았다.

루스벨트 부부는 백악관에 들어간 지 1주일 사이에 전국 각지에서 경제적인 고통을 호소하는 40여만 통의 편지를 받았고, 편지 정리에 70여 명의 인력을 투입해야 했다. 그는 대통령 후보 지명 수락 연설에서 공약한 '미국 국민을 위한 뉴딜'을 실행에 옮긴다. 뉴딜은 1932년 출판된 스튜어트 체이스(1888-1985)의 책 『뉴딜(*A New Deal*)』에서 인용한 개념이었다. 그 어원은 시어도어 루스벨트 대통령의 스퀘어딜(Square Deal)이라는 공평한 분배 정책과 윌슨 대통령의 뉴프리덤(New Freedom)을 합성한 신조어였다.

제1기 뉴딜 정책 정치권과의 허니문이 길지 않다는 것을 알고 있던 루스벨트는 초기의 정책 집행에 속도를 낸다. 그리하여 1933년 제1기 뉴딜 정책(1933-1934)에서는 은행개혁법, 긴급 경제안정 대책, 일자리, 농업 정책, 산업개혁을 비롯해 연방정부 차원의 복지 정책과 금본위제와 금주법의 폐지를 밀어붙인다. 그가 취임하기 전인 3월 2일에 이미 22개 주와 워싱턴에서는 모라토리엄(moratorium)이 선언된 상태였다. 미국은 루스벨트 대통령 때까지는 11월에 대선을 치른 뒤 4달이나 지난 3월 4일에 취임식을 거행하는 일정이었다.

그는 취임 즉시 사상 초유로 3월 6일부터 4일간 은행 문을 닫게 했다.

고객이 일제히 은행에 몰려들어 돈을 찾아가는 사태를 막기 위해서였다. 그리고 관련 주체들을 모두 모은 뒤 합의안을 도출할 때까지 회의실에서 나오지 못하게 했다. 대통령이 이렇게 직무를 처리한 사례는 일찍이 없었다. 그 결과 3월 9일 긴급은행법안을 의회에 제출할 수 있었고 사상 초유로 당일에 통과시켰다. 새로운 법에 따라서 연방정부는 은행권에 자금을 지원하고 재무부 감독 아래에 은행 영업이 재개된다.

그는 새로운 은행이 문을 열어서 은행에 맡긴 돈을 찾지 못하는 일은 없을 것이라며 직접 대국민 설득에 나섰다. 이후 3일 동안 연준 가맹 은행의 4분의 3이 영업을 재개하고 수십억 달러와 금이 투입된 결과 한 달 사이에 은행 시스템이 살아난다. 이후 1933년 한 해 동안 4,004곳의 은행이 파산하거나 합병되었고, 그 은행의 고객은 예금액의 85퍼센트를 돌려받았다.

의회는 이러한 위급한 사태의 재발을 막기 위해서 1933년 6월 연방예금보험공사를 설립한다. 이때 예금의 5,000달러까지 보증하는 예금보험제도가 도입된다. 이미 4월에는 금본위제를 폐지하여 금화를 달러로 교환하도록 해서 금을 법정 화폐로 인정하지 않도록 바꾸었다. 금에 대한 화폐 가치는 시장 가격에 따르도록 했고, 1934년에는 금준비법의 제정으로 금에 대한 달러 가치를 고정시킨다.

1933년 3월 바닥을 쳤던 경제는 회복세로 돌아선다. 연준의 산업생산량 지표 기준으로 1935-1939년의 지표를 100으로 할 때, 1932년 7월 52.8에서 1933년 7월 85.5로 올라가고 있었다. 1937년까지 회복세를 보이며 1920년대보다 좋아지고 있던 경기는 다시 1937년에 하락세로 돌아선다. 뉴딜 정책에도 불구하고 실업률은 15퍼센트를 상회하다가 제2차 세계대전에 가서야 고용률이 크게 늘어나게 된다.

1933년에는 균형 예산 정책 기조의 경제법이 통과되어 공무원 월급을 삭감하고 퇴역 군인 연금을 40퍼센트 줄인다. 그로써 연간 5억 달러의 절감 효과를 얻는다. 그러나 곧이어 그는 연방 예산을 전체 균형 예산으로 짤 것이 아니라 정기 예산과 비상 예산으로 구분해서, 정기 예산은 균형을 맞추되 비상 예산은 공황 해결을 위해서 지출을 늘려서 균형을 깨야 한다는 판단을 하게 된다.

그는 이런 경제 회복 정책에 동의하지 않는 관료는 해임시켰다. 이런 방식으로 대공황에 대처해야 한다는 것은 케인스의 경제이론이었으나, 이 주장에는 뉴딜 정책 지지자들조차 동의하지 않는 상황이었다. 루스벨트는 제1차 세계대전 참전 군인에게 지급하기로 한 상여금법도 시행을 거부했으나, 1936년에 의회는 이를 통과시켰고 1936년 대선 직전에 400만 명 군인에게 총 15억 달러가 지급되었다.

루스벨트는 농업 정책을 중시한 정치인이었다. 뉴딜 정책은 농가의 수입을 보장하고 산업 활동을 촉진하는 방향으로 진행된다. 1930년대 미국의 농업 인구는 30퍼센트였으나, 대공황으로 농가 수익은 3년간 60퍼센트가 줄어들고 있었다. 루스벨트는 농업조정법 제정에 의해서 1933년 농업조정국을 설치하고, 농산품 가격 조정과 농민의 국민소득 비율을 높이기 위한 임시 긴급조치를 시행한다. 보조금으로 잉여 생산은 과감히 줄이고, 일곱 가지 기본 농산물, 즉 옥수수, 솜, 유제품, 돼지고기, 쌀, 담배, 밀의 가공업체에는 가공세를 부과하고, 그 수입으로 보조금을 지급하는 방식이었다.

1932년 대선에서 경기 회복을 위하여 금주법 폐지를 공약으로 내세웠던 대로 그는 1933년 3월 금주를 규정한 볼스티드 법(Volstead Act) 개정안에 서명을 한다. 그로써 13년 만에 술의 제조와 판매가 합법화된다. 그러나 그보다 한 달 앞서 의회는 금주법의 헌법적 근거를 폐지하는 방향으로 법 개정을 진행하고 있던 터였다. 대다수의 주에서는 12월에 금주법이 폐지되어 새로운 수입원에 의해서 경제가 활력을 띠게 된다.

대공황기에 남부는 특히 더 궁핍했다. 이를 타개하기 위해서 1933년 5월 테네시 강 유역 개발 공사(Tennessee Valley Authority : TVA)가 설립되고 토목 사업을 추진하게 된다. 전력을 공급하고 홍수를 억제하고, 비료 공장을 세우고 농장을 현대화하면서 거대한 댐 건설에 착수한다. 1936년까지 TVA는 테네시 강에 6개의 댐을 짓고 있었고, 대형 댐의 건설로 남부 지역

뉴딜 사업 정책의 일환이었던 볼더 댐(후버 댐) 건설 현장(1934)

에 여러 개의 거대 호수를 만들어서 배를 다니게 한다는 구상이었다. TVA는 토양보존과 삼림 녹화 사업도 진행했고, 새로운 산업 유치에도 나섰다. 무엇보다도 큰 변화는 테네시 강 유역의 농촌이 값싼 전기료 덕분에 등유 시대에서 벗어나 전기 시대로 넘어가게 된 것이었다.

수많은 조직들이 새로 출범하는 가운데, 특히 상품신용공사는 대통령의 특별 관심 사업을 시행해서 농업 생산 증대, 가격 안정, 공급 보장, 효율적인 마케팅을 촉진하는 임무를 수행했다. 예를 들어 공사는 연방 창고에 보관된 곡물에 대해서 시장 가격 이상으로 농민에게 대출을 해주었다. 농산물 가격이 오르면 창고의 곡물을 찾아서 판매하여 대출금을 갚게 한 것이다. 공사는 재무부로부터 최대 300억 달러를 빌려서 운영 손실을 의회 예산 지출로 복구할 수 있게 한다. 공사는 한때 50만 명의 젊은이를 나무 심기와 홍수 조절 사업에 투입했고, 이 사업은 뉴딜 정책을 상징하는 사업의 하나로 지속된다.

1933년에 발효된 전국산업부흥법은 산업계와 노동계에 큰 영향을 미쳤다. 기업계의 경제 안정 요구와 노동자의 노동 일수 단축에 관한 주장을 반영한 조치였다. 이 법으로 시행된 두 가지 주요 계획은 33억 달러의 정부

재정을 공공사업관리국에 투자하는 것과 산업별 공정경쟁 규약을 관리하는 국가경제 회복기구 설치에 의한 사업이었다. 국가경제 회복기구는 군 장성 출신의 휴 존슨(1882-1942)이 책임을 맡았는데, 1917-1918년의 군수산업청이 그 모델이었다. 목표는 임금과 물가 조정의 조례 제정으로 경쟁을 줄여서 산업을 안정화하는 것과 노동 규범의 명시로 임금 인상과 구매력을 확대하는 것이었다. 그리하여 노동 시간 규정, 단체교섭권, 16세 미만의 아동 노동 금지 등 개혁을 추진한다. 노동조합은 근로시간과 임금 기준을 지지한다.

노동 기준은 진보적이었다. 주당 노동 시간은 40시간, 최소 주급은 13달러 정도로 규정하는데, 이는 당시 최저 임금의 2배가 넘는 액수였다. 그러나 산업 조례에 대한 협의가 느리게 진전되자, 뉴욕 시에서는 25만 명이 국가경제 회복기구의 상징인 푸른 독수리를 내걸고 지지 행진을 한다. 그리고 200만 명의 기업인이 조례에 대한 지지 표명으로 "우리는 우리 할 일을 한다"라는 서약에 서명을 한다.

국가경제 회복기구의 조치는 초기에는 노동 임금과 상품 가격 안정으로 경제 회복에 기여한다. 그러나 점차 대기업이 시장을 독점하면서 중소기업은 가격 고정으로 경쟁 기회를 박탈당한다는 불만이 고조된다. 또한 임금 조례에서 농업과 가사 노동자를 배제시켜서 흑인 등이 불이익을 당한다는 불만도 커진다.

1933년 가을 루스벨트는 관리통화제도를 실시한다. 이때 은의 가격이 3배로 뛰고 가계 소득은 약간 늘며, 달러화가 평가절하되고 미국의 대외무역은 활기를 띤다. 이 제도는 경제 회복에 별 도움이 되지 못했다고 평가되었으나 경제 정책의 신기원이었다. 이 무렵에 투자 보호를 목적으로 증권거래위원회법 등이 제정된다.

1934년 가을에는 보수 세력이 루스벨트의 개혁 계획을 위헌으로 몰고 가는 일이 발생한다. 산업 활동에 불확실성을 가중시키고, 달러화의 평가절하로 연방채권 소유가 적절한 보상을 받지 못한다는 불만 때문이었다. 반면 빈민층에서는 뉴딜 정책을 더 강력하게 추진해야 한다고 주장했다. 하나의 정책을 두고 두 가지 여론이 맞서고 있었고, 조례의 강제집행에 대한 경영자 측의 저항도 커지고 있던 차에 1935년 연방 대법원은 이 기구의 존재에 대해서 위헌 판결을 내린다. 다만 주당 40시간 노동과 아동 노동 금지 등의 기준 도입은 업적으로 남았다.

제2기 뉴딜 정책 뉴딜 정책에 대한 여론이 분열된 상황에서 좌파 이념까지 가세한다. 서민층은 1934년 중간선거에서 민주당을 지지하고 있었으나 점차 좌익 선동가들에게 넘어가고 있었다. 1936년 대선을 앞둔 루스벨트는 좌파 제3당 후보의 등장을 우려하게 된다. 그는 1935년 연두교서에서 강력한 개혁의지를 천명하고, 제2기 뉴딜 정책(1935-1936)으로 본격적인 개혁 조치를 시행한다고 발표한다.

제2기 뉴딜 정책의 추진에서, 그는 의회로부터 노동조합 지원, 공공사업진흥국 프로그램, 사회보장법, 소작인과 농업 이주 노동자에 대한 원조 등에 관한 법률 지원을 얻어낸다. 특히 공공사업진흥국은 실업자 구제 대책으로 1935-1941년 사이에 미숙련 노동자 210만 명에게 일자리를 제공하고, 학교 설립과 급식도 지원했다. 1935년 이 대책은 유력한 경제 회복 조치로 부각된다.

루스벨트는 또 공공사업관리국, 토목사업청 등을 설치해서 대규모 공공 프로젝트를 시행한다. 공공사업관리국은 33억 달러의 예산으로 고속도로, 공공건물, 교량, 홍수 통제, 터널, 항공모함 건설 등의 토목공사를 추진했다. 내무장관 해럴드 아이크스(1874-1952)가 지휘하고, 민간 하도급체를 통해서 일자리를 창출하는데, 이때 버지니아 주의 스카이라인 드라이브, 뉴욕의 트리버러 다리, 마이애미와 키웨스트 섬을 잇는 해양대로, 시카고의 지하철 등이 건설된다.

1935년 전국노동관계법(The National Labour Relations Act)의 제정도 의미가 컸다. 피터 와그너 법으로도 불린 이 법은 노동조합 조직을 허용하고,

단체교섭권을 보장하고, 노동삼권을 보호하기 위한 부당 노동 행위에 관한 규정 등을 담고 있었다. 이때 노사분쟁을 심사하는 전국 노동관계위원회도 설치되고, 공익사업지주회사법(Public Utility Holding Company Act)에 의해서 지주회사의 지배를 규제하게 된다. 뉴딜 정책에서 노동자들의 권리는 국가경제 회복기구와 와그너 법으로 크게 개선되고 있었다.

1935년 루스벨트는 이민정착국을 설치하여 가난한 소농을 지원했다. 농가 수익이 늘어가기는 하지만, 실제로는 제2차 세계대전 중인 1941년에 들어서야 1929년 기준의 수준에 도달할 정도였다. 그는 새로운 세법으로 고소득자와 대기업에 무거운 세금을 부과해서 부자들의 비난을 받기도 했지만, 국민소득을 재분배하는 데에 기여했다. 가장 주목받은 것은 1935년 사회보장법의 제정이었다. 1882년 비스마르크의 사회보장법을 연상시키는 이 법에서는 독일과 마찬가지로 노인의 나이를 65세로 규정했다. 1930년대 미국인의 평균수명은 백인이 61세 흑인이 50세 정도였다.

루스벨트는 여성 장관 퍼킨스를 위원장으로 임명해서 경제안정위원회를 구성한다. 퍼킨스 노동장관은 재무장관, 내무장관, 농무장관과 함께 내각에서 루스벨트의 핵심 측근으로 활약했다. 경제안정위원회는 고령연금제도, 실업보험, 전국건강보험 등을 다루면서 드디어 사회보장법을 의회에서 통과시킨 것이다. 특히 실업보험과 양로연금보험이 들어간 것이 복지 정책의 큰 진전이었으나, 완전한 무상복지가 아니라 수혜자가 일부를 부담하는 형태였다. 이 법안에서는 장애인과 빈곤층 어린이를 위한 지원도 마련했으나 아프리카계 미국인의 3분의 2는 혜택을 받지 못했다.

1935년에 제정된 여러 법안은 좌익 선동가들의 입지를 크게 약화시키지만 보수파의 반발은 더 커진다. 그러나 보수파의 비난은 오히려 1936년 대선에서 농민, 노동자, 빈곤 계층이 루스벨트를 지지하는 방향으로 작용한다. 이에 뉴딜 정책을 무력화하려는 목적으로 보수파는 연방 대법원에 제소하고, 1936년 1월 연방 대법원은 '합중국 대 버틀러 사건'에서 식품가공업자들에 대한 농업조정법의 과세가 위헌이라고 판결한다. 이 판결과 앞서

1935년의 국가경제 회복기구의 위헌 판결로 뉴딜 정책에는 일부 제동이 걸리지만, 대부분 다른 형태로 바꾸어서 사업을 계속했다.

루스벨트는 뉴딜 정책에 의한 조치들이 헌법에 부합된다고 보고 판사 6명을 교체하는 등의 사법부 개편 계획을 제안한다. 격렬한 논쟁 끝에 1937년 봄 사회보장법과 와그너 법의 2개 법안은 대법원의 승인으로 살아난다. 그로써 연방정부의 경제 통제는 지속되지만, 루스벨트 자신은 정치적으로 타격을 받는다.

1937년 여름 철강 산업과 자동차 산업의 노동조합이 와그너 법을 악용해서 파업과 폭력 사태를 빚는 등 혼란이 야기되면서 루스벨트는 곤경에 처한 것이다. 그는 1938년 공정기준법으로 임금과 노동 시간 보장 등의 무마책을 편다. 노동조합의 회원 수는 1941년 950만 명으로 늘어나고, 중산층의 지지는 공화당으로 넘어간다. 1938년부터는 남부의 민주당 의원들까지 뉴딜 정책을 비판하고 나서고, 예비선거에서 루스벨트는 독재자로 비난을 받는다. 결국 제2기 뉴딜 정책은 농토 보존, 주택 공급, 슬럼 철거, 공공시설 건축 등에 주력하게 되지만, 사회보장, 농업부흥계획, 테네시 강 개발 공사, 증권거래위원회 등의 혁신 조치는 정착된다.

뉴딜 정책의 주역 　뉴딜 정책은 1930년대 정부 부문에서 일어난 일대 혁명이었다. 루스벨트는 취임 후 균형재정으로는 위기 국면을 돌파할 수 없으리라고 보고, 재정 목표의 수정으로 뉴딜 정책과 금융 시스템 개혁 등을 추진했다. 그러나 금융 시스템 개혁에서는 실질적인 성과가 크지 않았다. 그는 주식시장의 부패와 비리를 근절하기 위한 혁신위원회를 꾸리면서, 바로 개혁의 대상자라고 할 수 있는 조지프 케네디에게 책임을 맡겼다. 케네디는 루스벨트의 오랜 친구이자 후원자였으나, 대공황기의 금융 제도 혁신에 적임자는 아니었다는 지적이다.

루스벨트와 케인스 　루스벨트는 뉴딜 정책 추진에서 영국의 경제학자 케인스의 경제이론에 빠졌다는 비난을 받기도 했다. 그러나 그는 경제학자가 아니라 긴축재정을 중시한 현실적인 정치인이었다. 루스벨트는 1932년 대통령 당선 직후에 백악관에서 케인스를 직접 만난 적이 있었다. 그러나 루스벨트는 당초 균형재정 정책의 편에 서 있었고, 케인스의 수요 중심 경제학에 대해서 깊은 인상을 받지도 않았다. 케인스를 만나고 난 뒤 그는 "케인스가 정치경제학자라기보다는 수학자 같다"고 말했다. 케인스는 케임브리지 대학교에서 수학을 전공했다. 이후 케인스는 1933년 12월 31일자 「뉴욕 타임스」에 루스벨트에게 보내는 공개서한을 기고해서 당시 미국의 경제공황 상태에 대한 견해에 대해서 답했다.

대공황 시기에 케인스 이론은 경제학의 중심으로 부상하고 있었다. 뉴딜 정책 초기에 케인스에게 몇 번 자문을 했다는 이야기는 있지만, 루스벨트가 케인스의 영향을 어느 정도 받았는지는 알 수 없다. 다만 그의 뉴딜 정책의 기조와 내용이 케인스의 경제이론과 매우 닮았다는 것은 분명하다. 케인스는 사회주의자라는 비난도 받았으나, 그의 이론은 사회주의로부터 국가를 구하기 위한 작업이었다.

루스벨트의 뉴딜 정책을 설계한 것은 1932년 대선 캠페인 때 구성된 '브레인 트러스트'였다. 1932년 루스벨트의 연설문 담당자이자 법률 자문을 맡았던 새뮤얼 로젠먼(1896-1973)은 학계인사로 구성된 자문단을 만들라고 조언했고, 「뉴욕 타임스」의 기자 제임스 키런은 루스벨트 후보의 자문단에게 브레인 트러스트라는 호칭을 붙여주었다.

초기 브레인 트러스트의 핵심은 컬럼비아 대학교 법학 교수 그룹(레이먼드 몰리[1886-1975], 렉스퍼드 터그웰[1891-1979], 아돌프 벌리[1895-1971], 해리 홉킨스[1890-1946] 등)이었고, 이 그룹이 1933년 제1기 뉴딜 정책을 구상한다. 언론은 이들을 비현실적인 이상주의자들이라고 조롱하는 기사를 썼다. 제2기 브레인 트러스트의 핵심 인물은 하버드 대학교 법과대학과 연관된 그룹(벤저민 코헨[1894-1983], 토머스 코코란[1900-1981], 펠릭스 프랑크푸터[1882-1965] 등)으로 제2기 뉴딜 정책의 기틀을 짰다.

이들은 뉴딜 정책의 이론적 근거를 만들면서 정부 통제의 강화를 강조했다.

국가경제 회복기구에서 일하던 관계자들은 뉴딜 정책의 강력한 지지자였고, 윌슨 행정부가 제1차 세계대전 때 1917-1918년에 도입한 전시경제 체제의 정부 지출과 통제를 참조했다. 또한 경제주체 간의 협력으로 경제 회생에 주력했던 1920년대의 정책에서 아이디어를 얻었다. 그들은 국가 통제 경제로 유기적으로 통합된 경제체계를 구축하고, 약육강식의 논리와 사리사욕의 자본주의 병폐로부터 미국 사회를 구할 수 있다고 믿었다.

뉴딜 정책에 대한 평가 뉴딜 정책의 성과에 대해서는 오랫동안 논란이 일었다. 초기에 효과가 컸던 것이 분명하지만 1937년에는 경기가 다시 일시 침체로 들어갔기 때문이다. 자유방임주의 시각에서는 뉴딜 정책을 재정만 낭비한 정책이라고 비난했다. 자유시장경제주의자인 밀턴 프리드먼(1912-2006)은 "병을 치료하려다가 더 키울 뻔했다"며 뉴딜 정책을 비판했다. 그런가 하면, 1937년에 재발한 불황은 연방정부가 의회 재정 긴축론자들과 타협해서 재정 지출을 줄였기 때문이라는 해석도 있다. 이 견해는 2008년 노벨 경제학상을 받은 폴 크루그먼(1953-) 프린스턴 대학교 교수의 평가로, 그는 케인스주의 경제학의 대표주자이다.

제2차 세계대전의 발발로 뉴딜 정책은 사실상 마감 단계로 들어선다. 제2차 세계대전 중 미국의 보수연합은 다수의 사회 안정책을 폐지했고, 의회는 뉴딜 정책의 반대편에 섰다. 1943년 10월 루스벨트의 표현대로, 전쟁으로 인해서 '뉴딜 박사'가 '승전 박사'에게 자리를 내어주게 된 것이다. 아마도 뉴딜 정책이 없었더라면 미국이 최강국으로 올라서는 역정은 더 험난했을 것이다.

그러나 뉴딜 정책의 성과에도 불구하고, 1939년까지 노동 인력의 17퍼센트에 이르는 950만 명이 실직 상태였던 것도 사실이다. 1940년 조사에 의하면, 150만 명의 가장이 집을 떠났다. 아이러니하게도 막대한 인명 희생과 물적 피해를 낸 사상 최대의 세계전쟁에 참전한 후에야 비로소 미국 경제는 세계 최고로 올라서게 된다.

이후 신자유주의의 대두와 함께 1970년대 후반에서 1980년대 초반까지 규제 철폐는 대세를 이루게 된다. 그 소용돌이 속에서 대공황의 격변을 극복하기 위해서 설계되었던 미국의 정부 규제 대책은 사라졌다. 그 소용돌이에서 살아남은 지원 기관도 있었다. 연방 예금보험공사, 증권거래위원회, 연방주택청, TVA 등이 그것이다. 가장 뚜렷한 발자취는 사회보장법이었다.

루스벨트의 집권과 뉴딜 정책의 추진을 계기로 이후 공화당과 민주당의 정치 성향과 지지기반이 서로 바뀌는 분기점이 된 것도 주목할 만하다. 루스벨트는 이른바 '뉴딜 동맹'으로 소수민족-유대인-이민자-노동자-농민 지지층을 결속시켰다. 현재도 비백인계 이민자는 대체로 민주당 지지층을 형성하고 있다. 한편 공화당은 링컨 대통령의 노예 해방 이후 강력한 지지기반이었던 흑인을 민주당으로 넘겨주게 된다. 또한 뉴딜 정책을 계기로 민주당은 시장 개입과 복지 정책에 중점을 두면서 진보 성향으로 기울었고, 반면에 공화당은 기존의 전통적인 정책 기조와는 반대로 자유방임주의에 근거한 시장친화적 성향으로 이동하는 변화가 일어났다.

4) 대공황기의 일본, 소련, 독일

(1) 일본의 19세기 산업혁명과 경제공황

미국이 대공황을 겪고 있을 때, 일본의 상황은 어떠했으며 산업혁명은 어느 수준에 이르렀었을까? 일본은 1543년 포르투갈인으로부터 철포 2자루를 얻었고, 막부(幕府) 사이의 패권 경쟁으로 무기 생산과 중공업 발달의 필요성이 컸다. 따라서 과학기술에 관심이 높았고, 메이지 유신(1868-1889) 시기에 정치개혁으로 근대화되면서 산업 발전의 획기적인 전기가 마련되었다. 메이지 유신은 정치적으로 기존의 막번 체제를 해체하고 왕정을 복고해서 중앙 권력을 확립하는 변혁 과정을 가리킨다.

제국주의 영국이 동맹세력과 함께 중국을 침략한 제2차 아편전쟁(1856-1860) 이후, 서구의 산업화된 국가들의 동아시아 진출 야심은 더욱 노골화된다. 그 일환으로 1853년 미국의 동인도 함대 사령관 매슈 페리(1794-

1858) 제독이 필모어 대통령의 개국 요구 국서를 들고 일본에 입항한다. 증기선 2척을 포함한 4척의 함선을 이끌고 온 이 사건은 일본에서 흑선내항(黒船来航)이라고 불렸다. 산업화된 서구 세력의 기세에 눌린 일본 막부는 1854년 미일 화친조약을 맺고, 1858년 미국, 영국, 러시아, 네덜란드, 프랑스와 안세이 5개국 조약을 체결한다.

이 굴욕적인 통상조약은 천황의 칙허를 받지도 않고 체결됨으로써 그 과정을 둘러싸고 막부와 반막부 세력 간의 투쟁이 벌어진다. 이런 정치적 대혼란의 결과로 260여 년 전통의 도쿠가와 막부가 붕괴되고 1867년 왕정복고가 이루어진다. 당시의 궁중에서는 메이지 천황에게 우유를 억지로 먹이는 등 서구 문명 학습 열기가 뜨거웠다. 신분 제도도 사농공상 구분을 폐지하고 옛날 무사 계급을 사족, 그 이외는 평민으로 구분해서 사민평등을 실현했다. 다이묘나 일부 승려 등은 화족(華族, 1869-1947 존속)이라는 특권층으로 구분했다.

메이지 유신에서 시행된 프로그램 중 이와쿠라 사절단의 구미 파견이 가장 주목된다. 서양 문물을 배우려는 열망으로 이와쿠라 도모미를 정사, 오쿠보 도시미치 등을 부사로 대표단을 꾸려서 서구 세상을 시찰하고 산업문명에 대한 보고서를 작성하게 한 것이다. 당시 정부 예산의 2퍼센트를 썼다고 하니, 그 중요성이 짐작된다. 메이지 유신 과정에서 학제(学制), 지조(地租), 징병령, 그레고리력 채용, 사법 제도 정비, 단발령 등 광범위한 개혁 조치가 시행된다. 특히 사절단에 참여했던 오쿠보는 내무성을 맡아서 체계적인 개혁을 추진했다. 1877년에는 가고시마 외곽 지역에서 반란군의 마지막 사무라이 40명이 3만 명의 황실군에 칼로 맞서다가 할복자살을 했고, 그로써 구시대는 종말을 고한다.

메이지 시대에 이루어진 산업 혁신은 철도 개통과 공장 건설 등 서양의 산업혁명을 옮겨 놓은 것이었다. 19세기 일본은 부국강병과 식산흥업(殖産興業)을 기치로 관영공장을 세웠고, 정부 주도로 서양식 공업 기술을 도입했다. 당시 공업화 과정의 일화를 들면, 프랑스에서 견직물 공장 시설은 도입했으나 정작 공장에서 일할 여공을 구할 수가 없었다. 기계가 덜컹덜컹 돌아가는 소리가 사람의 혼을 빼앗아간다는 소문에 누구도 얼씬하지 않았기 때문이다. 이에 정부는 고관 귀족의 딸들을 공장 근로자로 차출해서 공장을 가동하게 된다.

자본주의 성격의 제도도 이때 도입된다. 1871년 새로운 통화 단위인 엔의 도입, 1882년 통화 발행권을 가지는 일본 은행 설립 등 금융 제도도 정비된다. 우편 제도, 전신망, 철도와 선박 운수업이 활성화되는 가운데, 민간 부문의 기선 사업에 미쓰비시 상사가 참여하고, 국책 회사와의 합병으로 거대 운송업 일본 유선 주식회사로 합병해서 경쟁력을 강화한다.

산업자본의 조성에는 화족의 자산 투자도 큰 몫을 했다. 메이지 유신에서 일본인은 소고기를 먹기 시작하고, 간소한 식단도 수십 년 걸려서 정착된다. 서양 문물의 적극 도입으로 급속히 산업화하는 과정에서 외국인 자문관이 영국, 독일, 미국으로부터 고용되어 신기술을 지도하기도 했다. 그리고 교육, 관제, 군제 정비 등의 분야에서 국제 협력을 확대했다.

19세기에 이미 상당 수준의 산업화를 이룩한 일본 제국은 제1차 세계대전 동안 유럽이 전쟁에 휩쓸린 틈을 타서 중국 무역을 독점하다시피 했다. 그러나 종전 후 유럽 강국과 무역전쟁을 벌이게 되면서 1920년대에는 불황기에 들어간다. 공업화에 의해서 공장 노동자가 크게 늘어난 상황에서, 전쟁 중에 집중 투자했던 조선과 철강 산업이 수출 부진을 겪은 탓이 컸다. 노동 현장에서는 쟁의가 빈발한다. 면사의 주요 수출 시장인 중국에서는 일본 상품 배척운동까지 벌어진다. 미국으로의 생사 수출이 농가의 수입원이 되던 터에 수출 부진으로 고전하게 된다.

상황이 이렇게 되면서 1920년 도쿄 증권시장이 폭락한다. 설상가상으로 1923년 관동 대지진의 천재까지 닥친다. 사회는 대혼란에 빠졌고, 그 와중에서 조선인들은 무차별 공격을 받아 애꿎은 피해자가 되었다. 그때 지진으로 인한 재정 손실은 국민총생산(GNP)의 3분의 1에 달했다. 당시 메이지 헌법에 의해서 모든 부처 장관의 만장일치로 정책 결정을 하게 된 것도 비상시국에 신속히 대처하기에는 불리했다는 지적이다. 군부는 정부의 무능함과 정당의 정쟁몰이를 혁파하고 천황에게 절대권력을 부여해야 한다는 명분으로 쿠데타를 일으킨다. 이후 식민지 정복 전쟁에 의해서 경제위기를 돌파해야 한다는 군부의 논리가 힘을 얻었고, 군부의 권력 장악으로 급기야 태평양 전쟁으로 이어진다. 경제공황 사태가 일본 군국주의에 힘을 실어주고, 태평양 전쟁을 일으키는 결과가 된 것이다.

(2) 대공황기 소련의 약진

세계적인 대공황의 늪에서 예외적으로 성장하고 있던 국가가 신생국 소비에트연방, 소련(1922-1991 존속)이었다. 러시아 제국을 붕괴시킨 볼셰비키 공산혁명으로 1922년 소비에트 연방은 세계 최초의 공산주의 국가로 태어났다. 소비에트는 러시아어로 노동자-농민 평의회라는 뜻이다. 레닌은 그의 저서 『무엇을 할 것인가?(*What is to be done?*)』에서 소련의 체제는 파리 코뮌과 러시아 고유의 소비에트 제도를 결합한 것이라고 썼다.

파리 코뮌은 파리에서 노동자 계급이 주도한 최초의 사회주의 정부였다. 1871년에 겨우 2달 남짓 존속했으나 사회주의 운동에 큰 영향을 미친다. 레닌이 주창한 마르크스-레닌주의는 정통 마르크스주의와는 차이가 있었다. 소비에트 체제에서는 노동자, 농민, 혁명가로 구성된 혁명당이 장기간 일당 독재를 했으나, 정통 마르크스주의에서는 정당 독재는 공산주의 사회에 진입한 후 사라질 것으로 보았다.

레닌이 혁명을 일으킬 때부터 곁에서 보좌했던 인물이 스탈린(1924-1953 서기장 역임)이다. 스탈린은 20대부터 볼셰비키 운동에 참여하면서 자금 조달을 위해서 은행 강도 행각을 서슴지 않았다. 게릴라 활동을 하던 중 시베리아로 일곱 번이나 축출되었지만 탈출에 성공한다. 1912년 레닌이 볼셰비키당 중앙위원직을 맡기면서부터 스탈린은 레닌의 해결사 역할을 했고, 자신의 야망은 철저히 감추었다.

스탈린은 1921년 레닌의 건강이 악화되기 전부터 비밀리에 자신의 세력을 구축하며 정적을 숙청하고 있었으므로 1924년 레닌이 뇌졸중으로 사망하자 쉽사리 권좌에 오르게 된다. 레닌은 스탈린을 후계자로 원치 않았기 때문에 죽기 1년 전에 그를 서기장직에서 해임하라는 유언장을 작성했지만 스탈린에 의해서 은폐되고 만다.

1920년대의 소련은 내전으로 인해서 경제가 피폐해진 상태였다. 레닌은 계획경제의 한계를 깨닫고, 자본주의 개념을 도입한 신경제 정책을 도입했다. 경제가 어느 정도 안정되자 소련은 다시 계획경제로 돌아간다. 1924년 레닌의 사후, 스탈린은 1928년 경제발전 5개년 계획을 발표하고 공업화 정책을 적극 추진한다. 그 과정에서 대숙청과 굴라크 노동 수용소에서의 탄압, 무리한 농업 체제 개편에 따른 기아로 인한 사망, 강제 이주 과정에서의 사망 등으로 3,000만 명이 희생되고 있었다. 제2차 세계대전에서의 군 병력 손실과 점령지에서의 반인륜적 범죄도 스탈린 실책과 악명 높은 폭정의 결과였다.

굴라크는 원래 노동 수용소를 담당하던 정부기관의 명칭이었으나, 스탈린 시대에는 강제 노동의 대명사가 된다. 전국에 400여 개의 수용소 집합체가 각각 수백 개의 개별 수용소를 거느리는 거대한 구조였다. 스탈린은 집권 후에 자신의 강력한 정적인 트로츠키를 외국으로 추방한다. 트로츠키는 유럽 대륙을 전전하다가 멕시코시티까지 가지만, 스탈린이 보낸 자객(라몬 메르카데르)의 손에 암살된다. 집권 후 숙청은 더 심해져서 군부와 정계의 요직의 대부분을 제거한다.

1929년부터 1953년까지 굴라크를 거쳐 간 수용자는 1,800만 명 정도로 추정된다. 수용자는 대부분 경범부터 정치범까지의 죄수였다. 굴라크의 환경은 최악이었고 수용자들은 굶주렸다. 음식물 찌꺼기로 허기를 채웠고 쥐를 잡아먹을 정도였다. 이런 비참한 생활로 해마다 수용자의 10퍼센트가 죽어나갔다. 그들은 가혹한 노역에 시달렸고 기계나 도구를 주지 않고 공장에서 혹사당했다. 탈출을 시도하면 가차 없이 보초에게 총살당했고, 탈주범에게는 현상금이 걸려 있었다.

1930년대 스탈린이 추진한 5개년 계획은 소련 경제에 활력을 불어넣기 시작한다. 특히 콤비나트 공업지대 구축에서 드네프르, 앙가라-바이칼, 우랄, 쿠즈네츠크 콤비나트 등이 성과를 내고 있었다. 천연 가스와 석유의 세계 최대 생산국이던 소련은 이들 품목과 농산물, 어패류가 주요 수출 품목이었다. 그러나 산업구조가 중공업에 치우쳐서 경공업 생활필수품 생산은 서구에 비해서 크게 뒤졌다.

당시의 핵심 산업인 농업은 거대 국영농장 솝호스와 집단농장 콜호스를 기반으로 추진되고 있었다. 솝호스에서의 농작물 생산과 수매가격은 정부 계획에 따라서 결정되었다. 콜호스 제도는 1928년 스탈린의 제1차 5개년 계획 때 도입되어 국유지를 무상으로 받아서 경작하되 농기구와 가축은 공유하고 생산물은 정부에 매각하는 방식으로 운영된다. 개인이 소규모 농지에서 채소 재배와 가축 사육을 하는 것은 허용했고, 자신의 일이라고 열성적으로 일했으므로 농가 수익을 높이고 있었다.

그리하여 1930년대 대공황으로 자본주의 국가는 심각한 불황에 빠지고 있었던 반면에 소련은 예외적으로 10퍼센트의 연평균 성장률을 기록하고 있었다. 20세기 초반 공산주의 확산을 경계한 국제사회가 소련을 고립시키는 정책을 쓴 것이 역설적으로 세계적인 대공황에 덜 휩쓸리게 한 측면도 있다. 결국 소련은 낙후된 농업국에서 1938년 세계 2위의 경제 대국으로 급부상한다. 그러나 1925년부터 지속된 계획경제는 농민을 수탈하며 700만 명을 기아로 희생시켰고 노동자들은 과도한 노역으로 죽음에 이르는 지경이었다.

소련은 경제공황기를 계기로 20여년 만에 프랑스, 영국, 독일을 추월하는 경제대국이 된다. 1950년대에도 고도의 경제성장률을 기록했고 1960년대까지 순탄하게 나갔다. 1965년에는 계획경제에 대한 노동계의 불만을 누그러뜨리기 위해서 독립채산제를 가미한 혼합 경제 체제를 도입한다. 1970년대에는 경제 침체가 가시화되고 있었으나, 1980년대까지 세계경제 대국 2위로 군림하고 있었다. 이처럼 대공황기에 도약한 소련의 성공은 세계 여러 나라에서 사회주의 정치 혁명가를 고무시킴으로써 그들이 권력을 장악하는 데에 긍정적인 영향을 미치게 된다. 1986년 소련의 마지막 서기장이자 소련의 초대 대통령 미하일 고르바초프(1931-)는 시장경제를 받아들이고, 개방 정책을 시행하게 된다.

굴라크의 참상은 1973년 알렉산드르 솔제니친(1918-2008)의 작품 『수용소 군도(*The Gulag Archipelago*)』를 통해서 서방에 알려진다. 솔제니친은 1960년대 스탈린 시절의 강제 노동 수용소의 비참한 현실을 그린 『이반 데니소비치의 하루(*Odin Den' Ivana Denisovicha*)』로 세계적인 명성을 얻고 있었다. 그는 1969년 반체제 작가로 몰려서 작가 동맹에서 추방되지만 1970년 노벨 문학상을 수상한다. 1971년 파리에서 제1차 세계대전을 다룬 역사 소설 『1914년 8월(*August 1914*)』을 출간하여 화제를 불러일으켰고, 1973년 『수용소 군도』가 해외에서 출판되자 서독으로 추방당한다. 미국에 거주하던 그는 1991년 소련의 붕괴 이후 1994년 보리스 옐친 행정부 때 러시아로 돌아온다.

(3) 1930년대 독일의 경제공황

독일의 바이마르 공화국은 1920년대 중반에 경제 회복세로 들어가는 듯했으나, 곧 미국발 대공황의 여파로 큰 타격을 받는다. 금융권을 지배하던 유대인들이 은행의 돈과 자본을 빼내면서, 독일과 오스트리아의 은행 파산은 걷잡을 수 없이 악화된다. 1933년 600만 명의 실업자와 집 없는 빈곤층이 급증하고, 수천 명의 아동이 굶어죽는다. 경제는 디플레이션으로 파탄이 나고, 노동 현장에서는 파업이 끊이지 않았다.

베르사유 조약에 의거해서, 프랑스, 영국 등에 전쟁 배상금을 지불하느라 독일은 무제한으로 돈을 찍어낸다. 밤에도 인쇄기 돌리는 소리가 들릴 정도였다. 1914년에는 빵 1개에 1-2마르크였으나, 믿거나 말거나 1920년에는 수십억 마르크가 되었고, 벽지 대신 돈으로 도배를 하는 편이 낫다고 할 정도였다.

경제공황을 틈 타 1921년 히틀러는 제대한 우파 군인을 중심으로 나치 돌격대(SturmAbteilung : SA)를 조직한다. 대공황인 1933년 SA의 규모는

200만 명에 이른다. 한편 그 당시 베르사유 협정에 의해서 독일의 정규군은 10만 명 이하로 통제되고 있었다. 히틀러는 1922년 SA에 히틀러 청소년단(HitlerJugend)을 만들어서 800만 명을 확보한다.

1923년 프랑스가 루르 지방을 무력으로 점령하면서, 독일과 프랑스의 관계는 더욱 악화된다. 미국이 중재에 나서서 독일에 차관을 제공하고 전쟁 배상금을 낮추는 조정안을 내놓았지만, 인플레이션이 계속되어 경제 상황은 개선되지 않는다. 독일 국민의 불만과 고통은 커지기만 했고, 이런 총체적 난국인 상황에서 대중을 현혹시키며 구세주처럼 나타난 것이 나치당을 장악한 히틀러였다.

히틀러는 독일의 비참한 상황을 이용해서 민심을 최대한 자극하고 선동했다. 그는 자유주의와 사회주의를 부르짖는 세력들이 베르사유 조약 체결에 의해서 제1차 세계대전을 불합리하게 종결했고, 공산주의자들은 혁명으로 국가 안위를 위협하고 있다고 모두를 싸잡아 맹렬하게 공격했고, 이런 웅변에 대중들은 열광했다. 또한 독일의 경제 붕괴와 이를 방치한 세력이 유대인이라고 비난했다. 경제 회생을 약속한 히틀러는 아우토반 구축 등 막대한 정부 지출로 경제를 안정시키는 데 일단 성과를 내고 있었다. 그로써 국민은 통치자로 그를 열렬히 지지하게 된다. 1930년대 히틀러의 등장은 제2차 세계대전의 예고편이었다.

3. 제2차 세계대전(1939–1945)의 전개와 결말

제2차 세계대전은 제1차 세계대전보다 훨씬 더 국제적 구도가 복잡했고 규모가 컸고 피해도 컸다. 무엇보다도 원자탄의 투하에 의한 전쟁의 종식은 전후 냉전 시대의 도래를 예고하고 있었고, 현재까지도 세계 평화를 위협하고 있다. 더욱이 한반도에서 원자력을 둘러싼 잠재적 충돌 가능성이 상존하고 있어, 우리로서는 원자력이 더욱 첨예한 관심사가 되고 있다. 한국전쟁에서 트루먼 대통령은 원자탄을 투하하는 방안에 대해서 심각하게 검토했던 것이 자료에서 드러나기도 했다.

1930년대 세계적으로 대공황이 계속되는 가운데, 독일, 일본, 이탈리아 등이 추축국 세력을 확대하면서 국제사회의 정치적인 불안이 심화되고 있었다. 히틀러의 등장을 계기로 파시즘 중에서도 나치즘이 독일 국민의 열렬한 호응을 얻으며 광풍을 몰고 온다. 그리고 이탈리아와 일본의 전체주의, 소련 등의 공산주의 체제 등 자본주의에 대항하는 사상과 정치 체계가 세계를 분열과 혼란에 몰아넣고 있었다. 그리고 역설적이게도 히틀러의 파시즘을 격퇴하기 위해서 영국, 미국, 프랑스의 자본주의 세력과 공산주의의 소련이 불안정하게 손을 잡는 특이한 상황이 벌어진다. 그것이 제2차 세계대전이었다.

1) 히틀러의 집권과 나치즘 광풍

1933년 히틀러가 총리가 된 지 한 달 후, 국회의사당 방화 사건이 발생한다. 네덜란드 공산주의자의 소행으로 밝혀졌고 히틀러는 이를 비상사태 선포의 기회로 이용한다. 1919년에 제정된 바이마르 공화국 헌법의 인권 조항의 대부분을 폐지하는 개정안을 만들어서 의회 방화에 관한 법령을 통과시킨다. 그리고 자신에게 비판적인 세력을 제거하는 사설경찰 조직인 게슈타포를 창설한다. 이후 베르사유 평화협정을 위배해서 독일군 병력을 3배로 확충한다. 나치 반대 정당의 권리를 대폭 제한하고 정적들을 모조리 제거한다. 유대인의 노동권과 참정권 등을 박탈한다.

1934년 힌덴부르크가 사망하자, 그는 이미 구축한 세력을 배경으로 스스로 독일 총통 자리에 올랐다. 유럽에서 파시즘의 절대 권력을 지닌 최강의 독재자의 등장이었다. 그의 목표는 독일을 세계 최고 위상의 국가로 올리는 것이었다. 그 기반 구축을 위해서, 자급자족 경제가 가능하고 급증하는 인구의 삶의 터전을 확보하기 위한 영토 확장을 최우선으로 추진한다. 1930년대 독일의 인구는 7,000만 명이었던 것에 비해서 프랑스의 인구는 그 절반 정도였다. 영토는 동쪽으로의 확장을 의미했고, 폴란드, 체코슬로바키

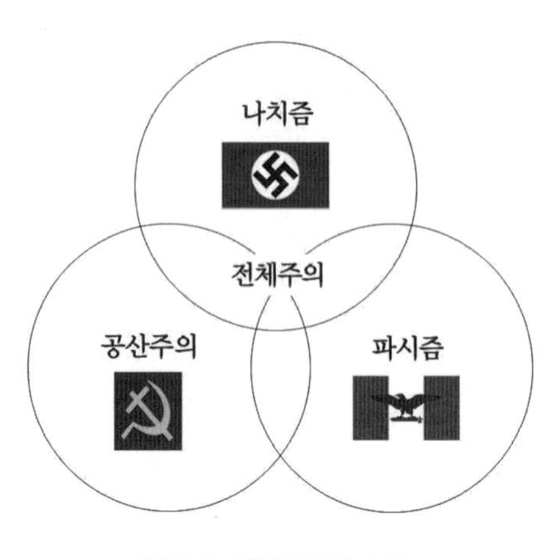

20세기 전체주의의 성격

아, 우크라이나, 소련의 농경지대로 진출하는 것이었다.

히틀러는 독일 국민의 구성을 순수 아리아인으로 한정한다. 독일이 강국의 자리를 빼앗긴 것이 인종의 열성화 때문이라고 보았기 때문이다. 그의 제거 대상은 유대인, 폴란드인, 슬라브인, 집시, 동성애자였고, 여기에 자신의 정적을 포함시켰다. 유대주의, 볼셰비키주의 타도를 강조한 그는 특히 유대인이 자본주의와 공산주의의 핵심 세력으로 세계를 망치고 있으므로 나치의 파시즘에 의해서 이 두 가지 이즘을 타파해야 한다고 믿고 있었다.

추축국의 결성 1936년에 나치 독일은 이탈리아 왕국, 일본 제국과 우호조약을 맺는다. 1939년에는 로마-베를린 추축을 형성한 히틀러와 이탈리아의 베니토 무솔리니(1880-1945)가 군사동맹조약 강철조약을 체결한다. 1940년에는 독일, 이탈리아, 일본이 베를린에서 삼국 동맹조약에 공식 서명한다. 제2차 세계대전에서 연합국과 대적할 추축국이 본격적으로 형성된 것이다. 이들 추축국은 여러 나라를 강제로 끌어들이며, 제2차 세계대전에서 연합군에 대항하게 된다. 전쟁 중 추축국은 유럽, 아시아, 아프리카, 동아시아, 동남아시아 등의 여러 지역을 지배한 때도 있었으나, 전쟁의 패배로 와해되었다. 연합국과 마찬가지로 추축국의 회원국도 유동적이었다.

1930년 말의 국제질서로는 미국과 영국의 참여 없이는 국제질서의 강제력과 단결력을 끌어낼 수 없었다. 프랑스는 제1차 세계대전 종전 후에 체결된 베르사유 조약의 당사국이었다. 히틀러는 제네바에서 열린 비무장 관련 회의에서 독일 대표단을 통해서 프랑스, 미국, 일본, 영국이 비무장 약속을 한다면 독일도 비무장을 하겠다고 제안한다. 그는 그 제안이 거부될 것을 예상하고 있었고, 예상대로 회의는 결렬되었다. 그는 독일 국민에게 회의의 목적이 비무장 논의가 아니라 독일을 억압하려는 것이었다고 선동한다. 그것을 빌미로 1933년 국제연맹을 탈퇴하고, 비무장 관련 회의에서도 탈퇴한다.

1934년 독일은 폴란드와 불가침조약을 맺어 국제사회를 놀라게 했다. 히틀러의 의도는 프랑스의 동맹국 리스트에서 폴란드를 빼고, 프랑스의 군세가 약해진 틈을 타서 동부 유럽으로 진출하려는 것이었다. 히틀러는 1935년 3월 베르사유 조약을 어기고 공군 부대를 창설한다. 영국, 프랑스, 폴란드가 모두 공군을 보유하고 있는 상황에서 자국의 보호를 위해서 불가피하다는 것이 이유였다. 국제연맹은 독일에 항의하지만 제재를 가할 만큼 실행력이 없었다.

1935년 6월에는 앵글로-독일 해군조약이 체결된다. 영국으로부터 해군 창설의 명분을 얻어낸 것이다. 1936년 독일군은 라인 지역으로 진출한다. 이 사실은 국제연맹에 보고되었지만, 역시 연맹은 아무런 제재 조치를 취하지 못했다. 이렇듯 국제연맹의 무기력한 대응이 거듭되면서, 베르사유 조약은 공식적으로 파기 국면으로 들어간다. 예를 들면 유보트는 제1차 세계대전에서 독일 해군 잠수함으로 위력을 떨친 전력이 있었고, 1919년 베르사유 조약에 의해서 독일의 잠수함 건조는 금지되었다. 그러나 히틀러는 이를 무시하고 유보트의 건조를 재개한다. 그리하여 독일은 양차 세계대전에서 총 1,158척의 잠수함을 건조했고, 연합군의 전함, 항공모함, 구축함과 상선 5,150척, 총 2,157만726톤을 격침시켰다. 제1차 세계대전 때는 200-300톤 규모였으나, 제2차 세계대전 말에는 1,000톤 이상의 대형 잠수함도 제작했다.

히틀러의 전략과 영국의 대응 히틀러는 자신이 태어난 오스트리아를 비롯하여 유럽 대륙에서 독일어를 사용하는 국가들의 총체적인 통합을 염두에 두고 있었다. 1938년에는 오스트리아를 이렇다 할 저항 없이 합병한다. 국가 재정이 바닥나자, 오스트리아를 병합해서 경제공황에서 벗어나기 위한 의도였다. 이후 300만 명의 독일인이 거주하고 있던 체코슬로바키아의 수데텐으로 진격한다. 체코슬로바키아는 영국과 프랑스가 사태 해결을 도와주기를 기대하고 있었다.

영국 총리 네빌 체임벌린(1869-1940)은 영국이 전쟁에 개입하지 않는 것에 중점을 두었다. 체임벌린은 1936년 9월 두 번 독일을 방문했다. 히틀러가 원하는 조건을 들어주고 타협하기 위해서였다. 그러나 히틀러의 요구는 계속 늘기만 한다. 1938년 9월, 영국, 프랑스, 이탈리아 대표는 뮌헨에 모여서 독일이 더 이상 영토 확장을 시도하지 않는다면 체코슬로바키아의 수데텐 합병을 인정한다는 쪽으로 결론을 낸다. 뮌헨 회의 이후, 체임벌린 총리는 히틀러에게 영국과 독일 양국 간에 평화협정을 맺자고 제안하고 히틀러도 기꺼이 동의한다. 영국으로 돌아온 체임벌린은 뮌헨 협정은 전쟁을 회피하고 평화를 정착시키는 계기가 될 것이라며 국민적 영웅으로 대접받는다.

2) 제2차 세계대전의 전개

독일의 폴란드 침공 제2차 세계대전에서 독일은 첫 단계로 그단스크를 되찾는다는 명분으로 폴란드를 침공한다. 제1차 세계대전 이후의 베르사유 조약으로 빼앗긴 영토를 되찾기 위해서였다. 1939년 1월, 100만 명이 넘는 독일군이 52개 사단으로 나뉘어 폴란드의 북쪽과 남쪽을 침공한다. 영국은 이에 침략 행위를 중단하라는 최후통첩을 보내지만 무시되고, 프랑스, 영국, 호주, 뉴질랜드는 전쟁을 선포한다. 폴란드의 병력은 130만 명이었으나 가진 것이라고는 고철 수준의 낡은 무기와 탱크 몇 대뿐이었다. 한편 독일은 300대의 탱크를 비롯해서 폴란드의 15배가 넘는 기동병력으로 놀라운 속도로 수도 바르샤바를 점령해버렸다.

독일의 체코슬로바키아 침공과 소련의 폴란드, 핀란드 침공 체임벌린 총리의 뮌헨 협정에 대한 기대는 환상이었을 뿐, 1939년 3월 독일군은 폴란드에 이어서 체코슬로바키아로 진군했다. 그리고 그해 8월 23일에 독일은 소련과 상호 불가침조약을 맺었다. 스탈린은 독일과 상호 불가침조약을 맺은 기간 동안 군사력을 키운다는 계산을 하고 있었다. 이런 과정을 거치면서 분명해진 것은 유럽 대륙에 대전쟁의 전운이 짙어지고 있었다는 사실이다.

소련도 곧 군대를 동원해서, 1917년 공산혁명 이전에 러시아에 속해 있던 영토를 회복한다는 명분으로 폴란드를 침공한다. 지정학적으로 독일과 소련 양국에 끼어 있는 폴란드는 제2차 세계대전에서 최악의 액운을 겪은 나라가 된다. 독일과 소련의 양쪽으로부터 침공을 당한 폴란드는 12만 명의 병사를 잃고 13만 명의 부상자를 내며, 10월 6일에 항복하고 만다. 그로써 폴란드는 제2차 세계대전에서 독일의 세 번째 해외 합병국이 된다. 영국과 프랑스는 독일에 선전포고는 했으나 아무런 군사적 행동을 취하지 않았다. 히틀러는 침공을 계속하면서 서방 세계에 전쟁을 원하지 않았다고 궤변을 늘어놓고 있었다.

폴란드 공격 이후, 스탈린은 이웃한 핀란드가 독일의 영향권에 들어갈 것을 우려한다. 그리하여 스탈린은 소련 국경으로부터 20마일 떨어진 레닌그라드를 독일의 침공으로부터 보호한다는 이유를 내세워서 핀란드에 일부 영토를 할양할 것을 요구한다. 핀란드가 이를 거부하자 스탈린은 핀란드의 50배가 넘는 병력과 월등한 전력으로 핀란드로 쳐들어간다. 소련군은 2달 이상 이어지는 강추위에 고전하고, 핀란드군의 매복 작전으로 피해를 입지만, 대열을 재정비하고 작전을 바꾼 끝에 승리를 거둔다. 1940년 3월 소련은 핀란드와 모스크바 평화협정을 체결하고, 승전의 대가로 핀란드 영토의 11퍼센트를 차지했다.

프랑스의 항복, 다이나모 작전 (1940. 5. 26-1940. 6. 4) 폴란드 침공 이후 독일의 다음 공격 목표는 프랑스였다. 독일로서는 1919년 치욕적인 베르사유 조약을 주도한 프랑스에 대한 보복을 벼르고 있었다. 1940년 5월 독일군은 프랑스를 전격 공격하면서, 룩셈부르크, 벨기에, 네덜란드의 베네룩스부터 침공했고 룩셈부르크를 점령했다. 연합군은 독일군에게 완전 포위당하는 궁지에 몰렸고, 이에 영국 원정군이 연합군을 탈출시킬 계획을 세운다.

1940년 5월의 시점에서 연합군 30여만 명은 프랑스의 됭케르크 해안에 발이 묶여 있었다. 5월 26일에 개시된 다이나모 작전에서 영국군은 됭케르크 해안의 지상과 공중에서 연합군을 무차별 공격하고 있던 독일군에 반격을 가한다. 이 해안 지역의 지형은 수심이 얕고 조수간만의 차가 커서 썰물이 되면 독일 군함이 해안 안쪽으로 진입할 수가 없었다. 이때를 틈타 연합군은 수백 척의 소형 민간 보트를 동원해서 영국 해협을 건너가도록 작전을 짠 것이었다.

1940년 5월 27일, BBC 방송은 요트와 모터보트를 대량 확보하기 위한 방송을 내보냈다. 대형선박으로 옮기기 전에 해안에서 병사들을 수송하려면 소형 선박이 필요했기 때문이다. 온갖 종류의 선박 600여 척과 200여 척의 영국 해군 군함이 5월 27일 밤 됭케르크 해안으로 출발한다. 어민들도 구출 작전에 참여하기 위해서 나섰다. 치열한 전투 끝에 6월 4일 다이나모 작전으로 전개된 됭케르크 전투는 종료된다. 연합군의 철수 병력은 전투 장비를 그대로 버린 채 떠나야했고, 철수 장비를 엄호하던 영국 공군의 손실도 컸다. 결국 다이나모 작전의 전투 결과는 프랑스의 함락을 지켜보는 것이었다. 다만 33만8,000여 명의 연합군의 생명을 건진 것이 이 전투의 기적 같은 성과였다.

됭케르크 전투 이후 3주일이 지나서 프랑스군은 독일에 항복하고, 독일군은 파리에 입성한다. 1940년 5월 10일부터 6주일 동안에 독일군은 프랑스, 룩셈부르크, 벨기에, 네덜란드를 점령했고, 6월 말 히틀러는 대규모 병력을 동원해서 유럽 대륙을 점령하게 된다. 이때까지의 전세로 본다면, 독일은 제1차 세계대전 당시 이루지 못했던 유럽 정복의 꿈을 단 35일 만에 달성하고 있었다. 독일군이 파리에 입성하자, 프랑스의 국가 원수 앙리 페탱은 6월 22일 항복을 선언한다. 프랑스 북부 지역은 독일이 직접 통치하고, 남부 지역은 제1차 세계대전의 전쟁 영웅이던 페탱이 통치하는 괴뢰정권 비시 정부가 수립된다. 이때 샤를 드골은 프랑스를 탈출해서 영국에 망명정부를 세우고, 괴뢰정권 비시 정부에 대항하여 활동하게 된다.

1940년 5월 됭케르크 전투와 다이나모 작전을 그린 영화로 2017년에 개봉된 「덩케르크(Dunkirk)」가 있다. 크리스토퍼 놀런이 감독과 각본을 맡아서 아카데미상 시상식에서 여러 부문의 상을 수상한 작품이다. 영국군과 프랑스군이 독일군에게 밀려서 프랑스 해안가 됭케르크에 고립된 후, 육해공에서 펼쳐지는 작전을 그렸으나 극적인 전투 장면은 거의 없는 것이 특징이었다. 영화는 처절한 전투에서의 인명의 탈출과 생존을 다루면서, 시공간을 교차적으로 묘사하며 전쟁터에서의 인간의 고립감과 절박함을 극대화했고, 극심한 혼란 끝에 공동체로서 재건되는 선한 모습을 극적으로 그려냈다는 평가를 받았다.

독일 공군의 영국 본토 공격 (1940. 7. 10–1940. 10. 31) 프랑스의 항복을 받아낸 히틀러의 남은 목표는 영국 침공이었다. 영국에서는 1940년 5월 10일에 체임벌린 총리가 경질되는 변화가 있었다. 그동안 체임벌린은 스탈린과 제휴해서 히틀러를 공격하지 않는다는 비판을 받고 있었다. 1938년 그가 자신의 누이에게 쓴 편지에는 "스탈린과 손을 잡고 히틀러를 제거할 경우 스탈린의 공산주의 세력이 주도하게 될 유럽 대륙의 정세를 우려한다"고 쓰고 있었다. 결국 그는 능력 없는 총리로 물러나고 "결코 포기하지 말라"는 말로 유명한 처칠이 들어선다.

한편 5월 10일 워싱턴 백악관에서 영국의 정세에 대해서 브리핑을 받고 있던 루스벨트는 체임벌린이 물러날 것 같다는 보고에 "영국에서 총리를 할 사람은, 절반은 술에 취해 있긴 하지만 처칠밖에 없다"고 말했고, 루스벨트의 예상대로 그날 처칠이 총리가 된다. 히틀러는 처칠이 평화협정에 서명해주기를 바랐다. 그러나 처칠은 히틀러를 제거해야 한다는 신념으로 망설임 없이 전쟁을 택했다.

파죽지세로 유럽 대륙을 점령한 독일이었지만, 영국은 쉬운 상대가 아니었다. 영국 해협을 건너기가 쉽지 않았고, 영국의 해군력은 여전히 세계 최고이자 최대 규모였기 때문이다. 작전상 히틀러는 공중전에서 주도권을 잡기로 하고 영국 공군보다 우위였던 독일 공군을 투입한다. 이때 독일 전투기는 2,600대였고, 영국 전투기는 700여 대였다. 그러나 영국군은 막강한 방어 전력인 레이더를 보유하고 있었다. 남쪽과 동쪽 해안에 배치한 레이더의 안테나 기둥은 120마일 떨어진 곳의 전투기의 위치, 방향, 높이, 수 등의 정보를 정확히 제공할 수 있었다. 이들 정보는 전투기 사령부에 전송되고, 사령부는 적기의 출현과 위치를 파악해서 가장 가까운 거리에 있는 비행장에 출동 명령을 내릴 수 있었다.

1940년 7월 10일, 독일 공군은 영국 상공을 공격하기 시작한다. 우선 목표는 영국 공군 부대와 전투기 생산 공장의 폭격이었다. 영국군은 일부 부대가 공격을 받기는 했지만, 비장의 레이더 무기 덕분으로 독일 전투기 46대를 격파할 수 있었다. 8월 15일 독일은 최대 규모의 공격을 재개했고, 이 공격으로 영국 전투기 42대가 파괴된다. 이후 12일 동안 치열한 공격이 계속되면서 영국군의 전사자가 속출하고 공군 비행장의 파괴도 심해진다.

이 상태로 전세가 계속되었더라면 독일군은 영국 본토의 공략에 성공했을 것이었다. 그러나 8월 24일에 전세는 역전되기 시작한다. 독일의 폭격기 조종사들이 방향을 잃는 바람에 실수로 런던을 폭격했고, 다음 날 영국군이 폭격기 81대를 동원하여 베를린에 보복 공격을 가했다. 격노한 히틀러는 9월 7일 런던 폭격을 계속했고 450명의 사망자가 발생한다. 이어서 1주일 후인 9월 15일 총공세를 펼친 독일군에게 재정비를 마친 영국군이 반격을 했고, 이 공중전에서 독일 전투기 61대가 격침됨으로써 독일은 10월 31일 폭격을 중단하게 된다.

히틀러의 소련 침공, 바르바로사 작전 (1941. 6. 22–12. 5) 독일과 소련은 제2차 세계대전 발발 이전인 1939년 8월 불가침조약을 맺었던 사이였다. 독일의 원래 목적은 소련을 침공해서 동방으로 진출하는 것이었다. 히틀러는 영국 본토 공격에 실패한 후, 동부전선인 소련으로 눈을 돌린다. 히틀러는 공산주의를 경계하고 비난하고 있었다. 그에게 있어 소련과의 전쟁은 두 가지 이데올로기 사이의 전쟁이었다. 즉 20세기에 출현한 나치즘과 19세기에 출현한 공산주의 중 어느 쪽이 승리할 것인지를 겨루는 결전이었다.

또한 이 작전은 독일이 소련의 풍부한 천연자원을 확보할 수 있는 절호의 기회이기도 했다. 이런 목적으로 감행된 것이 바르바로사 작전(Operation Barbarossa)이었고, 400만 명의 독일군과 3,000대의 독일 전투기가 소련과 일대 결전을 벌이는 히틀러의 한판 도박이었다. 작전명 바르바로사는 신성로마 제국의 프리드리히 1세의 별명에서 따온 것이었다.

소련 역시 병력에서는 세계 최대 규모였고, 2만 대의 압도적인 탱크 부대를 보유하고 있었다. 독일에 비해서 무기체계가 낡기는 했지만 대비는 철통같았다. 1941년 6월 22일 바르바로사 작전의 개시에서 독일군은 공중과 지상에서 우위를 보인다. 불과 이틀 만에 50마일 이상의 거리를 진군하고, 7월에는 모스크바에서 수백 마일 떨어진 스몰렌스크까지 진격했다.

한편, 남쪽 우크라이나 키예프로 진군하던 독일군은 고전하고 있었다. 히틀러는 북쪽에 있던 군을 투입해 지원하는 계획을 세웠으나, 이는 최악의 작전이 되어버린다. 스탈린은 굴라크 노동 수용소에서 차출한 병력을 끝없이 충원했고, 곧 스몰렌스크에서 반격이 시작되었기 때문이다. 이때 소련의 병력 규모는 무려 1,600만 명이었고, 신형 무기로 T-34 탱크가 등장했다. 소련군의 탱크는 독일군의 것보다 속도가 더 빨랐다. 북쪽에 잔류하던 독일군은 레닌그라드를 포위했지만 점령하지는 못했다. 식량난에다가 11월의 강추위로 1만1,000여 명 이상이 죽어서 병력이 약화되었기 때문이다.

1941년 12월에는 하루에 3,700명꼴로 독일군 전사자가 나온다. 설상가상으로 소련의 혹독한 겨울 추위 속에서 전염병까지 번진다. 병사들의 몸에는 이가 득실거렸고, 발진티푸스의 창궐로 병사들이 줄줄이 죽어나갔다. 이질에 걸린 병사들은 하루에 20번씩 볼일을 봐야 했다. 혹한을 피해서 여름이 끝나기 전에 작전을 종료하기로 했던 당초의 계획이 완전히 빗나간 것이다.

바르바로사 작전에서 진퇴양난에 빠진 독일군의 무기는 꽁꽁 얼었고, 탱크 엔진도 가동이 되지 않았다. 독일군이 공격을 못하고 있는 사이에 스탈린은 병력을 시베리아에서 서쪽으로 전진시켰다. 그리하여 30여 개 사단이 완전 무장으로 진군하고, 독일에 반격을 가하기 시작한다. 몇 달 사이에 100만여 명의 독일군이 희생되고 소련군에 밀려서 계속 퇴각하는 사태가 벌어진다.

바르바로사 작전에서 1941년 소련군은 심각한 피해를 무릅쓰고 12월 모스크바 공방전으로 반격에 나섰다. 반면 겨울에 치르는 전쟁에 취약하고 보급로가 차단된 독일군은 모스크바 진격을 중단한다. 히틀러는 1941년 12월 미국이 참전하게 되자 미군이 유럽으로 출전하기 전에 소련과 싸우는 동부전선에서 한판 승부를 벌이게 된다.

히틀러는 캅카스의 대유전 지대를 점령한다면 소련군의 연료 공급을 차단할 수 있고, 독일군의 연료 부족을 해결할 수 있다고 보고 에르빈 롬멜군과 합류를 시도했다. 그러나 결국 바르바로사 작전에서 소련의 점령이라는 추축군의 목표는 실패로 끝났다. 이 전투에서 소련의 인명 피해는 전사자와 실종자를 합쳐서 290만여 명이었고, 독일 등 추축국(독일, 루마니아, 이탈리아, 핀란드 등)의 인명 피해는 20만 명 정도였다. 바르바로사 작전에서 활약한 소련의 장군은 게오르기 주코프로서, 모스크바 역사박물관 현관 앞에는 그가 말을 타고 있는 동상이 우뚝 서 있다.

제2차 세계대전에는 전쟁 사상 처음으로 살충제인 DDT가 사용되었다. 그 이전의 전쟁에서는 전투로 생명을 잃는 전사자 수보다, 이가 옮기는 티푸스와 말라리아 모기가 옮기는 전염병 때문에 죽는 전사자의 수가 더 많았다는 것이다. DDT의 사용 효과는 예컨대 스리랑카의 경우 1946년 말라리아 발병이 280만 명이었던 것이 1961년에는 수백 명으로 줄어든 것에서 알 수 있다. 그러나 이런 경이적인 기여에도 불구하고, DDT가 자연계에 잔류하여 먹이사슬을 교란시킨다는 사실이 밝혀지면서 1970년대부터 생산과 사용이 금지된다.

스탈린그라드 전투 (1942. 8.21-1943. 2. 2)

모스크바 전투에서의 소강

상태를 만회하고 에너지를 확보하기 위해서 히틀러는 스탈린그라드를 공격한다. 스탈린에게 이 도시는 특별한 의미가 있었다. 러시아 내전 당시 백군의 공세로부터 그 당시 명칭인 짜리친을 방위한 공적이 있었고, 그후 스탈린의 산업화 추진에서 각종 산업 시설의 설치로 급속히 개발되면서 1925년에는 스탈린그라드라는 새로운 명칭까지 선물로 받았기 때문이다.

한편 히틀러에게는 스탈린그라드가 중요한 전략기지였다. 카스피 해와 북부 러시아를 잇는 수송로인 볼가 강의 주요 산업도시였고, 캅카스로 전진하는 독일군 좌익의 안전을 보장할 수 있었기 때문이다. 더욱이 스탈린의 이름이 붙은 도시를 점령한다는 것은 선전 효과에서도 상징성이 컸다. 히틀러는 총을 들 수 있는 사람이면 모조리 스탈린그라드로 결집시키라고 지시한다. 그리하여 1942년 8월 21일부터 다음 해 2월 2일까지 스탈린그라드에서 처참한 시가전과 소련군의 반격 작전이 아수라장을 이룬다.

이 전투는 제2차 세계대전의 획기적인 전환점이었다. 추축국(독일, 이탈리아, 루마니아, 헝가리 등)의 사상자가 약 85만 명, 소련군의 사상자가 약 113만 명으로 총 200만 명의 사상자를 내면서 역사상 가장 참혹한 전투로 기록되었다. 독일군과 추축국 군대의 스탈린그라드 포위에 이어 이후 소련군의 반격이 벌어지면서, 이 시점을 전환점으로 소련군의 전투력이 향상되고 독일군과 대등한 전력을 갖추게 된다. 스탈린그라드는 현재 볼고그라드로 도시명이 바뀌었다.

일본의 진주만 공격과 미국의 참전 제2차 세계대전에서 일본은 독일, 이탈리아와 함께 동맹을 결성한 추축국의 일원이었다. 일본은 이미 1931년 9월 관동군이 만주를 병참 기지로 만들고 만주를 불법 침략한 바 있었고, 청나라의 마지막 황제인 푸이를 옹립해서 괴뢰국인 만주국을 세웠다. 이는 일본 제국의 중국 대륙 침략의 시작이었다. 한편 남아시아에서는 인도차이나 반도까지 점령하고 있었다. 이런 연유로 제2차 세계대전은 실질적으로 1932년부터 시작되었다고 보는 시각도 있다.

진주만 공습의 폭발 장면(1941)

또한 일본이 동아시아로의 세력 확장을 시도하는 가운데 미국은 일본에 대한 군수품 보급을 거부하고 있었다. 일본의 침략을 저지하기 위해서 석유 수출을 금지하고 자산을 동결하는 등 경제적인 압박도 가하고 있었다. 그 과정에서 1941년 내내 협상이 진전을 이루지 못하게 되자, 일본은 그들의 세력 확장에서 미국과의 전쟁이 불가피하다고 판단한다. 그해 11월 말 일본 함대와 수송선단을 태평양으로 옮기는 중에 교전이 임박했다는 소문이 돈다. 이때 군사 전문가들은 일본의 공격 목표가 필리핀이라고 예상하고 있었다.

그 예상을 깨고 1941년 12월 7일 일본은 미국 하와이의 진주만 해군기지를 선전포고도 없이 기습적으로 폭격한다. 이튿날 루스벨트 대통령은 의회 소집을 요구하고, 4시간 만에 미국의 참전을 의결된다. 이른바 태평양 전쟁의 시작이었다. 12월 11일에는 독일과 이탈리아가 미국에 선전포고를 했다. 일본은 태평양 전쟁 개전과 동시에 싱가포르에서 영국군을, 필리핀에서 네덜란드군을 항복시켰다. 그러나 주요 전장인 중국 전선에서는 교착상태였다. 1942년 1월 일본 총리 도조 히데키는 대동아 공영권 건설 계획을 발표한다. 일본의 남진 목적은 전략 물자의 확보였고, 유럽을 대체하는 식민지의 정복이었다.

일본의 진주만 기습 공격은 마이클 베이 감독의 「진주만(Pearl Harbor)」으로 영화화되었다. 영화 속 주인공들은 하와이의 육군 항공대 소속 파일럿으로, 영국 본토에서의 항공전에 참전하고 돌아온다. 하와이로 복귀한 뒤 평화로운 일요일을 보내던 중 일본의 날벼락 기습 공격을 받는다. 이로 인해서 수많은 병사들이 목숨을 잃고, 패닉에 빠진다. 미국은 지미 둘리틀(1896-1993) 중령을 필두로 엘리트 육군 조종사를 총출동시켜 일본에 대응한다. 1942년 4월 12일 도쿄, 나고야, 오사카 등 주요 도시를 집중 폭격했고, 이후 미국은 태평양 전선을 시작으로 연합군에 합류해서 유럽 전선에도 직접 참전한다.

쿠르스크 전투 (1943. 7. 5-7.15) 쿠르스크 전투는 독일군이 동부전선에서 시도한 마지막 대(大)전차전 공세였다. 1939년 9월 1일 폴란드 침공에 이어서 1940년 6주일만의 프랑스 정복에서 히틀러는 전차 중심의 기갑부대를 집중 투입하는 전격전으로 유럽을 장악했다. 그러나 독일군은 1940년 영국 본토를 공격한 항공전에 패한 뒤, 1941년 6월 22일 400만 명의 추축국(독일, 핀란드, 루마니아 등) 군사가 벌인 바르바로사 작전으로 우크라이나와 벨로루시를 휩쓸고, 1941년 겨울 모스크바와 레닌그라드에 근접했으며, 1942년 유전 지대인 코카서스 지역으로 진출했다.

그러나 이후부터는 독일군의 전세가 기울기 시작한다. 시베리아에서 제조한 무기와 미국의 지원이 들어오고 군기를 다잡은 소련군은 1942년 여름 스탈린그라드에서 독일군을 곤경에 빠뜨린다. 1943년 2월 스탈린그라드에 포위된 독일군은 20만 명 이상이 전사하고 잔여 병력 10만 명은 소련의 포로가 된다. 5월에는 튀니지에서 전투를 벌이던 독일군과 이탈리아군 23만 명이 연합군에 항복하면서 북아프리카 전투에서도 패한다.

상황이 급박해진 히틀러는 전세를 역전시킬 전투를 구상한다. 소련의 기세를 확실히 제압할 수 있는 전선을 찾은 끝에 쿠르스크가 선정된다. 이 지역은 북쪽의 오렐과 남쪽의 벨고로드 사이에 독일 진영으로 튀어나온 돌출 지형이었다. 남북 250킬로미터, 동서 160킬로미터에 이르는 쿠르스크에는 소련군의 26퍼센트와 기갑전력의 46퍼센트가 집중되어 있었다. 이를 궤

멸시켜서 전쟁의 주도권을 되찾는다는 야심으로 그는 프랑스 침공 작전을 설계한 에리히 폰 만슈타인 원수와 작전을 짠다. 그러나 시기를 놓고 의견 차이가 생긴다. 만슈타인은 조속히 공격을 개시해야 한다고 했고, 히틀러는 시간보다는 전력 강화에 신경 써서 준비를 철저히 해야 한다고 주장했다. 소련의 T-34 전차를 능가하는 성능이지만 당시 양산이 늦어지고 있던 강력한 티거(Tiger)와 판터(Panther) 전차, 페르디난트(Ferdinand) 자주포 등을 대량 투입하면 전세를 역전시킬 것이라고 믿었기 때문이다.

결국 히틀러의 뜻대로 쿠르스크 공격을 위한 성채작전(Operation Citadel)은 1943년 5월에서 6월로, 그리고 다시 7월로 연기된다. 그 사이 시간을 벌게 된 소련군은 쿠르스크 전 지역을 지뢰밭으로 만들고 대전차 장애물과 대전차포로 방어망을 겹겹이 쌓았다. 7월 5일 80만 명의 독일군이 전차 2,500대, 포 7,500문, 항공기 2,500대를 이끌고 쿠르스크 돌출부에서 진군해 들어온다. 이에 맞서 소련군은 전차 3,600대, 포 2만 문, 항공기 2,800대로 무장한 130만 명으로 대항한다. 북부의 독일군은 겨우 10킬로미터가량 전진한 뒤 막심한 피해를 입고 5일 만에 공격을 중단한다. 반면 소련군은 전쟁을 치르는 동안 전력과 병력의 사기가 오히려 높아지고 있었다.

돌출부 남쪽에서는 정예 무장친위대(SS) 기갑사단이 소련군의 방어선을 뚫고 30킬로미터가량 진격한다. 그러나 돌출부의 중앙인 쿠르스크에는 도달하지 못하고 쿠르스크로 연결되는 중부 러시아의 작은 마을 기차역인 프로호로프카를 공격하게 된다. 결국 독일군은 동부전선 기갑전력의 70퍼센트를 집중 배치하고도 쿠르스크 돌출부의 절단에 실패했고, 7월 13일 히틀러의 작전 취소 명령으로 그동안 확보했던 지역을 내주고 원래 위치로 복귀한다. 소련군은 사기와 전력이 약화된 독일군을 반격하며, 1943년 8월까지 중부 러시아의 요충지를 탈환하고 우크라이나로 진격하게 된다.

쿠르스크 전투는 시기를 놓쳐서 실패한 작전이었다. 히틀러가 집착했던 신형 전차는 기대만큼 생산되지도 못했고, 전장에서 위력을 발휘하지도 못했다. 티거와 같은 신형 전차가 투입되기는 했으나 판터 전차는 트랜스미션 등의 기술적 결함으로 싸워보지도 못하고 다량 폐기해야 했고, 둔탁하고 무거웠던 페르디난트 자주포는 퇴각하면서 파괴해야 했다. 이 전투는 독일군 전차 200여 대와 소련군 전차 600여 대가 승패를 가르는 전차전이었다. 3제곱킬로미터에 불과한 이 지역에 불에 탄 전차 수백 대의 잔재가 남는다. 숫자로만 보면 독일군 전차는 40여 대가 손실되었고 소련군은 300-500대가 손실되었다. 그러나 독일군은 앞으로 나아갈 수 있는 물자와 병력이 없었고, 이후 소련의 물량 공세에 맞설 기력을 잃게 된다.

노르망디 상륙 작전 (1944. 6. 6) 동부전선에서 독일군과 싸우던 소련군은 연합군에게 서부에서 제2 전선을 구축할 것을 요청했다. 스탈린은 일찍부터 제2 전선 구축을 요구했으나, 그의 뜻대로 되지 않았다. 당시의 빅3, 즉 루스벨트, 처칠, 스탈린 사이의 관계는 서로 신뢰하지도 않았고, 국익 우선의 입장에서도 미묘한 관계였기 때문이다. 노르망디 상륙작전도 당초 1943년 7월로 예정했다가 지연된 것이었다.

스탈린의 요구도 있었으나 연합군으로서도 프랑스의 군부대를 상륙시켜서 독일을 양쪽에서 압박하는 것이 유리할 것이라고 판단한다. 1944년 6월 6일 프랑스 북부 해안에 상륙하는 노르망디 상륙 작전이 전개된다. 아이젠하워 대장을 사령관으로 하는 연합군은 북부 프랑스 노르망디로 향한다. 노르망디는 가파른 절벽에다가 조수간만의 차이가 커서 독일군이 상륙하기가 어렵고 수비가 허술하다는 이유로 선택된 곳이었다.

'오버로드'라는 암호명의 노르망디 상륙 작전은 12개 기갑사단을 포함한 39개 사단의 287만 명 병력, 항공기 1만2,000대, 함정 5,300여 척 등을 투입하는 제2차 세계대전 최대 규모의 작전이었다. 그리고 제2차 세계대전의 전세를 역전시킨 결정적인 전투였다. 작전은 우선 공수부대가 노르망디에 투입되고, 공군의 대규모 폭격과 해군의 지원 사격으로 전개된다. 당시 연합군에는 미국, 영국, 캐나다, 자유 프랑스군을 중심으로, 폴란드 서부군, 벨기에, 체코슬로바키아, 그리스, 네덜란드의 파견군이 참여했고, 호주와 뉴질랜드의 공군, 그리고 노르웨이의 해군이 지원했다.

연합군 측은 무전송신으로 파 드 칼레 지역을 상륙 지점인 것처럼 위장하는 전술을 펴고, 해군 기동연습 등의 연막전술로 독일군을 속인다. 독일군은 강제 징집된 병사와 포로 중에 의용군으로 자원한 병력이 많아서 결속력이 떨어졌다. 지휘관들의 작전 전략도 일사불란하지 않았다. 아프리카에서 명성을 떨친 '사막의 여우' 에르빈 로멜(1815-1898) 장군의 작전도 별 위력이 없었다. 이미 허위 정보에 휘둘리며 지쳐 있던 독일군의 허를 찌르면서 연합군은 유타, 오마하, 골드, 주노, 소드 등 노르망디의 5개 지역의 해안으로 진군한다. 미군은 유타와 오마하의 상륙을 맡았고, 영국군은 소드와 골드 지역을 맡았다.

오마하 해변에 상륙한 미국 보병 사단은 독일군의 최정예 3보병사단으로부터 완강한 저항 공격을 받았다. 이 때문에 가까스로 독일 방어선을 뚫기는 했지만, 거기서만 5,000여명의 사상자가 발생한다. 상륙작전에서 교두보를 구축한 연합군은 용기병 작전을 펼치면서 프랑스를 수복하기 위한 공세에 들어간다. 1944년 8월 25일 자유 프랑스군 제2 기갑사단을 선봉으로 연합군이 공격해서 들어가고 레지스탕스가 궐기하면서 파리는 드디어 히틀러의 압제로부터 해방된다. 곧이어 자유 프랑스 정부가 파리로 돌아와서 프랑스 공화국 임시정부를 설립하게 된다.

노르망디 상륙 작전을 소재로 한 영화 중에는 스티븐 스필버그 감독이 연출한 「라이언 일병 구하기(Saving Private Ryan)」가 유명하다. 줄거리는 제2차 세계대전 중 뉴욕의 닐란드 가의 4형제 가운데 3명이 노르망디와 미얀마 전선에서 전사하자 종군 목사 프란시스 샘슨을 파견하여 마지막 1명을 구출했다는 실화에서 소재를 얻은 것이다. 스필버그의 영화에서는 4형제가 모두 제2차 세계대전에 참전해서 3형제가 전사하고, 마지막 남은 막내 제임스 라이언 일병을 찾아서 귀가시키라는 특명을 받은 밀러 대위가 작전을 수행하는 과정을 그렸다. 영화 속에서 밀러 대위는 라이언 1명을 구하기 위해서 8명의 특공부대원이 생명을 무릅써야 하는지에 대한 갈등 속에서 대원들을 설득해나간다. 그들은 우여곡절 끝에 라이언을 찾아내지만 라이언은 임무를 수행하는 도중에 혼자 빠질 수 없다며 귀환을 거부한다. 이에 특공대는 라이언과 함께 임무를 성공적으로 수행하고, 밀러 대위는 장렬하게 전사한다. 카메라는 총탄이 빗발치고, 포탄으로 잘린 몸으로 땅바닥을 기고, 팔이나 다리가 순식간에 날아가는 병사들의 모습을 담았다. 영화 초반의 전투 장면은 영화사상 가장 리얼한 전쟁 묘사로 기념비적이라고 평가된다.

히틀러의 '홀로코스트' 제2차 세계대전을 다루면서 '홀로코스트'를 빼놓을 수는 없다. 이 단어의 어원은 고대 그리스로 거슬러올라가는데 '신에게 동물을 태워서 제물로 바친다'는 뜻이다. 홀로코스트의 참상은 1978년 TV 미니 시리즈 「홀로코스트(Holocaust)」가 방영되면서 널리 알려지게 되었다. 독일 나치당과 히틀러는 독일 제국과 그 점령 지역(현재 기준으로 35개국)에서 유대인, 폴란드인, 슬라브족, 집시, 동성애자, 장애인, 정치범 등 1,100만 명의 민간인과 전쟁포로를 학살했다. 그중 유대인이 600만여 명으로, 유럽에 거주하고 있던 유대인 900만 명 중에서 3분의 2를 학살한 것이다.

이러한 조직적인 살인은 4만여 개의 시설에서 이루어졌다. 1942년에는 아우슈비츠 등 5개의 수용소가 집단학살 수용소로 지정되었고, 그곳에서 유대인 학살 계획을 행동에 옮겼다. 이들 수용시설에서는 끔찍한 인체 실험도 진행되어, 사람을 고압력의 방이나 얼음 방에 집어넣는 실험, 아이들의 눈에 염색약을 주사한 뒤 눈 색깔을 바꾸는 실험 등을 비롯해서 잔인한 외과 실험을 숱하게 자행했다. 실험 후에 살아나면 거의 즉시 살해해서 해부했다.

1939년 12월, 나치는 가스를 이용해서 다중 살인을 하는 새로운 방식을 도입한다. 초기에는 죽일 사람들에게 도랑을 파게 하고 그 안에 그 사람들의 시신을 겹겹이 포개다가, 시간이 오래 걸리자 독가스로 대량 살인을 하게 된다. 가스 실린더를 장착한 100명 수용의 대형 차량을 제작했고, 다시 가스실로 규모를 더 키웠다. 화물 열차에 실려서 집단 학살 수용소로 이송되는 과정에서 다수의 수용자들이 죽어나갔고 살아남은 사람들은 가스실에서 처형되었다.

나치의 대량 학살은 단계적으로 진행된다. 이미 제2차 세계대전 이전인

1935년에 뉘른베르크법 등 유대인을 사회로부터 배제시키는 법령을 제정했다. 집단 수용소를 지은 후에는 수감자를 각종 노역에 동원했고, 그 과정에서 대부분 과로사나 병사를 했다. 동유럽의 점령지에서는 불법 무장 단체가 100만 명 이상의 유대인과 정치사범을 총살하기도 했다.

히틀러는 『나의 투쟁』에서 프리메이슨이 유대인들에게 복종해왔고 상류계층을 프리메이슨으로 끌어들였다고 비난한다. 1930년대 중반 나치 독일은 프리메이슨을 큰 위협이라고 보고, 히틀러 집권 후에는 프리메이슨을 불법화하고 탄압을 가한다. 프리메이슨에게서 훔친 물건들로 독일 전역에서 프리메이슨 반대 전시회가 열리기도 했다. 당시 약 8만 명의 메이슨이 유럽 전역에서 살해된 것으로 추정되고 있다.

1990년대 영화 「쉰들러 리스트(Schindler's List)」는 1,100명의 폴란드 유대인들의 목숨을 구한 나치 당원 사업가 오스카르 쉰들러(1908–1974)에 관한 이야기로, 나치의 잔인한 광기에 희생당한 유대인들의 처절한 이야기를 객관적이며 사실적으로 그려냈다. 토머스 케닐리의 논픽션 소설을 스필버그 감독이 흑백영화로 제작한 이 영화는 1993년 아카데미 작품상과 감독상 등 7개 부문을 휩쓸었다. 종전 후, 쉰들러가 살려낸 유대인들은 전범으로 몰리게 된 쉰들러를 구하기 위해서 모두의 서명이 담긴 진정서를 작성해 그에게 전한다. 또한 그들은 자신들의 금이빨을 뽑아서 반지를 만들어 그에게 전달했는데 그 반지에는 "한 생명을 구한 자는 전 세계를 구한 것이다"라는 탈무드의 경구가 새겨져 있었다. 반지를 받은 쉰들러는 더 많은 사람들을 구하지 못한 것을 가슴 아파하며 눈물을 흘린다.

1944년 히틀러 암살 미수사건 히틀러는 43차례의 암살위기를 겪고 살아남았다. 히틀러는 스탈린그라드 전투에서의 패배, 노르망디 상륙 작전의 실패로 하늘을 찌르던 권세에서 수세에 몰리게 된다. 상황이 그렇게 되자, 내부에서 히틀러를 암살하고 전쟁을 빨리 끝내려는 세력이 움직이기 시작한다. 비밀조직 '검은 오케스트라'가 히틀러를 암살하고 반란이 일어날 것에 대비하는 비상계획 발키리 작전을 짜고, 쿠데타를 시도한다. 히틀러 암살 계획의 주인공은 클라우스 폰 슈타우펜베르크(1907–1944) 대령이었다. 그는 처음에는 히틀러를 존경했다. 그러나 유대인 탄압 등 극도의 광란적 만행을 지켜보면서 히틀러 암살 작전을 주도하게 된다.

1944년 7월 20일, 슈타우펜베르크 대령은 프로이센 라스텐부르크(현재 폴란드 켕트신)의 총통 지휘소에서 히틀러와 군 수뇌부가 전략회의를 하는 회의실에 참석해서 폭탄 가방을 히틀러 옆에 두고 빠져나온다. 폭탄이 터지면서 암살 작전이 성공할 것으로 믿었으나, 히틀러는 경상만 입고 살아남았다. 대령과 공모자들은 그날 밤 붙잡혀 처형당한다. 이 사건을 영화화한 것이 브라이언 싱어 감독, 톰 크루즈 주연의 영화 「작전명 발키리(Valkyrie)」이다. 사건 직후 대대적인 수사가 벌어지고 관련자 2,000명이 처형되고 5,000명이 수용소에 감금된다. 로멜 장군도 가담 혐의를 받고, 히틀러의 강요대로 음독자살로 생을 마감한다.

2007년 7월 20일에는 슈타우펜베르크 대령이 주도한 히틀러 암살 미수 사건을 기념하는 행사가 베를린에서 열렸다. 독일의 전 총리 헬무트 콜과 독일군 신병 450명이 슈타우펜베르크가 처형당한 국방부 내의 기념비 앞에서 모인 자리에서 콜 총리는 이렇게 말했다. "그 당시 히틀러의 암살 시도 사건은 군인들에게 절대복종보다 더 중요한 것이 있음을 가르쳐 주었다", "히틀러에 저항한 옛 기억은 독일의 젊은 세대가 평화 통일의 유럽을 건설하는 데 영감을 줄 것이다." 그때 가담자 중 유일한 생존자였던 필리프 폰 뵈제라거 남작은 "슈타우펜베르크 대령은 지금 세대에 와서야 비로소 영웅이 되었다"라고 술회했다.

독일의 패망을 앞당긴 벌지 전투 제2차 세계대전에서 나치 독일이 서부전선에서 벌인 최후의 반격이 1944년 12월 16일에 개시된 벌지 전투였다. 벌지는 독일 기갑사단의 기습 진격으로 전선의 형태가 주머니처럼 볼록해졌다는 뜻에서 미군 측이 붙인 별명이었다. 전투가 주로 벨기에 아르덴에서 벌어졌다고 해서 '아르덴 전투'라고도 한다. 히틀러의 망상적인 오기로 작전을 입안한 것은 서부 전역사령부 게르트 폰 룬트슈테트 원수였다. 당시 1944년 말은 연합군이 노르망디 상륙전으로 전세를 역전시켰고 나치는 동부전선의 러시아까지 상대하느라 기세가 꺾였던 때였다.

그러나 보급로 확보를 위한 9월의 연합군 작전이 실패한 틈을 타 히틀러는 반전의 기회라고 오판을 한다. 독일군은 겨울철 숲의 짙은 안개로 부대 이동을 은폐하고 연합군 공군의 폭격을 피하기 위해서 12월까지 기다렸다가 전투를 시작했다. 서부전선을 지키고 있던 미군은 초기에 큰 피해를 입는다. 그러나 아이젠하워의 독자적인 판단으로 전력을 즉각 이동 배치해서 대대적으로 반격을 가한다. 독일군은 연료와 탄약도 부족한 상태에서 밀리기 시작했고, 1945년 1월 25일에 전투가 종료된다. 미군 측은 전사자 1만 9,000여 명, 부상자 4만7,000여 명, 포로와 실종자 2만5,000명의 피해를 입었다. 독일군은 전사자 1만5,000명, 부상자 4만5,000명, 포로와 실종자가 2만8,000명 이었다. 벌지 전투의 패배로 히틀러의 패망은 6개월 앞당겨진다.

히틀러의 자살과 독일의 패망 (1945. 5. 2) 1945년 1월, 소련군은 폴란드에서 공세를 시작해서 독일 본토로 진격하고, 동프로이센을 공격한다. 2월 4일, 미국, 영국, 소련의 정상은 얄타 회담에서 모여 종전 후 독일 점령에 동의하고, 소련은 일본 공격에 나설 것이라고 약속한다. 2월 소련은 실레지아 등을 공격하고, 영국과 미국의 연합군은 라인 강으로 진격한다. 소련의 '붉은 군대'는 헝가리와 오스트리아를 휩쓸면서 베를린으로 진입한다. 3월 연합군은 라인-루르의 북부와 남부를 점령했다.

1945년 4월, 소련군은 베를린까지 들어온다. 그리고 나치 독일을 몰락시킨 베를린 전투가 벌어진다. 연합군은 이탈리아 침공에 성공하고, 4월 러시아군과 미군은 엘베 강에서 만났고 베를린 포위에 성공한다. 독일군은 이탈리아에서 4월 29일 항복한다. 1945년 4월 30일, 히틀러는 피신처이던 지하 벙커에서 연인 에바 브라운과 전날 결혼식을 올린 뒤 동반 자살한다. 그는 죽기 전에 부하들에게 시체를 불태우라고 명령했고, 그의 말대로 부하들은 그의 시신을 담요에 싸서 비밀출입구로 이송하여 구덩이에 넣은 뒤 석유를 뿌려서 불태웠다. 히틀러가 죽고 베를린 전투에서 소련에게 패하자, 독일은

1945년 5월 2일 공식적으로 소련에게 항복을 선언했고 유럽 전선의 전투는 끝이 난다.

5월 7일 독일 국회의사당을 방어하던 독일군은 투항하고 연합군이 제시한 대로 무조건 항복의 조건을 수용한다. 5월 7일 랭스에서 항복 문서에 서명이 이루어진다. 신임 총리는 대제독 카를 되니츠(1891–1980)였다. 1945년 5월 8일 독일의 항복으로 유럽에서의 제2차 세계대전은 막을 내린다. 이후 연합군의 공격 대상은 일본 제국이 된다.

영화 「다운폴(The Downfall)」은 제2차 세계대전의 원흉인 히틀러가 자살하기 전 10일간의 행적과 심리를 묘사하며 나치 독일의 몰락을 그린 작품이다. 이 영화는 1941년부터 히틀러의 비서로 일한 트라우들 융게의 증언으로 시작된다. 소련의 베를린 입성이 임박한 상황에서 베를린의 총통 관저 방공호로 대피한 히틀러는 모두가 독일의 패망이 시간문제라고 보고 있었으나, 여전히 끝까지 싸워야 한다며 작전을 밀어붙인다. 당시 베를린에는 100만여 명의 독일군이 주둔해 있었으나, 대부분 '히틀러 유겐트'라는 어린 아이들이었다. 총기도 제대로 갖추지 못한 일반인도 끼어 있었다. 반면 소련군은 250만 명 이상의 병력이 기갑차량과 항공기를 가지고 있었다. 1944년 히틀러의 생일날 소련의 폴란드 폭격에 이어서 1945년 독일의 항복으로 이어지는 히틀러의 자살로 나치의 역사는 몰락한다.

무솔리니의 파시즘 무솔리니는 1922년 이탈리아 왕국의 총리가 되어, 초기에는 습지 개간 등 공공사업과 대중교통 기반시설 확충 사업으로 일자리를 만들고 경제를 살렸다. 그러나 그의 광기어린 독재는 1936년 이후 자신에게 "정부 수반이자 파시즘의 두체이며 제국의 설립자이신 불세출의 베니토 무솔리니"라는 공식 칭호를 쓰도록 했고, '블랙셔츠'라는 친위대를 만들었다.

그는 국가주의, 협동조합, 노동공산주의, 팽창주의, 사회진화론, 반공주의 등 온갖 정치 이념들을 다 끌어다가 이탈리아 파시즘을 만들었다. 그리고 공산주의자들의 체제 전복 시도를 차단하기 위해서는 검열 제도를 강화해야 한다고 선전한다. 무솔리니는 청년 시절 병역을 기피하려고 스위스로 이민을 갔다가 망명 중이던 레닌을 만난 적도 있었다.

무솔리니는 1936년 말 이집트를 점령하려다 여의치 않자, 에티오피아를 침략했다. 그리고 로마와 베를린을 잇는 추축의 결성을 선언하고, 독일과 일본이 1936년에 체결한 반(反)코민테른 협정에 참여했다. 이후 1939년 독일과 이탈리아는 군사적, 정치적 동맹을 목적으로 하는 강철조약을 체결하고, 1940년 9월에는 독일, 이탈리아, 일본 사이의 3국 조약을 체결한다.

무솔리니는 프랑스가 나치 독일에게 함락되는 것을 보고 독일에 협력하는 전투에 적극 가담한다. 1940년 6월 프랑스와 영국에 선전포고를 한 뒤 알프스 국경에 30개 사단을 동원할 수 있도록 대비한다. 프랑스 남동부를 공격하지만 성과는 미미했다. 독일의 프랑스 함락이 임박한 1940년 6월 미국이 영국에 전쟁 물자를 지원하기 시작하고 1941년 미국이 직접 참전하게 되면서, 연합군의 유럽 재탈환 작전이 전개되고 독일, 이탈리아, 일본의 3국의 전황은 어려워진다.

무솔리니는 전세에 대해서 국민을 속이고 있었다. 그러나 라디오를 통해서 궁지에 몰리고 있음이 알려지면서, 1943년 7월 이탈리아 파시스트당의 대평의회는 무솔리니의 탄핵안을 의결한다. 국왕 비토리오 에마누엘레 3세는 무솔리니를 체포하고 새로운 정부를 구성할 것을 지시했다. 무솔리니가 몰락하자 미국의 군부와 정치권은 이탈리아 전투를 지지하게 되고, 1943년 9월 연합군은 이탈리아 시칠리아 섬에 상륙한다. 해안 방어선은 순식간에 무너졌고, 시칠리아 주민들은 연합군의 진입을 열렬히 환영하고 도왔다. 영국군은 상륙 3일 만에 섬의 남동부를 평정했다.

이탈리아는 아프리카에서 실패를 거듭하고 있었으므로 연합국과의 강화조약 체결에 적극적이었다. 이탈리아 본토가 직접 공격을 당하기 전에 종전을 서두른 새 정부는 독일군이 본토에 주둔해 있는 상황임에도 연합국과 비밀 협상을 시작한다. 베를린과의 교신도 없이, 신정부는 연합국이 제시한 항복의 비밀조항에 동의한다. 이탈리아는 독일과의 전투에서 기여하는 정도에 따라서 보상을 받기로 하고, 9월 8일 공식적으로 항복했다.

한편 무솔리니는 1943년 구금상태에 있다가 독일군 특공대에게 구출된다. 그후 독일의 점령 지역인 북이탈리아의 행정장관으로 임명되고, 망명정부이자 독일의 괴뢰정부인 이탈리아 사회주의공화국을 세웠다. 그러나 1944년 여름, 미국과 영국의 노르망디 상륙 작전으로 독일이 후퇴하기 시작하자 무솔리니도 철수하는 독일군 행세를 하며 그 대열에 끼었다. 그의 계획은 알프스 산맥을 넘어 중립국인 스위스로 갔다가 스페인으로 망명하는 것이었다. 그러나 독일군 사병 외투를 입고 트럭 한 구석에 앉아 있던 그는 반(反)무솔리니 공산당 계열의 파르티잔에게 발각된다. 곁에 있던 애첩 클라라 페타치도 잡혀서 그와 함께 살해된다.

무솔리니와 페타치는 1945년 4월 28일 북이탈리아의 코모 호숫가로 끌려가서 총살당했다. 그의 나이 62세였고, 페타치는 그보다 23세 아래였다. 두 사람의 시신은 밀라노 시내로 이송되어 주유소 지붕에 거꾸로 매달린다. 무솔리니의 독재로 가족을 잃고 고통을 겪는 사람들이 몰려와서 무솔리니 부하들의 시신까지 매달아놓고 막대기로 때리고 침을 뱉었다. 그때의 비참한 장면은 지금도 다큐멘터리로 전해지고 있다.

3) 전후 국제질서 논의를 위한 협상

테헤란 회담 제2차 세계대전 중에 미국, 영국, 소련의 빅3, 즉 루스벨트, 처칠, 스탈린은 두 차례의 3자 회담을 가졌다. 루스벨트와 처칠은 11번 만나면서 계속 전신으로 교신하고 있었고, 처칠과 스탈린은 세 번 회동했다. 빅3는 1943년 11월 28일부터 12월 1일까지 테헤란에서 만나 1942년부터 스탈린이 끈질기게 요구해온 의제를 비롯해서 광범위한 주제를 논의했다. 유럽 대륙에서 소련군이 독일군을 상대하는 부담을 줄이기 위해서 제2 전선을 구축해야 한다는 스탈린의 요구에 대한 결론을 내리게 된 것이었다. 회담에서 스탈린은 북프랑스 지역으로의 상륙작전을 주장했고, 처칠은 지중해 연안에서 상륙할 것을 주장했다. 결론은 북프랑스 상륙작전인 노르망디 작전으로 정해졌고, 시기는 1944년 6월이었다.

1943년 테헤란 회담에서의 스탈린, 루스벨트, 처칠

전쟁 초인 1941년 봄까지도 영국, 미국, 소련은 특별한 군사적인 제휴가 없었다. 그러다가 1941년 6월의 독일의 바르바로사 작전과 12월의 일본의 진주만 공습이 벌어지면서 빅3 간의 직접적인 대화의 필요성이 커진다. 전략자원의 효율적인 배분과 전략적 구상은 물론 종전 후의 국제질서에 대한 협의가 절실했기 때문이다. 스탈린은 비행기 여행을 꺼렸고, 루스벨트는 신체적 장애로 장거리 여행이 힘들었으므로 회담 장소는 타협이 필요했고, 결국 테헤란으로 정해진다. 회담에서 스탈린의 발언권은 가장 두드러졌다. 유럽 대륙에서 2년 이상 독일군 주력 부대를 상대하고 있었던 데다가 쿠르스크 전투의 승리 이후 전세가 완전히 소련군에게 유리한 방향으로 역전되었기 때문이다.

얄타 회담 1945년 2월 4일 우크라이나 얄타에서 20세기의 '빅3'가 두 번째 회담을 갖는다. 니콜라이 2세 때 지어진 리바디아 궁전이 회의장이었고, 건강상의 이유를 들어 모스크바에서 가까운 흑해 연안에 있는 크림 반도의 얄타에서 만나자고 한 스탈린의 제안을 받아들인 결과였다. 그 당시의 사진을 보면, 루스벨트의 건강 상태가 눈에 띄게 나빴다. 회담의 주요 주제는 이탈리아가 이미 항복했고 독일의 패망도 눈앞에 다가온 시점이었으므로 전후 국제질서에 대한 논의였다. 구체적으로 독일의 서독과 동독으로의 분할과 비무장화, 나치 독일의 잔재 청산, 폴란드의 영토 문제 등을 다루면서, 독일은 동부 지역의 상당 부분을 폴란드와 소련에 넘기는 것으로 결판이 난다.

제2차 세계대전 후의 국제질서 논의에서 처칠은 유럽 대륙에서의 공산주의 확산에 대한 스탈린의 야욕을 우려한다. 반면 루스벨트는 핵무기 개발의 성공 여부가 아직 불투명한 상황에서 대일본 전투에 소련의 참전이 필요하다고 보았고, 종전 후 세계 평화를 위해서는 미국과 소련의 협력이 불가피하다고 보고 있었다. 빅3는 각각 자국의 이익을 최우선으로 반영하는 선에서 협상을 했고, 종전 후 전범 국가와 그 점령 지역의 조정에 대한 합의를 도출하고 있었다.

그 과정에서 루스벨트는 소련에게 독일의 항복 이후 90일 이내에 태평양 전쟁에 참전할 것을 요청하면서, 중국의 동의 없이 몽골의 독립 등 동아시아 이슈에서 소련의 권리를 인정하는 태도를 취했다. 결국 얄타 회담에서 소련의 공산주의 확산을 우려하는 처칠의 관점은 반영되지 않았고, 영국의 역할은 상대적으로 미미했다. 처칠은 "이 회담은 비밀로 해둡시다. 세계의 많은 사람들이 오늘 이 자리에서 우리 마음대로 자기들의 운명을 재단했다는 것을 알게 되면 불쾌해 할 것이니"라고 말했다고 한다.

루스벨트는 얄타 회담에서 돌아온 다음 달인 1945년 3월 말 웜스프링스로 떠난다. 1921년부터 하반신 마비로 물리치료를 받을 때 그는 그곳에서 편안하고 자유로웠다. 모두 마비 환자였으므로 정상인인 척 애쓸 필요가 없었고, 온천의 온도는 항상 화씨 88도였다. 그는 장애를 가지게 되면서 사회적 약자에 공감하게 되었고, 세상에 알려지지는 않았으나 자신의 사재를 털어서 웜스프링스에 재활 시설을 세웠다. 그의 건강 상태는 매우 악화되어서 심장이 많이 부었고, 혈압도 높았다. 4월 12일, 그는 애완견 팔라와 산책을 한 뒤 벽난로 앞에 앉아서 비서와 농담을 하며 서류를 검토했고, 오후 1시경 뒷머리가 아프다는 말과 함께 의자에서 쓰러진다. 사인은 뇌출혈이었다. 루스벨트의 임종을 지켰던 여성은 루시 머서(1891-1948)와 마거릿 서클리(1891-1991)였다. 엘리너는 곁에 없었다. 루시는 엘리너의 비서였다. 1913년, 그녀의 나이 22살 때 루스벨트를 만난 루시는 우아하고 아름다웠다. 엘리너는 루시가 루스벨트의 임종을 지켰다는 사실을 알고, 충격을 받고 분노한다. 루스벨트와 루시가 만날 수 있도록 중간 역할을 한 사람은 루스벨트의 외동딸 애나(1906-1975)였다. 애나는 루시에게 연락해달리는 아버지의 청을 받고 고민하다가 그의 뜻대로 한다. 루시는 1920년에 30세 연상인 뉴욕의 부유한 기업가와 결혼했다가 미망인이 되어 있었다. 루시는 루스벨트가 죽고 3년 뒤 58세로 세상을 떠난다. 한편 애나는 신문 편집과 홍보와 관련된 일을 했고, 케네디 대통령 시절 인권과 여성 관련 대통령위원회에서 일했다.

포츠담 회담 미군은 1945년 초부터 4월 말까지 태평양 전선에서 필리핀을 공격하고 있었고, 민다나오 섬 등 여러 지역은 종전 때까지 저항하고 있었다. 1945년 5월, 호주군은 보르네오 전투에서 섬을 점령한다. 영국, 미국, 중국은 북부 미얀마에서 일본군을 몰아냈고, 5월 23일 영국군은 미얀마의 수도인 양곤을 점령한다. 중국은 1945년 4월부터 6월까지 반격을 가하고 있었다. 미군은 일본 본토로 진격하기 시작해서 3월에 이오지마 섬을 점령하고 6월 말에 오키나와를 점령한다. 미군은 일본 본토를 폭격하고 동시에 잠수함으로 일본에 대한 봉쇄 조치를 취하고 있었다.

포츠담 회담에는 4월 12일에 서거한 루스벨트 대신 트루먼 대통령이 참석한다. 영국의 처칠 총리와 소련의 스탈린 공산당 서기장은 얄타 회담 때처럼 참석했다. 1945년 7월 17일부터 8월 2일까지 독일 베를린 교외의 포츠담에서 열린 포츠담 회담의 주요 의제는 종전 후의 유럽의 질서였다. 회담이 진행되던 중에 처칠 총리는 급거 본국으로 귀국해서 선거 결과를 보고받게 되는데, 그 결과는 처칠의 실각이었고 노동당의 클레멘트 애틀리 내각이 새로 출범한다. 영국은 처칠이 전시 총리로서는 필요했지만 평화 시에는 적임자가 아니라고 판단했다는 해석이다.

포츠담 선언 제2차 세계대전의 전개 과정에서 1943년의 카이로 회담과 테헤란 회담, 1945년의 얄타 회담과 포츠담 선언은 우리나라가 일제의 식민 지배에서 벗어나는 독립 과정과 연관된다. 일본의 항복에 대한 논의는 포츠담 회담의 공식 의제는 아니었으나, 미국은 일본의 무조건 항복을 주장하고 일본에 대한 대응책은 신속하고 완전한 파괴라면서 회담 기간 동안 포츠담 선언을 주도한다.

그리하여 7월 26일 미국, 영국, 중국의 3국 정상이 서명한 포츠담 선언이 발표된다. 즉 포츠담 선언에서는 소련이 빠졌고 대신 중국의 장제스(1887-1975) 국민정부 총통이 들어간다. 장제스는 포츠담 회담에 직접 참석하지 않았고 전신(電信)으로 동참했다. 스탈린은 1941년 일본과 체결한 5년 만기의 중립 조약에 의해서 중립을 지킨다는 이유로 서명을 하지 않았다. 그러나 포츠담 회담이 끝난 지 엿새 만인 8월 8일에 일본에 선전포고를 한다.

여기서 주목할 것은 8월 8일은 원자탄이 히로시마에 떨어진지 이틀 뒤였고 따라서 일본의 패망이 확실시된 때였다. 그에 앞서 포츠담 선언이 발표된 7월 26일은 미국이 뉴멕시코 주의 앨라모고도 사막에서 핵실험에 성공한 7월 16일로부터 열흘 뒤였다. 즉 소련이 태평양 전선에 참전하지 않더라도 일본을 격파시킬 수 있는 수단을 갖추었음이 확실시된 때였다.

원자탄 투하와 제2차 세계대전 종전 일본은 포츠담 협정의 내용을 무시한다. 일본은 앞서 1944년 11월 이후의 미군의 일본 본토 공습에 완강히 저항하고 있었다. 이에 미국은 태평양 제도의 재탈환에 100만 명 이상의 사상자를 낼 것으로 전망하고, 일본과의 종전을 앞당긴다는 명분으로 미군부는 원자탄 투하를 결정한다. 1945년 8월 6일 히로시마에 우라늄 폭탄이 투하되고, 사흘 뒤인 8월 9일 나가사키에 플루토늄 폭탄이 투하된다. 투하와 함께 히로시마에서는 7만8,000여 명이 사망하고, 나가사키에서는 4만 명이 사망한다. 이후 시간이 경과하면서 방사능 피폭으로 34만 명이 추가로 희생된다. 일찍이 전쟁사에서 경험하지 못했던 형태의 피해를 낸 전쟁에서 일본은 항복하고 조선은 8월 15일에 해방된다.

1945년 8월 히로시마에 투하된 원자탄의 버섯구름

소련은 1945년 8월 8일에 일본 제국에 선전포고를 한 후 만주 공세 작전에 의해서 일본이 점령하고 있던 만주와 한반도 북부에서 일본 세력을 축출한다. 그때 일본의 괴뢰국인 만주국은 멸망했고, 소련은 과거 러일 전쟁의 패배로 러시아 제국이 일본 제국에 할양했던 사할린 섬 남부와 쿠릴 열도를 차지한다. 쿠릴 열도는 1855년부터 일본의 소유였다가 1945년에 소련에게 돌아갔지만 이후 십여 차례의 영토 논쟁이 벌어지며 현재까지 쿠릴 열도 분쟁으로 지속되고 있다. 1945년 9월 2일 일본은 무조건 항복 문서에 조인한다. 미국 측의 더글러스 맥아더 원수와 일본의 전권대사인 외상 시게미쓰 마모루가 요코하마 근해에 정박한 미군 전함인 USS(United States Ship) 미주리 호 선상에서 서명식을 가졌고, 그로써 제2차 세계대전은 종결된다.

4) 미국, 영국, 소련의 정상 '빅3'의 역할

1939년 제2차 세계대전의 발발로 미국에서도 외교 현안이 경제 이슈를 압도하는 상황이 된다. 전시 상황이 되자 루스벨트는 보수파의 요구대로 몇 개의 뉴딜 기관을 폐쇄하고, 기자회견에서 뉴딜 정책을 전쟁 기간 동안 유보한다고 말한다. 1941년 일본의 진주만 기습 이후 본격적으로 전시 체제로 들어가지만, 실은 1939년부터 전시 대비 경제 체제를 운영하고 있었다. 그리고 취임 초기부터 대공황 관련 국제적 논의에 참여하고 있었다. 1933년 여름 런던 세계경제회의에서 국제통화 안정안에 반대했다. 1934년에는 달러화를 안정화하고, 프랑스와 영국이 독재국가의 횡포로부터 자국의 화폐를 지킬 수 있도록 역할을 했으며, 또한 무역 신장에 도움이 될 것이라고 판단해서 소련 정부를 승인했다.

1933년 초선의 대통령 취임 연설에서 선린 정책을 천명한 대로 그는 라틴아메리카의 여러 나라와 무역협정을 맺었다. 유럽에 전운이 감돌던 시기에는 상호방위조약으로 집단안전 보장체제 구축에 나섰다. 초기 뉴딜 정책 때는 보호주의 정책을 폈고, 전쟁 불개입을 목표로 1935년에는 중립법을 채택했다. 그는 일본군이 중국 북부 지역을 침범하기 시작하자 국제사회가 힘을 모아서 침략 국가를 고립시켜야 한다고 역설한다.

제2차 세계대전 발발 직후 그는 교전국들에게 무기 판매를 할 수 있도록 중립법 개정에 착수했다. 1940년 여름 프랑스가 함락되자 미국은 영국군을 지원하기로 결정한다. 루스벨트는 카리브 해 등 8곳의 군사기지를 99년간 빌리는 조건으로 영국 해군에 구축함 50척을 제공하기로 약속한다. 이 무렵의 국내 여론은 국익 차원에서 영국을 지원해야 한다는 쪽과 전쟁에 개입하지 말아야 한다는 미국 고립주의로 나뉘어 있었고, 루스벨트는 국민 여론을 가장 중시했다.

1940년 루스벨트는 미국 역사상 최초로 3선 대통령이 된다. 그의 대선 공약은 "미국의 청년들을 전쟁터로 내보내지 않겠다"는 것이었다. 그러나 1941년 1월 의회에 보낸 연두교서인 '네 가지 자유' 제하의 연설에는 인간의 기본적인 자유를 천명하면서 전쟁을 예고하는 듯한 대목이 들어 있었다. 네 가지 자유란 '언론과 의사 표현의 자유', '신앙의 자유', '결핍으로부터의 자유', '공포로부터의 자유'였다. 여기서 '공포'는 전쟁을 의미했다. 세계적인 군축을 뜻하는 한편으로 미국의 이해관계를 위해서는 전쟁에 준비한다는 의미도 내포되어 있었다. 1941년 3월 그는 연합군 지원을 위해 무기대여법을 제정하고, 유럽행 수송선단이 독일 잠수함의 무제한 공격으로 큰 피해를 입게 되자 이에 대항할 수 있도록 해군 호위체계를 강화한다.

대서양 헌장 공표 루스벨트는 1941년 8월 대서양의 영국 군함 프린스 오브 웨일스 호에서 처칠을 만나 대서양 헌장을 공표한다. 민족자결주의, 경제적 기회 균등, 공포와 빈곤으로부터의 자유, 공해의 항해권 보장, 군비 축소 등에 견해를 같이 하고, 그 내용을 8개 조항으로 정리했다. 닷새 전에 두 정상은 캐나다의 뉴펀들랜드 섬에서 만났고, 그 회동에 이어서 '제2차 세계대전 이후의 평화 수립 원칙'을 발표한 것이다. 두 정상은 양국이 전쟁에서 이기더라도 다른 나라의 영토를 점령하지 않고, 모든 국가가 선거를 통해서 정부의 형태를 선택할 수 있는 권리를 존중한다고 천명한다.

당초 민족 자결권 인정에 관한 조항은 추축국의 식민지에만 적용되는 듯했고, 처칠의 연설에서도 영국이 아닌 독일 식민지에만 적용된다고 말하고 있었다. 그러나 1942년 인도의 간디가 "세계의 안전과 개인의 자유와 민주주의를 위해 싸운다는 연합국의 선언이 대영제국에게 착취당하고 있는 인도와 아프리카의 실정에 모순된다"고 주장했고, 루스벨트는 전투에 동참하고 있는 연합국 식민지의 기여가 크다는 것을 고려해서 영국도 식민지 독립을 해야 한다는 입장에 섰다. 33개국의 서명을 받은 이 대서양 헌장은 훗날 유엔 헌장의 모태가 된다.

1947년 인도의 독립과 간디 20세기 정치 지도자의 영향력을 논하면서 인도의 간디를 빼놓을 수는 없다. 그는 평생 '사티아그라하(Satyagraha, 진리에 대한 헌신)'의 비폭력 민족운동에 헌신했다. 제1차 세계대전 중에도 전후에 인도의 자치권을 얻기 위해서 인도인 징집에 지원하는 등 영국에 협력했으나, 영국은 1919년 롤라트 법(Rowlatt Act)을 제정해 인도를 계속해서 탄압했다. 1930년에는 영국이 인도의 소금산업을 독점하는 것에 저항하여 소금세법 반대 운동을 전개한다. 영국 총독을 방문한 자리에서 그는 차에 설탕 대신 자신의 주머니에서 소금을 꺼내 넣으며, 미국이 영국에 저항한 '보스턴 차 사건'이 기억난다고 말했다.

간디는 소금세법 저항운동을 행동에 옮겨서 61세의 나이에 사바르마티 아쉬람에서부터 구자라트 주에 위치한 단디까지 걷고 또 걸으며 390킬로미터를 행진했다. 목적지에 도착했을 때의 군중은 6만여 명이었다. 이 장면은 전 세계적인 뉴스로 퍼져나갔고, 간디와 참가자들은 투옥된다. 이에 관해서 영국에 대한 비난이 거세지자 간디는 풀려났다. 1942년 자와할랄 네루와 간디는 '인도 철수(India Quit)' 결의를 선포하지만 또다시 체포된다. 종전 후 1946년 영국 노동당 애틀리 내각은 인도를 독립시키기로 결정하고, 1947년 8월 15일 인도 공화국은 영국 연방의 자치령으로 독립한다. 그러나 간디의 막강한 지도력과 국민적 추앙에도 불구하고 이슬람교의 파키스탄이 쪼개져 나가며 인도와 나누어지고 양국 간의 무력 충돌이 계속되었다.

이슬람교를 옹호한다는 이유로 국내에서 비판을 받은 간디는 결국 힌두교 근본주의자인 나투람 고드세에게 1948년 1월 30일 자택에서 암살된다. 그는 자신이 암살당할 것을 예상하고 있었다. 인도와 파키스탄은 독립 이후에도 카슈미르 영유권을 둘러싸고 계속해서 군사적 충돌을 빚었다. 1971년 파키스탄 내정이 불안해지고 인도가 동파키스탄의 독립을 지원하는 파키스탄과의 전면전에서 이김으로써 방글라데시가 탄생하게 된다.

루스벨트의 전시 외교 전략 루스벨트는 전쟁 기간 중에 군사 전략과 연합국과의 협상, 전후 평화 체제의 수립 계획 등을 다루어야 했다. 전쟁 초기에는 프랑스 상륙 작전이 주요 의제였고, 영국이 작전 개시일을 늦추면서 1944년 6월에 노르망디 상륙 작전이 전개된다. 루스벨트는 1943년 1월 모로코의 카사블랑카에서 처칠과 회담하고 추축국의 무조건 항복을 받아내야 한다는 원칙을 선언한다. 이는 1911년 1월부터 6월까지 지속된 제1차 세계대전을 마무리하는 베르사유 평화협정이 우선 정전(停戰)에 들어간 뒤의 협상이었기 때문에 갈등과 의견 차이가 컸던 것을 고려한 결과였다. 그가 무조건 항복을 조건으로 내걸어서 종전이 지연되었다는 일부 비판도 있었다.

루스벨트를 곤혹스럽게 만든 것은 소련을 대하는 그의 태도에 관한 비판이었다. 스탈린은 막대한 양의 전쟁 물자를 지원받으면서도 작전계획을 제시하지 않았고, 연합군과 공동보조를 취하지도 않았다. 그럼에도 루스벨트는 종전 후의 국제 정세에서 소련과의 협력 관계가 매우 중요하다고 보았기 때문에 스탈린과 신뢰를 쌓는 노력을 기울였다. 그는 테헤란에서 스탈린을 처음 만났을 때 그를 보고 어느 정도 안도했다고 말했지만 처칠은 스탈린을 신뢰하지 않았다. 스탈린은 무자비하고 살인을 일삼는 포악한 성품이었으나 그가 필요로 할 때는 매력적으로 행동하는 인물이었다고 한다.

1945년 2월 얄타 회담은 종전 무렵에 개최되었지만, 루스벨트는 일본군의 마지막 저항을 제압하는데 1년 반은 더 걸릴 것으로 예상했다. 따라서 소련군이 일본과의 전투에 참전하는 대가로 극동에서 소련의 우위를 인정할 것을 처칠과 합의한다. 동유럽 지역에 대해서는 전쟁 초기의 합의 내용을 재확인해서 민주적인 정부를 수립한다는 계획에 합의한다. 그러나 이에 대한 스탈린의 해석은 달랐고 3월 중순 미국의 정책을 규탄하고 나섰다. 루스벨트는 외교전문을 발송해서 효율적인 국제기구로서 유엔이 종전 후 세계 평화 유지에 기여해야 한다고 주장한다.

테헤란 회담에서도 유엔 설립을 주장한 루스벨트는 1945년 4월 25일 국제기구에 관한 연합국 회의인 샌프란시스코 회의에 당연히 참석해야 했다. 그러나 1월 이후 건강 악화로 4월 12일에 운명을 달리한다. 샌프란시스코 회의에 참석한 연합국 50개국 대표들은 그해 6월 25일 111개 조항의 유엔 헌장에 합의했고, 1945년 10월 24일 유엔 창설과 함께 유엔 안전보장이사회의 상임이사국인 미국, 영국, 소련, 프랑스, 중국의 5개국을 비롯해서 51개 회원국이 헌장에 비준한다.

미국의 유일한 4선 대통령 루스벨트 1944년 루스벨트 대통령의 4선 당선은 미국의 역사적 전통을 깨는 전무후무한 기록이었다. 초대 대통령 조지 워싱턴이 대통령을 두 번 지낸 이후, 대통령은 두 번까지 하는 것이 불문율이었다. 시어도어 루스벨트는 부통령에서 대통령에 올라 잔여 임기를 채운 것을 포함해서 두 번 이상 하지 않겠다고 선언한 것을 후회한다. 시어도어는 한 차례 쉬었다가 재도전하지만, 복잡한 정치 상황으로 실패하고 말았다. 루스벨트가 4선에 도전한 것에 대해서는 "전쟁터에서 싸우는 병사가 중도에 포기하고 물러서는 것은 합당치 않다"는 생각 때문이었다는 해석이다. 루스벨트 이후, 미국은 대통령직을 한 번만 연임할 수 있도록 1951년에 법으로 규정한다.

제2차 세계대전의 발발은 유례없는 인적, 물적 피해를 남겼다. 그러나 미국은 이 전쟁을 계기로 경제위기로부터 완전히 탈출하고, 국제질서 구축을 주도하는 세계 최강의 산업국가로 군림하게 되었다. 본토에서 전쟁을 치르지 않으면서 간접 지원하는 참전국의 경우 경제적으로 이익을 보는 사례에 속하는데, 실제로 스탈린은 루스벨트에게 제2차 세계대전은 미국이 돈과 기계를 제공하고 소련이 병력을 내놓아서 치른 전쟁이라고 말했다. 전사자 통계에 대한 자료가 일치하지 않지만 제2차 세계대전에서의 미군의 전사자 수는 50만 명, 소련의 희생자 수는 2,700만 명이었다.

제2차 세계대전이 끝난 뒤 미국은 세계경제의 슈퍼파워가 된다. 종전 무렵인 1944년 미국의 생산고는 추축국 총 생산의 2배에 달했다. 1945년에는 미국 주도의 브레턴우즈 협정에 의해서 미 달러가 기축통화로 결정된다. 그 배경으로는 주요 강대국이 전쟁 피해로 경쟁력을 잃고 미국에 부채를 진 탓도 있었다. 미국은 한국 전쟁이나 베트남 전쟁에서는 경제적인 이익보다 오히려 많은 부담을 진 것으로 분석된다. 제1차 세계대전의 경우 스페인은 중립국의 지위를 유지하며 양 진영에 모두 수출을 해서 금 보유량이 세계 4위로 올랐다.

루스벨트의 고된 인생 역정에서 위로를 받았던 여성들은 베일 속에 가려져 있었다. 그는 21년간 백악관에서 자신의 비서를 지내다가 비서실장이 된 마거리트 르핸드(1896-

1944)와 가까운 사이였다. 미시라고 불린 그는 1941년에 중풍으로 쓰러진 뒤 자살 시도까지 했다. 미시는 루스벨트보다 1년 앞서 세상을 떠난다. 또 한 명의 여성 데이지는 그의 먼 친척으로 매우 가까운 거리에서 보좌했고, 그녀가 죽은 뒤 침대 밑에서 루스벨트의 편지 여러 통과 데이지의 일기 1,400여 장이 든 가방이 발견된다. 루스벨트는 엘러너에게도 말하지 않았던 일들을 데이지에게 털어놓고 있었다. 1941년 8월 뉴펀들랜드에서 처칠과 극비 회동한 사실도 데이지에게 쓴 편지에 "미국 언론으로부터 도망친다는 것이 나로 하여금 스릴을 느끼게 한다"고 썼다. 데이지의 일기에는 루스벨트의 건강 상태가 어떻게 나빠지고 있었는지, 얼마나 힘들어 했는지가 소상히 기록되어 있었다.

처칠과 루스벨트 루스벨트는 제1차 세계대전 중에 런던에서 처칠을 딱 한번 만난 적이 있었다. 1918년 7월 런던 그레이스 인에서 열린 연회에서였다. 당시 43세의 처칠은 군수장관이었고 35세의 루스벨트는 해군부 차관이었다. 루스벨트가 소아마비로 장애가 생기기 4년 전의 일이었다. 처칠의 첫인상에 대해서 루스벨트는 1939년 주영대사였던 조지프 케네디에게 이렇게 말했다. "냄새를 풍기는 사람이었고, 내내 싫어했다"고. 20년이 흐른 1938년부터 그들은 역사상 가장 비참하고 길었던 세계대전의 소용돌이 속에서 작전을 지휘하고 전후 세계질서를 결정하는 협상 파트너가 되었다. 처칠의 비서의 회고록에는 처칠도 루스벨트에게 감정이 좋지 않았다고 쓰여 있다. 엘리너는 처칠에게 "루스벨트가 '예스, 예스, 예스' 하는 것은 그가 '동의한다'는 뜻이 아니라 '듣고 있다'는 뜻"이라고 말했다.

처칠은 제1차 세계대전 당시 해군장관 등 장관직을 여러 번 지냈다. 이전부터 군함의 연료를 석탄에서 석유로 바꾸는 등 국방개혁에 관심이 컸으나, 독일의 잠수함 개발로 별 진전을 보지 못했다. 갈리폴리 전투에서 오스만제국에 대적해서 영국군을 파병한 것이 실패로 끝나자 그는 장관직을 물러났고, 제1차 세계대전에서 육군 중령으로 참전했다. 1916년 5월 하원의원으로 선출된 그는 로이드 조지가 총리가 되자 1917년 군수장관으로 임명되고, 이때 사상 최초의 전차인 MK 시리즈 개발을 기획한다. 그러나 거대 규모의 육상 전함 건설이었으므로 실현되지는 못했다. 그 대신 '탱크'라는 암호명의 장갑차가 개발된다. 당시 육군장관이었던 키치너는 탱크를 장난감 취급하면서 "이런 것으로는 전쟁에서 이길 수 없다"고 말했으나, 제1차 세계대전 종전 후 독일의 에리히 루덴도르프는 "탱크 때문에 졌다"고 술회했다.

제2차 세계대전에서도 루스벨트와 처칠의 국제외교 파트너십은 장밋빛은 아니었다. 전쟁 기간 동안, 빅3는 유선과 무선 통신으로 계속 교신하고 있었고 물론 스파이전도 심했다. 그들은 내부 보고를 받고 자신의 정략적 판단과 외교적 수완으로 상대를 설득하는 경쟁을 벌여야 했고, 그들의 영향력에 따라서 전후 구상이 설계되고 있었다. 처칠과 루스벨트가 제2차 세계대전 중에 11번 만난 가운데 첫 번째 만남은 1941년 미 군함 오거스타 호에서였다. 미국 대통령의 별장 캠프데이비드에서 함께 휴가를 보낸 적도 있다.

처칠의 관심사는 유럽에서의 외교 전쟁에서 스탈린의 영향력을 저지하고, 영국의 전통적인 위상을 확보하는 것이었다. 스탈린은 독일이 자신의 전리품이 될 것이라고 보고, 독일이 점령한 동유럽 영토를 가져오는 것을 목표로 삼았다. 루스벨트는 미국의 번영을 위해서 국제적 안정을 기하고, 자유로운 경제 교역에 의해서 미국의 이념과 질서를 전파하는 것이 목적이었다. 이들의 이해관계는 서로 달랐으므로 조정이 불가피했고, 그 과정에서 종전 후 영토 점유에서 국경을 어떻게 그을 것인지가 핵심 쟁점이었다.

루스벨트는 유럽에서의 전쟁이 옛 제국주의 국가들 사이에서 유발된 권력 투쟁이라는 생각도 하고 있었다. 처칠로서는 대영제국의 위상과 영화를 회복하기 위해서 히틀러를 물리쳐야 했고, 그 목표를 위해서는 미국의 지원과 참여가 절대적이라고 판단했다. 처칠은 나치와 타협해서 평화조약을 체결하라는 정치권의 주장을 일축하다가 의회의 불신임에 직면하기도 했다. 결국 처칠은 제2차 세계대전이 끝난 뒤 자리에서 밀려났다가 다시 총리(1951–1955 재임)가 된다.

전후 구상에서 처칠은 유럽 국가들이 민주주의 체제를 채택하기를 바랐다. 때문에 소련이 동유럽 국가들에게 '철의 장막'을 씌우고 있는 것을 경계했고 영국의 패권이 약화되는 것을 우려했다. 소련의 팽창으로 필연적으로 제3의 전쟁이 초래될 것으로 본 그에게는 소련과 직접 군사 대치를 하지 않는 것이 중요했다. 처칠은 스탈린과 세 번 만나면서 동유럽 국가들의 세력 유지를 강조했다.

당시 유럽은 경제 대공황의 여파로 사회주의 물결에 급속히 휩쓸리고 있었던 터라 처칠은 완충지대가 필요하다고 보았다. 동유럽에서 영국과 전혀 다른 체제의 정부가 계속 들어선다면, 영국의 방위 부담이 높아지고 유럽에서 주도적 위치를 상실할 것이라는 판단 때문이었다. 이런 관점에서 처칠은 전후 평화 구상에서 유럽 국가 연합의 구축을 제안하게 된다. 영구 평화를 위한 협상의 배경에는 종전 후 유럽의 재건에서 영국의 영광을 되찾아 미국에게 세계 패권이 넘어가는 일이 없도록 해야 한다는 의지도 담겨 있었다.

전 세계 식민지 국가의 민족자결주의를 지지하는 루스벨트와 수백 년간 거대한 식민지를 토대로 구축된 대영제국의 전통을 이어받은 처칠, 그리고 초강대국으로 부상하고 있는 미국의 4선 대통령 루스벨트와 저물어가는 대영제국의 영화에 대한 미련을 버리지 못하는 처칠은 서로 다른 세계에 있었다. 국익을 최우선으로 하는 그들의 정치적 파트너십에는 마찰도 있었고 일부 기만도 있었다. 그러나 그들은 전체주의와 나치즘과 투쟁하여 민주주의에 기반을 둔 국제평화를 구축하려는 공동 목표의 추구에서 운명적 파트너였다.

1941년 크리스마스 때 백악관의 방문에서, 처칠이 샤워를 하고 게스트 룸에서 벌거벗고 쉬고 있던 때의 얘기를 처칠은 비서에게 이렇게 말했다. "누가 노크를 하기에 들어오라고 했더니 루스벨트였다. 깜짝 놀라서 나가려는 그에게 내가 '대통령 각하, 대영제국 총리는 미합중국 대통령께 아무것도 감출 것이 없습니다'라고 말했다"는 것이다. 처칠은 새벽 2시까지 브랜디를 마시며 돌아다니다 늦잠을 잤고, 루스벨트는 손님 때문에 잠을 설쳤다.

처칠과 EU의 기원 종전 후 1946년 9월 처칠은 스위스 취리히에서 유명한 연설을 한다. 유럽에 유엔과 비슷한 기구를 세울 것을 제안한 이 연설은 유럽 연합(EU)의 기원으로 평가된다. 이후 1950년 5월 9일 석탄과 철광석 채굴을 위한 프랑스-서독 간의 공동 사무소 설치 계획이 발표되고, 프랑스 외무부장관인 로베르 쉬망의 쉬망 선언(Déclaration Schuman)으로 공식화 된다. 이를 기념해서 '유럽의 날'이 5월 9일로 제정된다. 1951년 4월 프랑스, 독일, 이탈리아, 벨기에, 네덜란드, 룩셈부르크의 6개국은 석탄과 철광석 채굴에 관한 유럽 석탄 철강 공동체 조약을 체결하고 유럽 시장을 장악한다.

처칠의 유럽 합중국론은 미국의 규모를 능가하는 경제 블록의 출현으로 이어졌다. 영국의 막강한 리더십을 꿈꾼 처칠의 당초 구상은 소련의 영토 팽창 야욕과 루스벨트의 미국식 국제질서 구축에 부딪쳐서 실현되지 못했으나, EU 체제를 출범시키는 성과를 거둔 것이다. EU는 1993년 마스트리흐트 조약의 발효로 공식적으로 창설되었고, 2013년에 크로아티아가 28번째 회원국이 되었다. 그런데 영국이 2016년 6월 탈퇴 신청을 했고, 이에 대한 논쟁이 계속되고 있다.

루스벨트와 처칠과의 관계에 대해서는 해석이 다양하다. 루스벨트는 처칠의 이야기를 할 때 술 냄새가 나지 않았는지부터 물었다. 루스벨트 행정부에서 사상 최초로 여성 장관을 지낸 퍼킨스는 두 사람에 대해서 "루스벨트는 오만하고, 처칠은 고집불통이었으나, 서로 매우 친밀하게 지냈다"고 말했다. 1940년 5월 10일 총리에 오른 처칠은 그의 아들 루돌프에게 "히틀러를 물리치기 위해서는 반드시 미국을 끌어들일 것"이라고 말했다. 2차 산업혁명으로 세계 최강국이 된 미국의 지원이 없이는 가능하지 않다고 판단했기 때문이다. 그는 미국에 호의적이었다. 그의 어머니는 미국인이었다. 군수장관이던 1917년 9월 군수품 회의에서 그는 전쟁에서 이길 수 있는 A로 시작하는 두 가지 방안이 아직 남아 있다고 말한다. 그 두 가지는 '비행기'와 '미국'이었다. 1955년 두 번째 총리직을 마감하면서 그는 "인간은 정신이다……결코 미국인과 멀리 하지 말라"고 말했다.

히틀러와 스탈린 1913년 크리스마스 때, 빈에는 히틀러와 스탈린이 가까운 거리에서 살고 있었다. 그리고 훗날 스탈린이 암살하는 소련의 혁명가 트로츠키도 빈에서 「프라우다(*Pravda*)」를 발간하며 지내던 때였다. 스탈린은 차가운 호텔방에서 니콜라이 부하린과 함께 「마르크스주의와 민족 문제(*Marxism and the National Question*)」를 집필했고, 트로츠키를 면담한 적도 있었다. 히틀러는 빈 예술 아카데미에 입학하려고 했으나 두 번 낙방하고, 직접 그린 그림을 엽서로 만들어서 길가에서 팔고 있었다. 히틀러는 집도 없이 허름한 호스텔에 묵으면서 사람들과 대화도 하지 않고 연설 연습에만 열중했다. 그때 그 두 사람이 몇 년 후에 세계를 공포로 몰아넣는 주역이 될 줄은 아무도 몰랐다.

히틀러는 1914년 제1차 세계대전이 발발했다는 뉴스를 듣자마자 입대를 했다. 총탄이 날아다니는 참호를 돌아다니면서 정보를 전달하는 임무를 맡았고 철십자 훈장도 받았다. 그러나 리더십 자질을 갖추지 못했다는 상관의 판단에 따라서, 내내 하사 복무하다가 제대한다. 정치권에 대한 불만으로 그는 극렬한 쿠데타로 여당 전복을 시도하다 붙잡혀서 투옥된다. 1년간 옥살이를 하면서 『나의 투쟁』을 쓴다. 그의 개혁 성향이 주목을 받아 감방에서 특별대우를 받고 책을 내게 된 것이었다. 출옥 후 그는 뮌헨에서 활동하며, 군소정당으로 존재가 미약했던 나치당을 일약 제1당으로 키운다. 나치는 국가 사회주의 독일 노동자당(National Socialist German Workers' Party)의 약자였다.

히틀러는 나치의 상징으로 고대 인도에서 유래한 '스와스티카'의 역만자(卐)를 갈고리 십자가 하켄크로이츠로 상징화했다. 그 의미는 행운과 평화였다. 나치는 대중의 정서를 자극해서 전폭적인 지지를 얻는다. 1930년 9월 독일 의회에서 107석을 차지하고, 1932년에는 230석을 확보하게 된다. 의회를 압도적으로 장악한 그는 1932년 대통령 선거에 출마했다가 독일 제국의 제1차 세계대전의 영웅이었던 힌덴부르크에게 패한다. 그러나 이미 대중의 압도적인 지지를 받고 있던 영향력 때문에 힌덴부르크는 그를 1933년 30대 독일 총리로 임명한다.

흔히 제2차 세계대전의 지도자로 독일의 히틀러와 미국의 루스벨트를 주역이라고 보는 경향이 있다. 독일은 전범 국가이고, 미국은 전쟁의 종식에 핵심 역할을 했기 때문이다. 그러나 전쟁의 발발과 종전에서 스탈린은 유럽 대륙에서의 최전선을 담당하며 추축국에게 큰 피해를 입혔고, 종전 국면에서도 베를린 점령으로 정점을 찍었다. 전후 협상에서도 세계 대권을 미국과 양분하는 양상으로 유례없이 강력한 위상을 확보한 것이 소련의 스탈린이었다. 제2차 세계대전 이전의 소련은 낙후된 국가였고, 러시아 제국 시대에도 장악한 적이 없었다.

1945년 얄타 회담 이후, 소련은 열강에게 빼앗겼던 영토를 되찾고 동독을 비롯한 동유럽에 강한 영향력을 행사하게 된다. 아시아에서도 북한의 김일성, 중국의 마오쩌둥, 베트남의 호찌민 등과 결탁하여 세력을 크게 넓혔다. 이후 공산주의는 쿠바와 라틴아메리카 등으로 크게 확대되고, 1948년 핵 개발 실험으로 미국과 첨예하게 대립하는 냉전 시대를 주도한다. 소련을 세계 공산 진영의 대표 국가로 만든 인물이 스탈린이 신뢰한 사람은 히틀러 한 사람이었다고 한다.

히틀러와 스탈린 사이에는 몇 가지 공통점이 있다. 폭력적인 아버지에게 맞고 자랐고, 어머니에 대한 연민이 컸다. 히틀러는 그림에 대한 관심이 각별했고, 스탈린은 시를 썼다. 히틀러의 첫 애인이었던 그의 어린 조카와 스탈린의 두 번째 아내는 두 남자의 학대를 이기지 못하고 똑같이 권총으로 심장을 겨누어 자살을 했다. 스탈린의 아내는 자신을 비롯한 "모든 사람들을 견딜 수 없을 때까지 고문하는 사람이 스탈린"이라는 메모를 남겼다. 스탈린은 그 메모를 없앴고, 이후 더욱 잔혹해지고 세상으로부터 단절된다. 스탈린은 인간이 아니라 악마, 야수였다고 한다. 그는 "사람이 있는 곳에 문제가 생긴다. 사람을 없애면 문제가 없어진다"고 말했다.

스탈린은 12살 때 교통사고로 팔을 다쳐서 제1차 세계대전에서 군에 입대하지 못했다. 그의 어머니는 아들을 성직자로 만들기 위해서 수도원 학교로 보냈고, 그때 체계적인 교육과 훈련을 받은 것이 그의 자산이 되었다. 공산당 지하당원으로서 자금 마련을 위한 은행 강도도 서슴지 않았고, 레닌의 해결사로서 악역을 맡기도 했다. 그는 문서를 읽으며 책상에서 긴 시간을 보냈다. 한편 히틀러는 학교 성적도 나빴고, 책에는 관심도 없었다. 보고서는 읽으려고 하지도 않았고, 연설로 대중을 현혹시키는 것에서 희열을 느꼈다. 동물을 좋아하고 채식을 고집했고, 담배를 피우지 않았고 독일군의 금연운동도 했다. 고도의 지능의 소유자는 바보인 여자를 곁에 두어야 한다면서 자신은 독일과 결혼했노라고 했다. 17살부터 히틀러의 담당 사진기사의 보조로 일한 그의 연인 브라운은 23세 연상의 히틀러 곁에서 어린애처럼 행동하며 동반자살로 운명을 같이 했다.

5) 원자탄 개발의 배경과 영향

인류 문명사에서 원자력은 파멸과 평화적 이용이라는 양면성으로 가장 민감한 이슈였고, 현재도 그렇다. 특히 한반도의 상황은 북핵 문제로 해서 국가안보는 물론 동북아시아 지역과 글로벌 차원에서 첨예한 관심을 끌고 있다. 과학적으로 원자력의 실용화는 1905년 아인슈타인의 유명한 방정식 $E=mc^2$(m : 원자핵의 질량 결손, c : 빛의 속도)에서 비롯된다. 원자핵의 극미한 질량 감소에 빛의 속도의 제곱을 곱한 만큼의 천문학적 에너지가 실용화될 수 있음을 말해주고 있었기 때문이다.

1938년 제2차 세계대전의 전운이 감돌던 때, 독일의 오토 한과 프리츠 슈트라스만은 우라늄 235의 핵분열 연쇄반응에 성공한다. 그 당시 당사자들은 이 실험의 엄중한 의미를 깨닫지 못했다. 차츰 유럽 과학계에 소식이 퍼져나가면서 "핵무기가 만들어질 것 같다"는 소문이 돌기 시작한다. 그러나 원자탄 개발에는 선결 과제가 있었다. 핵분열 반응에 필요한 우라늄 235는 천연우라늄의 140분의 1 정도였는데 천연 우라늄에서 그것을 분리하는 방법을 알지 못했다. 연쇄반응을 일으킬 수 있는 임계 질량의 값도 알지 못했다.

아인슈타인의 서명 그 무렵 나치의 유대인 탄압으로 망명길에 오른 에드워드 텔러, 유진 위그너, 레오 실라르드는 히틀러가 원자탄을 개발할 것을 우려하며, 어차피 만들어질 것이라면 연합군 측이 만들어야 한다고 생각했다. 미국으로 건너간 실라르드는 위그너와 함께 프린스턴 대학교에서 명성을 얻고 있었던 아인슈타인을 찾아가서, 루스벨트 대통령에게 보낼 원자탄 개발 촉구 서한에 서명을 해달라고 설득한다. 훗날 아인슈타인은 이 서명 때문에 원자탄 개발에 책임이 있다는 비난을 받기도 했다.

이 서신은 루스벨트와 가까운 경제학자 알렉산더 잭스를 통해서 전달된다. 이를 계기로 1939년 '우라늄 위원회'가 설치된다. 그러나 초기 예산은 1년에 고작 6,000달러였다. 위원회는 1940년 버니바 부시를 주축으로 국방연구위원회(National Defense Research Committee)가 결성되면서 그 조직에 흡수되고, 그 이후 활성화된다.

잭스는 서신을 전하면서 루스벨트에게 "나폴레옹이 돛이 없는 군함을 건조하자는 로버트 풀턴의 제안을 처음에는 정신 나간 소리라고 일축했다"는 얘기를 했다. 풀턴은 미국의 엔지니어로서 18세기 말 파리에서 증기선을 최초로 상용화하고 신형 증기 군함도 설계했으며, 1800년 나폴레옹의 명령으로 사상 최초의 실용적 잠수함 노틸러스를 설계한 발명가였다

영국의 모드 위원회 원자탄 개발에서의 선결 과제의 돌파구는 1940년 영국에 망명 중이던 오토 프리시와 루돌프 파이얼스의 연구에서 열리게 된다. 그들은 핵분열의 임계질량이 약 10킬로그램임을 밝혀내고, 우라늄 235를 분리하는 공업적인 공정도 고안했다. 영국 정부는 그들의 연구결과에 자극 받아서 '우라늄 폭발의 군사적 응용(Military Application of Uranium Detonation : MAUD)'의 모드 위원회를 출범시켜서 원자탄 개발에 필요한 기초자료를 갖추게 된다. 모드 위원회는 적국에서 망명을 온 과학자들이 기밀 연구에 관여하는 이례적인 방식으로 영국 역사상 가장 성공적인 위원회라는 평판까지 받는다.

1939-1941년 사이 영국의 원자탄 개발 연구는 세계에서 가장 앞서 있었다. 그러나 생산 공정은 진행할 수가 없었다. 가공할 파괴력의 독일 로켓 V-2의 사정권에 들어 있는 상황에서 영국 내에 원자탄 제조시설을 건설하는 것은 말 그대로 자폭이었기 때문이다. 이런 이유로 영국은 우라늄뿐만

아니라 플루토늄으로도 원자폭탄을 만들 수 있다는 내용이 담긴 보고서를 고스란히 미국에 넘겨주게 된다.

영국으로부터 보고서를 받은 뒤 미국의 연구는 활기를 띤다. 버클리 대학교의 어니스트 로런스(1939년 노벨 물리학상 수상)는 입자가속기 사이클로트론으로 우라늄 235와 우라늄 238을 분리하던 중 예기치 않게 우라늄 238이 플루토늄으로 변환된다는 사실을 확인한다. 그리고 플루토늄도 연쇄반응을 일으킨다는 것을 발견한다. 이는 우라늄 238도 원자탄 제조의 원료가 될 수 있다는 것을 의미하는 중대 발견이었다. 로런스는 더 큰 입자가속기를 제작해서 새로운 동위원소를 얻고 암 치료까지 연구 영역을 넓힌다. 1940년에는 록펠러 재단에서 100만 달러를 지원받아 매머드 사이클로트론을 제작하고, 우라늄 235 분리를 위한 질량분석기로 재설계했다.

맨해튼 프로젝트 1941년 여름, 로런스는 국방연구위원회의 부시와 코넌트 등과 논의한 끝에 원자탄 개발이 실현 가능하다는 결론에 이른다. 대통령 과학 고문이었던 부시와 코넌트는 루스벨트를 설득해서 1942년 9월 원자탄 개발의 코드명 '맨해튼 프로젝트'가 출범한다. 이 계획의 공식적인 암호명은 '맨해튼 공구(Manhattan Engineer District)'였다. 이처럼 미국이 원자탄 개발에 적극 나서게 된 것은 과학적으로나 행정적으로 능력이 탁월했던 미국 출신 과학자들의 영향력에 의해서였다. 제2차 세계대전에서 당초 미국 과학자들의 관심은 레이저 무기의 개발에 있었다. 그것이 원자탄 개발로 바뀐 것이다.

1941년 12월 7일 진주만 피습 이후 맨해튼 프로젝트는 더욱 탄력을 받는다. 인류 역사상 초유의 산업체-연구소-대학-군부-정부 간의 초대형 프로젝트로서, 주요 시설은 테네시 주의 오크리지에 들어선다. 그러나 워싱턴 주의 핸포드에도 플루토늄 폭탄 관련 시설이 건설되고, 원자탄의 제작 작업은 멕시코 주의 외딴 도시 로스앨러모스에서 진행된다. 이 프로젝트에서 과학 수석행정관 로버트 오펜하이머는 다양한 분야의 각양각색의 과학자와 엔지니어를 아우르고 사기를 북돋고 통합하는 리더십을 발휘했다. 그러나 육군의 맨해튼 공구 프로젝트였으므로 총괄은 레슬리 그로브스 장군의 몫이었다.

미국의 원자탄 개발을 가리켜서 영국의 찰스 스노(1905–1980) 경은 "기술과 과학행정의 서커스"였다고 말했다. 과학기술계의 자율성 중시와 군의 보안 위주 관료주의 사이에서 갈등이 깊었고, 다수의 대기업 참여 과정에서 경영진과 기술진, 과학자와 엔지니어 사이의 긴장도 증폭된다. 그로브스는 당시의 기업 경영의 모델이었던 포드주의나 테일러주의를 기대하고 있었으나 역사상 가장 모험적인 연구개발에서 그것은 상상조차 할 수 없는 일이었다. 그로브스는 과학자와 엔지니어들이 지극히 불충분한 데이터를 가지고 허다한 실패 가능성을 안은 채 생산 공장의 설계와 건설에 막대한 국가 예산을 투입하는 위험한 모험에 대해서 불안감을 떨치기가 어려웠다. 그는 종전 후 의회가 청문회를 열어 자신을 수없이 부를 것이니 의회까지 걸어 다닐 수 있도록 워싱턴의 캐피톨 힐로 이사를 해야겠다고 생각할 정도였다.

1944년 말까지도 프로젝트의 전망은 불확실성이 컸다. 핵 반응로, 우라늄 분리 공정(열 확산법과 기체 확산법), 폭탄 제조 공정, 냉각제 논쟁, 소재 선택, 난해한 물리학적 계산 등 풀어야 할 난제가 산적해 있었기 때문이다. 맨해튼 프로젝트의 연구 활동은 용역 계약을 맺은 여러 대학의 실험실에서 진행되었고 공장이 건설되었으며 운영은 수많은 대기업들의 참여로 이루어졌다.

1944년 가을 뉴멕시코 주의 로스앨러모스에 공장이 세워지고 원자탄 제조 준비에 들어간다. '원자도시'라는 별명의 로스앨러모스에 모인 과학자와 엔지니어는 3,000명이었고, 그중 상당수는 자신이 맡은 임무의 실체를 모른 채 분담 체제로 수수께끼 풀이에 전념하기도 했다. 이 프로젝트는 국가기밀이었으나 어느 날 과학자와 엔지니어들이 소리 소문 없이 사라지는 일이 벌어지면서 미국이 원자탄 개발을 하고 있다는 것은 공공연한 비밀이 되었다.

아인슈타인 이론의 실용화 가능성이 확인된 때가 제2차 세계대전의 발발과 일치한다는 역사적 사실로 인해서 원자력은 에너지를 얻는 것보다는 원자탄을 개발하는 데에 먼저 사용된다. 그러나 그 개발 과정에서 정치적, 윤리적 이슈로 번지면서 과학계의 반대 움직임이 가시화된다. 1944년 연합군이 독일에 교두보를 확보한 뒤 최우선으로 확인한 것은 독일의 원자탄 개발 상황이었는데, 예상과 달리 개발이 초보 단계임이 확인되었기 때문이다. 당시 독일에는 원자탄을 개발하고도 남을 정도의 우수한 과학자가 16명 있었으나 독일의 주력 무기는 원자탄이 아니라 로켓 개발이었다.

과학계의 반대운동에서 보어는 특히 끈질겼다. 그는 원자탄 개발 이후 세계가 어떻게 갈릴 것인지 경고하면서 국제 관리를 주장한다. 1944년 10월 처칠을 찾아가지만 그의 반응은 냉담했고, 11월에 루스벨트를 찾아갔고 다시 1945년 3월 두 번째 비망록을 제출한다. 그러나 루스벨트 대통령의 서거 후에 전달된다. 초기 미국의 원자탄 개발을 적극 강조했던 실라르드도 반대로 돌아섰다.

1945년 5월 18일 독일은 드디어 연합국에게 항복을 했다. 일본의 항복도 시간문제라고 본 시카고 대학교 그룹의 과학자들은 노벨상 수상자인 제임스 프랑크를 중심으로 프랑크 위원회를 결성하고, 종전 후의 핵 통제와 핵의 신중한 사용을 강조하는 결의문을 채택한다. 그러나 이런 움직임과 상관없이 미국 국방성의 정책회의는 조속한 전쟁 종식을 명분으로 사전경고 없이 일본에 원자탄을 투하한다는 내부 방침을 정하고 있었다. 국방연구위원회에 참여한 과학자들도 원자폭탄 제조와 투하에 찬성하는 의사를 표했다. 프랑크 보고서가 워싱턴에 도착하기 전인 7월 16일, 앨러모고도의 폭파 실험에서 예상을 초월하는 가공할 파괴력이 확인된다.

그리하여 독일의 패망 후에도 계속 버티고 있던 일본에 원자탄이 투하된다. 1945년 8월 6일 우라늄 폭탄 리틀보이는 B-29 폭격기 에놀라 게이에 실려서 히로시마에 투하되었다. TNT 13킬로톤급의 폭발력이었다. 플루토늄 폭탄 팻맨은 B-29 폭격기 벅스카에 실려서 8월 9일 나가사키에 투하된다. TNT 22킬로톤급의 폭발력이었다. 두 도시의 원자탄으로 인한 사망자는 몇 년이 지나서 30여만 명을 넘어섰고, 피폭자는 그보다 훨씬 많았다. 원자탄 투하 후 미국의 NBC 라디오는 "우리는 프랑켄슈타인을 창조했다"고 했다. 오펜하이머는 1947년 "원자탄 투하 이후 과학자들은 죄악이 무엇인지 알았다"고 술회했다.

종전 후 맨해튼 프로젝트 시설과 장비가 원자력위원회로 이관된 1946년 당시 공장은 37개, 인력은 3만7,800명이었다. 전쟁 중에 투입된 예산은 22억 달러였다. 군사무기 개발을 위해서 국가가 군사과학기술에 이처럼 막대한 투자를 한 적은 일찍이 없었다. 1947년 이후 냉전 시대로 접어들면서 미국과 소련 양 진영은 핵무기 개발 경쟁에 돌입했다. 원자탄 개발 후발국이던 소련이 1948년 원자탄 실험에 성공한 뒤, 1950년대 미국과 소련은 수소폭탄 개발 경쟁을 시작했다. 영국은 핵무기 보유의 핵 클럽에 가입함으로써 '공포의 균형' 시대가 열린다. 이후로도 '사용할 수 없는 무기'는 소형화, 정밀화, 대형화를 향해서 치달았다. 브루킹스 연구소에 의하면 1940년부터 2012년까지 미국이 핵전력 증강에 투입한 예산은 5조5,000억 달러였다.

1954년 성탄절에는 영국의 버트런드 러셀이 「인류의 위험(*The Danger to Mankind*)」이라는 방송에서 핵전쟁 위기를 방지하는 국제회의 소집을 제안한다. 아인슈타인이 이에 호응해서 핵무기 폐기를 위한 '러셀-아인슈타인 선언'이 발표된다. 1991년 9월 미국 조지 W. 부시 대통령(1989-1993 재임)은 핵무기 일방 감축을 선언하고, 그 화답으로 소련의 고르바초프는 단거리 핵 폐기를 선언한다. 그러나 현재 도처에 널려 있는 핵무기와 핵물질은 언제 어디서 재앙을 일으킬지 알 수가 없다. 지구촌 핵 공포의 균형은 언제 어떻게 막을 내리게 될까?

원자력의 평화적 이용 종전 후 원자력 에너지의 평화적 이용에 대한 관심이 높아지고, 에너지, 농업 등 산업 부문과 의술에 원자력이 응용되기 시작했다. 원자력의 평화적 이용을 위해서 에너지의 방출을 느리게 조절할 수 있는 원자로의 초기 형태는 1942년 엔리코 페르미가 시카고에 건설한 형태였다. 프랑스에서는 1948년에 장 프레데리크 졸리오퀴리의 주도로 원자로 조에(Zoe)가 완성되었다. 세계 최초로 원자력발전소를 건설한 나라는 소련이고, 1956년에 영국, 그리고 1958년에 미국에 건설된다.

원자력 기술은 원천적으로 군수와 민수라는 이중 용도의 굴레에 갇혀 있다. 스웨덴의 노벨 물리학상 수상자 한네스 알벤은 "평화를 위한 원자와 전쟁무기를 위한 원자는 샴 쌍둥이"라고 표현했다. 원자력발전소와 원자탄이 한 몸이라는 뜻이다. 이중 용도에 사용되는 핵심기술이 바로 농축과 재처리이다. 우라늄 농축 시설에서는 상업 발전용 핵연료가 생산될 수도 있고, 폭탄의 원료를 만들 수도 있다. 폭탄 제조용에는 우라늄 235가 90퍼센트 이상 들어가고, 전력 생산의 핵연료 농축은 3-5퍼센트 수준이라는 점이 차이이다. 사용후핵연료 재처리 습식 공정에서는 플루토늄이 추출되므로 핵 비확산에 저촉된다.

6) 한반도와 북핵 문제

1970년 3월 국제 핵확산금지조약의 발효는 전 세계의 핵 관련 정책에 한 획을 긋는 계기가 된다. 미국, 러시아, 영국, 프랑스, 중국은 공식 핵무기 보유국으로 인정되어 장기적인 핵군축에 들어가고, 비보유국은 원자력 활동에 철저히 제한을 받게 된 것이다. 1995년에는 조약 시한이 무기한으로 연장된다. 핵확산금지조약에 가입한 국가는 190개국으로, 유엔 회원국 중에서 가입하지 않은 국가는 인도, 이스라엘, 파키스탄, 남 수단이다. 북한은 1985년에 가입했다가 2003년에 탈퇴했다.

1990년대는 한반도를 둘러싼 핵 안보 이슈가 국제적 관심사로 부상한 시기였다. 냉전 종식과 더불어 미국은 1991년 한국에 배치했던 전술핵무기를 철수하겠다고 발표하고, 한국은 단독으로 한반도 비핵화선언을 발표한다. 1992년에는 남북한의 한반도 비핵화 공동선언이 나온다. 한반도에서 남과 북이 핵무기를 개발하거나 보유하지 않고, 농축이나 재처리 시설을 보유하지 않을 것임을 천명한 것이었다. 이를 이행하는지 여부를 감시하는 남북 핵통제 공동위원회도 설치된다.

그러나 1993년 북한 측이 핵확산금지조약을 탈퇴하겠다고 선언하면서 제1차 북핵 위기가 발생한다. 이 위기는 1994년 미국과 북한 간의 제네바 기본합의에 서명하면서 일단락되는 듯했다. 합의의 내용은 한반도의 비핵화 이행을 위해서 북한에 2기의 경수로를 제공하고, 한국은 한반도 에너지 개발기구 사업을 시행하여 한국 표준형 원자력발전소를 북한에 공급한다는 계약의 체결이었다.

2004년에는 국제 원자력기구(International Atomic Energy Agency : IAEA)의 핵물질 안전조치 추가의정서가 발효된다. 그로써 한국은 국제적인 비밀 핵 활동 감시 강화에 동참해서 이전에는 국제적인 의무가 아니었던 내용을 IAEA에 신고하게 된다. 그 과정에서 미량의 핵물질을 실험했다는 사실이 보고되면서 한국이 농축과 재처리를 시도했다는 것이 알려지게 된다. 그 결과 한국이 핵무기를 개발하고 있다는 의구심이 증폭되었고, 그 대응으로 한국은 원자력의 평화적 이용 원칙을 재천명하게 된다. 그리고 국가 핵물질 계량 관리 체제를 정비해서 원자력 통제 부서를 신설하고, 한국 원자력 통제기술원을 설립한다.

북핵 문제로 인해서 한국은 원자력의 평화적 이용에서도 미묘한 입장에 놓이게 된다. 현재까지도 상황은 달라지지 않고 있다. 북한의 핵 개발로 한국도 핵무기 개발 가능성을 의심 받고 있다. 그 때문에 상업용 원자력발전소에서 나오는 사용후핵연료의 최종 관리 정책을 결정하는 것도 어려운 실정이다. 한미원자력협정 개정에서 농축과 재처리 항목이 민감한 것도 그 때문이다. 핵폭탄의 원료인 플루토늄이 혼합된 상태로 얻어지는 건식의 파이로 공정(pyro-processing)의 연구개발은 상용화까지 수십 년이 걸릴 것인데, 한미 공동 연구로 함께 간다는 것이 절충안이었다.

한편 북한이 핵확산금지조약을 탈퇴한 2003년 이후 부각된 제2차 북핵 위기를 해결하려는 시도로 2003-2008년 6자회담이 가동된다. 그 과정에서

2005년에 9.19 공동성명, 2007년에 2.13 조치 등의 합의가 도출되어 기대를 모으기도 했다. 그러나 북한은 공동성명과 핵물질 신고 이행을 위반했고 사찰조차 받지 않았다. 거기서 그치지 않고, 오히려 핵실험을 세 차례 강행했다. 그리고 핵무기의 소형화, 경량화, 다종화에 성공했노라고 선언했다. 계속 핵전쟁 가능성을 협박하면서, 기존의 모든 핵 관련 합의들을 폐기했다. 결국 2000년대 6자회담은 북한의 핵을 둘러싼 '위기 조성-협상-합의-합의 위반-위기 조성'을 반복하는 결과를 빚었고, 북한의 일방적인 행동에 속수무책으로 당하는 형국이었다. 북한은 향후 핵 협상에서 그들이 핵 보유국임을 인정하고 핵 개발 프로그램만이 협상 의제가 될 수 있다는 노림수를 쓰고 있다는 해석이 나왔다.

한때 기대를 모았던 6자회담의 결실은 초라했다. 남과 북의 안보 분야 신뢰 구축과 군비통제는 논의조차 중단되었다. 북핵 문제의 실질적인 해법을 찾는 일은 다른 어느 외교 정책보다도 난제이다. 북한의 무력 확장을 억제하고 압박하는 한편 대화와 협상을 계속한다는 우리 정부의 양면전략에 이의를 제기할 수는 없다. 그러나 실천적인 측면에서 유효성이 문제가 되었다. 국제 협력에 의한 경제 제재도 북한에게는 별 효과가 없고, 한반도 평화를 위해서 국제사회가 얼마나 적극적으로 동참하고 있는지도 의구심을 샀다. 북핵을 둘러싼 외교무대의 현실은 냉혹했다.

국내에서는 우리가 독자적으로 북한의 핵과 미사일에 대응할 수 있는 선제타격 능력과 미사일 방어 능력을 갖추어야 한다는 주장도 계속되었다. 그런 한편으로 북한과의 군사적 신뢰를 쌓아야 한다는 명제도 여전히 유효하다. 북한이 한국을 대화 상대로 인정하고 핵 협상과 군사적 신뢰 구축을 위한 협상을 진행한다고 하더라도 6자회담 당사국과의 외교 관계가 줄타기에 다름 아닌 것이 우리의 현실이다.

결국 6자회담 등 북핵을 둘러싼 국제적 대화는 재개되어야 한다. 그리고 보다 여러 수준의 대화 체제가 가동되어야 할 것으로 보인다. 한반도 평화체제 구축을 위한 남북의 양자 대화 채널은 물론 미국, 중국과의 4자회담,

한국과 북한, 미국과의 3자회담, 6자회담, 그리고 EU를 포함하는 더 넓은 범위의 대화 체제 등 여러 트랙의 접근이 불가피할 것이다. 한국, 미국, 중국, 러시아, 일본과 IAEA 등과의 국제 협력이 중요하다. 전문가 그룹의 정확한 판단과 참여도 필요하고, 정부와 군부의 실용적인 협상전략 등도 긴밀하게 뒷받침되어야 할 것이다.

7) 전후 미소 양대 진영의 냉전 시대

제2차 세계대전이 끝나자마자 1947년경부터 미국과 소련 구도의 양 진영으로 갈리는 냉전 시대가 시작된다. 이 시기는 세계가 이데올로기를 둘러싼 군사적 긴장과 신무기 군비 경쟁으로 전쟁 발발의 위협이 상존하던 때였다. 미국, 영국, 소련의 3거두 회담은 종전 후 점령 지역의 국가들이 민족자결주의 원칙에 의해서 독립을 하는 것으로 공표했었으나, 소련의 선거 조작과 정치적 개입으로 동구권은 점차로 공산화되고 있었다. 이에 미국을 비롯한 자유주의 진영의 불안이 커졌고, 영국 총리에서 물러난 처칠은 1946년 미국 웨스트민스터 대학교에서 행한 연설에서 '철의 장막'이라는 표현으로 공산주의의 확산을 경고했다.

냉전의 시작은 대체로 1946년과 1948년 사이로 본다. 이 사건은 1946년 2월, 주 모스크바 미국 대사관의 공사참사관 조지 케넌이 워싱턴에 '긴 전보(The Long Telegram)'를 보내면서부터 시작되었다. 전보의 내용은 미국 재무부가 모스크바 주재 미국 대사관에게 질의한 "어째서 소련은 신설된 세계은행(World Bank)과 국제통화기금(International Monetary Fund : IMF)을 지지하지 않는가?"에 대한 답변이었다. 케넌은 소련 체제를 강하게 비판하는 답변서를 보냈고, 국무부는 소련을 나치 독일에 맞서 싸운 동맹국이라고 보아서 우호적인 편이었다. 그러나 미국의 태도는 바뀌게 되고, 1947년 공산주의 세력의 확대를 차단하기 위한 '트루먼 독트린'이 발표된다. 그로써 미국의 대외정책은 소련에 대한 압박정책으로 전환된다.

당시의 상황을 보면, 전쟁에서 무조건 항복한 독일은 미국, 영국, 프랑스,

소련 4개국이 분할 통치하게 된다. 베를린은 소련 점령 지역의 중심에 있었으나 수도인 만큼 4분된 상태였다. 전후 미국은 유럽에서 소련의 사회주의가 확산될 것을 우려해서 마셜 플랜에 의한 유럽 재건부흥계획을 시행하고 있었다. 소련은 자본주의 경제 체제 아래에서 미국 주도로 마셜 플랜을 집행하는 것에 위기감을 느끼고, 결국 미국과 소련은 충돌하게 된다.

그 첫 번째 사건이 1948년 소련의 베를린 봉쇄였다. 미국은 이에 단호하게 대처해서, 핵무기를 런던에 배치하고 이를 「뉴욕 타임스」와 「런던 타임스(*The Times of London*)」에서 크게 다루도록 했다. 1948년 당시에는 미국만이 핵무기를 보유하고 있었으므로 핵을 통해서 소련을 위협하려는 의도였다. 또한 미국은 대규모 수송기를 동원하여 서 베를린에 물자를 공급한다. 8개월에 걸친 봉쇄는 소련이 미국의 대량 수송기 작전에 포기한 것으로 일단락되었다.

1948년 체코슬로바키아가 무혈 쿠데타에 의해서 공산화된다. 1949년에는 서유럽의 집단 안전보장 기구로서 북대서양 조약 기구(North Atlantic Treaty Organization : NATO)가 결성되고, 소련은 이에 대응하여 1949년 동유럽 공산 국가들의 경제상호원조회의 코메콘(COMECON)을 조직한다. 그리고 1955년 동유럽의 공동 방위 기구인 바르샤바 조약 기구(Warsaw Pact)가 출범한다. 냉전 체제 속에서 1948년 한반도는 남북으로 분단되고, 1949년 독일은 동서로 분단되는 상황으로 내몰린다. 1989년 베를린 장벽은 무너졌으나, 1991년 소련의 붕괴로 성취된 냉전의 종식 이후에도 한반도의 분단과 갈등은 해소되지 못하고 있다.

냉전이 격화되고 있던 1950년 한국전쟁이 발발한다. 미국은 북한의 전쟁 도발이 소련의 팽창정책의 일환이라고 보고 신속히 파병 결정을 내린다. 다른 분단국가에서 소련에게 밀리게 될 가능성을 고려했기 때문이다. 베를린 봉쇄와 한국전쟁으로 냉전 구도는 더욱 견고해지면서 자유주의와 공산주의, 자본주의와 사회주의 진영 간의 갈등과 경쟁은 군사 분야는 물론이고 경제, 문화, 과학기술 전반에 걸쳐 심화된다. 냉전 시대의 전개는 1962년

쿠바 미사일 위기와 베트남 전쟁에서 절정을 이루었다.

스탈린의 사후, 소련에서는 스탈린 비판 움직임이 일어나고, 이에 따르는 동구권의 동요도 있었다. 그 영향으로 제3세계 노선이 나타나게 된다. 미국의 닉슨 행정부 출범 이후 데탕트 시대가 열린 것은 새로운 변화의 시작이었다. 미국 국무장관 헨리 키신저가 메신저가 되어 '죽의 장막'인 중국과 교류하고, 소련과의 거리도 좁히기 시작한다. 닉슨의 뒤를 이은 포드 행정부와 카터 행정부도 우호 기류를 유지했다. 1979년 6월 미국과 소련은 오스트리아의 빈에서 2차 전략 무기 제한 협상에 조인함으로써 국면 전환을 기대하게 된다. 그러나 1979년 12월 소련의 아프가니스탄 침공으로 기대는 물거품이 된다.

냉전 시대에 두드러진 현상은 미국과 소련을 중심으로 핵무기 개발의 경쟁이 심화되었다는 사실이다. 1945년 최초의 핵실험이 이루어진 뒤 2016년까지 2,000여 차례의 핵실험이 실행되었다. 핵실험을 한 나라는 미국, 러시아, 영국, 프랑스, 중국, 인도, 파키스탄, 북한 등 8개국이다. 전체 핵실험 횟수 가운데 미국과 소련이 85퍼센트를 차지한다. 소련은 미국보다 4년 늦게 1949년 카자흐스탄 사막에서 최초의 핵실험에 성공했다.

미국은 1952년 핵융합 반응을 이용한 수소폭탄 '아이비 마이크'를 최초로 개발한다. 최고의 파괴력을 보인 것은 수소폭탄 '캐슬 브라보'로서 1954년 태평양 마셜 제도의 비키니 환초에서의 실험으로 히로시마에 투하된 원자탄 1,000개에 맞먹는 폭발력이 확인된다. 냉전 시대의 절정이던 1960년대 초반 미국과 소련의 핵실험 횟수도 절정을 이루었고, 가장 강력한 핵실험도 이때 진행되었다. 소련이 1961년 북극해의 섬에서 실험한 수소폭탄 '차르 봄바'가 그것이다. 차르 봄바는 히로시마 원자탄의 3,800배의 폭발력을 보였다.

미국과 러시아 이외에 영국, 중국, 프랑스도 수소폭탄을 보유하고 있다. 냉전이 종식된 1990년대에는 핵실험이 급격히 감소했으나, 1998년 인도와 파키스탄이 핵실험을 한다. 그러나 21세기 들어서는 북한만이 핵실험을 하고 있고, 2016년 4차 핵실험은 수소폭탄 실험이라고 발표했다. 현재 지구상에는 핵탄두가 1만5,700기가 있고, 이 중 4,100기가 사용 가능한 것으로 추정된다. 미국 대통령 취임식에는 '핵 가방'을 든 요원이 신임 대통령의 지근거리에서 수행을 한다. 가죽으로 된 서류 가방 속에는 핵무기 발사 상황 대처에 관한 매뉴얼과 통신 방식이 들어 있다. 통수권의 이양은 대통령의 취임 선서가 끝나는 즉시 핵 가방의 인수인계로 효력이 발생한다.

냉전 시대 미국의 원자력 정책 제2차 세계대전 종전 후 미국 내에서는 원자력 연구의 우선순위를 놓고 전기 에너지와 무기 개발 사이에서 의견이 엇갈린다. 그러나 냉전 체제로의 돌입으로 원자력 개발은 군사 쪽에 초점이 맞춰진다. 전후 원자력의 평화적 이용의 첫 결실은 1955년 잠수함 노틸러스 호의 개발이었다. 여기 들어간 원자로는 웨스팅하우스가 1948년에 제작 계약한 마크 1이었다. 이 모델은 가압경수로형으로 변형되어 1957년 시핑포트 원자력 발전소에 들어간다.

전후 미국의 원자력발전소 정책 추진은 외교 전략의 일환이었다. 아이젠하워 대통령은 원자력발전산업 추진이 소련과의 냉전에서 승부수가 될 것이라는 자문 의견을 수용한다. 당시 자문 그룹은 원자력 발전산업, 잠수함, 조선산업이 18세기 영국의 산업혁명에 버금가는 기술적, 사회적 동력을 창출할 것이라고 강조한다. 그 결과 1948년 소련의 핵실험 성공, 1950년 한국전쟁 발발 등 냉전이 심화되는 상황에서 미국은 원자력의 평화적 이용의 리더가 되겠노라고 공표한다.

1953년 12월 8일 아이젠하워 대통령은 유엔 총회에서 '원자력의 평화적 이용'을 제안한다. 그 핵심은 세 가지였다. 유엔 산하에 IAEA를 설치하고, 우라늄 등 핵분열성 물질의 관리를 맡도록 한다는 것, 핵분열성 물질의 평화적 이용에 대해서 국제 규모의 조사를 실시한다는 것, 세계가 보유한 핵무기의 축소 방안을 미국 의회에 제출한다는 것이었다. 죽음보다는 삶을 위한 에너지를 개발하겠다는 아이젠하워의 연설은 큰 반향을 일으켰고, 곧 실행에 옮겨진다.

1954년 미국은 원자력법 개정으로 국제 협력과 민간 협력을 대폭 강화한다. 공공부문과 민간부문이 모두 원자력발전산업에 뛰어든 가운데, 민간기업은 원자력발전소를 건설하고 운영하되 정부가 핵물질을 소유하고 관장하는 방향으로 역할 분담이 된다. 1957년에는 원전 사고 피해를 보상하는 내용의 프라이스-앤더슨 법(Price-Anderson Act) 제정으로 원자력 관리에 대한 감시 수용을 전제로 어느 나라에게든 원자로를 제공할 수 있도록 했다.

그로써 미국은 1957년 말까지 소형 연구용 원자로 23기를 해외로 내보내고, 49개국과 원자력 협력 상호조약을 체결한다. 우리나라도 1956년에 '원자력의 비군사적 이용에 관한 한미 간 협력 협정'을 체결하고, 그후 연구용 원자로와 고리 1호기 등 발전용 원자로 건설을 계기로 여러 차례 협정을 개정했다. 최초의 본격적인 상업용 원자력발전소는 1957년 미국 펜실베이니아 주에 건설된 시핑포트 원자력발전소였다.

8) 제2차 세계대전 이후 중국과 소련

제2차 세계대전 이후 1950년 중국과 소련은 우호동맹의 상호원조 조약을 맺는다. 일본과 미국을 의식한 방위 동맹의 성격을 띤 조약이었다. 일본이 항복한 뒤, 소련은 만주철도와 여순항 군사기지, 대련 무역항에 대한 권리를 중국에 반환하기로 약속하고, 1954년부터 10년 상환 조건으로 300만 달러의 차관을 제공하기로 했다. 한국전쟁 참전으로 중국은 소련의 첨단 군수물자 수입의 필요성을 절감했고, 미국과 유엔의 제재로 인해서 소련에 대한 의존도가 커지던 때였다.

그러나 1953년 스탈린의 사망 후 흐루쇼프가 공산당 서기장이 되면서 상황이 바뀐다. 소련은 스탈린에 대한 비판과 더불어 전체주의 체제를 일부 완화하는 개방 정책을 시행하게 된다. 1956년 2월 소련공산당 대회에서 흐루쇼프는 중국과의 사전협의 없이 스탈린을 전면적으로 비판하는 연설을 했다. 대외적으로는 핵경쟁의 중단과 평화공존을 기치로 내세웠다. 군비 축소로 경제성장을 촉진시킬 필요가 있었기 때문이다. 그러나 소련에서 일어난 스탈린 비판은 1956년 폴란드와 헝가리 등 동구권에서 기존 공산주의 노선에 대한 비판과 함께 소련 중심에서 탈피하려는 움직임으로 번지게 된다.

1960년대 전반에는 중소 간에 치열한 공개논쟁이 반복된다. 1957년 11월, 12개국이 참석한 모스크바 세계 공산당 회의에서 중국과 소련 공산당은 본격적으로 대립했다. 중국은 소련에 대해서 사회주의의 본질을 포기한 수정주의라고 비판했고, 소련은 중국이 국제 정세에 대한 판단이 없이 사회주의 원칙에만 충실한 교조주의라고 비판했다.

미국에 대한 태도에서도 큰 차이를 보였다. 마오쩌둥(1893-1976)은 "미국과의 핵전쟁도 피하지 않겠다"면서, "미제국주의를 비롯한 자본주의 국가들이 중국을 전복시킬 기회를 노리고 있다"고 주장했다. 반면 소련은 가급적 미국을 자극하지 않고 관계를 개선하려는 평화공존 정책의 편에 서 있었다.

1958년 대만이 중국에 포격을 가하고 미국이 이를 지원하고 나서자, 미중 관계는 급격히 악화된다. 이때 소련은 중국에 대해 핵무기와 군사원조를 거부하고, 핵개발 기술의 제공도 거부한다. 7월 중소 정상회담에서 흐루쇼프는 마오쩌둥에게 중소 연합함대를 구축해서 극동의 방위체제를 확립하자고 제안한다. 이는 핵전쟁의 위협을 없애기 위해서 중국의 핵을 소련의 통제 아래에 두기 위한 책략이었다.

중국은 이를 거부하고, 소련은 원자탄의 견본과 생산기술을 제공하기로 한 약속을 깨고 소련에서 파견했던 기술자들도 철수시킨다. 1959년 티베트 지방에서 항쟁이 일어나자 중국과 인도가 대립한다. 이때 소련은 인도를 지지해서 중국과의 관계는 더욱 악화된다. 이를 계기로 중국은 소련의 지원 없이 군비 현대화 계획을 추진하게 되고, 독자적으로 핵무기 개발에 전력투구한 결과 1964년 최초로 핵무기를 보유하게 된다. 1971년에는 수소폭탄 개발에 성공한다.

대외정책에서도 중소 두 나라의 차이는 컸다. 제2차 세계대전 종전 후

아시아, 아프리카에서는 독립운동이 활발해졌다. 소련은 정치적 압력과 협상에 의한 독립을 권했고, 신흥독립국에 대해서는 경제원조 정책을 폈다. 지역 분쟁이 확대되어 미국 등이 개입하는 핵전쟁으로 확대되는 것을 원치 않았기 때문이다. 그러나 중국은 중국혁명과 같은 방법이 민족해방의 모범이 된다고 보고 독립운동을 하는 무장 세력들을 적극 지원했고, 그로써 신흥 독립국으로부터 지지를 얻고 있었다.

중국에게 소련은 더 이상 사회주의 종주국이 아니었고, 미국도 제국주의이고 소련도 사회주의적 제국주의라고 보았다. 당시 중국지도자들은 미국과 소련을 제1세계, 서유럽과 일본 등을 제2세계, 나머지 국가를 제3세계로 규정했다. 제3세계는 저개발국으로 제국주의의 군사적인 위협과 경제적인 착취를 당한 나라였다. 그리하여 외교노선을 미소에 적대적이고, 제2세계 일부 국가와의 관계개선에 노력하고, 주로 신생독립국과 비동맹권을 형성하는 선에서 설정한다.

1960년대까지 미국을 '세계 인민의 적'이라고 하면서 소련도 미국의 공모자라고 했던 중국은 1970년대가 되자 태도가 달라진다. '미소 간의 결탁'을 우려하여 미국에 접근한 것이다. 중국은 1971년 7월 닉슨 대통령의 보좌관인 키신저의 방중을 받아들였고, 1972년 2월에는 닉슨 대통령을 초청한다. 이후 장기간 중소 냉전 상황은 계속되었다.

9) 냉전 시대 군비 경쟁

냉전 시대 미소 양 진영 간의 군비 경쟁은 치열했다. 1985년 CNN은 전자기파 무기의 미래를 특집으로 다룬 적이 있다. 전 세계의 특수 실험실에서 비밀리에 진행되고 있는 연구를 취재한 프로그램이었다. 그 비밀 연구의 핵심은 바로 100년 전에 이 세상에서 전쟁을 없애기 위해서 테슬라가 연구했던 실험이었다. 그 기원은 1899년에 콜로라도스프링스에서 1,000만 볼트짜리 인공번개를 만든 일이다. 과학자들은 데스레이의 원리를 찾아내고, 테슬라의 실험 규모를 확대하는 것이 목표이다. 그 당시에는 조롱거리였지만,

100년 뒤 테슬라의 천재성은 이렇게 빛나고 있다. 1952년에 테슬라의 자료가 얼마만큼이 전달되었는지는 확실치 않지만 당시 유고슬라비아의 수도 베오그라드에 설립된 테슬라 박물관은 소련 무기 과학자들의 '금광'이나 다름없었다.

미래전의 무기 체계 미래전은 어떤 양상일까? 탱크, 군함, 전투기를 빛의 속도로 파괴할 수 있는 무기를 만들 수는 없을까? 테슬라의 후예들은 원자폭탄의 공격을 무력화할 수 있는 새로운 형태의 무기 개발에 관심을 두었는데, 이것이 차세대 신형 무기가 될 것임은 아마도 확실해 보인다. 테슬라의 실험은 얼마나 이용이 될까? 빛의 속도로 날아가서 표적을 맞추는 레이저 무기는 SF의 단골 메뉴였다. 그런데 실은 과학기술 혁신의 미래상은 먼저 SF에 등장하고는 했다. 전통적인 전쟁이 육해공에서 일어난 것과는 달리 미래의 전장은 우주공간이 될 것이다. 이미 그런 방향으로 진전되고 있다. 그리고 방어 전력을 강조하고 있으나, 이는 곧 공격용으로 전환될 수가 있다.

최근의 군사기술은 레이저 무기, 전자기 폭탄, 플라스마 무기, 초저주파 음향무기 등을 현실화시키고 있다. 미래전에서는 인명의 대량살상과 민간 시설의 파괴 등을 최소화하는 방향으로 나아가게 될 것이다. 정밀공격으로 적군의 핵심전력만 파괴하고, 항공기, 미사일 등의 무기 체계를 무력화해서 승전한다는 것이다. 이러한 목적에 부합되는 기술은 바로 새로운 형태의 에너지를 이용하는 군사기술이다.

레이저 무기 전자기파 에너지를 이용하는 무기 체계로는 고에너지 레이저 무기와 고출력 마이크로파 무기를 들 수 있다. 제2차 세계대전 당시 미국은 원래 레이저 무기 개발에 관심을 두었었다. 그러다가 유럽에서 망명한 과학자들의 강력한 제안으로 원자폭탄 개발에 나선 것이다. 미국은 1970년대를 거치며 1983년의 SDI 계획과 노틸러스 계획 등 레이저 무기 개발을 주도해왔다. 소련도 레이저 무기기술에서 경쟁력이 큰 것으로 알려져 있다.

레이저 무기의 사정거리는 지상 배치형의 경우 수십 킬로미터, 항공기 탑재형과 우주 설치형의 경우 수백 킬로미터에 이른다. 레이저의 출력과 표적의 종류에 따라서 사정거리가 달라진다. 2002년에는 알카에다의 고위 간부가 탄 차가 미사일 저격을 당해서 6명이 사망한 사건이 발생했다. 대전차 미사일을 장착한 무인기 프레데터의 공격을 받은 것이다.

무인기는 제1차 세계대전이 일어난 1914년부터 군사용으로 개발되기 시작했다. 무선통신으로 멀리 떨어져 있는 항공기를 원격 조종하는 수준이었다. 그러나 이제는 스스로 항로를 찾아서 자동으로 임무를 수행하도록 설계되고 있다. 전투기를 무인기로 개발하는 연구도 활발하다. 이미 미국은 2010년까지 적진에 침투하는 전투기의 3분의 1을 무인화한다는 계획을 발표했었다. 로봇 전투기의 등장은 시간문제이다. 무인기 기술의 세계시장은 항공기술, 전자, 컴퓨터, 통신기술의 급격한 발전과 맞물려 급성장세를 보이고 있다.

전자기 폭탄 전자기 펄스에 의해서 전자 장비를 무력화하되 인명 피해는 주지 않는 신종 무기가 전자기 폭탄(E-Bomb)이다. 전자기 폭탄이 도시에서 폭발하면 TV, 형광등, 자동차, 컴퓨터, 휴대전화 등 반도체로 작동하는 전자기기는 모두 망가지게 된다. 수십 미터 땅속 깊이 판 벙커도 전자폭탄의 강력한 에너지는 견딜 수가 없다.

전자기 폭탄은 폭발할 때 강력한 전자기 펄스가 발생한다. 그래서 안테나와 전력선을 타고 수백 미터 내의 전자장치를 모두 녹여버린다. 전자기 폭탄의 원리는 1925년에 발견한 콤프턴 효과를 이용한 것이다. 즉 고에너지 상태의 빛을 원자번호가 낮은 원자에 쏘면 전자를 방출하는 원리이다.

미국이 1958년 태평양 상공에서 수소폭탄 실험을 했을 때, 감마선이 방출되어 대기 중의 산소와 질소를 때리면서 파도처럼 펄스를 만들어냈다. 이 펄스가 수백 킬로미터까지 뻗쳐서, 하와이에서는 가로등이 꺼졌고, 호주에서는 무선항해에 지장을 받았다. 미국은 이때부터 전자기 펄스 무기 개발에 나선다. 전자기 펄스는 폭발이 일어나고 15분 뒤에도 전력선이나 통신망을 따라서 전기 충격을 주는 것으로 알려졌다.

플라스마 응용무기 플라스마는 고온에서 음전하의 전자와 양전하의 이온으로 인해서 전기적으로 중성을 띠는 상태를 말한다. 플라스마 기술을 이용한 무기는 전자빔, 중성 입자빔, X선 레이저, 자유전자 레이저 등의 입자광선 무기가 있다. 그리고 우주 로켓, 화포, 고속 비행기술 등 플라스마 기술을 이용한 추진 무기, 그리고 레이더에 대응하는 방어 무기 등이 있다.

플라스마 입자광선 무기는 이온이나 전자를 광속으로 가속하여 우주에서 장거리 타격을 하는 무기이다. 미국은 1983년 SDI 이후 기초 연구를 수행하고 있다. 전자포 무기는 양차 세계대전 때 프랑스, 독일 등에서 연구하다가 1980년대 미국에서 연구가 본격화되었다. 미 해군은 전자파 레일 건을 개발하고 있는데, 이 무기 체계는 발사 탄을 초음속으로 가속시키는데 펄스 동력 시스템을 이용한다. 발사 탄의 속도가 빠른 데에다가 200킬로미터의 사정거리가 가능해서 미 해군의 미래전력으로 주목을 받고 있다.

플라스마 스텔스 기술도 테슬라의 연구에서 유래했다. 플라스마의 전자파 흡수 성질을 이용한 기술로서, 항공기 앞쪽에 플라스마 구름을 형성하여 적군이 방출하는 전자파를 흡수하도록 함으로써, 아군 항공기의 존재를 은폐하는 것이 원리이다. 플라스마 기술은 핵무기, 반도체, 전자산업, 방위산업 등에서 필수적이라서 기술이전이 잘 이루어지지 않는 기술이다. 러시아, 미국, 프랑스가 기술력에서 앞서 있다. 특히 러시아는 레이더에 의한 항공기 탐지를 어렵게 하는 플라스마 구름 발생기술의 개발에 성공하고 있다. 또한 러시아는 항공기에 탑재 가능한 100킬로그램 정도의 소형 플라스마 발생 장치를 개발했다.

초저주파 음향무기 초저주파를 군사무기로 이용한 것은 제1차 세계대전 때였다. 독일, 일본, 이탈리아 등에서 개발되어 적의 포병부대를 탐지하는 데에 쓰였다. 제2차 세계대전 때 개발된 음향무기는 오스트리아의 지퍼마이어가 개발한 회오리바람 대포가 대표적이다. 실험에서 183미터 거리의 두꺼운 판자를 산산이 조각냈고, 이후 대형 대포 제작에 적용되었다.

1978년 헝가리에서 발표된 초저주파 무기에 대한 연구결과에 따르면, 사람에게 가장 해로운 주파수는 7-8헤르츠로 밝혀졌다. 이 주파수는 인체의 공명주파수와 같은 대역이다. 이 범위의 주파수를 사람에게 쏘면 내장이 파열된다. 인체에 미치는 초저주파의 영향은 1960년대 초 NASA에서 많이 연구했다. 우주비행사들이 로켓엔진에서 방출되는 초저주파에 어떤 영향을 받는지를 조사하기 위해서였다. 그 결과 0-100헤르츠의 주파수는 심장, 호흡기, 두통, 기침, 시각장애, 화상을 일으키는 것으로 나타났다.

미국 국방부는 1990년대 음파무기 개발을 추진하면서 사람과 동물을 대상으로 음파가 안구, 피부질환 등에 미치는 영향을 조사했다. 미국은 2000년대 초 장거리 음파기를 개발해서 이라크에 배치했다. 소형 보트가 미국 군함에 접근하는 것을 막는 것이 목적이었다. 이 무기는 빛에 강력한 소음을 실어서 타깃을 향하여 쏘는 장치이다. 이때 화재경보기 소음의 2배인 145-150데시벨의 소음이 발생해서 300미터 이내 사람들을 무력화하는 원리이다. 미국 해병대는 전자파를 이용한 비살상 무기로 초저주파 음향 발생기, 고주파 발진기 등을 개발했다.

4. 제2차 세계대전 이후의 새로운 국제질서

1) 브레턴우즈 협정과 새로운 국제통화 제도

제2차 세계대전이 거의 끝날 무렵인 1944년 새로운 국제통화 체제가 출범한다. 서방 44개국의 전문가가 미국 뉴햄프셔 주의 브레턴우즈에 모여서 미국 달러를 기축통화로 하는 브레턴우즈 체제를 만들어낸 것이다. 이 체제는 국제 외환시장의 안정을 목적으로 고정 환율을 정해 변동 환율제의 탄력성을 보완했고, 공황과 전쟁 유발의 한 요인이 된 기존의 환율제도를 개선한 것이었다. 그리하여 미국 달러만 금과 고정 비율로 태환(兌換)할 수 있게 하고, 다른 국가의 통화는 달러와 고정 환율로 교환할 수 있게 바뀌었다. 요컨대 브레턴우즈 체제는 미국이 세계경제에서 확고한 경제적 우위를 차지하는 계기인 동시에 미국 달러 가치에 대한 신뢰를 전제로 하는 제도였다.

이때 브레턴우즈 체제의 운영 조직으로 IMF와 세계은행이 출범한다. IMF는 세계 각국이 필요로 하는 외화를 공급하기 위한 기구였고, 세계은행은 제2차 세계대전 이후의 경제 부흥과 후진국 개발을 지원하는 금융기관이었다. 그리고 실물 부문에서는 이전의 경제 블록화와 보호무역이 전쟁으로까지 이어졌던 폐해를 극복하기 위해서 관세무역일반협정(General Agreement on Tariffs and Trade : GATT)을 출범시킨다. 이는 국제교역의 원칙으로 자유무역을 정착시키기 위한 조치였다.

브레턴우즈 협정에서 다시 케인스가 등장한다. 제1차 세계대전 이후의 평화체제 구축을 위한 베르사유 협상의 실무진으로 참여했던 그가 다시 제2차 세계대전 이후의 브레턴우즈 협정의 핵심 역할을 맡게 된 것이다. 협상 과정에서 그의 구상이 대폭 관철된 결과, 브레턴우즈 체제는 공황과 전쟁에 연결된 과거 체제의 혁신에 의해 외환금융시장의 안정을 기하고, 실물경제의 자유화를 주축으로 하는 방향으로 내용이 짜이게 된다.

브레턴우즈 체제의 의미 브레턴우즈 체제의 혁신적 의미는 협정에서 규정한 기본 원칙보다는 오히려 대형 금융에서 민간 통제가 공공 통제로 바뀐 것으로 보는 시각도 있다. 새로운 체제에 의해서 세계 유동성에 대한 통제권이 사적 영역에서 공적 영역으로 넘어감으로써, 금융의 중심이 런던과 월스트리트로부터 워싱턴으로 옮겨갔다는 해석이 그것이다. 미국 재무장관 헨리 모겐소(1891-1967)는 자신과 루스벨트는 "화폐 자본을 런던과 월스트리트에서 워싱턴으로 옮겼고, 그 때문에 대은행가들은 우리를 미워했다"고 회고했다.

브레턴우즈 체제로의 전환으로 일단 서구 국가는 자유무역 기반의 고도

성장을 실현하게 된다. 이 과정에서 유럽 국가들은 급속한 경제성장을 이룬다. 1960년대 베트남 전쟁으로 미국의 국제수지가 적자로 돌아서게 되자 미국 닉슨 대통령은 1971년 달러화의 금 태환을 중지한다고 선언하고, 1971년 12월 스미소니 협정을 체결한다. 이런 과정을 거치며 브레턴우즈 체제는 변형된 형태로 명맥을 이어가다가 1973년에는 주요국들이 금과의 고정 환율을 포기하는 사태에 이른다. 그로써 초기의 엄격한 의미의 브레턴우즈 체제는 사실상 실효성을 상실한다.

1970년대 신자유주의 부상 1973년 주요국이 환율을 유동화하자 IMF 체제는 브레턴우즈 체제의 기본 개념이 변질된 상태의 새로운 국제통화제도로 전환된다. 즉 달러의 금 태환이 정지되고 고정 환율제가 폐지되면서 브레턴우즈 체제의 한 축이 무너진 것이다. 그러나 실물 부문에서는 1990년대 GATT 체제가 강화되며 자유무역 질서를 기조로 하는 세계무역기구(World Trade Organization : WTO) 체제로 확대된다. 이 시기는 정보통신 기술 혁명으로 사람, 자본, 물품, 정보, 서비스 등이 국경 없이 전 세계에서 자유롭게 유통되는 세계화의 물결을 타던 때였다.

1970년대 신자유주의의 부상 속에서 변동환율제와 자유무역질서라는 두 가지 핵심 개념은 금융과 실물 부문의 주요 정책으로서 세계경제의 변화에 기여한 바가 없지 않았다. 그러나 변동환율제 이후의 급격한 금융혁신에 의해서 금융이 실물 부문을 압도하게 되면서 새로운 부작용을 낳고 있었다. 글로벌 금융은 어떤 유형의 통제도 거부하며 온 세계를 자유롭게 돌아다니는 공룡으로 성장했고 급기야는 세계 전 지역에서 금융위기를 초래하고 있었기 때문이다. 그리고 변동환율제가 빚은 혼란은 제2차 세계대전 후 케인스 시대의 외환 불안정과 비슷한 양상을 보였다.

2) 케인스의 거시경제이론과 그 영향

20세기의 가장 위대한 경제학자인 케인스는 뛰어난 성적으로 이튼 칼리지를 졸업하고 1902년 케임브리지 대학교에 입학해서 수학을 전공했다. 졸업 후 2년간 동인도 회사에 근무한 뒤, 1909년부터 케임브리지 대학교의 경제학 교수로 부임했다. 1911년부터 13년간 그는 영국의 저명 경제학술지 「이코노믹 저널(*The Economic Journal*)」의 편집인을 맡았고, 소책자를 여러 권 출간했다. 전문가적 의견을 수시로 신문에 기고하고 대중을 위한 잡지도 발간하는 등 사회적 현안에 대해 행동하는 지성이었다.

케인스에 대한 전기 중 로버트 스키델스키 교수가 30년에 걸쳐서 완성한 3부작은 최고의 역작으로 꼽힌다. 1983년 제1권 『희망의 좌절, 1883-1920(*Hopes betrayed, 1883-1920*)』, 1992년 제2권 『구원자로서의 경제학자, 1920-1937(*The economist as savior, 1920-1937*)』, 2000년 제3권 『영국을 위한 싸움, 1937-1946(*Fighting for Britain, 1937-1946*)』이 그것이다. 저자는 2003년에 이 3권을 60퍼센트 정도로 줄인 축약본을 발간했다. 제3권은 미국에서의 출간을 계기로 제목을 "자유를 위한 싸움"으로 바꾸었다. 워릭 대학교 역사학 교수를 지낸 저자는 케인스가 책을 쓰며 거주하던 집에서 살고 있다. 이 전기는 케인스의 경제학 사상은 물론 그 시대적 배경, 교육, 업적, 사회활동, 결혼, 성격 등을 조명하는데, 그는 대학 시절에 자신에게 영향을 준 철학사상, 우정과 사랑, 예술혼, 지성의 훈련을 통해서 선한 마음을 경제학 이론과 정치적 실천에서 실현하고자 했던 철학자로 조명되었다. 케인스의 이론에서 물가안정과 완전고용이라는 개념도 사람들의 선한 삶에 필요한 조건이었고, 전기 3부작 제2권의 제목인 "구원자로서의 경제학자"가 바로 케인스의 자화상이었다는 것이다. 케인스의 아버지도 경제학자였고, 어머니는 케임브리지 대학교를 졸업(비공식적으로)한 최초의 여성으로 영국 최초의 여성 시장을 지냈다.

영국 재무부 관리 시절의 케인스 케인스는 제1차 세계대전 시기에 영국 재무부에서 일했고, 제2차 세계대전 때에도 재무부의 핵심 간부로 경제 정책의 수립과 추진에 관여했다. 그는 재무부를 거친 뒤 제2차 세계대전 때 영국 총리의 자문위원으로 일하는 등 계속 공공부문의 자문 역할을 했다. 한 평생을 공인 정신으로 봉사하면서도 의회로의 진출도 마다하고 고위직을 맡지 않은 채 자유로운 영혼으로 살았다.

그의 이름이 세상에 알려지기 시작한 것은 재무부 관리로서 1919년 베르사유 평화협정 실무 협상단으로 파리 회의에 참석하면서였다. 그는 협상 과정에서 독일에 전쟁 배상금을 부과해서는 안 된다고 강력히 주장했으나, 수용되지 않았다. 케인스는 협정 확정 후 독일에 대한 강력한 제재가 세계적인 위협을 초래할 것이라면서 반발했다. 협정이 체결된 1919년 6월, 그는 파리에서 런던으로 돌아가자마자 재무부에 사표를 던진다.

케인스의 『평화의 경제적 결과』 재무부를 그만 둔 뒤 케인스는 곧바로 서섹스의 찰스턴 농장으로 가서 첫 번째 저서 『평화의 경제적 결과(*The Economic Consequences of the Peace*)』를 집필한다. 바로 그해 1919년에 출간된 책에서 그는 제1차 세계대전이 유럽을 얼마나 파탄 지경으로 만들었는지를 서술하고, 독일이 60억 파운드라는 막대한 전쟁 배상금을 지불하게 됨으로써 경제 파탄으로 번질 것이고 그로 인해서 또다시 세계적인 파국을 초래할 것이라고 경고했다. 이 책으로 일약 세계적인 저명인사가 된 그는 국내외 신문과 카툰에 계속 이름과 얼굴이 나오고, 모든 경제 이슈에 대한 논평을 요청받는 등 최고의 경제이론 혁명가가 된다. 그의 명성은 당대의 저명인사 러셀, 웰스와 어깨를 나란히 했다.

케인스는 1925년 42세에 러시아의 발레리나인 리디아 로포코바(1892-1981)와 결혼했고, 죽을 때까지 행복한 결혼생활을 했다. 그러나 그는 젊은 시절에는 양성애자로 살았고, 특히 화가 덩컨 그랜트(1885-1978)와 3년간 관계를 지속했다. 영국 국립도서관에는 케인스와 그랜트가 주고받은 연애편지가 소장되어 있어, 그들 사이의 친밀한 관계를 말해주고 있다. 결혼 뒤에는 덩컨과 좋은 친구로 지낸다. 스키델스키는 이런 사생활까지 밝힌 것에 대해서, 한 사람의 사고와 사상을 온전히 이해하기 위해서는 그 사람에 대한 모든 것을 이해해야 하기 때문이라고 말했다. 이전의 전기에서 이런 사실을 공개하지 않은 이유는 당시 동성애가 불법이었고, 영국의 영웅으로서 미국에서 명성이 더 자자했던 그의 이미지가 훼손되는 것을 꺼렸기 때문이었다. 케인스에게 가장 큰 영향을 준 것은 젊은 시절의 블룸즈버리 그룹이었다. 저명 작가, 철학자, 예술가, 당대의 지성으로 구성된 이 모임의 장소는 서섹스의 찰스턴이었고, 결혼하기 전의 버지니아 울프와 덩컨의 소유로 된 주택이었다. 케인스는 월스트리트 주식 투자로 블룸즈버리 그룹의 기금을 늘렸으며 자신도 수익을 얻었다. 1929년 증권시장 붕괴로 손해를 보았지만, 1년 반 만에 더 큰 수익을 올린다.

스미스 시대와 케인스 시대 케인스는 스미스, 마르크스와 함께 세계가 낳은 3대 경제학자 중의 한 명이자, 20세기 가장 위대한 경제학자로 평가된다. 이들의 경제학 사상은 그 당시의 시대적 산물이었고 다시 이들 경제이론이 세상에 영향을 주면서 오늘에 이르고 있다. 1차 산업혁명 이래로 이들의 경제 사상은 제도와 정책에 반영되어 세상을 지배해왔고, 또 새로운 흐름을 만들어내고 있다.

18세기 후반의 스미스 시대와 케인스의 시대는 달랐다. 스미스의 이론은 시장경제도 신이 잘 작동되도록 만든 조화로운 자연 질서의 일부라는 전제를 깔고 있다. 스미스 이론 체계에서 정부는 공정한 법질서를 확립하고, 공공시설, 초등교육, 금융 감독 등의 기능을 수행하는 것이 임무였고, '보이지 않는 손'인 자유시장 경제에 간섭해서는 안 될 일이었다. 그의 경제이론의 요체는 자유시장 경제 체제에서 개인이 각각 자신의 이익을 위하여 자발적으로 일하고 저축하고 투자하면, 경제가 발전하고 사회적 빈곤이 사라진다는 것이었다.

스미스의 낙관적인 경제이론은 당시 1차 산업혁명기에 부를 창출하며 사회 주도 계층으로 부상하던 중소 상공인들의 가치관과 맞물려 있었다. 그러나 그의 자본주의는 사회적 공공선의 범위 내에서 개인의 이익을 추구한다는 전제가 있었으므로, 이런 전제가 빗나가는 경우에는 작동이 제대로 되기 어려운 한계를 지니고 있었다. 실제로 스미스 이후의 경제 발전은 야누스의 얼굴로 다가왔다. 스미스의 예측대로 19세기 서구사회의 경이로운 경제성장을 실현시킨 것은 긍정적 측면이었으나, 다른 한편으로 빈부격차가 커지고 불황과 실업이라는 시장의 실패를 겪게 되었기 때문이다.

수정자본주의의 대두 산업혁명으로 물질적 풍요를 구가하는 가운데, 웬일인지 경제 불황은 주기적으로 반복되고 있었다. 이미 1차 산업혁명기인 19세기 중반 자본주의의 부정적인 측면에 주목한 경제사상으로서 마르크스주의로 대표되는 공산주의와 사회주의가 출현했다. 마르크스는 계급 혁명에 의해서 자본주의를 극복하고 사회주의 사회를 건설할 때, 노동자의 빈곤과 인간성 황폐를 해결할 수 있다고 주장했고, 20세기 들어 마르크스주의의 영향으로 러시아, 중국, 베트남, 쿠바 등에서 사회주의 국가가 출현한다. 그러나 국가마다 정치 지도자들은 마르크스의 이론을 자신의 의도대로 받아들였다.

선진 경제권은 자본주의의 부정적 측면을 해소하기 위해서 수정자본주의로 눈을 돌린다. 그 가운데 가장 큰 영향을 미친 경제학자가 케인스였다. 1825년에 최초의 경제 침체 사태가 발생한 이래, 10년 내외를 주기로 경제 불황이 계속 발생하고 있었고, 1870년대부터는 세계적으로 간헐적인 공황이 20년간 이어지고 있었다. 이 시기는 제국주의가 팽배하고 독과점 현상이 확대되는 시기이기도 했다.

케인스 시대의 경제 상황과 『일반이론』 케인스가 활동했던 시기는 또한 독점자본이 시장을 지배했고, 노동조합 활동으로 임금의 유연성은 경직되어 있었다. 게다가 금융 산업의 융성으로 투자와 투기가 과열되다가 갑자기 위축되는 위험성이 커지고 있었다. 그런 가운데 드디어 1929년 뉴욕발 증시 붕괴로 대공황이 닥쳤고, 온 세계로 확산되어 갔다. 경제 대공황과 대량 실업 사태(20퍼센트 이상)에도 불구하고, 전통적인 고전파 경제학은 여전히 시간이 조금 지나면 다시 번영으로 회복될 것이라고 보고 있었다. 실업자들이 좀더 낮은 임금을 받으며 일하려고만 한다면 일자리는 구할 수 있을 것이고, 기업인은 상품 가격을 인하해서 매출액을 회복할 수 있다는 논리였다.

전통적인 자유방임주의의 경제학은 1920년대부터 영국 등을 휩쓴 만성적인 높은 실업률, 그리고 1930년대 세계 대공황의 원인과 대책에 대해서 설득력 있게 설명하지 못하고 있었다. 당시의 급박한 경제 현상을 설명해 줄 수 있는 경제이론이 등장하지 않는 상황에서, 1936년 케인스의 기념비적인 저서 『고용, 이자 및 화폐에 관한 일반이론(*The General Theory of Employment, Interest and Money*)』(『일반이론』)이 출간된다. 그의 이론은 불황과 실업이 예외적인 현상이 아니라 일반적으로 나타날 수 있는 현상임을 설명해주고 있었다. 케인스의 거시경제학이 경제 불황과 실업 사태를 설명할 수 있는 새로운 이론으로 등장한 것이다.

케인스는 빅토리아조의 시대 배경에서 태어나서 케임브리지 대학교의 전통을 계승했지만, 다른 한편으로는 도덕적, 신앙적 가치를 중시하는 빅토리아 시대의 사조에 저항하는 이단자이기도 했다. 그런 배경에서 그의 경제이론은 탄생했고, 『일반이론』 이외에 『인도의 화폐와 재정(*Indian Currency and Finance*)』(1913), 『평화의 경제적 결과』(1919), 『화폐개혁론(*A Tract on Monetary Reform*)』(1923), 『화폐론(*Treatise on Money*)』(1930) 등을 썼다. 1926년 『자유방임의 종언(*The end of laissez-faire*)』 제하의 소책자에서 그는 "정치경제학의 원리로부터 계몽된 개인의 이기심이 항상 보편적인 이익을 구현하는 방향으로 작동한다고 볼 수 없다"는 말로 자유방임주의의 한계를 지적하고 있었다.

케인스 이론의 요체 케인스는 실업률이 20퍼센트 수준으로 치솟는 영국의 경제 혼란을 경험하면서, 당시의 경제 체제가 해결해야 할 두 가지 현안을 완전고용, 그리고 자의적이고 불공정한 부와 소득의 분배라고 보았다. 그 아이디어를 『일반이론』에서 제시한 것이다. 그의 경제이론의 요체는 정부의 시장 개입을 금기시한 기존의 경제이론을 부정하고, 국가 주도의 재정 정책과 조세 정책을 통해서 완전고용과 소득 재분배를 추구하는 정책을 펴야 한다는 것이었다. 케인스는 완전고용을 달성할 수 있다고 믿었는데, 여기서 완전고용의 의미는 고용되지 않은 사람이 없는 상태가 아니라 일정 수준 이상으로 고용이 달성된 상태를 뜻했다.

케인스는 경제공황기에 대안적인 경제이론을 발전시켜서 국가가 경제 운용에서 적극적인 역할을 수행해야 한다는 당위성을 이론적으로 뒷받침했다. 그렇다고 해서 케인스가 정부의 개입과 규제를 강조한 것이 자유시장의 종말을 의미하는 것은 아니었다. 그보다는 오히려 자유시장의 균형을 유지하고 조율할 수 있는 기능을 정부가 맡아야 한다는 의미였다. 정부의 절제된 개입과 규제에 의해서 자유시장 경제 체제가 순화된다면, 자본주의의 자멸을 막을 수 있다고 보았던 것이다. 나아가서 당시 경제 침체로 인해서 확장일로에 있던 전체주의 기반의 계획경제 체제에 대한 방패막이를 제시한 것이기도 했다.

케인스가 본 자본주의의 한계 케인스는 자본주의 자체는 경제공황에서 탈출할 수 있는 자정 능력이 없다고 보았다. 그는 경제활동은 인간의 비이성적이고 비경제적 자아인 야성적 충동에 의해서 작동한다고 보았다. 그리하여 『일반이론』에서 경제활동에서의 불안정하고 일관성 없는 요소와 사람들의 막연한 비관과 낙담, 회복에 대한 기대 등의 심리적 변화를 지적한 것이다. 인간의 적극적인 활동은 수학적 기대치에 의한 것이 아니라 자의적인 낙관주의에 의존하는 경향을 띠며, 이러한 인간의 불안정성이 판단과 결정에 중요하게 작용한다고 보았다. 따라서 정부가 시장에 적극 개입해서 민간부문의 소비 감소를 해결할 수 있는 정책을 추진하는 것이 마땅한 일이었다.

케인스는 공산주의자 또는 사회주의자라는 비난을 받기도 했다. 루스벨트도 뉴딜 정책을 추진하는 과정에서 사람들이 자신을 "공산주의나 사회주의의 편에 서 있다고 말한다"고 언급한 적이 있다. 실은 케인스는 그런 공산주의나 사회주의의 이즘을 부정하는 경제학자였다. 다만 정부의 시장 개입을 강조한 것은 경제가 어려울 때 돈을 풀어서 인위적인 활성화를 유도해야 한다고 본 것이었다. 그는 실업이 일어나는 이유를 세 가지로 구분했다. 첫째, 일시적으로 직업이 없는 상태, 둘째, 자신의 자유 선택으로 직업을 가지지 않은 상태, 셋째 고용주가 높은 임금을 감당하기 어려운 상태였다.

케인스의 거시경제학 이론과 유효수요 그는 정부가 경기 하강기에 다해야 할 책무는 대규모 부채를 안고서라도 공공부문과 기간산업에 재정을 투입해서 수요와 일자리를 창출하는 것이라고 보았다. 그로써 그가 말한 승수효과(乘數效果)를 거둘 수 있다는 논리였다. 즉 정부가 지출을 늘리면 가계의 소득이 올라가고, 소득이 늘어난 가계는 금융기관에 저축을 하게 될 것이며, 이 자금이 기업의 투자자금으로 흘러들어 생산과 소득, 소비 지출을 활성화하는 선순환 구조를 형성하게 된다는 이치였다.

따라서 디플레이션 국면에서 벗어나기 위한 대책으로 케인스가 제시한 것은 정부가 직접 개입해서 악순환의 고리를 끊어주는 역할이었다. 케인스의 『일반이론』의 발간으로 소비와 투자, 정부 지출을 합친 총 수요라는 거시경제학의 개념이 경제이론의 전면으로 부상하게 된다. 민간투자에 의한 경제 회복을 기대하기 어려운 상황일 때는 정부가 재정 지출을 통해서 유효수요의 부족분을 채울 수 있도록 경제에 개입하는 것이야말로 경제 활성화를 촉진하는 길이라는 것이다. 여기서 유효수요는 물품을 살만한 돈이 있어서 물품을 구매하려고 하는 욕구를 뜻한다. 거시경제학에서는 개인적인 유효수요보다 사회 전반의 유효수요를 의미한다. 막다른 난국에서 경제가 자생능력을 되찾을 수 있도록 물꼬를 터주는 것이 정부 개입의 논거였다.

케인스 혁명 케인스의 이런 주장은 균형재정을 고수하던 정책 기조에서 벗어나는 파격적인 전환이었다. 케인스는 경제가 곤두박질치는 대공황 상태에서 시급한 조치는 재정 적자에 대한 우려보다는 악성 디플레이션의 빈사 상태에서 경제를 구하는 일이라고 보았다. 경제가 자생력을 회복하고 견조한 성장세를 회복하게 되면, 세수가 늘면서 재정 적자는 감소세로 돌아설 것이라는 이유에서였다.

케인스의 『일반이론』은 스미스 이후로 150년 동안 신봉되어 오던 자유방임주의를 대체하고, 정부의 개입주의 시대를 여는 단초가 되었다. 제2차 세계대전 이후 케인스의 정부 개입주의를 추종하는 영국과 미국의 케인스주의자들은 비단 불황과 실업만이 아니라 빈부격차, 독과점, 환경파괴 등의 시장의 실패 전반을 해결하는 데에도 정부의 적극적인 경제 개입이 이루어져야 한다고 주장한다. 그들은 그런 주장을 이론적으로 뒷받침하는 신고전학파종합이라는 경제학 체계를 만들어내기도 했다.

시장의 실패를 해결하기 위한 정부의 적극적 경제 개입의 도입은 제2차 세계대전 이후의 선진국의 자본주의 경제에 복지국가 개념이 추가된 수정자본주의경제의 태동이라고 할 수 있다. 그리하여 1930년대 대공황을 계기로 세계 각국은 앞다투어 케인스 경제이론과 관련 정책을 추진했고, 이후 케인스 경제이론은 1960년대까지의 장기 호황에 기여한다. 정부의 적극적인 경제 개입으로 종전 이후 한 세대 동안 선진 경제권은 심각한 공황이나 빈곤의 이슈가 없이 장기 번영을 구가하게 된다. 그러나 이 시기의 호황은 전쟁 이후의 복구 수요가 급증하고, 자본가와 노동자 간의 협력이 원활했던 사회적 분위기도 큰 몫을 했다는 지적이다. 실제로 이 시기의 미국의 경제 동향 그래프에는 정부의 규모가 일정 수준으로 커진 상황에서 노조의 활동이 크게 감소한 것으로 나타난다.

여기서 간과된 사실이 있다. 케인스가 제시한 이 같은 대규모 재정 적자를 무릅쓴 경기부양책은 극심한 경제공황에 대한 대책으로 제안된 것이고, 호경기에는 흑자를 내서 재정의 균형을 이루는 것을 전제로 했다는 점이다. 발표 당시에는 파격적이었던 케인스 이론은, 기회만 되면 돈을 풀어서 사람들의 관심을 받고 싶어 하는 정치인들에게 큰 인기였다. 특히 선거 때에는 정치인들의 필요에 맞춰서 적자 재정을 전가의 보도처럼 이용하게 된다. 케인스 이론의 원형은 시간이 흐르면서 퇴색하고, 정치인들이 구사하는 대중 영합적인 부양책이 케인스주의라는 이름으로 시행되고 있었다. 이것이 케인스의 경제이론과 케인스주의는 구분되어야 한다는 지적이 나오는 이유이다.

케인스는 1944년 브레턴우즈 협정 때도 미국에서 세계은행과 IMF 설립의 주역을 맡았다. 그리고 마지막 봉사로 제2차 세계대전 종전 후 미국으로부터 원조와 차관을 얻기 위해서 협상대표로 미국으로 건너가서 협상을 벌인다. 1946년 당시 새로 집권한 영국 노동당 정부와 미국 정부는 서로 불신이 컸기 때문에 협상 테이블에 나간 케인스를 힘들게 했다. 영국 노동당 정부는 케인스의 합리적인 타협안을 끝까지 거부하고 있었으나, 그는 꿋꿋하게 임무를 완수한다. 그러나 건강을 잃고, 미국에서 귀국한지 한 달 만인 1946년 4월 21일에 심장 발작으로 세상을 떠난다. 그는 이미 1937년 심장병으로 건강 상태가 나빴음에도 불구하고 쉬지 않고 일했고, 제2차 세계대전 전후에도 영국과 세계경제의 안정을 위해서 헌신적으로 일했다. 그의 63년 생애는 공인 정신으로 빛났다.

3) 세계경제의 역사를 바꾼 대격돌, 케인스와 하이에크

제2차 세계대전이 끝나가던 1944년 또 하나의 경제학 문제작이 출간된다. 프리드리히 하이에크(1899-1992)가 쓴 『노예의 길(*The Road to Serfdom*)』이다. 이 책은 베스트셀러에 오르고 20개 국어로 번역된다. 미국에서는 「리더스 다이제스트(*Reader's Digest*)」에서 내용을 50퍼센트로 줄인 축약본을 발간하는데, 100만 부가 팔렸다. 그리고 2010년까지 세계적으로 200만 부가 팔렸다.

하이에크는 이 책에서 계획경제와 중앙정부의 통제로 유발되는 권력 집중이 전체주의로 치닫게 될 위험성에 대해서 경고하고 있었다. 그리고 경제적인 자유와 개인적, 정치적 자유의 불가분의 관계를 지적하면서, 극좌와 극우를 불문하고 개인의 자유를 침해하는 전체주의에 대해서 경계해야 한다고 강조하고 있었다.

하이에크는 1899년 오스트리아-헝가리 제국 시대의 빈에서 태어났다. 의사인 아버지, 동물학과 화학 분야의 교수인 형제들 사이에서 자란 그는 식물학에 관심이 컸다. 그러나 1914년 제1차 세계대전 때 오스트리아의 빈 대학교에 입학하면서 경제학 이론의 오스트리아 학파와 스미스의 국부론을 접하게 된다. 17세 때에는 제1차 세계대전의 이탈리아 전선에서 군복무를 했고, 그 경험을 바탕으로 정치 조직의 문제를 연구하여 전쟁으로 치닫는 오류를 범하지 않도록 하기 위해서 학자의 길을 택했다고 말했다. 훗날 발표한 신자유주의 이론은 스미스의 영향을 받은 것이었다. 그는 스미스의 노동의 분업

개념을 지식의 분업(Division of Knowledge)으로 전환시키는 데에 기여했다. 1921년 빈 대학교에서 법학박사 학위를 받고 다시 정치경제학 학위를 취득한 뒤, 그는 1923년부터 2년간 뉴욕 대학교에서 경제학을 공부했다. 1929년에는 빈 대학교 교수가 되어서 통화이론과 경기순환에 대한 강의를 한다.

하이에크 이론 형성의 배경 하이에크가 자유주의 경제의 전도사로 나선 이유를 알기 위해서는 당대의 시대적 배경을 이해할 필요가 있다. 그는 당시의 식자층이 자본주의의 붕괴로 인해서 필경 국가사회주의로 이행하게 될 것이라는 주장에 솔깃했던 상황에 대해서 우려했다. 그리하여 파시즘이든 공산주의든 전체주의 정권이 세력을 확장해서 세계를 지배하게 되는 사태에 대해서 경종을 울리고자 한 것이 그의 의도였다.

그는 정부 권력의 비대화와 그에 따른 전횡에 대해서 경계했다. 제2차 세계대전 중에 이미 전시경제 체제를 경험한 정부가 평화 시에도 계속 계획경제 기조를 유지하려는 유혹에 빠질 것이라고 보았기 때문이다. 이렇듯 정부의 간섭과 재량권이 커질수록 더 강력한 이익 집단이 부상하기 마련이고, 그에 따라서 정치권력의 부패를 초래할 위험성이 크다고 우려했다. 대외적인 긴장 고조, 경제위기 등의 비상시국은 흔히 개인의 자유를 억압하는 환경을 조성하기 때문이다.

하이에크는 시장경제 체제에서 특히 개인의 자유 보장을 중시했다. 시장에는 자발적인 질서가 존재한다고 믿었던 그는 정부의 시장 개입은 시장의 왜곡을 낳고 전체주의로 가는 길이라고 보았고, 생산자와 소비자 사이의 상품 교환에 주목했다. 결국 그의 이론은 정부가 시장에 적극 개입하고 시장 조정 기능을 해야 한다는 케인스의 이론과 상충되는 것이었고, 사회주의 이념과도 상충되는 것이었다.

1931년에 하이에크는 런던 정치경제대학(London School of Economics : LSE)으로 옮겨간다. 그 배경은 케임브리지 대학교에서 케인스가 경제이론의 대가로서 세계적으로 명성을 떨치고 있었던 것에 대응해 LSE가 하이에크를 영입한 것이었다. 그는 라이어널 로빈스 교수의 초청으로 LSE에 가자마자 케인스의 책을 리뷰하고 비평하는 임무를 맡는다. 하이에크는 1927년에 케인스에게 경제학을 설명하는 수학에 대해서 묻는 엽서를 보낸 적이 있었다. 그들이 처음 만난 것은 1928년 런던에서 열린 콘퍼런스에서였다. 두 사람은 1936년까지 서신을 통해서 학문적인 토론을 주고받았다. 1938년 오스트리아가 히틀러의 압제에 들어가자 하이에크는 영국 시민권을 선택하게 된다.

케인스와 하이에크 이론의 이질성과 동질성 경제학의 세기적 라이벌인 하이에크와 케인스는 서로에 대한 존경과 배려가 깊었다고 하지만 동시대를 살면서 서로 반대되는 경제학 이론으로 다투는 숙명적인 관계였다. 그들이 살던 시대부터 후세에 이르기까지 누구의 이론이 정답인지는 시대에 따라서 계속 변천을 거듭하고 있다. 결과적으로 보면, 한마디로 케인스는 정부를 너무 신뢰했고, 하이에크는 시장을 너무 신뢰했다.

하이에크는 1920-1930년대 경제공황의 원인을 공급 측면에서 찾으려고 했고, 케인스는 수요 측면에서 찾았다. 예컨대 하이에크는 세계 중앙은행들이 거액의 재정을 시장에 투입하는 것은 결국 인플레이션을 유발할 것이라고 보았다. 단기적으로는 이자율이 낮아지고 투자 활성화로 고용이 늘어나겠지만, 그 국면을 지속하기 위해서는 통화량을 계속 늘려야 하기 때문이라는 것이었다.

케인스는 대공황이 세계를 휩쓸 때 자유시장의 존립을 위해서 결정적으로 기여했던 자본주의의 구세주였다. 그러나 케인스도 개인의 자유가 보장될 수 있는 경제 체제를 수호한다는 목표에는 하이에크와 의견이 별로 다르지 않았다. 다만 정부의 역할에 대해서 서로 견해를 달리했던 것이다. 『일반이론』의 중심 주제 중 하나는 시장에서 자유로운 가격 조정이 이루어지는 것이었고, 케인스도 기본적으로는 가격 통제나 계획경제에 반대하는 입장이었다. 정부 개입을 배척하는 시장 지상주의와의 차이점은 미시경제 부문의 자유와 효율성을 유지하기 위해서 정부가 거시경제 환경을 조율하는

하이에크와 케인스

기능을 하도록 해야 한다는 것이었다. 케인스는 시장에 대한 맹목적인 신뢰에 회의적이었을 뿐이지 시장경제를 부정한 경제학자는 아니었다.

케인스와 하이에크의 경쟁에서 1936년 케인스의 『일반이론』이 출간되고 주요국 정부가 이를 받아들이게 되자, 일단 최초의 승리자는 케인스가 된다. 제1차 세계대전 후 발생한 1930년대 대공황의 여파로 기존의 자유방임주의 이론으로는 경제공황을 타개할 수 없다는 인식이 퍼져 있었고, 루스벨트의 뉴딜 정책, 영국의 사회보장제도 등 케인스의 이론과 부합되는 정책이 추진되고 있었기 때문이다. 그로써 케인스 경제이론은 1930년대부터 1960년대까지를 지배하는 대표적인 경제이론으로 주류로 자리하게 되었다.

1940년 LSE는 독일의 영국 본토 폭격 작전으로 파괴되어 임시로 케임브리지의 피터하우스로 이전하게 된다. 케인스는 하이에크에게 피터하우스는 불편하니 킹스 칼리지로 들어오라고 한다. 케인스는 하이에크보다 16살이 더 많았다. 1940년부터 그들 부부는 정기적으로 만찬을 하며 가깝게 지냈다. 하이에크는 1950년 시카고 대학교로 옮겨서 1962년까지 재직했다. 프리드먼이 그가 경제학과로 오는 것에 반대한 관계로 그는 사회과학 분과 교수가 된다. 그 당시 프리드먼과 조지 스티글러 등과 함께 신자유주의의 국제포럼인 몽펠린 학회(Mont Pèlerin Society)를 결성했다. 그는 1962년 독일의 프라이브르크 대학교로 옮기고, 1990년대까지 정치철학자로 활동했다. 영국 학사원 회원으로 1960년까지 회장을 맡기도 했다. 1978년에는 우리나라를 방문해서 강연을 한 적도 있다. 하이에크는 우리나라 경제학자들에게 여러 번 "통화 가치의 안정에 주의하기를 바란다"고 강조했다. 하이에크는 1992년 프라이부르크에서 영면한다.

하이에크 이론에서의 정부의 역할 여기서 짚어볼 대목이 있다. 자유주의의 교본처럼 받들어지는 하이에크도 전적으로 정부의 간섭을 배제해야 한다고 보지는 않았다. 그는 경쟁이나 비판으로부터 보호막을 치는 국가의 독점에 대해서는 경계했지만, "정부가 경쟁을 권장하는 계획을 수립하거나 경쟁이 작동하지 않는 상황에서 개입하는 것에는 반대하지 않는다"고 밝히고 있었기 때문이다. 1944년 『노예의 길』에서도 중앙집권적인 계획경제에 반대하면서 "교조적인 자유방임적 태도와 혼동하지 말라"고 강조했다. 또한 『노예의 길』에서 그는 복지에 대하여 "질병이나 사고처럼 진정으로 보장을 제공해야 할 위험에 대해서는 국가가 포괄적인 사회보장제도의 수립을 돕는 것이 지극히 타당하다……이처럼 국가가 보다 많은 보장을 제공하는 일과 개인의 자유를 지키는 일이 원칙적으로 양립하지 못할 이유가 없다"고 말했다.

하이에크가 직접 복지국가를 옹호한 것은 아니다. 그러나 정부가 지원하는 사회보장 사업에 대해서는 전향적이었다. 그는 국가가 국민에게 일정한 생활수준을 유지하도록 하는 절대적 보장과 제한적 보장으로 정부의 역할을 구분했다. 그 기초 위에서 정부의 강제조치를 수반하게 될 절대적 보장에 대해서 반대한 것이었다. 전반적인 부(富)의 수준이 그가 살고 있던 사회 정도에서라면, 모든 국민에게 제한적 보장을 제공하는 것이 일반적인 자유를 침해하는 것은 아니라고 본 것이다.

1940년대 하이에크의 이론은 수면 아래로 가라앉아서 그의 존재는 잊히다시피 했다. 그는 1950년 시카고 대학교에서 페르미, 실라르드 등 당대의 저명 과학자 등과 교류하면서 1954년 『자본주의와 역사학자들(*Capitalism and Historians*)』을 출간한다. 이 책에서 그는 산업화로 인해서 인류의 삶의 질이 향상되었다는 사실을 언급하며 시장 자율 기능 이론을 재차 강조하고 있었다.

4) 중국의 근대화와 산업화

(1) 중화인민공화국 수립과 문화대혁명

중국의 근대사(1840-1919)는 1차 산업혁명을 거친 막강한 영국군이 침략한 아편전쟁에서 무능하고 부패한 청나라가 굴복한 사건에서 비롯된다. 이후 1894년 청일전쟁에서 메이지 유신으로 산업화한 일본에게 패하면서 대만을 빼앗기고 불평등 조약을 맺는 사건으로 이어진다. 1900년에는 8개국(영국, 미국, 일본, 러시아, 독일, 프랑스, 오스트리아, 이탈리아) 연합군에게 수도인 베이징을 점령당함으로써 외국 군대가 그곳에 주둔하게 된다.

이렇듯 거의 식민지화되고 있던 상황에서 1900년 의화단(義和團) 운동은 제국주의 침략에 대항하는 농민운동으로서 의미 있는 변화였으나, 8개국 연합군의 무장 대응에 좌절되고 말았다. 1905년 쑨원(1866-1925)은 중국 최초의 정당으로서 '동맹회'를 조직하고 민족, 민권, 민생의 삼민주의(三民主義)를 기치로 1911년 신해혁명에 성공한다. 그로써 청 왕조는 멸망하고, 동맹회는 중국국민당으로 거듭나서 남경에 중화민국 임시정부를 수립한다.

이후 1919년 베르사유 조약 협상에서 중국은 산둥의 주권을 회복하고 불평등조약을 폐지하기를 갈망했으나 전승국들은 그에 반대되는 일본의 주장을 수용한다. 중국의 북양군벌(北洋軍閥) 정부가 이에 승복하려고 하자, 분개한 대학생 3,000여 명이 1919년 5월 4일 천안문에서 대규모 시위에 들어간다. 이른바 1919년 천안문 사태 또는 5.4운동이라고 부르는 반제국주의이자 반봉건주의 운동이었다. 이 사건은 중국공산당 역사에서도 신민주주의 혁명의 출발점으로 기록된다. 정부가 이를 잔인하게 진압하자 국민적 분노가 비등하고 저항은 더 거세졌다. 그 무렵 중국 지식인들이 벌인 '신문화운동'에서는 과학기술과 민주주의를 국가 건설의 원칙으로 강조하고 있었으나 실현과는 거리가 멀었다.

5.4운동의 물결 속에서 청년 세대를 중심으로 마르크스주의를 추종하는 공산주의 소조(小組)가 결성된다. 소련의 1917년 10월 혁명의 영향도 있었고, 바로 전에 조선에서는 1919년 3.1운동이 일어나고 있었다. 1921년 이들 공산주의 혁명가 집단은 상하이에 집결해서 제1차 전국대표대회를 열고 중국공산당을 창당한다. 이 창당대회에 마오쩌둥이 모습을 드러내고 빠르게 지도자로 부상한다. 이 움직임에 편승해서 소련은 1921-1935년 중국에 코민테른 요원의 파견으로 소련식 볼셰비키 혁명을 이식하려고 하지만 마오쩌둥 노선에 밀려 성공하지 못한다.

1924-1926년 공산당은 쑨원의 국민당과 제1차 국공합작(國共合作)을 결성하고 군벌 타도를 목표로 북벌전쟁을 벌였다. 그러나 1925년 쑨원이 사망하자 장제스가 주도하는 국민당은 공산당과 갈등을 빚게 된다. 급기야 1927년 장제스가 공산주의자 척결을 목적으로 상하이 쿠데타를 일으키면서 제1차 국공합작은 결렬된다. 1927-1937년 공산당과 국민당이 무력투쟁을 벌이는 과정에서, 마오쩌둥은 공산당의 영도자로 자리를 굳혔다.

공산당 군대는 1934-1945년 8년간 항일전쟁을 치르게 된다. 1937년 일본이 중국 대륙을 침공하자 장제스의 국민당은 일본에 저항해야 한다는 민중의 요구에 따라서 공산당과 제2차 국공합작을 하게 된다. 그 결과 항일전쟁에서 승리를 거두게 되고, 이 과정에서 공산당이 막강한 정치 기반과 병력을 구축하게 된다. 항일전쟁의 승리는 아편전쟁 이래 중국이 제국주의에 대항하여 쟁취한 최초의 쾌거로서 근대사 이후 중국 역사에서의 전환점으로 기록된다.

1946-1949년 공산당은 해방전쟁을 한다. 드디어 1949년 4월 공산당 군대는 장강을 건너서 중국 본토를 제압했다. 이때 장강 작전과 난징 점령에 공을 세우며 부상한 인물이 덩샤오핑(1904-1997)이었다. 1949년 5월 국민당 정부가 대만으로 쫓겨 감으로써 공산당과 국민당의 30년 투쟁은 종결된다. 공산당은 1949년 9월 베이징에서 중국 인민정치 협상회의를 소집하

고, 1949년 10월 1일 사회주의 국가 중화인민공화국을 수립한다.

중국은 신생국가로서 1950년 한국전쟁에서 북한을 지원했다. 1950년 6월 25일 조선 민주주의 인민공화국의 불시의 침략에 계속 밀리고 있었던 한국군은 미군을 비롯한 유엔군의 참전과 인천상륙작전에 힘입어 평양을 점령하고 압록강 인근의 중국 국경까지 도달한다. 전세가 기울자 김일성은 강계를 임시 수도로 정하고 중국에 군사 지원을 요청한다. 중국은 펑더화이를 총사령관으로 중국 인민지원군을 결성해서 1950년 10월 19일 1차로 26만 명을 지원한다.

중국의 인민지원군은 정규군인 중국 인민해방군과는 직제와 편제가 달랐다. 주로 중국 인민해방군 출신으로서 중일전쟁과 국공내전에서 실전 경험이 많았고 인해전술 등에 능했다. 중국은 신생국가로서 국제 연합군과 직접 전투를 한다는 부담을 줄이기 위해서 별도의 군대를 편성한 것이었다. 당시 유엔군 총사령관이던 맥아더 등은 중국과 만주까지 진격할 것을 주장했으나 트루먼 대통령은 소련 참전을 우려해서 반대했다.

1950년대 마오쩌둥은 농업 인구가 90퍼센트 이상인 지역에 대해서 토지개혁을 실시하고, 1953-1957년 제1차 5개년 경제계획을 시행한다. 중국공산당은 1950년대 후반 동유럽에서 반공을 외치는 유혈 폭동이 일어나자 이에 자극을 받아 사상의 자유와 비판을 일부 허용하기로 노선을 바꾼다. 1956년부터 1년간 진행된 백화제방(百花齊放) 운동이 그것이었다. 그 시작으로 중국공산당은 1957년 5월 1일 「인민일보(人民日報)」에 사상의 자유를 허용한다는 글을 게재하기 시작한다. 그러자 날이 갈수록 비판의 강도가 높아졌고, 이에 놀란 중국공산당은 6월 8일부터 돌연 태도를 바꾸어 비판적인 언행을 하던 지식인들을 탄압하는 것으로 선회한다.

마오쩌둥은 1958년부터 '대약진운동'을 밀어 붙이면서 농민을 기반으로 산업화를 추진한다. 온갖 쇠붙이를 모아다가 철을 만드는 일부터 시작하면서, 영국만큼 철을 생산하고 미국을 따라잡자고 했다. 불을 지피느라 땔감이 고갈되자 심지어는 시신을 묻었던 관을 뜯어내서 연료로 썼다. 대약진의

천안문 앞에서 마우쩌둥의 등장을 기다리는 홍위병(1966)

결과는 참담했다. 이때 1960년대 초까지 3년 간 기근과 경제 정책의 실패로 3,000만 명의 아사자가 발생한다. 그 참상은 형언하기 어려웠다. 시신들을 치울 기운도, 쥐를 쫓아낼 기운도 없어서 쥐들이 시신을 갉아먹는 것을 보고만 있었다는 내용이 회고담에서 드러난다.

마오쩌둥은 대약진의 실패로 궁지에 몰리게 되자 "중국을 파괴해서 중국을 살린다"는 파격적인 발상을 한다. 그것이 1960년대 문화대혁명(文化大革命, 무산계급 문화대혁명)이었다. 그 시작은 1966년 5월 16일 공산당 중앙위원회의 '5.16 통지' 발표에서 비롯되었다. 혁명의 목표는 부르주아 반동을 붕괴시켜서 문화의 영도권을 탈취하는 것이었다. 그러나 이전부터 이미 운동은 진행되고 있었다. 1962년 '사회주의 교육운동'에 이어서 1964년 마오쩌둥의 어록 『소홍서(小紅書)』를 발간한 것이 그 전초전이었다. 『소홍서』는 우선 군대에 배포하는 것으로 시작해서 청년층 대상으로 선전을 확대한다. 1965년 마오쩌둥을 다소 비판적으로 그린 역사극 「해서파관(海瑞罷官)」을 공격한 것은 문화대혁명의 예고편이었다.

이 무렵 마오쩌둥은 정치 상황으로 인해서 당서기장 자리를 류사오치(1898-1969)에게 물려주고 뒤로 물러났는데, 그 틈을 타서 당 내부에서 그의 세력을 약화시키려는 움직임이 일고 있던 때였다. 이에 마오쩌둥은 류사오치와 덩샤오핑을 자본주의를 추구하는 반혁명 분자로 낙인찍어 제거하는 계획을 세운다. 그는 회의에서 이들이 발언하는 것을 몰래 들으면서 그들을 자본주의에 물든 반동 세력이라고 보았다. 실제로 덩샤오핑은 "공산주의보다 더 중요한 것은 경제성장"이라고 말하고 있었다.

문화대혁명 이전에는 모습을 드러내지 않던 마오쩌둥의 네 번째 부인인 영화배우 출신 장칭(1914–1991)은 마오쩌둥을 부추긴다. 서양에서는 '마담 마오'라고 불린 그는 극좌의 4인방 우두머리로 문화대혁명의 실세가 된다. 그러나 결국 덩샤오핑 등에 의해서 권력을 빼앗기고, 훗날 사형, 종신형, 형 집행 정지 등을 거쳐서 가택연금 상태에서 77세로 자살했다.

문화대혁명에서 마오쩌둥은 군중과 연대해서 기존 질서를 완전히 파괴하는 것으로 자신의 1인 지배 권력을 유지하고자 했다. 특히 어린 학생들을 폭도가 되도록 자극해서 홍위병(紅衛兵) 조직을 만들어 전위대로 삼았다. 그들은 전국에서 걸어서 베이징으로 모인다. 마오쩌둥의 교시를 듣고 그의 모습을 직접 보기 위해서였다. 굳이 며칠 동안 도보로 강행군을 했던 이유는 걸어가는 동안 대혁명의 현장을 경험하라는 수령의 말을 따르기 위한 것이었다. 중국 전역은 홍위병의 살육과 파괴와 약탈로 아수라장이 된다. 손녀가 할아버지를 자본주의자라고 홍위병 떼에 가담해서 폭력을 가하고 능멸하는 일도 벌어진다.

마오쩌둥에게는 이 기간 동안 자신의 정적을 무자비하게 숙청하는 일도 중요했다. 1968년 덩샤오핑과 류사오치도 숙청을 당한다. 류사오치는 1959년부터 1968년까지 중국의 제2대 국가 주석을 역임했다. 당시 베이징 대학교에 다니고 있던 덩샤오핑의 아들은 아버지의 반역을 자백하라는 홍위병들의 추격을 받다가 베이징 대학교의 물리학과 건물 4층 창문으로 떨어져서 장애인이 되었고, 휠체어를 타게 된 그는 평생 중국의 장애인 복지를 위해서 활동했다.

당시 마오쩌둥이 군중에 둘러싸인 장면은 히틀러의 경우와 그대로 닮았다. 실제로 중국의 문화혁명기 행사에 히틀러 청소년단도 참가했다. 나치즘과 중국 문화대혁명에서는 경제공황 상태였다는 공통점이 있었다. 독일은 제1차 세계대전 패전 후 의회민주주의라는 기존의 체제가 경제 파탄을 해결하지 못한다는 불만에 히틀러를 택한 측면이 있기 때문이다. 나치가 국민에게 라디오를 나누어주고 정권 유지에 라디오 선전을 했던 것처럼, 중국도 1950년대 후반부터 정치 선전에 전국망의 라디오를 활용하고 있었다.

그리고 1930년대 독일 대학생협회가 나치즘에 상치되는 서적을 공개적으로 불태웠던 것처럼 중국 문화대혁명에서도 홍위병이 명나라, 청나라 시대의 유골과 서적을 훼손하고 불 태웠다. 또다른 공통점도 있었다. 정치적인 도구로 만들었던 조직이 자신의 의도와 달리 행동하려고 하자 서슴지 않고 해체해버린 것이다. 히틀러는 1934년 그의 돌격대 SA가 독일의 정규군으로 편입하려는 움직임을 보이자 SA의 지도부를 처형해버렸다. 마오쩌둥도 1968년 정규군인 인민해방군을 동원해서 홍위병을 해체하고 농촌으로 몰아냈다.

문화대혁명은 초기에 새로운 민주주의의 실험이라는 일부 평가도 있었다. 실제로 1968년 프랑스 '68혁명' 때에는 학생들이 마오쩌둥 어록을 들고 시위를 하는 일도 있었고, 유럽 지식인 가운데 마오주의자를 자칭하는 경우도 있었다. 부패한 관료주의를 척결하고 만민평등을 구현하기 위한 시민혁명이라고 보았기 때문이다. 우리나라에서도 뒤늦게 외국 문헌을 통해서 문화대혁명을 잘못 이해하고 1970년대 말과 1980년 초에 걸쳐서 이를 예찬했던 일이 있다. 그러나 1966년 문화대혁명의 시작에서 1976년 마오쩌둥의 사망과 장칭 등 4인방이 체포될 때까지를 '십년동란(十年動亂)'이라고 부르기도 한다.

덩샤오핑은 1927년 공산당 긴급회의에서 처음으로 마오쩌둥을 만났고, 이후 리더십과 탁월한 역량을 인정받아서 공산당 요직을 두루 거친다. 특히 마오쩌둥이 흐루쇼프와 결별하게 되는 1960년, 소련과의 수정주의 논쟁에서 마오주의를 설파한 능력을 인정받아 마오쩌둥의 신임을 얻었다. 그러나 문화대혁명에서 1968년 마오쩌둥은 덩샤오핑을 자본주의 노선을 따르는 주자파(走資派)로 몰아서 유배를 한다.

이후 덩샤오핑은 1973년 총리 저우언라이(1898-1976)의 추천으로 복권되어 국무원 부총리가 되고, 이례적으로 군사 요직인 인민해방군의 총참모장까지 겸직하게 된다. 방광암으로 투병 중이던 저우언라이는 덩샤오핑을 자신의 후계자로 생각하고 있었다. 덩샤오핑이 복권되자 문화대혁명 이후 중국의 실세였던 장칭 등 4인방은 덩샤오핑을 극렬히 비판한다.

1976년 1월 평판이 좋던 저우언라이가 죽자 중국의 민심은 저우언라이와 맞섰던 4인방의 처벌을 요구했다. 그러나 4인방은 마오쩌둥을 업고 덩샤오핑을 더욱 심하게 견제한다. 마오쩌둥의 불신이 깊어지는 가운데 시위 사태가 격화되자 덩샤오핑은 그 책임을 지고 다시 밀려난다. 그러나 당적 보유는 허락된다.

1976년 9월 마오쩌둥이 죽고 4인방은 숙청되고 우여곡절 끝에 덩샤오핑은 1977년 다시 복귀한다. 죽을 고비를 몇 번 넘긴 덩샤오핑은 1978-1983년 중국 인민정치 협상회의 주석을 지내고, 1981-1989년 중앙군사위원회 주석을 지낸다. 중국공산당의 2세대의 최고의 리더였다. 그의 정치 역정을 말해주듯이 그의 별명은 오뚝이라는 뜻의 부도옹(不倒翁)이었다.

덩샤오핑은 문화대혁명에 대한 재평가 작업과 출신 성분 제도 혁파를 단행했다. 문화대혁명기의 극단적인 행위에 대해서 비판할 수 있도록 하고, 공산 혁명 시기에 있었던 지주 계급 출신에 대한 차별도 철폐한다. 덩샤오핑은 "마오 주석은 과보다 공이 많다"면서도 마오쩌둥의 직계들을 제거하는 일도 했다. 자신에 대한 개인숭배는 철저히 금지시켰으므로 그의 생전에는 동상이나 포스터가 전혀 없었다.

(2) 중국의 산업화

덩샤오핑은 실용주의 경제 정책 기조를 중심으로 과감한 개혁 조치를 단행한다. 1978년 '4대 근대화'가 대표적이다. 그는 농업, 공업, 과학기술, 국방의 4대 부문의 근대화를 적극 추진하면서, 기업가와 농민의 이익 보장, 지방 분권적 경제 운영, 엘리트 양성, 외국인 투자를 장려했다. 중국 경제 발전의 기반을 닦으려는 그에게 최대의 난제는 영농의 낙후와 문화혁명의 부작용으로 야기된 기근이었다.

원래 중국의 국토는 사막과 산악 지대가 많고 인구가 과밀해서 1인당 경지 면적이 넓지 않았다. 그는 공산당의 중국 농업인민공사에 의한 중앙 통제적 영농 방식을 과감히 탈피해서 가구별로 자율적으로 농사를 짓고 잉여 농산물을 시장에서 판매하도록 개혁한다. 그 결과 1981년 식량의 자급자족이 달성된다. 역사 속의 산업혁명은 농업 부문의 혁신으로부터 시작된 것을 알 수 있다.

식량위기의 해결로 민심을 잡은 그는 기초적인 생산과 공업의 진흥에 매진한다. 그러나 산업화를 추진할 수 있는 생산수단과 자금이 없었다. 그는 서방의 국가와의 협력과 개방에서 돌파구를 찾는다. 우선 미국과 전격 수교를 하고, 곧이어 4개소의 경제 특구를 지정한다. 이들 특구의 입지는 남서쪽 해안가로 선정해서 물자의 유통과 수송을 효율화하면서 자본주의 영향이 내륙까지 번지는 것을 막기 위한 선택이었다. 시골 어촌 마을인 선전을 경제 특구로 개방한 뒤 그는 20개소의 경제 특구를 더 지정한다. 특구 설치로 서구의 자본과 생산기술, 시설 설비가 도입되고 경제의 급성장을 실현하게 된다.

덩샤오핑은 1979년 1월 미국과 공식 수교하고, 9월 중국 지도자 최초로 미국을 방문했다. 보잉 사 등 주요 산업 시설을 시찰하며 경제 개발의 중요성을 절감한 그는 다른 한편으로 엘비스 프레슬리의 “러브 미 텐더”를 열창하는 색다른 면모를 보였다. 1984년 12월 19일에는 영국과 중영공동선언을 발표하고, 이 선언에 따라서 1997년 홍콩이 중국에 반환된다. 그러나 소련과의 관계는 1960년 중소 영토 분쟁 등으로 대립했고 계속 냉각되고 있었다.

그의 통치에서 1989년 천안문 민주화 운동에 대한 탄압은 세계적으로 비난의 대상이 되었다. 학생운동에서 시작된 천안문 사태는 개혁파 후야오방

(1915-1989)의 명예 회복 요구로 시작하여 민주화 운동으로 발전하고 있었다. 그러나 덩샤오핑은 잔인한 유혈 진압으로 대응한다. 이때 천안문 광장으로 진입하는 탱크를 한 학생이 두 팔을 벌려 가로막는 유명한 장면이 팩스로 전송되어 여러 나라의 젊은이들을 자극했다고 한다. 당시 희생자는 수천 명 또는 수만 명으로 추정되고 있다.

천안문 사태의 후폭풍으로 경제 개혁과 개방을 반대하는 움직임이 보수파로부터 나타난다. 지속적인 개혁 개방으로 공산당 일당독재가 무너질 것이라는 우려에서 보수파는 자본주의 시장경제 도입을 중단하고 당의 통제를 강화해야 한다고 주장했다. 천안문 사태 때 상하이에서 시위대에 강경하게 대처한 공로로 중앙정계에 진입한 인물이 장쩌민(1926-) 국가 주석이었다. 천안문 사태 이후 중국은 외국으로부터의 추가적인 개혁개방과 시장경제화를 중단했고, 사회적인 혼란을 겪는다. 천안문 유혈 진압에 분노한 미국 등 서구권은 중국과의 교류협력을 중단했고 외국인 투자 급감 등 중국의 국제적 위상이 실추되는 결과를 빚는다.

상황이 이렇게 되자, 덩샤오핑은 1992년 80대 후반의 나이에 일반 당원 신분으로 열차를 타고 선전, 상하이 등 경제 특구의 순회에 나선다. 그리고 중국을 더욱 개방하고, 경제 발전을 해야 한다고 연설했다. 연안 지방의 여론은 개방에 호의적이었고, 눈치를 보고 있던 장쩌민과 중앙 지도부는 개방에 대한 반대와 찬성의 결판에서 여론에 밀려 덩샤오핑의 개방 세력의 승리를 인정하게 된다. 그리하여 1993년 NBA 리그의 농구 경기를 중국 공영방송에서 생중계했고, 그해 상하이 증권거래소, 선전증권거래소가 설립되었다.

그는 또 당직의 재임 기간을 최대 10년으로 제한하고, 65세 이후에는 새로운 당직을 맡지 못하도록 명문화했다. 1인 독재를 막고 세대교체를 하기 위한 그의 노력으로, 70대, 80대 원로들이 수십 년간 제왕적 권력을 휘두르는 행태는 일단 사라진다. 덩샤오핑 사후 장쩌민과 후진타오(1942-)는 10년씩 집권하고 후계 세대를 양성한다.

그러나 덩샤오핑을 비롯한 8인의 원로방(元老幇)은 여전히 사실상 중국을 섭정처럼 통치했다. 천안문 사태 때도 자오쯔양(1919-2005) 총서기의 해임은 원로방에서 결정했고, 당 중앙위원회는 형식적으로 추인하는 정도였다. 덩샤오핑은 당 군사 주석에서 물러난 후에도 개혁 개방의 총책으로서 인사권과 주요 국가 정책의 최종 결정권을 행사했다. 1997년 2월 19일 베이징에서 사망한 그의 유언은 "빛을 감추고 어둠 속에서 힘을 기른다"라는 뜻의 도광양회(韜光養晦)였다.

덩샤오핑의 평가는 양면성을 띠고 있다. 마오쩌둥 시기의 문화대혁명 등 정책 실패로 파국에 처한 중국을 개혁개방 체제에 의해서 새로운 성장의 길로 이끌었다는 것은 그의 공로를 기리는 긍정적인 평가이다. 반면에 천안문 사태에서 드러나듯이, 자유 민주주의 운동을 탄압하고 사회적 모순의 개혁을 외치는 민중의 요구를 짓밟은 지도자라는 부정적 평가도 공존한다. 그러나 해외에서는 공산당 체제에서 특히 흑묘백묘론, 즉 "까만 고양이든 하얀 고양이든 쥐만 잘 잡으면 된다"로 대변되는 그의 실사구시적 실용주의와 개방적 외교노선에 대한 호평이 많다. 그는 "자본주의에도 계획이 있으며 사회주의에도 시장이 있다"고 말했다. 물론 인권 문제에 대해서는 비판적이다. 민주주의를 거부한 독재자인 그의 리더십에 대해서, 1971년 이후 닉슨의 '핑퐁 외교'의 주역이었던 키신저나 싱가포르의 경제발전을 이끈 리콴유는 "결단력과 통찰력을 가진 위대한 인물이었다"고 높이 평가했다.

제5장

3차 산업혁명, 정보통신기술 혁명으로 새로운 세상을 열다

1. 3차 산업혁명의 기술적 동인

문명사적 존재로서 인간은 역사의 '때'에 대한 인식을 갖출 것을 요구받는다. 역사의 지평에서 '오늘'이라는 시기가 어떤 때인지를 아는 일은 그때에 맞는 삶의 방식을 찾는 출발점이기 때문이다. 그런 관점에서 20세기 후반 인류사회는 하나의 문명이 마감되고 새로운 문명이 열리는 대전환기를 맞았다. 그 변화의 동인은 과학기술혁명이었고, 정보기술혁명이 중심에 있었다.

벨의 미래 예측 3차 산업혁명은 1960년대 기술 혁신과 사회 변동을 예견하는 미래학과 경제학의 학자들로부터 예고되고 있었다. 대표적으로 대니얼 벨(1919-2011)은 1973년에 출간된 『후기 산업사회의 도래(*The Coming of Post-industrial Society*)』에서 정보와 서비스 경제가 주도하는 사회가 될 것이라고 내다봤다. 한국을 여러 차례 방문한 그는 "팍스 아메리카나(Pax Americana)가 얼마나 지속될 것 같은가?"라는 질문에, "100년, 적어도 50년은 지속될 것"이라고 답했다. 이유는 "미국의 50여 개의 대학과 연구소가 그것을 가능하게 한다"는 것이었다.

벨은 1960년에 출간된 『이데올로기의 종언(*The End of Ideology*)』으로 더 유명했다. 1950년대 미국의 사회 변동에서 새로운 세계의 전개를 보면

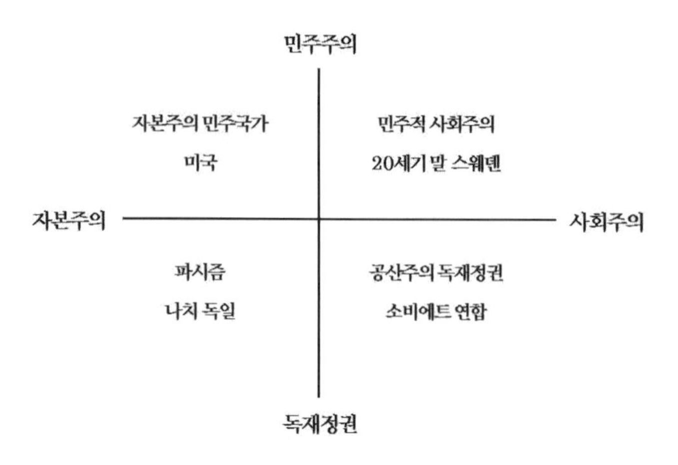

20세기 자본주의 대 사회주의, 민주주의 대 독재정권

서 마르크스주의라는 이데올로기가 현대 산업사회에서 종언을 고할 수밖에 없는 이유를 설명했다. 1950년대는 미국과 소련 중심의 자본주의와 사회주의 진영 간의 냉전이 깊어가던 시기였고, 그는 이 현상을 유토피아를 놓고 벌이는 이데올로기의 투쟁으로 보았다. 그는 자본주의 국가에서도 특정 이데올로기로 규정하기 어려운 형태의 다원주의가 출현한 것에 주목했고, 복지국가, 권력분권, 혼합경제 체제가 그 징조였다. 벨은 미국과 유럽은 물론 소련에서도 기술 혁신이 이데올로기를 추월한 상황이라고 보고 이데올로기의 시대는 끝났다고 말한 것이었다.

벨은 1976년 『후기 산업사회의 도래』의 속편으로 『자본주의의 문화적 모순(*The Cultural Contradictions of Capitalism*)』을 출간했다. 이 책과 『이데올로기의 종언』은 1995년 「타임스」가 선정한 제2차 세계대전 종전 후 가장 영향력이 큰 100대 저서에 들어갔다. 벨은 1989년 「3차 기술혁명과 그 가능한 사회경제적 결과(The third technological revolution and its possible socioeconomic consequences)」 제하의 논문에서 '3차 기술혁명'이라는 용어를 썼다.

『자본주의의 문화적 모순』의 내용 중 2차 산업혁명에 관한 그의 진단은 이렇다. 자본주의 역사의 초기에는 억제되지 않는 인간의 경제적 충동이 청교도적 절제와 프로테스탄트 윤리가 제어하고 있었다. 그러나 이런 절제 윤리는 할부 제도와 즉각 신용거래 제도의 도입 등으로 약화되었다. 보다 근본적으로 시스템 자체가 대량생산과 대량소비, 그리고 새로운 욕구와 그 욕구의 충족으로 전환됨으로써 무절제의 상황이 악화되었다고 본 것이다. 이런 변화를 극명하게 보여주는 일화가 포드 자동차 회사의 광고 문안이다. "(값싼) 포드 차를 사고, 차액을 저축하세요"라고 했던 것을 바꿔서 "포드 차를 사고, 차액은 다른 데에 소비하세요"가 되었다는 것이다.

'지식혁명'과 제3의 물결 한편 프리츠 매클럽(1902-1983)은 1962년 '지식산업'에 관한 저술에서 지식, 즉 정보의 생산과 유통 현상에 주목하고, 산업구조의 변천을 분석했다. 또한 1970년대 미국의 산업에서 지식산업 비중이 30퍼센트를 상회해 공업 부문을 앞질렀고, 지식산업의 성장률이 GNP 성장률을 앞질렀음에 주목했다. 이처럼 단순히 정보가 아니라 지식과 그 네트워크 구축이 중요하다는 점에서 정보혁명은 '지식혁명'이라고도 불렸다.

1980년 앨빈 토플러(1928-2016)는 『제3의 물결(*The Third Wave*)』에서 탈공업의 정보혁명을 제3의 물결로 규정했다. 그는 수렵채집 사회에서 농경 사회로의 전환을 제1의 물결, 농경 사회로부터 공업사회로의 변천을 제2의 물결로 보았다. 이런 기준에서 보면, 미국 사회는 1905년경 제2의 물결을 탄 것으로 분석되고, 이는 2차 산업혁명기의 중후반에 해당된다. 토플러는 제3의 물결에 의한 정보사회의 기술 의존적 성격을 강조하면서, "정보사회에서는 사회가 인지적 능력이 아닌 정서적, 감성적인 형태의 스킬을 필요로 한다. 사회는 데이터와 컴퓨터만으로 운영할 수 있는 것이 아니다"라고 말했다. 또 '권력 이동'에 관한 저술에서 정보화에 따라서 회사에서 슈퍼마켓에 이르기까지 권력이 크게 이동하고 있음을 지적했다.

그런가 하면, 『엔트로피(*Entropy*)』의 저자 리프킨은 그의 2011년 저서 『3차 산업혁명』에서 인터넷과 재생 에너지 등 신에너지의 결합, 그리고 공유경제(Sharing Economy)로의 전환을 3차 산업혁명이라고 보았다. 이처럼 3차 산업혁명에 대한 용어의 정의가 다양한 상황에서, 2016년 세계경제 포럼에서는 "4차 산업혁명이 쓰나미처럼 몰려오고 있다"고 했고, 그로써 3차 산업혁명이 다시 논의되는 형국이다.

3차 산업혁명의 성격　3차 산업혁명은 정보통신기술 혁명을 의미한다. 정보통신기술의 발전으로 세계 방방곡곡의 소식이 실시간으로 안방으로 전달되는 세상이다. 1865년 미국 링컨 대통령의 암살 소식이 영국으로 전달되는 데에는 12일이 걸렸다. 두 나라 사이에는 해저 케이블이 깔려 있었으나 마침 불통 상태였기 때문이다. 1963년 케네디 대통령의 암살 소식은 라디오 전파를 타고 그대로 전파되었다. 1981년 레이건 대통령의 저격 소식은 현장 카메라에 잡혀서 컬러 TV로 실시간 중계되었다.

정보통신기술 혁명은 전기통신 분야와 컴퓨터 기술의 융합으로 일어난 돌연변이적 기술 혁신과 그로 인한 사회문화적 변동이다. 지난 2년간 휴대전화로 유통된 지구촌 정보의 양은 인류 문명 2,000년 역사가 창출한 정보량과 맞먹는다. 3차 산업혁명기의 특징은 기술융합이다. 정보기술과 자동화기술은 융합의 산물이며, 다시 다른 기술과 융합하고 있다. MIT의 니컬러스 네그로폰테 교수는 정보기술 혁신에 의해서 갖가지 기술과 서비스가 융합하는 현상을 디지털 융합이라고 불렀다.

3차 산업혁명기의 또다른 특징은 소규모 벤처 기업이 새로운 혁신 주체로 부상한 것이다. 2차 산업혁명이 기업 합병에 의한 독점경영으로 대기업이 주도한 것과는 대조적으로, 3차 산업혁명은 젊은이들의 참신한 아이디어와 기술력으로 위험이 높은 프로젝트가 일약 대성공을 거두었으며 이러한 사례가 세상을 바꾸고 있었다.

20세기 후반의 경제는 글로벌화되었고 이와 함께 3차 산업인 서비스 산업이 커진 것이 특징이다. 선진 경제권에서는 1990년대 서비스 부문의 일자리가 급증세를 보였고, 글로벌 디지털화가 세계화를 촉발함으로써 사람,

자본, 상품, 서비스, 노동이 아무런 장벽이 없이 유통되는 시대를 열었다. 그 부작용으로 세계 곳곳에서 금융위기가 발생했고, 자본주의에 대한 논란으로 수정주의가 대두되었다.

1) 정보기술의 진화

세상을 바꾸고 있는 정보기술은 어디에서 비롯된 것일까? 정보량의 최소 단위는 '예'와 '아니오'의 1비트이다. 불이 켜져 있는지, 또는 꺼져 있는지를 구분하는 것이 정보의 1비트에 해당한다. 바이러스는 제 몸을 유지하기 위해서 1만 비트 정도의 정보를 필요로 하고, 이는 책 한 쪽 정도의 정보량이다. 반면 인간은 750억 테라바이트 정보를 보유하고 있다. 세포 핵 속에는 1,000권의 책에 해당하는 영어 단어만큼의 정보가 들어 있는데, 인체를 구성하는 세포는 100조 개 단위이다. 고대로부터 인체는 대우주에 대비해서 소우주라고 불렸다.

세이건의 우주력　『코스모스』로 유명한 세이건은 우주의 역사 138억 년을 보통 달력의 1년으로 압축해서 우주력을 만들었다. 그의 은유는 대우주에 비해서 인간이 얼마나 보잘것없는 존재인지, 그리고 동시에 자신의 고향인 대우주를 탐사하는 얼마나 경이로운 존재인지 깨우쳐준다.

우주력에 의하면, 정월 초하룻날에 우주 역사상 최대의 사건인 빅뱅이 발생한다. 5월 1일에 은하수가 생겨나고, 9월 9일에 태양계가 태어난다. 9월 14일에 태어난 지구에서 생명의 기원의 출현은 9월 25일경이었다. 우주력 원년에서 인류의 눈부신 문명의 역사는 섣달 그믐날 마지막 10초 사이의 일이 된다. 인류 문명이 창조한 신체 외적 기술은 참으로 경이로웠다. 그러나 유전정보가 무의식 속에서도 작동하고 있는 인간에 비하면 보잘 것 없기도 하다. 인체에서 일어나는 오묘한 생리 화학반응의 극히 일부를 흉내 내는 것이기 때문이다.

뉴런의 조화 이 세상의 모든 일들은 사람의 두뇌라는 컨트롤 센터의 지시에 따라 일어난다. 사람의 뇌의 무게는 1.3킬로그램 정도이다. 보통 체중의 50분의 1 정도인 뇌는 우주에서 가장 복잡하고도 미묘한 시스템이다. 아직 이런 수준의 슈퍼컴퓨터는 없다. 뇌의 언어는 유전자의 DNA 언어와는 달라서 신경세포 뉴런 속에 쓰여 있다. 뉴런은 지름이 수백 분의 1밀리미터인 초소형 전기화학적 스위치의 소자이다. 사람의 신경망의 뉴런 수는 1,000억 개로서, 이것을 세려면 3,000년이 걸린다. 각각의 뉴런 세포는 수천 개의 이웃한 세포와 연결되어 있고, 대뇌피질에는 그렇게 결합한 세포가 100조 개쯤 존재한다.

뇌의 회로는 어떤 기술로도 흉내 낼 수 없는 신비의 회로이다. 말을 주고받지 않고 표정만 보고도 상대방의 희로애락을 읽어내고, 눈치와는 또다른 본능적인 생리 기능을 나타낸다. 그 기능은 대뇌 변연계의 편도체가 맡고 있다. 체온이 37도라는 것을 알고, 추우면 몸을 떨고 더우면 땀을 내서 그 체온을 지켜준다. 이 기능을 맡은 것은 측두엽의 해마체이다.

몇 년 전까지만 해도 사람은 뇌의 10퍼센트만 쓰면서 산다고 했다. 그러나 최신 이론에서는 특정하게 활성화되는 부위는 있되 뉴런이 서로 얽히고설켜서 연동된다고 말한다. 어떤 생각을 하거나 기억을 떠올릴 때, 뇌에서는 뉴런 사이에 새로운 길이 생기고 연결이 이루어진다. 오감을 느낄 때마다 생각이 생산되는데, 하루에 7만 가지의 생각을 한다고 한다. 이 모든 조화가 뉴런의 전기화학적 작용의 조화로서, 깨어 있을 때 뇌에서 생산되는 전력은 10-23와트이다. 전등을 켜고도 남는 양이다.

사람의 의식과 행동을 좌우하는 뉴런의 전기화학적 회로의 정보처리 속도는 경이롭다. 뉴런은 시속 240킬로미터의 초고속으로 정보를 전달한다. 오관에서 들어오는 감각을 처리하는 과정에서 전 세계의 모든 전화기로 유통되는 메시지의 총량보다 더 많은 정보들을 처리하고 전달하는 것이다. 사람의 뇌는 유전자가 가진 정보보다 더 많은 것을 알고 있어야 한다. 뇌의 정보 도서관이 유전자의 도서관보다 1만 배나 더 방대한 이유가 여기에 있다.

인간의 뇌의 학습효과 뇌의 기능에서 놀라운 것은 새것을 배우고 익힐 때 뇌의 구조가 변화하고 뇌가 더 똑똑해진다는 사실이다. 즉 학습에 의해서 학습 능력이 더 우수해진다. 신체 운동이 뇌의 기능에 미치는 영향도 커서, 운동을 하면 심장박동이 빨라지는 것처럼 뇌도 운동을 하고 나면 일정 시간 동안 화학물질의 분비로 학습 능력이 높아지는 것이다.

또 오묘한 것은 사람의 뇌는 남녀 간의 연애 감정과 자식에 대한 부모의 사랑이 어떻게 다른지를 정확하게 구분한다. 연애 감정은 도파민의 다량 분비로 에너지를 넘치게 해서, 심하면 강박장애까지 나타날 수 있다. 한편 부모의 자식 사랑은 시간이 가도 내내 안정적이고 지속적이다. 뇌하수체 후엽 호르몬인 옥시토신 때문인데, 진통과 모유 분비를 촉진하는 호르몬이기도 하다.

뇌의 기능에 대해서 길게 이야기를 하는 이유는 이른바 4차 산업혁명은 기존의 산업혁명과 달리 뇌의 기능을 확장시킴으로써 유례없는 혁신을 유발하고 있기 때문이다. 인간 두뇌의 진화는 우주의 탄생 이래로 가장 획기적인 작품이었고, 앞으로 기계에 의한 뇌 기능의 확장이 어떤 양상으로 전개될지 예측이 어려운 상황이다.

2) 기억술에서 인쇄술로

인류 문명에서 정보기술의 가장 원시적 형태는 '기억술'이었다. 기억술로 정보를 저장하고 전달하던 상태에서 중세 말 인쇄술의 시대를 맞게 된 것이다. 유럽 최초의 서사시인 「일리아스(*Ilias*)」와 「오디세이(*Odyssey*)」도 기억에 의한 구전으로 전승된다. 웅변의 대가였던 루키우스 세네카는 한 번 들은 연설도 줄줄 외웠고, 13세기 성 아우구스티누스는 학생 시절에 스승의 말을 모조리 기억했다고 한다.

13세기 대학의 출현에서 큰 영향을 미친 스콜라 학풍에서 기억은 기술 차원에서 학문의 덕목으로 승격된다. 성 아우구스티누스는 '최고의 신학'에서 4개의 기억 법칙을 만들었고, 도미니쿠스 기억법 등은 그리스도의 가르

침의 전파에 크게 기여했다.

기억술 다음 단계의 정보 전달 방식은 손으로 베껴 쓰는 필사였다. 서구문명에서 필사본 제작은 가톨릭 교회의 전통과 불가분의 관계였다. 도서관 없는 수도원이란 마치 무기 없는 성과 같았다. 수도원이 곧 인쇄소였고, 성직자는 책상과 잉크와 양피지를 갖춘 인쇄업자 격이었다. 당시 수사들은 촛불 아래의 컴컴한 데에서 성서 필사본을 만들었고, 시력을 잃는 일이 많았다.

인쇄술과 종교개혁 인류의 지식문화가 종이와 인쇄술이 없었다면 가능했을까? 17세기 영국의 프랜시스 베이컨은 인류의 3대 발명품에 인쇄술을 포함시켰다. 우리나라는 초보적이기는 하지만 이동식 금속활자의 개발로 가장 앞서 가는 인쇄국으로 기록되었다. 그러나 인쇄술의 전파는 순조롭지 않았다. 1450년대 들어서야 활자를 이용한 현대식 인쇄술로 넘어간다. 구텐베르크 인쇄 방식의 독창성은 주조된 글자 조각들을 이동시킬 수 있도록 하고, 글자의 주형을 바꿔 끼울 수 있도록 한 것이었다.

인쇄술이 보급되던 1450년대만 해도 유럽에는 몇 천 권의 필사본이 있을 뿐이었다. 1500년대가 되자 1,000만 권의 책이 나온다. 중세부터 인쇄술의 수요가 가장 많았던 곳은 수도원이었다. 종교개혁은 성서의 대량 인쇄가 있어서 가능했다. 기술 혁신은 사회 변동의 동력으로서 날로 영향력이 커졌다. 20세기 말까지도 책과 도서관은 가장 중요한 정보 전달 매체였다. 15세기 베네치아의 알두스 마누티우스는 들고 다닐 수 있는 책을 만든다. 그는 알딘 출판사를 차리고 보다 실용적인 이탤릭체 활자를 고안한다. 그리고 소형의 옥타보(8절)판을 처음으로 만들어냈고, 1994년 책에 페이지 번호를 매기기 시작했다. 이렇듯 정보기술이 전파되면서 지구적 지식 공동체가 형성되기 시작했다.

3) 계산기의 진화

원시적 계산기의 출현은 수학의 역사만큼 역사가 길다. 계산기 이전에는 작은 조약돌로 셈을 했다. 영어의 '계산하다(calculate)'는 라틴어의 '조약돌(pebbles)'이라는 단어에서 유래했다. 역사상 최초의 계산기인 주판은 기원전 1,000년 훨씬 이전부터 나타났다. 이집트는 기원전 460년경부터 주판을 썼고, 로마는 애버커스라는 주판을 쓰고 있었다. 중국은 대나무 조각을 이어서 주판을 만들었는데, 동양 문화권에서 주판의 역사가 더 길다. 1946년에는 탁상용 전기계산기와 옛날식 주판인 '소로방'의 대결이 벌어졌는데, 계산기를 들고 나온 미국 선수가 주판을 쓴 일본 선수에게 졌다고 한다.

17세기에는 새로운 계산기가 출현한다. 1617년 대수(logarithm)의 창시자인 영국의 존 네이피어(1550-1617)가 고안한 곱셈용 네이피어 막대였다. 그의 대수표는 천문학과 기계학에서 복잡한 계산을 할 때 유용했다. 네이피어 막대는 에드먼드 건터를 거쳐서 영국의 수학자 윌리엄 오트레드의 개량으로 전승된다. 1620년경 오트레드는 슬라이드 룰을 만들어, 2개의 자를 미끄러뜨려서 각각 계산하려는 숫자에 맞춘 뒤 눈금을 읽어서 계산표를 찾아 결과를 알 수 있도록 설계한다. 그러나 눈금을 잘못 맞추면 답이 틀리는 것이 문제였다. 1623년에 튀빙겐의 천문학자 빌헬름 시카르트는 계산자를 부착시켜서 곱셈까지 하는 기계식 계산기를 고안했다.

파스칼의 기계식 계산기 근대적 기계식 계산기의 원조는 1642년 블레즈 파스칼(1623-1662)이 개발한 파스칼린 계산기였다. 주판과 원리는 비슷했으나, 원통의 톱니바퀴열에 의해서 기계식 덧셈을 하는 것이 차이였다. 19살 때 세무공무원이던 아버지의 번거로운 계산을 돕기 위해서 만들기 시작하는데, 1645년까지도 계산이 자주 틀렸다. 1654년 로버트 비사커는 오트레드의 계산기를 대수의 눈금으로 표시된 슬라이드 방식의 근대식 계산기로 개량한다.

파스칼이 만든 덧셈과 뺄셈의 회전식의 파스칼린 계산기는 1671년 독일의 라이프니츠가 계단식 롤러 방식으로 개량해서, 곱셈과 나눗셈까지 할 수 있었다. 1820년대 라이프니츠 계산기는 정밀공법으로 개량되어 대량생산에 들어간다. 파스칼과 라이프니츠의 계산기는 이론적 근거는 확실했으나, 실용화까지 거의 200년에 걸친 혁신이 필요했다. 제2차 세계대전 때까지 생산된 이 계산기의 성능은 8자리의 숫자 2개를 18초 동안에 계산하는 정도였다.

미국에서는 1872년 제임스 볼드윈이 지레와 톱니바퀴를 쓴 핀 바퀴형 계산기를 고안한다. 이는 오드너 바퀴라고 불렸고, 1892년 브른스비가 기계식 계산기로 실용화된다. 또 하나 인기를 끌었던 것은 네이피어가 고안한 곱셈법을 기기화한 밀리어네어 계산기였다. 속도가 더 빨라진 이 계산기는 제1차 세계대전이 발발할 무렵 3,000대가량 팔리고 있었다. 20세기에는 나선형의 대수 눈금으로 표시하는 오티스 킹 계산기가 인기를 누린다. 1970년 주머니 크기의 전자계산기가 나타나자 슬라이드 룰은 자취를 감추게 된다.

컴프토미터의 출현 19세기 말 계산기는 타자기 개발의 영향을 받아서 자판 형태로 제작된다. 1887년 도르 펠트의 자판형 컴프토미터가 출시되고, 2년 후에는 두루마리 종이에 계산 결과가 기록된다. 이 무렵 또다른 자판형 계산기가 버로스 사에서 개발되었다. 20세기 전반에는 이들 자판형 계산기가 은행과 사무실의 표준 기기였다. 1960년에는 파시트 사의 계산기가 시장을 주도한다. 이들 기기는 전기 작동이기는 했으나, 기계식이라서 속도에 한계가 있었다. 전자계산기로의 전환은 기계 부분을 없앰으로써 속도가 크게 빨라지는 혁신을 이룬다.

배비지의 계산기 컴퓨터 개발사에서의 획기적인 진전은 정보처리 능력을 갖춘 기계의 제작이었다. 이는 인간이 만든 기계가 지능을 갖추기 시작했다는 의미로서, 그 이론적 근거는 영국 케임브리지 대학교의 수학 교수(1828-1839 재직)이자 엔지니어인 배비지로 거슬러오른다. 그는 함수론에 관한 논문으로 1816년 24세에 왕립학회 회원이 된 수재였다.
이뿐만 아니라 배비지는 수학적 방법으로 경영에 접근해서 1832년『기계와 생산의 경제에 관하여(On the Economy of Machinery and Manufactures)』를 출간한다. 그는 산업자본의 조직과 기술에 대한 분석을 통해 작업의 진행과 관련 기술, 제조 공정의 원가 분석을 제시했고, 공장의 운영에 대해서 비용, 도구, 가격, 시장, 임금, 기술, 작업 등의 항목을 인쇄한 서식을 경영자에게 제공했다. 또한 공장 체계의 옹호자로서 노동자와 경영자의 이익이 일치한다고 보았다.

배비지는 천문관측과 항해에 필요한 정교한 계산보다 더 고차적인 기능의 계산기를 만들고자 했고, 계산 결과를 출력하고 인쇄까지 할 수 있는 기계 제작에 몰두한다. 10년간의 연구결과 1822년에 제작한 그의 미분 엔진은 미분방정식과 삼각함수표까지 계산할 수 있었다. 1823년 배비지는 왕립학회 회장 데이비에게 미분기 모형을 헌정한다. 영국 정부는 당시 현안이 되고 있던 천측력(Nautical Almanac)의 부정확성을 개선하기 위해서 1만7,000파운드를 배비지에게 지원한다. 그러나 그의 구상을 실용화하는 데에는 실패한다.

배비지는 고심 끝에 계산의 작동부와 데이터 기록과 저장의 저장소를 분리시키고 펀치 카드로 프로그램하는 방식으로 설계한다. 이 장치는 1830년 해석 엔진이라고 명명되었다. 이때 채택된 펀치 카드 방식은 프랑스의 조제프 자카르가 발명한, 무늬를 넣는 2진법의 자카르 직조기술에서 아이디어를 얻었다. 계산의 자동화를 위해서 직조기에 사용하는 펀치 카드 방식을 도입한 결과 1분에 60회로 계산 속도가 빨라졌다. 계산 결과는 자동으로 저장하고 명령에 따라서 계산 과정을 바꾸도록 개선했다.

그러나 그의 해석기관은 시대를 너무 앞서간 개념으로서, 1833년부터 1871년 그가 죽을 때까지 실용화에는 이르지 못한다. 그러나 "해석 엔진이 반드시 미래 과학의 앞길을 인도할 것"이라는 그의 믿음에는 변함이 없었다. 배비지의 아이디어는 훗날 하버드 대학교의 하워드 에이킨으로 전승되어, 기계식 대신 전기 기계식으로 개량된다. 드디어 실용화된 것이다. 에이킨의 연구는 1930년대 또다른 전통의 펀치 카드 원리 체계와 결합해서 현대식 전자계산기의 원형으로 등장한다.

IBM의 설립 직조기의 펀치 카드 방식은 미국 인구조사국(1879년 설립)의 통계학자 헤르만 홀러리스와의 만남으로 새로운 길을 열게 된다. 1880년도 인구조사 결과 분석에서 효과가 입증되었고, 홀러리스는 펀치 카드의 처리 속도를 높인 홀러리스 시스템을 개발한다. 그 결과 1880년에 비해서 1890년 인구가 25퍼센트 증가했음에도 인구조사를 처리하는 시간은 3분의 1로 단축되었다.

홀러리스는 1896년에 인구조사국을 떠나서 타뷸레이팅 머신 컴퍼니를 세운다. 이 계산기 회사의 제품은 5년 뒤 키보드 원리 도입 등의 개량을 거치며 1911년 영국의 인구조사에서 큰 호평을 받는다. 홀러리스는 1911년 2개의 회사를 합병해서 컴퓨팅 타뷸레이팅 레코딩 컴퍼니를 만든다. 이 회사가 전자계산기 개발을 주도한 IBM의 모체였고, 1924년에 IBM으로 개편된다.

한편 미국 인구조사국의 홀러리스 후임이 된 제임스 파워스는 전기 기계식 펀치 카드 대신 완전한 기계식 방식을 고안했다. 이후 파워스 계산기 회사를 차린 그는 1927년 타자기 회사 레밍턴과 합병해서 레밍턴 랜드로 만들었다. 다시 1955년 스페리 랜드 사로 개편한다. 펀치 카드 방식은 정보를 저장하고 정정하고 분석하는 용도로 산업용과 상업용으로 널리 쓰이다가 전자계산기의 출현으로 사라지게 된다.

4) TV와 영상 시대

20세기를 가리키는 별명 가운데 '영상 시대'도 있다. 영상 시대의 총아인 TV의 기원은 1817년 셀레늄 원소의 발견과 관련된다. 셀레늄은 빛에 닿으면 전류가 흐르는 특성이 있다. 1884년 독일의 파울 닙코는 닙코 원판으로 특허를 받는데, 회전하는 원판의 작은 구멍으로 화상을 보내고 그 빛이 셀레늄 전지에 전기를 일으켜서 화상이 복원되는 장치였다. 그러나 화상이 형성되는 속도가 느려서 실용성이 없었다. 한편 1897년 독일 물리학자 카를 브라운(1850-1918)은 브라운관 수상기를 개발해서, 진공의 유리 구형 안쪽에 형광물질을 발라서 전기신호를 영상화한다. 브라운관의 표면에 수많은 화소가 있어서 전자와의 충돌로 빛을 내도록 만든 것이다.

TV를 최초로 제작한 사람은 영국의 존 베어드(1888-1946)였다. 1925년 닙코 원판과 브라운관을 사용하여 텔레바이저를 개발했고, 1929년 BBC가 세계 최초로 실험방송을 내보냈다. 그러나 텔레바이저는 기계식 TV로서 선명한 화면을 얻을 수가 없었다. BBC는 전자식 TV가 대안임을 깨닫는다.

전자식 TV의 출현 1923년 러시아 출신의 블라디미르 즈보리킨(1889-1982)은 아이코노스코프 송신기의 특허를 신청했다. 그러나 이전 특허와 비슷하다는 이유로 1938년에 가서야 특허가 나온다. 그는 1924년에는 키네스코프라는 카메라 튜브를 개발하고, 이듬해 컬러 TV 시스템에 적용해서 특허를 출원한다. 그러나 이것 역시 상업화하기에는 미흡했다.

한편 유타 주 출신의 필로 판즈워스(1906-1971)는 고등학교 시절인 1922년에 전자식 TV의 설계도를 그리고 있었다. 졸업 후 투자를 받아서 1926년부터 실험에 들어간 결과 1927년 송신용 영상분해기와 수신용 영상수상기를 개발하고, 1927년에 시연했다. 최초로 전송된 이미지는 달러였다. 1928년 「샌프란시스코 신문(*The San Francisco Chronicle*)」은 "SF맨이 TV에 혁명을 일으켰다"고 헤드라인을 뽑았다. 1930년 그는 2개의 특허를 받은 뒤, 1938년부터 1951년까지 판즈워스 TV 라디오 사를 세우고 수신기와 카메라가 장착된 전자식 TV 시스템을 개발한다. 말년에는 핵융합에 관심을 두고 초보적인 기기를 만들기도 했다.

특허 분쟁에 휘말린 TV 라디오 코퍼레이션 오브 아메리카(RCA)는 판즈워스의 기술에 큰 관심을 보인다. 방송가의 전설로 군림하고 있던 RCA의 사르노프는 이미 TV 시대를 예견했던 터였고, 1930년 즈보리킨을 영입해서 특허법에 저촉되지 않으면서 판즈워스의 설계를 이용하는 방안을 찾도록 한다. 그 결과 RCA는 1932년 판즈워스 기계장치보다 진일보한 전자식 TV 시연에 성공한다.

1934년 RCA는 특허 우선권 소송을 제기했다. 자사의 즈보리킨 특허가 판즈워스보다 앞섰다는 것이다. 특허청은 판즈워스의 손을 들어준다. 즈보리킨이 1923년 특허를 신청할 때 실물의 증거가 없었다는 것이 이유였다. 한편 판즈워스는 고등학교 때 스승인 저스틴 톨먼이 자신의 제자가 그린 전자식 TV의 스케치라면서 1922년에 법정에 증거를 제시함으로써 재판에서 이기게 된 것이다. 그러나 RCA는 항소와 상고로 재판을 끌고 갔다. 1939년 RCA는 뉴욕 세계박람회에 TV를 출품한다. RCA는 NBC 채널을 통해서 루스벨트 대통령의 연설을 내보내어 사람들의 관심을 끌었다. 1939년 사르노프는 세계박람회가 끝난 뒤 판즈워스에게 100만 달러 로열티를 지불하기로 한다.

TV 정규 방송을 처음 시작한 나라는 독일이었다. 1935년부터 1주일에 3일, 매일 1시간 30분씩 방송한다. 히틀러의 얼굴을 전국에 선전하기 위해서 방송을 서두른 것이었다. 1935년 프랑스도 방송을 시작한다. 1937년에는 영국의 BBC가 뒤를 따른다. 미국에서는 1935년에 최초로 테크니컬러로 역사 드라마 「베키 샤프(Becky Sharp)」가 제작되고, 그 드라마의 여주인공이 오스카상을 받는다. 1939년 미국의 NBC가 정규 방송을 시작하고, 1939년 RCA는 뉴욕 세계박람회 개막식을 방영한다.

그러나 제2차 세계대전으로 TV 방송은 주춤한다. 미국이 1941년 참전을 계기로 일반 기계 생산을 중단하고 무기 공장으로 전환했기 때문이다. 판즈워스의 특허는 1947년에 시효 만기였다. 결국 소송과 전쟁의 불운으로 그의 꿈은 무산된다. 미국은 전후 TV 사업의 급성장을 기록해서, 종전 직후 1946년에 8,000대였던 TV 판매는 1950년에 700만 대로 급증한다. 1952년에는 미국 가정의 절반에 TV가 들어간다.

TV 보급에서 기술표준을 둘러싼 경쟁도 치열했다. 방송사들은 자사의 방식이 표준으로 채택되도록 경쟁을 벌였다. 1950년 연방통신위원회는

CBS의 방식을 표준으로 택한다. 그러나 이 방식은 흑백과 컬러가 호환이 되지 않았다. RCA의 사르노프는 TV의 미래는 흑백과 컬러의 호환성에 있다면서 집중 투자를 하고 있었다. 결국 연방통신위원회는 사르노프의 주장대로 1953년 RCA 방식을 표준으로 변경하게 된다.

1954년에는 컬러 TV가 출현한다. 컬러 TV의 초기 형태는 컬러 방송만 수신할 수 있었다. 판매량은 기대에 미치지 못했다. 화질이 좋지 않고 프로그램도 초라했기 때문이다. 이듬해 흑백과 컬러 방송을 모두 수신할 수 있는 모델이 제작된다. 가격은 500달러였다. RCA는 1956년 화상도를 높이는 광선 확대기 등을 개발한다. 1960년에는 프로그램 다양화로 「디즈니의 재미있는 세계(*The Wonderful World of Disney*)」를 컬러로 내보낸다. 1960년 미국의 TV 판매는 4,570만 대를 기록했고, RCA는 시장의 80퍼센트를 장악했다. RCA는 사르노프와 즈보리킨이 TV 개발의 주역이라고 열띠게 선전한다. 평생 라디오와 TV와 관련된 특허 300개를 보유하고 전자식 TV를 개발한 주인공 판즈워스는 역사 속에서 그렇게 사라졌다.

1960년대 이후 케이블 방송의 확산으로 TV 수신 상태가 좋아졌다. 우리나라는 1954년 서울 보신각 앞에 공용 TV 1대를 설치한 것이 시작이었다. 1956년 RCA 한국 대리점은 최초의 TV 방송을 내보냈다. 1961년 KBS TV 채널이 가동되었고, 1964년 민간방송 TBC가 문을 열었다. 1966년에는 금성의 국산 흑백 TV '샛별'이 태어났다. 1970년대까지만 해도 TV가 있는 집에 옹기종기 모여서 TV를 보는 것이 낯설지 않았다. 1980년대 이후 컬러 TV가 보급되기 시작했다.

1980년대 이후에는 위성방송 시스템 구축으로 위성에서 가정의 소형 안테나로 전파가 전달되기 시작했다. 1981년에는 실물처럼 선명한 영상을 구현하는 고화질(High Definition : HD) TV가 개발될 것이라는 기사가 「파퓰러 사이언스(*Popular Science*)」에 실린다. 미국에 최초로 도입된 것은 1998년이었다. 우리나라도 1995년 통신위성 무궁화호의 발사와 더불어 HD TV 개발에 대한 기대에 부풀었다. 그러나 방송과 통신의 융합을 현실화할 수 있는 법적, 제도적 뒷받침이 이루어지기까지 10년이 넘는 시간이 흘러야 했다.

TV처럼 급속히 보급된 기술은 일찍이 유례가 드물다. 이젠 보급된 대수 자체가 무의미하다. 음성 커뮤니케이션, 동영상, 컴퓨터, 게임, 인터페이스 등의 합종연횡으로 새 미디어와 플랫폼이 이채롭다. 스마트, 커넥티드, 디지털, 인터넷 프로토콜(Internet Protocol : IP) TV 등 이름도 다양하다. 광고시장도 바이럴 열풍 속에 소비자가 유튜브 등으로 상품과 콘텐츠를 입소문 마케팅하고 있다.

5) 컴퓨터의 진화와 인터넷 시대

20세기 초반까지 계산기는 직조기용 펀치 카드 방식에 의존했다. 정보처리 장치로서 계산기가 한 차원 올라선 것은 에이킨과 IBM의 협동 연구에서였다. 1937년 에이킨은 하버드 대학교와 IBM을 연계한 연구에서 1944년 IBM 자동제어계산기를 제작해서 하버드 마크 1이라고 명명한다. 펀치 카드 대신 펀치 테이프를 쓴 결과 11자리 숫자 2개의 곱셈을 3초 만에 해냈다. 기계는 무려 5톤에 길이 51피트, 높이 8피트의 거대 규모였다. 전선은 500마일이 들어갔고, 구성 요소는 무려 100만 개였다. 1944년 8월 IBM은 하버드 마크 1을 하버드 대학교에 기증했고, 이후 15년 동안 사용된다. 전자식이 아니었으므로 요즘 기준으로는 컴퓨터 축에 끼기 어려웠지만 역사적으로는 정보처리 능력이 있었던 최초의 컴퓨터였다.

제1세대 컴퓨터, 에니악의 출현 현대 과학기술의 특징은 거대화, 복합화, 고시스템화이다. 컴퓨터 발전사도 그런 궤도를 밟았고, 지능을 가진 기계의 출현이라는 혁명적인 발전을 기록했다. 컴퓨터는 20세기 들어 기계식과 전기 기계식, 전자 기계식의 형태로 변신했고, 20세기 후반 전자공업의 발전으로 경이로운 정보처리 능력을 갖추게 된다.

세계 최초의 진공관식 전자계산기는 에니악으로 미국의 물리학자 조 아타나소프가 고안하고, 미 육군의 위탁으로 펜실베이니아 대학교의 존 에커트

(1919－1995)와 존 모클리(1907－1980)가 1946년 개발했다. 여전히 펀치카드 방식이었지만, 일부 스위치를 제외하고는 기계 부분을 대폭 줄인 것이 특징이었다. 기계 작동에 걸리는 시간이 줄어든 결과 계산 속도가 엄청나게 빨라진다. 제2차 세계대전으로 레이더, 진공관, 회로 등의 연구가 발전되면서 시너지를 거둔 것이다. 그러나 기계 작동에 1,000킬로와트 이상의 전기를 들었기 때문에 가동 중의 열 분산이 해결해야 할 과제였다.

에니악은 1947년 메릴랜드 주 애버딘의 '탄도학 연구소'로 옮겨지고 1955년까지 가동된다. 에니악에는 1만8,000개의 진공관이 들어갔다. 이 무렵 존 폰 노이만은 원자탄 설계에서의 데이터 처리를 위한 컴퓨터를 제작하는 과정에서 프로그램 내장 방식과 2진법 논리 회로의 개념에 도달한다. 에니악이 완성되기 전인 1949년 케임브리지 대학교에서 세계 최초로 이 프로그램 내장 방식을 채택한 에드삭이 개발되었고, 미국에서는 1952년 노이만이 자신이 제안한 전자식 프로그램 방식으로 작동하는 에드박을 만들었다. 이 장치는 기억장치를 개량한 것으로, 수은관에서 전기적으로 발생되는 음파펄스를 이용하고 있었다. 한편 1948년 맨체스터 대학교의 프레디 윌리엄스는 음극선관을 이용한 주기억 장치를 고안했고, 1956년까지 널리 쓰였다.

'유니백'의 시판 컴퓨터의 기억장치는 자기심(magnetic core)의 신발명으로 크게 개선된다. MIT의 포레스터가 크게 기여한 자기심은 자성 물질인 페라이트(ferrite)를 이용한 것으로 1956년 레밍턴 랜드의 유니백에 자기심 기억장치가 도입되었고, 1970년대 초반까지 널리 쓰였다. 컴퓨터의 역사에서 1946년 이후 20년 동안의 발전은 개량 자기심 기억장치를 쓰고, 진공관 대신 트랜지스터를 넣고, 2진법 논리 회로를 택하는 등의 개량으로 가능했다.

초기의 컴퓨터는 대형으로 가격이 수십만 달러였고, 정부, 군대, 대기업과 소수 대학에서 보유하는 정도였다. 1946년에 완성된 에니악은 1951년 상품명 유니백 1으로 출시된다. 유니백은 프로그램에서 종이 테이프 대신 자기 테이프를 사용해서 컴퓨터의 성능이 높아진다. 유니백은 1952년 미국 대통령 선거에서 아이젠하워의 승리를 정확히 예측해서 유명해진다. 그러나 여전히 진공관 때문에 기계작동에서 발열이 심했고, 속도가 더디고 방 하나를 차지할 정도로 컸다. 따로 전문적 기계언어를 써야 하는 것도 실용화에 걸림돌이었다.

제2세대 컴퓨터 1940년대 말 일렉트로닉스 혁명으로 컴퓨터는 획기적인 혁신을 이루게 된다. 벨 연구소 반도체 연구 팀의 존 바딘, 월터 브래튼, 윌리엄 쇼클리는 1947년에 트랜지스터를 개발했고, 그로써 1948년 컴퓨터는 진공관 시대를 벗어나 반도체를 이용한 트랜지스터 시대로 넘어간다. 진공관을 쓰지 않는 제2세대 컴퓨터는 크기가 100분의 1로 줄어든다. 생산과 보수 유지는 물론 동력도 획기적으로 절감된다. 1950년대에는 과학자와 엔지니어들이 실리콘밸리에 몰려들어 반도체 개발의 메카를 이룬 시기였다.

이런 변화와 함께 소프트웨어도 다양화되어 프로그래밍 언어로 알골(ALGOL), 포트란(FORTFAN) 등이 등장한다. 필자가 미국 유학을 하던 1960년대 후반에는 2개의 제2 언어 중에 하나를 컴퓨터 언어로 선택할 수 있을 정도였다. 트랜지스터 개발로 2세대 매니악이 제작된다. 이 장치는 1952년 로스앨러모스 연구소에서 니컬러스 메트로폴리스의 주도로 고등연구소의 노이만 구조를 채택한 결실이었다.

고등연구소 기계는 프린스턴의 고등연구소에서 개발된 최초의 전자식 컴퓨터였다. 그 컴퓨터의 첫 임무는 핵열 반응의 정확한 계산이었다. 그러나 여전히 다른 고등연구소 기종과도 프로그램이 교환되지 않는다는 한계가 있었다. 과학자들은 컴퓨터 게임 프로그램을 만들어서 매니악에게 체스를 가르친다. 그리고 인간 선수와 대국시킨 결과 매니악이 승리한다. 제2세대 컴퓨터는 2, 3 시리즈로 1966년까지 생산되었다.

제2차 세계대전 이후에는 기계기술과 전자공학의 결합으로 자동화기술이 출현한다. 1952년 수치제어 공작기계가 상업화되고, 1962년에는 조지 데볼이 최초의 산업용 로봇을 개발한다. 1969년에는 프로그램이 가능한 논리 제어장치가 등장한다.

제3세대 컴퓨터 1950년대 컴퓨터는 집적회로 생산의 칩 혁명으로 초고속 혁신을 거듭했다. 1958년 텍사스 인스트루먼츠 사의 잭 킬비와 페어차일드 사의 로버트 노이스는 거의 동시에 집적회로(integrated circuit : IC) 개발에 성공한다. 여러 개의 트랜지스터를 단일 결정에 연결회로와 함께 집어넣는 IC 개발로 칩 혁명이 시작된 것이다.

IC 집적도는 1960년부터 10년 사이에 1,000배로 늘어났다. 집적도란 손톱의 4분의 1 정도 크기의 칩 속에 집적시킬 수 있는 트랜지스터, 저항 축전기 등 전자소자의 개수를 가리킨다. 컴퓨터 값은 수직하강으로 떨어지고, 반도체 기술은 지수적 성장(1년에 2배, 10년에 1,000배)을 함으로써 각종 기기의 소형화, 경량화, 정밀화, 자동화가 가속된다.

그 결과 컴퓨터는 보통 사람들의 일상생활로 들어와 엄청난 변화를 일으키고 있었다. 1960년대 팝송과 가요의 신시사이저 전자음악은 새로운 문화상품으로 등장했다. 1964년에는 입력 도구로 마우스가 개발된다. 전자우편 등 PC 시스템도 보급된다. 1970년에는 슈퍼마켓에 바코드가 도입되고, 온라인 시스템이 세계를 휩쓸기 시작한다. 1974년에 출시된 전자시계의 가격은 60만 원에서 단돈 몇 천 원으로 떨어지고 있었다.

제4세대 컴퓨터 제4세대 컴퓨터 출현의 방아쇠를 당긴 것은 1971년 인텔 사의 마이크로프로세서 개발이었다. 이후 집적회로는 집적도가 크게 향상된 고집적회로, 초고집적회로, 극대규모 집적회로로 진화한다. 1972년에는 고집적회로나 초고집적회로가 들어간 제4세대 컴퓨터가 등장했고, 일대 돌풍을 일으키며 1978년까지 시장을 독점했다. 손톱만한 크기에 2,300개의 트랜지스터를 넣은 범용 프로세서 4004칩은 거대한 에니악에 맞먹는 고성능이었다.

1967년 미국의 과학기기 코펠앤드에저에서 작성된 보고서가 흥미롭다.

100년 뒤 미국인들은 돔처럼 생긴 도시에 살게 되고, 3차원 TV 영상을 보게 된다는 등의 예측을 하고 있었다. 그런데 정작 자사의 인기상품인 슬라이드 룰이 몇 년 내에 생산이 중단될 것이라는 예측은 하지 못했다. 1967년 텍사스 인스트루먼츠가 휴대용 계산기를 시판하면서, 슬라이드 룰은 시장을 내어주게 된 것이다. 회사 직원들은 경쟁사의 계산기 판매원이 되었고, 회사의 슬라이드 룰 생산 라인은 박물관에 기증되었다. 스미스소니언 박물관에는 1790년부터 1980년 사이에 과학자의 필수품이었던 200여 종의 슬라이드 룰이 소장되어 있다.

컴퓨터 기술 혁신의 동인은 마이크로프로세서의 성능이 예측불허로 진화한 것이었다. 1975년 미국의 「포춘(*Fortune*)」은 "마이크로프로세서는 제품의 생산비 절감으로 새로운 가능성과 부가가치를 높이는 유례없는 기술 혁신에 의해서 상상을 초월하는 신제품을 만들어낼 것"이라는 요지의 기사를 실었다. 그 예측대로 사반세기 만에 마이크로프로세서의 성능은 5,000배로 뛰었다. 그리하여 누구나 가지고 있는 PC가 최초의 달 탐사선에 쓰인 컴퓨터의 기능을 갖추게 된 것이다.

마이크로프로세서의 진화를 보면, 1989년 인텔은 1996년에 시판될 마이크로프로세서는 트랜지스터 800만 개, 주파수 150메가헤르츠, 처리 속도 100밉스(MIPS, 1초 동안에 처리 가능한 명령 횟수)가 되리라고 예측했는데, 실제로는 트랜지스터 550만 개, 주파수 200메가헤르츠, 처리 속도는 400밉스의 기능을 갖추게 되었다. 즉 트랜지스터 수는 줄이면서 성능은 4배로 늘어난 것이다. 마이크로프로세서의 성능 향상으로 작고 값싼 개인용 컴퓨터 생산의 길이 트이고 컴퓨터 대중화 시대가 열린 것이다. 마이크로프로세서 컴퓨터가 보급되자, 은행의 입출력 업무, 항공권 예매 등도 앞다투어 전산화되고, 관련 소프트웨어 연구가 활기를 띠게 된다.

PC의 출현 1967년 가정용 컴퓨터 시대를 예고하는 사건이 일어난다. 미국의 한 작가가 집에 앉아서 텔레타이프기로 중앙 컴퓨터와 교신을 한 것이다. 이후 20대 청년 스티브 잡스(1955-2011)와 스티브 워즈니악은 허름한 창고에서 최초의 PC인 '애플'을 개발한다. 한입 베어 먹은 무지개 색의 사과를 로고로 한 맥킨토시 컴퓨터의 등장이었다. 1976년과 1977년에 애플 1과 애플 2가 잇달아 출시되고, 특히 애플 2가 인기를 끌었다. 애플의 개발은 벤처 기업의 요람인 실리콘밸리 신화의 신호탄이었다.

1982년 당시 최고의 컴퓨터 회사였던 IBM은 PC의 새로운 시장에 뛰어든다. 회사나 관공서를 상대하던 대형 컴퓨터 생산의 IBM은 PC 시장에 진입하면서, 신출내기였던 빌 게이츠에게 컴퓨터 운영 체제의 개발을 의뢰한다. 그 결실이 MS-DOS의 출현이었다. IBM 호환용 PC는 사실상의 표준으로 위상을 굳힌다. 1995년에는 MS-DOS 운영 체계를 개발했던 마이크로소프트(MS) 사가 윈도 95를 개발했고, 이는 PC의 워크스테이션화를 의미했다.

게이츠는 컴퓨터계의 황제로 등극한다. 1980년대 이후 하드웨어와 주변기기가 대량생산되고, 소프트웨어 성능이 비약적으로 높아진다. 그로써 PC는 생활 속의 일부가 된다. 옛날 컴퓨터는 주로 숫자와 문자 정보처리로 전문가용처럼 받아들여졌다. 그러나 그림, 음향, 동영상 등을 주고받는 멀티미디어 기능을 갖추고, 초고속 정보통신망과 연계되고, 상호교신이 가능한 형태로 발전되면서 PC는 온 세상 누구나 쓸 수 있도록 급속히 전파된다.

제5세대 컴퓨터 제5세대 컴퓨터라는 용어는 일본의 프로젝트 명칭에서 유래한 것이다. 1981년 일본은 프로그램 내장에 의한 기존의 제어방식에서 벗어나서, 논리적 사고로 지식정보를 처리할 수 있는 제5세대 컴퓨터 개발에 착수하고, 10년간 1,000억 엔의 예산을 책정한다. 이 프로젝트의 성과에 대해서는 논란이 있어서, 소기의 성과를 거두지 못했다는 쪽과 소프트웨어와 AI 연구에서 성과가 있었다는 쪽으로 나뉘었다.

반도체산업은 산업구조까지 바꾸며 약진해서, 새롭게 마이크로일렉트로닉스 산업을 일으켰다. 초고밀도 집적회로 등 1,000분의 1밀리미터 수준의 전자 부품 가공의 전자공학 분야가 생겨난 것이다. 또한 공작기계, 로봇 기술 등 기계산업의 메카트로닉스 분야를 탄생시켰다. 이런 변화 속에서 정보산업은 지식집약, 자본집약의 특성을 띠며 최고의 유망 산업으로 부상한다.

1990년대 컴퓨터 기술은 광섬유혁명의 광통신기술과 접목되며 새로운 차원으로 전개된다. 레이저에 디지털 신호를 실어서 광속으로 전달하는 광섬유를 통신 분야에 융합시킨 것이다. 이는 전화 발명 이래 최대의 통신혁명으로 부상하면서, 1993년 9월 빌 클린턴 대통령(1993-2001 재임)의 정보고속도로 구축 계획의 발표로 이어진다.

전화 기술도 20세기 후반에 컴퓨터 기술과 만나서 요술을 부렸다. 전화국의 전자식 교환기는 3인 동시통화, 끼어들기 서비스, 부재중 안내, 착신통화 전화 등의 새로운 서비스를 제공하게 되었다. 1964년 벨 회사는 화상전화를 개발했다. 같은 해 제트기를 탄 사람과 지상에 있는 사람이 통화하는 공대지(air-to-land), 지대공(land-to-air) 서비스가 개시된다.

한국은 조선 시대 전화가 개통된 지 100년 만에 자체 기술로 세계 최초의 디지털 이동통신 코드 분할 다중접속방식(Code Division Multiple Access : CDMA)의 상용화에 성공했다. 이 방식은 미국에서 군사통신용으로 개발했으나, 우리 땅에서 상용화가 가능해진 것이다.

3차 산업혁명의 특징은 디지털 자동화였다. 공장, 사무실, 가정 등의 자동화로 기존의 생산방식, 일하는 방식, 삶의 방식을 바꾸게 되었다. 3차 산업혁명은 2차 산업혁명과 마찬가지로 기계에 의한 자동화였으나, 2차 산업혁명기 포드주의의 대량생산 체제와는 다르게 절감형의 생산 체제로의 전환이라는 점에서 차이가 있다.

20세기 후반의 통신과 교통수단의 혁신은 사람과 국가 사이의 벽을 허물고 상품 유통을 혁신시켜서 세계를 하나의 지구촌으로 묶었다. 세계 곳곳에 설치된 전자식 교환기라는 컴퓨터, 적도 상공 3만8,000킬로미터 지점의 지구 정지궤도에서 돌고 있는 수많은 통신위성들, 그리고 바다 밑에 설치된 해저 광케이블 등은 세계를 거미줄처럼 엮어놓았다. 1990년대 세계화라는 새로운 흐름은 디지털 기술이 없었다면 가능하지 않았을 것이었다.

인터넷의 출현과 진화 컴퓨터 기술과 통신기술의 최초 결합은 모뎀 개발에 의해서 실현된다. 모뎀이란 디지털 데이터를 아날로그 신호로 바꾸어 전화선을 통해서 컴퓨터 통신을 가능하게 하는 지원 장치이다. 모뎀 개발도 미국 국방부의 지원으로 이루어진 성과였다. 1950년대 초 미국 국방부는 MIT 링컨 연구소 과학자들에게 국가안보 연구를 위탁한다. 그 성과로 1958년 미국의 연방체신위원회는 미국 전신전화 회사로부터 모뎀을 공급받아서 컴퓨터에 장착한다. 그리고 전화선을 통해서 민간도 사용할 수 있도록 조치한다. 그로써 모뎀을 이용한 컴퓨터 통신망이 탄생한다.

그러나 데이터가 아닌 사람 목소리를 전송하는 용도의 전화선을 컴퓨터 통신망을 구축하는 용도로 쓰기에는 기술적인 한계가 있었다. 우선 전화선 이용으로 비싼 장거리 전화요금을 물어야 했다. 모뎀은 중앙집중식 연결방식이므로, 어느 한 곳에서 사고가 발생하는 경우 통신망이 끊길 위험성이 있었다. 전쟁 같은 비상시에는 그 한계가 치명적이었기 때문에 이를 타개하는 신기술의 개발이 시급했다.

그 한계를 극복한 것이 바로 인터넷이었다. 인터넷의 개발 배경을 살피면, 역사상 주요 발명이 그러했듯이 인터넷 역시 군사기술 연구의 산물임이 드러난다. 미국 국방부의 고등연구계획국 아르파(Advanced Research Project Agency : ARPA)는 1960년대에 전쟁 상황에서 작동할 수 있는 컴퓨터 통신망의 개발에 착수한다. 그 결과 1969년 빈턴 서프 등이 개발한 아르파넷 통신망이 개발된다. 이를 계기로 1970년대에는 유즈넷, 텔넷, 엔에스에프넷, 에듀넷 등의 네트워크가 등장한다.

ARPA 계획은 원래 멀리 떨어져 있는 연구소끼리 컴퓨터 재원을 공유함으로써, 계산 비용을 줄이고 데이터를 쉽게 보내는 것이 목적이었다. 이 통신망은 곧 민간 연구용 아르파넷과 군사용 밀넷으로 분화된다. 1983년 아르파넷은 인터넷이라는 이름으로 새롭게 태어난다. 그리고 민간용 통신망으로 태어나자마자 놀라운 속도로 전파된다. 전자우편 파일 전송, 네트워크 뉴스, 게시판 등으로 정부와 민간부문 할 것 없이 모두가 인터넷을 쓰게 된 것이다.

1990년대 미국에서는 기업의 인터넷 활용도가 더 높았다. 이유는 기업 내에 근거리 통신망(Local Area Network : LAN)이 깔려 있었고, PC가 타자기처럼 널리 보급되었기 때문이다. 이 사례는 기술 전파는 하드웨어뿐만 아니라 소프트웨어 보급이 중요하다는 사실을 말해준다. 1991년에는 유럽 입자물리 연구소의 팀 버너스리(1955-)가 HTTP와 HTML을 바탕으로 월드와이드웹을 개발한다. 인터넷 사용에서의 또 하나의 획기적인 전환점이 마련된 것이다.

인터넷이 보통 사람들의 일상 속으로 들어온 것은 1994년 이후의 일이었다. 1993년 마크 앤드리슨은 HTML 문서를 쉽게 볼 수 있는 모자익(Mosaic) 프로그램을 개발한다. 이후 1994년 넷스케이프로 바뀌면서, 누구든지 클릭만 하면 전 세계 웹사이트를 돌아다닐 수 있게 된 것이다. 미국 백악관이 홈페이지를 제작한 것도 이때였다.

인터넷은 새로운 사업 기회를 활짝 열어주었다. 갖가지 상품과 서비스를 인터넷 공간에서 거래하게 되었기 때문이다. 게이츠는 MS를 인터넷 중심으로 바꾼다. 야후는 당초 데이비드 필로와 제리 양이 만든 목록 서비스가 중심이었으나, 세계 최대의 포털 사이트로 변신한다. 온라인 서점으로 시작한 아마존닷컴은 책을 사고파는 공간에서 서적 관련 정보와 서평을 제공하는 가상공동체로 변신한다. 이베이 경매 사이트는 인터넷이라는 쌍방향 매체의 특징을 살려서 전자상거래의 새로운 모델로 바람을 일으킨다.

멀티미디어 전통적으로 미디어는 통신, 컴퓨터, 방송, 가전오락 등으로 구분되어 있었다. 그러나 기술융합에 의해서 TV와 경계가 사라져버렸다. 통신과 컴퓨터의 결합으로 정보통신이 되고, 통신의 결합으로 케이블 TV가 나오고, 컴퓨터와 가전오락의 결합으로 게임기 시장이 열렸다. 일과 놀이 사이의 구분도 무너졌다.

멀티미디어라는 용어는 1986년 MS의 세미나에서 처음 등장한다. '멀티'

는 상호작용적이라는 의미로 쓰였고, 멀티미디어의 핵심이 바로 이 의미에 들어 있었다. 정보를 쌍방향으로 전달해서 정보를 받는 사람이 정보를 보내는 일까지 할 수 있게 만든 것이다. 이와 동시에 모든 요소들 사이의 상호작용을 중시함으로써, 기술적인 혁신에 그치는 것이 아니라 사람들의 가치관까지 변화시키게 되었다. 이는 완전히 새로운 커뮤니케이션의 형태였다.

멀티미디어의 출현은 관념과 제도에 충격을 주게 된다. 이전에는 전화와 TV와 컴퓨터는 서로 다른 기능을 하는 기기였지만, 화상전화로 통화를 하고 PC로 TV를 보고 화상 게임기로 음악과 영화를 볼 수 있는 세상이 되면서 새 바람이 불게 된 것이다. 산업계도 가전제품업체, 컴퓨터 생산업체, 통신업체 사이의 구분이 모호해졌고, 이들 사이의 제휴와 합작은 새로운 흐름이 된 지 오래이다. 그간 별개이던 전화, 케이블 TV, 유선, 무선통신이 합쳐져서 새로운 정보 공익사업으로 바뀌고 있다.

멀티미디어 기술의 강점은 문자, 음향, 영상 등 다양한 형태의 정보를 고속으로 나를 수 있는 대용량 통신이라는 것이다. 사람은 지식을 얻는 데 있어서 80퍼센트를 시각에 의존하고, 11퍼센트를 청각에 의존하며, 나머지는 다른 감각에 의존한다고 한다. 따라서 멀티미디어가 지식의 전달과 이해에 효과적일 것임은 쉽사리 짐작할 수 있다.

이처럼 다양한 형태의 정보를 대량으로 신속하게 전달할 수 있게 된 데에는 광섬유기술의 발전이 큰 몫을 했다. 구리를 이용한 동축 케이블은 전기적 성질을 이용해서 정보를 전송하기 때문에 속도도 느리고 용량도 작았다. 전기신호는 전송 도중 주위에 자기장이 생겨서 주변의 다른 신호와 간섭현상을 일으키기 때문이다. 그러나 광케이블은 빛의 파장을 이용하므로 동축 케이블의 한계를 완전히 극복할 수 있게 된 것이다. 광통신기술은 1970년대 이후 1년에 2배꼴로, 즉 10년에 1,000배씩 신장했다.

정보고속도로 요약하면, 인터넷 서비스에 영상정보 등이 덧붙여진 것이 멀티미디어이고, 그 정보가 흐르는 통신망이 정보고속도로이다. 정보고속도로계획은 전화선 통신망을 광케이블로 바꾸어서, 망을 흐르는 정보의 양과 속도를 엄청나게 늘리는 사업이다. 정치권은 재빨리 이 기술을 국가 발전에 연결시키는 대규모 프로젝트를 구상했다. 그중 가장 규모가 큰 것이 1993년 미국 클린턴 행정부의 계획이었고, 발표 즉시 뉴스 중의 뉴스로 주목을 받았다. 미국은 국제 무역 적자에서 회생하기 위한 정책으로 이 계획을 추진했다.

나아가서 미국은 세계 정보기간망 구축계획을 제안했고, 일본은 아시아 정보기간망 구축을 제안했다. 일본은 정보기술에 의해서 지식사회로 도약한다는 목표 아래 신형 사회간접자본으로 고속광대역통신망 구축 계획을 추진했다. 유럽도 유럽 횡단 네트워크(Trans-European Network : TEN) 등의 정보통신망 구축에 나섰다. 전 세계에 정보고속도로가 깔린다는 것은 국민 모두가 정보의 이용자인 동시에 제공자가 된다는 것을 뜻한다. 단말기 하나로 다양한 형태의 정보와 서비스를 시간과 공간의 제약 없이 만들어내고 활용하는 혁명이 일어난 것이다.

6) 정보화 시대와 우주항공 산업기술

우주의 신비는 16세기 니콜라우스 코페르니쿠스의 천문학 혁명 이후 요하네스 케플러의 행성운동 법칙, 뉴턴의 만유인력 법칙 등 거인들의 업적과 18-19세기의 은하계 발견, 20세기의 아인슈타인 등 천재들에 의해서 한 가닥씩 풀리기 시작했다. SF 작가의 상상력으로부터 영감을 받고 있었으며, 그 중에서 웰스의 『화성인(*The Martian*)』과 『타임머신(*The Time Machine*)』 등이 유명하다. 애니메이션 영화 「월리스와 그로밋(Wallace and Gromit)」에는 전자공학을 공부하는 주인공 월리스가 그의 똘똘한 개 그로밋을 데리고 직접 만든 우주선을 타고 달나라로 가서 치즈를 잘라 오는 이야기가 나온다. 이 공상은 1969년 아폴로 11호의 우주인들이 달에 발자국을 찍고 돌을 가져온 것으로 현실화된 셈이다.

1970년대의 바이킹 계획, 보이저 계획에 이어서 우주 탐사선은 지구 상공으로 러시를 이루었다. 1997년 7월, 미국은 독립기념일에 맞춰서 패스파인더 우주선은 태양 전지로 작동하는 소저너 로봇을 싣고 화성으로 떠났다. 소저너 로봇은 사람처럼 화성 표면을 돌아다니며 지구로 자료를 보내주었다. 주요 임무는 생명체 탐사였다. 오래 전부터 "화성에 생명체가 존재하는가?"라는 물음은 지구인들에게 풀리지 않는 수수께끼였다.

인공위성 시대의 개막 우주 시대의 개막은 인공위성기술이 있어 가능했다. 제2차 세계대전 직후부터 미소 양 진영이 냉전 시대로 들어가면서 우주 개발을 둘러싼 경쟁은 더욱 첨예하게 전개된다. 세계 최초의 인공위성은 소련이 1957년 10월 4일에 쏘아 올린 스푸트니크 1호였다. 당시 소련은 비밀리에 작업을 하고 있었으므로 서방측은 삐삐 하는 신호음으로 뭔가 일어나고 있음을 알게 되었다.

제2차 세계대전 이후 세계 최강이 된 미국을 앞질러서 소련이 인공위성을 발사했다는 사실은 전 세계를 놀라게 했다. 스푸트니크 발사 이후, 미국 과학 아카데미의 우주과학위원회 의장은 "2100년의 상황으로 볼 때 1957년은 인류의 진보가 2차원에서 3차원적 지리학으로 넘어간 해로 기록될 것이다. 이는 또 인간의 지적 성취, 즉 과학기술이 국가 발전의 정책적 수단으로서 국부와 군사력을 앞지르는 시점이 될 것이다."라고 말했다.

스푸트니크 사건으로 국가적 자존심이 훼손된 미국은 곧바로 고강도 우주계획을 추진하다. 그 기반으로서 과학기술 교육혁명도 적극 추진된다. 미국은 우선 엑스플로러 1호와 뱅가드 1호를 차례로 지구 궤도에 쏘아 올린다. 인공위성 시대 경쟁의 막이 오른 것이다. 이렇듯 우주시대가 열리며 인간이 경험하는 지적 충격은 유례없는 것이었다. 아서 클라크가 스탠리 큐브릭 감독과 손을 잡고 만든 영화 「2001 스페이스 오디세이(2001 : A Space Odyssey)」는 그런 충격의 단면을 강렬하게 부각한 문제작이었다. 우주 쓰레기가 둥둥 떠다니는 가운데 인간도 그 쓰레기의 하나로 그려지는 충격적인 장면은 아직까지도 기억에 남아 있다.

오늘날 세계 각국이 쏘아 올린 인공위성 때문에 지구 궤도는 우주 쓰레기로 가득하다. 위성기술은 우주 탐사는 물론 1960년대 초부터 기상관측, 항해, 방송통신 등의 실용적 목적에 이용되기 시작했다. 위성통신기술의 기능은 매우 중요하다. 인공위성 개발 이전에는 해저 케이블을 깔고 그것을 통해서 전파를 보내고 있었다. 이후 중간기지국으로서 전파를 릴레이해주는 통신위성의 발사로 먼 거리에서도 품질 좋은 전파를 송수신하게 되었기 때문이다.

우주 탐사 계획의 전개 인간보다 먼저 우주여행에 나선 것은 소련의 개였다. 소련이 두 번째로 발사한 스푸트니크 2호에는 '우주 개' 라이카가 타고 있었다. 최초로 우주비행에 성공한 사람은 소련의 유리 가가린이었다. 그는 1961년 4월, 보스토크 1호를 타고 1시간 48분간 지구 둘레를 비행한 뒤 지구에 착륙한다.

미국도 우주비행사를 태운 우주선을 잇달아 발사했다. 1960년대는 미국과 소련이 뜨거운 경쟁을 벌인 우주열광 시대였다. 1965년 소련의 우주비행사 알렉시 레오노프는 보스호트 2호의 문을 열고 밖으로 나가는 모험을 감행했다. 레오노프를 우주선에 묶어둔 것은 산소공급을 위한 튜브뿐이었다. 다행히 그는 지구로 귀환한다. 그리하여 중력이 없는 우주공간에서 헤엄치듯이 유영한 최초의 우주인이 된다.

미국은 인류 문명사를 새로 쓰는 야심찬 계획을 추진한다. 스푸트니크 발사로 충격을 받은 미국은 케네디 대통령이 TV에서 대국민 연설로 아폴로 계획을 발표한다. 1960년대가 가기 전에 인간을 달에 착륙시키고, 다시 무사히 지구로 귀환시키겠다는 비장한 각오의 천명이었다. 1969년 7월 20일 아폴로 11호를 타고 조종사 닐 암스트롱이 달 표면에 역사상 최초로 사람의 발자국을 남기고 암석까지 가져오는 SF 같은 장면을 연출하게 된 것이다.

아폴로 11호의 달 착륙과 우주인의 귀환은 지상 최대의 우주 쇼였다. 최초로 발사 장면부터 생생하게 전 세계인이 숨 막히는 장면을 함께 지켜보았다. 거대한 우주선이 로켓에 실려서 우주기지를 떠나는 장면, 우주비행사들이 달을 거니는 장면 등이 TV 화면을 통해서 속속 지구촌으로 퍼져나갔다. 아폴로 신화의 창조 이후 미국은 아폴로 17호까지 프로젝트를 계속한다.

이후 미국 주도로 수성에 머큐리 호가 가고, 화성에 마리너 호가 간다. 뒤를 이어서 갈릴레오 등의 무인 우주선이 목성과 토성의 사진을 보내온다. 1997년 패스파인더는 화성 표면에 내려서 탐사를 시작한다. 소저너 로봇은 우주선 밖으로 나와서 화성 표면을 탐사하며 사진을 찍고 시료를 채취했다. 태양 전지로 움직였기 때문에 낮에는 돌아다니고, 해가 없는 밤에는 잠을 잤다.

그러나 실패도 있었다. 천문학적인 비용이 투자되는 가운데, 유인 우주선 사고가 여러 번 발생했다. 소련의 실패 사례는 공개되지 않은 것이 많았던 것으로 추정된다. 지구로 귀환하는 과정에서 우주선의 낙하산이 펴지지 않거나, 작동시험 중 화재사고가 발생해서 여러 명이 희생된다. 1970년 아폴로 13호는 산소 공급장치의 이상으로 달을 눈앞에 두고도 착륙을 포기하고 귀환해야 했다. 기지국과의 교신으로 응급조치를 해서 우주비행사는 귀환에 성공했다. 그 급박한 상황은 영화 「아폴로 13(Apollo 13)」에서 가슴 서늘하게 묘사되었다.

우주 셔틀 챌린저 호의 비극은 아직도 기억되고 있다. 1986년 1월 챌린저 호는 발사되고 얼마 지나지 않아 공중에서 폭발한다. 그 대형 참사는 발사를 중계하던 TV 화면을 통해서 전 세계로 그대로 방송된다. 챌린저 호 사건은 작은 부품인 오링의 결함 때문에 발생한 것으로 드러났다. 엔지니어의 반대에도 불구하고 레이건 대통령의 연두교서 발표에 맞추어 경영진이 발사를 지시하면서 발생한 사건이다. 이는 거대 과학기술이 잘못 관리될 때 나올 수 있는 결과를 보여준 교훈적인 사례라고 할 수 있다. 지구관측위성인 랜셋 6호, 기상위성인 노아 13호 등도 실패 사례이다.

인공위성이나 우주선을 하늘로 높이 쏘아 올리는 것은 막대한 에너지를 필요로 한다. 인공위성이나 우주선의 무게가 엄청나기 때문이다. 최초의 인공위성 스푸트니크 1호의 무게는 184파운드였다. 유인 우주선 아폴로 11호의 무게는 45톤이었다. 발사의 추진력은 로켓으로부터 얻는다. 인공위성이든 우주선이든 강력한 추진력을 내는 로켓에 실려야 발사될 수 있다.

1950년대 기술력으로 미국의 후발국인 소련이 스푸트니크 1호를 먼저 발사한 것은 로켓 기술에 힘입은 것이었다. 1957년 8월 소련은 사정거리 9,000킬로미터의 T-3 로켓으로 목표를 정확하게 명중시키는 시험에 성공했다. 로켓 발사는 여건이 가장 적합한 적도 근처의 특정 발사기지에서 이루어진다. 우주기술에서의 국제 협력의 필요성을 보여주는 대목이다.

제2차 세계대전에서 독일의 로켓 V-2는 영국 런던으로 발사되어 막대한 피해를 입혔다. 시속 최고 35킬로미터의 속도로 발사 지점에서 320킬로미터까지 날아가는 공포의 무기였다. V-2 폭격으로 영국인 2,700여 명이 사망하고 6,000여 명이 부상을 입었다. 독일이 V-2의 대량생산에 들어갈 무렵, 다행히 연합군이 V-2 생산 공장을 장악함으로써 최악의 피해는 면할 수 있었다.

종전 이후 냉전 시대에 미국과 소련 양 진영은 불꽃 튀는 군비경쟁을 벌였다. 특히 대륙 간 탄도 미사일(ICBM) 개발이 핵심이었다. 종전 당시 소련은 로켓 기술에서 미국에 뒤지는 상태였다. 그러나 스탈린의 독촉으로 독일군의 V-2를 분해해서 연구한 결과 ICBM의 가능성에 눈을 돌려서 즉시 개발에 들어간다. 핵탄두 미사일은 원자탄을 로켓에 실어서 다른 대륙의 목표물을 공격할 수 있으므로 전투기가 레이더에 걸릴 염려도 없었다. 그러나 ICBM 발사에 쓸 만한 추진력을 가진 로켓을 개발하는 것이 과제였다.

1957년 소련의 스푸트니크 발사로 미국은 크게 충격을 받는다. 케네디 행정부는 1961년 아폴로 계획 추진을 선언하고, 소련과의 미사일 개발 격차를 메우기 위해서 막대한 연구비를 투입한다. 과학기술 교육혁명이 추진되고, 대기업 재단도 과학진흥을 지원한다. 포드 재단은 교육진흥기금을 출연한다. 코카콜라 재단은 장학 프로그램으로 과학 교사의 훈련을 강화하고, 우수 학생을 지원한다. 과학 저널리즘도 활성화되고, 과학 TV 프로그램도 확대된다. 예컨대 NBC는 1958년부터 「콘티넨탈 클래스룸(Continental

Classroom)」 시리즈를 신설해서 물리학, 화학 등 기초과학 강의를 내보냈다.

아폴로 계획은 NASA의 과학행정을 중심으로 전국의 과학기술계를 연계했다. 관련 분야의 폭발적인 성장과 함께 새로운 첨단 분야를 창출하는 성과를 거두었다. 막강한 추진력을 얻기 위한 엔진 기술의 혁신, 정확한 궤도 진입을 위한 제어기술의 개발, 내구성과 내열성을 강화한 신소재 기술 혁신, 무중력, 절대 진공, 극저온에서의 극한기술 등이 그것이었다.

그러나 1960년대 말 미국 사회의 가치관은 큰 변화를 겪으며, 이른바 저항 문화의 물결에 휩싸였다. 히피들이 거리를 누비고, 거대 우주계획에 대한 비판도 제기되었다. 아폴로 계획의 후속에 대해서도 "지상에서 사람들이 헐벗고 굶주리고 있는데 천문학적인 투자를 해서 우주 곡예를 해야 하느냐"는 비판의 목소리가 나왔다. 그 가운데 의회는 초음속 여객기 개발과 1970년대 목표의 달기지 건설계획에 제동을 걸었다. 과학기술이 고도화됨에 따라서 사회적 반응이 다양해지고, 대중의 참여가 과학기술 정책에 영향력을 행사하게 된 사례이다.

액체연료 로켓 고더드는 1880년대 도시에 전기불이 밝혀지는 것을 보고 과학에 관심을 가지게 된다. 고더드는 16살에 웰스의 소설 『세계전쟁(*The War of the Worlds*)』을 읽고 우주에 관심을 가지게 된다. 훗날 클라크 대학교의 물리학 교수로 재직(1919-1943)하면서, 고도에서의 기상 로켓 연구를 수행한다. 그 과정에서 1926년 3월 매사추세츠 주의 오번에 있는 아주머니의 농장에서 페트롤과 액화산소를 쓴 최초의 액체연료 로켓을 쏘아 올린다(184피트). 이는 액체연료 추진 로켓의 가능성을 보여준 역사적인 사건이었다.

고더드는 1920년 「극고도에 도달하는 방법(A Method of Reaching Extreme Altitudes)」이라는 제목의 논문을 쓴다. 20세기 로켓 과학의 고전이라고 불리는 이 논문에 대해서 「뉴욕 타임스」는 혹평한다. "진공상태에서는 로켓을 추진시킬 수 있는 매질이 존재하지 않기 때문에 작용과 반작용의 법칙이

성립하지 않고, 로켓이 날아갈 수 없다는 것은 다 아는 사실"이라며 조롱한 것이었다.

1929년에 시행한 실험에 대해서는 우스터의 지방신문이 "달을 목표로 쏘아 올린 로켓이 공중에서 폭발해버렸다"는 내용의 기사를 실었다. 실제로 로켓은 목표 고도에 도달해 성공한 것이었으나, 신문기자는 낙하한 로켓이 지면에 부딪친 잔해를 잘못 본 것이었다. 그러나 이 기사를 읽은 린드버그는 고더드를 만나서 평생 동지가 된다. 고더드는 대공황기에 재정 지원을 받기 어려웠으나, 린드버그의 노력으로 구겐하임 스폰서십을 받게 된다. 그리하여 고더드는 뉴멕시코 주의 로즈웰로 실험 장소를 옮긴다. 기상대의 관심으로 그는 10년간 기상 관련 로켓 연구에 몰두한다. 그의 팀은 1926년부터 1941년 사이에 34개의 로켓을 쏘아 올린다. 고도는 2.6킬로미터까지 올랐고, 시속은 885킬로미터를 기록했다.

제2차 세계대전이 발발한 뒤, 고더드는 미 해군의 로켓 공학을 연구했다. 그러나 그의 연구는 평가를 받지 못했다. 다만 함재기를 단거리의 활주로에서 발진시키기 위한 보조 로켓은 이용된다. 그의 연구는 나치 독일의 과학자 브라운에게 영감을 주어 V-2 로켓 개발에 도입된다. 고더드가 로켓 연구를 하던 시절, 러시아의 치올콥스키도 우주 탐사에 대한 순수한 열망으로 1929년 다단계 로켓 발사에 성공한다. 그러나 누구의 인정도 받지 못한다. 이 두 사람을 제치고 액체연료 로켓 개발의 선구자로 인정받았던 사람은 오베르트였다. 이유는 그가 독일의 장거리 유도탄 V-2 제조에서 결정적인 역할을 했기 때문이었다.

고더드를 악평했던 「뉴욕 타임스」는 1969년 아폴로 11호의 달 착륙 바로 전날, 과거에 자사에서 썼던 사설을 철회한다고 발표한다. 고더드의 실험에 대해서 보다 진보된 실험이라면서 17세기의 뉴턴의 실험 결과를 확인했고, 대기 중에서와 마찬가지로 진공상태에서도 로켓을 추진할 수 있다는 사실을 명확하게 확인한 실험이었다고 평가했다. "「뉴욕 타임스」는 실수를 사과한다"라는 글을 실었다.

고더드는 1913년 결핵에 걸려서 생사가 불확실할 정도였고, 1945년에 후두암으로 사망한다. 그때까지 214개의 특허를 얻는다. 그러나 액체연료 로켓의 개발이라는 공적에도 불구하고 생전에는 주목을 받지 못했다. 사후에는 수많은 메달을 받고 영예의 전당에 헌정된다. 1960년 미국 정부는 고더드의 모든 특허들을 그의 부인으로부터 100만 달러에 매입한다. 1959년에 설립된 NASA의 '고더드 우주비행 센터', 그리고 '신 스타트랙'에 등장하는 '셔틀 크래프트 고더드'는 그를 기려서 명명된 것이었다.

우주산업기술의 중요성 21세기 우주산업기술은 눈부신 발전을 거듭하고 있다. TV 기술은 1960년대에 들어서 새로운 차원으로 전개된다. 그것은 위성기술과 접목된 결과였다. 컴퓨터, 전화, 공중파 TV, 케이블 TV 등 각종 매체가 모두 지구 상공 3만6,000킬로미터 지점에서 돌고 있는 통신위성을 통해서 정보를 전달하고 있다. 그리고 여러 가지 기능을 복합한 다목적 상용위성이 위력을 떨치고 있다. 우리나라도 1992년 8월에 최초로 라틴아메리카 기아나의 쿠루 우주기지에서 과학위성 '우리별 1호'를 발사하고, 1995년 8월 최초의 방송통신위성 '무궁화 1호'를 발사했다. 세계 22번째의 독자적인 상용위성 발사였다.

우주정거장 사업이 본격화된다면, 경이한 신물질을 제조하는 것도 가능하다. 순도 100퍼센트의 결정체를 만들 수도 있고, 반도체 소자 제작이나 고순도 의약품을 제조할 수도 있다. 일본은 지구상에서는 만들 수 없는 초미세입자로 된 완전한 공 모양의 라텍스를 제조한 바 있다. 언젠가는 무한한 태양 빛을 우주공간에서 전기로 바꾸어서 지상으로 운반할 날이 올지도 모른다.

2014년에는 인류 역사상 최초로 혜성에 착륙했다는 뉴스가 나왔다. 유럽우주기구가 2014년 11월 12일 탐사선 로제타에 실린 로봇 필레를 혜성 67P/C-G(추류모프-게라시멘코)에 착륙시킨 것이다. 로제타 스페이스 미션은 놀랍다. 10년 8개월 동안 로제타는 지구를 떠나 64억 킬로미터를 날아갔다. 혜성 67P는 초당 38킬로미터의 고속으로 태양 주위를 돈다. 지름은 4킬로미터, 중력은 지구의 수십만 분의 1이다. 로제타는 혜성과 같은 속도로 따라붙어서, 세탁기만 한 로봇을 23킬로미터 상공에서 혜성의 표면에 꽂는 데에 성공했다.

7) 3차 산업혁명과 유전공학

3차 산업혁명은 생명과학에서도 생명공학기술과 산업으로의 혁명적인 변화를 수반했다. 20세기 과학사의 전반부가 물리과학의 전성기였다면 후반기는 생명과학의 혁명기였다. 전자는 양자역학 혁명과 맨해튼 프로젝트 등의 충격으로 대표되고, 후자는 1953년 DNA 이중나선 구조의 발견에서 비롯된 생명공학기술의 전개로 대변된다. 생물학이 생명공학기술로 진화된 결정적인 계기는 유전의 수수께끼를 푼 것에서 비롯된다.

헉슬리의 『멋진 신세계』 속 "오, 포드!"와 『템페스트』 올더스 헉슬리는 1932년 『멋진 신세계(*Brave New World*)』에서 인간의 존엄성을 상실한 2540년 과학문명에 대해서 신랄하게 풍자했다. 그 책은 아직도 읽히고 있는 현대의 고전이다. 헉슬리의 신세계 속 인간은 유전자와 정신의 조작의 산물로서, 런던의 부화 센터의 수정(受精) 부서에서 시험관 아기들이 5개 등급의 맞춤형으로 대량생산되어, 하나의 난자에서 수십 개의 일란성 쌍둥이가 만들어진다.

소설 속에서 아이들은 운명이 미리 정해져 있는 상태로 태어나서, 최상의 지성을 갖춘 지도층에서부터 지성이 제거된 최하위 계층까지 나뉜다. 아이들의 운명이 5개의 등급 중 하나로 결정되고, 이렇게 생산된 아기들은 조건반사실로 옮겨진 다음 불안과 거부감의 주입에 의해서 사물에 대한 즐거움을 모르게끔 길들여진다. 끝없이 반복되는 수면 학습과 세뇌를 통해서 미리 프로그램된 운명에 순응하도록 가공되는 것이다.

이 세계에서는 포드가 신격(神格)이다. 그들은 성호를 긋는 대신 포드의 모델 T를 상징하는 T자를 그린다. "오, 주여"라고 하는 대신 "오, 포드여"라고 중얼거린다. 소설의 제목 『멋진 신세계』는 윌리엄 셰익스피어의 『템페스트(*Tempest*)』에서 따온 것으로 문명비판의 상징으로 해석되고 있다. 그 세상에서는 모두가 행복하다. 우울감이 생기기 전에 마약인 소마(Soma)를 먹기 때문이다. 그 세계에는 가난도 질병도 실업도 전쟁도 없다. 그런데 그 '멋진 신세계'는 내내 디스토피아의 대명사로 전해지고 있다.

1958년 헉슬리는 『멋진 신세계』의 주제를 되살려서 『다시 찾아본 멋진 신세계(*Brave New World Revisited*)』라는 문명비판서를 내어놓는다. 미국에 정착한 그는 1963년 11월 22일 캘리포니아 주에서 69세의 나이로 세상을 떠난다. 바로 그날 케네디 대통령이 암살된다. 이 때문에 헉슬리의 명성에 비해서 그의 서거 소식이 묻혀버렸다.

멘델의 유전법칙의 재발견 생명공학혁명의 발단은 1900년 그레고어 멘델(1822-1884)이 1866년에 발표한 유전법칙을 재발견한 이야기로 거슬러 오른다. 멘델의 시대에는 염색체는 개념조차 없었다. 유전형질의 평균적인 유전을 믿고 있었기 때문이다. 따라서 어버이가 두 가지 유전형질 중 하나씩을 주고, 형질이 나타나지 않으면 숨어버린다는 수도사 멘델의 이론은 혁명적인 것이었다. 수도원은 암컷과 수컷을 교배하며 유전 연구에 몰두하는 그를 달가워하지 않았다. 그의 이론은 아무도 거들떠보지 않은 채 그의 죽음과 함께 수도원에 묻혀버린다.

그 사이 1869년 스위스 출신의 요한 미셰르(1844-1895)가 독일 튀빙겐 대학교의 실험실에서 세포핵으로부터 핵질(nuclein, 핵산)을 분리한다. 1910년대 미국의 토머스 모건(1866-1945, 1933년 노벨 생리의학상 수상)은 초파리에 방사선을 쪼여서 돌연변이를 만든다. 그리고 그 유전을 통해서 염색체라는 유전 단위를 발견한다. 1944년 생화학자와 의학자로 구성된 오즈월드 에이버리 연구진은 뉴욕에서 어떤 병원균은 단백질이 아닌 화학물질이 유전적인 특성을 보인다는 것을 확인한다. 그것이 바로 DNA였다. 그러나 그 실체는 여전히 미지의 영역이었고, 그들의 연구는 주로 유전

현상 자체를 다루는 데에 머물렀다.

20세기 중반 상황은 달라진다. 1940–1950년 핵산이 유전현상의 핵심이고, 생체의 단백질 합성에서 주요 기능을 한다는 것이 밝혀진 것이다. 1953년 DNA의 이중나선 구조가 밝혀지면서 분자생물학이라는 신천지가 열린다. 그리고 유전이란 무엇인지, 어떻게 유전이 일어나는지에 대한 답을 찾는 과정에서 분자유전학이 탄생한다. 그리고 유전물질이 그 자체를 복사하고, 단백질의 특정 아미노산 서열을 형성하는 메커니즘을 설명할 수 있는 유전자의 3차원 분자구조가 밝혀지게 된다. 생물학상의 기념비적인 성취였다.

슈뢰딩거의 『생명이란 무엇인가?』 그 배경에는 물리과학의 영향이 컸다. 양자역학의 주역이었던 닐스 보어와 에르빈 슈뢰딩거 등 물리과학자들은 양자역학이 일단 모습을 갖추게 되자 생명의 비밀을 캐려는 열망으로 생명현상에 몰두하게 된다. 특히 슈뢰딩거의 『생명이란 무엇인가?(*What Is Life?*)』는 생물과학자들에게 강한 영감을 불어넣었다. 그들은 "유전자의 구조가 어떤 방식으로 단백질의 구조로 변환되는가?"에 대한 답을 찾는 것이 생명현상의 열쇠라고 믿게 된다. 그 답을 찾는 과정에서 정보의 개념이 중요한 몫을 하고, 분자구조적인 접근과 생화학적 접근의 연계가 이루어진다.

이렇듯이 생물과학 분야의 세분화와 융합의 움직임 속에서 생물학적 현상은 가장 기본적인 공통인자인 분자 단위까지 내려간다. 그리고 그것들 상호 간에 통합이 이루어지면서 분자생물학의 주요 개념들이 생명과학의 여러 분야를 한데 묶게 된다. 말하자면 물리학과 화학의 방법론에 의해서 유기체의 현상 연구가 획기적인 진전을 거두고, 그로써 생명현상의 핵심 미스터리가 풀리기 시작한 것이다.

DNA 절단, 연결, 전달 20세기 중반 생물과학 연구의 최대 업적은 생명현상이 물질적인 차원이 아니라 정보에 의해서 조정된다는 것, 생물의 유전정보 사이에 호환성이 있음을 확인한 것이었다. 이후 연구는 두 가지 주제에 초점을 맞춘다. DNA를 원하는 대로 절단하고 또다시 연결할 수 있는 방법을 찾아내고, DNA를 다른 생물에 넣어주는 데 필요한 DNA 운반체를 찾는 일이었다.

첫 번째 과제는 1950년대 말부터 10여 년 사이에 해결된다. DNA를 결합시키는 중합효소, DNA를 해체시키는 분해효소, DNA 분자를 정확한 위치에서 절단해서 특정한 조각들을 만들어내는 제한효소의 발견이 그것이었다. 두 번째 과제는 바이러스의 DNA에 외부 DNA를 삽입하고 숙주세포에 감염시키는 방식으로 특정 유전자를 숙주생물에 도입하는 미생물학적 접근에 의해서 해결된다.

유전자 재조합 성공에 매스컴이 붙여준 이름 '유전공학' 이들 연구를 바탕으로 1973년 DNA 유전자의 재조합에 성공했고, 클로닝 기법이 탄생했다. 1973년 미국 스탠퍼드 대학교 연구진(스탠리 코헨과 허버트 보이어)이 특정 DNA 절편이 삽입된 플라스미드를 대장균 내로 삽입하는 실험을 성공시킨 것은 실험실 연구가 공학과 산업으로 연결됨을 알리는 예고편이었다. 이처럼 유전자 조작 기술이 성공을 거두게 되자 미디어에서는 재빨리 유전공학이라는 신조어를 붙였다. 과학자들은 이 용어를 별로 반기지 않았다. 어쨌거나 유전자를 재조합하고, 세포를 융합시키고, 핵이나 세포기관을 치환하고 조직을 배양하는 등의 기술로 생명체를 개조하거나 심지어 창조할 수 있는 생명공학기술 시대가 열린 것이다.

1977년부터는 생화학자들이 DNA의 염기서열을 결정하기 위한 실험을 시작한다. 유전정보를 전달하는 DNA는 뉴클레오티드의 집합체이다. 뉴클레오티드는 하나의 당, 하나의 인, 하나의 염기로 이루어진다. 염기는 아데닌(A), 시토신(C), 구아닌(G), 티민(T)의 네 가지이다. 이중나선으로 배열된 염기서열에는 세포가 스스로를 복제하고 생화학 반응을 하는 데에 필요한 모든 정보들이 들어 있다.

노벨상의 황금어장, 그리고 복제양 돌리 염기서열 결정 방법을 찾아내자 유전정보의 창고가 활짝 열리고, 과학자들은 그 속을 들여다보게 된다. 그 결과 유전자 연구에서의 제한효소 발견, 재조합, 염기서열 결정 방법 등의 주제는 20세기 후반 노벨상의 황금어장이 된다. 생명과학의 경이로운 발전은 대장균 등의 미생물로부터 벼, 콩 등의 농작물, 그리고 인간을 비롯한 동물의 유전체의 DNA 서열을 밝히며 의약 분야의 획기적인 진전을 기록한다. 생명공학기술로 생산된 인슐린이 당뇨병 치료에 쓰이고, 암, 면역질환 등 난치병의 진단약과 치료제가 속속 개발된다.

1982년에는 유전자 이식으로 만들어진 거대한 몸집의 생쥐가 등장한다. 1990년에는 증세가 심각한 면역결핍증 환자를 유전자 치료로 고친다. 1996년에는 영국에서 날아든 복제양 돌리 소식이 온 세계를 놀라게 했다. 그 소식이 충격적이었던 까닭은 수정란의 분열세포가 아니라 6살짜리 암컷 양의 체세포인 젖샘세포의 핵을 이식해서 젖먹이동물의 복제에 성공했기 때문이다. 이를테면 어른의 몸 조각 세포를 써서 그 어른과 꼭 닮은 완전한 아기를 만들어낸 격이었다.

「타임」의 표제, "이 세상에 정말 또 하나의 당신이 있게 될까?" 1996년 복제양 돌리의 탄생은 생물학 교과서에 쓰인 '젖먹이동물의 체세포 복제는 불가능하다'는 고전적 지식을 뒤집는 사건이었다. 이때 「타임」은 돌리 사진을 표지에 넣고 "이 세상에 정말 또 하나의 당신이 있게 될까?"라는 제목을 달았다. 이쯤 되자 생명공학이 어디까지 가려는지, 인류사회 파멸의 징조가 아닌지 하는 우려가 제기되었고, 유전자 기술의 윤리적 측면에 대한 국제사회의 조치가 줄을 이었다.

로마 교황청은 "인간복제 연구는 안 된다"는 입장을 표명한다. "과학의 발전에 반대하는 것이 아니라 인간의 기본권을 훼손하기 때문"이라고 이유를 밝힌다. 유럽 의회는 결의문을 채택한다. "인간복제는 인간의 기본권과 동등성 존중의 원칙에 크게 위배되므로 과학의 자유와는 별개로 허용되어서는 안 된다"고 못을 박는다. 미국은 대통령 생명윤리 자문위원회를 구성하고, 미국 상원은 인간복제에 대한 청문회를 실시한다. 우리나라도 1997년 유전자 연구기관의 안전위원회 설치, 유전자 재조합 실험의 절차, 재조합 유전자의 보관과 운반 등을 규정하는 유전자 재조합 실험 지침을 제정한다.

과학자의 윤리적 책임과 규범 20세기 후반 생명과학의 경이로운 발전은 생명의 신비를 풀려는 과학자들의 순수한 열망, 그리고 실패를 딛고 다시 일어서는 끈기가 맺은 결실이었다. 그러나 신의 영역으로 여겨지던 생명현상을 인간의 기술로 조작하는 전대미문의 성취로 인해서 윤리 이슈가 제기된다. 과학 연구가 산업화, 실용화되는 과정에서 상업적으로 남용되거나 정치적으로 악용되는 일이 없도록 규범을 설정해야 한다는 필요성이 급부상하게 된 것이다.

성격상 법과 규제는 사회를 규율하는 규범이기 때문에 과학의 발전보다 앞서서 나가기는 어렵다. 규제 기준 설계에서 과학 연구에서의 자율성과 혁신 기회를 보장하면서, 그 악용으로 인한 인간사회의 윤리를 훼손하는 일이 없도록 조화와 균형을 갖추는 일은 복잡하고 민감하다. 과학기술뿐만 아니라 인문사회 모든 분야의 지혜를 모아야 하는 일이다. 과학자 사회는 다른 모든 분야를 향해서 기술 혁신의 본질과 실상을 알리고, 함께 잠재적 위험성을 예견하고 대비해야 하는 역량까지 발휘해야 할 책무를 띠게 된 것이다.

8) 3차 산업혁명과 에너지

고대 신화에서 신으로부터 불을 훔친 프로메테우스가 그 반역의 대가로 혹독한 형벌에 처해졌다는 일화는 인류 문명에서의 에너지의 중요성을 상징한다. 태곳적부터 에너지는 문명의 근간이자 문명 형태를 결정짓는 가장 중요한 요소였다. 기존의 에너지 자원이 고갈될 때, 한 시대는 새로운 에너지원의 새 시대로 넘어갔다. 그리고 새로운 에너지 기반에 걸맞은 새로운 기술과 사회, 정치, 경제 인프라를 출현시켰다. 인류 문명이 지속되는 한 에너지 확보와 에너지 사용에 따른 문제를 해결하는 일은 그 무엇보다도 중요하다.

역사에 최초의 땔감으로 등장한 나무는 인간에게 가장 중요한 연료였다. 인간이 지혜를 짜내도 녹색식물의 탄소동화작용을 따라갈 수 없을 정도로 식물은 절묘한 에너지 저장의 섭리를 갖추고 있다. 지구상에서 생태계가 형성된 이후 인간을 포함한 모든 동물들은 식물계의 탄소동화작용에 의존하고 있다. 유럽의 11세기 동력기술혁명의 주역은 풍력이었다. 인류 문명은 중세까지 나무에 의존하다가 땔감이 고갈되자 영국에서 해변가에 굴러다니던 석탄을 때기 시작한다. 산업혁명에서도 에너지원은 핵심 동인이었다. 1차 산업혁명 때는 석탄 맥을 찾아서 땅속 깊이 들어간다. 그리고 19세기 석유자원 탐사의 성공으로 화석연료 시대가 열린다.

현대의 태양 에너지는 100년 전에 실용화될 뻔했다. 프랑스의 수학 교사 오거스트 무쇼는 1878년 파리 박람회에서 태양열을 모아서 기계 에너지로 전환하는 장치를 만든다. 그 장치로 아이스크림을 제조해서 박람회 관람객들에게 나누어준다. 미국 필라델피아 출신인 프랭크 슈만은 안전유리를 개발해서 부자가 된 뒤, 1913년 나일 강변에서 태양열발전소를 건설한다. 그의 꿈은 석탄보다 싼 값으로 에너지를 공급해서 아프리카의 사막을 녹화하는 것이었다. 그러나 그의 야심찬 계획은 무산된다. 때마침 대규모 유전의 개발로 값싼 석유 시대가 열리고 있었기 때문이다.

에너지와 사회구조의 변화 에너지 이용의 열쇠는 에너지원과 그것을 사용 가능한 형태의 열과 일로 변환시키는 동력기술에 달려 있다. 동력원으로 처음 사용된 것은 인력과 축력(畜力)이다. 그다음으로는 수차와 풍차가 이용되었다. 산업화로 인해서 사용 가능한 에너지의 양은 계속 줄어들었다. 산업 발전에 따라서 에너지 흐름이 촉진되면서 점점 더 복잡한 기술이 필요해진다. 수차는 18세기 영국 산업혁명기의 직물산업에서 널리 사용되다가,

볼턴-와트의 증기기관이 보급되자 산업전선에서 밀려난다. 그후 19세기 후반의 발전 산업기술 덕분에 수차는 수력 발전의 동력원으로 복귀하게 된다.

에너지 환경의 변화는 중세에서 근세로의 이행에 결정적인 변수로 작용했다. 중세 서부 유럽은 생활방식의 절대적 기반이던 삼림의 고갈로 인해서 더 이상 중세식의 삶을 지탱할 수 없게 되었다. 인구 증가로 경작지를 계속 확대하게 되면서 삼림이 빠른 속도로 훼손되었기 때문이다. 원자재, 기구, 기계, 가사 도구, 땔감, 그리고 최종 생산품으로서 주된 산업자원이던 나무가 고갈되는 상황에 몰렸다. 그리하여 '나무 시대'는 마감되었고, 더 비싼 비용과 더 힘든 공정과 심한 오염을 무릅쓰고 '석탄 시대'로 넘어가게 되었다.

석탄의 사용은 채탄용 증기 펌프를 탄생시켰다. 이어서 수송용 증기기관차를 등장시켰고 철도를 건설하는 등 산업구조를 변화시켰다. 영국은 공장제도에 의해서 대량생산된 제품을 내다 팔았고, 그 원료를 구했고, 석탄 산지를 확보해야 할 필요성에 직면했다. 세계를 향한 영국의 제국주의적 야심의 근저에는 에너지 변화와 산업화에 따른 필요성이 깔려 있었다. 20세기에는 원유라는 새로운 에너지에 기초한 산업구조로 개편되었고, 농업 근간의 경제구조 대신 새로운 생산방식과 기업조직이 출현했다. 이러한 산업구조와 사회구조의 변형에 의해서 현대 산업사회가 탄생한 것이다.

원자력의 이미지 원자력에 대한 사회적 반응은 원자력의 이미지와 관련된다. 원자라는 비가시적 실체 속에 지구를 잿더미로 만들 수 있는 에너지가 내재되어 있다는 사실을 입증한 원자력 기술은 자연의 신비의 베일을 벗겼다는 점에서 가장 강력한 외경과 공포의 대상이 되었다. 1914년 웰스는 그의 소설 『해방된 세계(*The World Set Free*)』에서 원자력을 가공할 파괴력의 구극무기 그리고 무한의 에너지원으로 묘사하고 있었다. 원자력에 대한 에너지와 파괴라는 상반된 이미지는 원자력 이미지를 양극단으로 나누고 대립하게 만든 측면이 있다.

1940년대 이후 원자력의 공포를 그린 소설, 만화, 영화 등에서는 원자력에 관한 환상적인 공포 이미지를 부각했다. 미국의 SF 잡지 「어스타운딩(*Astounding*)」에 실린 로버트 하인라인의 『폭발 일어나다(*Explosion Happens*)』와 같은 SF 작품은 원자력의 무기화가 빚어내는 공포를 두드러지게 표현했다. 1950년대의 생태주의에 기초한 문명 비판에서도 물리학적 사실보다는 사회적, 문화적, 심리적 요인이 더 크게 반영되면서 부정적 측면이 강조되었다. 1950년대에는 원자력의 부정적 이미지를 부각한 영화와 소설이 등장했다. 영화 「고질라(Godzilla)」는 방사능에 의해서 돌연변이가 된 거대한 괴물의 파괴력을 그렸다. 핵전쟁 이후 세계의 종말을 그린 네빌 슈트의 소설 『해변에서(*On the Beach*)』는 영화화되어 제3차 세계대전의 핵 공포를 생생하게 부각했다.

한편 1950년대의 기술 발전은, 원자력으로 사막과 정글을 젖과 꿀이 흐르는 낙원으로 만들 수 있다고 믿는 낙관론의 근거가 되기도 했다. 1952년 최초의 수소폭탄 실험 이후, 아이젠하워 대통령은 죽음이 아니라 삶의 힘을 개발하기 위해서 국제 원자력기구(IAEA)의 설립을 제안한다. 이런 움직임은 원자력산업을 궤도에 올리는 데에 크게 기여한다. 그 결과 1990년대에는 원자력이 산업을 위한 에너지원의 17퍼센트를 차지할 만큼 성장한다.

만약 1979년의 스리마일 섬 사고, 그리고 보다 결정적으로 1986년의 체르노빌 사고와 2011년 후쿠시마 원전 사고가 없었더라면 원자력산업은 더 확장되었을 것이다. 1970년대까지만 해도 원자력은 값싸고 오염이 적은 현실적인 대체 에너지원으로 인식되었기 때문이다. 두 사고의 경우, 사고 원인은 비슷했으나 피해 정도에는 엄청난 차이가 있었다. 설계 개념과 운영 기술에 차이가 있었기 때문이다. 원자력발전소 사고는 확률적으로 극소의 확률이라고 할지라도 일단 사고가 발생하면 시공간을 초월하여 치명인적 영향을 미친다.

체르노빌 사고는 낙후된 원자력발전소 기술과 인재가 결합된 최악의 사고이다. 사고 정보 가운데는 왜곡과 유언비어도 많다. 체르노빌 사고가 발생하기 2년 전인 1984년, 인도의 보팔 시에서 살충제 공장이 폭발해 2,000

여 명이 사망하고, 그로 인한 대기오염으로 수만 명이 피해를 입은 사건이 발생한다. 그러나 세계의 언론은 체르노빌 사건과는 비교조차 되지 않게 적은 분량으로 사건을 보도한다. 이렇게 사회적 반응에 차이가 있는 이유는 원자력의 이미지와 연관되는 것으로 분석된다.

신재생 에너지 3차 산업혁명기 선진국의 에너지 전환 정책은 주목을 끌고 있다. 특히 독일은 재생 에너지 연구개발 투자 능력과 기술 자립도가 높고 기술표준도 선점하고 있다. 선진국을 중심으로 태양광, 풍력 등 재생 에너지 산업이 유력한 대안으로 부상했는데, 예를 들면 미국의 태양광 발전과 풍력 발전에 종사하는 근로자는 50만 명 수준으로 석탄산업 종사자보다 5배 이상이다. 화석연료 산업의 전체 일자리에 비하면 3배이다. 우리나라의 에너지 믹스에서 신재생 에너지의 비중은 2015년 4.5퍼센트로 매우 낮고, 총 전력 생산의 7퍼센트 정도이다. 그나마 구성비는 주로 폐기물(61퍼센트)이고 지역도 편중되어 있다.

그러나 재생 에너지 보급의 필요성에도 불구하고, 경제성과 기술력, 자원과 인프라 등에서 나라마다 대규모 보급의 조건에서 상당한 차이가 난다. 우선 공통적으로 기술력에서 재생 에너지원의 간헐성으로 인해서 전력저장장치가 필요하고, 분산성 등의 제약 조건으로 현존하는 사회적, 산업적 인프라의 주된 에너지원이 되기에는 한계가 있다. 세제상 화석연료에 부과되는 고비율의 세금 대신 오히려 공적 보조를 필요로 한다는 점에서 조세 정책과도 맞물려 있다. 저탄소 녹색 에너지로의 전환은 가야 할 길이지만 시간이 걸릴 것이다. 신에너지 기술들이 개발된다고 하더라도 새로운 사회적 인프라를 깔기까지 시간이 필요하기 때문이다. 따라서 에너지 자원이 부족한 국가로서는 특히 과도기적인 징검다리 에너지(bridge energy)의 역할이 중요하고, 에너지 안보 차원에서 에너지 믹스를 균형 있게 설계하는 지혜가 필요하다.

신기후 체제 출범 21세기 지구촌 에너지 환경은 기후변화로 인해서 요동치고 있다. UN의 정부 간 기후변화 패널(Intergovernmental Panel on Climate Change : IPCC)의 2014년 제5차 보고서는 인간 활동이 기후변화의 주된 원인일 확률이 95퍼센트 이상으로 '지극히 높다(extremely likely)'고 결론지었다. 21세기가 끝나기 전에 지구는 지난 1만 년 동안 겪었던 것보다 더 큰 피해를 입게 될 것이고, 그 과정에서 생물종 멸종, 흉작, 질병, 사회경제적 갈등 등 전면적인 위협에 직면할 것이라고 예측했다. 2015년 말 파리 기후변화 당사국 총회(Conference of the Parties : COP)에서 196개국(EU 포함)이 합의한 신기후 체제는 개도국까지 온실가스 감축의 국가 목표와 수단을 제시하고 실천에 옮기도록 되어 있다. 그런 상황에서 미국의 도널드 트럼프 대통령은 파리 협약 탈퇴라는 거꾸로 가는 길을 택했다.

2016년 기준 이산화탄소 배출의 상위 2개국은 중국(28퍼센트)과 미국(16퍼센트)이다. 그 뒤를 인도, 러시아, 일본, 독일, 한국, 캐나다, 이란, 브라질, 인도네시아의 순으로 따르고 있다. 이들 11개국의 배출량은 세계 총량의 68퍼센트가 넘는다. 중국은 기후협상에서 줄곧 선진국 책임을 역설해 오다가 2005년 자국의 연간 배출량이 미국을 앞지르고, 2015-2016년에 누적 배출량이 미국을 앞지르게 되자 태도가 바뀌었다. 대기오염 등으로 매일 200건 이상 시위가 벌어지는 다급한 상황이라 기후변화 대응이 절실한 탓도 있다.

9) 3차 산업혁명의 영향

20세기를 결산하는 해외 다큐멘터리 시리즈 가운데 「영상 시대(*The Age of Picture*)」는 TV가 세상을 바꾼 이야기를 담았다. TV는 무엇보다 정치판을 흔들었다. 1960년 미국 대선 사상 최초로 진행된 TV 토론은 특히 유명하다. 케네디 후보가 첫 번째 TV 토론에서 현직 부통령인 닉슨을 근소한 차이로 역전시킨 사건이다. 둘의 나이 차이는 4살이었으나, 케네디는 매우 젊고 여유로워 보였고 닉슨은 초췌했고 진땀까지 흘렸다.

거기에는 사연이 있었다. 닉슨은 유세 중 자동차에 무릎을 다쳐서 항생제 주사 등 입원치료를 받은 뒤였다. 사고의 후유증으로 내내 통증에 시달리고 있었던 케네디는 스테로이드 등 신약 처치의 혜택을 보고 있었다. 흑백 TV 시대에 분장을 하지 않은 것도 닉슨의 실수였다. 똑같은 방송토론을 라디오로 들은 사람들은 닉슨이 이겼다고 평했다. 이미지 정치 시대의 개막을 알리는 신호였다. 대선에 패배한 후 닉슨은 토론 내용에 치우쳐 이미지를 놓쳤다고 후회했다.

동영상의 이미지 바람은 오프라인 세상도 바꾸고 있다. 『이미지 시대(*The Age of the Image*)』의 저자 스티븐 앱콘은 동영상 이미지가 21세기 언어이자 커뮤니케이션의 제1의 수단이라고 말한다. 갖가지 동영상이 말과 글보다 훨씬 더 감응력이 크다는 것이다. 이미지가 언어를 대체하는 현상이 심화되면 이미지 조작을 위한 수단과 방법이 기승을 부릴 것이다.

이미지 주도의 사회가 되면 인간의 사고는 어떻게 될까? 이미지에 의존하다보면 이성보다는 감성이 사고를 좌우한다고 한다. 누군가의 표현처럼 '생각을 하지 않는 시대'로 가고 있는지도 모른다. 이미지가 전달하는 감성적 사고는 때로 이성적인 논증과 어긋난다. 그렇다면 어느 한쪽을 택해야 하는데 허구와 실체 사이를 구분하는 기능은 어떻게 되는 것인지 의문이 꼬리를 문다.

정보기술혁명 속에서 사람들은 '스크린 기반 기술'에 중독되고 있다. 어린이나 어른이나, 낮이나 밤이나, 크고 작은 스크린에서 눈을 떼지 못하는 일상을 보내고 있다. 인간사회가 전자사회로 전환됨에 따라서 부지불식간에 사람과의 접촉보다는 컴퓨터로부터 더 영향을 받고 있다. 인터넷은 그 마술적 힘으로 네티즌(netizen)이라는 새로운 집단을 탄생시켰다. 네트워크(network)와 시티즌(citizen)의 합성어인 네티즌은 네트워크로 이루어진 가상사회에서 살고 있다.

한국의 인터넷 속도는 압도적인 '세계 1위' 컴퓨터와 통신기술이 결합한 최초의 형태는 모뎀이었다. 모뎀 형태의 컴퓨터 통신망의 한계를 극복한 것이 인터넷이다. 인터넷의 개발에는 30년도 채 걸리지 않았으나 돌풍 같은 변화를 몰고 왔다. 1983년에 아르파넷이 인터넷으로 바뀐 이후, 1996년 인터넷의 글로벌 통신망에 들어온 인구는 150여 개국의 1억 명이었다. 2000년에는 3억6,000만 명이 되었고, 2012년에는 세계 인구 70억 명 중의 32퍼센트인 23억 명이 인터넷 가족이었다. 2017년에는 전 세계 인구의 절반이 인터넷을 사용하고 있었다.

스마트 기기로 인터넷에 접속하는 사용자가 늘어남에 따라서 2017년에는 스마트폰, 태블릿 PC 등 유무선 네트워크 연결 수가 190억 개 이상으로 늘어났다. 인터넷 트래픽의 절반은 PC가 아닌 다른 기기에서 발생하고 있다. 특히 스마트폰과 태블릿 PC의 네트워크 접속률이 급증세이다. 인터넷의 급속한 전파로 모든 미디어가 통합되고 있다.

인터넷 인구의 급격한 증가와 더불어 인터넷 속도의 변화도 경이롭다. 2012년 조사 결과, 2011년 한국의 인터넷 속도(초당 17.5메가바이트)는 단연 세계 1위였다. 2017년에도 한국의 인터넷 속도는 세계 평균 초고속 인터넷 속도(초당 39메가비트)보다 3.5배 빠른 것으로 나타났다. 세계 최고의 인터넷 속도를 자랑한다는 것은 세계가 주목하는 시험대가 되는 측면도 있다. 벤치마킹 대상이 없는 실험장이 되다시피 하는 현실에 우리는 과연 어떻게 대비하고 있는 것일까?

인터넷이 우리의 생활을 얼마나 편하게 만들고 일의 효율성을 얼마나 높이고 있는지는 강조할 나위가 없다. 그러나 부작용도 있는 것이 현실이다. 인터넷 세상의 SNS를 보자. 전자 미디어는 비용을 들이지 않고 모든 정보를 실시간으로 얻을 수 있는 매체로 막강한 위력을 자랑한다. 예컨대 SNS상에서의 시민 참여의 확대로 대의 민주주의를 보완하고, 사회적 권력을 감시하는 등 긍정적인 기능도 기대할 수 있다.

그러나 다른 한편으로 가짜 뉴스와 유언비어가 급속도로 전파되면서 혼란이 발생하고, 의사결정 과정을 비합리적으로 만들기도 한다. 그 결과는 국론의 분열과 사회적 갈등 비용의 상승이다. 또한 정보 접근 기회와 활용 능력 차이에 따라서 세대 간, 계층 간에 디지털 불평등이 초래된다. 인터넷을 통한 소통에서는 익명성을 바탕으로 자유롭게 의사 표현을 할 수 있는 반면, 사생활 침해나 인신공격으로 변질되거나 사이버 포퓰리즘의 폐해가 나타날 수 있다.

우리는 기술 위험사회에 살고 있다고 말한다. 일찍이 게이츠는 인터넷을 통해서 좋은 것보다 나쁜 것이 더 빨리 전파되리라고 예견했다. 인간사회가 전자사회로 바뀜에 따라서 사람과의 접촉을 통해서 받는 영향보다는 컴퓨터로부터 받는 영향이 더 커지고 있다. 현실보다 상상세계의 현실에 빠져드는 사람도 늘어나고 있어, 인터넷 중독 장애 증세도 나타나고 있다. 인터넷 중독 장애라는 용어는 1994년 피츠버그 대학교 심리학과의 킴벌리 영 교수가 처음 사용했다. 인터넷의 마력인 유희성, 익명성, 친밀성, 강박성에 홀려서 중독인지도 모르고 빠져드는 것이다.

사이버 공간은 그 누구의 방해나 간섭도 받지 않는 자유로운 곳이다. 사람을 직접 마주 대하면서 받는 스트레스도 없어서 홀가분하다. 인터넷의 이런 묘한 성격 때문에 사람들은 쉽게 인터넷 중독 상태에 빠져든다. 이 때문에 전문가들은 하루 10시간 이상 컴퓨터 앞에 매달려 있는 것은 삼가라고 권한다. 인터넷 중독 증세는 현실 기피, 환각, 무기력, 만성피로, 심하면 정신분열 등으로 나타난다고 한다.

그러나 인터넷 중독에 대해서는 그 여부를 가리는 기준도 명확하지 않다. 중독은 일반적으로 우울, 산만, 불안의 증세로 이어질 수 있고, 이런 기분이 들 때 인터넷에 접속하면 기분이 되살아난다고 한다. 일종의 자가 치료 때문에 인터넷에 더 빠져들게 되는 악순환의 고리가 중독이라는 것이다. 인터넷 중독의 생리적 증세로는 안구건조증과 근골격계 이상이 대표적이다.

인터넷이 청소년에게 미치는 영향이 특히 사회적인 관심사이다. 세계적으로 취학 아동의 5퍼센트 정도가 주의력결핍 과잉행동장애(Attention Deficit Hyperactivity Disorder : ADHD)를 겪는다고 한다. 우리나라도 늘어나는 추세이다. ADHD는 좌뇌와 우뇌 발달의 불균형으로 전두엽 기능에 이상이 생겨서 발생한다. 이런 현상을 설명하는 '밸런스 브레인' 이론에 따르면, 컴퓨터, TV, 비디오, 게임, 스마트폰 등의 영상 기반 전자기기에 탐닉하는 경우, 그 반복적이고 일방적인 자극에 의해서 좌뇌가 발달하고, 상대적으로 우뇌의 기능이 떨어지는 불균형이 초래된다는 것이다. 이처럼 우뇌증후군을 일으켜서 전두엽 감퇴를 유발하고 그 때문에 기억력과 계산 능력 등이 떨어진다는 것이다.

또한 어린이가 스마트폰 중독에 빠지는 경우, '팝콘 브레인'이 생길 수 있다. 두뇌가 빠르고 강렬한 정보에 계속 길들여져서 현실 세계의 느리고 약한 자극에는 무감각해진다는 것이다. 인터넷 중독은 뇌의 조직 가운데 특히 전전두엽의 기능을 떨어뜨려서 현실 도피 경향에 빠져들게 하고 사회성을 떨어뜨린다. 그 결과 인간관계가 부담스러워져서 사람을 피하게 되고 때로는 폭력성까지 보이게 된다는 것이다.

한편으로 인터넷에 열중하는 사람을 중독증 환자 취급하는 것에 반대하는 의견도 있다. 그런 증세가 따로 있는 것이 아니라, 게임 중독증이나 외설물에 빠지는 것처럼 일종의 미디어 남용이라고 보는 시각이다. 그러나 이런 반론에도 불구하고, 인터넷 사용에서 가장 앞서 간 미국의 경우, 1990년대 후반 인터넷 사용자 가운데 2-3퍼센트가 심각한 중독 증세를 보인다는 통계가 나오고 있었다.

서구사회의 선제 대응에 대해서 보면, 영국은 1990년대 후반부터 기존의 문화산업의 틀에서 벗어나, 지식정보사회의 창조산업이라는 새로운 용어를 정의했다. 영국의 문화부는 창조산업의 주요 분야로 인터넷에 담길 콘텐츠를 '소프트웨어' 산업으로 정의하고, 진흥과 규제의 기능을 총괄하는 체제를 구축하고 있었다. 그리고 규제 독립성을 보완하여 독립적 통신규제 기관인 문화부와 긴밀하게 협업을 하도록 시스템화해서 인터넷 산업의 규제와 진흥의 균형을 맞추고 있다.

또한 영국은 문화적으로 어린이와 청소년을 보호하는 정책이 까다롭다.

예를 들면 TV와 인터넷이 소아비만을 부추기는 요인이라는 연구결과가 나오자, 어린이 대상의 프로그램의 앞뒤에는 비만을 유발하는 패스트푸드 광고를 금지하는 조치를 취했다. 그리고 인터넷 상거래에서 소비자 피해가 빈번하다는 보도가 나온 후 영국의 지하철에는 "인터넷 상거래를 삼가시오"라는 광고가 내걸렸다. 피해를 줄일 수 있는 보안 프로그램을 개발한 것이 아니라 금지하는 방향을 선택한 것이다.

인터넷의 보급에서 보듯이, 정보통신기술 혁명은 기존의 산업과 사회구조를 속속들이 바꾸고 있다. 멀티미디어 산업을 비롯하여 네트워크 서비스 산업을 급신장시켰고, 그로써 전통 산업의 모습도 바꾸고 있다. 산업의 네트워크화는 업종의 경계를 무너뜨렸고, 가전산업, 컴퓨터 산업, 통신산업 등의 구분이 무의미해졌다. 기술 복합화로 인해서 컴퓨터, 통신 미디어, 가전산업 등에서는 제휴와 합병의 일대 변혁이 진행되고 있다.

산업사회는 기술 혁신의 결과로 정보사회의 지식문명으로 이행하게 되었다. 그 동력은 정보통신기술이었다. 새로운 문명 형태로의 전환에 따라서 기술 혁신의 사회적 충격도 유례없는 수준으로 일어나고 있다. 오늘날 사회적 갈등을 낳고 있는 다양한 사회현상은 과학기술과 직간접으로 얽혀 있다. 환경문제, 에너지 위기, 핵 안보 등은 물론 국내외 특허권 분쟁, 산업 스파이, 컴퓨터 범죄, 환경사범 등 쟁점이 광역화되고 있다.

3차 산업혁명 이후에 전개된 세계는 '디지털 코드'의 지배가 특징이었다. 디지털 코드 기반의 데이터는 전 세계의 주요 플랫폼에서 생산되고 있다. 오랫동안 구글의 CEO로서 오바마 대통령의 자문역도 했던 에릭 슈미트는 2010년 미국 캘리포니아 주에서 열린 테크노믹스 콘퍼런스에서 "인류 문명이 시작된 이래 2003년까지 생성된 데이터양은 5엑사바이트(1엑사바이트는 10억 기가바이트)였다. 그러나 현재는 이틀에 한 번꼴로 그만한 분량의 데이터가 추가되고 있다. 그리고 그 속도는 점점 빨라지고 있다"고 말했다.

이렇게 생성된 디지털 데이터는 알고리즘에 의해서 즉각 분류되고 처리된다. 이후 이용과정에서 사실상 통제가 가능하지 않을 것이라는 점이 문제의 핵심이다. 슈미트는 제러드 코언과의 2013년 공저인 『새로운 디지털 시대(*The New Digital Age*)』에서, 데이터 혁명으로 인해서 일반 대중은 사이버 공간에서 개인정보 통제 능력을 상실하게 되고, 이것이 중대한 사회적 이슈로 내두될 것이라고 했다. 정보기술 자체는 가치중립적이지만, 그것을 어떻게 이용하는지에 따라서 피해가 유발될 수 있음은 쉽게 짐작할 수 있는 일이다. 그는 2013년에 코언 등과 북한을 방문했고 북한은 그해에 스마트폰 '아리랑'을 내놓았다.

3차 산업혁명의 전개로 우리는 모바일과 SNS로 촘촘히 연결된 초연결 사회에 살고 있다. 2014년 말 기준, 인터넷 사용자 수는 30억 명, 이동통신 가입자 수는 70억 명이었다. IP 주소는 42억 개가 넘는다. 우리나라의 인터넷 사용률은 82퍼센트, 초고속 광대역 인터넷 보급률은 77퍼센트로 단연 으뜸이다.

컴퓨터 기술이 사회 전반에 이용되면서 부정적인 영향도 불거져 나왔다. 기술 혁신과 더불어 1970년대 말부터 컴퓨터 관련 범죄도 늘어났고, 해킹이 컴퓨터 범죄에 악용되는 등 새로운 사회문제가 대두되기 시작했다. 최근에는 컴퓨터의 급속한 보급과 함께 컴퓨터 범죄가 다양화되고 있다. 금융업, 기업, 공공기관 등을 가리지 않고 자행되는 기밀자료 유출, 금융질서 파괴, 불법 복제 등이 나라 안팎에서 새로운 사이버 위험을 낳고 있다.

정보 시대와 새로운 윤리 디지털 시대와 아날로그 시대의 차이는 비트와 원자의 차이라고 할 수 있다. 정보의 기본단위는 비트이고, 물질의 기본단위는 원자이다. 이 둘 사이에는 비교할 수 없는 커다란 차이가 있다. 원자의 유통에는 제약이 따르지만, 비트의 유통에는 제한이 없기 때문이다. 비트가 기본인 뉴미디어 시대는 무한한 가능성의 시대라고 할 수 있다. 이미 비트의 생산과 유통과 분배는 가장 중요한 경제활동이 되었고, 아이디어와 정보가 핵심 생산자원이 되었다.

멀티미디어 시대에는 기술과 인간, 과학과 예술이 연결되고, 과학과 예술의 경계도 사라지고 있다. 디지털 시대의 지적 활동은 독서와는 비교하기 어려운 광범위한 인지 방식과 학습과정에 의존하고 있다. 시간과 공간의 의미가 사라질 것이라고도 한다. 그러나 어두운 그림자도 있다. 인간관계가 어떻게 변화될지 알 수 없으며, 정보의 홍수 속에서 정보의 빈부격차가 심화되고 있다.

사이버 윤리도 갈수록 복잡해지고 있다. 해커는 남의 컴퓨터에 불법으로 침입해서 자료를 훔치거나 파괴하는 해킹을 하면서도 대부분이 죄의식을 느끼지 않는다고 한다. 3차 산업혁명은 이런저런 질문을 던지고 있고, 이에 대한 해법을 찾는 것은 갈수록 어려워지고 있다. 정보 시대 일방성에서 쌍방향성으로, 통제에서 분산으로, 중앙집중식에서 네트워크로 인간의 활동의 흐름이 바뀌는 시대에 새로운 질서와 윤리는 어떻게 정립해야 할까?

최근에는 해마다 국내외로 사이버 안보 예측에 분주하다. 모바일 결제 확대에 따라서 모바일 기기 대상으로 해킹과 사물 인터넷(IoT)을 노리는 해킹이 늘어날 것으로 예측되고 있다. 인터넷에 연결된 기기가 알아서 정보를 주고받아서 처리하는 IoT가 졸지에 '위협의 인터넷' IoT로 둔갑할 수 있다는 뜻이다.

사이버 공격의 유형은 다양하다. 정보 유출이나 사이트를 다운시키는 핵티비즘(Hacktivism, 해커[hacker]와 행동주의[activism]의 합성어), 금융기관이나 개인의 돈을 빼내는 사이버 범죄, 산업체의 기밀을 훔쳐내는 사이버 스파이, 정부나 단체가 주도하는 사이버전(戰) 등이 있다. 중앙정보국은 '정치적 목적으로 컴퓨터 시스템과 프로그램, 데이터를 공격해서 폭력적인 결과를 초래하는 행위'를 사이버 테러라고 규정했다.

국내 공공기관과 산하단체의 웹사이트가 악성 코드에 감염되는 사례도 크게 늘고 있다. 2014년 11월 기준, 국내 공공기관과 산하단체 웹사이트의 감염 건수는 10월까지의 월평균 감염 건수의 30배인 1만 건 이상으로 늘어났다. 한국 수력원자력 해킹 사건 등 잇따른 사이버 공격이 언론매체를 달궜던 터라 이 현상이 혹시나 다른 사건의 전조는 아닌지 께름칙한 상황이다.

사이버 공격은 특징이 있다. 실체적인 피해와 상관없이 사회적인 불안과 공포를 유발한다는 점이다. 악성 코드는 국경 없이 온갖 디지털 디바이스를 감염시킬 수 있고, 그로 인한 피해를 가늠하기 어렵기 때문이다. 또한 갈수록 지능화, 복잡화되고 있어서 사건을 수사한다고 해도 공격세력에 대한 확증을 내놓는 경우는 드물다. 또한 위장을 할 수가 있다 보니, IP만으로 누구의 소행이라고 단정하기가 어렵다. 사이버 공격을 당하는 쪽이나 하는 쪽이나 입을 다무는 것도 특징이다. 추가 공격의 가능성이 우려되기 때문이다. 결국 사이버 공격의 수사 결과는 "추정된다"로 매듭짓기가 일쑤이다.

2010년에 출현한 스턱스넷은 사이버 무기화의 첫 사례로 꼽힌다. 특정 산업 시설의 자동화 시스템만을 공격하는 등 작동조건에 제한이 있었던 것도 특이하다. 이 공격으로 이란의 나탄즈 우라늄 농축시설은 원심분리기 5,000대 중 1,000여 대가 오작동에 의해서 파괴되었고, 이란의 부셰르 원자력발전소은 여러 개월 멈춰 서야 했다.

주요 산업 시설의 컴퓨터는 보안이 철저한 폐쇄망이라서 직접 공격이 불가능하다. 스턱스넷은 연관 사기업을 거쳐서 USB를 통해서 공격한 것으로 알려졌다. 고도의 시스템을 오작동시키는 일은 해커의 솜씨만으로는 되지 않는다고 한다. 특정 시스템과 장비의 작동, 감시 체계, 핵물리학 등 1급 전문성을 갖출 때 파괴력을 가질 수 있다. 이런 점에서 이란은 이 사건을 이스라엘과 미국의 소행이라고 단정했다. 2006년 이란의 핵 개발 가속화를 저지할 목적으로 착수된 이 공동 작전에서 악성 코드는 원자로 제어용 중앙 컴퓨터에서만 작동하게 설계되었다. 그러나 프로그램 오류로 인해서 바깥으로 나오는 바람에 세상에 알려지게 되었다.

2014년 말 소니 픽처스 해킹 사건을 계기로 미국 의회는 '사이버 정보 공유 법안(Cyber Intelligence Sharing and Protection Act : CISPA, 일명 빅브라더 법안)'을 재발의했다. 사생활 침해 논란으로 상원에서 폐기되었던 법안이 다시 올라온 것이다. 일본은 2020년 도쿄 올림픽에 대비해서 2014년 이미 '사이버 시큐리티 기본법'을 제정했다. 우리나라의 경우 2013년에

'사이버 테러 방지법'이 발의되었으나 계속 통과되지 못하고 있다. 국가정보원의 사이버 안보 총괄, 사생활 침해 등의 쟁점으로 인해서 국회에 계류 중이다. 이를 해결하기 위해서는 법의 악용을 우려하는 불신을 해소하는 것이 관건이다.

나라마다 사이버 대책은 법 제정, 시스템 구축, 컨트롤타워, 인력 양성, 민관 협력과 국제 협력 등 비슷한 요소로 구성되어 있다. 지구촌이 디지털 혁명의 경이로운 혜택을 누리려면, 사이버 위험은 어떻게든 최소화해야 한다. 그런데 날로 진화하는 사이버 공격을 기술적인 '창과 방패'로 해결하는 것이 쉽지 않다. 과연 '해커 대 해커'의 대전으로 얼마나 해결할 수 있을지 전망이 보이지 않기 때문이다. 디스토피아를 면할 수 있는 기술사회의 윤리는 무엇인지, SNS에서의 유해정보 확산은 어떻게 할 것인지, 사이버 세상의 '기본'에 대해서 묻게 된다. 기술 혁신 못지않게 이들 질문에 답하는 일이 디지털 시대의 과제로 남아 있다.

2. 3차 산업혁명기 신자유주의의 부상과 전개

3차 산업혁명이 진행되기 시작한 1970년대 초반, 세계는 오일쇼크를 겪게 되고 세계경제는 스태그플레이션에 빠진다. 그러나 전후 경제를 주도하던 케인스주의 경제이론은 이런 현상에 대해서 설명하지 못했고, 효과적인 처방을 내놓지도 못했다. 각국 정부는 재정 지출을 확대하고 통화 공급을 늘렸으나, 기업 투자는 여전히 부진했고 물가상승만 유발한다. 경기침체와 물가상승이 나란히 같이 가는 스태그플레이션이 발생했을 뿐이다. 영국 노동당과 각국의 사회민주당 정부는 스태그플레이션에 대처하기 위해서 노동 임금 인상을 자제하라고 요청했고, 노동자들은 실질 임금의 감소를 받아들이기 어려웠다. 정부 개입주의 정책의 추진에서 드러난 정부의 실패로 인식된 이 난국을 타개할 수 있는 대안으로 부상한 것이 하이에크의 자유시장 경제이론이었다.

1) 하이에크의 부활

신자유주의의 등장 1970년대 시작된 경제 불황을 막기 위해서 정부는 지속적으로 총수요 확대 정책을 쓴다. 그러나 인플레이션 기대심리로 인해서 실업은 치유되지 못했고, 결국 인플레이션만 덧내는 결과가 된다. 더욱이 관료와 정치의 무능함과 부패, 비대해진 재정 충당을 위한 증세로 중산층의 정부에 대한 불만이 고조된다. 자본가들은 정부의 정책 전환을 요구한다. 스태그플레이션 극복을 위해서는 물가인상을 억제하고 민간투자를 증대시켜야 하며, 그 촉진책으로서 규제 완화, 공기업 민영화, 재정 축소, 통화 발행 억제 등을 시행해야 한다고 외쳤다.

이런 주장은 곧바로 통화주의와 공급 주도 등을 강조하는 신자유주의 경제이론과 맞닿아 있었다. 1970년대까지도 주류 경제학에서는 케인스의 주장이 이단적인 이론이라고 여기는 분위기가 있었다. 그러던 차에 케인스의 이론이 실패로 드러나게 되었으니, 그가 주도한 수정자본주의도 거센 비난을 받게 된 것은 당연했다. 이때 케인스 학파가 미시적 기초가 없다며 공격에 나선 이론이 시카고학파의 신자유주의였다. 거시경제학은 실업, 금리, 재정, 통화 정책 등의 경제 전반의 현상에 초점을 맞추고 있기 때문이다. 1970년대 그간에 주류이던 케인스의 거시경제이론은 물러가고, 자유시장 중시와 계획경제 비판을 강조한 하이에크 이론이 재조명되는 반전이 일어난 것이다. 이런 움직임은 1980년대 신자유주의 출현의 기반이 된다.

신자유주의는 기본적으로 자유주의의 복원을 뜻했다. 그 정의는 '개인의 자유와 작은 정부를 기반으로 인간의 자유를 경쟁적 시장에서의 합리적이고 이기적인 행위자의 행동과 연결 짓는 자유시장 이데올로기'였다. 그 목표는 제1차 세계대전과 제2차 세계대전 사이, 전쟁과 공황, 파시즘, 나치즘, 공산주의 등 전체주의의 등장과 확산이라는 국제적 여건 속에서 개인의 자유를 중시하는 고전적 자유주의에 충실한 새로운 자유주의를 재건한다는 것이었다. 그 전개는 오스트리아 학파, 시카고 경제학파 등 여러 유형으로 갈려

진행된다. 1970년대 신자유주의의 부활과 함께 하이에크는 1974년 스웨덴의 경제학자 군나르 뮈르달과 공동으로 노벨 경제학상을 수상한다.

2) 1980년대 대처리즘과 레이거노믹스

1979년 영국 보수당의 대처 행정부가, 그리고 1981년 레이건 행정부가 들어선다. 1979년 대처의 선거 승리와 1980년 레이건의 대통령 당선은 경제의 룰을 바꾸는 혁명적 변화를 예고했다. 영국과 미국의 두 정상은 시장자유화를 강력하게 추진했고, 케인스에 반하는 미시경제적 정책을 내세웠기 때문이다. 두 나라가 '큰 정부', '조세와 지출', '복지 의존성'을 척결해야 할 해악으로 규정하자, 경제 정책 기조는 효율성과 시장혁신 촉진으로 전환되고, 그것이 세계적인 대세가 된다.

대처리즘　　1979년 총선거에서 보수당의 승리로 집권한 대처 총리는 노동당 정부가 펼쳤던 국유화와 복지 정책을 폐기하고, 민간의 자율적인 경제활동을 중시하는 통화주의(monetarism)로 선회한다. '영국병'이라는 중병을 앓고 있던 영국은 만성적인 파업과 높은 실업률, 공기업의 과격한 노조, 과도한 행정 규제로 재정이 악화되고 경제주체의 도덕적 해이가 심각한 상태였다.

1970년대 중반 IMF 구제 금융까지 받았던 영국의 경제체제는 대처리즘으로 대수술에 들어갔다. 영국식 신자유주의, 보수주의, 반공주의를 근간으로 재정 지출 삭감, 공기업 민영화, 규제 완화와 경쟁 촉진 등 공공부문 개혁이 강력히 추진된다. 대처는 석탄 노조와의 오랜 대치와 투쟁에서 승리하고 개혁을 밀어붙였다.

'철의 여인' 대처 총리가 집권했을 당시 영국은 사회주의 국가를 제외하고 세계에서 국영 기업이 가장 많은 나라였다. 그 이유는 대영제국의 식민지에서 국영 기업을 앞세워 자원을 들여오고 가공업과 국제 교역을 통제하고 있었기 때문이다. 그 과정에서 방만한 팽창과 도덕적 해이, 식민지 독립

캠프 데이비드에서 만난 레이건과 대처(1984)

운동의 저항이 발생하고, 서유럽 인접국 간의 통상 마찰의 골이 깊어지고 있었다. 국유화로 인해서 기업 경쟁력이 약화되고, 수송, 에너지, 통신, 철강, 조선 산업의 생산성이 떨어지고 근로자들의 무리한 요구와 잦은 파업이 경제의 발목을 잡고 있었다.

대처는 시장경제 원리를 적용해서, 가스, 전기, 통신, 수도, 석탄, 철강, 항공, 자동차 등 정부 소유 기업을 민영화하거나 민간 위탁경영으로 바꾸었다. 브리티시 텔레콤, 브리티시 에어 등 20여 개 공기업도 이때 민영화된다. 노조의 권한을 축소하는 법 개정도 이루어졌고, 공무원 직급은 7개로 축소되었다. 1979년 78만 명이던 공무원 수는 40퍼센트가 줄었다. 1990년에는 전력산업에 경쟁체제가 도입되어 10년간 전기요금이 16퍼센트 하락하고 수익성은 개선되는 성과를 거두었다. 그리고 철저한 통화정책으로 인플레이션을 억제하고, 외환관리를 폐지하고, 금융산업을 개편해서 금융시장을 활성화한다. 산학협동 중심의 교육정책, 유럽통합 반대 정책도 추진했다.

그러나 그의 집권 중에도, 그의 사후에도 대처리즘은 논란의 대상이었다. 집권 3년 만에 인플레이션의 극복과 경기 회생에는 어느 정도 성공했으나, 개혁에 대한 저항과 더욱 심해진 실업 사태에 대한 국민의 불만이 고조되고 있었기 때문이다. 특히 좌파 진영은 대처의 시장 원리 강화가 사회복지를 후퇴시켰고 빈부격차를 심화시켰다고 비난했다. 제조업보다 금융업을 강조함으로써 제조업의 쇠퇴를 초래했고, 제조업 일자리를 서비스업이 대체할 것이라던 정부의 주장은 허구임이 드러났다고 비판했다. 이런 반발 속에서 '대처 세대', '대처의 아이들'이라는 용어까지 생겨난다. 대처 총리의 집권 하에서 기초교육을 받으며 자란 10대들은 정치에 무관심하고 흡연과 알코올 의존도가 높은데, 그 원인이 고실업으로 인한 불확실한 미래와 급격한 이혼 증가로 인한 가족의 해체 때문이라는 것이었다.

대처에게 '철의 여인'이란 별명을 붙인 것은 소련 국방부의 기관지 「레드스타(Red Star)」였는데, 대처가 1976년 켄싱턴 타운홀에서 한 연설에서 소련을 비판한 것에 대한 반응이었다. 이에 대해서 대처는 붉은색 시폰 드레스를 입고 연설하면서 자신이 "서방세계의 철의 여인으로 냉전의 전사"라고 받아친다. 그는 의회 연설에서 "회귀할 사람은 하라"며, "나는 돌아가지 않는다"고 했다. 그는 강인한 리더십의 한편으로 석탄 노조가 장기 파업할 당시 파업에 불참한 광부들의 부인을 관저로 초청해서 그들과 대화하는 등 또다른 면모를 보이기도 했다. '철의 여인'이라는 별명에 대해서 그의 측근은 "철(Iron)은 부러질 수 있으므로 대처는 철이 아니라 강철(Steel)이라고 부르는 게 맞다"고 말했다.

레이거노믹스 레이건 대통령이 자유시장의 극대화와 정부 간섭의 최소화 원칙이라는 레이거노믹스로 병든 미국 경제를 치유했다는 데 많은 학자들이 동의한다. 레이건 대통령과 대처 총리는 '이데올로기의 소울메이트'라고 할 정도로 서로 공감했고, 경제를 살리는 정책 수단도 서로 닮았다. 레이건과 대처는 노조의 불법 파업을 강력하게 대처하여 진압하고 기업이 근로자를 쉽게 해고할 수 있도록 한다.

레이건 대통령이 취임하기 이전의 경제는 10년 동안 계속해서 실업률이 증가하고 있었고 인플레이션과 스태그플레이션을 겪고 있었다. 1980년 지미 카터 재임 때에는 GDP의 2.7퍼센트였던 연간 재정 적자가 레이건 행정부에 들어서는 4.2퍼센트까지 오른다.

레이건 행정부의 정책에 큰 영향을 미친 이론은 공급 경제학 이론이었다. 이 이론을 주장한 그룹은 생산과 공급이 경제 번영의 핵심이며, 소비와 수요는 부차적인 결과라고 보았다. 경제성장을 위해서는 생산능력을 향상시켜야 하고, 기업가 정신을 살려서 투자를 늘릴 수 있도록 높은 이윤을 보장해야 하므로 대규모 감세, 규제 완화, 노동시장 유연화가 이루어져야 한다고 보았다.

레이건 대통령은 시장경제에 정부가 적극적으로 개입하는 큰 정부론을 주창한 케인스 경제이론을 버리고, 정부 지출 축소, 소득세 대폭 감세, 기업에 대한 규제 완화, 글로벌 무역 확대, 안정적인 금융정책의 추진으로 경제를 안정시킨다. 영화배우 출신이자 소통의 달인이었던 레이건 대통령은 언변과 화술로 외교가를 리드하는 한편, 항공관제사 노조와 대립하는 상황에서 복귀를 거부한 90퍼센트의 인력을 해고하고 영구적으로 공직 재취업을 금지시키는 강력한 대응도 서슴지 않았다.

그러나 신자유주의 정책은 다시 비판에 휩싸인다. 부익부 빈익빈을 심화하고, 소외계층을 피폐하게 만들었다는 것이다. 신자유주의의 기수였던 대처 총리의 재임 기간 동안 소득 불평등 정도를 나타내는 지니 계수는 1979년 0.25에서 1990년 0.34로 악화되었다. 마찬가지로 레이건 대통령의 감세 정책도 무역 적자와 연방 재정 적자를 악화시킴으로써 국가 부채가 크게 증가되고 결국 경제위기를 유발하는 원인이 되었다. 이들 부작용에 대한 반응으로 새롭게 출현한 것이 인간을 중시하는 '제3의 길'이었다. 한편 대처리즘(1979-1991)과 레이거노믹스(1981-1989)가 영국과 미국에서 경제를 안정화하는 동안 소련과 동유럽 국가를 풍미하던 공산주의는 몰락의 길을 걷고 있었다.

국제정치경제학자 프랜시스 후쿠야마는 레이거노믹스와 대처리즘이 1980년대에 시대적 소임을 다했다면서, 세금 감면은 성장을 촉진하지도 세수를 증대시키지도 못했고, 규제 완화도 시장과 보조를 맞추지 못해서 결국은 큰 대가를 치르게 했다고 진단했다. 월스트리트에 대해서는 투명성과 감독을 강화했어야 했는데, 자율에 맡김으로써 국민 모두에게 피해를 주게 되었다고 보았다.

크루그먼 교수도 2000년대 미국의 극심한 양극화를 극복하기 위해서는 시장에 맡겨놓을 수만은 없다는 주장이다. 프랭클린 루스벨트 대통령처럼 정부가 강력한 개입 정책을 펴야 하고, 더욱이 비금융 부문의 실물경제까지 위협받는 상황에서는 감세보다는 정부 지출을 늘려서 최악의 경기침체를 막아야 한다고 처방한다. 반면에 2004년 노벨 경제학상을 받은 에드워드 프레스콧은 높은 세율은 위험의 감수와 생산성을 억제하며 게임의 룰을 너무 극적으로 바꾸면 의도하지 않은 결과를 낳을 수 있다고 경고했다. 이처럼 경제학의 어느 이론이 시공을 초월해서 원활히 작동되는 일은 없다.

베를린 장벽과 소련의 붕괴 1989년 독일 베를린 장벽의 붕괴, 1991년 소련의 붕괴는 인류 역사에서 공산주의가 자본주의에 패배했음이 드러난 사건이었다. 그로써 공산주의는 절대로 성공할 수 없다고 주장한 하이에크의 경제이론은 힘을 받기에 충분했다. 신자유주의에 의해서 자유방임의 시장경제가 부활된 것은 정부의 실패를 줄이는 효과가 일정 부분 있었다. 그러나 시장의 실패라는 자유방임 시장경제의 고질적 병폐가 다시 고개를 들 차례가 된 것이다. 시장의 실패 가운데 세계적으로 가장 심각한 난제는 갈수록 깊어지는 빈부격차 심화와 투기 금융자본의 폐해였다.

1980년대부터 자유시장의 이데올로기는 전 세계로 확산되고 있었다. IMF, 세계은행, WTO 등의 기구와 관련 정책입안자들은 그 기수가 되었다. 1989년 영국의 존 윌리엄슨(1937-)은 조세 개혁, 무역 자유화, 기간산업 사유화, 규제 완화, 강력한 재산권 확립 등의 내용을 담아서 '워싱턴 합의'를 작성하고, 세계적인 정책 표준으로 제시한다. 미국식 시장경제 체제를 전 세계 개발도상국의 발전 모델로 삼도록 하자는 합의라는 것이었다. 그 내용에는 외국 자본의 국내 기업 합병이나 매수, 정부 예산 삭감, 외환시장 개방 등이 권장 사항으로 들어 있었다.

신자유주의는 자유시장과 규제 완화, 재산권을 중시한다. 그렇다고 국가 권력의 시장 개입을 완전히 부정하는 것은 아니지만, 국가 권력의 시장 개입은 경제의 효율성과 형평성을 악화한다고 본다. 따라서 이 체제에서는 소극적인 통화정책과 국제 금융 자유화에 의해서 안정된 경제성장 기조를 유지하는 것이 정답이 된다. 신자유주의 진영에서는 자유무역과 국제적 분업에 의한 시장 개방을 주요 정책으로 들고 나온다. 1990년대 '세계화'나 '자유화' 개념도 신자유주의의 소산이었다. 케인스 이론에서 말하는 완전고용은 노동시장의 유연화로 해체되었고, 정부가 주도하거나 보조하던 영역은 대거 민간에 이전되고 있었다.

3) 고르바초프 시대 소련의 붕괴: 탈냉전 시대로

소련 고르바초프의 등장　　1985년 소련 체제 위기의 절정에서 고르바초프가 54세에 당 서기장으로 등장한다. 그는 취임 연설에서 개방, 정보공개, 언론자유를 기조로 하는 글라스노스트를 강조하며, 사회경제개혁에 나섰다. 1986년 4월에는 사회 모든 부문에서의 페레스트로이카(총체적 개혁) 추진을 역설했다. 1986년 여름, 고르바초프는 '페레스트로이카는 혁명'을 선언한다. 그와 함께 글라스노스트와 민주화 개념이 대중에게도 퍼져나간다.

당시 사회적 분위기는 바로 앞서 4월 26일에 발생한 체르노빌 원자력발전소 사고의 충격으로 개혁의 필요성이 크게 대두되던 때였다. 전대미문의 재난을 겪으며, 소련의 관료주의 체제의 무능이 그대로 드러났고, 그로 인해 소련 국민은 고르바초프의 개혁보다 더 급진적인 개혁으로 쏠리게 된다. 그런 움직임으로 인해서 기존 고르바초프의 노선보다 더 급진적인 옐친 등 개혁파가 힘을 얻게 된다.

페레스트로이카 개혁　　1987년은 소련의 페레스트로이카 원년이었다. 1월에는 소비에트 대의원의 비밀투표제도 등이 도입되고, 6월에는 기업의 자주관리와 독립채산제가 채택되는 등 경제개혁이 추진된다. 개인 기업이 허용되고, 협동조합의 자율권이 강화되고, 무역 다변화와 외국과의 합작기업이 허용되는 등, 경제 활성화를 위한 페레스트로이카에 박차를 가하게 된다.

고르바초프는 1987년 그의 저서 『페레스트로이카(*Perestroika*)』에서 소련 경제의 병폐를 자원 낭비와 비효율성, 신기술 도입 지체, 중앙집중 관리의 경직성으로 지적했다. 그리고 자국의 경제위기의 근원을 소련의 특수 형태의 사회주의가 가지는 결함, 경제 관리의 과도한 중앙집중, 인간 이해의 다양성 무시라고 보았다. 그는 단적으로 소련 체제의 최대 결함은 민주주의의 결여이고, 위기 극복의 길은 사회의 민주화라고 진단하고 있었다. 그러나 그는 페레스트로이카는 사회주의의 강화이지 다른 체제로의 대체가 아니라고 강조하고 있었다. 그의 비전은 민주적 사회주의의 정립이었던 것이다.

글라스노스트 운동 페레스트로이카는 글라스노스트로부터 시작된다. 관영 TV 등 모든 매체를 통해서 기존의 비공개 정보가 공개되기 시작하고, 의견 교환과 사회적 논의가 활성화된다. 그 가운데 역사의 재평가 작업이 시작되고, 억압 체제에 대한 고발이 이어지고 있었다. 고위관료에 대한 비판, 부정부패, 알코올 중독, 매춘 등의 사회병리 현상이 폭로되고 그에 대한 대책이 제시된다. 문학, 영화, 드라마의 검열도 폐지되고, 서방세계의 문화가 보급되기 시작한다.

1987년 11월 고르바초프는 10월 혁명 70주년 기념 연설에서 스탈린 시대의 행정 명령형 지도 방식과 정치 탄압에 대해서 비판하고, '사회주의의 다원성'을 강조한다. 이로 인해서 급진주의자들이 목소리를 높이게 되고, 옐친으로 대표되는 급진개혁파가 부상한다. 그러나 정통보수파가 반격함으로써 옐친은 지도부에서 밀려나고, 고르바초프와 정통보수파 사이의 타협이 이루어진다. 페레스트로이카의 또 하나의 기본 개념은 '새로운 사고'였다. 그 골자는 핵무기가 인류의 생존 자체를 위협하고 있고 세계가 하나로 통일되고 있는 상황에서, 계급이나 국가의 이익에 앞서 평화와 환경 등 인류 보편적 가치를 존중해야 하고, 국민이 자유로운 의지를 존중해야 한다는 것이었다.

1988년 초 페레스트로이카 개혁이 첫 위기에 직면한다. 민주화의 진전과 함께 민족주의 간의 충돌이 빚어지면서, 1988년 2월 아제르바이잔공화국에서 격렬한 분규가 일어나 아르메니아인이 대규모로 살해된다. 미처 예상하지 못한 상황의 민족분쟁이 페레스트로이카의 돌발 변수로 대두된 것이었다. 곧이어 보수파의 반동이 거세게 일어나지만, 고르바초프와 개혁주도파가 제압하게 된다. 이후 개혁은 지속되고, 그 가운데 스탈린에 대한 비판도 거침없이 진행된다.

고르바초프는 경제제도의 개혁만으로는 사회를 변화시킬 수 없다는 판단을 하고 정치개혁을 밀어붙인다. 1988년 6월 공산당 협의회에서 기존의 최고 소비에트를 폐지하고, 국가 최고기관으로 인민대의원대회와 최고회의를 신설한다. 새로운 체제 구축에 의해 당과 국가를 분리하는 등 선거제도와 임기제 등을 개혁한다. 그리하여 글라스노스트와 사회 민주화로부터 시작된 페레스트로이카는 경제개혁과 '새로운 사고'에 기반을 둔 외교 정책으로 전환되고, 정치개혁에까지 이르면서 개혁 체제를 갖추게 된다. 그러나 정치, 경제, 사회 전반의 개혁이 본격화되면서, 페레스트로이카는 당초 개혁지도부의 통제를 넘어서는 수준으로 전개된다. 그 가운데 급진파의 영향력이 커지면서 보수와 개혁 간의 투쟁이 치열해지고, 민족문제도 더욱 첨예하게 대립하게 된다.

페레스트로이카의 본격적인 추진과 함께 분열과 갈등이 심화된다. 1991년 8월 보수파의 쿠데타로 고르바초프는 권력을 잃는 상황에 처한다. 그러나 쿠데타는 소련 국민의 반발로 실패하게 되고, 쿠데타를 일으킨 보수 세력에 정면 대결했던 옐친 등의 반체제 민주파가 득세하는 결과를 빚게 된다. 반체제 민주파는 소련을 존속시키는 것이 이득이 되지 않는다고 판단하고, 12월 8일 벨라루스 소재 벨라베자 숲의 별장에 모여서 소련의 해체와 독립국가 연합의 창설을 결의하고 서명을 한다. 1991년 12월 25일 고르바초프는 대통령 자리에서 물러나게 되고, 1991년 12월 26일 소련은 공식적으로 해체된다.

고르바초프의 업적 고르바초프 대통령의 가장 중요한 업적은 미국과 소련을 중심으로 하는 동서 냉전의 원인이 된 핵무기 감축 협상에서 전례가 없는 진전을 이루었다는 사실이다. 고르바초프는 집권한 뒤 레이건 대통령과 네 번의 회담을 가졌다. 서기장으로서 1985년 11월 스위스 제네바에서 처음 회담을 가지고 군비경쟁 중단과 축소에 대해서 논의했다. 1986년 10월에는 아이슬란드의 수도 레이캬비크에서 다시 회담을 가졌고, 고르바초프가 전략핵무기의 감축과 전술핵무기의 전폐를 제안하여 세계를 놀라게 했다.

그러나 협상은 레이건 대통령이 추진하던 SDI 계획에 발목이 잡혀 빈손으로 끝난다. SDI는 대륙간탄도탄과 핵미사일을 공중에서 격추시키는 기술 프로그램이었고, 이에 대해서 고르바초프 서기장은 실험실 수준으로 제한해야 한다고 요구한다. 레이건 대통령은 이를 거부했고, 회담은 이해 충돌로 결렬된다. 그후 1987년 12월, 고르바초프가 미국으로 건너가 두 정상은 워싱턴에서 세 번째로 만난다. 그 자리에서 '중거리핵무기 폐기협정'에 서명이 이루어졌다. 사거리 500-5,500킬로미터 수준의 중단거리 탄도와 순항 미사일의 생산과 실험, 그리고 배치를 전면 금지한다는 내용이었다. 이는 고르바초프의 '새로운 사고'에 따른 외교의 결실이었고, 냉전 체제의 해체에 다가가는 신호였다는 점에서 의미가 컸다. 1988년 초에는 아프가니스탄 철군이 시작되어 1989년 2월에 완료된다.

1989년 1월 레이건의 뒤를 이어서 조지 H. W. 부시가 대통령이 되면서, 냉전 체제가 급격히 동요하기 시작한다. 그는 취임 연설에서 "세계를 보다 따뜻하게 대하고 배려하는 미국을 만들겠다"고 말한다. 취임 후 7월 동유럽을 방문해서 '자유롭고 하나가 된 유럽'이 될 것을 강조한다. 4개월 뒤 그 견고한 베를린 장벽이 무너져 내린다. 이때 소감을 묻는 기자들에게 부시는 "빠르게 변화하는 세계 속에서 새로운 발전이 이루어진 것에 경의를 표한다"는 간단한 소감을 피력하는데, 이를 두고 겁쟁이라는 비판을 받기도 했다.

탈냉전 선언 드디어 1989년 12월 2일 미국과 소련의 정상이 전제조건 없이 지중해 몰타에서 만난다. 몰타 정상회담에서 고르바초프는 "세계는 한 시대를 극복하고 새로운 시대를 향하고 있다. 우리도 평화가 가득한 시대로 나아가고 있다"고 말한다. 부시는 "우리는 영속적인 평화를 지속하는 동서 관계를 구현할 수 있다. 이것이 몰타에서 고르바초프와 내가 만들기로 한 미래의 모습이다"라고 화답한다. 동서 협력 시대, 탈냉전의 선언의 역사적 장면이었다. 1990년 10월 동독과 서독은 통일을 이루고, 부시 대통령은 "냉전 종식은 인류의 승리"라며 "유럽은 완전히 자유로워졌고, 미국의 리더십은 그 과정에서 중요한 역할을 했다"고 강조했다. 고르바초프는 1990년 중앙 유럽의 개혁과 냉전 종식에 기여한 공로로 노벨 평화상을 받는다.

냉전 체제가 와해되는 가운데, 1990년 8월 이라크가 쿠웨이트를 침공한다. 부시는 외국 정상들을 만나서 이라크를 격퇴할 것을 설득한다. 유엔 안전보장이사회는 합법적인 다국적군의 결성을 의결한다. 부시는 이라크가 데드라인을 준수하지 않자, 1991년 1월 16일 기자회견에서 "2시간 전 연합군이 이라크와 쿠웨이트의 군사 목표를 공격하기 시작했다"고 발표한다. 이렇게 해서 1차 걸프전은 연합군의 압도적 승리로 끝이 난다.

이런 과정을 거치며, 제2차 세계대전 종전 후 1948년 소련의 핵 개발에서 비롯된 동서 냉전은 1989년 베를린 장벽의 붕괴와 1991년 소련의 붕괴로 막을 내리게 된다. 한편 조지 H. W. 부시 대통령은 1991년 걸프전의 승리로 지지도가 90퍼센트까지 올랐으나, 국내 경제 침체와 로스 페로와의 보수 분열로 해서 1992년 대선에서 클린턴에게 패한다. 클린턴의 선거 구호는 "문제는 경제야, 바보야"였다. 그후 2000년 대선에서 클린턴의 뒤를 이어서 그의 장남인 조지 W. 부시가 대통령으로 당선된다. 「뉴욕 타임스」는 조지 H. W. 부시 대통령에 대해서 "단임으로 끝난 가장 성공한 미국 대통령"이라고 평가했다. 고르바초프는 2018년 조지 H. W. 부시 대통령의 사후에 "부시의 역사적 성과와 공헌에 존경을 표한다. 그는 진정한 파트너였다"고 애도했다.

4) 1990년대 '세계화'와 금융위기

세계화라는 용어가 주목을 받게 된 것은 1980년대 중반 하버드 대학교의 경영학 교수 마이클 포터가 대통령 자문위원회 보고서에서 사용하면서부터였다. 포터는 미국 산업 경쟁력을 다루는 보고서에서 세계화와 경쟁적 우위라는 개념을 도입했다. IMF는 1997년 세계화를 "재화와 서비스, 금융자본, 기술이 무제한으로 국경을 넘어 거래되는 양(量)과 양상의 증대"라고 정의했다.

1990년대 세계화 물결 그러나 실제로 세계화의 의미는 훨씬 더 포괄적이다. 3차 산업혁명의 결과 전 세계를 하나로 묶는 기술이 보편화되었기 때문이다. 국가 간의 교통과 통신 수단, 정보통신기술의 비약적인 발전으로 국가나 지역 간의 벽이 허물어지고, 사람, 자본, 상품, 정보, 서비스, 노동이 자유롭게 유통됨으로써 세계가 지구촌으로 좁혀졌기 때문이다.

세계화에 의해서 지구촌의 사회경제적 생활 공동체의 범위가 국가 단위를 초월해 전 세계가 하나로 통합되었고, 상호 의존성과 연결성이 유례없이 증대되었다. 인류 문명 초유의 변화로 세계화는 긍정적인 효과 못지않게 부작용을 유발하고 있었다. 크게는 주권 국가의 기능이 약화되고, 초국가적 행위 주체의 영향력이 증대되고, 고삐 풀린 금융자본의 투기 가능성이 급증하는 등 일찍이 경험하지 못한 현상이 발생하고 있었기 때문이다.

우리나라는 외환위기 이후 IMF의 권고에 의해서 신자유주의가 도입되었다. 강력한 구조조정으로 숱한 실직자를 낳으면서 IMF 국난을 극복한 기억은 아직도 생생하다. 미국과 영국도 신자유주의 정책을 통해서 급속한 산업 재편을 이루었다. 그러나 신자유주의 정책 이후, 높은 경제성장이 무색하게도 중산층의 실질소득은 감소했고, 절대빈곤층이 증가하는 추세가 세계 도처에서 발생하고 있었다. 4차 산업혁명 시대에 이와 같은 일이 더욱 악화될 가능성을 배제할 수 없다.

신자유주의에 기반을 둔 경제 정책은 불평등과 금융 불안정을 심화시켜

2007년부터 서브프라임 모기지론에서 촉발된 금융위기를 초래하고 있었다. 이런 진단에 따라서 1980년대 이후 전성시대를 맞았던 신자유주의는 다시 위태로운 상황에 처했다. 그러나 위기 상황에도 불구하고, 신자유주의를 대체할 만한 체계적이고 검증된 자유주의 이론의 대안이 나온 것은 아니다. 그러다 보니, 신자유주의의 한계를 인정하면서도 그것을 수정하고 보완하는 방향으로 정책이 추진되고 있다.

다시 케인스에 주목하는 수정자본주의 그런 움직임 속에서 다시 주목을 받고 있는 것이 케인스의 경제이론이다. 예컨대 미국 오바마 정부는 태양광 사업, 도로 사업으로 일자리 창출과 경제 활성화 사업을 추진하는 등 21세기 뉴딜 사업을 추진하고 있었다. 1970년대 오일쇼크 파동에서 시작된 경제 침체로 부활한 하이에크의 명성은 2000년대 들어서 케인스에게 다시 자리를 내어주고 있는 듯하다. 세계적 금융 공황과 실물 공황 속에서 세계경제가 비틀거리면서 버티고 있는 것은 케인스 방식의 정책 때문이라는 분석이다. 각국 정부가 긴급 구제금융을 제공하고 재정 지출을 확대하는 등의 역할을 하기 때문이라는 것이다.

그러나 단기 대책만으로는 한계가 있다. 장기적이고 근원적인 구조적 접근이 필요하다. 현대 자본주의의 불확실성과 투기성을 해소할 수 있는 새로운 수정자본주의의 설계가 불가피하다. 그 기본은 생산 효율성과 공공복지를 강화하면서, 투기자본의 국제 이동과 거대 금융기관의 불공정 행위를 제어하고 정부의 실패를 방지하는 방향이 될 것이다. 그런데 이른바 4차 산업혁명이 진행되는 시점에서, 플랫폼 자본주의, 감시 자본주의, 불로소득 자본의 등 기술 혁신에 따른 부정적인 기류가 나타나고 있어서 수정자본주의는 새로운 양상으로 전개될 것으로 보인다.

2008년 금융위기와 연준의 버냉키 미국은 1929년 대공황 발발 이후 최대의 경제위기로서 2008년 금융위기를 겪는다. 이때 연준 의장은 대공황의 최고 전문가인 벤 버냉키(1953-)였다. 그는 프린스턴 대학교 교수로 2002년부터 연준의 이사를 지내다가 2006년 조지 W. 부시 대통령 때 의장으로 임명되었다. 2002년에 버냉키는 "미국이 일본처럼 잃어버린 10년을 겪을 가능성이 있는가?"라는 물음에 "인구와 생산성 등을 고려할 때 그럴 가능성은 적다. 그런 위기가 온다고 하더라도 프리드먼의 말처럼 '헬리콥터에서 달러를 뿌리듯' 연준이 강력한 통화 완화 정책을 단행한다면 막을 수 있다"고 대답했다.

버냉키는 학창 시절 수학능력적성검사(SAT)에서 1,600점 만점에 1,590점을 받고 하버드 대학교 경제학과에 진학한 수재였다. 대학교를 졸업할 때도 최우수 논문상 '수마 쿰 라우데(Suma Cum Laude)'를 받았다. 그의 가장 큰 의문은 "왜 미국 같은 강대국이 대공황을 막지 못했을까?"였다. 그리고 그 질문에 답하기 위해서 MIT에서 대공황에 관한 논문(「장기 약속, 역동적 최적화 및 비즈니스 주기[Long-Term Commitments, Dynamic Optimization, and the Business Cycle]」)을 완성하고 1979년에 박사학위를 받았다. 그를 부시 대통령에게 연준 의장으로 추천한 사람은 1987년부터 19년간 최장기 연준 의장을 지낸 전임자인 앨런 그린스펀(1926-)이었다.

그에게 큰 영향을 준 사람은 1976년 노벨 경제학상 수상자인 통화주의학파의 거두 프리드먼 교수였다. 버냉키는 대공황의 원인이 시장 실패가 아니라 연준의 과도한 통화 긴축 정책에 있었다는 프리드먼의 이론을 믿고 있었다. 연준 의장이 된 후에도 약간의 물가상승을 감수하더라도 중앙은행이 통화량 확대를 통해서 경기침체를 막아야 한다는 프리드먼 이론을 유념하고 있었다.

버냉키의 양적 완화 정책 2008년 9월 금융위기 당시 그는 경제학 교과서에도 없는 양적 완화 정책으로 미국 경제는 물론 세계경제의 파국을 막아낸 것으로 평가된다. 중앙은행의 존재 이유가 물가안정이라고 보는 시각과는 달리, 그는 중앙은행을 디플레이션 투사(Deflation Fighter)라고 보았다. 그리하여 신속하게 은행과 투자은행, 보험사 등의 신용경색 상황 관리에 나섰다.

이에 대한 일부의 비난도 있었다. 비우량 주택담보 대출의 서브프라임 모기지 부실에 사전에 대응하지 못해서 금융위기를 초래한 책임이 있다는 것이었다. 그러나 그의 위기 대책은 대체로 평판이 좋았다. 버냉키가 내세운 양적 완화 정책은 금리 인하를 통해서도 경기가 살아나지 않을 때, 국채 매입 등으로 중앙은행이 금융시장에 직접 돈을 풀어서 경기를 살리는 정책을 가리킨다. 그는 제로 금리 등의 대규모 경기 부양 정책도 함께 추진했다.

2000년대 초중반 세계경제와 금융시장은 저금리 정책에 힘입어 골디락스(Goldilocks)라는 호황을 누리고 있었다. 골디락스 경제는 뜨겁지도 차갑지도 않은 호황을 뜻한다. 9.11테러가 발생한 2001년 미국의 기준 금리는 6.5퍼센트였다. 그러나 2년 만에 1퍼센트까지 내려간다. 시장은 이를 '그린스펀 풋'이라고 불렀다. 파생 상품인 풋 옵션처럼, 주가가 하락할 때마다 그린스펀이 금리를 내려서 주가 반등을 뒷받침했다는 뜻이다.

2007년 금융위기와 버냉키의 역할 그러나 저금리 정책과 유동성 과잉은 거품경제를 키우고 있었다. 2007년, 드디어 미국 2위 모기지 업체인 뉴 센추리 파이낸셜이 파산 보호를 신청한다. 연준이 유동성을 줄여야 한다는 견해에 대해서 버냉키는 아직 위험 수준은 아니라며 받아들이지 않았다. 결국 2008년 9월 자산 2,000억 달러의 초대형 투자은행 리먼 브라더스가 파산한다. 초유의 금융위기가 발생한 것이다.

이때부터 대공황 전문가 버냉키의 해법이 작동했다. 2008년 3월부터 그는 자신의 상표인 양적 완화 정책을 들고 나와서 2013년까지 3조 달러 이상을 풀었다. 또한 실업률에 대응하는 양적 완화를 위해서 모기지 채권을 사들였다. 엄청난 액수의 지폐를 찍어내며 금융위기 진화에 나선 결과, 세계경제는 일촉즉발의 위기에서 일단 벗어날 수 있었다. 금융위기 예언자로 이름난 누리엘 루비니 뉴욕 대학교 교수는 "양적 완화는 '변칙적이고 미친' 정책이었으나, 금융위기 때 연준의 대응은 적절했다"고 평가했다. 버냉키

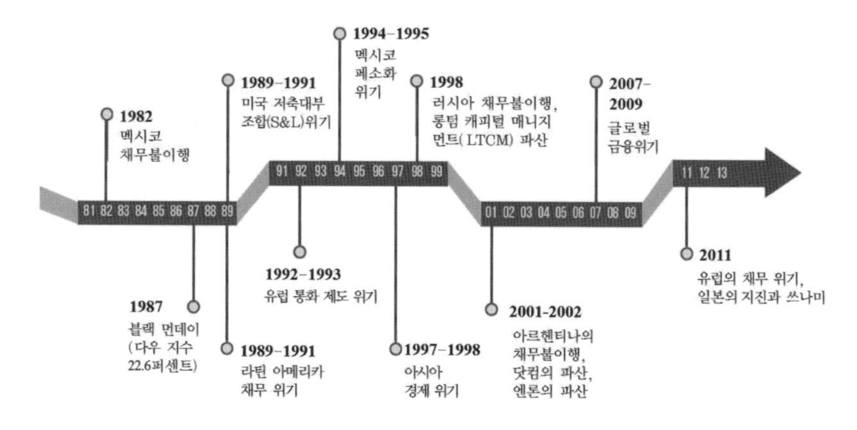

1980년대 이후의 글로벌 금융위기

는 퇴임 이후에도 브루킹스 연구소에서 대공황 연구를 계속하고 있다.

버냉키가 의장으로 재임하던 시절, 미국 경제 지표는 실업률을 제외하면 금융위기 이전보다 좋아졌다. 그러나 물가상승 등 부작용을 고려할 때, 비전통적 방식인 양적 완화는 아무나 도입하고 거두어들일 수는 없다는 지적이다. 연준의 정책이 2008년 위기 해결에 일단 성공은 했다지만, 금융위기 위협이 사라진 것은 아니었다. 오바마 대통령은 버냉키 후임으로 최초의 여성 의장 재닛 옐런을 임명했다. 그러나 연준 역사 39년 만에 연임에 실패한 의장으로 기록되었다. 그의 후임으로는 트럼프 대통령이 임명한 제롬 파월이 의장직을 수행하고 있다.

제6장
4차 산업혁명이란 무엇인가?

2016년 1월 세계경제 포럼에서 "4차 산업혁명이 쓰나미처럼 몰려오고 있다"는 말과 함께 구체적인 내용이 발표되자마자 그해 3월 서울에서 알파고와 이세돌 구단의 대국이 열렸다. 이는 우리나라에서 4차 산업혁명 논의에 불을 붙이는 계기가 되었다. 경제 정체를 벗어나기 위한 신성장 동력의 창출이 시급한 시점에서 기술 혁신의 대전환기를 어떻게 기회로 삼을 것인가의 절실함 또한 4차 산업혁명의 논의를 촉발하기도 했다.

이런 시점에서 이른바 4차 산업혁명의 실체에 대해서 이해하고 전망하는 작업은 중요하다. 그리고 산업혁명의 효시가 된 1차 산업혁명, 현대 산업사회를 탄생시킨 2차 산업혁명, 세계화를 몰고 온 3차 산업혁명에 대해서 살피는 것은 역사로부터 배운다는 점에서 의미가 있다. 역사적으로 1차, 2차 산업혁명은 그것이 진행된 지 수십 년 뒤에 산업혁명이라고 불렸고, 3차 산업혁명에 대해서 정리가 되지 않은 상황에서 4차 산업혁명을 논하다 보니, 과연 그것이 혁명의 지위를 획득했는지에 대한 논란도 있었다. 어쩌면 이러한 관점의 차이는 역사학이나 미래학의 성격의 차이일 수도 있고, 경제적 또는 기술적 관점의 차이일 수도 있다.

1차에서 4차까지 산업혁명이 거듭될수록 나타나는 특징은 여러 가지 범용 기술 간의 융합이 다양화되면서 패턴이 복잡해지는 것이다. 선도 국가의 GDP가 증가하고, 시차가 있기는 하지만 세계적으로 부가 증대되는 것도 특징이다. 현재 과연 그런 경향이 있는지에 관한 의문도 제기되고 있으나,

기술 혁신의 속도와 범위가 큰 것은 사실이다. 또 하나의 특징은 산업혁명은 국가나 개인의 빈부 양극화를 더 심화시킨다는 것이다.

현재 진행되고 있는 대전환에 대한 질문은 최근의 혁명적 변화가 어떤 배경에서 일어나고 있는지, 어떤 양상으로 전개되고 있는지, 앞으로 일자리를 비롯해서 세상을 어떻게 바꿀 것인지, 인간과 기술의 관계는 어떻게 될 것인지 등으로 이어진다. 이와 관련하여 이 장에서는 미래 예측의 불확실성을 전제로, 4차 산업혁명의 새로운 패러다임이 무엇이며 어떻게 나아가고 있는지, 어떻게 준비해야 하는지를 살피기로 한다.

과총은 2017년 5월부터 2년 연속으로 '4차 산업혁명에 대한 과학기술계 인식 조사'를 했다. 2017년에는 응답자 2,350명 중 89퍼센트가, 2018년에는 2,761명 중 81퍼센트가 "4차 산업혁명이 진행되고 있다"고 답했다. 4차 산업혁명에 대응해서 "어떤 법적, 제도적 규제 혁신이 가장 시급한가?"라는 질문에는 연구개발 관련 규제 합리화와 과학기술 기본법 등의 법과 제도 정비를 1, 2순위로 꼽았다. 4차 산업혁명이라는 용어에 대한 일부 논란이 있으나, 여기서는 현재 진행되고 있는 대전환을 4차 산업혁명이라고 칭하기로 한다.

산업혁명과 인류 문명의 대전환 2차 산업혁명의 기계화에 대해서 1936년 채플린의 무성영화 「모던 타임스」는 인간성이 위협받는 상황을 블랙 코미디로 풍자했고, 오늘의 시점에서도 여전히 울림을 주고 있다. 1959년 스노 경은 케임브리지 대학교에서 열린 '두 문화(The Two Cultures)'라는 제목의 공개강연에서 과학기술과 인문학 사이의 간극이 세계의 문제들을 해결하는 데 장애 요인이라고 진단했고, 그의 해석은 세계적으로 큰 반향을 일으켰다.

이후 현대 산업사회는 자원 고갈과 환경오염, 대형 기술 사고, 기후위기, 빈부 양극화 등으로 인류 문명의 지속 가능성을 위협하는 부작용을 수반하면서 거침없이 전진했다. 20세기 들어 전 지구적으로 복지와 안전 등 모든 지수가 획기적으로 향상된 것은 분명하지만, 다른 한편으로 산업문명의 물질적 풍요는 사람들의 상대적 박탈감과 상실감을 부추기고, 정신적이나 윤리적으로 사회병리 현상을 유발한 것도 사실이었다. 역사적으로 이에 대한 반발은 1960-1970년대 반과학주의와 환경사회운동, 여성운동 등 대항문화(Counter-culture)의 풍파를 낳았다.

1970년대 이후 3차 산업혁명은 제조업은 물론 일상생활의 디지털화를 촉발했다. 그 과정에서 글로벌 네트워크가 구축되고 신자유주의 경제의 세계화 시대가 열렸다. 사회 질서의 기조도 바뀌어서 분산화, 분권화가 대세가 되었고, 질서 체계가 일방향성에서 쌍방향성으로, 통제에서 분산으로, 중앙집중식에서 네트워크로 바뀌었다. 이런 변화 속에서 사람들은 여러 차원의 가치 사이에서 새로운 선택에 부딪쳐 갈등을 겪고, 부익부 빈익빈의 심화로 사회적 불평등과 갈등의 골이 깊어졌다. 역사 속의 산업혁명이 주는 교훈은 인류사회가 직면하고 있는 위기적 상황을 해결하는 것과 동시에 새로운 성장의 기회의 창을 열어야 한다는 것이다.

1. 4차 산업혁명 시대의 동력

4차 산업혁명의 기술적 동인 4차 산업혁명의 기술적 동인은 이른바 ICBM(IoT, Cloud, Big Data, Mobile) 기반의 AI, IoT, 클라우드, 빅데이터, 로봇, 드론, 블록체인, 가상현실(VR) 등을 중심으로 기술과 산업 사이에서 일어나고 있는 융합혁신이다. 그로 인해서 새로운 사이버 물리 시스템(CPS)이 형성되고, 산업구조와 시장경제 모델이 바뀌고 있다. 산업혁명의 동인은 기술 혁신이 하나의 축이고 사회경제적 동인이 또 하나의 축이다.

4차 산업혁명의 사회경제적 동인은 글로벌화, 인구통계학적 변화, 신흥경제국 부상, 에너지 위기, 기후변화, 일하는 방식과 업무 성격의 변화 등 광범위하다. 이들 요인으로부터 기존의 생산방식과 관리, 거버넌스에 총체적인 전환이 일어나고, 모든 국가의 산업과 사회의 파괴적 혁신에 의한 재구성이 일어나게 된다. 그 과정에서 산업과 생산성, 가치 창출과 일하는 방식에서 고부가가치가 창출된다.

해외에서 실시된 설문조사에서는 4차 산업혁명에 대한 낙관적인 기대가 70퍼센트에 달한다. 반면 우려하는 시각도 있다. 2018년에 타계한 호킹은 2015년 런던 학술대회에서 인류가 100년 내에 AI 로봇의 반란으로 멸종될 수도 있다면서, 특히 AI를 장착한 킬러 로봇의 등장을 막아야 한다고 강조했다. 게이츠도 AI는 인간이 잘 관리하는 한 유용할 것이나 수십 년 뒤에 초지능 단계가 되면 우려로 바뀔 것이라고 경고했다. 머스크는 AI는 우리 시대 최대의 '실체적인 위협(existential threat)'이므로 국가적, 국제적 규제에 대한 논의가 필요하다고 주장했다.

1) 새로운 세상과의 만남

4차 산업혁명은 앞으로 사회를 어떻게 변모시키게 될까? 세계경제 포럼에서 전문가 대상으로 조사한 결과에 따르면, 2025년 기준의 21개 티핑 포인트의 순위는 다음과 같다.

- 10퍼센트의 인구가 인터넷에 연결된 옷을 입는다.
- 1조 개의 센서가 인터넷에 연결된다.
- 미국에서 최초의 로봇 약사가 출현한다.
- 안경의 10퍼센트가 인터넷에 연결된다.
- 3D 프린터로 제작된 차량이 생산된다.
- 빅데이터를 활용한 인구조사가 실시된다.
- 인체 삽입형 휴대전화가 등장한다.
- 소비재 중에서 5퍼센트가 3D 프린터로 제조된다.
- 인구의 90퍼센트가 스마트폰을 사용하게 된다.
- 인구의 90퍼센트가 인터넷에 접근하게 된다.
- 미국의 도로를 달리는 차량의 10퍼센트가 자율주행 자동차가 된다.
- 3D 프린터로 만든 간(肝)이 최초로 이식된다.
- 회계감사의 30퍼센트가 AI로 처리된다.
- 카 셰어링을 이용한 여행이 확산된다.

– 5만 명 인구의 도시 중에서 신호등이 없는 도시가 등장한다.

초연결 사회로의 전환 가장 주목받는 것은 초연결성에 기반을 둔 플랫폼 기술이다. 2020년까지 인터넷 플랫폼 가입자 30억 명이 500억 개의 스마트 디바이스로 상호 네트워킹될 것으로 예상되기 때문이다. IoT와 클라우드 기술로 O2O(Online to Offline)를 비롯한 스마트 비즈니스 모델이 산업 생태계를 바꾸기 시작했다. 공유경제와 온디맨드(On-Demand) 경제를 중심으로 소비자의 경험과 데이터 중심의 서비스가 부상하고, 빅데이터, IoT, AI, 자율주행 자동차의 시장이 예상보다 빠르게 열릴 조짐이다.

초연결성과 초지능화의 CPS에 기반한 스마트 팩토리 등 산업 생태계의 혁신은 이미 진행되고 있다. 이전에는 부품과 제품 제조에서 기계 설비가 생산과정의 핵심이었으나, 이제는 생산과정의 각 요소가 생산 주체로서 작동하는 분권화 양상을 보이고 있다. 부품과 기계 설비가 서로 소통하며 협업함으로써 사람의 손을 대체하기 시작했다.

2) 제조업의 현재와 미래

산업혁명마다 제조업은 새로운 부의 원천이자 국가 발전의 원동력이었다. 루스벨트 연구소의 2011년 보고서에 의하면, 현재 강대국의 경쟁력은 글로벌 제조기술 생산의 통제 능력이고, 이는 생산기기 제조의 80퍼센트를 점유하고 있다. 세계무역의 기반도 80퍼센트가 공산품이다. 서비스 산업이 강조되는 추세이지만, 아직은 공산품에 의존하고 있다. 4차 산업혁명기에는 제조업이 서비스 산업과 대폭 융합될 것으로 예상된다.

제조업의 중요성 루스벨트 재단의 보고서는 제조업이 경제의 중심이 되어야 하는 이유를 다음과 같이 분석했다. 18세기 신생국가 미국을 강대국으로 만든 것은 제조업이었다, 미국이 주도한 2차 산업혁명도 제조업이 중심이었다, 첨단 제조업 발전이 100여 년간 미국을 강국으로 만든 핵심 전략이었다면서, 강대국의 기반이자 경제성장의 원천이 제조업이었음을 강조했다.

그러나 세계의 슈퍼파워가 되기 위한 조건은 단순히 제품 제조의 경쟁력이 아니다. 제품의 생산수단과 기계 설비를 확보할 수 있는 역량이 더 중요하다. 미국이 중국에 반도체 장비를 팔지 않겠다고 하자 곧바로 반도체 회사가 문을 닫을 지경이 되는 상황이 이를 웅변한다. 21세기도 세계무역은 서비스가 아닌 제품을 기반으로 할 것이며, 제조업과 서비스업의 융합이 가속화될 것이다. 일자리에서도 제조업의 일자리 하나는 다른 부문에서 3개의 일자리를 창출한다. 미국은 20세기의 5명의 대통령이 잇달아 제조업 살리기 정책을 폈다.

우리의 산업화에서 제조업 경쟁력을 키운 것은 큰 성과였다. 현재도 제조업은 국내 GDP의 29퍼센트, 수출의 84퍼센트를 차지하고 있다. 미국 경쟁력위원회와 딜로이트 글로벌이 발표한 국제 제조업 경쟁력 순위에서 우리나라는 2013년 3위, 2016년에는 5위였고, 2020년에는 6위로 예상된다. 제조업 생산능력도 2019년 3월부터 8개월 연속 감소한 것으로 집계되면서 외환위기 이후 가장 낮아졌다.

지난 20년간 우리 경제의 잠재 성장률은 5년마다 1퍼센트 포인트씩 하락하는 추세를 보이고 있다. 기술 무역수지도 계속 적자를 기록하면서 OECD 국가 중 최하위를 기록하고 있고, 일본의 '잃어버린 20년'을 닮는 것이 아니냐는 우려가 나온 지도 오래이다. 현재의 위기는 기술 선진국 진입에 필요한 구조적 전환이 미흡해서 발생한 것으로, 혁신 역량이 저조하여 기업 경쟁력이 점차 하락했기 때문으로 분석된다. 4차 산업혁명 시대, 새로운 변화는 어떻게 전개되고 있으며, 우리는 어떻게 기회를 만들어야 할까? 그 변화의 핵심은 제조업에 기반을 둔 4차 산업혁명 핵심 기술의 융합적 혁신이다.

제조업의 혁신 제조업은 급속히 스마트화 되고 있다. 디지털 기반의 적층 가공(Additive Manufacturing)의 도입으로 IoT, 빅데이터, AI의 융합에 의한 CPS 구현이 일어나고 있다. 이미 제조업 설비와 기기는 인터넷으로 연결되었고, 데이터 경제에 대비해서 고성능, 소형화, 저전력 소자와 센서를 개발하고 대량생산하고 있다.

이들 혁신을 촉진하기 위해서는 가이드라인이 필요하다. 신기술의 전개 단계와 동향을 지속적으로 모니터링하면서 적절한 시점에서 합리적인 수준의 규제가 설정되어야 한다. 이를 위해서는 기술 동향을 정확히 파악할 수 있는 전문적이고 체계적인 시스템이 구축되고 인력이 확보되어야 한다. 이 작업은 결코 쉽지 않다. 불확실한 예측에 근거하여 사전적인 규제를 하는 것은 가능하지도 않거니와 오히려 부작용을 초래할 수 있기 때문이다.

신기술 관련 규제의 제정은 기존의 이해집단과의 이해관계 상충으로 갈등을 빚을 소지가 있다. 따라서 인센티브 부여 등의 대안과 탁월한 협상력의 거버넌스 리더십이 필요하다. 기술 혁신의 격동기에서 핵심 산업 발전을 견인하고, 신기술의 잠재적인 역기능에 대비하고 공공의 이익을 추구해야 하기 때문이다. 기술 혁신의 격동기에는 조직과 사회 구성원이 낙오되지 않도록 예방하고 그들에게 새로운 기회를 주는 포용적 성장 정책이 그 어느 때보다도 중요하다.

선진국의 제조업 혁신 전략 미국은 1960년대 이후 부가가치는 상승하는 반면 고용이 정체되는 고용 없는 성장을 계속했다. 부가가치는 총 산출액에서 중간 투입 금액을 뺀 나머지를 뜻한다. 1965년부터 미국은 인플레이션을 겪기 시작했고, 이를 극복하기 위해서 1981년 레이건 대통령은 대기업 세금 인하와 규제 완화 등의 자유시장 경제 정책을 폈다. 그리고 1980년대부터 영국과 미국은 금융과 서비스업 성장 주도의 정책을 추진했으나, 2008년 글로벌 금융위기 이후 독일 방식으로 제조업 중심의 산업 발전 전략으로 전환했다.

2010년대 초반부터 가동된 독일의 인더스트리 4.0은 공장 디지털화에 의해서 생산량을 14배 늘렸다. 그러나 고용 인원에는 별다른 변화가 없었다. CPS 등의 도입에 의한 디지털 전환으로 독일, 미국, 영국은 제조업 경쟁력을 유지했다. 중국보다 임금이 5-6배 높음에도 불구하고, 공정 기간 단축과 고부가가치화를 실현했기 때문이다. 한편 중국은 '중국 제조 2025' 정책으로 제조업의 자급률을 높이고, 수입 대체를 추진하고 있다. 중국은 짧은 역사의 근대산업화라는 약점을 드넓은 시장을 이용해서 시행착오의 축적을 동력으로 전환하는 데 성공한 것이다. 대중국 수출 의존도가 높은 우리나라로서는 '중국 제조 2025' 정책이 위협이 될 가능성이 있다.

글로벌 제조업의 현황 2008년 글로벌 경제위기를 기점으로 산업의 부가가치 증가율이 급격히 감소했고, 서비스 산업의 비중이 클수록 피해가 컸다. 이 시기에 제조업 강국인 독일의 부가가치 증가율은 거의 감소하지 않았다. 고용은 오히려 늘어났다. 제조업은 경기변동에 덜 민감하기 때문이다. 제조업 현장의 인력은 영업사원에 비해서 해고하기가 어렵다. 독일을 모델로 2008년 이후 선진국의 산업정책 방향은 제조업 혁신으로 선회했고 제조업 경쟁이 가열된다.

덧붙여서 제품 수명 주기의 단축, 소비 패턴의 변화, 자원 고갈, 온난화 등 글로벌 이슈도 제조업 혁신의 필요성을 키우고 있다. 스마트폰의 제품 수명 주기는 극도로 짧아서 새 모델을 개발하면서 곧이어 다음 모델을 만들어내야 하고, 막대한 금융이 투입되어야 한다. 다람쥐 쳇바퀴 돌리는 식의 부담을 감당해야 하는 것이 오늘의 제조업의 현실이다. 이러한 제품혁신 속도의 가속화와 수명주기의 단축은 제조업으로 하여금 날이 갈수록 보다 빠른 혁신의 스트레스를 가하고 있다.

2007년 1월, 세계 가전전시회에서 잡스는 상반기에 스마트폰을 출시할 것이라고 선언했다. 그해 연말까지 아이폰은 7,000만 대가 팔렸다. 2009년까지는 노키아와 블랙베리가 스마트폰 시장의 강자였다. 2010년 이후 톱 2의 생산력은 떨어지는데, 매출은 스마트폰 시장의 60퍼센트에 달했다. 그러나 2011년에는 블랙베리와 노키아가 추락하고, 이후 애플과 삼성이 부상한다.

국내 제조업 현황 우리나라는 그동안 제조업의 비중이 20-25퍼센트대였다. 제조업의 부가가치 비중은 계속 높아졌으나, 고용 비중은 1990년 이후 크게 낮아지고 있다. 서비스업 고용률이 증가함에도 부가가치 비율이 정체 내지 감소 추세라는 것은 서비스업 고용의 질이 낮다는 뜻이다. 게다가 중국의 추월과 후발 경쟁국의 약진으로 2016년까지 상승하고 있던 글로벌 경쟁력이 하향세로 돌아서고 있다. 인구 1만 명당 산업용 로봇 설치가 세계 최고임에도 생산성은 7-8위 수준이다. 국내 제조업이 구조적으로 취약하다는 뜻이다. 결국 고용 없는 성장으로 고용의 질이 나빠지고 있고 제조업 경쟁력이 뒷받침되지 못하는 상황에 몰리고 있다.

최근 제조업은 자본집약형과 기초 소재형으로부터 조립형과 정보통신기술 제품형으로 바뀌고 있다. 이들 제품의 글로벌화에 따라서 글로벌 가치사슬도 계속 확산되고 있다. 글로벌 가치사슬의 체제에서는 제품의 설계, 원자재와 부품의 조달, 생산, 유통, 판매에 이르는 전 과정이 세계 각국의 긴밀한 협력과 분업에 의해서 이루어진다. 우리나라는 반도체 부품을 중심으로 경쟁 우위를 가지는 구조에서 부품을 베트남, 멕시코 등지에서 조립해오면서 핵심 경쟁력이 취약해진 측면이 있었다. 고기능 소재, 핵심 부품, 장비 등의 해외 의존도가 높은 경우 부가가치도 줄어든다.

2019년 일본 정부는 우리나라에 대하여 불화수소를 포함한 3개 품목에 대한 수출 규제를 선언했다. 그동안 삼성전자는 D램 제조 공정에서 일본으로부터 90퍼센트 이상의 불화수소를 공급받고 있었다. 대체 수단이 마땅치 않은 상황에서 글로벌 가치사슬에 묶여 있는 나라가 공급에 브레이크를 거는 경우 타격을 받을 수밖에 없다. 보호무역주의에 의한 통상 갈등이 심화되는 경우 이러한 사태가 발생할 확률이 커질 우려가 있다.

글로벌 가치사슬과 우리나라 상황 일본의 수출 규제 사태는 글로벌 가치사슬에 교란이 생기는 상황에서 어떻게 대처할 것인지를 부각시키고 있다. 2013년 영국의 통상투자부 장관 스티븐 그린(1948-)은 부가가치 거래에 대한 OECD와 WTO의 데이터베이스에 대해서 강연하면서, 근대적 공장과 증기기관의 탄생지로서 1차 산업혁명을 이끌었던 영국이 이제 제조업에서 새로운 산업혁명을 일으키고 있다는 표현을 했다.

발인의 요지는 대형 비행기에서 작은 전자제품에 이르기까지 여러 나라에서 생산된 각종 중간 생산물을 한데 모으는 글로벌 가치사슬에 의해서 제조업이 진행되고 있다는 것, 글로벌 가치사슬의 목표는 여러 나라의 경쟁력의 총화로 세계적으로 값싸고 품질은 좋은 제품을 공급하는 것, 그리고 그런 변화로 인해서 이제 영국제나 중국제가 아니라 메이드 인 더 월드(Made in the World)로 가고 있다는 것이었다.

국가 간의 경제적 상호 연결성의 증대와 글로벌 가치사슬의 작동에서는 국제통상의 변수에 따라서 무역 실적이 영향을 받게 된다는 취약성이 있다. 글로벌 가치사슬에 있는 어느 나라가 저성장이나 경제 침체를 겪는 경우, 또는 어떤 의도로 행동하는 경우, 무역 파트너에게만 영향을 주는 것이 아니라 직간접으로 결국 세계에 영향을 미치는 결과를 빚기 때문이다. 글로벌 가치사슬이 원활히 작동하기 위해서는 다자간의 생산과 통상에서 효과적인 제도가 구축되어야 하고, 국가 간의 신뢰와 협력이 밑바탕되어야 한다.

글로벌 가치사슬의 훼손이 어디까지 갈지 초미의 관심사이다. 예컨대 일본은 반도체용 고순도 불화수소의 세계 시장을 거의 독점하고 있어서, 대만과 미국의 반도체 기업도 일본산 불화수소에 의존하고 있다. 단기간에 자체적으로 저렴한 가격에 고순도 불화수소를 생산하는 일은 그리 쉽지 않다. 최근의 기술 혁신 환경에서 한 국가가 모든 요건들을 갖추기는 쉽지 않다는 점을 고려해서, 부품, 소재, 장비를 공급하는 국가의 다변화가 이루어지고 있다.

이번 사태를 겪으면서 특정 국가에 대한 산업 의존도가 높다는 점에 따른 극복 방안이 발등의 불로 떨어졌다. 보호무역주의가 작동하고 정치적 이유로 글로벌 가치사슬이 교란되는 상황에서는 부품, 소재, 장비 분야의 자체 경쟁력을 강화하는 조치는 불가피하다. 시장거래에 들어가는 비용과 위험 부담이 큰 경우에는 기업의 자체 생산능력을 확충해서 내부화할 필요가 있기 때문이다. 따라서 국내 산업의 생태계 혁신에 의해서 기업 차원의 내부화 역량이 조속히 강화되어야 한다.

이때 고려해야 할 것은 고도의 기술집약적 부품이나 소재를 단기간에 확보할 수 있을 것인지, 어떻게 해야 가능할 것인지를 정확히 가늠하는 일이다. 결국 기본으로 돌아가서, 연구개발의 생산성을 높이는 근본적인 혁신을 이루되 단기적인 지원 정책 수단을 강화해야 할 것이다. 정책 지원에서는 시장실패 관리 차원에서 나아가 위험 부담이 큰 기술 프로젝트에 기업이 선제적으로 투자할 수 있도록 규제를 합리화해야 할 것이다.

여기서 주목할 것은 한국의 GDP 대비 연구개발 비중은 2019년 기준 4.6퍼센트로 세계 최상위 수준이지만, 과제 성공률은 98퍼센트로 너무 높고 사업화 성공률은 20퍼센트로 너무 낮다는 것이다. 사업화율 수치가 영국(71퍼센트), 미국(69퍼센트), 일본(54퍼센트)에 크게 못 미친다는 취약성을 극복하는 것이 과제이다. 이런 현실에 대한 원인을 정확히 진단하고, 실질적인 해법을 찾기 위해서는 그동안의 노력에도 불구하고 성과가 기대에 미치지 못했던 원인부터 찾아낼 필요가 있다. 예산 확보와 집행, 연구개발 과제 선정, 연구개발 관리, 인재 양성 등에 대하여 현장의 목소리를 수렴하고 보완하여 위기를 기회로 만드는 역량을 발휘해야 할 때이다.

제조업 부가가치 제고 방안 최근 미국과 중국의 무역 분쟁과 한국과 일본의 수출 규제의 충격은 과학기술과 산업 정책을 재검토하게 만들고 있다. 제품 포트폴리오의 전환에 의한 제품 혁신, 스마트 팩토리의 도입과 장비산업 연계에 의한 공정 혁신, 소재 부품 기반의 강화에 의한 생태계 혁신, 서비스 융합을 통한 가치사슬의 상향 이동 등 결코 쉽지 않은 과제들을 통합적으로 추진해야 하는 상황에 직면했기 때문이다.

그러나 혁신적인 방식으로 제조업의 부가가치를 상승시키는 일은 단기간에 쉽게 달성할 수 있는 목표가 아니다. 국가혁신체제(National Innovation

System)에서 산업 정책의 목표, 정책 대상과 수단, 추진 체계의 전환이 필요하기 때문이다. 정책 대상은 기존 기술에 최적화된 생산, 수요, 경쟁, 제도 등의 전면적인 전환을 의미하므로, 산업 생태계 혁신에 대한 통합적 접근이 필요하다는 뜻이 된다. 기업혁신을 가능하게 하는 여건 조성과 패키지형 정책 지원, 그리고 사회적 가치 구현과 산업구조 고도화를 위한 임무지향적 방식을 확대할 필요가 있다.

정부는 2001년 소재부품특별법 제정, 2010년 반도체 장비, 소재, 부품과 관련된 육성 전략을 추진하며, 생산 3배, 수출 5배 등 반도체 산업의 외형적 성장을 위한 노력을 했다. 그러나 2019년을 기준으로 반도체 장비, 소재의 국산화율은 40퍼센트 이하이다. 이 사태에 대해서 정부는 곧바로 범부처 차원의 '대외 의존형 산업구조 탈피를 위한 소재, 부품, 장비 경쟁력 강화 대책'을 내놓았다. 주요 내용으로는 100대 핵심 전략 품목에 대한 조기 공급 안정화, 수요-공급 기업 및 수요 기업 간의 협력 생태계 구축, 경쟁력위원회 설치, 특별법 전면 개편 등이 있다.

3) 4차 산업혁명의 핵심기술

산업혁명기의 기술 혁신은 현존하는 범용 기술 간의 복합적인 융합으로 새로운 혁신이 일어나는 것이 특징이다. 산업혁명의 차수가 높아질수록 범용 기술의 수가 늘어나고, 그 기술들 사이의 융합이 더 복잡하게 전개되기 마련이다. 4차 산업혁명의 핵심 기술과 그것들 사이의 상호 융합에 대해서 간략하게 살피기로 한다.

(1) AI

인공지능(AI)은 4차 산업혁명의 꽃이다. AI라는 용어는 1956년 미국 다트머스 회의에서 처음 언급되었다. 마빈 민스키(1927-2016), 클로드 섀넌(1916-2001) 등 AI와 정보처리 이론 분야의 석학들이 모인 학술대회에서 존 매카시가 처음으로 사용했으나, AI의 원조인 '생각하는 기계'의 제작과 튜링 테스트에 관해서 튜링이 제안했던 때는 1950년이었다.

1943년 워런 매컬러와 월터 피츠는 최초의 신경망 모델을 제시했다. 소련에서도 아나톨리 키토프가 「붉은 책(Red Book)」에서 '국가 계획경제 네트워크 중심적 통제 체계'를 제안했고, 소련 컴퓨터 공학자 빅토르 글루시코프가 이를 발전시켜서 연방 자동 정보처리 체계 계획을 내놓았다. 1950년 앨런 튜링은 그의 논문 「계산하는 기계와 지능(Computing Machine and Intelligence)」에서 기계가 사고를 할 수 있는지를 시험하는 방법, 지능을 갖춘 기계의 개발 가능성, 학습하는 기계 등의 대해서 썼고, 이것이 AI 개발의 출발이었다.

AI 개발의 전개 이후 인공신경을 그물망 형태로 연결하면 사람의 뇌에서 작동하는 간단한 기능을 모방할 수 있다는 이론이 발표되고, 1958년 코넬 대학교 프랭크 로젠블랫 교수의 퍼셉트론(Perceptron) 개념이 발표된다. 그로써 '뇌 신경을 모사한 인공신경 뉴런' 기반의 AI 연구가 진행되기 시작한다.Defense Advanced Research Projects Agency

그러나 1969년 민스키와 시모어 페퍼트(1928-2016)가 단일 계층 신경망의 한계를 수학적으로 증명한 『퍼셉트론(*Perceptrons*)』을 출간하면서 AI 연구는 고비를 맞게 된다. 미국 방위 고등연구 계획국은 AI 연구비로 2,000만 달러를 지원하던 것을 중단했고, 그 여파로 연구 열기가 식는다. 이것이 1차 'AI 겨울(AI Winter)'이었다. 1974년에는 역전파 알고리즘이 제안되고 전문가 그룹이 성장하기 시작했으나 여전히 겨울은 계속된다. 1980년에는 다층 신경회로망이 도입되지만, 정보처리 능력의 한계는 그대로였다.

AI 산업은 1980년에 10억 달러 규모의 시장을 형성한다. 그러나 정보처리 능력과 정보량의 부족, 연구비 지원 중단으로 다시 '2차 AI 겨울'로 들어간다. 몇 가지 요인 중에 1973년 제임스 라이트힐이 AI로 매우 복잡한 문제를 해결할 수 있다는 가능성에 의문을 제기하고, 영국 대학에서의 연구비 지원 축소하라는 보고서를 작성한 것이 계기였다.

1980년대에는 문자인식이나 음성인식에서 일부 가시적인 성과가 나온다. 그러나 대화형 AI 개발에 실패하면서, 1990년 이후 문제 해결과 비즈니스 중심의 개발로 전환된다. 때맞추어 하드웨어의 혁신이 일어난 것이 AI 연구 활성화의 계기가 된다. 2006년 제프리 힌턴(1947-) 교수가 딥러닝 논문을 발표하면서, 그동안 불가능하다고 보았던 인간 지능을 뛰어넘는 결과물이 나오고, 2017년에는 얼굴 인식율과 사물 인식 능력에서 사람을 앞서는 AI도 등장한다.

여기서 주목할 것은 AI 기술의 발전은 알고리즘 진화(딥러닝), 컴퓨팅 성능 향상(GPU), 빅데이터(인터넷, 스마트폰 이용) 등 연관 분야에서 기술 진보가 있었기 때문에 가능했다는 사실이다. 이들 관련 기술의 급격한 혁신에 힘입은 결과 2020-2040년 AI 기술이 인간의 지능을 추월하는 특이점인 '싱귤래리티(singularity)'에 도달하리라는 전망이 나온다. 전문가들은 앞으로 40년 내에 외과 수술에서, 30년 내에 「뉴욕 타임스」의 베스트셀러 출판에서 싱귤래리티가 실현되리라고 예측한다.

딥러닝 연구의 대가인 스탠퍼드 대학교의 앤드루 응 교수는 "AI 기술이 널리 보급될수록 AI가 만들어내는 사회문제를 해결할 수 있을 것"이라는 낙관론을 펴고 있다. 일부 가시화되는 분야도 있다. 일례로 수백여 종의 의류 브랜드 신상품이 전국의 수백 개 매장으로 출고될 때 AI 기술을 쓰면 한 매장에 비슷한 색상이나 디자인의 옷이 몰리지 않도록 분배할 수가 있다. 반도체 공장에서는 천장에서 웨이퍼(wafer)를 실어 나르는 수천 대의 기계가 교통체증이 없이 원활하게 돌아다니게 할 수 있다. 길 찾기를 하는 알고리즘이 들어 있기 때문이다.

AI가 구현하는 기술 AI는 인간의 인지, 학습, 추론 등의 지적 능력을 컴퓨터로 구현하는 기술이다. 최근 인간의 뇌 신경망 구조를 모방한 딥러닝의 등장으로 기존의 기계학습 방법론과는 비교할 수 없는 높은 성능을 갖추게 되었다. 그로써 기계학습 과정이 단축되고, 방대한 데이터로부터 정보를 인지하고 학습해서 지식으로 발전시키게 된 것이다. 딥러닝은 인지, 학습, 추론 등의 전 과정에 걸쳐서 혁신을 일으켰고, 시각과 언어 영역에서는 인간 이상의 능력을 발휘하고 있다.

맥킨지 보고서는 기계학습 기술의 발전 방향과 적용 가능성을 기준으로 기술의 트렌드를 분석한 결과, 딥러닝, 전이학습, 강화학습의 진보를 주요 분야로 꼽았다. 최근 딥러닝으로 시각지능, 언어지능 등의 학습 알고리즘이 개발되면서, 오픈 소스 플랫폼이 치열하게 경쟁하고 있다.

전이학습, 강화학습, 지식추론 기술 전이학습은 학습이 완료된 모델을 비슷한 영역으로 전이하여 학습시키는 기술이다. 적은 양의 데이터로도 학습을 빨리 하고 예측 정확도를 높일 수 있다. 펜실베이니아 대학교와 구글의 AI 프로젝트 팀은 탄자니아의 카사바 질병을 진단하고 있다. 식물 질병 학습 모델과 전이학습을 활용하여 소량의 카사바 이미지 데이터를 이용해서 98퍼센트 정확도로 갈색 줄무늬병을 구분해내는 것이다. 스탠퍼드 대학교 연구진은 인공위성이 촬영한 이미지 데이터와 전이학습을 사용하여 빈곤에 대한 한정된 데이터로 아프리카 국가들의 빈곤 지도를 개발했다.

강화학습은 특정 행동의 시행착오 과정을 거치며 보상을 최대화하는 학습 기법이다. 여러 단계를 거쳐서 복잡한 목표를 달성하거나 특정 차원을 따라서 최대화하는 방법을 학습하는 목표 지향적인 알고리즘을 말한다. 이 알고리즘에서는 잘못된 결정을 내렸을 때 페널티를 받고 옳은 결정을 내렸을 때는 보상을 받는다. 딥마인드가 개발한 알파고의 업데이트 버전인 알파제로에서 보듯이, 기존의 장기와 체스 컴퓨터 챔피언끼리의 대국에서 인간의 개입 없이 스스로 학습하여 승리하는 수준에 이르렀다.

지식추론 기술은 정보 사이의 상대적인 관계를 유추하는 기술로 당초 추론형 질의에서 출발한 이후 현재는 인간의 추론 능력을 능가하고 있다. 메타마인드의 'AMA(Ask Me Anything)'는 텍스트 정보를 이해하고 주어진 문제에 연관성이 높은 정보를 유추하여 정확히 답변하는 기술을 구현했다. 그리고 이미지, 텍스트 데이터에 대하여 정보의 의미를 이해하고, 복잡한 질문이나 문제를 해결하는 관계형 추론 방식 기술로 발전하고 있다. 딥마인드는 인식된 영상, 이미지, 텍스트의 상대적인 관계를 추론하는 관계형 네트워크를 출시했다.

시각지능　AI의 이미지, 영상 데이터 기반의 시각지능은 인간 능력의 수준을 넘어서고 있다. 상황을 이해하고 새로운 이미지를 생성하고 있기 때문이다. 이미지와 영상의 특징을 이해하는 기술도 발전하고 있다. 눈, 코, 입 모양의 상관관계를 분석하여 사람의 표정을 알아보고 감정을 추측해낸다. 그리고 상황을 정확히 파악해서 언어로 표현한다. 2014년에 이언 굿펠로우가 제안한 생성적 적대 신경망(Generative Adversarial Networks : GAN)은 데이터양이 적은 환경에서도 실제와 거의 같은 이미지를 생성하고 있다.

MS는 2015년 이미지넷 경진대회에서 96.43퍼센트의 정확도를 달성하여 인간의 인식률인 94.9퍼센트를 추월했다. 2017년에는 중국 대학 팀이 97.85퍼센트의 인식률을 달성했다. 국내에서는 한국 전자통신연구원의 딥뷰(DeepView) 프로젝트가 시각지능 핵심기술을 개발해서, 2017년 이미지넷 경진대회에서 사물 검출 부문 2위로 뽑혔다. 서울대학교 팀은 자연어 처리 기술과 융합된 시각 인식 기술 개발로 글로벌 컴퓨터 비전 및 패턴 인식 학술대회(Computer Vision and Pattern Recognition : CVPR)가 개최하는 이미지 인식 대회에서 준우승을 차지했다.

MIT는 사회물리학 기술을 바탕으로 수년간 예측 분석 플랫폼을 개발했다. 그 결과로 출시된 엔도르(Endor) 프로토콜은 예측 결과를 즉각 제공하여 소비자 행동의 패턴을 찾도록 도와주는데, 소매업에서부터 핀테크에까지 적용되고 있다. 남아프리카 공화국의 공항에는 그 앞에서 하품을 하면 커피가 자동으로 나오는 커피 자판기가 있다고 한다. 네덜란드 커피 회사가 화상 인식 기술을 이용하여 프로모션을 한 것이다. 세상은 그렇게 바뀌고 있다.

SK 텔레콤이 개발한 디스코간(DiscoGAN)은 핸드백에 어울리는 구두 디자인을 만들어서 추천하는 기술을 선보였는데, 2017년 AI의 최고권위 학회인 국제 머신러닝 학회(International Conference on Machine Learning : ICML)에서 심사위원 전원에게서 최고의 평가를 받았다. 네이버는 2개의 판별망과 3개의 생성망을 통해서 스타간(StarGAN)을 개발했고, 머리색, 피부색, 성별, 나이, 표정 등의 특징을 한꺼번에 변화시키는 이미지 변환 기술로 2018년 CVPR에서 상위 2퍼센트 논문으로 선정되었다.

언어지능 언어지능은 텍스트, 음성 데이터 기반 학습을 통하여 스스로 언어를 이해하고 사람의 억양과 비슷한 음성을 생성하는 단계로 들어섰다. 구글은 데이터 기반의 워드쓰리백(word3vec) 알고리즘을 개발하여 1,000억 개의 단어를 기계학습에 적용하고, 구문 단위의 유사한 단어를 벡터 공간에 넣는 방식(Word Embedding)을 구현했다. 언어 인식 지능을 가진 AI는 사람의 목소리를 알아듣고 생성하며, 악센트와 억양까지 구현하는 수준이다.

딥마인드는 구글의 음성 생성기술인 문자 음성 변환 프로그램 TTS(Text-To-Speech)를 발전시켜서 사람의 목소리 패턴을 분석하여 언어를 생성하는 웨이브넷에 관한 논문을 발표했다. IBM은 음성인식에서 딥러닝 기술과 웨이브넷을 결합한 모델로 정확도를 높였고, MS는 음성인식의 정확도가 인간 수준을 넘어섰다고 발표했다. IBM은 아프리카 케냐와 남아프리카 공화국의 요하네스버그에, 구글은 가나에 각각 AI 연구소를 설립했다. 아프리카에는 2,000여 개의 언어가 존재하는데, 그 언어를 이해함으로써 전 세계를 네트워크할 수 있는 기반을 조성하는 것이 목표이다.

미국에서는 심장마비 환자가 연간 40만 명 정도 발생하고, 그중 6퍼센트 정도가 생존한다. 미국 워싱턴 대학교 연구 팀은 아마존의 알렉사나 구글 홈 등의 AI 음성인식 스피커, 스마트폰의 애플리케이션을 개발하여 인명 구조 지원을 하고 있다. 수면 중에 발생하는 심장마비를 감지하고, 이상 징후가 발견되면 자동으로 911에 전화를 거는 지원 요청 기술을 개발한 것이다.

AI 시장의 급성장 AI는 반복적인 업무 프로세스를 자동화하고, 새로운 전략적 통찰력을 제공한다. 글로벌 기업의 80퍼센트는 AI를 제품에 적용하고 있는데, 2016년부터 급격히 늘어나서 금융, 소비, 헬스케어, 교통, 보안 순으로 활용되고 있다. AI 시장은 연간 3.5-5.8조 달러의 경제적 효과를 창출할 것이며, 2018년 맥킨지 보고서는 마케팅과 판매, 공급망 관리와 생산 부문의 AI 도입이 경제적 효과가 가장 클 것으로 전망했다.

AI 분야의 글로벌 시장은 2018년을 기준으로 전년 대비 30-50퍼센트 성장했고, 2025년까지는 연평균 36-45퍼센트의 성장세가 전망된다. 글로벌 기업들은 대규모 펀딩과 인수합병 확대로 기술 경쟁력 강화를 위한 투자에 총력을 기울이고, 우수 기술력을 보유한 스타트업에 집중 투자하고 있다. 2013년 대비 2017년 펀딩 건수는 4.4배, 투자 규모는 8.7배 증가했으며, 특히 미국과 중국의 기업 투자가 활발하다.

미국의 구글과 중국의 바이두 등 선두 기업은 2016년에 200-300억 달러를 투자했는데, 그중 90퍼센트는 우수 기술력 보유 기업에 투자했고, 10퍼센트는 스타트업 인수에 썼다. AI 분야에서 글로벌 스타트업의 수는 2018년 10월을 기준으로 5,200개였다. 2017년을 기준으로 AI와 관련된 115개 스타트업이 구글과 애플 등 대기업에 인수되었고, 그중 기계학습 기술을 보유한 스타트업의 비중이 49퍼센트로 가장 높았다.

AI 기술의 성과 글로벌 IT 기업은 AI와 웨어러블 디바이스를 융합시켜서 차세대 성장 동력을 창출하고 있다. AI의 성과는 자율주행 자동차와 개인 비서 시스템에서 먼저 구현되고 있다. 개인 비서로는 애플의 시리, 구글의 나우, MS의 코타나, 페이스북의 M이 대표적이다. 아마존은 알렉사를 선보였고, 삼성은 S 보이스를 출시했다. 이들 개인 비서는 인간의 언어를 학습하면서 말을 배우고 있다.

자율주행 자동차와 드론도 AI의 대표적인 산물이다. 구글의 자율주행 자동차, 애플의 타이탄 프로젝트 등이 여기에 속한다. 가장 어려운 기술은 이미지 학습인데, IT 기업들이 자사의 포토 서비스, 소셜 미디어 서비스, 의료

영상 분석에 도입하고 있다. 구글의 포토, 페이스북의 딥페이스, IBM의 AI 왓슨의 의료 영상 분석 등이 그것이다.

> IBM의 왓슨은 세계적인 요리 전문 잡지 「본아페티(*Bon Appétit*)」와 함께 만든 요리를 애플리케이션으로 보여준다. AI 로봇 요리사가 3D 프린터로 온갖 요리를 하는 세상이 되고 있다. 날씨와 지진을 예측하는 로봇, 증권사의 로봇 자산 관리사, 로봇 저널리스트 등 AI가 맹활약하는 시대가 오고 있다.

AI 산업의 글로벌 과제 기업 차원의 AI 산업의 과제는 양질의 데이터 확보와 플랫폼 구축 등의 글로벌 시장 경쟁에서 우위를 점하는 것이다. 구글(검색, 메일), 페이스북(SNS), 아마존(쇼핑, 유통) 등이 AI 기술의 선두주자가 된 것은 방대한 데이터를 수집하는 고유 플랫폼을 보유하고 있기 때문이다. 이때 AI 전문가 확보가 중요한데, 현재는 수급 불일치 현상이 심하다. 세계시장이 필요로 하는 AI 인재는 100만 명 수준인데, 실제 전문가는 30만 명 수준이다. 구글은 중국의 AI 역량을 높게 평가하고, 인재 유치를 위해서 베이징에 '구글 AI 중국 센터'를 설립했다.

구글은 장기 투자, 인프라 조성 등을 목표로 여러 가지 계획을 발표하고 있다. '국가 AI 연구개발 전략계획(2016. 10)', 'AI 미래를 위한 준비(2016. 10)' 등을 집중 추진하면서 민관 협력, 공공 데이터 구축, 인력 양성 등에 주력하고 있다. 2018년 5월에 백악관은 산학연관의 AI 정상 회의를 개최하고, AI 기술이 경제와 국가안보 증진에 기여할 것이라며 6대 부문별 AI 지원 정책을 발표했다.

AI 산업의 선진국 동향 EU 집행위원회는 '디지털 싱글마켓 구축 전략(2018. 4)'으로 AI 분야를 키우고 있다. 세상을 변화시킬 기술로 보고, AI 활용에 의한 일자리 변동 등 사회경제적인 변화에 대비하면서 윤리적, 법적 체계도 마련하고 있다. 프랑스는 최근 AI 선도국 도약을 위한 'AI 권고안(2018. 3)'을 발표했다. 주요 글로벌 기업의 투자 매력 국가로 부상한 프랑스는 데이터의 개발과 활용을 위한 플랫폼 구축, 학제적 네트워크와 공공 연구 인프라 강화, 일자리에서 인간-기계의 공존을 위한 전략과 교육 시스템 구축, AI로 인한 사회 변동과 이슈 대응 등의 주요 권고사항을 추진하고 있다.

영국은 2018년 'AI 섹터딜(AI Sector Deal)'을 발표하고, 교육, 인프라, 비즈니스 환경에 10억 파운드를 투자해서 2025년까지 AI 분야의 박사 인력과 컴퓨터 과학자를 육성한다는 계획을 발표했다. 2019년에는 무인화로 사라질 위험이 큰 직업 종사자들을 대상으로 재취업과 기술 교육 등을 지원하는 '국가 재교육 계획' 사업을 발표했다. 또한 '테크 국가(Tech Nation)' 프로그램으로 AI 기업을 지원하면서 세계 최초로 데이터 윤리 혁신 센터를 설립하고 있다.

중국은 AI를 국가 전략 분야로 선정했고, 2030년을 목표로 2017년에 차세대 AI 발전계획 청사진을 제시했다. '과학기술 혁신 2030-중대 프로젝트'에 AI 2.0을 추가하여 AI 강국으로의 도약을 추진하고 있다. AI 핵심 산업에 대규모 투자를 지원하고, 지능 이론, 뇌 컴퓨팅 등의 기초 연구, 자연어 처리기술 등의 핵심기술 개발, 국내 인력 양성과 해외 우수 인재 유치를 비롯해서 AI 혁신 단지와 연구 센터 건설로 생태계를 구축하고 있다. AI 연구개발에서 중국은 14억2,000만 명이라는 인구의 막대한 데이터를 사회주의 체제로 추출하고 정부가 강력하게 지원하는 등의 여건으로 보아 세계 어느 나라보다도 앞설 것으로 예상된다.

일본은 일본 재흥전략(2016. 4)의 수립으로 범부처 차원의 AI 정책을 강화했다. 또한 경제발전과 초스마트 사회 실현을 위한 전략으로 2017년에 AI 산업화 로드맵을 발표했다. 범부처 컨트롤타워인 'AI 기술 전략회의'를 설치하여 차세대 AI 연구개발 목표 및 산업화 로드맵을 발표한 바 있다. 그리고 2년 만인 2019년에 새로운 'AI 전략'을 'AI 사회 원칙'과 함께 발표했다. 이번 AI 전략은 그간의 AI 관련 논의와 정책들을 통합, 발전시켜서 관방장관이 의장인 통합 혁신전략 추진회의를 통해서 발표한 종합판이라고 할 수 있다.

AI 분야의 논문 건수에서는 미국과 중국이 가장 앞서 있고, 우리나라는 7위에 머물러 있다. 중국은 시각지능과 기계학습에서 선두를 달리고, 미국은 지식추론과 언어지능의 논문 건수가 많다. 논문의 우수성은 미국, 영국, 중국 순이고, 우리나라는 9위였다. AI 관련 특허 출원에서는 미국과 중국이 가장 앞서 있고, 일본, 한국, 유럽이 뒤를 잇는다. 미국은 지식추론과 언어지능에서, 중국은 기계학습에서, 그리고 일본은 시각지능에서 특허가 1위이다. 세부 기술별 특허 출원 건수는 시각지능, 언어지능, 지식추론, 기계학습의 순이다. 총 특허 등록 건수는 미국, 일본, 중국, 한국, 유럽의 순으로 나타나고 있다. 이 통계에 의하면, 한국은 AI의 연구에서보다 특허에서의 성적이 좀더 나은 것으로 나타나고 있다.

AI 산업과 한국의 대응 우리나라는 대통령 직속 4차 산업혁명 위원회가 2017년 제4차 산업혁명 대응계획을 발표했다. 그에 따라 AI 연구개발 세부 전략에 의해서 기술 역량의 조기 확보를 위한 대규모 연구개발 과제를 추진하고 있다. 특히 시각, 언어 중심의 국가 전략 프로젝트에 역점을 두면서, AI 핵심기술을 확보하고 적절한 경제적, 사회적 대응을 한다는 것이 골자이다. 또한 고위험 기술력과 차세대 기술력 확보를 위한 투자 지원, 범용 기술 중심의 연구개발을 추진하고, 인재 양성과 인프라 구축을 지원하는 등의 정책에 의해서 글로벌 수준의 기술력과 연구개발 생태계를 구축하는 것을 목표로 하고 있다.

우리나라 AI 기술의 산업적 활용을 위해서는 기계학습에 요구되는, 수요를 기반으로 한 양질의 데이터 확보가 필요하다. AI 기술 개발의 핵심 요소는 구조화된 대량의 학습 데이터이기 때문이다. 데이터 수집 단계에서부터 연구자와 기업의 수요를 적극 반영하여 공공 데이터를 구축하고 개방하며 산학연 협력의 개방형 연구개발을 지원할 필요가 있다.

그리고 AI 기업의 창업 생태계 조성을 위한 전방위 정책을 펴야 한다. 스타트업이 유니콘 기업으로 성장하기 위해서는 우수 인재와 투자자금이 유입되는 선순환 생태계 구축이 시급하다. 현재 추진되고 있는 AI 프로젝트 '딥뷰', '엑소브레인(Exobrain)'과 같이 산학연이 공동기획하고 개발하고 상융화할 수 있는 프로젝트가 확대될 필요가 있다. 그리고 학제적 융합연구, 산업현장의 수요기반 교육 프로그램의 강화로 융합형 인재 양성의 기반을 조성해야 한다. 또한 AI 기술이 산업과 사회 전반에 융합되고 있는 상황에서 부작용이 최소화될 수 있도록 선제적인 대응을 하는 것도 중요하다.

(2) 빅데이터

초연결의 4차 산업혁명에서 기반 기술인 빅데이터의 수요는 급증세를 보이고 있다. AI, 로봇, IoT, 자율주행 자동차 등 핵심 분야가 모두 빅데이터 기반이기 때문이다. 빅데이터는 그 양과 전달 속도, 다양성 측면에서 기존의 데이터와는 구분된다. 2000년대 이후에 관련 기술이 개발되면서 2010년 이후에 크게 주목받게 되었다. 글로벌 IT 기업은 AI 등이 결합된 빅데이터 분석 플랫폼을 서비스하고 있으며, 미래 상황까지 예측하는 수준이다.

국제적인 시장조사 전문기관 가트너는 빅데이터가 21세기의 원유라는 표현을 썼고, 엔비디아의 CEO 젠슨 황(1963-)은 "데이터가 곧 소스 코드"라면서 데이터 중심으로 컴퓨팅 기술의 패러다임이 전환될 것이라고 예측했다. 구글은 수억 개의 번역 문서에서 패턴을 찾아내서 언어 간의 번역 규칙을 컴퓨터 스스로 알아내고 정확도를 향상한 번역 서비스는 물론 검색 데이터와 머신러닝에 기반을 둔 AI 비서 서비스 등을 제공하고 있다.

빅데이터 시장 빅데이터 플랫폼과 분석 기술은 제조와 유통 산업과 관련된 도메인 지식에 활용되고 있다. 구글, 테슬라, 엔비디아 등은 자율주행 자동차의 실제 주행 환경에서 카메라, 레이더, 라이다 등 12개의 다양한 센서를 통해서 하루에 4기가바이트의 데이터를 수집하여 새로운 머신러닝 알고리즘을 개발하고 있다. 세계 빅데이터 시장은 해마다 10-20퍼센트의 성장세를 보일 것으로 예상된다. 2018년 상반기를 기준으로 전 세계 빅데이터 스타트업은 3,500여 개로, 우수 기술을 보유한 스타트업을 대상으로 인수합병이 이루어지고 있다.

MS는 파워포인트에 AI 번역기 기능을 탑재하면서 엑셀에 과거 데이터를 기반으로 미래의 변화에 대한 예측 기능을 추가했다. 그리고 머신러닝 기반의 문서정리 서비스인 MS 델브와 챗봇 서비스 팀즈를 공개했다. 의료, 금융 등에 특화된 비정형 데이터를 예측하고 분석하는 IBM의 왓슨도 서비스에 들어갔고, IoT 데이터를 AI 기반의 자동화된 모델로 분석할 수 있는 쌔쓰(SAS) 솔루션 등도 서비스하고 있다.

아마존은 온라인 쇼핑몰 고객 데이터에서 패턴을 파악하여 서비스와 물류를 최적화하고, 오프라인 고객 데이터를 구축했다. 오프라인 무인 식료품 매장인 아마존 고(Amazon Go)도 확대되는 추세이다. 온라인 쇼핑몰에서는 도서 추천 시스템을 도입하여 고객에게 맞춤형으로 책을 추천하고, 고객이 구매하기 전에 배송을 준비해서 고객의 주소지 근처에 있는 물류창고로 배송한다.

빅데이터의 활용 데이터 분석은 정치권에서도 관심이 높다. 2008년 미국 대통령 선거에서 오바마 후보는 유권자 데이터베이스를 활용하는 맞춤형 선거 전략을 구사했다. 인종, 종교, 나이, 가구 형태, 소비 수준과 관련된 데이터는 물론 그동안의 투표 참여, 구독 잡지 등 개인 성향까지 파악했다. 정보는 전화나 개별 방문, 소셜 미디어를 통해서 수집했다. 데이터는 민주당의 유권자 정보를 관리하는 플랫폼인 보트빌더 시스템을 써서 성향 분석을 했고, 그 결과를 바탕으로 유권자 지도를 작성하고 맞춤형 전략에 의한 선거를 치렀다.

2014년 브라질 FIFA 월드컵 준결승에서 독일은 브라질을 7 대 1로 꺾었다. 이후 결승에서는 아르헨티나와 연장전을 벌인 끝에 1 대 0으로 승리했다. 당시 독일 팀 우승의 공신은 빅데이터로, 독일 팀은 훈련과 실전 경기에 SAP 매치 인사이트 솔루션을 도입했다. 선수들에게 센서를 부착하여 운동량, 순간 속도, 심박 수, 슈팅 동작 등의 데이터를 분석한 결과를 감독과 코치의 태블릿 PC로 전송하고 그 데이터를 기반으로 전술을 짜도록 한 것이다. 정보 수집에 쓰인 센서 1개당 1분에 1만2,000여 개의 데이터를 수집했고, 선수마다 4개, 골키퍼는 양쪽 손목까지 6개의 센서를 부착했다. 경기가 진행되는 90분

동안 각 선수로부터 432만 개의 데이터가 수집되었고, 팀 전체로는 4,968만 개의 빅데이터가 수집되었다.

국내 빅데이터 현황 국내의 빅데이터 예측과 분석, 이종 소스 분석 기술은 아직 초기 단계이다. 2017년을 기준으로 최고 기술국인 미국 대비 28퍼센트 수준이다. 특허 평가에서는 최고 기술국인 일본 대비 39퍼센트 수준이다. 비정형 데이터와 관련된 예측 연구는 시작 단계이고, 시각화 기술은 데이터 마이닝 작업에 기반을 둔 정보 전달보다는 메시지 전달을 위한 시각 표현 작업에 치중되어 있다.

관련 활용 기술도 아직 미흡한 수준이다. 주로 금융, 통신과 관련된 도메인 지식 기반의 빅데이터 기술이 활용되는 정도이다. 앞의 예측과 분석 기술 평가와 비슷하게 응용과 서비스 활용 기술에서도 우리나라는 미국, 중국, 일본, 유럽에 비해서 상당히 떨어진다. 2017년 기준으로 최고 기술국인 미국 대비 30퍼센트 정도이다. KT는 고객 정보와 IoT 기술 등을 이용하여 감염병 확산 방지를 위한 해외 입국자의 이동 경로 파악, 심야 버스 노선, 에너지 예측과 관리 등 신사업을 창출하고 있다. 은행권에서는 자사가 보유한 빅데이터로 고객의 소비 형태를 파악해서 맞춤형 서비스를 제공하고 있다.

2017년 국내 빅데이터 시장 규모는 전년 대비 32퍼센트 성장했다. 국내 기업의 투자가 확대되고 매출도 증가하는 등 산업 기반은 조성되고 있으나 관련 인프라 구축과 글로벌 선도 기업은 나타나지 않고 있다. 빅데이터 산업의 발전을 위해서는 IoT, AI, 클라우드 분야 정책과 연계하고, 우수 기술 기반의 스타트업을 진흥시켜야 한다. 또한 스타트업과 글로벌 IT 기업의 인수합병에 의해서 사업 확장이 이루어지고 있는 현실을 고려할 때, 원천기술 확보와 활용도가 높은 기술 역량을 갖춘 인재와 스타트업의 진흥이 필요하다.

(3) 로봇

로보틱스(Robotics)는 로봇을 활용하는 공학을 뜻한다. 이 용어는 미국의 아이작 아시모프(1920-1992)가 1942년에 쓴 소설 『런 어라운드(*Runaround*)』에서 처음 등장했다. 로봇에는 산업용과 지능형, 그리고 사람의 모습을 한 '안드로이드' 등이 있다. 로봇이라는 단어는 1920년 체코의 극작가 카렐 차페크의 희곡 「롯섬의 만능 로봇 회사(Rossum's Universal Robots : R.U.R)」에 처음 등장했다. 그 어원은 노동(robota)에서 유래한다. 희곡에 등장하는 로봇은 인간과 비슷하지만 감정과 영혼은 없는 인조인간 로봇이었다.

AI 로봇 로봇은 스마트 팩토리에서 핵심 요소이다. 2000년대 이후 공장 생산성은 로봇이 높였다고 해도 지나치지 않다. 그러나 거대한 크기와 무게 때문에 한계가 있었고, 이후 가볍고 작은 코봇(Cobot)의 형태로 진화했다. 스위스의 다국적기업 ABB의 양팔 로봇 유미(YuMi), 덴마크의 유니버설 로봇, 독일 보쉬사의 APAS 등이 그 사례이다. 방위산업에서도 활용도가 커서, 미국 최대의 방위산업체인 록히드마틴은 외골격 로봇 슈트 헐크(HULC)와 산업용 외골격 로봇 슈트 포티스(Fortis) 등을 보급하고 있다. 군인용으로 하체 외골격 로봇 오닉스(ONYX)도 개발되었다.

'세계 가전전시회 2019'에서도 로봇은 인기였다. 구글은 AI 서비스인 '구글 어시스턴트' 기능의 설명에 로봇 시스템을 이용했다. 아마존은 물류 공장에 로봇을 대거 투입하여 무인 식료품점인 '아마존 고'를 운영하고 있다. 그런데 최근에는 증강형 인간 로봇으로 진화하고 있다. 웨어러블 외골격 로봇은 사람의 신체 부위에 로봇 장치를 부착하여 재활과 치료를 하는 등 인간의 힘을 증강시키고 있다.

클라우드 로보틱스 컴퓨팅, 데이터 저장, 커뮤니케이션 등의 연관 기술의 혁신으로 로봇 기술이 기하급수적으로 발전하는 가운데, 클라우드 로보틱스와 딥러닝이 새롭게 급부상하고 있다. 클라우드 로보틱스는 2010년 제임스 커프너가 처음 사용한 용어로, 로봇이 다른 로봇의 경험으로부터 배운다는 뜻이다. 로봇이 클라우드 기반의 딥러닝 훈련 세트로부터 학습을 하고 연대를 맺는 경지가 된 것이다.

국제 전기전자기술자협회(IEEE)가 발간하는 「IEEE 스펙트럼(*IEEE Spectrum*)」에 실린 글에서 로봇 전문가 길 프랫은 로보틱스의 동향을 분석하면서, 로보틱스 분야의 캄브리아기 대폭발이 일어날 것이라고 예측했다. 그리하여 개별적인 로봇의 성능 향상과 그것들 사이의 연결성 강화, 클라우드 로보틱스의 미래를 결정할 인터넷 능력 등 몇 개의 기술 분야의 급성장으로 가능할 것으로 내다보았다. '캄브리아기 대폭발'은 5억4,200만 년 전에 다양한 동물 화석이 급격히 증가한 지질학적 사건을 가리키는데, 첨단기술 분야에서의 다양하고도 급격한 변화에 유비적으로 사용하고 있다.

로봇의 성능을 높이는 기술 혁신이 봇물을 이루고 있다. 컴퓨터 성능의 향상으로 로봇의 센서와 액추에이터의 협업이 가능해졌고, 컴퓨터의 프로세싱 파워가 급격히 높아지면서 로봇의 성능이 획기적으로 향상되고 있다. 전자 기계적인 설계와 수치 제어 생산 툴의 성능도 정교해지고 있으며, 전자 에너지의 효율도 높아지고 있다. 집적회로 기술 혁신으로 로봇의 모터 파워 관리 반도체가 혜택을 받고 있고, 새로운 형태의 컴파운드 반도체 개발로 고성능 에너지를 저비용으로 관리할 수 있게 되었다. 또한 무선통신기술의 발달로 인터넷에 연결된 로봇을 통해서 학습 능력을 높이고 있고, 5G 이동통신 기술도 로봇의 의사소통 능력을 크게 높이고 있다.

인터넷의 규모와 성능의 개선으로 전 세계 인터넷은 매달 88엑사바이트의 데이터를 처리하고 있다. 이들 데이터는 세계 130억 대의 기기에 연결되어 있고, 1인당 평균 3대의 장치가 인터넷에 연결되어 있다. 전 세계 데이터 저장장치에 저장된 정보는 20의 21제곱 바이트에 달하고 있으며, 소셜 미디어의 확대로 기하급수적으로 증가하고 있다.

사람의 뇌는 10의 14제곱의 시냅스를 가졌다. 그러나 단기간에 기계처럼 진화할 수 있는 가능성은 전혀 없다. 오늘날 전 세계 저장장치의 데이터 저장 용량은 1,000만 명 사람의 뇌가 가지고 있는 시냅스에 해당한다. 글로벌 컴퓨팅 파워가 급성장하고 있어서, 전 세계 컴퓨터 성능은 초당 10의 21제곱의 컴퓨터 명령에 해당한다. 수십억 대의 디스크 드라이버가 보급되었고, 인터넷 업체는 고성능 서버를 병렬로 운영하고 있다. 로봇의 자율성 관련 이슈는 이러한 병렬적인 기법으로 해결이 가능하다.

이들 기술에 기반을 둔 클라우드 로보틱스의 성과에는 여러 가지가 있다. 메모리 기반의 자율성 강화, 즉 인터넷 정보의 빠른 검색으로 로봇의 메모리 기반의 자율성을 강화할 수 있다. 경험의 고속 공유, 즉 클라우드 기반의 컴퓨팅 기술은 대량의 외부 컴퓨팅 자원을 활용할 수 있게 해준다. 미래 환경 변화에 대응하기 위해서 우리가 상상력을 발휘하듯이, 로봇도 외부 환경의 변화를 예상하고 대처할 수 있다. 인간으로부터의 학습, 즉 사람을 보거나 동영상을 보고 로봇이 학습할 수 있게 된다.

로봇 기술의 윤리적 측면 로봇에 AI를 탑재하는 결합은 인간과의 소통을 가능하게 한다는 점에서 매우 민감한 이슈가 될 것으로 보인다. SF 영화에서 보듯이, 인간보다 뛰어난 지능의 AI와 로봇이 결합하게 되면 인간의 제어 능력을 벗어날 것이기 때문이다. 영화 「터미네이터(The Terminator)」, 「매트릭스(The Matrix)」, 「강력한 AI(Strong AI)」는 인간의 조종을 벗어난 초지능의 AI를 그린 사례이다. 영화 속에서 인간은, 과학기술에 의해서 현실보다 더 현실적이고 실재보다 더 실재적인 가상세계에서 혼돈을 겪는 모습이다. 인간의 조절 능력을 벗어나서 스스로 판단하는 슈퍼 AI가 등장하는 날, 인류 문명은 위험에 처할 가능성이 있다. 영화 「2001 스페이스 오디세이」에서 AI 할(HAL)은 인간 비행사들을 우주공간으로 내쫓는다. 이유는 인간이 지구에 유해한 존재라고 판단했기 때문이다.

테슬라의 CEO인 머스크, 구글 딥마인드의 설립자 데미스 하사비스(1976–) 등은 스웨덴 '2018 국제 AI 공동회의'에서 "인간의 간섭 없이 목표를 선정하고 공격하는 시스템은 위험하다. 따라서 이런 결정을 기계에 맡겨서는 안 된다"고 주장했다. 그리고 "살인 AI 로봇의 개발과 제조, 거래, 사용에 참여하거나 협조하는 어떤 행동도 하지 않겠다"고 서약했다. 인간의 윤리가 로봇 기술을 어느 정도로 진화시킬 것인지 주목된다.

요컨대 2차 산업혁명에 이르기까지의 기계화는 인간의 행동반경을 획기적으로 확장하기 위한 것이었으나, 4차 산업혁명은 두뇌 기능을 확장하고 있는 것이 질적인 차이이다. 따라서 첨단기술의 긍정적, 부정적 영향을 진단하고, 그 사회적, 윤리적, 문화적 측면의 충격까지 고려하는 정책 수립과 사회적 합의 도출이 이루어져야 한다.

(4) IoT

사물 인터넷(IoT)이라는 용어는 1999년 MIT 오토 아이디 센터의 케빈 애슈턴(1968-)이 처음 사용했다. 그는 무선인식(Radio Frequency Identification : RFID)과 센서 등을 사물에 탑재하는 형태의 인터넷이 나타날 것이라고 예견한다. IoT는 사물에 IP 주소를 부여하고, 사람과 사물 사이 또는 사물과 사물 사이의 통신을 가능하게 하는 기술이다. 사물의 개념은 가전제품, 모바일 장비, 웨어러블 디바이스 등 특정 기능을 하는 컴퓨팅 장치가 내장된 임베디드 시스템을 가리킨다. 이때 모든 사물이 해킹을 당할 수 있으므로 IoT는 보안이 없이는 사용할 수 없다.

초기의 IoT는 연결 중심이었고 모니터링과 제어 기능이 핵심이었다. 초기에는 각종 사물에 통신 기능을 내장해서 인터넷에 연결하고 상호 소통할 수 있도록 설계했는데, 최근에는 AI 탑재로 학습, 추론, 판단 등 인지기술 기반의 지능형 IoT로 진화되었다. 지능형 IoT는 AI와 컴퓨터가 스스로 방대한 데이터를 분석해서 미래를 예측하는 머신러닝과 결합시켜서 사람과 주변 환경의 상호작용을 가능하게 만들고 있다.

IoT의 활용 스마트 홈과 스마트 가전은 일상생활 속으로 들어왔다. 일부 가전제품에 적용되던 IoT 기술도 가구로 확장되고 있다. 일례로 침대 매트리스 안에 센서를 부착해서 자는 사람의 심박 수, 무호흡 등 수면 상태를 데이터화하고 있다. 수면 중 무호흡 증상이 발견되면 진동이 울리고, 알람 시간에는 매트리스가 자동으로 움직여 사람의 몸을 일으켜준다. 음성인식도 가능해지고 있다. IoT에 연결된 세탁기는 스마트 그리드와 연계하여 전기 효율이 가장 좋은 시간대에 가동해서 전기료를 아껴준다. 건물 관리에 IoT 기술이 적용되면 온도, 습도를 감지하는 센서를 통해서 건물이 쾌적하게 유지되고 있는지 실시간으로 알 수 있다. 또한 화재를 감지하고 외부 침입을 탐지하는 등 관리인의 역할을 톡톡히 한다. 동작 감지 센서가 탑재된 LED 조명등도 흔한 사례이다. IoT는 도시 관리에도 유용하게 쓰여서, 에너지 사용량 모니터링, 쾌적한 실내 환경 유지, 유동인구 파악 등 스마트 시티 구축에도 도입되고 있다.

최근 IoT 기술은 공공 산업으로 확대되고 있다. IoT 쓰레기통도 민간기업의 아이디어를 지방자치단체에서 받아들였다. 쓰레기통에 IoT 센서를 달아서 쓰레기 적재량을 실시간으로 관리하고, 태양광으로 쓰레기를 압축하여 부피를 줄이며, 쓰레기가 포화 상태인 지역에만 수거 차량을 보내서 동선을 줄이고 있다. 공공시설의 위험 상황도 지능형 이상 음원 감지장치와 첨단 IoT 비상벨 등으로 대처할 수 있다.

가트너에 따르면, 전 세계 IoT 시장은 2020년에 2조 달러가 될 것이라고 한다. 국가별로는 미국이 전체 시장의 40퍼센트를 차지하고, 분야로는 전자기기와 IT 서비스가 32퍼센트를 차지한다. 앞으로 다양한 플랫폼, 데이터 저장, 보안 시스템, 소프트웨어가 개발될 것이고, 네트워크, 단말기 등 하드웨어뿐만 아니라 IoT 서비스와 소프트웨어 분야의 성장도 높으리라고 예상된다. 생활가전의 연결 디바이스는 2020년 130억 개로 최고의 시장 점유율을 보일 것이다.

IoT에 의한 제조업 혁신 IoT 기술은 스마트 팩토리의 주요 개념 중 하나이다. 제조업 강국인 독일은 2010년대 초부터 IoT 기술을 제조업에 도입한 '인더스트리 4.0'을 역점 추진했다. 당초 민간부문에서 제안된 계획을 정부가 적극 수용하여 국가 중심으로 부상시킨 것이다. 그 결과 제조업 생산성이 30퍼센트 이상 높아졌다. 기계장치들의 상호 연결에 의해 생산 라인의 가치사슬에서 자율적인 통신과 제어가 되는 지능형 네트워크가 구축된 것이다. IoT 기술에 의해서 공장과 기업의 물리적인 경계를 초월한 통합 관리가 실현되고 있다.

IoT 기술은 생산 공정의 에너지 효율화에서도 큰 성과를 거두고 있다. 에너지 사용의 최적화로 비용을 줄이고, 센서와 무선통신망을 통해서 생산 시스템의 오류에도 선제적으로 대응하고 있다. IoT의 확산에 따라서 기존의 소품종 대량생산은 다품종 소량생산의 체제로 전환되고 있다. 또한 소비자의 선호에 따라서 맞춤형 제품과 서비스가 부각되고 있다. 3D 프린터 등 다양한 소프트웨어를 이용하여 손쉽게 아이디어를 프로토타입으로 제작할 수 있게 된 것도 생산 체계에 변화의 바람을 일으키고 있다.

2015년 맥킨지 보고서에 따르면, IoT 기술을 생산 공정에 도입한 결과 10−20퍼센트의 에너지 절감 효과를 거두었고, 20−25퍼센트의 노동 효율성을 높인 것으로 나타났다. 또한 기업은 기존의 보유 역량에 IoT 기술을 접목한 서비스 개발에 나서고 있는데, 예를 들면 나이키는 피트니스 트랙커인 퓨얼밴드(Fuel Band)의 시판에 들어갔다.

IoT의 도입으로 기업의 비즈니스 모델은 새로운 수요 창출을 위한 혁신적인 파트너십을 확대하고 있다. 대기업이 중소 신생 기업을 인수 합병하는 움직임도 활발하다. 구글은 스마트 온도조절장치 제조업체인 네스트를 인수했고, 페이스북은 VR을 적용한 헤드셋 개발 업체인 오큘러스를 인수했다. 이들 인수 합병이 산업 생태계의 건전성에 미치는 영향은 연구할 필요가 있을 것이다.

IoT 기술의 도입으로 기존의 공급자 위주의 제품 생산은 수요자 중심의 서비스 융합으로 바뀌고 있다. 이에 따라서 소프트웨어의 중요성이 더욱 커지고 있으며, 고객 수요에 부응하는 서비스 산업도 활성화되고 있다. 제조업의 전형인 자동차 산업에서도 변화가 일어나고 있다. 자동차의 미래 가치는 소프트웨어 플랫폼과 애플리케이션의 장착으로 판가름 날 것인데, 현재 30개 이상의 자동차 기업이 구글과 함께 차량용 안드로이드 운영 체제를 개발하고 있다.

앞으로 IoT 산업은 제조업에서 벗어나 서비스업과 융합되는 경향이 두드러질 것이다. IoT 기기로 수집된 방대한 데이터를 이용하여 다양한 신형 서비스를 제공하는 비즈니스 모델이 나타나고, 시장을 지배하는 제품과 서비스가 등장할 것이다. 이에 대비해서 이들의 상호 호환성을 보장할 수 있는 하드웨어나 소프트웨어 간의 통신규격 기준도 마련해야 할 것이다.

우리나라는 세계적인 수준의 정보통신기술 보유국이면서도 IoT 산업에서는 경쟁력이 별로 없다. 정보통신기술 인프라와 역동적인 국민성을 자산으로 IoT 산업 진흥 정책과 전략을 추진해서 제조업의 생산방식을 바꿔야 할 것이다. 고객 수요에 맞추다 보면 생산 공정 주기가 짧아지고 소량 생산 방식으로 변화하면서 생산비용이 올라갈 가능성이 크다. 선진국은 IoT 기술 도입으로 생산 공정 효율화와 비용 감축에 나섰다. 우리도 조속히 스마트 팩토리를 구축해서 제어 시스템과 실행 시스템을 정보계통 시스템과 통합 운영함으로써 생산비용을 줄이고 제조업 일자리를 늘려야 한다.

(5) 드론

드론이라는 이름은 군사기술에서 유래한 것이다. 1935년 영국은 날개가 두 개인 훈련용 복엽기인 타이거 모스를 원격조종 무인 비행기로 개조하면서 퀸비(Queen Bee, 여왕벌)라는 별명을 붙였다. 그 당시 퀸비의 비행을 참관했던 미 해군 인사는 귀국하여 무인 비행기 프로젝트를 추진하면서 드론(Drone, 수벌)이라고 명명했다. 그러나 원격조종 비행기의 실용화에 성공한 것은 미 육군이었다. 2015년에는 RC 멀티콥터가 각광을 받게 되고 드론이라고 불렸으나, 현재는 무인 비행체를 통틀어서 드론이라고 부른다.

드론의 실용화 민간인이 이용 가능한 드론은 출력이 약하고, 고도 제약을 받는다. 비행시간도 15분 내외이다. 초소형 고출력 배터리가 개발될 때까지 민간용 드론은 아마추어 수준에 머물 것이다. 촬영용 팬텀 3나 3DR

솔로, 인스파이어 1 등의 드론도 비행시간이 15분이고 비행거리가 2킬로미터 정도이다. 2018년 평창 동계 올림픽 개회식에서는 인텔의 기술을 이용하여 드론 오륜기를 만들었다. 1,218개의 동시 비행으로 장관을 이루었고, '최다 무인항공기 공중 동시 비행' 부문으로 세계 기네스북에 올라갔다.

미국처럼 정원이 있는 주택 구조에서는 가벼운 서류나 작은 물건을 드론으로 배달할 수 있다. 아마존은 무인 드론으로 400미터 이내의 지역에 택배를 하고 있다. 장애물 회피 기술이 실용화 단계에 이르고 있어서 5년 내에 도심지에서도 드론 택배가 가능할 것이다. 중국에서는 드론으로 커닝도 감시하는데, 유인 자율 소형 비행기 '이항 184'를 시험 비행할 계획이다. 미국 애리조나 주의 연구 팀은 뇌파로 여러 개의 드론을 조작하는 모자를 개발했다. 앞으로 리튬-이온 배터리 용량의 3-4배인 수소 배터리가 상용화되면 배터리 문제는 해결될 것으로 보인다.

드론과 로버 기능을 갖춘 드래곤 플라이 NASA는 2026년에 토성의 위성인 타이탄에 드론과 로버 기능을 갖춘 드래곤 플라이를 발사한다고 발표했다. 드래곤 플라이는 2026년에 발사되고 2034년에 타이탄에 착륙하여 생명의 흔적을 찾는 일을 하게 된다. NASA가 멀티 로터 비행체를 다른 행성에 보내는 것은 이번이 처음이다. 드래곤 플라이는 8개의 회전자를 갖춘 대형 드론으로, 로버처럼 타이탄 표면에서도 활동이 가능하다. 이 로봇은 지상에서 활동을 마친 뒤에 다시 비행해서 다른 장소로 이동해서 탐사활동을 벌인다는 계획이다.

드래곤 플라이는 타이탄 적도에 위치한 샹그릴라 사구에 착륙하여 탐사활동을 시작할 것이다. 최종적으로 셀크 분화구로 이동하는데, 이곳은 과거 액체와 유기물이 있었으리라고 추정되는 지역이다. 드래곤 플라이의 동력원은 화성 탐사선인 큐리오시티에 채택되었던 방사성 동위원소 열발전기(Radioisotope Thermoelectric Generator : RTG) 기술이다. RTG는 플루티늄-238에 의해서 생성되는 열을 전기로 변환하고 드래곤 플라이의 배터리를 충전하며, 지구에 각종 데이터를 전송하는 에너지를 제공한다. 드래곤 플라이에는 질량 분광계, 감마선과 중성자 분광계, 지구 물리학 장비 등이 탑재되어 있고, 과학 실험을 한 뒤 그 데이터를 지구로 보내게 된다. 2034년, 드래곤 플라이가 타이탄의 생명의 신비를 풀어줄 수 있을지 궁금하다.

드래곤 플라이 프로젝트는 존스 홉킨스 대학교 응용물리학 연구실의 제안으로 이루어졌다. 타이탄은 태양계에서 두 번째로 큰 위성으로서 지표면은 영하 290도이다. 대기 밀도는 지구보다 4배 정도 높고, 질소와 메탄으로 구성되어 있다. 중력은 지구의 7분의 1이다. 타이탄의 메탄은 액체 형태로 호수와 강을 이루거나 구름 형태로 떠 있다. 지구보다 낮은 중력과 대기 밀도는 비행 로봇이 활동하기에 적합한 조건이다. 드래곤 플라이는 2년 7개월 동안 타이탄에서 활동하면서 175킬로미터의 거리를 비행한다. 화성에서 활동한 로버의 이동 거리의 2배이다.

(6) 블록체인

인류 문명이 창출한 데이터의 90퍼센트는 과거 30여 년 동안 생산된 것이다. 기하급수적으로 쌓여가는 데이터는 마치 생명체처럼 신기술에 의해서 기존의 유기체와 결합하면서 새로운 바이오 디지털 유기체로 전환되고 있다. 4차 산업혁명의 총아인 AI에서 머신러닝 기술은 데이터를 먹고 성장하고 진화하는 유기체와 닮았다. 농경 사회의 쌀에 해당되는 데이터는 질이 좋고 깨끗하고 투명해야 한다. 데이터의 이용에서 위조나 변조가 불가능하고 쉽게 널리 공유할 수 있어야 한다. 그런 조건을 충족할 수 있는 기술이 바로 블록체인이다.

블록체인의 유형 블록(Block)은 P2P(Peer-To-Peer, 개인 대 개인) 방식으로 데이터가 체인 형태로 연결되는 분산 데이터 저장 환경을 가리킨다. 여기에 관리 대상 데이터를 저장하면, 데이터를 임의로 수정할 수 없게 되고 누구나 변경의 결과를 열람할 수 있다. 이러한 블록의 집합인 블록체인은 엄청난 정보의 기록을 단 한 묶음으로 만들 수 있기 때문에 여러 가지 유형의 블록체인과 관련된 기술이 개발되고 있다.

그중 비트코인처럼 누구나 참여할 수 있는 퍼블릭 블록체인이 있고, 허가를 받은 특정 참여자 노드만 참여할 수 있는 프라이빗 블록체인이 있다. 미리 선정된 소수의 집단에 의해서 운용되는 컨소시엄 블록체인도 있다. 이처럼 다양한 비즈니스 모델이 나오는 가운데, 스마트 계약에 의해서 새로운 유형의 거래가 가능한 온라인 플랫폼으로 진화하고 있다.

블록체인의 효용성 블록체인은 3세대에 이르렀다. 2008년 1세대 비트코인에서 2세대 이더리움으로 진화했고, 3세대에서는 수천 개의 블록체인끼리 경쟁하고 있다. 블록체인을 기반으로 하는 인수합병 플랫폼도 나왔고, 반도체에까지 적용되는 4세대 블록체인이 설계되고 있다. 블록체인이 여는 미래상은 어떠할까? 금융 거래는 온라인으로 대체되고, 금융업을 넘어서 모든 산업에서 혁신을 일으킬 것이다. 이론적으로 중개 기능이나 중앙집중형 서버 없이 모든 사용자들의 거래 정보를 익명으로 공개하고 상호 검증 과정을 거쳐서 편의성과 보안문제를 동시에 해결할 수 있기 때문에, 전 세계가 하나의 개방된 글로벌 경제 시스템으로 연결되고 진정한 공유경제를 기반으로 한 시스템으로 운영될 수 있다.

블록체인은 공적 또는 사적인 네트워크상의 거래 정보가 암호화되고 해당 네트워크 참여자 사이에 공유되는 디지털 원장(Ledger)을 가리킨다. 모든 사용자들에게 거래 기록을 보여주고 서로 비교할 수 있으므로 위조가 방지된다. 블록체인은 금융 쪽에서 가장 먼저 변화를 일으켰고, 화폐를 100이라고 본다면 암호화폐는 0.2퍼센트 정도를 차지하면서 파생상품으로 연결되고 있다. 비트코인은 최초로 블록체인 개념을 실증했고, 이더리움은 최초로 스마트 계약의 개념을 구현했다.

『블록체인 혁명(*Blockchain Revolution*)』의 저자 돈 탭스콧(1947-)은 블록체인에 의한 정보의 투명성과 신뢰성의 가치로 해서 기존의 '정보의 인터넷'이 '가치의 인터넷'으로 바뀔 것이라고 전망한다. 세계경제 포럼도 블록체인을 미래 12대 유망기술에 포함시켰고, 10년 뒤에는 전 세계 GDP의 10퍼센트가 블록체인 기술을 이용할 것으로 예측했다.

블록체인은 암호화폐뿐만 아니라 다른 여러 가지 기술과 서비스에 적용할 수 있다. 블록체인은 블록을 구성하고 있는 하나의 거래 정보가 변경되면 전체 블록체인 해시 값이 변하게 된다. 특정 노드가 임의로 정보를 조작하는 것을 불가능하게 함으로써 정보의 무결함을 유지할 수 있다. 그리고 P2P 네트워크를 통한 정보 공유에 의해서 특정 노드를 목표로 하는 해킹 시도도 무력화시킬 수 있다.

블록체인은 AI, IoT 등 4차 산업혁명의 핵심기술과 융복합될 가능성이 크다. 대용량 데이터 시대의 블록체인은 데이터 보안과 더불어 개별 데이터에 대한 개인의 통제권 강화라는 이점 때문에 필수요소이다. 글로벌 IoT 시장에서도 서비스 확장성과 보안성 강화에 블록체인 기술이 필요하다. 블록체인을 통한 IoT 기기 간의 연결에서는 새로운 노드가 네트워크에 참여하는 것을 허용함으로써 비용을 줄이고 확장성을 높일 수 있고, 데이터를 노드별로 분산 저장함으로써 중앙 서버로의 해킹 시도를 막을 수 있다.

제조업의 공급망 관리에서도 블록체인 시스템은 유용하다. 제조업체와 기업과 소비자를 네트워크 노드로 연결함으로써 생산, 마케팅, 매매 과정에서 모든 정보를 투명하게 제공할 수 있기 때문이다. 또한 지능형 교통 시스템(Intelligent Transport System : ITS)에서 보듯이, AI 기술과 결합된 차량, ITS 서비스 공급자와 관리자 간의 데이터 전송과 분석에 적용하면 원활한 교통 통제가 가능해진다. 블록체인의 표준화는 아직 초기 단계로서 국제 표준화기구와 국제 전기통신연합을 중심으로 진행되고 있다. 월드와이드웹 컨소시엄에서 블록체인 표준화를 위한 블록체인 컴퓨터그래픽이 구성되었는데, 12개 회원국 가운데 우리나라도 주도적으로 참여하고 있다.

블록체인이 암호화폐 분야에 도입된 이후 비트코인의 거래 내역이 변조되지 않았다는 사실은 고무적이다. 이에 따라서 시중 은행도 블록체인의 도입을 검토하고 있다.

2016년에 국내 16개 시중 은행은 '은행권 블록체인 컨소시엄'을 구성했고, 이런 추세로 간다면 블록체인 이용의 보안 기술이 확대될 것으로 보인다. 최근에는 블록체인을 이용한 SNS 스팀잇(Steemit)이 등장했다.

암호화폐 2009년 비트코인의 등장 이후 세계적으로 1,400여 개의 암호화폐가 유통되고 있다. 암호화폐는 공증된 중개자가 없이 네트워크 참가자 간에 거래를 할 수 있다. 암호화폐 기반의 토큰 경제의 출현도 예상되고, 암호화폐를 세금의 지불 수단으로 인정한 사례도 있다. 그러나 세계적으로 암호화폐 거래와 벤처 스타트업의 암호화폐 공개(Initial Coin Offering : ICO) 규제가 강화되고 있어서, 법정 화폐로서 지불수단이 되기는 쉽지 않으리라는 전망도 나온다.

그럼에도 토큰이나 코인 발행은 이미 가시권에 들었다. 따라서 이에 대한 대비가 필요하고, 이들 개념에 대해서 대중에게 알릴 필요도 있다. 암호화폐의 기술적 가치를 이해하고 투자하는 일은 어렵기 때문이다. 이미 암호화폐가 투기 대상이 되어 부정적인 이미지도 있다. 우선 코인에 대한 법적 근거를 마련하여 화폐로서 인정받을 수 있는 기반이 조성되어야 하고, 무분별한 ICO를 사전에 방지하는 등 적절한 규제가 마련되어야 한다.

분산 네트워크 방식에 기반을 둔 블록체인은 거래 처리 속도가 느리고 확장성이 제한되는 한계가 있다. 네트워크 참여자가 많아지면 거래에 대한 검증이 많아지기 때문에 참여자 간 합의에 이르는 시간이 오래 걸리게 된다. 비트코인의 경우, 초당 7건의 거래를 처리할 수 있으며, 블록 형성에 평균 10분이 소요된다. 암호화폐 리플의 경우에는 초당 1,500건의 거래를 처리한다. 그러나 1초에 2만4,000건을 처리하는 비자에 비하면 매우 더디다. 앞으로 거래 처리 속도를 높이고, 블록체인의 확장성을 개선하는 것이 과제이다.

블록체인의 진화에 의해서 3세대 암호화폐 이오스 모델은 탈중앙화의 규모를 줄이고, 거래 처리 속도를 높이게 되었다. 데이터 처리방식에서도 다중 블록체인 등 병렬처리나 분할처리 방식이 늘고 있어서 거래 처리 속도가 빨라지고 있다. 최근 퍼블릭 블록체인의 확장성과 거버넌스 해결을 위한 방안으로 프라이빗 블록체인이 확산되는 추세로서, 결제 완결성과 신뢰성을 담보하는 합의 알고리즘 개선도 중요한 과제이다.

블록체인의 네트워크 참여자들이 거래 내역을 공유하기 위해서는 데이터의 저장 공간이 초대형 용량이어야 한다. 한번 기록된 데이터는 변경이 되지 않기 때문이다. 2018년 기준 비트코인의 거래 장부의 데이터 용량은 187기가바이트였다. 또다른 한계는 블록의 용량이 최대 1메가바이트인 까닭에 보안이 특히 중요한 데이터만 블록체인에 저장하고 나머지는 블록체인 외부에 저장하는 방식이 제안되고 있다. 즉 대용량의 데이터를 블록체인 외부 서버에 보관하되 안전하게 관리하는 기술을 적용한다는 것이다.

블록체인 기술 보급 전망　　블록체인은 초기 단계로서 기술적인 한계도 있다. 네트워크 구성원의 합의에 의해서 거래의 투명성과 신뢰성을 확보하는 기술이므로 기존 중앙집중형 시스템에 비해서 확장성과 관리에 취약한 것이다. 블록체인을 산업 분야에 널리 활용하려면 거래 처리 속도와 데이터 저장 기술 등을 개선해야 한다. 정보 공유 메커니즘에서의 프라이버시 보호, 중앙 관리자 부재의 거버넌스 취약성도 보완해야 한다. 블록체인의 사회적 효용과 비용, 생태계 구축 등에 대한 논의도 필요하다.

또한 블록체인의 기술적 오류로 인한 사회적 위험을 방지할 수 있는 거버넌스가 중요하다. 거래의 투명성과 신뢰성 확보라는 강점의 다른 한편으로 분산 네트워크 운영에서 소수가 시스템을 장악할 수 있다는 잠재적 위험성도 있기 때문이다. 특정 노드를 중심으로 담합이 이루어지는 일을 막아야 한다. 그런데 사용자는 그 네트워크 내에서 분산화가 어느 정도 되어 있는지, 과연 공정한 메커니즘에 의해서 합의가 이루어지고 있는지 알 수 없다. 따라서 알고리즘의 투명성과 효율적 운영을 위한 기술이 개발되어야 하고, 더 많은 사용자들이 블록체인 플랫폼에서 활동할 수 있도록 서비스 애플리케이션의 신뢰와 품질을 높여야 한다. 블록체인의 이용 확대를 위해서는 법적, 제도적 시스템 구축이 필수적이다.

현재로서는 이더리움의 스마트 계약도 민법상의 계약으로 인정받을 수 있는 법적인 근거가 없다. 블록체인에 저장된 정보를 삭제나 위조, 변조할 수 없다는 특성은 개인정보 보호법의 관련 내용과 상충된다. 개인정보처리 목적을 달성한 뒤에는 파기하도록 규정되어 있기 때문이다. 스마트 계약에 기반을 둔 서비스 애플리케이션을 이용하고 있는 상황에서 별도의 규정에 의해서 보완할 필요가 있다. 투자수익률(Return on Investment : ROI) 등 비용 대비 효용을 검증할 수 있는 방법론도 필요하다.

(7) 자율주행 자동차

자율주행 자동차는 운전자의 조작 없이 자동차가 스스로 주행하는 자동차를 말한다(자동차관리법 제2조 제1호의 3). 1925년, 뉴욕 브로드웨이와 5번가 사이에 사람이 타지 않은 자동차 한 대가 굴러가고 있었다. 프랜시스 후디나의 작품으로, 무선송신기를 설치하여 뒤의 차에서 신호를 보내서 움직이게 한 것이다. 당시로서는 기상천외한 시도였다. 자율주행 자동차의 개념은 1960년대 벤츠를 중심으로 제안되었고, 1970년대에 연구개발이 시작된다. 1990년대에는 컴퓨터 기술 혁신에 힘입어 장애물이 있는 조건에서 자율주행 연구를 하기 시작했다. 우리나라에서도 1990년대 후반부터 연구를 시작했다.

자율주행 자동차 개발 동향과 전망 2012년 IEEE 보고서에 의하면, 2040년경 전 세계 차량의 75퍼센트가 자율주행 자동차로 전환될 것이라고 한다. 우리나라 자동차 산업계는 2020년경 자율주행 자동차 출시를 목표로 하고 있다. 이를 위해서는 고성능 카메라, 충돌 방지 장치는 물론 주행 상황을 인지하고 대응하는 기술이 필수적이다.

2010년대 현대자동차를 중심으로 상용차에 제한적으로 일부 자율주행 기술이 탑재되기 시작했다. 불법으로 컴퓨터에 침입하여 영향을 미치는 크래킹이나 컴퓨터 프로그램의 결함인 버그 등에 의한 사고 우려도 있으나,

GM의 슈퍼크루즈는 GM 센터와 동기화 작업을 하면서 원격으로 일부 대응하고 있다.

미국 고속도로 교통안전국은 2016년에 자동차의 자동화 수준을 5단계(0-4단계)로 구분했다. 1단계는 선택적 능동제어 단계로 차선 이탈 경보장치와 크루즈 컨트롤 등의 기능이 여기에 속한다. 2단계는 통합적 능동제어 단계로 운전자의 시선은 전방을 유지하되 운전대와 페달을 이용하지 않는 수준이다. 3단계는 특정 상황에서만 운전자가 개입하는 제한적 자율주행이다. 구글의 자율주행 자동차, 아우디, 캐딜락, 테슬라의 사용화가 이 단계에 속한다. 4단계는 운전자의 개입이 전혀 필요 없는 완전 자율주행이다.

현대자동차의 수소전지차 넥쏘는 미국 자동차공학회 기준 4단계의 자율주행 기술을 갖추고 서울-평창 간 고속국도를 자율주행하는 기록을 세웠다. 현재 글로벌 자동차 회사들과 정보통신기술 기업은 2단계와 3단계 수준이며, 4단계를 향해서 나아가고 있다. 2016년 10월 이후 미국 고속도로 교통안전국은 자동차의 자동화 수준을 6단계로 조정했다.

BMW는 2017년 세계 가전전시회에서 세계 최초로 2021년까지 완전 자율주행 자동차를 상용화한다는 목표를 발표했다. 벤츠는 2013년 S500 인텔리전트 드라이브 차량으로 독일 만하임과 포츠만 사이의 100킬로미터 구간을 자율주행했다. 2014년에는 시속 80킬로미터로 주행할 수 있는 자율주행 트럭 '퓨처트럭 2025'를 공개했다. GM은 2010년 상하이 엑스포에서 차량 간의 통신과 자율주행이 가능한 EN-V를 선보였다. 전기충전 방식의 2인승 차량으로 최고 속도는 시속 40킬로미터이다. GM은 또한 2017년형 캐딜락에 슈퍼크루즈 기능과 V2V(Vehicle To Vehicle, 차량 대 차량) 커뮤니케이션 기능을 탑재했다.

구글은 오랫동안 자율주행 기술 개발을 추진해왔다. 정밀 GPS를 통해서 현재 위치와 목적지를 비교하면서 방향을 조정한다. 차량에 장착된 레이더, 360도 카메라, 레이저 스캐너가 주변 차량과 사물, 사람, 신호 등의 정보를 수집하고, AI 시스템 쇼퍼(Chauffeur)가 이를 분석해서 실시간으로 차량을 제어한다. 2017년 미국 내에서 58대 스마트 자동차를 운행하여 누적 도로 자율주행 400만 킬로미터를 달성했다.

중국 최대의 정보통신기술 기업인 바이두는 2014년 BMW와 제휴한 뒤 베이징과 상하이에서 자율주행 기술 개발을 추진했다. 검색 엔진으로 축적한 빅데이터를 기반으로 중국의 복잡한 도로 조건을 자율주행 자동차에 입력하여 정확도를 높이고 있다. 자율주행 기능의 향상을 위해서 200억 개의 매개변수를 써서 사람과 비슷한 사고 기능을 하는 AI 기술도 개발하고 있다.

보스턴 컨설팅 그룹은 세계 자율주행 자동차 시장 규모가 2025년 420억 달러가 될 것이며, 2035년에 770억 달러가 되리라고 예측했다. 2035년에 세계 자동차 판매량의 25퍼센트는 자율주행 자동차가 될 것이며, 완전 자율주행 자동차는 1,200만 대, 부분 자율주행 자동차는 1,800만 대가 될 것으로 전망했다. IHS 오토모티브는 2035년 자율주행 자동차 판매량이 1,000만 대가 되어 자동차 시장의 10퍼센트가 될 것으로 예측했다. 가장 낙관적인 전망을 내놓은 네비건트 리서치는 2025년 4퍼센트에서 2030년 41퍼센트로 상승할 것이며, 2035년에는 75퍼센트가 될 것으로 전망했다. 맥킨지의 예측은 보수적이었고, 본격적인 상용화 시기를 2030년으로 보면서 2040년에 미국 내 차량의 75퍼센트를 차지할 것으로 보았다.

자율주행 자동차 보급과 일자리 통계상 교통사고 원인의 95퍼센트는 운전자에 기인한다. 구글의 경우, 수동 운전 기능이 전혀 없는 차량 개발에 대해서 기술진은 찬성했으나 경영진은 반대해서 결국 무산되었다. 자율주행 자동차의 사용화에서도 만약의 사고에 대비하여 운전면허 소유자가 운전석에 탑승하도록 법제화할 가능성이 높으리라고 예상한다. 캘리포니아주는 이런 규정을 추진하고 있으나, 구글은 이에 대해서 반대하고 있다.

자율주행 자동차는 사람의 손을 대체하는 기술이므로 일자리 감소는 논란거리이다. 자율주행 자동차가 본격적으로 도입되면 운수업계가 지각변동을 겪을 것으로 전망된다. 택시 기사, 버스 기사, 택배 기사, 화물차 기사 등 운전직의 일자리 수요가 감소할 것이기 때문이다. 물류비 중에서 큰 비중을 차지하는 인건비를 줄이고, 노조 등 노무관리에서 벗어날 수 있다는 점에서 경영진은 초기 투자에도 불구하고 자율주행 자동차 도입을 선호할 가능성이 있다.

그러나 자율주행 자동차로의 완전 대체는 어려울 것으로 보인다. 택배의 경우 60퍼센트는 운전 업무이지만 나머지 40퍼센트는 배송 업무이다. 로봇이 대체하지 않는 한 배송 기사가 없어질 수는 없다. 버스가 자율주행화되면 승하차 사고가 발생할 확률이 높아져서 안전 업무를 담당하는 요원이 필요하다. 철도가 무인 열차가 되면 승하차할 때의 위험성은 더 높아진다. 그렇다고 하더라도 장기적으로는 보안이나 안전상의 문제가 덜한 운송 수단부터 자율주행으로 대체되기 시작해서 결국은 자율주행 자동차로 대체되는 방향으로 진행될 것으로 보인다. 이런 전환기일수록 기계와 인간의 공존을 위한 모색이 필요하다. 실업률이 높은 인도에서는 자율주행 자동차 금지를 선언한 바 있다.

자율주행 자동차 관련 규제 자율주행 자동차의 상용화에는 전제조건이 따른다. 기존 차량의 운행 규제와 제도가 개선되고, 새로운 규제의 신설로 법적, 제도적 기반이 조성되어야 한다. 미국의 네바다 주, 캘리포니아 주 등 일부 지역에서는 자율주행 자동차 시험을 가능하게 하는 법안이 통과되었으나, 자율주행 자동차의 운행 규정은 아직 나오지 않았다. 가장 민감한 규제 내용은 자율주행의 특성으로 인해서 사고가 발생할 경우 책임 소재가 명확하지 않다는 것이다. 안전 규정이 마련되지 않은 상황이고 보니 시장 활성화를 기대하기 어렵다.

사고 발생의 경우, 차량 제조사가 책임을 지게 될 것이라는 전망이 나오고는 있으나, 확실하지 않다. 차량 제조사가 책임을 지게 되는 경우에는 비용 부담으로 차량 가격이 상승하고, 시장 활성화에 역기능을 하게 될 것이다. 규제 설정에서는 자율주행 자동차의 세부적인 성능과 안전기준을 정하는 것이 중요하다. 자율주행은 센서를 이용해서 주변 환경을 인식하고 주행 경로를 스스로 판단하여 운행하는 것이므로 이들 기기의 성능이나 안전성이 보장되지 않는다면 큰 사고로 직결될 수 있기 때문이다.

10년 연속해서 세계 자동차 생산 5위 국가인 우리나라는 자율주행 자동차 테스트를 위한 법률을 정비하는 단계이다. 자동차관리법 시행규칙에는 "자율조향장치(자율주행 자동차)는 설치할 수 없다"고 규정하고 있어서, 자율주행 자동차의 도로주행이 금지되어 있었다. 이에 2015년 7월 국회는 이 법의 개정안을 통과시켜서 시험과 연구 목적의 자율주행 자동차의 임시운행을 허가하는 등 개선의 길을 텄다. 조속히 도로교통법, 보험업법 등의 조속한 제정과 개정으로 선진국과의 기술 격차를 줄일 수 있도록 제도적 기반을 구축해야 할 것이다.

자율주행 자동차 상용화 전망 자율주행에 필요한 레이더, 라이더, GPS/INS 등 핵심 센서의 가격이 높다는 것이 상용화의 장애 요인이 되고 있다. 폭스바겐에서 제작한 자율주행 자동차의 제작 비용은 8억 원 정도였다. 구글카는 15만 달러 상당의 장비를 일반 자동차에 탑재하여 제작했다. 고가의 장비 가격을 낮추기 위해서는 기술 개발에 통해서 부품 생산비용을 낮추어야 한다. 이러한 높은 가격이 자율주행 자동차의 보급 확대를 지연시키고 있다.

자율주행 시스템 센서의 원활한 기능을 위해서는 교통표지판, 신호등 등 교통 관련 시설의 규격이 바뀌어야 한다. 현재로서는 표지판 등 교통정보 인프라의 규격이 지역별로 다르기 때문에 자율주행 시스템의 인식에서 오류가 발생할 확률이 높다. 자율주행 자동차의 오작동에 따른 사고 위험도 있고, 해킹에 의해서 테러의 도구가 될 수도 있다. 범죄자가 교통신호와 속도제한을 무시하면서 차량을 조종하거나, 테러리스트들이 자율주행 자동차에 폭발물을 싣고 목표물로 돌진할 가능성도 없지 않다. 실제로 2015년 보안전문가 찰리 밀러(1971-)와 크리스 발라섹은 10마일 떨어진 곳에서 크라이슬러 지프 차량의 가속 페달과 브레이크와 핸들 등을 조작했다. 최근 영국의 자동차 보험회사가 운전자를 대상으로 실시한 조사에서 해킹 위협 때문에 자율주행 자동차를 타지 않겠다는 답변이 3위를 차지했다. 벤츠의 회장도 운전자의 위치, 속도 등의 데이터 기록의 보안문제가 해결되어야 한다고 강조했다.

다국적기업 KPMG 인터내셔널이 유럽 차량제조업 경영진을 대상으로 한 조사에서 응답자의 43퍼센트가 보안 때문에 자율주행 자동차의 상용화 시기를 2036년 이후로 보았다. 미국 고속도로 교통안전국은 보안문제 해결을 위하여 자동차 간 통신기술의 표준화에 의해서 차 간 거리, 속도, 주행 방향 등의 정보를 공유할 수 있는 시스템 구축을 추진하고 있다. 자율주행 자동차 상용화에서는 보안 시스템 개발이 최대 현안으로 대두되고 있다. 얽히고설킨 이들 이슈를 풀기 위해서는 선진국 동향을 살피면서 정책 당국과 관련 산업계, 연구계, 시민사회 사이의 지속적인 소통에 의해서 우리나라 실정에 맞는 규제 방안을 도출해야 할 것이다.

(8) 클라우드 컴퓨팅

클라우드 컴퓨팅은 2006년 구글의 연구원 크리스토프 비실리아(1980-)가 제안한 개념이다. 검색 품질과 인프라 업무를 맡고 있던 그는 유휴 컴퓨팅 자원을 활용할 것을 제안하면서 클라우드 컴퓨팅이라는 용어를 썼다. IT 역사에 큰 획을 긋는 새로운 패러다임의 출현이었다. 클라우드 컴퓨팅은 글자 그대로 구름(cloud)처럼 무형으로 존재하는 하드웨어와 소프트웨어의 컴퓨팅 자원을 빌려 쓰면서 요금을 지불하는 컴퓨팅 서비스를 가리킨다. 서로 위치가 다른 컴퓨팅 자원을 가상화 기술로 통합하여 서비스를 제공하는 것으로, 클라우드를 제공하는 소유자와 그것을 사용하는 관리자가 서로 분리된다는 것이 특징이다.

세계 최대의 인터넷 서점이 된 아마존의 CEO 제프 베이조스(1964-)는 도서 판매의 전자상거래 시장 이상의 비즈니스를 구상해서 성공했다. 수많은 데이터 센터에서 수십만 대의 서버를 운영하던 아마존은 유휴 상태에 있는 수천 대의 서버를 효율적으로 이용하는 방안을 찾아냈고, 그 결과 가상 서버를 만들어서 고객에게 임대하고 사용료를 받는 새로운 개념의 아마존 웹 서비스(Amazon Web Service : AWS)를 상용화하게 된 것이다.

클라우드 서비스 클라우드 서비스는 언제 어디서나 손쉽게 대량의 데이터를 저장하고 관리하고, 활용하고 분석할 수 있게 한다는 점에서 초연결 사회의 핵심 기반 기술로 꼽힌다. 가트너의 예측에 의하면, 퍼블릭 클라우드 서비스 시장의 급성장으로 시장 규모가 2019년 2,143억 달러에서 2022년에는 3,321억 달러 규모가 될 것이라고 한다. 클라우드 서비스 시장이 IT의 성장세의 3배가 될 것이라는 예측이 나오는 가운데, 클라우드 서비스 제공자가 급증하면서 서로 다른 클라우드 플랫폼 자원의 공유 모델이 나오고 거래소도 등장하고 있다.

클라우드 서비스를 제공하기 위해서는 데이터 센터가 있어야 하고, 주문형 서비스, 동적 자원, 데이터 동기화 등 클라우드 서비스를 할 수 있는 기술 솔루션이 있어야 한다. 4차 산업혁명의 핵심기술로서 AI와 빅데이터의 비중이 커지고 있어서 기초 인프라인 클라우드의 중요성도 커지고 있다. 특히 중소기업이나 스타트업은 클라우드에 의해서 손쉽게 대규모 컴퓨팅 자원을 활용할 수 있다는 점에서 이용 가치가 크다.

클라우드 시장 현재 글로벌 시장 점유는 AWS가 3분의 1을 점유한 가운데 MS의 애저, 구글, 알리바바가 급성장세를 보이고 있다. 특히 알리바바는 중국 시장 점유율 1위를 기록하며, 아시아 태평양 지역의 시장 점유율에서 MS를 앞서고 있다. 2021년에는 중국 시장이 미국에 이어서 2위를 차지할 것으로 보인다.

우리나라의 클라우드 시장은 세계 시장의 1퍼센트 이하이다. 글로벌 클라우드 기업이 국내시장을 견인하고 있어서, 이들 기업이 국내에 데이터 센터를 설립하고 국내 대형 IT 서비스 기업과 연계해서 서비스를 하고 있다. AWS-

LG CNS, MS-삼성 SDS, IBM-SK C&C 등이 그 사례이다. 글로벌 기업의 국내시장 점유율은 이미 80퍼센트 이상으로 국내 자생적 기반이 취약하다.

2019년 우리나라의 클라우드 컴퓨팅 시장 규모는 1조9,000억 원 정도이다. 공공부문의 민간 클라우드 도입을 끌어올리기 위해서 2015년 '클라우드 컴퓨팅 발전 및 이용자 보호에 관한 법률'이 제정되었다. 그러나 공공기관과 지방자치단체의 민간 클라우드 활용의 정보 등급을 판단하는 기준이 모호하고 관련 절차가 미비하다는 이유로 실제 이용이 저조하다. 부처 간의 관련 정책 운영에서 상충된다는 지적도 있다.

우리나라는 세계 최고 수준의 정보통신기술 역량을 갖추고 있기 때문에 클라우드 컴퓨팅 기술 개발의 잠재력은 충분하다. 글로벌 기업에게 시장을 내주는 수동적인 상황을 조속히 벗어나서 글로벌 시장으로 진출하기 위해서는 단기적, 중장기적으로 전략적이고 실효성 있는 클라우드 컴퓨팅 기술 개발 지원 정책이 추진되어야 할 것이다.

(9) 5G 이동통신 기술

4차 산업혁명으로의 전환은 이론적인 연구성과를 실제 생활에 적용하는 기술 도약에 의해서 이루어지고 있다. 그간 통신 네트워크 속도는 정보통신기술의 진보와 플랫폼 비즈니스 개발의 기초가 되었다. 앞으로 IoT, 자율주행, 증강현실(Augmented Reality : AR) 기술 등 모든 핵심 요소가 인터넷으로 연결되는 세상은 새로운 광대역 5G에 의해서 실현될 것이다. 세계 최고의 인터넷 속도를 자랑하는 우리나라는 5G의 상용화에서 가장 앞서가고 있다.

통신 네트워크 기술에서 대용량 파일의 다운로드에 걸리는 속도인 스루풋(throughput)과 양방향 통신에서 응답을 늦추는 네트워크 장애의 레이턴시(latency)가 주요 영역이다. 5G 네트워크의 최대 잠재 속도는 초당 20기가바이트로서 4G의 최대 속도인 초당 1기가바이트보다 훨씬 빠르다. 레이턴시는 이상적인 조건에서는 5G가 4G 지연 속도보다 60-120배 더 빠를 것으로 예상된다. 따라서 AR, VR을 구현할 수 있다. 5G 기술은 자율주행 자동차에서도 위치, 거리, 장애물 등을 판단하는 양방향 통신 네트워크를 가능하게 하는 기술이다.

5G의 기술적 인프라와 사회적 수용성 5G 기술은 수많은 개별 기술의 융합에 의해서 진화하고 있다. 통신 기술에서 주파수는 시간당 정보 전달 정도가 관건으로서, 4G LTE는 1기가헤르츠 미만이고 와이파이는 최대 6기가헤르츠이다. 낮은 주파수 대역대에서는 시간당 전달할 수 있는 정보의 양이 적다. 주파수 대역대를 높이고 시간당 보낼 수 있는 정보의 양을 늘리기 위해서는 5G 네트워크에서 밀리미터파를 이용하는데, 30-300기가헤르츠 범위의 주파수가 되면 4G LTE나 와이파이보다 많은 양의 정보를 보낼 수 있다. 그러나 밀리미터 파는 4G에 비해서 물체를 통과할 때에 간섭을 많이 받기 때문에 이를 극복하기 위해서 셀룰러 안테나를 대체할 수 있는 스몰셀 인프라가 필요하다. 이 경우 현재보다 훨씬 작은 기지국들이 많이 세워져야 한다. 5G 기지국에서 사용하는 전력은 훨씬 적기 때문에 기존의 전신주나 건물 등에 쉽게 부착할 수 있다. 미국의 버라이존은 미니애폴리스, 시카고 등에 5G 서비스를 위한 인프라 구축을 서두르고 있고, AT&T도 2019년 말까지 미국 20여 개 도시에 구축했다.

5G에서 더욱 다양한 정보를 쌍방향으로 주고받기 위해서는 모듈화된 다중입력 다중출력 기술이, 5G의 신호 간섭을 해결하기 위해서는 빔포밍(Beamforming) 기술이 중요하다. 상쇄 전파 간섭을 이용하면 신호가 퍼지지 않고 일정한 방향성을 가질 수 있고, 특정 방향으로 신호 강도와 범위를 증가시킬 수 있다. 통신 용량의 한계를 개선하고, 더 많은 기기와 기지국 사이에서 다양한 통신 전달이 가능하려면 클라우드를 기반으로 한 서비스를 구현해야 한다. 5G 서비스를 위해서는 소형 이동통신의 스몰셀 기지국을 많이 설치해야 한다. 훨씬 많은 곳에 기지국을 설치하기 위해서는 인프라 구축에 대한 사회적인 협력이 필요하다.

네트워크를 연결할 수 있는 기지국 인프라와 더불어 5G 서비스가 가능한 모바일 기기의 기술 혁신도 중요하다. 최초로 개발된 5G 휴대전화는 삼성 갤럭시 S10 5G이다. 앞으로 AR과 VR, 그리고 고급 인터랙션과 그래픽을 위한 모바일 기기도 개발되어야 한다. 5G 모바일 기기뿐만 아니라 커넥티드 카(connected car), 드론 등에 적용되고, 공공 안전, 건물과 도시 자동화, 감시, 제어, 그리고 재난 구조에까지 적용될 수 있어야 한다.

기술적인 측면과 더불어 정책적인 지원과 사회적인 수용성도 중요하다. 과도기적으로 3G, 4G, 5G는 공존할 수밖에 없다. 따라서 통신사업자망과 최종 사용자의 기기가 다중화되는 현상은 불가피하다. 사용자는 경제적, 세대적 요인에 따라서 서로 다른 서비스를 받게 될 것이다. 그리고 현재와 달리 높은 주파수의 스펙트럼을 사용하게 될 경우, 기존 사업자와의 협력도 필요하다. 계속 논쟁이 되고 있는 망의 중립성을 비롯해서, 통신 서비스에 대한 과세, 새로운 서비스와 통신 인프라를 둘러싼 이해관계자 사이의 합의가 필요한 상황이다. 따라서 기술 보급에 따라 제기되는 사회적 이슈를 해결할 수 있는 거버넌스가 중요하다.

(10) 3D 프린팅

3D 프린팅은 홀연히 나타난 기술이 아니다. 1963년의 컴퓨터 지원 설계(Computer-Aided Design : CAD)가 그래픽 시스템의 기초였고, 그 뒤 컴퓨터 지원 제조(Computer-Aided Manufacturing : CAM)으로 진화된다. 1968년에는 감광 폴리머의 3차원 중합반응을 이용해서 플라스틱 패턴을 제작하는 공정이 나왔고, 이후 출현한 자외선 레이저를 이용해서 한 층씩 쌓아가는 적층식 방식이 3D 프린터 기술의 기초였다. 1984년에는 최초로 광경화 방식의 RP 시스템이 개발되고, 1988년부터 상업화된다. 3D 프린터 시장은 2000년대에 기술 수준이 향상되고 값싼 3D 프린터가 개발되면서 활성화된다. 2007년 영국의 에이드리언 보이어는 개인 보급형 오픈소스 3D 프린터 개발 프로젝트인 렙랩(RepRap)에서 오픈소스(제조 정보 공유)로 누구나 설계를 할 수 있도록 개선한다. 신속 조형 복제(Replicating Rapid-prototyper)

의 약어인 이 기술은 수천 대의 렙랩 기반의 3D 프린터를 제작해서 대중화에 기여했다.

3D 프린팅 생산 기법의 진화 생산방식의 변화는 산업혁명을 이끄는 주요 동인이다. 3D 프린팅에 의해서 생산방식이 바뀌고 그로써 자본주의를 구성하는 수요와 공급의 법칙을 바꾸고 있다. 3D 생산 기법은 적층 가공 기술의 발전으로 진화하면서, 부품을 조립하고 생산하는 기존의 공장 시스템과 달리 설계도만으로 완성품을 만들어내는 단계로 나아가고 있다. 기초 원자재의 제약도 해결되고 있다. 연속 액체 인터페이스 생산기술도 나타났고, 기존의 속도보다 100배 빠른 양방향 단일 패스 제팅 방식도 개발되었다. 전자 기계장치 전체를 한번에 프린트하는 에어로졸 제트 프린팅 방식도 개발되어 다양한 재료로 다양한 제품을 만들어내고 있다.

3D 프린팅의 활용 3D 프린팅은 에너지를 절약하고 네트워크를 활용할 수 있는 첨삭가공 기술이다. 따라서 기존의 절삭가공의 일부를 대체하거나 보완하면서 제조업 공정의 업그레이드를 실현하고 있다. 신제품 준비 기간도 이전의 6년에서 2년으로 크게 단축되고 있다. 나아가서 상상만 하던 설계의 물건을 만들어 낼 수도 있고, 모든 형태의 소품의 최적화 모델을 만들어내고 있다.

3D 프린팅이 가장 많이 쓰이는 분야는 의료, 자동차, 조선, 항공, 가전, IT 분야의 순이다. 국내 헬스케어 분야에서도 3D 프린터로 환자 맞춤형 임플란트를 제작하고 있다. 생체 조직과 장기를 위한 바이오프린팅 핵심기술은 유망 분야로서, 영국에서는 값싸게 의수를 개발했다. 네덜란드에서는 개별적으로 방을 출력한 뒤에 조립해서 3D 프린팅 운하 주택을 짓고 있다. 자동차 분야에서도 2014년에 세계 최초의 3D 프린팅 전기자동차인 스트라티가 제작되었다.

3D 프린팅 기술은 기존의 생산 공장의 한계를 벗어났다는 점에서 획기적이다. 인류가 달에 첫발을 디딘 지 50주년이 되는 2019년, 유럽 우주국에서 발표한 달동네(Moon Village) 개발에서도 3D 프린팅 기술이 한 몫을 했고, 달의 흙을 쓰는 3D 프린팅 기술도 개발되었다. 금속 3D 프린팅 기술도 주조와 금속 사출 성형, 정밀 가공을 개선하고 있다. GE는 금속 3D 프린팅 기술로 2만5,000여 개의 부품을 출력해서 공급한 결과, 터보 프로펠러의 엔진에 쓰이던 855개의 부품을 12개로 대체했다.

2. 4차 산업혁명 시대의 새로운 변화

1) 4차 산업혁명 기술로 변화하는 산업현장

4차 산업혁명은 2011년 독일 공학한림원의 헤닝 카거만 회장이 하노버 산업박람회에서 처음 꺼낸 화두였다. 2002년경 독일은 '유럽의 환자'라고 불리는 통일 독일의 복구 때문에 경제 사정이 나빴다. 그러나 제조업 기반이 탄탄했던 탓에 금융위기 이후에 가장 잘 나가는 나라로 부활했고, 디지털 경제가 취약하다는 자체적인 발 빠른 진단 아래 '인더스트리 4.0'의 토대를 닦았다.

(1) 스마트 팩토리

최근의 스마트 팩토리는 기존의 공장 자동화 개념에서 나아가서, 공정 전후 과정을 아우르는 총체적인 생산관리를 도입하고 있다. 그로써 공정 시작 이전의 시뮬레이션, 공정 단위의 자동화, 연계 공정의 효율화, 공정 이후의 단계까지 유기적으로 통합이 가능해졌다. 그 핵심은 디지털화이다. 모든 사물이 인터넷으로 연결되는 시대에 맞게, 스마트 팩토리는 센서와 디바이스 간의 통신으로 다양한 데이터를 주고받는다. 머신러닝 기술이 적용된 클라우드 서버가 이렇게 수집한 빅데이터를 써서 생산성 극대화의 AI를 결합시킨 생산 시스템으로 성능을 높이고 있다. 단순히 컴퓨터와 로봇으로 공장을 무인화하는 개념과는 차원이 다르다.

스마트 팩토리는 다른 연관 기술과의 융합의 산물이다. 시제품을 빠르게 만들 수 있는 3D 프린터, 제조 프로세스의 공정 시뮬레이션, 디지털 트윈, 에지 컴퓨팅 등 다양한 기술을 엮은 것이다. 그중 에지 컴퓨팅은 데이터 처리의 지연 속도를 줄이고 즉각적인 현장 대처를 가능하게 하는 기술로서, 수집된 데이터를 클라우드 서버에 올리기 전에 실시간으로 분석해서 제어할 수 있도록 프로그래밍해주고 있다. 에지 컴퓨팅 기술은 2018년 가트너가 선정한 '10대 전략 기술 트렌드'에 뽑혔다.

스마트 팩토리와 일자리 변화 스마트 팩토리는 제조업의 지각변동을 예고하고 있다. C2M(Customer To Manufacturer, 고객 대 제조업자) 생산방식으로 소품목의 개인화된 맞춤 생산도 가능해졌다. 맞춤형 정장을 만드는 중국의 스마트 팩토리는 하루에 4,000벌 이상을 제조한다. 선진국에서는 인건비 등 비용 절감을 위해서 해외로 나갔던 기업이 다시 국내로 돌아오는 리쇼어링이 일어나고 있다. 스마트 팩토리에 의해서 생산시설과 소비자의 거리가 가까워지면 물류비용도 줄일 수 있다.

이렇듯 공장이 자동화, 디지털화되면서 일자리가 감소할 것이라는 우려가 나오고 있다. 그러나 인더스트리 4.0으로 세계 최고의 스마트 팩토리 시스템을 구축하고 있는 독일에서는 사람 대신 로봇이나 기계가 공장을 차지할 것이라는 어두운 전망을 깨고, 협동 로봇에 의해서 사람과 로봇이 공생하고 있다. 협동 로봇은 덴마크에서 먼저 개발했는데, 독일이 그 로봇을 개발한 벤처 기업을 사서 쿠카(KUKA) 로봇을 만들었다. 기존의 산업용 로봇의 단점을 보완해서 협동 로봇이 사람과 함께 분주하게 일하고 있다. 협동 로봇을 도입한 대표적인 사례인 지멘스의 암베르크 공장을 보면, 공정의 75퍼센트가 자동화로 진행되고, 1,000여 개 종류의 제품을 연간 1,200만 개 생산한다. 설계와 주문 변경이 생겨도 99.6퍼센트의 제품을 24시간 내에 출시하는 시스템이 갖춰져 있고, 100만 개당 불량품의 수는 10.5개이다.

국내의 스마트 팩토리는 일부 대기업을 제외하고는 아직 초보적인 수준이다. 우리나라 스마트 팩토리 기업의 성과는 생산성 30퍼센트 상승, 불량률 44퍼센트 감소, 원가 16퍼센트 절감, 납기일 16퍼센트 단축, 산업재해 22퍼센트 감소 등인 것으로 조사되었다. 글로벌 경쟁에서 불량률을 줄이고 경쟁력을 높이려면 스마트 팩토리가 대안이다.

스마트 팩토리 구축의 주요 효과는 경영성과의 상승과 양질의 새로운 일자리 창출이다. 우리나라의 고용노동부의 인력수요 전망에 따르면, 스마트 팩토리의 활용에 의해서 산업 간의 융합이 진행되고, 제조업과 서비스업 등에서 일자리가 늘어날 것이라고 한다. 특히 정보통신과 과학기술 분야의 서비스업, 전기산업, 전자산업, 기계산업에서 일자리가 늘어나리라는 전망이다. 해외 전문가들은 앞으로 5년 정도의 단기간 안에는 일자리가 늘어날 것이나, 장기적으로는 일자리가 줄어들 것으로 전망하고 있다. 그러나 어떻게 바뀔지 예단하기 어렵다.

4차 산업혁명은 산업의 생산성과 유연성, 자원친화성을 지향하고 있다. 디지털 경제 시대에 제조업 혁신의 비결은 고객맞춤형 제품을 대량생산해서 싼 가격에 제공하는 스마트 팩토리의 구현에 달려 있다. 국가 차원에서 스마트 팩토리의 도입을 적극 추진해야 하고, 기업은 AI, 빅데이터 분야의 원천기술 확보에 주력하고 조직의 혁신적 사고를 고취시켜야 한다. 스마트 팩토리로의 전환으로 중소기업의 경쟁력을 높이고 지역경제를 활성화하는 돌파구를 찾는 것도 중요하다.

(2) 디지털 트윈

최근 IoT, 빅데이터, AI, CPS 등이 보편화되면서 디지털 트윈이 빠르게 확산되고 있다. 디지털 트윈은 컴퓨터상에 현실과 동일한 가상 모델을 시뮬레이션해서 작동 결과를 미리 예측하는 기술을 가리킨다. 시뮬레이션은 이전부터 이용되고 있었으나, 컴퓨팅 기술의 혁신에 의한 디지털 트윈은 실제 사물의 특징과 작동을 거의 완벽하게 구현하게끔 발전했다. 그 결과 제품의 제조에서 발생하는 시행착오를 줄이고, 제품 생산의 효율성, 생산성, 경제성, 안전성을 높일 수 있게 되었다.

2002년 미국의 미시간 대학교에서 디지털 트윈과 비슷한 개념이 이용된 후, 그 의미는 여러 가지로 해석되고 있다. '현실 세계에 존재하는 대상이나 시스템의 디지털 버전', '물리적 기계 또는 프로세스의 소프트웨어 모델', '프로세스 또는 실제 제품의 최신 디지털 프로파일', '물리적 시스템의 구조, 문맥, 동작을 나타내는 데이터와 정보(intelligence)의 조합' 등이 그것이다. 이름이 무엇이든 간에 디지털 트윈은 컴퓨터에 구현된 가상 모델에 의하여 현실에서 발생할 수 있는 상황을 예측하거나 운영의 최적화 조건을 알려주는 등 산업 경쟁력 강화에 막강한 수단이 되고 있다. 미국, 독일, 프랑스 등 선진국에서는 디지털 트윈이 널리 활용되고 있어 시장이 급성장할 것으로 예상된다.

디지털 트윈 기술의 핵심 역량 디지털 트윈 기술의 핵심 역량은 세 가지로 요약된다. 첫째, 사업 분야의 전문적 데이터 역량으로서, 데이터 수집과 전처리의 자동화, 디지털 데이터 리포지터리와 공유 활용 체제를 포함한다. 둘째, 공학적 물리 모델과 디지털 모델 도출 역량으로서, 제품의 특성, 수명, 거동 등을 묘사하는 능력이다. 셋째, 빅데이터 분석과 지식 추출 역량으로서, 산업 분야의 응용 목적에 맞는 분석, 예측 수행의 애플리케이션 소프트웨어 개발 능력이다.

클라우드 기반 플랫폼의 수요 증가와 IoT의 보급 확대는 디지털 트윈 시장의 확대를 주도하는 요인이다. 생산의 프로세스 최적화, 비용의 효율화, 제품이 출시되기까지의 소요시간 단축 등의 필요성이 커지고 디지털 트윈 적용의 긍정적인 사례가 늘어남에 따라서 산업 분야의 디지털 트윈 솔루션의 수요가 급증세를 보이고 있다.

산업 분야에서 디지털 트윈의 적용 범위는 광범위하다. 설계, 제조, 판매, 운영은 물론 유지와 보수 단계에서 최적화, 성능 관리, 고장 진단, 정비 등에 적용할 수 있다. 또한 부품, 제품, 시스템, 공정, 공장, 공급망에도 활용되고 있다. 제조, 전력, 의료, 항공, 자동차, 스마트 도시 등 산업 전반에 걸친 효용 가치도 크다. 정부와 지방자치단체와 기관, 산업과 기업이 조직 내부의 효율성과 경쟁력을 높이기 위해서 모든 영역에 디지털화와 스마트화를 추진하고 있어 디지털 트윈 시장은 성장세를 보이고 있다.

디지털 트윈 기술 시장 현황 가트너는 2017년과 2018년에 디지털 트윈을 기업이 주목해야 할 '10대 전략 기술 트렌드'에 포함시켰다. 3-5년 내에 수백만 개의 사물이 디지털 트윈으로 표현될 것이고, 기업은 디지털 트윈을 통해서 장비 수리, 서비스 계획 수립, 제조 공정 계획, 공장 가동, 장비 고장 예측, 운영 효율성 향상, 개선된 제품 개발을 할 것이라는 분석이다. 2016년을 기준으로 전자, 전기, 기계 제조업계가 디지털 트윈 시장에서 가장 큰 비중을 차지했다. 이는 판매 후 서비스에서 디지털화의 필요성이 크기 때문으로 분석된다.

디지털 트윈의 시장 규모는 2016년 2조 원에서 2023년 18조 원 규모로 커질 것이고, 2017-2023년 연평균 성장률이 38퍼센트가 될 것이라고 한다. 시장을 주도하는 기업은 GE, 지멘스, AT&T 등 10여 개의 글로벌 대기업이다. GE와 지멘스, 프랑스의 다쏘는 제품의 안전성과 비용 절감을 위해서 디지털 트윈 기술 도입해 생산 라인의 전 과정을 시험하고 예측함으로써 수율을 높이고 있다. 특히 지멘스의 암베르크 공장은 수율이 99.99885퍼센트에 이르는 것으로 알려졌다. 에어버스는 의료용 헬리콥터의 맞춤형 생산에서 시행착오를 줄여서 효율을 높이고, 제조 과정에서 수집된 데이터를 제품 검사에 활용하는 등의 성과를 거두고 있다.

우리나라는 아직 디지털 트윈에 대한 논의가 초기 단계이다. 조속히 연구개발 방향과 로드맵을 설계하는 등 기초 작업을 서둘러야 한다. 디지털 트윈 요소 기술 전문가와 전문 기업의 협업 체계를 구축하고, 국산 디지털 트윈 개발과 운용의 소프트웨어 플랫폼과 솔루션 확보를 위한 연구개발에 박차를 가해야 한다. 다양한 산업 분야에서 실증 사업을 시행하고, 성공 사례를 공유하는 등 선순환의 기술 진흥 지원책이 필요한 시점이다.

(3) 교류와 직류의 공존 시대

세월이 흐르면서 변하지 않는 것은 없다. 미국에서 2차 산업혁명이 무르익던 1880년대 이후, 직류의 에디슨과 교류의 테슬라의 치열한 전류전쟁에서는 에디슨 측이 온갖 비상식적인 네거티브 캠페인을 벌였음에도 불구하고, 직류가 질 수밖에 없었던 가장 큰 이유는 장거리 송전이 되지 않는 기술적인 한계 때문이었다. 그러나 21세기 데이터 경제 시대의 상황은 기술적인 여건 변화로 인해서 직류 발전을 새롭게 조망하도록 만들고 있다.

기술사에서 가장 치열했던 전류전쟁이 벌어진 지 120년이 지난 지금, 직류의 부상을 이끌고 있는 변수는 계속 커지고 있다. 인터넷 데이터 센터(Internet Data Center : IDC) 등 직류 전원(電源)이 유리한 정보통신기술의 부하가 급증하고 있기 때문이다. 세계적인 신재생 에너지 보급으로 에너지 저장장치와 분산발전 등 직류 전원에 대한 수요가 급증하고, 발전원과 소비자 사이의 거리가 멀어지면서 송배전 효율을 높여야 한다는 필요성도 직류의 필요성을 높이고 있다. 기본적인 건물 통제 시스템, 센서, 냉난방과 환기 작동 장치, 보안 시스템, 오디오와 비디오 시스템 등도 대체로 직류를 사용하고 있다. 교류의 장점은 변압기에 의해서 전압을 변환하기가 쉽고, 아크 방전이 일어나지 않는다는 것이다. 한편 직류의 장은 전압이 일정하기 때문에 전기 품질이 좋고, 따라서 민감한 전자기기에 유리하다. 또한 주파수가 없어서 호환이 쉽고 간섭이 발생하지 않으며, 무효전력이 발생하지 않아 전력 소모가 적다.

필자는 비례대표 국회의원을 끝낸 뒤, 2008년 8월에 사단법인 그린코리아21포럼을 결성했다. 100여 명의 과학과 공학 전문가들을 중심으로 가장 먼저 착수한 프로젝트가 직류 이용 기술에 관한 검토였다. 여러 해 동안 직류 배전의 필요성과 기술적인 가능성에 대한 보고서를 작성했고, 국가 연구기관이 선도적으로 검토해서 연구개발을 할 것을 건의했다. 당시 우스갯소리처럼 들린 전언은 "김 아무개 전 장관은 요즘 무엇을 하고 있느냐"라고 물으면, "계속 직류 얘기를 하고 있다"였다고 한다.

직류의 효율　　디지털 시대 직류의 이점은 효율성, 경제성, 전력 품질이 교류보다 더 좋다는 점이다. 직류의 사용이 가장 절실한 곳은 IDC이다. 데이터 센터는 전력의 순간적인 저하를 막아야 하기 때문에 축전장치를 갖춘 무정전 전원장치(United Parcel Service : UPS)를 도입하고 있다. 따라서 송전된 교류 전기는 직류로 변환시켜서 축전장치에 공급한 후, 다시 교류로 변환시켜서 서버 등 전기기기에 공급하게 된다.

이후 기기 내에서 다시 한번 더 직류로 변환시켜서 기기 내에 전원을 공급한다. 이처럼 송전소로부터 교류-직류 변환을 세 번 거쳐야 하기 때문에 그 과정에서 전력 손실이 발생한다. 변환 효율을 90퍼센트로 볼 때 27퍼센트가 손실되는 것이다. 이것이 UPS를 대체할 직류 전원 공급 방식이 필요한 이유이다.

데이터 센터는 빅데이터를 저장하고 유통시키는 핵심 인프라로서, 안정성과 신뢰도가 생명이다. 따라서 이중 전원시설, 냉각장비, 항온 항습의 공조시설을 24시간 가동하고 있다. 냉각비 등 전기료가 IDC 운영 경비의 3분의 1을 차지한다. 소비 전력량을 줄이고 효율을 높이기 위해서 정보통신기술 장치에 직류를 공급하는 직류 급전기술이 대안으로 부상한 것이다.

직류 배전에 대한 본격적인 관심은 2006년 미국 로렌스 버클리 연구소에서 진행한 데이터 센터의 직류 배전에 따른 효율성 연구에서 비롯되었다. 일본의 NTT도 센다이 프로젝트로 데이터 센터의 직류 배전을 연구했다. 그 과정에서 전력변환기와 직류 콘센트 등이 개발되고, 실증 사업도 이루어졌다. 태국의 라차팟 대학교는 직류 마이크로그리드 단지를 구축하고 직류 전력 시스템의 안정성과 효율성을 분석했다. 국내에서도 1999년 이후 KT, SK 등이 직류 배전의 IDC 구축에 나섰다. 이후 포털 사이트와 온라인 게임 산업의 발전으로 IDC 수요가 급증하면서, 일반 기업도 IDC를 세우게 되었다. 구글 등 글로벌 IT 업계는 직류 배전의 데이터 센터 구축은 물론 신재생 에너지, 플러그인 하이브리드 카를 연결하는 직류 배전 토폴로지를 실증하여 효율성과 환경성을 높인 데이터 센터의 운영을 제안했다.

생활 속 직류 서비스의 이용 직류 서비스가 일상생활 속으로 들어온 대표적인 사례는 LED 전등이다. LED 전등은 전력소비가 적고 수명이 길어서 건물 에너지 이용의 효율화에 획기적으로 기여하고 있다. 그러나 현재 배전 시스템으로는 LED 전등도 교류를 저전압 직류로 전환하는 과정을 거치기 때문에 전력 손실이 불가피하다. 현행 기술 수준에서 교류-직류 간 전환에 따른 전력 손실은 7-15퍼센트로 추산된다.

전기자동차 보급은 직류 충전 인프라를 필요로 한다. 직류 서비스 방식이 신재생 에너지의 전원, 에너지 저장장치와 연계될 경우 전기자동차 충전 인프라가 확충될 수 있다. 직류 송전은 가공전력선(Overhead line) 방식보다 케이블을 기반으로 한 송전이 유리하다. 즉 고압직류송전(High-Voltage, Direct Current : HVDC)에 의해서 발전소에서 고압의 교류전력을 고압의 직류전력으로 변환시켜서 송전한 후 소비 지역에서 다시 교류전력으로 변환시켜서 공급하는 방식이다.

태양광 발전과 에너지 저장장치에서는 직류가 생산된다. 에너지 저장장치가 태양광 시스템과 결합되어 있다면, 교류-직류 간의 전환 횟수는 더 늘어나게 된다. 이 경우 교류-직류 간의 전환 효율을 90퍼센트로 가정할 때 태양광 시스템이 설치된 가정에서는 34퍼센트 정도의 전력손실이 발생한다. 그러나 태양광 시스템과 전력 저장장치가 직류를 그대로 받아들일 수 있는 시스템으로 바꾼다면 교류-직류 전환 과정의 감축으로 전력 손실을 줄일 수 있다.

직류 송전, 배전 시스템의 보급 전망 대형 사업장에서도 태양광의 직류 전류를 직접 이용하고 있다. 일본의 IDC 기업인 사쿠라 인터넷은 데이터센터에 고압 직류송전 시스템을 도입하고, 2015년부터 홋카이도의 이시카리 시에 출력 200킬로와트의 태양광 발전소를 가동하고 있다. 고압 직류송전 시스템을 도입하면서 교류-직류 변환을 기존에 3회이던 것에서 1회로 줄여서 효율을 높이고 있다.

GE는 알스톰과 통합하여 GE 그리드 솔루션을 출범시켰다. 첨단의 전력전자 기술에 의해서 교류-직류망을 연결하고, 이를 안정적으로 전송하고 있다. 글로벌 고압 직류송전 시장은 2030년까지 1,430억 달러 규모의 성장세가 예상된다. 유럽에서는 핀란드 테크니컬 리서치 센터인 VTT가 2030년 직류 저압 배전과 직류 마이크로그리드를 도입할 것을 제안했다. 독일의 이온(Eon)은 아헨 공과대학교와 공동으로 중압 직류배전(Medium Voltage Direct Current : MVDC)급 기술을 개발하고 있고, 전력용 반도체 응용 변압기, 고효율 전력변환기, 직류 케이블과 MVDC 기술의 개발로 10메가와트 용량의 배전 실증선로를 건설하고 있다.

우리나라는 GE 그리드 솔루션 기술을 기반으로 1997년 해남-제주 HVDC(300메가와트급) 체계를 구축했다. 2014년에는 양방향 전력 송전이 가능한 고압 직류송전이 이루어졌고, 2012년에는 한국전력과 GE 그리드 솔루션이 조인트 벤처를 설립하고, 핵심기술 이전 사업자로 LS 산전을 선정했다. 2008년 KT 남수원 IDC는 직류 배전으로 효율성 향상을 실증했고, 2010년부터 목동 IDC에 실증 사이트를 구축해서 직류 배전의 효율성과 소프트웨어 인프라 개선을 위한 연구를 수행했다. 그 결과 공조 설비 개선으로 전력 효율을 10퍼센트 정도 향상시켰다.

개발도상국의 전력 분야의 기술 도약도 주목된다. 인도의 파워그리드 사는 발전량의 50퍼센트를 인도 전역에 걸쳐서 10만 킬로미터를 송전하고 있다. GE 그리드 솔루션과 협업한 것으로, 최초로 800킬로볼트 초고압 직류송전 시스템을 갖추기 시작했다. 송전 거리가 700킬로미터 이상이면 직류송전이 유리하다.

그러나 이미 설치된 기존의 교류 시스템을 모두 직류로 바꿀 수는 없는 일이다. 교류 인프라가 전 세계를 뒤덮고 있어서 전력 설비 교체를 위한 비용과 시간이 많이, 오래 걸릴 수밖에 없기 때문이다. 따라서 상당 기간 직류와 교류 시스템의 공존이 불가피하다. 다만 21세기 디지털 기술의 환경에서 직류가 새롭게 주목받으며 연구개발이 활발하게 진행되고 있으므로, 앞으로 시장에 큰 변화가 생길 것이다. 직류 중심의 전력 시스템이 보편화된다면 새로운 발전 송전 모델로 전환될 것으로 예상된다.

한국전기연구원에서는 2010년부터 직류 배전의 타당성 연구, 옥내 소비자의 직류 배전을 위한 전력 변환장치 개발, 직류 가전, 에너지 저장장치와 신재생 시뮬레이터를 연계한 직류 배전 설비를 구축하고, 효용성 연구를 수행했다. 이후 전력연구원과 공동으로 장거리 선로의 직류 배전에 대한 연구를 수행하여 전력변환기를 개발했다. 그리고 실증 사이트 구축을 위한 사업 추진으로 전력용 반도체 변압기, 500킬로와트급 직류 배전용 정류기, 직류 수배전반 등 전력변환 설비 개발을 추진했다.

(4) 수소경제

우리나라의 에너지 사정은 125개국 중 에너지 안보 차원의 안정적 공급이 53위, 친환경 순위가 90위권이다. 현재 미국산 셰일 가스를 세계에서 가장 많이 수입하는 나라이기도 하다. 기술 혁신에 의한 디지털화의 가속화로 반도체가 막대한 에너지를 소모하고 있어 에너지 절약 기술의 필요성이 더욱 절실하다. 예를 들면 알파고는 바둑 경기를 하는 동안 12기가와트의 전기를 사용했다. 기계장치의 디지털화로 인해서 기계가 사람보다 더 많은 에너지를 쓰는 시대가 되고 있기 때문이다.

우리 정부는 2019년에 수소경제 활성화 로드맵을 발표했다. 수소경제의 선구자가 되겠다는 강력한 정책 의지의 표명은 일단 수소 관련 산업의 진흥에 청신호로 보인다. 언젠가 수소를 물의 전기분해에 의해서 얻게 된다면 이론상으로는 에너지원이 공짜가 되기 때문에 에너지의 궁핍으로부터 해방되는 날이 올 것이다. 그렇게 되면, 수소경제는 에너지 안보와 국제사회의 에너지 민주화에 기여하게 될 것이고, 환경적으로도 새로운 세상이 열리게 될 것이다. 온실가스 배출이 없고 소규모 분산형 체계로의 에너지 시스템의 전환에도 유리하다. 상대적으로 입지적 제약도 적고 주민 수용성이 양호한 편이다.

수소경제에 대한 선진국의 정책 추진도 활발하다. 일본은 2017년 수소 기본전략을 수립하여 2050년까지의 발전 방안을 제시했다. 미국은 캘리포니아 주와 연방정부를 중심으로 민관 협력을 강조한다. 중국은 중국 제조 2025와 수소 이니셔티브를 선언하고, 거대시장이라는 이점을 활용하여 글로벌 기업과의 협력과 인수합병을 통한 기술을 획득한다는 전략을 추진하고 있다. 최근 버스와 트럭을 만드는 회사인 웨이차이 사는 캐나다 밸러드 사의 연료전지 지분을 20퍼센트 인수했다. 호주는 2018년에 수소 로드맵을 발표했고, 천연자원 부국으로서 현재 우리나라의 LNG 수입국 중 2위로 올라 있다.

우리나라의 수소경제 로드맵에 의하면, 2040년까지 산업 생태계를 구축하는 것이 목표이다. 특히 수소자동차와 연료전지를 중심으로 경제적이고 안정적인 수소 생산과 공급 시스템을 갖추는 것에 초점이 맞춰져 있다. 이런 야심찬 목표가 실현된다면, 우리나라의 수소경제는 연간 43조 원의 부가가치와 42만 개의 일자리를 창출하게 될 것이다. 온실가스 감축, 미세먼지 저감, 재생 에너지 이용 확대 등 에너지 전환으로 사회적 재난 극복에도 돌파구가 열리게 된다.

그간 우리나라의 수소경제 실적을 보면, 2013년에 세계 최초로 수소 전기자동차인 투싼을 양산하기 시작했다. 그러나 이는 하루아침에 일어난 일이 아니라, 1998년에 개발을 시작해서 2006년에 프로토타입을 개발한 역사위에서 이루어낸 결실이었다. 투싼에 이어서 개발된 넥쏘는 세계에서 가장 먼 거리를 이동할 수 있고, 한 번 충전으로 600킬로미터 이상을 달릴 수 있다. 연료전지 포트폴리오로 보면, 발전용에서 포스코 에너지, 두산, SK 건설이 각각 다양한 연료전지 형태로 경쟁력에서 앞서가고 있다. 석유화학과 정유산업이 발달한 국가로서 당분간은 부생 수소를 공급할 수 있을 것이다. 저장과 운송에서는 전국의 천연 가스 공급망을 활용하여 수소 공급망을 구축한다는 계획이다.

그러나 기술과 인프라에서 해결해야 할 조건이 만만치 않다. 10여 년 전에 시작했던 수소 정책이 결실을 거두지 못한 전례도 있어서, 정책 시그널의 지속성에 대한 신뢰도 변수이다. 현재로서는, 2030년경 수소자동차와 연료전지에서 세계 시장 점유율 1위를 달성한다는 수소경제 로드맵의 구현 여부는 특단의 정책과 지속적인 강력 추진을 전제로 할 때에 가능할 것이다.

우리나라는 기술 혁신 업스트림 분야인 수소의 생산과 운송, 저장이 일본, 독일, 미국, 캐나다의 역량에 비해서 상당히 뒤떨어져 있다는 것이 업계의 평가이다. 세계적으로 전기자동차의 개발과 보급이 대세인 상황에서, 수소자동차 개발의 선두주자가 된다는 것이 최적의 계획인지에 대한 의구심도 없지 않다. 일본은 수소경제 로드맵이 우리나라와 비슷하지만, 재정 계획은 3배에 달한다는 것도 가볍게 볼 일이 아니다.

수소 에너지가 온실가스 배출이 없고, 질소산화물, 황산화물, 미세먼지 배출이 없다고 강조하고 있다. 그러나 화석연료에서 수소를 얻는 경우에는 이야기가 다르다. 재생 에너지와 연계해서 잉여 전력으로 물을 전기분해해서 수소를 얻는 경우에는 가능한 시나리오이지만, 그 경우 현재 수준에서는 수소를 만드는 데 들어가는 전기값이 생산된 수소보다 비싸지게 된다. 또한 수소의 안전성에 대한 사회적 수용성도 높여야 한다. 앞으로 수소 생산의 친환경성과 가격 경쟁력을 확보할 수 있는 생산, 저장, 운송, 이용 기술과 관련 인프라의 구축이 이루어진다면, 수소경제는 활짝 꽃필 수 있을 것이다.

세계 수소경제에 대한 맥킨지의 2017년도 전망에 의하면, 수송용이 시장 확대를 견인하고, 수소 에너지 기술이 발전용, 가정용, 건물용 연료전지 기술과 함께 빠르게 성장할 것이라고 한다. 그로써 2050년에는 연 2조5,000억 달러의 시장 가치와 3,000만 개의 일자리를 창출할 수 있을 것으로 보고 있다.

2) 4차 산업혁명 기술이 만드는 새로운 세상

21세기의 세상은 스마트폰, AI, IoT 등의 신기술이 생활 속으로 급속히 확산되고 있어 온통 스마트화되고 있는 것이 특징이다. '스마트시티' 프로젝트는 4차 산업혁명의 핵심기술이 총망라된 종합적인 작품으로서, 도시화 문제의 사회적, 경제적, 문화적인 솔루션을 도시의 스마트화에서 찾고 있다. 영농 기술에서는 식량 증산에 투입되는 자원은 최소화하고 수확량은 극대화할 수 있는 기술 혁신의 경쟁이 펼쳐지면서, 스마트 팜이 각광을 받고 있다.

(1) 스마트시티

지구촌의 도시는 급팽창하고 있다. 1600년의 도시 인구는 총 인구의 1퍼센트 이하였다. UN 자료에 따르면 오늘날 전 세계 인구 77억 명 중의 54퍼센트가 도시에서 살고 있고, 2050년에는 66퍼센트로 늘어날 것으로 전망된다. 앞으로 30년 뒤에 도시 인구는 25억 명이 더 늘어날 것이다. 그런데 세계 도시의 3분의 2는 해안가에 위치하고 있어서, 이대로 간다면 기후변화로 인해서 해수면이 최대 1미터까지 상승해서 도시가 수몰되는 상황이 발생할 것으로 예상된다.

도시의 면적은 지구 표면의 3퍼센트에 불과하다. 그러나 모든 자원이 도시로 빨려 들어가고 있어서, 대량소비와 대량폐기에 따른 대량오염으로 심각한 몸살을 앓고 있다. 에너지 자원도 75퍼센트가 도시에서 소비되고 있으며, 따라서 온실 가스의 80퍼센트가 도시에서 배출되고 있다. 이처럼 모든 자원을 블랙홀처럼 빨아들이다 보니, 도시는 폐기물 오염, 대기오염 등의 환경 부하를 감당하기 어려운 상태이고, 갖가지 재난, 슬럼화, 폭력 등의 사회적 이슈가 도시의 지속 가능성을 심각하게 위협하고 있다.

1927년 독일 바이마르 시대의 SF 영화 「메트로폴리스(Metropolis)」는 100년 후의 미래 도시의 암울한 모습과 계층 간의 갈등을 그렸다. SF의 선구적인 고전 영화로 평가받는 이 디스토피아적인 스토리는 "머리와 손 사이를 잇는 것은 심장이어야 한다"라는 말로 끝을 맺는다. 제작 당시에는 153분짜리였다는데, 이후 원본이 여러 차례 재편집되는 수난을 겪는다. 그럼에도 2001년에 유네스코 세계기록유산으로 등재되어 역사물로 남게 된다.

스마트시티 구축 경쟁 2018년 세계 가전전시회의 주제는 '스마트시티의 미래'였다. 글로벌 시장조사기관인 프로스트 앤드 설리번에 따르면, 2020년 세계 스마트시티 시장 규모는 1,800조 원에 이를 것이라고 한다. 2050년경에는 세계 인구의 70퍼센트가 스마트시티에 살게 되리라고 한다. 상황이 이러하니, 미래를 선점하기 위한 선진국의 경쟁이 치열하다. 싱가포르는

2014년부터 도시 전체를 3D 가상공간에 옮기는 '버추얼 싱가포르' 프로젝트의 추진으로 건물, 지형, 도로, 수송 등 물리적인 인프라는 물론, 재난관리, 교통 시스템, 질병, 인구 관리, 에너지 관리 등 데이터의 소프트 인프라를 구축하고 있다. 빅데이터를 연결하고 분석하고 시뮬레이션해서 도시개발과 관리에 최적화된 통합 시스템을 구축하게 된다면 각종 도시 문제는 선제적으로 해결될 것으로 기대된다.

일본 지바 현의 카시와노하 스마트시티도 에너지와 환경 부문의 지속 가능 도시를 목표로 구축되고 있다. 태양광, 축전지 열병합발전 등 최첨단 시스템을 도입한 그린에너지화가 특징이다. 환경 공생 도시, 건강 장수 도시, 신산업창조 도시가 그들의 목표이다. 중국도 최고 역점 사업으로 스마트시티의 조성을 추진하고 있다. 무려 1조 위안을 투입해서 그 넓은 국토 전역에 500여 개의 스마트시티를 조성한다고 밝혔다.

미국 미시간 주는 자동차 도시에서 모빌리티 도시로 진화하고 있다. GM, 리프트 등 자동차 IT 기업과 대학이 산학협력으로 최첨단의 교통 모델을 창출하고 있다. 그런가 하면 구글-캐나다(토론토), 빌캐스케이드 인베스트먼트-미국(애리조나 주), 파나소닉-일본(후지사와) 등도 스마트시티 구축에 나섰다. 이들 기업은 모든 IT 기술의 테스트베드를 제공받아서 도시를 스마트화하고 있는 것이 특징이다.

네덜란드 암스테르담에서 운영되는 시민 참여형 리빙랩과 스페인의 방직 도시인 포블레노우의 스마트화는 시민 참여와 도시재생의 측면에서 대표적인 벤치마킹 사례로 꼽힌다. 시민 연구실이라고 하는 암스테르담의 혁신은 암스테르담 스마트시티가 주관하며 지역주민, 정부, 민간기업의 참여로 200여 개 프로젝트를 진행하고 있다. 이 사업은 홍수, 폭염 등의 재해는 물론 IT 축구경기장 건립에 이르기까지 다양하다. 최근 우리나라에서도 시도하고 있는 해커톤 형태로서, 한 주제를 놓고 민간 주도로 다수의 관계 그룹이 협업해서 시제품 단계의 결과물을 만들어내고 있다.

포블레노우는 1960년대 이전에 전성기를 누린 방직 도시였으나 슬럼화되었다가 최근 스마트시티로 재탄생했다. 2002년 스페인 정부가 추진한 도시재생 사업 '22@바르셀로나 프로젝트'를 유치해서 IT 기반의 융합 혁신도시로 탈바꿈한 것이다. 그 결과 정보통신기술, 미디어 산업 등 첨단기술 기업 8,000여 개가 입주했고 대표적인 관광 명소로 떠올랐다. 시민 주도의 개방적 혁신의 리빙랩과 스타트업의 활성화는 사람이 도시의 핵심이라는 사실을 보여주는 사례가 되고 있다.

도시는 사회적 공학의 산물로서, 사회적, 경제적, 환경적, 역사적, 문화적인 요인이 두루 얽힌 유기체적 성격을 띤다. 스마트시티의 구축은 건설, 교통, 운송, 학교, 병원, 에너지, 물, 폐기물 관리 등 물리적인 인프라는 물론 건강, 환경, 복지, 교육, 공공 서비스, 거버넌스 등 소프트 인프라의 스마트화를 의미한다. 이렇듯 도시를 중심으로 초연결, 초지능화가 실현됨으로써 자원 이용의 효율성을 높이고, 지속 가능한 소비와 생산을 구현할 수 있는 도시 모델이 희망을 주고 있다.

우리나라 스마트시티 프로젝트 현황 최근 4차 산업혁명 위원회가 한국의 스마트시티 추진 전략을 발표하면서, 부산 에코델타시티와 세종 생활권을 시범 도시 지역으로 선정했다. 4차 산업혁명 기술에 대한 이해를 바탕으로 도시를 디자인하고, 시민의 데이터를 AI로 분석하여 맞춤형 서비스를 제공하는 것이 사업 내용이라고 할 수 있다. 기술을 통해서 도시가 안고 있는 사회적인 문제를 해결하는 솔루션이 한국형 스마트시티라고 할 수 있다. 세종시의 경우에는 구도심으로부터 데이터를 얻어서 스마트시티를 새로 건설하면서, 일자리와 교육 문제를 해결하고, 최초로 자율주행 자동차, 드론택시 등의 도입을 시도하고 있다. 미래형 스마트 친환경 도시인 '판교 제로시티'와 신기후 체제에 대응하는 제주의 '탄소 제로 섬'은 첨단기술과 인프라 구현을 통해서 환경과 기후문제 해결을 목표로 한다는 점에서 주목된다.

스마트시티 사업의 성공을 위해서는 새로운 기술이 현장에서 구현될 수 있도록 표준화를 설정하고, 데이터 개방과 활용의 길을 트고, 기반 플랫폼을 구축하고, 전담조직을 구성하는 등 생태계 구축이 필수적이다. 국내외 민간기업의 참여를 활성화하는 규제 장벽의 완화는 물론 시민의 참여와 정책 지원이 뒷받침되어야 한다. 그리고 사람 중심의 개방적 혁신을 실현하는 리빙랩과 스타트업의 진흥을 위한 지원 방안도 중요하다. 스마트시티 관련의 샌드박스(규제 유예) 제도의 내용은 어떻게 설계되어야 하는지, 과거 U-시티(유비쿼터스 도시) 추진 사례의 교훈은 무엇인지 등을 살피고 지속적으로 현장과 대화하고 보완하는 노력이 필요하다.

연세대학교 ISi랩의 "Smart Cities Index Report 2017"에 따르면, 세계 10대 스마트시티 인프라 프로젝트의 33퍼센트가 친환경 도시계획으로 나타났다. 그중 61퍼센트는 에너지 관련 계획이었고, 19퍼센트는 자원 재활용 프로젝트였다. 메가시티 전문가인 로버트 무가는 TED 강연에서 서울을 시민의 75퍼센트가 대중교통으로 출퇴근하는 스마트 시스템이 성공적으로 구축된 도시로 소개했다.

(2) 스마트 팜

세계적으로 4차 산업혁명의 논의 한편에서 식량 안보 차원의 치열한 경쟁이 벌어지고 있다. UN의 "2019 세계 인구 전망 보고서"에 따르면, 2050년에 세계 인구는 100억 명이 되고, 기후변화로 식량 생산이 심각한 위협을 받게 될 것으로 전망된다. 기후위기로 인해서 지구촌의 에너지, 수자원, 식량의 3대 자원은 전략적 자원으로 부각된 지 오래이다.

영농의 스마트화 스마트 팜은 4차 산업혁명 기술의 적용으로 놀랍게 진화하기 시작했다. 정보통신기술, IoT, 빅데이터, 클라우드, AI 등의 신기술이 농작물과 축산산업에 접목되어 혁신을 일으키고 있는 것이다. 그 결과 자동화, 지능화, 연결화 등의 서비스와 원격 제어가 실현되고 있고, 농장의 여건에 따라서 환경제어는 물론 모든 작업이 스마트화되고 있다.

그리하여 정보통신기술, 드론, 로봇, 자율주행 트랙터 등의 기술은 역사상 유례없는 영농의 혁신을 실현하고 있다. 세계적인 농기계 업체인 존 디어는 다양한 센서 기술과 IoT 기술의 적용으로 새로운 정밀농업의 모델을 구현하고 있다. 원격 모니터링용으로 개발된 스마트 트랙터는 전국 농지의 기후, 토질, 농작물 발육 등의 정보를 수집하여 관리 시스템으로 전송하고, 이렇게 수집된 빅데이터를 분석해서 고도의 농업 컨설팅 서비스를 제공하고 있다.

실리콘밸리의 소프트웨어 기업인 블루 리버 테크놀로지는 트랙터에 머신러닝 엔진을 탑재한 잡초 제거 로봇을 개발해서 레터스봇(LettuceBot)이라고 이름을 붙였다. 이 로봇이 갖춘 '살핀 후에 살포하는(See and Spray)' 기술은 실시간으로 농지를 촬영하며 0.02초 만에 0.635밀리미터 반경에 있는 상추 싹과 잡초 싹을 정확하게 구분해서 제거한다. 네덜란드의 시설원예 전문의 온실 솔루션 기업인 프리바는 온실 내부의 환경을 작물의 필요조건에 맞게 유지하는 시스템을 개발했다. 그리고 장기간에 걸쳐 축적된 데이터를 활용해서 작물 생육의 알고리즘을 개선하고 생산성 향상을 지원하는 컨설팅도 진행한다. 이런 기술이 앞으로 식량 안보 해결에 어떻게 기여할지 주목된다.

스마트 팜과 스타트업 스마트 팜의 등장과 함께 스타트업 기업도 활성화되는 추세이다. 온실 수경재배 기업인 브라이트 팜즈는 물의 재활용 기술로 사용량을 7분의 1로 줄였다. 또한 상추와 허브 등의 재배 면적을 10분의 1로 줄이고, 온실 재배에 의해서 기후조건과 병해충을 통제하고 있다. 파머스 비즈니스 네트워크는 작물 가격, 수익률, 마케팅 정보를 데이터베이스화해서 6,500여 개의 농장에 작물 종자, 농업 분석, 입력 가격 투명성, 농장 운영, 데이터 통합과 저장소, 모바일 애플리케이션 등의 분석 솔루션을 제공하고 있다.

바이오 기술의 활용은 비료나 농약 분야에서 새로운 영역을 개척하고 있다. 피벗 바이오는 화학 비료 대신 토양 미생물의 유전자를 이용해서 농작물을 관리하는 기술과 생물학 지식, 기계학습, 컴퓨터 모델링을 이용해서 미생물의 질소 이용 능력을 재현하여 농작물의 일일 질소 요구량을 충족시키는 기술을 개발했다.

블록체인 기술을 선도하는 미국에서는 벡스트 360이 커피 산업에 블록체인 기술을 도입하여 주목을 받고 있다. 소비자는 농장에서 커피콩의 품질을 확인하고, 로봇의 광학 분류를 통해서 3단계 등급으로 분별하고 무게를 측정하여 공정한 가격을 결정한다. 거래되고 있는 커피콩을 블록체인 기술로 기록해서, 커피가 어느 지역 농장으로 어떻게 거래되었는지를 소비자에게 공개한다. 원두의 생산자나 생산지는 물론 누가 얼마에 구매했는지 등의 정보가 블록체인 기술의 이용으로 기록되고 공개되는 것이다.

우리나라의 스마트 팜 우리나라의 스마트 팜 기술 도입은 아직 진전이 더디다. 기존의 영농 방식을 지키려는 농민, 스마트 팜으로의 전환을 계획하는 정부, 시장 참여를 고민하는 기업 등 관련 주체의 인식이 다른 상황에서 공감대가 형성되지 못하고 있기 때문이다.

우리나라 농업의 미래 비전을 세우고, 스마트 팜으로 전환하기 위해서는 풀어야 할 과제가 많고, 그것을 해결하는 일이 결코 만만치가 않다. 그간의 농업 정책에도 불구하고 체감되는 개선 효과는 미흡했던 탓도 있다. 농민과 농업과 농촌이 처한 현실을 정확하게 진단하고, 기존의 농업 정책의 한계와 성과를 정확히 평가하는 작업이 관련 주체의 참여로 선행되어야 할 것이다. 그리고 그 바탕 위에서 농업에 종사하는 인력이 기술 혁신에 적응할 수 있는 지원 방안을 마련하고, 관련 주체가 상생할 수 있는 모델이 제시되어야 할 것이다. 더욱이 우리나라 농촌은 초고령화를 향해 가고 있고 원래 영농 기술 기반의 경작이 아니었던 점 등을 고려해서 포용적 정책의 성공 사례가 될 수 있도록 각별한 노력이 필요하다.

(3) 바이오 경제 시대

바이오 경제 시대의 개막은 1990년대 말에 이미 예고되고 있었다. 바이오 경제라는 용어가 처음 등장한 것은 1997년 미국 과학진흥협회 회의에서였고, 이후 OECD는 2030년경에 바이오 경제 시대가 도래할 것이라고 예측했다. 선진국이 바이오 경제에 주목하는 이유는 21세기의 저성장과 고실업의 뉴노멀 시대를 타개할 신성장 동력으로 보기 때문이다. 그리고 보건의료, 에너지, 환경, 식량 안보 등 기후위기 시대에 지구촌의 난제를 해결할 수 있는 해법이라고 보기 때문이다. 특히 고령화 시대에 사회복지 증진에 필수적인 산업기술이라는 점에서 앞으로 더욱 활성화될 것으로 전망된다.

바이오 산업의 전망 바이오 산업은 2015년 미국 주요 산업의 영업이익률 분석에서 30퍼센트로 1위를 기록했다. 반도체는 18퍼센트, 화학은 9퍼센트, 자동차는 4퍼센트 수준인 것과 대조적이다. 2016년도 경제 분석 기관인 이코노미스트 인텔리전스 유닛(Economist Intelligence Unit)이 전문가를 대상으로 설문조사를 한 결과, "4차 산업혁명에서 어느 분야가 가장 혜택을 본다고 생각하는가?"라는 질문에 45퍼센트가 헬스케어라고 답했다. 에너지와 금융이 각각 15퍼센트로 그 뒤를 이었다.

1983년 미국 경제학자 월트 로스토(1916-2003)는 한국, 싱가포르, 대만 등의 개발도상국이 도약의 단계를 넘어서 전자공학과 유전공학으로 대표되는 4차 산업혁명의 문턱에 들어섰다고 분석했다. 이는 지난 2017년 국내 언론 매체가 '이달의 과학기술자상' 수상자 34명을 대상으로 실시한 설문조사에서 바이오 분야와 AI 분야가 4차 산업혁명을 주도할 것이라고 답한 것과도 일맥상통한다. 그러나 미국의 한 매체의 조사 결과는 한국의 바이오 산업 경쟁력이 2015년 기준 선진국 대비 62퍼센트라고 평가하고 있었다.

바이오 분야의 특징은 연구개발 집약적인 분야이자 다른 분야와의 융합에 의해서 신기술과 신산업의 창출이 활발하다는 것이다. 선진국의 바이오 정책 경쟁은 치열해서, 미국은 2012년 '국가 바이오 경제 청사진(National Bioeconomy Blueprint 2012)'을, 그리고 EU는 '유럽 2012 바이오 경제(Bioeconomy for Europe 2012)'를 추진하고 있다. 미국은 정밀 의학, 암 정복 분야 등에 투자를 확대해서, 바이오 분야 기반의 일자리 비율을 21퍼센트로 높였다. 독일은 2010년에 바이오 경제 전략을 수립했다.

우리나라에서도 바이오 분야의 성장이 주목을 받고 있다. 그동안 '생명공학육성 기본계획'의 추진으로 연구개발과 산업에서 일부 가시적인 성과도 있었다. 한미약품 등의 기술 수출 실적에 이어서, 셀트리온의 램시마가 EU 시장의 40퍼센트를 점유한 것 등이 그것이다. 세계 1위 규모의 바이오 의약품 생산 설비를 확보한다는 바이오 강국을 향한 꿈도 꿈으로만 그치리라는 법이 없다. 다만 앞에 가로놓인 도전 과제가 만만치 않다는 것이 변수이다.

바이오 융합 신산업 의료 현장에서 디지털화 등 기기 사용이 큰 변화를 일으키고 있다. 심전도 측정의 웨어러블 디바이스, 자동 복막 투석기기 등 디지털 헬스케어 서비스를 확대할 수 있도록 가이드라인도 제시되고 있다. 나아가서 병원 시스템과 병원 정보화 시스템, 의약품과 의료기기 등을 통합적으로 수출하는 등 플랜트 수출의 지원도 강화되고 있다. 이런 계획이 차질 없이 추진된다면, 2030년에 바이오헬스 분야의 수출액은 2019년 144억 달러에서 500억 달러로 늘어나고, 일자리는 87만 명에서 117만 명으로 늘어날 것으로 기대된다.

의약품 가운데 바이오 의약품의 비중이 높아지는 것이 최근 추세이다. 세계적으로 2008년 8퍼센트에서 2016년 25퍼센트로 늘었고, 글로벌 매출 순위 상위 10위 가운데 바이오 의약품이 8개를 차지했다. 국내시장에서도 바이오 의약품의 강세가 뚜렷해서, 2016년 의약품 임상시험 승인에서 합성 의약품은 감소한 반면에 바이오 의약품은 12퍼센트가 늘었다.

4차 산업혁명의 핵심 분야 중 하나인 바이오 기술은 인류의 삶과 복지 증진에 크게 기여할 것으로 기대되면서, 유전병 치료, 생체 조직의 복원, 희귀 난치 질환 치료 등의 분야에 새로운 희망을 안겨주고 있다. 그러나 합성 의약품과는 달리 생물체의 세포나 조직에 관한 기술이기 때문에 생명윤리를 둘러싼 논쟁이 민감하다. 바이오 의약품에 관련해서 합리적인 법령과 규제를 설계하기 위해서는 세심한 모니터링과 예측, 그리고 합리적 근거에 의한 사회적 합의 도출이 중요하다. 규제 설계에 있어서는 기초 연구의 자율성과 혁신 기회를 보장하되 윤리적 이슈를 고려하는 선에서 균형을 찾아야 할 것이다.

바이오헬스 산업 계획 정부는 2019년 바이오헬스 산업을 비메모리 반도체와 미래형 자동차 산업과 나란히 차세대 3대 주력 산업으로 키운다는 계획을 발표했다. 그 내용은 연구개발로부터 인허가, 생산, 상업화에 이르기까지 혁신 생태계 구축에 주력하여, 바이오 빅데이터 구축, 연구개발 투자 확대, 인허가 규제 개선 등의 추진으로 되어 있다. 그 목표는 2030년 글로벌 시장에서 의약품과 의료기기의 비중을 6퍼센트(현재 1.8퍼센트)로 올리고, 500억 달러를 수출하는 것 등이다.

기술 개발 단계에서는 신약 개발과 의료기술 연구를 위해서 100만 명의 유전체 빅데이터 플랫폼을 구축하고, 임상 진료 데이터를 활용할 수 있는 데이터 중심 병원을 지정한다는 내용이 들어 있다. AI 기반의 신약 개발 플랫폼의 구축, 바이오 헬스 생태계의 혁신 거점 병원 설치와 공공 연구개발 투자와 금융, 세제 지원 확대도 추진된다. 기술 개발 예산은 2025년까지 연간 4조 원(현재 2조6,000억 원 수준) 이상으로 늘린다는 계획이다. 국산 신약 개발에 앞으로 5년간 2조 원 이상의 정책금융을 투자하고, 세액공제 대상을 확대해서 추가로 세금을 감면해주는 내용도 들어 있다. 바이오헬스 산업의 국제 경쟁력 강화를 위해서 국제 기준에 부합하는 방향으로 규제 개선도 추진한다고 되어 있다. 식품의약품안전처의 허가와 심사 인력을 충원해서 의약품, 의료기기 인허가 기간을 대폭 단축하고, 개발된 신약이 시장에 조기 진입할 수 있도록 우선 심사하는 제도도 시행할 계획이다.

한편 첨단 바이오 의약품의 안전관리를 강화하고, 유전학적 계통검사(Short Tandem Repeat : STR)와 첨단 의약품을 투여한 환자를 대상으로 하는 장기간 추적 관리가 의무화된다. 바이오 분야의 선도 기업의 자금과 글로벌 네트워크를 벤처 기업의 유망 기술을 연결하는 오픈이노베이션 활성화 방안도 추진된다. 5년 안에 바이오 의약품 생산시설 가동에 필요한 원료와 장비의 30퍼센트를 국산화한다는 계획도 들어 있다.

바이오 경제 시대 경쟁력 강화 4차 산업혁명으로의 대전환에서 바이오 경제로의 골든타임을 잡는 것은 신성장 동력 확충 차원에서 절실한 과제이다. 시기를 놓치지 않으려면 연구개발과 생명윤리의 충돌, 기술이전과 특허 실시권 등 민감한 이슈에 대한 규제 합리화가 선행되어야 하고, 관련 부처 간의 유기적 협업과 거버넌스에 의한 시너지 창출 시스템이 갖추어져야 한다. 이를 위해서는 SWOT 분석에 의한 전략적인 접근이 불가피하다. '선택과 집중'의 혜안으로 기술 집약도가 높고 시장 규모가 큰 바이오 의약품, 디지털 헬스케어, 첨단 융복합 등으로 시장을 선점할 수 있도록 핵심 경쟁력을 강화해야 할 것이다.

우선적으로 세계 수준의 정보통신 기술력을 활용하여 바이오 융합 신산업을 일으켜서 신성장 동력과 일자리 창출을 실현하는 것이 중요하다. 이들 바이오 융합 신산업 진흥을 위한 조건은 기술력과 사람이 중심이 되는 기술 창업의 기회를 열어야 한다는 것이다. 창의적인 아이디어와 기술력이 시장 창출로 연결될 수 있는, 창업하기 건전하고 생동감 있는 생태계의 구축이 필수적이다. 미국 3대 클러스터(보스턴, 샌디에이고, 샌프란시스코)의 창업 생태계 구축을 통한 글로벌 시장 주도에서 배울 필요가 있다.

바이오 임상시험 규제 개선 바이오헬스 분야의 발전을 위해서는 연구개발 단계에서의 임상시험 규제를 개선하는 것이 중요하다. 지난 10여 년간 아시아-태평양 지역의 임상시험 부문은 규제 개혁에 의해서 빠르게 성장한 것으로 나타난다. 특히 중국의 성장이 눈부셔서, 제약사 주도의 의약품 임상시험 프로토콜 점유율이 세계 4위였다. 이는 2015년 13위에서 3년 만에 9단계 뛰어오른 실적으로, 아시아와 유럽의 주요 임상시험 조건과 동등한 수준으로 심사 절차를 개선한 결과였다.

유럽도 탈중앙화와 데이터 공유를 골자로 EU 회원국 간의 임상시험 절차를 간소화해서 시간을 단축시켰다. 회원국 가운데 어느 한 국가에서 임상시험을 승인받는 경우, 다른 나라에서도 그대로 적용하도록 해서 상용화를 촉진하도록 했다. 바이오 선진국의 이러한 규제 혁신과는 달리 우리나라의 임상시험 환경은 혁신하고 있는 것이 아니라 퇴보하고 있다는 지적까지 나온다.

최근 한국 임상시험 산업본부가 공개한 미국 국립보건원의 데이터 분석에 따르면, 2018년 상반기 우리나라의 3상 임상시험 건수는 전년 대비 25퍼센트 감소해서 세계 평균치 16퍼센트 감소보다 더 떨어졌다. 최근 유럽 상공회의소에서 열린 기자회견에서, 해외 제약회사의 CEO는 "한국은 임상시험에 쓰이는 신종 의료기기를 들여올 때에 정식 수입 통관 절차를 밟아야 하는 유일한 국가"라고 지적했다.

바이오 경제와 개인정보 바이오 경제는 개인정보 보호와 민감한 관계에 있다. 환자의 의료정보는 의료법, 개인정보 보호법, 생명윤리 안전법 등에 의해서 정보 수집과 호환이 어려운 민감 정보로 구분되고 있다. 따라서 기본적인 빅데이터 구축에 한계가 있다. 최근 선진국에서는 전자 건강 기록을

> 중국은 임상시험 관리기준(Good Clinical Practice : GCP) 인증을 받은 기관에서만 임상시험을 실시할 수 있는 제도를 폐지해서 임상시험의 문호를 확대했고, 환자 등록 기간도 단축했다. 절차 간소화로 불필요한 검토 사항을 삭제하여 소요시간을 줄이는 한편, 임상시험 수행과 신약 허가신청(New Drug Application : NDA) 절차에 대한 제약회사와 수탁기관의 책임은 강화했다.

의료 데이터를 의료 현장에 적용하고 있다. 우리나라도 의료 분야의 정보 이용에 대한 규제를 국제적인 수준으로 맞출 필요가 있다는 지적이다.

의료 빅데이터를 활용하는 생태계를 구축하기 위해서는 제도적, 법적인 인프라가 뒷받침되어야 한다. 데이터 과학을 의료 분야에 활용할 수 있는 선순환의 생태계가 조성된다면, 질병 예방과 치료, 국민 건강 증진은 물론 바이오헬스 산업 활성화, 의료비용 감소, 의료보험의 재정 안정 등 획기적인 성과를 거둘 수 있는 기회가 열리기 때문이다.

이를 위해서는 개인의 의료정보 활용이라는 민감한 사안을 어떻게 다룰 것인지를 해결해야 한다. 최근 주목 받고 있는 기술이 블록체인이다. 우리에게 암호화폐의 보안 시스템으로 먼저 알려진 블록체인은 디지털 정보 보호기술이다. 따라서 환자의 진료기록과 라이프로그 등 통합 의료정보를 저장하는 데 유용한 수단이 될 수 있다. 특정 의료 기관에 있는 의료 데이터를 모으고 활용하는 과정에서 발생할 수 있는 개인정보 유출과 해킹을 블록체인 기술로 막을 수 있기 때문이다.

블록체인을 활용한 의료정보 관리 기술은 이미 개발 단계에 있다. 네덜란드의 건강관리공단은 메인 조그 로그(Mijn Zorg Log, 내 치료 기록) 프로젝트 시행으로 블록체인을 치료 기록 관리에 이용하고 있다. 스마트폰 애플리케이션의 형태로 만들어 누구나 쉽게 접근할 수 있고, 민감한 개인정보 이외의 기록은 환자 스스로 병원이나 보험사와 공유할 것인지 여부를 선택할 수 있게 했다. 유럽의 개인정보 보호법 제정은 앞으로 의료행정에 큰 변화를 일으킬 것이다.

글로벌 기업도 공공부문과 협력하여 블록체인을 적용한 의료정보 관리 시스템을 구축하고 있다. 구글의 딥마인드 헬스는 영국 국가 보건 서비스를 비롯해 주요 대학병원과 협력해서, 블록체인으로 환자 의료정보를 실시간으로 추적하는 기술을 개발하고 있다. IBM은 미국 식품의약국(FDA)과 함께 블록체인을 기반으로 의료정보의 공유로 공중보건에 기여할 수 있는 의료정보 공유 시스템을 구축하고 있다.

우리나라는 전국 병원의 92퍼센트가 전자의무기록 시스템을 도입하고 있어 세계 최고 수준의 의료 관리 체계를 자랑하고 있다. 그러나 이 방대한 의료 빅데이터를 블록체인 기술과 결합시켜서 활용하지 못한다면 빅데이터 시대의 '그림의 떡'이 되고 말 것이다. 최근 스타트업 의료 기업에서 블록체인 기술 도입을 시도하고 있으나, 개인정보 보호법과 의료법의 장벽에 가로막혀 있다. 병원 간의 정보 호환율이 8퍼센트로 하위라는 것이 우리의 현실이다. 현행대로 식별정보를 제외하고 비식별 의료정보만을 공유한다면 블록체인에 의한 의료혁신은 기대할 수 없다. 부작용을 예방하되 맞춤형 의료정보 활용이 가능한 블록체인 시스템을 구축할 수 있도록 개인정보 보호법제가 개선되어야 한다.

크리스퍼 유전자 가위 기술 최근 '크리스퍼(CRISPR) 혁명'이 바이오 혁명의 신천지를 열고 있다. 「사이언스(*Science*)」에서 처음 사용한 이 용어는 생명체의 DNA를 잘라서 교정하거나 교체하는 실험 기법을 가리킨다. DNA를 읽어서 잘못된 부분만 교정하도록 수술하고, 세포의 자연적인 복구기작에 의해서 회복시키는 것이 원리이다. 이 기술은 유전자 편집(Editing) 기술이라고 부르지만, 아직은 부분적인 교정 수준이므로 필자는 '유전자 교정 기술' 또는 '유전자 가위 기술'이라고 부르고자 한다.

「사이언스」는 이 기술을 '2015년 획기적인 혁신 기술'로 선정했고, 「네이처」는 유전자 교정 시대의 개막이라고 논평했다. 「MIT 테크놀로지 리뷰(*MIT Technology Review*)」는 2016년도 '세상을 바꿀 10대 기술'에 생명과학 분야에서 면역 엔지니어링(Immune Engineering, 항암 치료)과 식물 유전자 교정 기술을 선정했다. 그리고 세계적인 식물 유전자 교정의 대표적인 연구진 네 곳 중의 하나로 한국의 기초과학연구원 김진수 교수(서울대학교 겸임교수) 팀을 꼽았다.

유전자 교정 기술의 진화 유전자 교정 기술은 2012년 이후 3세대로 진화하고 있다. 크리스퍼는 RNA에 세균에서 유래한 Cas9 단백질을 붙여서 만든 유전자 가위를 가리키며, 앞의 두 세대에 비해서 효율이 훨씬 좋고 비용도 싸고 제조 기간도 짧고 사용도 간편하다. 1-3세대 유전자 가위를 모두 독자적으로 개발한 연구진은 우리나라의 김진수 교수 팀이었다.

크리스퍼는 미생물에 존재하는 반복된 서열을 가리킨다. '주기적으로 간격을 띠고 분포하는 짧은 회문구조 반복서열(Clustered Regularly Interspaced Short Palindromic Repeats)'이라는 긴 이름의 약자가 크리스퍼이다. 1980

년대 일본 오사카 대학교의 이시노 요시즈미(1959-) 교수가 대장균 등 미생물의 DNA 서열을 결정하다가 우연히 발견했다. 요시즈미 교수 팀은 21개의 염기서열 중에서 어떤 것은 종의 구분 없이 여러 가지 세균에서 공통적으로 나타난다는 점에 궁금증을 가지게 되었고, 이후 덴마크 요구르트 회사인 다니스코의 연구진이 세균에서 최초로 적응면역 현상을 발견하면서 그 존재가 실증되었다.

크리스퍼 유전자 가위 기술의 응용 2012년은 크리스퍼 유전자 가위 연구에서 역사적인 해였다. 그 해에 버클리 대학교의 제니퍼 다우드나(1964-) 교수와 에마뉘엘 샤르팡티에(1968-) 교수의 공동 연구로 세균에서 Cas9 단백질의 실체가 규명된다. 그들은 세균에 기억된 파지 DNA가 RNA로 전사되고, 이것이 세균에 있는 Cas9 단백질과 결합하여 외부에서 침투한 파지의 DNA를 인식해서 잘라준다는 사실을 밝혀낸다. 나아가서 Cas9에 결합하는 RNA를 바꾸면 파지의 유전자가 아닌 다른 유전자 서열도 자를 수 있다는 사실을 확인한다.

이들 연구에 기초해서 유전자 가위 기술은 사람의 세포와 가축, 농작물, 어류, 곤충 등의 유전자 교정에 적용되기 시작했다. 이론적 연구결과가 나온 지 3년 만에 유전자 가위 기술은 상용화를 위한 회사 설립으로 이어졌고 나스닥에도 상장된다. 임상시험도 활기를 띠면서, 미국 국립보건원은 2016년 6월 21일에 최초로 암 환자 치료를 위한 임상시험을 허가했고, 이후 암 환자들을 대상으로 임상시험을 진행했다. 중국도 T 세포에 크리스퍼 유전자 가위 기술로 폐암을 치료하는 계획을 승인했고, 임상시험을 먼저 시행한 국가가 된다.

2013년 초에 사람의 세포에서 최초로 크리스퍼를 이용한 유전자 교정 실험에 성공했다는 논문이 발표된 이후 여러 종의 동식물에 적용되기 시작했다. 이때 미국 연구 팀 5곳에서 거의 동시에 논문이 나오면서 유전자 가위 기술은 스포트라이트를 받게 되었다.

로마노프 왕조의 몰락을 재촉한 황태자의 혈우병 유전병의 종류는 1만 가지가 넘고, 신생아의 1퍼센트는 유전병을 가지고 태어난다고 한다. 유전병은 생식세포에 변이가 생기고 다음 세대로 대물림되는 것으로 대부분 완치가 불가능하다. 혈우병의 별명은 왕실 병이다. 최초의 유전자 보인자가 영국의 빅토리아 여왕(1819-1901)이기 때문이다. 빅토리아 여왕은 앨버트(1819-1861) 공과 금슬이 좋기로 유명했고, 9명의 자녀를 두었다. 이들의 광범위한 혼맥으로 유럽 왕실에는 혈우병이 전파된다.

가장 비극적인 에피소드는 로마노프 왕조(1613-1917)의 몰락이다. 빅토리아 여왕의 외손녀인 알리사(1872-1918)가 러시아 황제 니콜라이 2세(1868-1918)와 결혼하여 알렉산드라 왕비가 된 것이 발단이었다. 왕비는 딸 넷을 낳은 뒤 외아들 알렉세이(1904-1918)를 낳았고 왕실은 기뻐했다. 그런데 알렉세이는 혈우병 환자였다. 왕비는 황태자를 과잉보호했고, 혈우병을 치료할 수 있다고 주장하는 사악한 심령술사 라스푸틴에게 현혹되어 치명적으로 의존하게 된다. 결국 라스푸틴은 황제의 결정까지 좌지우지하게 되고, 그로 인한 실정(失政)은 러시아 혁명에 불을 붙인다. 황제 가족은 1918년 7월 17일, 예카테린부르크에서 볼셰비키의 손에 의해서 처형된다.

빅토리아 여왕 이전의 영국 왕조 가계도에는 혈우병이 없었다. 빅토리아 여왕을 거치며 딸 3명이 유전자 보인자로, 아들 1명이 혈우병 환자로 태어난다. 이후 오스트리아, 러시아 등의 왕실로 출가한 여왕의 딸들이 낳은 왕자들이 어린 나이에 죽게 되었고, 모계로 유전되는 이 병으로 여왕의 손자와 증손자 중에서 10명의 희생자가 발생했다.

혈우병의 유전자 가위 치료 가능성 혈우병에는 A형이 많다. 유전자 구조의 일부가 뒤집혀 있기 때문에 혈액응고 인자를 생성하지 못한다. 유전자의 잘못된 부분을 가위 수술로 잘라서 다시 뒤집는다면 치유가 가능하다. 미국의 벤처 기업인 상가모 바이오 사이언스는 B형 혈우병 환자 80명을 대상으로 혈우병 유발 유전자를 그대로 둔 채 1세대 유전자 가위를 이용해서 정상 유전자를 삽입하는 임상시험을 진행했다. 우리나라의 김진수 교수 팀과 김동욱 교수 팀이 혈우병 치료의 가능성을 처음으로 동물실험에서 입증했다. 혈우병에 걸린 9마리 생쥐로 실험한 결과 3마리가 생존했고, 나머지도 죽기는 했지만 훨씬 오래 살았다. 이 결과는 혈우병 생쥐 모델에서 유전자를 교정한 세포를 써서 치유 효과를 본 최초 사례로 의미가 있다.

유전자 가위 기술의 정확도 향상 2018년에는 김성근 서울대학교 교수와 캐나다 앨버타 대학교의 바실 허버드 교수 공동 연구진이 유전자 가위 기술의 정확도를 1만 배 이상 높이는 기술을 개발하는 데에 성공했다. 그동안 2017년 스탠퍼드 대학교와 아이오와 대학교 연구진이 크리스퍼 유전자 가위가 의도하지 않은 돌연변이를 많이 일으킨다는 연구결과를 발표하면서 정확도에 대한 논쟁이 촉발된 상태였다. 이 논문의 저자들은 2018년 해당 논문을 철회했으나, 표적 이탈 가능성은 유전자 가위 임상시험에 큰 장애가 되고 있었다.

김성근 교수 팀의 연구는 목표 DNA 적중률을 획기적으로 높여서 부작용 없는 유전자 치료법 개발의 가능성을 열었다는 평가를 받는다. 기존에는 목표 DNA 외에 다른 DNA를 잘못 자를 확률이 1퍼센트였다면, 새로운 기술을 이용했을 때의 실수 확률은 0.0001퍼센트로 낮아졌다는 뜻이 된다. 공동 연구 팀은 신기술 특허를 출원하고, 글로벌 제약사와 공동으로 새로운 유전자 치료법을 개발할 계획이다.

최근 유전자 교정 기술은 ZFNs, TALENs, 크리스퍼-Cas 계통, 메가 핵산분해효소의 네 가지 형태로 적용 범위를 넓히고 있다. 글로벌 시장의 규모는 2018년 36억2,000만 달러에서 2023년 71억2,000만 달러로 예측된다. 연평균 15퍼센트 정도의 성장세이다. 기술별로는 크리스퍼-Cas9 기술이 반 이상으로 최대 규모이다. 지역별로는 북미 지역이 글로벌 시장을 주도하고 있다. 미국 상가모 테라퓨틱스는 인간면역결핍 바이러스(Human Immunodeficiency Virus : HIV), 혈우병, 헌터 증후군 등의 치료제를 임상시험하고 있고, 이밖에도 많은 치료제가 임상시험 단계에 있다.

유전자 가위 기술을 둘러싼 논란 크리스퍼 기술은 질병, 식량, 에너지 등을 획기적으로 해결할 수 있는 혁신 기술로 주목받고 있다. 그러나 안전성과 효능의 입증, 인간 배아 연구 등을 둘러싼 법적, 윤리적 이슈에 대한 사회적 합의가 도출되어야 한다. 워낙 주목받는 분야이다 보니, 원리는 비슷하지만 적용 대상이 다른 특허를 둘러싸고 글로벌 특허 분쟁도 치열하고, 특허권의 권리 귀속 등도 논쟁을 빚고 있다. 이들 쟁점에 대한 가이드라인이 합리적인 수준에서 마련되어야 상용화와 산업 활성화가 순조롭게 진행될 것이다.

유전자 가위 기술에 대한 윤리적 논란도 복잡하다. 무엇보다도 생식세포에 적용할 경우 수정란이나 배아에 적용하게 되어 대대로 유전이 되므로 윤리적으로 허용되기가 어렵다. 또한 유전자 가위가 질병 치료가 아니라 IQ를 높이거나 신장을 늘이는 데에 쓰인다면 그런 시술을 허용해야 하는지도 논쟁의 대상이며 이에 대한 전문가들의 반응도 부정적이다.

결국 시간의 흐름에 따라서 규제 내용도 달라질 수밖에 없다. 시험관 아기의 사례를 보더라도 초기에는 사회적 논란이 많았으나 지금은 시술이 허용되고 있다. 유도만능 줄기세포도 배아 관련 연구에서 논란이 되었으나 현재는 일반화되었다. 그렇다면 이런 윤리적 기준은 그 시대의 사회적인 소통과 합의를 통해서 그 시대의 가치관에 맞게 만들어갈 수밖에 없다.

21세기의 생명공학 연구는 생명윤리와 기초 연구 진흥 사이의 미묘한 줄타기나 다름없다. 한편에서는 유전자 컨트롤로 인해서 인류가 어떻게 변할 것인지를 우려하지만, 과학기술은 답이 있다는 것을 알면 그 길로 가서 답을 찾는 속성이 있다. 생명공학의 신기술을 둘러싼 국가 간의 경쟁이 치열해지고 엄청난 기술 충격이 예상되는 상황에서는 생명윤리에 대한 국제적인 논의가 매우 중요하다.

선진국의 유전자 가위 규제 과학기술과 관련된 규제는 국가에 따라 다르다. 현재 유전자 가위 기술 규제는 "인간 생식세포와 체세포 치료는 구분되어야 한다", "생식세포 유전자 교정에 대해서는 임상과 연구를 구분해야 한다", "혈우병 등 유전병의 유전자 교정과 IQ 향상 등 유전자 형질 강화는 구분되어야 한다" 등 몇 가지 기준에는 합의가 된 것으로 보인다.

윤리적 이슈에도 불구하고 영국 정부는 2016년에 유전자 가위를 이용한 인간 배아의 유전자 교정 연구를 허가했다. 정부로서 이런 조치를 취한 것은 처음이다. 이에 따라서 런던의 프랜시스 크릭 연구소는 인간 배아를 대상으로 불임에 관여하는 유전자의 역할을 규명하기 위해서 크리스퍼 가위를 활용하고 있다.

중국은 지난 2015년에 인공 수정란의 빈혈 유발 유전자를 정상 유전자로 바꾸는 실험을 하는 등 연구개발에 매우 적극적이다. 미국은 진취적으로 앞서가고 있다. 2016년 6월 미국 국립보건원은 크리스퍼-Cas9 기술을 이용한 차세대 세포치료제(CAR-T)의 임상시험을 승인했다. 중국은 이보다 앞서서 임상시험을 허가한 바 있다.

우리나라의 유전자 가위 규제 현황 유전자 가위 기술 치료에는 두 가지 방식이 있다. 하나는 세포를 취해서 시험관에서 교정한 다음 다시 체내로 넣는 체외 치료이다. 다른 하나는 유전자 가위를 체내로 바로 전달하는 체내 치료이다. 2015년 말 우리나라는 생명윤리법 개정으로 체외 치료에 대한 규제를 풀었으나, 체내 치료는 금지되어 있다.

다만 생명윤리법 47조에 의해서 "유전병, 암, 후천성 면역결핍증, 그밖에 생명을 위협하거나 심각한 장애를 일으키는 질병", "현재 이용 가능한 치료법이 없거나 다른 치료와 비교할 때 현저히 우수할 것으로 예측되는 경우"라는 두 가지 조건을 제시하고 이를 모두 충족시키는 경우에 한하여 체내 치료를 허용하는 것으로 규정했다. 그러나 전문가들은 이런 조치가 현실적으로 효과가 없다고 말한다.

2015년 법 개정 이전에는 보건복지부 장관이 허락하는 경우 치명적이거나 심각한 장애를 초래하지 않는 질환에 대해서도 체내 치료를 할 수 있었다. 그러나 이제는 이 조항이 없어져서 오히려 규제가 강화되는 결과가 되었다는 지적이다. 기본적으로 연구에 큰 제약이 되는 항목은 국제적인 수준에 맞추도록 해야 하고, 생체 내의 유전자 변이 관련 연구 범위도 과도하게 규제되고 있는 부분은 재검토할 필요가 있다.

민감한 주제, 배아 연구 최근 개정된 생명윤리법은 배아와 태아의 연구를 여전히 금지하고 있다. 해외 동향을 보면, 2015년 중국은 두 차례 인간 배아에 유전자 가위 기술을 도입한 내용을 다룬 논문을 발표했고, 영국과 스웨덴에서도 배아 유전자 연구를 승인했다. 국제적인 동향은 배아의 유전자 교정 연구는 계속되어야 하지만, 임상에 적용해서 아기를 출산하게 하는 것은 시기상조라고 보고 있다.

최근 한국과 미국의 공동 연구진은 유전자 가위 기술을 이용해서 세계 최초로 태아의 유전병 치료에 성공했다. 해당 원천기술은 우리나라에 있지만 생명윤리법의 규제 때문에 미국에서 실험을 하는 것이 우리의 현실이다. 상황이 이렇다 보니 원천기술 소유권은 외국에 귀속시키거나 공유해야 하고, 우리 기술로 만들어진 치료제가 다른 나라에서 먼저 상용화되는 일이 벌어질 수 있다.

윤리적으로 민감하다고 할지라도 기초 연구 자체는 할 수 있도록 합법화하는 것이 오히려 안전을 기하는 길이 될 수 있다. 기초 연구 이후의 사업화 과정에서는 윤리적 측면의 규제가 들어가는 것이 마땅하다. 문제는 요즘처럼 기초-응용-개발 사이의 시차가 좁아져서 구별조차 곤란한 상황에서는 규제로 따라잡기가 쉽지 않다는 것이다. 따라서 규제 인력의 전문성 강화와 연구자들과의 상호 이해 기반의 구축으로 모니터링을 실시하고 보완을 하는 것이 중요하다.

세계적으로 인간 생식세포와 배아 연구를 규제하는 나라는 드물다. 유전병의 종류는 6,000종이 넘는데 우리나라 생명윤리법은 그중 21개의 유전병에 대해서만 배아 연구를 허용하고 있다. 그것도 인공수정 후에 남은 냉동 배아에 한해서만 허용하고 있다. 이러한 규제는 국내 바이오 시장을 키우지 못하는 장벽이 되고 있다. 2016년을 기준으로 8개 주요 국가 중 줄기세포 시장 규모가 가장 큰 곳은 미국(138억 달러)이고, 한국은 최하위이다(11억5,000만 달러).

생명공학과 생명윤리 사이의 딜레마 4차 산업혁명기 생명공학 분야는 핵심 중의 하나이다. 바이오 경제의 전개는 그 어느 때보다도 생명윤리와 긴밀하게 연관되고 있다. 2018년에 중국에서 세계 최초로 유전자 교정 아기를 만든 연구는 크게 지탄을 받았다. 중국 선전의 남방 과학기술대학 허지안쿠이(1984-) 연구 팀이 유전자 가위 교정 기술을 이용해서 에이즈 면역력을 가지는 쌍둥이를 탄생시킴으로써 세계적으로 충격을 주었고 논란을 빚었다.

이 실험에서는 특히 체세포가 아닌 생식세포 교정으로 아기가 태어나기 전부터 형질을 결정할 수 있었다는 점에서 생명윤리가 완전히 경시된 실험이라는 비판을 받았다. 이 연구에 대해서는 그 부작용을 지적하는 논문도 나왔다. 2019년 7월, CCR5 유전자의 돌연변이가 돌연변이 보유자의 사망률이 상대적으로 21퍼센트 높은 것과 관련이 있다는 논문이 발표된 것이다. 이 논문은 버클리 대학교의 라스무스 닐슨(1970-) 교수가 영국 바이오뱅크에 등록된 41만 명의 유전자와 건강 기록을 분석하여 얻은 결론이었다.

이 쌍둥이 탄생 실험에 대해서 닐슨 교수는 크리스퍼 기술로 아기가 태어난 것은 윤리적 이슈 외에도 돌연변이의 영향을 고려하지 않은 매우 위험한 일이라고 말했다. 유전자는 여러 가지 특성에 영향을 미칠 수 있고 여건에 따라서 돌연변이의 영향이 다를 수 있으므로 유전자 교정에 불확실성이 있다는 것이다. 다른 연구자들도 이번 연구결과로 HIV 예방을 위해서 특정 유전자를 무력화하는 것이 타당한지 의문을 제기했다.

다른 한편으로 인간의 유전체 수정이 유용할 수 있다는 주장도 있다. 하버드 대학교의 유전학 교수인 조지 처치(1954-)는 "새로운 기술은 모두

의도하지 않은 결과를 초래한다. 이 이슈는 신기술이 유발하는 혜택과 위험에 관한 쟁점"이라고 말했다. 스탠퍼드 대학교의 과학자이자 생명윤리학자인 윌리엄 헐버트(1945-)는 "허 지안쿠이는 중국에서 HIV가 퍼지는 것을 막기 위해서 노력했다. 그의 연구를 정당하다고 할 수는 없지만, 그의 노력까지 매도하면 안 된다고 생각한다"고 언급했다.

생명공학과 생명윤리 사이에서 균형을 잡는 일은 갈수록 윤리적으로 지난한 과제가 되고 있다. 국가마다 지역마다 규제의 정도와 기준이 다르고, 어느 선이 적정 수준인지, 학계에서 어떻게 합의를 도출하고 사회적 합의를 도출할 수 있을 것인지 명쾌하게 정리하기가 쉽지 않다. 무엇보다도 생명공학기술이 초래하게 될 이슈에 대해서 윤리, 정책, 종교, 철학, 법, 과학 언론, 환자 옹호 단체 등 모든 분야 전문가들의 시각을 통합하는 과정을 거쳐야 하기 때문이다.

4차 산업혁명의 앞에 놓인 국내의 현실은 복잡하다. 국제적인 수준보다 강력하게 규제를 하는 경우 연구개발 경쟁력에서 뒤지고 신성장 동력의 기회를 놓치게 된다. 결국은 비싼 로열티를 내고 해외에서 개발한 것을 들여오는 처지가 되고 만다. 그러나 규제는 기술적인 검증도 중요하지만 복합적인 사회문화적 현상이기 때문에 답을 찾기가 쉽지 않다. "나쁘다는 증거가 없다"와 "안전하다는 증거가 없다"로 양쪽으로 나뉘기가 일쑤이다. 난제인 만큼, 입법 전문가, 사회과학, 윤리, 과학기술, 시민사회 등의 이해 당사 그룹이 법과 제도만으로 해결할 수 없는 과제를 도출하고 진취적인 해법을 함께 찾아내야 할 것이다.

영국 임페리얼 칼리지 런던 소속의 연구진은 유전자 드라이브 기술로 생물체 일부 개체에 특정 유전자를 조합한 뒤, 세대를 거치면서 전체 집단으로 퍼뜨리는 기술을 이용해서 불임 모기를 만들었다. 말라리아 모기를 박멸하는 이 연구에 대해서도 인간에게 생물을 멸종시킬 권리가 있는지, 이런 실험에 의해서 초래될 생태계 교란은 어떻게 될 것인지 등 자연과 과학기술의 관계가 쟁점으로 떠오르기도 했다.

21세기 유전자 가위의 특허 대전 크리스퍼 기술을 둘러싼 21세기의 국제적인 특허 대전이 주목을 끌었다. 버클리 대학교의 다우드나 교수, 미국의 브로드 연구소 등이 특허 전쟁의 한복판에 있다. 크리스퍼 유전자 가위 기술의 선점에서도 특허가 중요한데, 등록 과정에서 무용지물이 될 수도 있고 후속 특허가 더 중요할 수도 있다. 몇 년 전 유전자 가위 기술은 노벨상 0순위라고 보도되고 있었고, 유전자 가위 교정의 아이디어를 낸 다우드나 교수가 주목을 받았다. 그러나 유전자 교정 자체에 대한 아이디어는 이미 1-2세대 유전자 가위로 구현된 것이므로 다우드나 교수를 최초 제안자라고 하기는 어렵다는 반론도 있었다.

버클리 대학교 연구진은 2012년 5월 25일 최초로 크리스퍼-Cas9 유전자 가위 특허를 출원했다. MIT와 하버드가 공동으로 세운 브로드 연구소는 같은 해 12월 12일에 세포 데이터까지 갖추어 특허를 출원했다. 그런데 조금 늦게 출원했음에도 변호사를 동원하여 신속 심사를 거쳤기 때문에 2014년 4월에 특허권 등록을 먼저 따냈다. 특허를 늦게 출원했는데 제일 빨리 받은 것이다. 이에 버클리 대학교는 브로드 연구소가 등록한 특허권이 무효라며 중재를 신청했다.

그런데 크리스퍼 유전자 가위를 이용한 인간 세포의 유전자 교정이 가능하다는 사실을 최초로 입증하고 특허를 출원(2012. 10. 23)한 곳은 김진수 교수 팀과 한국의 벤처 기업 툴젠이었다. 브로드 연구소보다 7주나 앞서 출원했으나 시간이 걸려서 1년 반쯤 뒤에 공개되었기 때문에 주목을 받지 못했다. 국내 연구개발 환경과 한국 벤처 기업의 경쟁력으로 국제 무대의 전쟁에서 이길 여력이 있는지가 변수이다.

유전자 가위 기술을 둘러싼 특허 분쟁은 변호사들의 전쟁으로 번졌다. 어떤 논리로 대응하는지가 핵심이고 결국 돈 싸움이 된다. 이전부터 분자생물학의 특허는 변호사들의 전쟁이라는 말이 있었다. 여러 기술이 얽힌 특허라서 변호사들의 논리 싸움으로 판가름이 난다는 뜻이다. 자금 확보가 중요한 것은 말할 것도 없다. MIT 특허 실시권을 확보한 에디타스와 버클리 대학교의 특허 실시권을 확보한 인텔리아는 나스닥에 상장되어서 수천억 원의 자금을 확보하고 있었다. 특허 무효 소송에 걸렸지만, 거래는 활발하다. 특히 인텔리아의 특허는 등록조차 되지 않은 상태에서 이미 나스닥에 상장되었다. 한국의 상황은 국제적인 동향과는 거리가 멀다.

유전자 가위 기술 혁명의 최전선에 선 것은 기회이자 자산이다. 그러나 모처럼 최첨단의 현장에 진입한 연구진이 계속 미국의 최강 팀들과 경쟁해서 선두주자로 나아가는 것은 개인 차원에서 가능한 일이 아니다. 또한 유전자 가위 기술 연구는 의과학, 생명공학, 미생물학, 유전학, 화학, 농학, 축산 등 관련 분야 전문가들이 학제적으로 참여할 때에 혁신이 일어날 수 있으므로 융합연구의 생태계가 조성되어야 한다.

마이크로바이옴 신산업 최근 유망한 바이오 분야로 부상하고 있는 것이 마이크로바이옴(Microbiome) 신산업이다. 마이크로바이옴은 마이크로바이오타(Microbiota)와 유전체(Genome)의 합성어이다. 마이크로바이오타는 '사람 몸에 서식하며 공생하는 미생물'이라는 뜻으로, 마이크로바이옴은 '사람 몸에 사는 미생물의 유전정보 전체' 또는 '사람 몸에 사는 미생물'을 가리킨다. 마이크로바이옴은 사람의 소화기 질환, 비만, 당뇨, 고혈압, 우울증, 자폐증 등과 관련이 있는데, 최근 유전자 분석 기술의 발전으로 활용 가능성이 높아졌다. 인체의 30억 쌍의 염기로 이루어진 유전자를 분석하는 데에 15년 걸리던 것이 3일로 획기적으로 짧아지면서 비용도 줄고 있어, 마이크로바이옴 기반의 개인별 맞춤 치료제 개발이 현실로 다가오고 있기 때문이다. 마이크로바이옴 기반 치료제 시장은 2018년 5,600만 달러에서 2023년 65억 달러로 급성장할 것으로 예측된다.

바이오 선진국은 마이크로바이옴 연구개발을 강화하고 있다. 2008년 미국 국립보건원의 '인체 마이크로바이옴 프로젝트'와 유럽의 '인간 장내 메타게놈 프로젝트'가 대표적인 사례이다. 캐나다와 중국도 2009년부터 마이크로바이옴 프로젝트를 시작했다. 2010년에는 미국과 유럽을 중심으로 43

개국 160개 연구소, 500명 이상의 연구원이 참가하는 '지구 마이크로바이옴 프로젝트'가 시작되었다. 30만 종에 달하는 미생물의 염기서열을 표준화된 실험 기법으로 분석해서 데이터베이스화하고, 그것을 통해서 마이크로바이옴을 밝혀내고 응용을 확대한다는 계획이다.

국내 마이크로바이옴 연구는 아직 활성화되지 않은 상태이다. 2016년을 기준으로 세계 마이크로바이옴 관련 논문의 절반 이상이 미국(27.4퍼센트)과 중국(23퍼센트)에서 발표되었고, 우리나라는 2.7퍼센트였다. 세계 마이크로바이옴 기반 치료제의 후보 물질 가운데 임상시험의 마지막 단계인 3상에서 5건이 진행되고 있다. 2019년에 세계 최초의 마이크로바이옴 기반 치료제가 탄생할 것으로 예상되는데, 우리나라의 임상연구는 전무하고, '지구 마이크로바이옴 프로젝트'에 참여한 국내 연구자도 1명뿐이었다. 급성장할 것으로 예상되는 마이크로바이옴 시장에 진입하기 위해서는 투자 규모 확대, 연구과제 추진, 데이터베이스 뱅킹 시스템 구축 등 산업적 활용의 토대를 닦고, 데이터 공유를 위한 연구 표준 프로토콜 제정, 마이크로바이옴 의약품 인허가 가이드라인 제시 등 구체적인 대응이 필요하다.

분자진단 기술 21세기 의료 기술의 발달로 인간 수명은 계속 연장되고 있다. 하루에 5시간씩 수명이 늘고 있다고 한다. 선진국에서 현재 태어나는 아기는 앞으로 100년을 살게 되는 세상이 되었다. 지구촌이 고령화 사회로 진입함에 따라서 유병장수 인구가 늘어나고, 그로 인해서 의료비 급증으로 국가 건강보험 재정에 압박이 가중되는 상황이다. 이에 대한 의료계의 대응으로 예방의학이 주목을 받으면서 세계 의료시장에서 분자진단 기술에 대한 수요가 크게 늘고 있다.

분자진단이란 유전자 정보를 비롯한 생체 신호를 이용하는 의료기법으로 예방의학에서 매우 중요하다. 분자진단으로 질병을 미리 예측하고, 각종 약물의 효과를 모니터링하고, 환자에 따르는 최적화된 정밀 맞춤의료를 제공할 수 있기 때문이다. 그러나 아직은 진료비가 비싸서 이용을 하기가 어렵다. 앞으로 질병을 조기 진단할 수 있는 분자진단 키트 등이 대중화된다면 새로운 의료시장이 열릴 것이고, 그로써 조기진단에 의한 예방과 완치가 가능해진다면 의료 복지 증진과 보건 재정 절감의 돌파구가 될 수 있다.

그리고 신약 개발 과정에서 각각의 단계를 평가할 수 있는 생체 인자를 개발하고 활용하게 된다면 임상시험에서부터 유효성과 안전성을 정확하게 예측할 수 있는 중개연구 기술이 나오게 될 것이다. 그렇게 되면 신약 개발의 투자 효율성이 높아질 수 있다. 따라서 분자진단 기술이 국민 보건 증진과 건강보험의 재정위기 극복을 해결할 수 있도록 기술 선점에 나서야 할 때이다.

선진국의 의료시장은 이미 움직이고 있다. 프로스트 앤드 설리번에 따르면, 분자진단 글로벌 시장은 2011년부터 6년 동안 연평균 14퍼센트의 성장세를 보이고 있다. 미국은 신약 개발과 인허가 과정에서 맞춤의료를 촉진할 수 있도록 2015년 21세기 치유 법안(The 21st Century Cures Act)에 분자진단 활용에 관한 조항을 포함시켰다.

국내에서도 일부 바이오 기업이 분자진단 개발에 나서고 있으나, 글로벌 분자진단 시장에서 경쟁력을 갖추려면, 임상시험과 안정성 검사 제도가 개선되어야 한다. 나아가서 분자진단 기술을 신뢰하고 선택할 수 있도록 가격에서도 대중화가 이루어져야 한다. 분자진단 기술과 시장의 기반을 조성하기 위해서는 정부와 산학연의 협력으로 연구개발을 활성화시키는 오픈 이노베이션이 추진되어야 할 것이다.

기후위기 시대 보건의료 안보 인류 문명은 바이러스와 병원균의 공격으로 수난을 겪었고, 환경의 변화로 인해서 그 대비가 더욱 중요해지고 있다. 최근 기후변화로 인한 기상이변으로 질병의 양상이 달라지고 있어서, 사라졌다고 했던 질병도 다시 살아나고 신종 바이러스 질환이 계속 나타나고 있다. 사람과 가축에게 공통으로 전염되는 바이러스도 200여 종에 이른다. 이런 상황에서 첨단기술의 발전에 못지않게 보건의료를 안보 차원으로 격상시켜 신종 바이러스의 전파에 철저하게 대비해야 할 것이다.

병원균은 계속 그 전파 수단을 확장시키고 있다. 요즘은 1년에 30억 명 이상의 승객을 실어 나르는 항공편에 편승해서 급속하게 전파된다. 웨스트 나일 바이러스는 1999년 국제 항공편으로 미국으로 들어간 뒤 2,800명을 감염시키고 1,100명의 희생자를 냈다. 사스(SARS-CoV)는 2002년 중국에서 37조 원의 피해를 입혔다. 2009년 신종 플루(H1N1)는 미국에서 유행한 지 한 달 만에 34개국으로 퍼졌고, 수십만 명이 감염되었고 3만 명이 사망했다. 에볼라는 2014년에 서아프리카 지역에서 창궐해서 1만 명이 사망했고 300억 달러의 피해를 냈다. 우리나라에 유입되는 신종 감염병도 증가세를 보이고 있다.

근대사에서 두려움의 대상이었던 유행병은 페스트, 콜레라, 천연두, 결핵, 말라리아, 홍역, 인플루엔자였다. 이들의 특징은 동물에서 유래해서 사람으로 옮겨가고 다시 사람끼리 감염되는 전염병으로 진화했다는 사실이다. 9,000년 전부터 소와 돼지 등 가축을 길들이면서 동물이 앓던 질병의 바이러스가 사람에게로 옮겨왔고 인체에 적응하는 바이러스로 변이된 것이다. 최근 몇 차례 발생한 구제역과 2008년에 발생한 조류 인플루엔자(H5N1)는 우리나라에서만 각각 9,000억 원과 6,000억 원의 피해를 입혔다.

16세기 초반 중미의 아즈텍 제국이 스페인 원정군에 함락된 것은 황제를 포함해 아즈텍 종족만을 골라서 죽인 천연두 바이러스 때문이었다. 당시 2,000만 명의 멕시코 인구는 100년 만에 160만 명으로 줄어들었다. 16세기 초 스페인 군대 168명에 의해서 잉카족이 멸망한 문명사적 사건도 실은 병사들이 아니라 천연두 바이러스가 해치운 일이었다. 콜럼버스의 아메리카 대륙 상륙 이후에 북미 인디언의 95퍼센트가 사라진 것은 이역만리 유라시아에서 유입된 병원균이 면역기능과 유전적 저항력이 없는 아메리카 원주민을 희생시킨 결과였다.

바이러스와 인간 사이의 공격과 방어 경쟁은 치열하다. 병원균은 기침 등의 증상을 통해서 다른 숙주로 침입한다. 물과 공기는 물론 모기, 벼룩,

이 등에 무임승차해서 세를 확산시킨다. 감염된 인체는 열을 내서 병원균을 죽이고, 백혈구 등의 면역체계를 작동시켜서 병원균을 무찌른다. 그리고 항체를 만들어 다시 같은 병에 걸리지 않게 한다.

그러나 병원균은 항체가 헷갈리도록 항원을 변화시키거나 신종으로 진화를 거듭해서 인체의 면역성을 무력화할 수 있다. 특히 인플루엔자의 변이가 심해서 여러 유형으로 계속 퍼진다. 사상 최악의 스페인 독감은 1918년부터 5억 명 감염에 5,000만 명의 희생자를 냈다. 1957년과 1968년에 유행한 아시아 독감은 400만 명의 목숨을 앗아갔다. 페스트는 14세기 중반 유럽 인구 중 3,000만 명을 희생시켰다. 이들 사건 사이에는 질병의 유행에 앞서 여러 해 동안 냉해 등의 기상이변이 발생했다는 공통점이 있다.

기원전 1만 년부터 있었다는 천연두는 20세기까지도 3-5억 명의 사망자를 냈다. WHO는 1967년 천연두 감염자가 1,500만 명이고 사망자가 200만 명이라고 발표했다. 그러나 의료기술의 발전으로 백신의 개발과 접종이 확대된 결과 WHO는 1979년에 천연두가 근절되었다는 발표를 하게 되었다.

21세기의 세계화, 도시화, 고령화, 그리고 기후변화는 바이러스에게는 기회이고 인간사회로서는 위기이다. 기후위기 시대에 보건 분야는 국방, 에너지, 식량과 더불어 글로벌 안보 차원으로 부상하고 있다. 바이러스와의 전쟁에서 밀리지 않도록 대응해야 하기 때문이다. 몇 년 전에 우리가 겪은 메르스 사태는 보건 행정에서 예방 기능이 강화되어야 하고, 보건 위험 관리와 인적, 물적 자원의 통합적 활용 체계가 중요하다는 사실을 일깨워주었다. 보건 안보에 만전을 기할 수 있도록 바이러스 관련 분야 연구개발과 국제 협력을 강화해서 바이러스로 인한 재난에 대비해야 할 때이다.

3. 4차 산업혁명 시대의 새로운 이슈들

4차 산업혁명의 전개와 함께 새로운 사회적, 윤리적, 경제적 이슈가 제기되고 있다. 개인화된 미디어의 급속한 확대에 따라서 가짜 뉴스가 횡행하며 사이버 윤리에 대한 논의가 무성하지만 정답은 나오지 않고 있다. 또한 공유경제와 같은 새로운 비즈니스 모델이 사회경제적인 구조를 변화시키면서 갈등을 낳고 있다. 앞으로 AI 기술의 확산으로 초지능, 초연결 사회가 열리고, 노동시장의 구조가 크게 바뀌고, 교육 현장의 혁신의 필요성이 가중될 것은 확실하다.

1) 가짜 뉴스

가짜 뉴스가 세계적으로 주목을 받게 된 것은 2016년 미국의 대통령 선거 때였다. 당시 트럼프 후보에게 유리하고, 힐러리 클린턴 후보에게 불리한 가짜 뉴스가 SNS를 통해서 유포된 것이 발단이었다. "프란치스코 교황이 트럼프 지지를 발표했다"는 가짜 뉴스는 페이스북에서 96만 건의 조회를 기록했고, "클린턴 후보가 테러 단체 ISIS에 무기를 판매했다"는 가짜 뉴스는 79만 건의 조회를 기록했다. 웬일인지 가짜 뉴스에 대한 반응은 주요 언론사의 진짜 뉴스보다 훨씬 뜨거운 반응을 보이며 퍼져 나갔다. 상황이 이렇게 되자 조작된 뉴스가 트럼프의 당선을 도왔다는 말이 나돌았다.

가짜 뉴스는 진짜 뉴스에 비해서 훨씬 더 빨리, 훨씬 더 많은 사람들에게 전파된다고 한다. 미국 MIT의 연구진이 가짜 뉴스와 진짜 뉴스의 온라인 확산 속도를 비교한 연구결과이다. 이 연구에서는 트위터 이용자 1,500명에게 전달되는 시간을 기준으로 비교했을 때, 가짜 뉴스는 진짜 뉴스보다 6배 빨리 퍼졌다. 리트윗이 된 횟수는 70퍼센트 더 많았다.

이유가 무엇일까? 사람의 불완전한 주의집중 범위가 원인이라고 한다. 주의집중 범위란 두뇌 활동의 집중도를 가리키는데, 주의력을 집중하는 강도가 강할수록 주의집중 범위는 줄어든다고 한다. 인간의 확증 편향 속성도 가짜 뉴스가 횡행하는 원인으로 지적된다. 자신과 같은 의견에는 더 공감하고 적극적으로 전파하려는 의욕이 생긴다는 것이다. 한번 공유하게 되면, 그 의견보다 좀더 편향된 쪽으로 가게 되고, 그 의견을 더 확신하게 된다는 것이다. 오프라인에서는 자신과 같은 생각을 하는 사람을 찾기가 쉽지 않지만, 온라인상에서는 검색만 하면 얼마든지 찾을 수 있다. 이런 이유로 확증 편향은 인터넷에서 가속화되고, SNS를 통해서 급속히 전파된다.

가짜 뉴스의 유형은 다양하다. 의도적으로 만든 가짜 정보도 있고, 잘 모르고 복사해서 붙여넣기를 하다가 가짜가 되는 정보도 있다. 패러디처럼 알면서도 잘 전달되게 하려고 만들어내는 정보도 있다. 가짜 뉴스가 많이 생산되어 전파되면, 미디어나 뉴스 매체의 신뢰도는 떨어진다. 혼란 속에서 냉소주의가 퍼지고 사회적, 정치적으로 양극화가 심해진다. 실제로 트위터나 미디어의 네트워크에서는 보수는 보수끼리, 진보는 진보끼리 합쳐지면서, 두 집단이 서로 갈라지는 현상이 나타나고 있다.

가짜 뉴스는 시간이 지나도 계속 반복적으로 퍼지는 속성이 있다. 한편 진짜 뉴스는 정점을 찍은 뒤 사라져버린다. 가짜 뉴스는 "나도 어디서 들었는데……", "확실하지는 않지만……" 등의 단서를 붙여서 자신의 책임을 회피하면서 퍼져나간다. 가짜 뉴스의 이러한 시간적, 구조적, 언어적 패턴을 역으로 이용해서 가짜 뉴스를 AI로 잡아내는 연구가 이루어지고 있다. 스탠퍼드 대학교 연구진의 실험에서 가짜 뉴스와 진짜 뉴스를 각각 50개씩 섞어놓고 사람들에게 맞춰보라고 한 결과, 사람이 가짜 뉴스를 66퍼센트 가려낸 것에 비해서 AI는 90퍼센트를 가려냈다. AI가 가짜 뉴스 선별에서 더 똑똑하다는 이야기이다.

가짜 뉴스의 폐해는 심각하다. 선거라는 대의 민주주의의 절차와 저널리즘에 대한 신뢰를 훼손하는 단계로 나아가고 있기 때문이다. SNS의 발달로 생명력을 얻은 가짜 뉴스는 로봇이 트윗을 발송하는 트위터 봇, AI 기술을 활용해서 만든 딥페이크, 음성 포토샵 프로그램인 보코 등의 형태로 퍼지면서 지역사회와 국가는 물론 국제질서를 교란할 우려가 있다.

선진국의 가짜 뉴스 대응 방안은 어떠할까? 독일은 명백한 가짜 뉴스임에도 24시간 이내에 삭제하지 않을 경우, 해당 웹사이트에 최대 5,000만 유로의 벌금을 부과할 수 있도록 하고 있다. 프랑스는 가짜 뉴스로 의심되는 경우 48시간 이내에 진위를 파악한 뒤 판사가 삭제 명령을 내릴 수 있게 하고 있다. 그러나 판사의 판단에 대하여 반론이 제기되거나 표현의 자유를 침해한다는 논란이 생길 소지가 있다.

가짜 뉴스의 규제 기준은 결코 단순하지 않다. 콘텐츠의 허위 여부, 그 판단의 주체, 용인 가능한 허위의 정도, 정부 개입 범위의 적정성, 정치적 비판 위축 등의 이슈는 상당히 복잡하고 민감한 사안이기 때문이다. 가짜 뉴스는 오늘을 사는 우리에게 진실이란 무엇인지, 윤리나 선이란 무엇인지를 생각하게 만든다. 개인정보의 소유권과 자기 결정권의 범위는 어디까지일까? 초연결 세상에서 사회적 부작용은 어떻게 예방할 수 있을까? 네이버 웹툰 중에 「덴마」라는 SF 웹툰이 있다. 고도로 발전하고 있는 AI가 인간의 지적 능력을 넘어서 완전히 진화된 모습은 어떤 것이 될까? 이 질문에 대한 답이 해학적이고도 철학적이다. 그 끝은 무념무상의 해탈의 경지가 되리라는 것이다.

엔비디아는 유명 연예인의 이미지를 생성하는 기술을 내놓았다. 그런데 실제 인물로부터 이미지를 만든 것이 아니라, AI가 정보를 파악해서 상상으로 이미지를 그려냈다. 딥러닝 알고리즘이 방대한 양의 데이터를 소화하게 되면서 가능해진 일이다. "오바마의 목소리로 읽어줘"라고 하면, 자료를 조합하여 오바마가 직접 말하는 듯한 영상을 만들어 낸다. 텍스트만으로 특정인의 음성을 생성해서 입힐 수 있다는 뜻인데, 이처럼 AI는 가짜 뉴스를 판별해낼 수 있는가 하면, 감쪽같이 가짜 뉴스를 만들 수도 있게 되었다.

2) 정보 활용과 프라이버시

데이터 시대 프라이버시 문제 　데이터 경제의 시대, 지난 2년간 휴대용 기기로 유통된 지구촌의 정보량은 2,000년 인류 문명이 창출한 양과 맞먹는 수준이었다. 대부분의 일상 정보가 사이버 세상에서 돌아다닌다고 해도 과언이 아니다. 이런 상황에서, 매년 국제 경영개발연구원(International Institute for Management Development : IMD)이 실시하는 디지털 경쟁력 평가에서 한국은 양면성을 띤 것으로 나타난다. 정보통신기술의 발전 지수, 가구의 인터넷 접속률, 인터넷의 평균 접속 속도 등은 세계 최고 수준인데, 데이터 활용은 저조한 것으로 나타나기 때문이다.

데이터 시대에 뒤지지 않으려면 데이터 활용과 개인정보 보호를 놓고 사회적 합의를 도출하는 것이 선결 과제이다. 데이터의 이용에서 보안은 중요하다. 역사적으로도 사이버 보안은 주요 이슈였고, 고대부터 기밀 메시지를 전달 할 때는 정보 유출을 방지하는 갖가지 방법이 동원되었다. 고대 로마의 율리우스 카이사르는 비밀 내용을 주고받을 때에는 알파벳 순서를 달리하는 방식으로 메시지를 암호화해서 교환했다. 제1차 세계대전 중에 스파이 혐의로 처형된 네덜란드 출신의 무용가인 마타 하리는 악보 음표에 알파벳을 대응시켜서 기밀사항을 전달했다고 한다.

양차 세계대전 기간과 이후의 냉전 시대에는 기상천외한 암호들이 등장했고, 암호해독 여부가 전쟁의 승패를 갈랐다. 제1차 세계대전 종전 후, 독일은 처칠의 제1차 세계대전 회고록을 통해서 독일군의 암호 체계가 뚫렸었다는 사실을 알게 된다. 고전적인 암호 체계인 에니그마는 계속 복잡하게 개량되고 있었고, 암호 해독기도 경쟁적으로 진화하고 있었다.

제2차 세계대전에서 독일군의 에니그마는 고전 암호로 알파벳을 일정한 규칙에 따라서 다른 알파벳으로 바꿔서 표기하는 방식으로 해독하기 어렵게 개량된다. 1938년 튜링은 에니그마를 해독하는 중책을 맡아서 천신만고 끝에 2년 만에 자동 암호 해독기 봄(Bombe)을 개발한다. 그리하여 그의 천재성이 수많은 사람들의 목숨을 살리고, 연합군의 승리에 기여하게 된 것이다. 현재의 에니그마는 컴퓨터가 해독할 정도라서 폐기 처분을 당했고, 최근에는 신용 카드나 인터넷 뱅킹 등에 쓰이는 공개 키 암호처럼, 컴퓨터로도 쉽게 뚫을 수 없는 암호 체계로 바뀌었다.

사회 안전을 위해서 도입된 CCTV도 양면성을 지니고 있다. 우리나라에 1,000만 대 이상이 설치되었고, 그중 공공용은 100만 대이다. CCTV는 범죄 해결에 50퍼센트 정도 기여하고 있다. 수도권에 사는 시민이라면 하루에 150번 정도 CCTV에 노출된다. 이전에는 폐쇄망이던 CCTV가 요즘에는 IP 카메라가 24시간 내내 온라인으로 연결되어 있어 접속이 가능하다. 2019년 국회에서는 수술실 내의 CCTV 설치 의무화에 대한 의료법 개정안이 발의되었다가 하루 만에 폐기되었다. 환자와 의료인의 사생활을 침해할 소지가 있고, 의료인의 진료가 위축되어 치료에 방해가 될 수 있다는 이유 때문이었다.

사이버 관련 규제에서도 논란이 일었다. 2019년 정부가 불법 유해 사이트에 대한 규제를 강화하기 위해서 SNI(Server Name Indication) 필드 차단 방식을 도입한 것에 대한 논쟁이었다. SNI 필드 차단 방식은 제도적으로 불법 사이트를 방지한다는 순기능이 있는 반면, 정부가 개인의 사이트 접속 기록을 관리할 수 있다는 점에서 사생활을 침해하는 검열과 감청의 도구로 악용될 가능성이 있기 때문이다.

2018년 유럽은 일반 개인정보 보호법(General Data Protection Regulation : GDPR)의 시행에 들어갔다. 새로운 기술-미디어 환경에서 디지털 주권을 강화한 조치이다. 이러한 규제의 법적 기틀은 오픈 플랫폼의 합리적인 이용을 위해서 확산되고 있다. 소비자와 전문가 등 이해 당사자를 포함하는 포용적 생태계를 구축해서, 데이터 시대에 데이터가 악용되지 않는 길을 찾고 시행착오를 줄이려는 노력이 절실하다.

온라인과 오프라인의 경계가 허물어지고 있는 가운데, 사이버 세상에서 사생활 존중과 정보 활용 사이의 딜레마를 어떻게 해결할 수 있을지는 민감하고도 중요한 과제이다. 기술적 편익을 위해서 인간의 존엄성을 경시하거나 개인의 고유 영역을 함부로 침범해서는 안 되지만, 이미 데이터가 사회적, 경제적 자산이 되는 기술 혁신 시대에서 안 된다는 말로 해결될 일이 아니라는 것이 문제이다. 기술 혁신, 사회 안전, 사생활 보호 사이에서 합리적인 균형점을 찾는 일이야말로 4차 산업혁명 시대에 우리 사회가 풀어야 할 과제가 되고 있다.

최근 이슬람 극단주의 무장단체 IS가 보안성을 높인 메신저인 슈어스팟을 써서 테러 지원병을 모집하고 테러 작전을 수행한다는 뉴스가 나오면서 충격을 주고 있다. 한편 미국에서는 2015년과 2017년에 총기 테러 사건 발생을 두고 FBI와 애플 사이에서 법정 공방이 벌어졌다. FBI가 사건 수사에 필요하다며 애플 측에 아이폰의 잠금을 해제해달라는 요청을 했으나, 애플은 개인정보 보호를 이유로 거부했기 때문이다. 이 사건은 프라이버시와 국가안보 사이에서 빚어진 가치 충돌을 보여주는 사례이다.

자율주행 자동차와 트롤리 딜레마 1967년, 영국의 필리파 풋(1920-2010)은 윤리학에서의 사고실험을 이렇게 제시했다. 트롤리가 다니는 선로 위에 5명의 사람이 서 있고, 기차의 방향을 바꿀 수 있는 선로에는 한 사람이 서 있다. 기차의 방향을 바꾸면 한 사람이 죽지만 다섯 사람은 살릴 수 있다. 이 행위가 도덕적으로 허용 가능한지를 묻는 질문에 응답자의 89퍼센트가 "그렇다"고 답했다.

그러나 다음 질문, 즉 다섯 사람을 향해서 달리고 있는 기차를 멈추게 하기 위해서 한 사람을 기차에 던져도 되는 것인지에 관한 질문에는 응답자의 12퍼센트만이 "그렇다"고 답했다. 결국 두 경우 모두 한 사람의 희생으로 5명을 구하는 일이기는 하지만, 어떤 방식으로 1명을 희생시킬 것인지에 대해서는 상반되는 도덕적 반응을 보인 것이다.

'트롤리 딜레마'는 상용화를 앞두고 있는 자율주행 자동차의 규제에 대한 윤리적인 기준을 논의하면서 자주 인용되고 있다. 자율주행을 하는 도중에 직진을 하다가 5명의 무단 횡단 보행자와 맞닥뜨리는 상황이 되면, 급하게 우회전을 해야 한다. 그런데 그 방향에 있는 인도의 보행자 1명이 희생되어야 하는 경우, 자율주행 자동차는 어떤 윤리적인 기준에 따라서 판단해야 하는지의 문제이다. 이러한 판단을 내리는 알고리즘에 대해서 누가 어떤 윤리적 기준에 따라서 설계할 것인지는 민감하고 복잡한 윤리적 이슈가 되고 있다.

독일은 2017년 8월, 14명의 과학자와 법률 전문가로 구성된 디지털 인프라 윤리위원회를 만들고, 세계 최초로 자율주행 자동차 윤리 지침을 발표했다. 그러나 이 자리에서도 트롤리 딜레마는 해결하지 못한 채로 끝이 났다. 위원회는 "이 딜레마에 대한 판단은 명확하게 표준화할 수 없고, 윤리적으로 의문의 여지가 없는 프로그램은 애당초 만들 수가 없다"고 선언했다.

앞으로 신기술을 둘러싼 윤리적 판단은 분야 간의 초연결과 초융합의 형태로서 더욱 복잡해지고, 그에 따라서 가치관의 대립도 심각해질 것이다. AI와 인간의 대립, 바이오 기술 시대의 생명윤리, 데이터 경제 시대의 사생활 침해, 초지능과 초연결 시대의 새로운 윤리 등의 이슈는 새로운 가치관의 정립을 요구하고 있다.

기술 혁신의 물꼬를 트고 인간의 존엄성을 지키는 윤리를 정립하기 위해서는 사회적인 합의가 필요하다. IEEE는 100여 명의 전문가의 참여로 인권, 책임성, 투명성, 교육의 관점에서 AI 설계의 4대 원칙 가이드라인을 제시했다. 일본은 'AI 개발 가이드라인'을 발표했으며, 독일은 세계 최초로 자율주행 자동차 윤리 지침을 발표했다. 우리나라도 2018년 공공성, 책무성, 통제성, 투명성의 4대 원칙 중심으로 '지능정보사회 윤리 가이드라인'과 '지능정보사회 윤리 헌장'을 발표했다. 과학기술계의 역할은 중요하다. 전문성과 융합적 사고를 바탕으로 미래를 예측하고, 기술 혁신이 가져올 사회, 경제, 문화적 충격에 대비해서 시행착오를 줄여야 하기 때문이다.

3) 사이버 안보

사이버 보안과 사이버 공격 우리는 촘촘히 연결된 모바일과 SNS가 탄생시킨 광대한 정보의 바다에 살고 있다. 우리나라는 인터넷 평균 속도에서 13분기 연속으로 세계 1위를 달성했고, 국민의 인터넷 사용률은 84퍼센트이며, 초고속 광대역 인터넷 보급률이 세계 1위로 77퍼센트이다. OECD 국가 중에서 광케이블을 기준으로 했을 때 초고속 인터넷 보급률 역시 1위이다. 그리고 2019년 4월에는 세계 최초로 5세대 통신인 5G를 상용화했다.

데이터 시대의 초연결성은 사이버 보안의 필요성을 낳고 있다. 모바일 결제 시스템이 확대되면서 항상 온라인 상태에 있는 모바일 기기가 해킹의 주된 표적이 되고 있다. 인터넷에 연결되어 스스로 정보를 주고받는 IoT의 확산도 해킹의 기회를 늘려주고 있다. 딕 체니(1941-) 미국 전 부통령은 해킹을 염려해서 2007년 자신의 체내에 이식한 심장박동기의 무선조종 기능을 중지시켰다.

사이버 공격은 사회적인 혼란을 유발한다. 악성 코드는 국경도 없이 모든 디지털 디바이스로 급속히 감염될 수 있고, 그로 인한 경제적, 사회적 피해는 막대할 수밖에 없다. 이 때문에 사이버 공격은 항상 불안과 공포의 대상이 된다. 날이 갈수록 여러 유형의 사이버 공격이 뒤엉켜서 유형 간의 구분도 모호해지고 있다. 국내에서도 2014년 말에 잇단 사이버 공격 사건이 일어나 사회적 불안을 야기했고, 공공기관과 산하단체의 웹사이트의 악성 코드 감염도 철저히 대비해야 하는 상황이다.

날로 심각해지는 사이버 위험에 대비하는 기본 방법으로는 법 제정, 시스템 구축, 민관 협력과 국제 협력, 컨트롤타워 설치, 인력 양성 등이 있고, 국가마다 비슷하다. 그러나 법적, 기술적인 '창과 방패'로 사이버 공격을 해결하는 것이 얼마나 실효성이 있을지는 불확실해 보인다. 사이버 테러의 길지 않은 역사를 보면, 기술과 인간의 우선순위가 바뀌어 사이버 해킹 기술이 사람의 방어 능력을 앞지르고 있는 듯하기 때문이다.

독일에서 발생한 제철소의 사이버 공격은 해커 그룹이 제철소 직원에게 스피어 피싱 이메일을 보내는 것에서 시작되었다. 이메일을 연 순간 직원의 아이디와 패스워드가 유출되었고, 해커는 용광로 컨트롤 네트워크에 접속해서 제어 시스템 기능을 차단했다. 그 결과 용광로를 제때 멈추지 못해서 제철소는 막대한 손실을 입었다. 즉 해커 그룹은 IT와 제철소에 관련된 전문지식을 바탕으로 사이버 공격에 성공했고, 회사 당국은 속수무책으로 당한 것이다.

4) 농업기술과 식량 안보

4차 산업혁명 시대 농업 분야도 혁신되어야 한다. 세계 인구는 77억 명을 넘어섰고, 식량 안보를 둘러싼 경쟁은 더욱 치열해지고 있다. 기후위기 시대, 세계적으로 전략적 자원으로 부상한 식량자원은 안보 차원의 국정 과제가 되고 있다. 기상이변으로 2008년처럼 국제 곡물 가격이 폭등할 경우, 식량위기를 피할 수 없을 것이기 때문이다.

우리나라의 식량 수급 상황 이런 상황에서 우리나라의 곡물 자급률은 2016년을 기준으로 24퍼센트였다. 기후변화에 따른 강수량 변동과 기온 변화로 인해서 작물 생산의 불안정이 심화되고, 농촌 초고령화, FTA의 확대, 유전자원 이용에 관한 나고야 의정서 이행 등의 변수가 식량 안보를 너욱 위협할 가능성을 배제할 수 없다. 종자 확보에도 뒤지고 있다. 닭, 돼지, 감자, 배추, 버섯 등의 일반 국산 식품도 종자는 해외 기업의 소유인 경우가 많고, 특히 육계의 원종계는 90퍼센트 이상을 수입에 의존하는 상태이다. 농산물 종자 수입에만 한 해 2,000억 원이 투입되고 있다.

기후변화 시대의 농업 위기를 극복하기 위한 돌파구로서 생명공학기술과 농업의 융합은 놓칠 수 없는 주제이다. 세계적인 동향을 보면, 보건, 의료, 환경, 농업 분야에서 다국적 기업 주도로 생명공학기술의 상용화에 막대한 재원이 투입되고 있다. 1996년 이후 21년 만에 생명공학기술이 적용된 작물의 재배 면적은 110배로 늘어났다.

이런 상황에서 우리나라에서는 GMO의 안전성을 둘러싼 논란이 계속되고 있다. GMO에 대한 안전성 논란은 지역과 국가, 그리고 전문 분야에 따라서 시각 차이를 보인다. 과학기술계는 대체로 안전성에 대해서 긍정적으로 평가한다. 최근 국제학술지 「사이언티픽 리포츠(*Scientific Reports*)」는 과거 21년간 발표된 GMO 관련 학술 논문 6,006편의 데이터를 분석한 결과, GMO 작물의 경우 영양가에 차이가 없고 수확량도 많으며 독성은 오히려 적다고 밝혔다. 노벨 생리의학상 수상자인 리처드 로버츠(1943-)는 "지난 30년간 연구에서 GMO가 유해하다는 증거는 얻어진 것이 없고, 오히려 미래 식량문제의 해결책이 될 것이다"라고 말했다.

정부가 생명윤리에 대해서 우려를 표하고 부작용에 대하여 사전 대응하는 것은 바람직하다. 그러나 궁극적으로 국제적인 기준에 부합되는 규제 수준에서 연구개발과 안전성 기준 사이의 균형을 찾는 것이 답이 될 것이다. 즉 윤리적 측면을 고려하되 기초 연구의 자율성과 기술 혁신을 존중하는 균형 잡힌 판단이 필요하다. 현실적으로 규제가 강해질수록 유리한 것은 다국적 대기업이다. GMO 작물의 경우, 규제의 장벽을 넘기 위해서는 보통 13년이 걸린다. 그 기간 동안 투입해야 하는 재정은 1,300억 원에 달한다고 하니, 중소 기업 규모로는 엄두도 내지 못할 정도이다. 다국적 대기업이 세계 GMO 특허의 90퍼센트를 독점하고 있는 것은 바로 이 때문이다.

GMO 식품은 이미 20년간 누구나 거의 매일 먹고 있다. 우리나라는 GMO 작물을 한 평도 재배하고 있지 않다. 그러나 GMO의 최대 수입국가군에 든다. 다국적 대기업은 굳이 땅이 좁은 나라에서 GMO를 재배할 필요가 없으니, 다른 나라에서 생산해서 수입하도록 하면 된다. 이것이 GMO의 역설이다.

육종, GMO, 그리고 유전자 가위 기술 육종, GMO, 유전자 가위 기술은 어떤 점이 비슷하고 어떤 점이 다를까? 먼저 셋 모두 품종 개량 기법을 사용한다. 육종은 아주 오랜 세월에 걸쳐서 다양한 돌연변이를 대량생산하여 원하는 특징을 보이는 개체를 만들어내는 것이다. GMO는 외부 유전자의 도입으로 품종을 개량한 것이다. 유전자 가위 기술은 외부 유전자의 도입 없이 특정한 내부 유전자 교정으로 목적을 달성하거나, 외부 유전자를 도입하여 개량한 것이다.

유전자 가위 기술에서 외부 유전자를 삽입하지 않고 변이를 일으키는 경우에는 자연적인 변이, 즉 육종에 가깝다. 육종에서는 무작위적인 교배를 통해서 좋은 형질을 만들어내는 반면, 유전자 가위는 특정 부분만 잘라서 변이를 일으키는 것이다. 따라서 육종으로 만든 것이 GMO가 아니라면, 유전자 가위 기술로 만든 품종도 GMO가 아니어야 한다는 것이 전문가들의 의견이다. 외부 유전자가 도입되지 않기 때문이다.

유전자 가위 기술과 식량 안보 최근 유전자 가위 기술로 마이오스타틴 기능을 제거해서 단백질 함량이 높고 지방이 적은 슈퍼 근육 돼지를 만들었다. 세계 돼지 시장 규모는 1년에 15억 마리인데, 그중에서 중국이 8억 마리를 소비한다. 그런데 중국 사람들은 삼겹살 소비가 적어서 돼지를 도축한 뒤에 3분의 1을 버리거나 사료용으로 쓴다고 한다. 유전자 가위 기술로 개량한 돼지 품종을 허용한다면 돼지 시장에 지각변동이 일어날 것이다.

외부 유전자를 도입하지 않는 유전자 가위 기법에 의한 유전자 교정은 자연적인 변이와 구별되지 않는다. 따라서 GMO라고 규정하기 어렵다. 이런 기법으로 영국은 바이러스성 질환에 강한 돼지를 만들었고, 호주에서는 닭의 유전자를 수정하여 알레르기 없는 달걀을 개발하고 있다. 식량자원의 개량에 관련된 유전자 가위 기술의 잠재적 시장 규모는 가히 천문학적이다.

육종에서 우연히 발견해서 개량한 품종으로 벨기에의 블루 소가 있다. 근육은 많은데 근육섬유가 얇아서 육질이 좋다고 한다. 최근 그 이유가 마이오스타틴 유전자의 변이 때문으로 밝혀졌는데, 이 유전자는 근육이 비대하게 발달하는 것을 막아준다. 그런데 돼지에서는 이런 변이가 발견되지 않았다. 김진수 교수 팀과 연변 대학의 윤희준 교수의 공동 연구에서는 이 유전자를 제거한 돼지의 체세포를 복제하여 돼지를 만든 결과 대퇴부가 발달한다는 사실을 확인했다.

유전자 가위 기술과 농작물 개량 농작물의 경우 미국은 유전자 가위를 사용하더라도 그 생산물에 유전자 가위가 남아 있지 않으면 GMO가 아니라고 판정하고 있다. 이 분야의 비즈니스가 활성화될 토양이 마련된 것이다. 반면 유럽은 까다롭다. 크리스퍼를 DNA 형태로 전달한 뒤 그것이 남아 있지 않더라도 GMO라고 보아 규제한다는 입장이다. 반면 일본, 호주, 러시아는 미국, 아르헨티나, 이스라엘에 이어서 GMO로 규제하지 않겠다고 밝혔다.

유전자 가위 기술로 식물 유전자도 교정했다. 서울대학교 최성화 교수 팀은 공동 연구로 DNA를 쓰지 않고 Cas9 단백질과 RNA만 전달해서 식물 유전자를 교정하여 병충해에 강한 상추를 개발했다. 미국에서는 펜실베이니아 대학교 연구진이 유전자 가위 기술에 의해서 갈색으로 변하지 않는 양송이버섯을 만들었다. 버섯의 DNA 코드 문자 2개를 변형시켜서 산화로 인한 갈변 현상이 일어나지 않도록 개량한 것이다. 연구진은 GMO 여부를 미 농무부에 문의한 결과, GMO로 규제하지 않는다는 답변을 받았다고 한다.

유전자 가위 기술은 멸종 위기에 처한 바나나를 구할 수도 있을 것으로 보인다. 바나나는 단일 품종이고 씨가 없어 교배를 하지 못한다. 유전자가 똑같기 때문에 곰팡이 질환에 치명적이며 이미 한 번 멸종된 적이 있다. 멸종 이후 우리가 현재 먹고 있는 캐번디시 신품종이 개발되었는데, 다시 곰팡이에 감염되어 필리핀 재배지가 초토화되었다. 중국에 이어서 아프리카에도 곰팡이가 출현했다. 이 곰팡이가 남아메리카로 번진다면 바나나는 10-20년 뒤에 멸종될 것이라고 한다. 그러나 유전자 가위 기술로 바나나에 있는 곰팡이 감염에 필요한 수용체 유전자를 망가뜨린다면 신품종을 개발할 수 있을 것이고 세계 시장을 잡을 수 있을 것이다.

농수산업 분야도 바이오 경제 시대의 주력 산업으로 자리매김해야 한다. 기존의 전통적인 농업 정책이 효과를 거두지 못했다는 사실에 대한 철저한 원인 분석과 개선 방안 도출이 선행되어야 할 것이다. 식량 안보와 농업의 미래 가치 창출을 위하여 정책적으로 식량 안보의 우선순위를 높여서, 전략적인 투자와 함께 산학연관 협력을 강화하고, 우수 전문 인력 양성과 혁신 생태계 조성에 나서야 할 것이다.

농업 생명공학은 상당한 성과를 거두고 있다. 세계적인 기상이변과 재난에 적응할 수 있는 품종의 개발이 중요하다. 농업 생명공학은 쉽게 상하거나 손상되지 않는 농산물을 생산해서 쓰레기와 오염물질 배출량을 줄일 수 있다. 농업 생명공학 응용을 위한 국제 서비스 보고서에 따르면, 생명공학 작물로 이산화탄소 배출을 줄임으로써, 연간 1,200만 대의 자동차를 운행하지 않는 효과를 거둘 수 있다고 한다.

5) 기후위기

4차 산업혁명이 신성장 동력을 창출하리라는 기대가 높다. 그러나 그에 못지않게 기후변화, 환경오염, 자원고갈 등의 전 지구적 이슈의 해소에 기여하는 것도 중요하다. 기후위기의 충격으로 해서 에너지, 식량, 수자원은 3대 전략적 자원이 되었고, 이를 둘러싼 국제 갈등과 분쟁은 악화되고 있다. 기상이변의 속도는 예상보다 빨라지고 있으나, 기후변화 적응과 저감을 위한 국가적, 국제적 노력은 가시적인 사태 해결에 이렇다 할 성과를 내지 못하고 있다.

지난 세기 100년간 지구의 평균 기온은 0.74도 상승했다. 그러나 지구 표면의 기온이 골고루 오른 것이 아니라, 북극 지역의 기온이 훨씬 더 많이 상승했다. 지난 10여 년간 북극 지역은 다른 지역보다 2배 이상 기온이 더 올랐고, 극지방의 해빙이 가속화되고 있다. 그에 따라서 해수면이 상승하고, 해수온도 변화로 인해서 난류와 한류의 흐름이 바뀌고 있다. 해빙에 따른 해수 담수화는 바닷속의 열염순환(熱鹽循環) 과정을 교란시켜서 총체적인 기상 이변의 원인이 되고 있다.

해수는 대기에 비해서 열 수용량이 1,100배가 높다. 따라서 열을 머금은 난류가 통과하는 지역은 그렇지 않은 지역에 비해서 따뜻하다. 예를 들면 멕시코 만 난류의 흐름이 차단되면 북대서양에 혹한이 닥친다. 그리고 대기 중의 수증기 순환도 크게 교란되어 엘니뇨와 허리케인이 심해지고, 도처에서 가뭄과 홍수, 냉해, 폭풍 등의 재난이 발생한다.

지구의 역사에서 19세기 이전까지의 기후변화 원인은 태양 흑점 활동 변화에 따른 태양 에너지의 변화, 우주선(cosmic ray)의 영향, 엘니뇨, 태평양 10년 주기 변동, 화산 폭발 등이었다. 화산재와 가스가 햇빛을 차단하여 기온이 하강하고 냉해로 인해서 흉작과 기근과 질병이 만연하는 악순환이 빚어졌다. 그러나 오늘날의 기후위기는 급격한 산업화, 도시화로 온실가스 발생이 급증하고 그것을 흡수하는 메커니즘이 없어지면서 발생한다.

기상이변의 충격은 우리가 일상생활에서도 체감하는 수준이 되었다. 기후변화가 현재 추세대로 간다면 21세기 안에 지구가 1만 년 동안 경험했던 피해보다 더 큰 기후변화를 겪게 될 것으로 예상된다. 기상이변은 '대량살상무기'에 다름 아니다. 역사 속에서 기온이 온화했던 900-1300년 사이 유럽 인구는 4배로 늘었다. 그러나 1300년 이후 급격한 기온 하강과 불규칙한 기상 이변으로 나라마다 혼란을 겪었고, 14세기 중반 유럽은 흑사병으로 5년간 2,500-3,400만 명을 잃었다.

기후변화 예측에 의하면 2030년경 지구촌은 식량 부족, 물 부족, 석유값 폭등이라는 '최악의 폭풍(perfect storm)'에 직면할 것이고, 기후변화로 인해서 삶의 터전을 떠나는 난민의 이주가 복합되면서 대규모 격변이 일어날 것이라고 한다. 2011년 EU 집행위원회가 EU 27개국 2만7,000명을 대상으로 실시한 조사에서, 빈곤, 기아, 물 부족에 이어 기후변화를 세계가 당면한 심각한 재난이라고 본다는 결과가 나왔다. 기후변화로 인해서 자연재해도 심해지고 있고, 특히 개발도상국의 피해가 급증하고 있다.

기후변화로 인한 환경위기와 자원위기가 복합되어 인류 문명의 성장이 한계에 봉착했다는 위기의식은 1980년대 말 지속 가능 발전(Sustainable Development) 패러다임을 탄생시켰다. 그 구현을 위해서는 경제-사회-환경의 정책이 조화를 이루어야 한다. OECD의 지속 가능 발전의 개념도 복지-경제-환경 정책 간에 시너지를 낼 수 있는 정책을 강조하고 있다. 그 실현을 위해서는 행동이 중요하고 사전예방 기능의 강화로 정책의 효율성을 높여야 한다. 보다 근본적으로 오늘날의 기술사회가 추구하는 목표가 무엇인지, 사람답게 사는 사회가 어떤 모습인지 등에 대한 근본적인 성찰과 새로운 가치관의 정립이 필요하다. 그리고 시대적 요구에 대해서 과학기술이 어떤 역할을 해야 하는지 근본적인 질문이 제기되고 있다.

다이아몬드 교수가 환경위기의 근원으로 지적한 사막화, 토양 오염, 수자원 관리, 과도한 어획, 외래종 영향, 인구 과밀, 오염물질 축적, 에너지 부족, 식량자원 취약 등은 4차 산업혁명의 기술과 산업에 의해서 해소되는 방향으로 나아가야 한다. 그럴 수 있는 가능성은 있다. 다만 공감대 형성과 파트너십과 리더십이 필요하다.

세계경제 포럼 환경 이니셔티브(Environment Initiative)는 과거 3차에 걸친 산업혁명은 자연을 훼손하고 환경오염을 악화시키는 과정으로 전개되었으나, 4차 산업혁명의 기술 혁신은 자연 생태계를 살리는 기술이 될 수 있고 그렇게 되어야 한다고 강조한다. 지구를 살리는 10개의 핵심기술을 선정하기도 했는데, 그런 긍정적인 사례는 쉽게 찾아볼 수 있다.

에너지 블록체인 랩(Energy-Blockchain Labs)과 IBM은 블록체인 기반의 플랫폼을 구축하고 탄소 크레딧 등의 녹색자산 관리에 투입하고 있다. 이 모델은 중국 시장에 진출해 있는데, 머지않아 블록체인 기술 도입으로 탄소 발자국이 적은 개인이 높은 오염원 발생사에게 권리를 파는 글로벌 탄소 시장이 형성될 것으로 기대된다. 드론은 지역 환경의 변화를 모니터링하고 무허가 삼림 도벌, 농경기술 향상, 재생가능 에너지 관리, 자연재난 구호사업을 지원하고 있다. 빅데이터에 연결되면서, 수리 관개, 건물, 에너지 생산시설 등의 자동 매니지먼트 시스템에 연계되고 있어서 앞으로 환경 분야에서 널리 도입될 것으로 전망된다.

고도의 위성 기술도 지구 관측과 환경 관리 분야를 크게 바꾸고 있다. 예를 들어 구글 어스는 외장 개조를 했고, NASA-GOES 16 위성도 지구로 첫 이미지를 전송했다. 스타트업인 플래닛 랩은 최근 구글의 위성 이미지 유닛이 되어서, 88 나노 위성 발사로 5미터 해상도의 지구 영상을 매일 제공할 계획이다. 또한 디지털 글로브의 최신 위성을 4-5일 간격으로 30센티미터 해상도로 영상을 보낼 수 있게 되었다.

이런 변화와 더불어 새로운 AI 시스템, 원격 센싱, 빅데이터의 이용으로 토지 사용 변화, 지하수 가용성, 야생 생태계 변화, 교통 체계 효율성 등 모든 부문에서 정확한 모니터링이 가능해지고 있다. 세계 어업 감시(Global Fishing Watch), 세계 산림 감시(Global Forest Watch) 등의 애플리케이션과 플랫폼의 출현으로 누구나 스마트폰만 있으면 지구 환경을 관리하는 글로벌 시스템에 들어갈 수 있게 되었다.

이처럼 4차 산업혁명의 핵심기술은 지구촌 환경 이슈 해결에 크게 기여할 수 있지만, 선결 과제가 있고 잘못 적용되었을 경우의 위험도 있다. 누가 데이터를 소유하고 관리하느냐의 이슈도 제기된다. 위성이나 드론이 데이터를 획득하는데, 그 장치를 띄운 기업, 센서 생산 기업, 데이터베이스를 조정한 기업, 스마트폰 애플리케이션을 소유한 기업, 정부 등의 관련 주체 중 누구에게 소유권을 줄 것인지에 관한 문제이다. 첨단기술로 획득한 환경

데이터가 모두에게 공유되어 이용될 수 있는지, 그런 시스템이 구축되어 있는지, 환경 데이터는 어떻게 구성되는지 등의 질문이 제기되는 상황에서 새로운 질서를 구축하는 것이 과제이다.

또한 이들 기술은 그 융합과 연결에 의해서 불법으로 이용되거나 공공의 목적이 아닌 기업의 이윤 추구만을 위해서 이용될 수도 있다. 그렇게 된다면, 환경이 훼손되는 속도를 가속시키는 결과를 초래할 것이다. 따라서 심각한 환경 이슈를 해결하고 혁신성장을 이루기 위해서는 과학기술, 환경, 경제, 시민사회 등 전문가 그룹의 소통과 공감대 형성, 그리고 긴밀한 파트너십과 리더십에 의해서 기술 혁신의 긍정적인 측면을 극대화하고 부정적 측면을 최소화할 수 있어야 할 것이다.

4. 4차 산업혁명 시대와 새로운 인재

대한민국의 과학기술 50년은 자랑스러웠다. 1953년을 기준으로 GDP 13억 달러에서 60년 만에 1,000배로 뛰어오른 경제성장은 과학기술력이 없었다면 가능하지 않았을 것이기 때문이다. 한국은 IMF 분류상 선진 경제 국가이다. 한국 특유의 추격형 발전전략이 주효했고, 과학기술 혁신 모델의 벤치마킹에 성공하면서 얻은 결실이었다. 산업기술 개발 중심의 국가 연구개발 사업, 주력 수출 산업 품목에 대한 선택과 집중으로 선진 과학기술 문명 추격에 성공한 것이다.

그러나 이제는 미션을 정해놓고 속전속결로 달려가는 추격형 발전 모델은 한계에 달했다. 과학기술의 선두주자가 되기 위해서는 불확실성과 위험을 감수할 수 있는 선도형 프론티어 전략이 필수이다. 과학기술의 본질로 돌아가서 원천적 탐구에 의해서 새 영역을 개척할 수 있어야 한다. 그러기 위해서는 그에 걸맞은 새로운 제도와 시스템이 구축되어야 한다.

이런 상황에서 4차 산업혁명의 파도가 몰려오고 있다. 4차 산업혁명의 명명에 대한 일부 학술적 논란에도 불구하고, 현재 전개되고 있는 지수적인 변화는 대전환임에 틀림없다. 우리나라에서는 2017년을 기준으로 2년 동안 출간된 국내 도서 중 488종이 제목에 4차 산업혁명이라는 용어를 쓰고 있었다.

1) 새로운 교육의 비전과 글로벌 인재전쟁

4차 산업혁명은 디지털 기반의 혁명이다. 모바일 인터넷과 강력한 센서, AI와 기계학습이 특징이다. 소프트웨어 기술 기반의 디지털 연결성이 모든 부문들을 질적으로 변화시키는 가운데, 물리학, 디지털, 생물학 등 분야의 경계가 사라지는 초융합에 의해서 신산업구조가 출현하여 경제구조와 노동시장을 '파괴적 혁신'을 일으키고 있다. 인재상도 달라지고 있어서, 초융합적 사고를 하고, 빅데이터에서 질서와 패턴을 발견하여 새로운 의미를 창출하는 역량이 주요 덕목으로 강조되고 있다.

4차 산업혁명의 바람을 몰고 온 세계경제 포럼은 2015년에 '새로운 교육의 비전 : 기술의 잠재력 발현'을 발표했다. 이어서 2016년에는 '교육의 새로운 비전 : 기술을 통한 사회적, 정서적 학습 기술의 촉진'을 발표했다. 세계경제 포럼은 인간의 네 가지 지능을 강조한다. 첫째, 맥락적 지능으로서 정신은 지식을 이해하고 적용하는 능력이다. 둘째, 정서적 지능으로서 마음은 생각과 감정을 정리해서 타인과 관계를 맺도록 하는 능력이다. 셋째, 영감적 지능으로서 영혼은 공동 이익의 실현을 향하여 개인과 집단의 목적, 신뢰, 덕목을 활용하는 능력이다. 넷째, 신체적 지능으로서 신체는 개인과 조직의 변화 에너지를 얻을 수 있는, 건강과 행복을 느끼게 하는 능력이다. 21세기 교육혁신에서는 이들 지능이 조화를 이루는 인재를 키워내야 한다는 것이다.

새로운 교육의 비전 : 사회 정서 학습 기술의 중요성 다수의 기관들은 앞으로 노동시장이 지각변동을 겪을 것이라고 예측한다. 현재 미국의 일자리 중에서 47퍼센트가 위협을 받을 수 있고, 단순 노동직이나 컴퓨터로 대체 가능한 직종이 사라질 것으로 본다. 예를 들면, 텔레마케터, 화물 수송업,

소매상인, 모델, 은행 출납원, 회계사, 부동산 중개업자 등이 여기에 꼽힌다. 의료계와 법조계 업무도 상당 부분 정보통신기술을 사용하여 대체할 수 있을 것이라고 본다.

한편, 육체노동과 인지적 기술보다는 분석적이고 대인관계 기술을 요하는 직업은 증가될 것이다. 따라서 노동시장 변화를 반영하는 방향으로 교육 시스템이 시급히 전환되어야 하고, 기존 교육과는 달리 협력과 창의성, 문제 해결 능력 등의 역량을 갖추고, 일관성과 호기심, 주도성의 인성을 갖춘 인재로 키워야 한다고 강조한다.

세계경제 포럼은 글로벌 기업의 인사, 전략 기획 담당자를 대상으로 2015년에 설문조사를 실시한 결과 "2020년에 기업 근로자가 갖추어야 할 핵심적인 기술이 무엇인가?"라는 질문에 대해서 다음의 답을 얻었다. 새로운 인재가 갖추어야 할 덕목은 복잡한 문제 해결 능력, 비판적 사고, 창의력, 사람 관리, 타인과의 의견 조정, 감성 지능, 판단과 의사결정, 서비스 지향성, 협상 능력, 인지적 유연성이라는 것이다.

세계경제 포럼은 이들 요소를 사회 정서 학습 기술(Social and Emotional Learning Skills : SEL)이라고 명명하고, 이들 기술은 4차 산업혁명이 진전될수록 더 중요해질 것이므로 교육계, 산업계, 정부가 함께 재훈련과 숙련도 향상에 나서야 한다고 강조한다. 또한 교육 격차를 해소하는 것도 시급하고, 교육 격차를 발생시키고 있는 빈곤, 사회갈등, 성차별, 교육 정책을 개선해야 한다고 진단했다. 요컨대 총체적인 관점의 접근과 함께 학교 교육에 과학기술의 방법론을 적극 활용할 것을 제안했다.

에듀테크와 국내 교육 현황 교육의 질을 향상시킬 수 있는 효과적인 기술적 수단이 에듀테크이다. 학습목표 설정에서 평가에 이르기까지 교수와 학습 과정의 전 단계를 연계하여 하나의 시스템으로 재구조화하고, 비디오 게임은 물론 새롭게 등장한 웨어러블 디바이스, 애플리케이션, VR 등의 기술과 접목함으로써 창의성, 의사소통, 비판적 사고를 높일 수 있기 때문이다.

기술 기반의 새로운 교육 내용과 방법을 교육 현장에 도입하기 위해서는 중앙정부와 지방정부, 교육자, 기술 개발자, 투자자, 학습자 등 이해관계자가 협력하는 시스템적 접근이 중요하다. 국제적으로는 OECD, 세계은행, 유네스코 등이 개발도상국을 지원해야 한다. 그러나 현실은 그와 거리가 멀어서, 4차 산업혁명에 대한 관심이 높은 것과는 달리 교육혁신에 대한 관심도는 낮다는 지적이다.

국내 상황도 별다르지 않다. 우리나라의 압축성장은 우수한 인재가 있어서 가능했다. 그러나 초중등 교육의 목표는 오로지 좋은 대학에 진학하는 것이고, 교육은 점수 따기 선수를 기른다는 비판을 받은 지 오래이다. 사교육에 대한 맹신도 도를 넘었고, 시험점수에 매달리는 교육과정에서 자율성과 창의성은 설자리가 없다. 아인슈타인은 책에 쓰여 있는 내용을 외우지 말라고 했다는데, 우리는 여전히 암기 위주의 시험공부에 매달리고 있다.

국제 교육성취도 평가협회(International Association for the Evaluation of Educational Achievement : IEA)가 4년마다 펴내고 있는 "팀스(TIMSS, 수학, 과학 학업성취도 국제비교평가)" 보고서가 우리의 현실을 잘 보여주고 있다. 과학과 수학의 성취도에서 최상위권이던 한국 청소년(9세와 13세)은 취업 후에는 최하위의 직무 역량을 보인다. 최근 실시한 "4차 산업혁명 시대의 교육과 직업 전망"의 설문조사에서는 응답자의 81퍼센트가 우리 대학교육이 미래지향적이지 않다고 답했고 82퍼센트는 현재의 암기식, 주입식 교육이 4차 산업혁명 시대에 적합하지 않다고 답했다. 더 늦기 전에 교육혁신부터 이루어져야 한다.

최근 온라인 공개 수업(Massive Open Online Course : MOOC)이 확대된 것은 고무적이다. 한국형 K-MOOC 사업과 과학기술 특성화 대학 간의 MOOC도 주목을 끌고 있다. 우수 교수 인력 확보가 어려운 과목을 중심으로 온라인 강좌를 개설하고, 동영상 강의로 선행학습 후에 강의실에서 토론 중심의 학습을 이어가는 수업에 대한 기대가 크다. 미네르바 대학교는 입학 후 1년 동안은 비판적으로 사고하고, 상상력을 발휘하며, 커뮤니케이션과 상호작용하는 스킬을 중심으로 배우고 훈련한다. 그것이 스킬의 기본이기 때문이다.

글로벌 기업은 왜 대학을 찾아가고 있는가? 세계적인 글로벌 기업은 앞다투어 대학을 찾아가고 있다. 저성장과 저고용의 뉴노멀 시대에 살아남기 위해서 대학과 기업의 상생 열풍을 불고 있는 것이다. 몇몇 사례를 보면, 미국 노스캐롤라이나 주립 대학교는 산학협력의 메카로 변신해서, 30여 년 전에 구축된 산학협력 캠퍼스의 45개 빌딩에 IBM, 구글, 이스트먼케미컬 등 75개 글로벌 기업 연구개발 센터 등 130여 개 파트너 기업이 입주했다. 중앙정보국, 국가안보국 등 정부기관이 입주한 비율도 10퍼센트가 된다. 한 지붕 아래에 학계-기업-정부가 처음부터 함께 하는 삼중나선 모델을 구현하고 있는 것이다. 코넬 대학교 공과대학인 코넬텍의 설립도 연구개발 관련 주체가 기획부터 함께하는 다중나선형 모델이다.

미국 조지아 공과대학교의 TI : GER®(Technological Innovation : Generating Economic Results) 프로그램과 산학협력 빌딩 코다(Coda)의 건립도 주목을 끈다. 연구성과의 상업화에서 법적 대응과 시장 진입, 시민사회와의 연계가 중요하다는 사실에 착안해서 리더십, 혁신, 지속 가능성, 글로벌 기업, 비즈니스 윤리 등을 강의하고 있다. MBA 과정의 2명의 학생과 2명의 법학대 학생이 1명의 박사과정 학생의 연구성과의 상업화를 위해서 강의실과 실험실 과정에 함께 참여한다. 과학, 공학, 컴퓨터 전공 학생들이 신청해서 연구 단계에서부터 실무적으로 비즈니스 기회를 창출하는 실전 훈련을 받고 있고, 멘토로서 법률 전문가와 기업 CEO의 자문도 받는다. 대학의 비즈니스 인큐베이터인 ATDC 산하의 스타트업 회사들과 자문 프로젝트도 수행하면서, 국립연구재단 등 외부 지원도 받고 있다.

캐나다 토론토 근교의 워털루 대학교의 CECA(Co-operative Education & Career Action)은 기업 현장을 체험할 수 있는 세계 최대 코업(Co-op) 모델로 유명하다. 전공에 상관없이 기업 현장에서 체험을 쌓게 하는 프로그램을 운영해서, 3만여 명의 학부생 중에서 70퍼센트가 5-6학기 동안 현장 경험을 하고 있다. 이 프로그램에 참여한 학생들은 취업 경쟁력에서 강세를 보인다. 애플, 페이스북, SAP 등 6,700개 기관과 연계되어 있고, EU 국가들과도 협력하고 있다. 독일의 뮌헨 공과대학교는 마이스터 교육 프로그램으로 BMW 등 지역 기업과 대학생 인턴십 과정을 연계하고 있다. 베를린 공과대학교는 도이치 텔레콤, 다임러 크라이슬러 등의 기업과 제휴해서 학계와 기업의 공동 연구를 제도화했다.

아시아에서는 싱가포르의 난양 공과대학교와 중국의 칭화 대학교가 대학-기업 상생 모델에서 앞서 가고 있다. '2017 아시아 대학 평가'에서 1위에 오른 난양 공과대학교는 롤스로이스, 록히드마틴 등 글로벌 기업과 공동 연구소를 설립하는 등 초고속 성장세를 보였다. 중국 칭화 대학교는 미국 MIT 미디어랩을 벤치마킹한 X랩(칭화 창업원)과 칭화 사이언스파크를 설립해서, 칭화 홀딩스 등의 24개 자회사와 37개 투자회사를 영입했다. X랩은 기업의 사업 컨설팅부터 기술 진단, 이전, 사업화에 이르기까지의 전 주기를 지원하고 있다. 청년 창업 세계 1위인 중국은 이들 혁신을 발판으로 아시아를 넘어서 세계 일류 스타트업 창출의 꿈을 펼치고 있다.

우리나라에서는 왜 이런 모델의 성공 스토리를 찾기가 어려울까? 선진국 대학에서는 변리사, 기술사, 컨설턴트 등의 인력으로 전문성을 갖추고 명실상부하게 연구개발 활동을 지원하고 있어서 기술이전과 상용화의 실적을 높이고 있다. 우리나라에도 '기술의 이전 및 사업화 촉진에 관한 법률'이 있어서, 대학에 속한 연구자가 각 기관의 기술이전 전담조직(Technology Licensing Office)을 통해서 기술이전이나 창업을 할 수는 있다. 그러나 정부 지원을 받은 원천기술을 이전하거나 창업할 경우 기술료를 납입해야 하는 등 과정이 복잡하다. 현재의 대학 산학협력단의 조직과 기능으로는 연구성과의 활발한 사업이 안 된다는 지적이 많다.

새로운 인재의 출현과 글로벌 인재 전쟁 2017년 세계경제 포럼에서는 뉴칼라(New Collar)라는 이름으로 디지털 시대 인재의 새로운 개념이 소개되었다. 블루 칼라(생산직 노동자)와 화이트 칼라(전문 사무직)와는 성격이 다른 인재의 수요를 강조한 것이다. 2016년 미국 최고의 신진 직업으로 떠오른 것은 데이터 사이언티스트였다. 빅데이터 분석의 데이터 과학이 신산업을 창출함에 따라서 전문 서비스, 금융, 보험, 제조업, IT, 블록체인 등에서 이에 대한 수요가 급증하고 있다. 앞으로 데이터 과학의 시장에서 신규 프로젝트가 15퍼센트 이상 늘고, 데이터 엔지니어 수요도 급격한 증가세를 보일 것으로 전망된다.

최근 하버드 대학교 등 해외 유수 대학의 컴퓨터 공학과 신입생 수가 급증세를 보이고 있다. 그러나 우리의 실정은 컴퓨터 공학 전공의 학생 수와 정원이 줄어서 시대적 요구에 역행하고 있다. 고등학생의 컴퓨터 과목 수강 비율도 2000년 85퍼센트에서 2014년 5퍼센트로 떨어졌다. 2017년 11월 스위스 IMD가 발표한 "세계 인재보고서"에서 한국의 인재 경쟁력 순위는 63개국 중 39위로 나타났다. 홍콩 12위, 싱가포르 13위, 대만 23위에 이어서 아시아권에서도 크게 밀린 것이다. 중국은 40위이지만 130만 명의 해외 인재를 불러들이고 있으니, 추월은 시간문제이다. '경쟁력 있는 경제를 위한 대학교육' 순위에서도 우리는 53위에 그쳤다.

소프트웨어 산업협회의 조사에 따르면 2015년 554개 기업 중 53퍼센트가 인력 확보가 어렵다고 답했다. 반도체, 스마트폰, 정보통신기술 강국을 자랑하는 한국에서 현재의 인재 양성 정책은 양적, 질적으로 현장의 수요를 반영하지 못하고 있다. 우리 대학은 양적으로는 급팽창을 했으나 질적으로는 하향세였다. 갖가지 규제로 학과 설립이나 정원을 늘리지 못하고 있고 대학 내의 자율적인 조정이 되지 않다 보니, 정보통신, 컴퓨팅 전문가를 충원할 수 있는 길이 막히고 있다.

이런 현실에 대해서 젊은이들은 소프트웨어 분야가 게임 등에 치우치고, 전문 인력을 소모품으로 여기는 풍토와 국내 IT 업계의 열악한 업무환경이 개선되어야 한다고 말한다. 정부는 2018년부터 소프트웨어 의무교육을 시행한다고 했지만, 이들이 대학생이 되려면 6년 이상이 걸린다. 4차 산업혁명의 골든타임을 놓치지 않으려면 대학교육에서부터 혁신해야 한다.

인재 양성의 해답, 대학 혁신에서 찾아야 오늘날에는 세계적으로 '인재와 일자리 전쟁'이 벌어지고 있다. 요동치는 고용시장에 대해서 갤럽의 CEO인 짐 클리프턴은 '제3차 세계대전'이라는 표현까지 썼다. 한국 교육개발원에 따르면, 국내 대학교 진학자 수는 2015년 53만 명이었던 것에서 2023년에는 24만 명 선으로 급감할 것이라고 한다. 상황이 이렇다 보니, 4차 산업혁명 시대 인재의 스킬과 교육 방식의 혁신은 더욱 다급하다.

2017년 IMD의 조사에서 한국의 '고급 두뇌 유출 지수'는 63개국 중 54위였다. 미국에 체류 중인 한국인 연구자는 7,400여 명으로 중국과 인도 다음으로 많았다. 돌아오려고 하지 않는 연구자가 인구 대비 많다는 뜻인데, 마땅한 일자리가 없기 때문이다. 게다가 한국에서 일하고 있는 인력은 해외로 나가려는 경우는 많다. 이런 인력 유출에 대한 해결의 실마리를 찾아야 한다.

여성 인력의 활용도 여전히 과제로 남아 있다. 여성 인력이 겪는 '유리천장'과 '새는 파이프라인' 현상은 과학기술과 산업계에서는 더 심하다. 4차 산업혁명 시대는 개방성, 융합성, 초연결성이 특성이므로 여성 인력의 감수성, 소통, 공감능력을 활용할 필요가 있다. OECD의 통계에 따르면 여성의 고등교육 이수 비율이 남성을 앞질렀으며, 여성 인력의 참여율이 늘수록 결과가 고무적으로 나타난 사례도 많다. 여성 임원의 비율이 높을수록 기업 실적이 우수하고, 재원 투입이나 생산성 향상보다 여성 인력의 고용 증대가 GDP 상승에 더 기여한다는 보고도 있다. 지난 10여 년간 여성 인력 고용률이 중국의 세계 경제성장 기여도보다 높았으며, 양성평등 지수가 높은 국가일수록 국가 경쟁력과 국민행복 지수가 높은 것으로 나타났다.

선진국은 경제위기의 변곡점마다 기업이 혁신을 주도했다. 최고의 두뇌가 모인 실리콘밸리의 인재 풀로는 스탠퍼드 대학교가 있었다. 기업의 대학 교육 참여와 투자를 촉진하기 위해서는 과감한 규제 개선과 지원이 뒷받침되어야 한다. 공교육이 현행 교육과정과 내용을 과감히 버리고 '배우는 능력을 깨우치는' 교육으로 혁신되어야 한다. 사교육 의존도를 낮추고, 자율적, 창의적 학습을 할 수 있어야 한다. 대학의 자율성이 강화되고 변화에 대한 책임성을 갖추어 사회적 신뢰를 얻을 수 있어야 한다. 그렇게 될 때 대학교육의 선진화와 사회 혁신이 이루어질 수 있을 것이다.

기술 창업 문화 메이커스 운동도 혁신의 일환으로 주목된다. 주로 3D 프린터로 제품을 설계하고 제작하는 1인 이상의 소규모 제조 기업이 중심이다. 3D 프린터가 DIY 문화를 기술 창업으로 진화시키고 있는 시점에서, 대학도 메이커스형 기술 창업 플랫폼 구축에 나서고 있다. 그간 정부의 이공계 지원 사업으로 BK21, BK21+, WCU, PRIME 등이 줄을 이었지만, 새로운 스킬의 인력 양성 프로그램으로 진화가 필요하다.

전인교육으로 인성과 스킬 함양 최근 한국 과학기술 기획평가원이 국내 300대 기업을 대상으로 한 조사에 따르면 과학기술 인재상의 가장 중요한 덕목으로 '인성'이 꼽혔다. 스킬과 지식의 중요성이 강조되는 한편에서 인성이 이처럼 중시된 때는 없었다. 기계화에 의한 지능의 확장이 특징인 4차 산업혁명 시대는 '인간다움'의 가치와 정신, 마음, 영혼에 관련된 지능을 개발하고 적용하는 훈련이 더욱 중요하기 때문이다. 초연결 시대인 만큼 지구촌 상생의 공동체 의식과 다양한 문화적, 정서적 '차이'를 인정하는 개방성과 유연성도 필수적인 덕목이다. 전인(全人) 교육에 의해서 인성, 스킬, 지식을 갖추는 교육혁신이 시급하다.

4차 산업혁명은 새로운 교육 비전의 제시와 실질적인 혁신이 없이는 불가능하다. 그리고 혁신의 주체는 공공을 포함한 학부모, 학생, 교육기관, 기업, 비영리단체 등 사회 구성원 모두이다. 참된 교육은 건강한 자아와 정체성 그리고 일, 가정, 사회의 관계로부터 시작되기 때문이다. 혁신을 실천에 옮기려면 생각을 바꾸어야 한다. 우리 청년 과학기술 세대도 단순한 기능인이 아니라 어떻게 사는 것이 보람 있는 삶인지에 대한 가치를 충분히 고민하면서 세상을 넓은 안목에서 볼 수 있어야 한다. 젊은이들의 사회문화적

인식의 전환과 유연성, 창의성, 다양성이 미래의 대한민국을 바꾸는 열쇠이기 때문이다.

2) 일자리는 어떻게 될까?

일자리의 변화 가장 관심을 끄는 것은 노동시장의 지형 변화이다. 독일의 인더스트리 4.0 플랫폼의 연구결과는 기술 혁신으로 제조업의 생산성이 크게 향상될 것으로 예상한다. 제조업 중심의 우리 산업계에 시사하는 바가 크다. 유럽의 노동시장 변동에 대한 연구는 글로벌화와 자동화로 일자리의 지형과 성격이 크게 바뀔 것이라고 진단한다. 새로 생기는 일자리가 어떤 것일지에 관심이 크지만, 국가별로 분야별로 상당한 차이를 보일 것이다. 산업혁명의 핵심기술과 산업 분야에서 새로운 직종이 생겨나고 고숙련 인력 수요가 늘어날 것은 확실하다. 예상컨대 AI, 3D 프린팅, 빅데이터, 산업로봇 등의 분야에서 200만 개의 일자리가 생기고, 그중 65퍼센트가 새 직종이 될 것이라고 한다.

기회는 항상 위기와 함께 온다. 기술 혁신에 의한 생산성 향상의 한편으로 일자리 감소는 불가피하다. 2016년 세계경제 포럼은 향후 5년 사이에 선진국과 신흥시장 15개국에서 710만 개의 일자리가 사라지고 210만 개의 일자리가 새로 생길 것이라고 예측했다. 옥스퍼드 대학교의 보고서는 20년 내에 AI로 인해서 47퍼센트의 직업이 사라질 것이라고 전망했다. 주로 자동화 기술과 컴퓨터 연산기술이 사무행정직과 저숙련 일자리를 대체할 것이라고 보면서, 텔레마케터, 도서관 사서, 회계사, 택시 기사 등의 직업이 줄어들 것이라고 예측했다.

2016년 미국 백악관에서 발표한 "AI, 자동화, 경제(Artificial Intelligence, Automation, and the Economy)" 제하의 보고서는 "미국인 10명 중에서 4명은 AI로 인해서 생계 위협에 처할 것"이라고 예측하고 AI 시대의 부작용에 대한 대비를 강조했다. 요컨대 임금과 교육 수준이 낮을수록 실업 확률이 높아질 것이므로 사회복지, 교육, 노동 정책이 바뀌어야 한다는 것이다.

국가 간의 격차와 국가 내 계층 간의 격차 해소는 지난한 과제이다. 빈부 양극화는 갈수록 심화되고 있어서, 국제 빈민구호단체인 옥스팜에 따르면 2015년 기준 세계 부호 62명의 소득이 하위 계층 36억 명의 소득과 맞먹는다. 2010년부터 2015년까지 5년 동안 세계 부호 62명의 소득은 45퍼센트(5,420억 달러) 늘어난 반면, 세계 하위 50퍼센트 인구의 소득은 5년 동안 38퍼센트(약 1,000억 달러) 감소했다. 한국의 빈부 양극화도 커지고 있다. 소득 하위 10퍼센트 가구의 2016년도 3분기 월평균 근로소득은 2015년 3분기에 비해서 26퍼센트 줄었다. 하위 10-20퍼센트는 8퍼센트, 하위 20-30퍼센트는 6퍼센트 감소했다. 한편 소득 상위 10퍼센트 가구는 근로소득이 7퍼센트 이상 늘었고, 상위 20퍼센트도 6퍼센트 늘었다. 그동안 개선 추세를 보이던 소득 양극화 현상이 다시 뚜렷해진 것이다.

빈부 양극화의 배경은 일자리 감소이다. 고용 계약 기간이 짧은 임시직과 일용직의 고용 한파로 저소득층의 소득이 더 줄어들고, 제조업의 일자리가 감소하면서 사람들이 영세 자영업으로 떠밀리고 있기 때문이다. 4차 산업혁명은 이런 현상을 더욱 가속시킬 것이라는 우려가 나온다. 빈부 양극화의 확대는 사회적 갈등을 넘어서 영국의 브렉시트나 미국의 트럼프 대통령 당선 같은 정치적 불확실성을 증대시킬 것이다. 더욱이 강대국 사이에서 기술 혁신 선점을 둘러싼 경쟁의 심화로 개도국은 물론 세계적으로 충격을 주고 있다.

새로운 시대 직무 역량 4차 산업혁명은 모든 분야에 걸쳐 직무 역량의 질적인 변화를 요구한다. 산업기술 인력에게도 전문성은 물론 복합적인 문제 해결 역량과 인지능력이 중요해지고, 다른 분야 인력에게도 STEM(Science, Technology, Engineering, Mathematics) 소양이 중요해지고 있다. 결국 새로운 역할과 환경에 적응할 수 있는 유연성과 학제적 학습 역량을 갖춘 인력의 수요가 증가해야 하고, 다양한 하드 스킬, 즉 기술적 역량과 조직 내 커뮤니케이션, 협상, 팀워크, 리더십 등이 핵심기술로 필요하다는 결론이다. 미국 제조업계는 2018년까지 모든 일자리의 63퍼센트가 STEM

교육을 요구하고, 첨단제조 분야의 15퍼센트가 넘는 인력이 STEM 분야의 석사급 이상의 학위 소유자가 되리라고 전망한다.

초연결 시대, 국가 간 상호 의존성도 크게 증대되고 있다. 따라서 상호 의존의 복잡성과 불확실성에 대응하는 긴밀하고 포용적인 국제 협력이 절실하다. 그러나 현재 상황은 글로벌 질서 유지를 위한 기관, 규범, 정책 측면에서 제 기능을 하지 못하면서 국제적 이슈 해결에 무기력한 실정이다. 세계적으로 보호주의, 포퓰리즘, 민족주의, 국가주의의 강세가 표면화되고 있으나 제어 기능이 어디에도 없으니 국제적인 신뢰 약화와 혼란이 우려된다.

초연결의 융합 혁신이 특징인 시대에 폐쇄적인 칸막이 문화는 조속히 청산해야 할 구시대의 가치이다. 어떤 조직이든 수직적인 의사결정 구조에서 벗어나서 수평적인 시각에서 전체를 볼 수 있도록 발상의 전환을 해야 한다. 또한 어느 분야에서든지 광범위한 협업에 따른 혁신을 이룰 수 있도록 시스템적으로 사고하고 플랫폼 차원에서 접근해야 한다. 세계경제 포럼이 '소통과 책임의 리더십'을 2017년 의제로 설정한 것도 이러한 맥락이다.

5. 4차 산업혁명 시대 지적재산권과 특허권의 재조명

1) 특허제도의 진화

4차 산업혁명기의 지식재산의 가치도 이전과는 크게 달라지고 있다. 여러 유형의 지식재산 사이에서 통합적인 연계와 융합으로 엄청난 부가가치가 창출되고 있기 때문이다. 이러한 시대적 변화는 디지털화의 개방형 혁신에 의해서 관련 주체 간에 지식재산의 공유와 상호연계가 활성화되는 것을 요구하고 있으나, 전통적인 개념은 이러한 시대적 요구와는 거리가 멀다. 그렇다면 어떤 방향으로 혁신이 이루어져야 하며 과연 그런 변화가 가능할지를 살펴볼 필요가 있다.

역사 속의 지식재산권 고대 그리스에도 지적재산권은 있었으나 왕권으로서 일종의 보상 수단이었다. 제도로서의 특허의 기원은 르네상스 시대로 거슬러오른다. 15세기 초에 베니스 공화국은 자국의 유리 제조 지식과 기술의 독점적인 경쟁력을 유지하기 위해서 지적재산권 개념을 제도화한다. 1474년 베니스에서 최초의 특허법이 제정되고 있었으나, 법 제정 이전에도 1469년 출판기술에 대해서 5년간 독점권을 인정하는 등의 사례는 있었다.

영국은 1624년 최초의 특허 성문법으로 전매조례를 제정했다. 발명자의 독점 권한을 14년간 보장해주면서, 국왕은 특허를 남발하지 못하도록 제한하는 정도였다. 이 조치는 이전에 왕권에 의한 독점권의 하사였던 것을 개인의 재산권 개념으로 바꾼 것이다. 영국은 17세기 초까지만 해도 공업 후진국이었으므로 스위스로부터 시계 기술 등을 도입하려고 했지만, 기밀 보호에 막혀서 여의치 않자 자구책으로 전매조례를 제정한 것이다.

전매조례의 제정으로 상황은 달라진다. 유럽 국가의 기술이 독점권이 보호되는 영국으로 유입되기 시작하고, 독점권의 대가로 노하우를 공개하게 된 것이다. 그 결과 영국 산업혁명이 활성화되는 데에도 긍정적인 영향을 미쳤다. 특허권을 주어서 기술자를 유치했고, 영국으로 이민이 이루어진다. 이런 과정을 거치며 개인의 재산권 보호였던 특허권의 개념은 영국의 산업혁명기에 산업 발전을 위한 특허권으로 바뀌게 되었다.

17세기 독일은 새로운 제도를 도입해서 기술의 발명이 아니라 개량의 경우에도 독점 권한을 인정을 한다. 이것이 실용신안제도의 최초의 사례였다. 일본은 기술 진흥을 위한 이 적극적인 제도를 도입했고, 우리나라도 이를 받아들여서 현재까지 시행하고 있다. 한편 미국은 독립혁명 이후 1790년에 재산권 개념의 특허법을 제정했다. 초대 특허청장은 제3대 대통령이 된 제퍼슨이었다. 1791년에는 프랑스, 1877년에는 독일, 1885년에는 일본에서 특허법이 제정된다.

이후 미국은 계속 특허제도를 보완하는 과정을 거쳐서, 1952년에 현대적 특허법의 기틀을 세운다. 그 과정에서 디자인 특허와 식물 특허가 추가되고, 특허 대상도 확대되었다. 1980년에 미국 연방 대법원은 기름을 분해하는 미생물에 대하여 특허를 인가하면서 '세상에서 사람이 만드는 모든 것은 특허가 가능할 만큼' 특허 범위를 넓힌다. 미국의 특허제도는 선발명주의가 특징으로, 동일한 발명에 대해서 특허가 출원되는 경우 우선권을 가리는 번거로운 과정을 거쳐서 최초 발명자에게 특허권을 주고 있다. 다른 국가들이 먼저 특허를 신청한 사람에게 특허권을 부여하는 것과는 대조적이다.

특허와는 별도로 보다 광범위한 의미의 지식재산권 보호제도는 파리 조약과 베른 협약의 체결로 도입되었다. 1883년에 체결된 파리 조약은 최초의 산업재산권 관련 조약이고, 1886년에 체결된 베른 협약은 저작권 보호 조약이다. 미국은 파리 조약에는 1887년에 가입했으나, 베른 협약에는 그보다 100년 뒤인 1988년에 가입했다. 이는 1789년 영국의 슬레이터가 수력 방적기 특허를 미국으로 무단 반출해갔다는 시비와 연관된다는 설도 있었다. 미국은 별도로 1952년에 세계 저작권조약의 체결을 주도했고, 이 기구는 비교적 관대한 저작권 보호조치를 펴고 있었다. 그러나 후에 미키마우스 캐릭터 등 할리우드 영화산업이 세계적인 호황을 누리게 되자 적극적으로 저작권 보호 협약에 나선다.

지적재산권의 주요 국제조약으로는 1967년에 체결된 세계 지적재산권기구(World Intellectual Property Organization : WIPO) 협약과 1995년에 발효된 지적재산권에 관한 무역협정(Agreement on Trade-related Aspects of Intellectual Property Rights : TRIPs)이 있다. WIPO는 UN 특별기구 중의 하나로, 창조 활동의 장려와 지식재산권의 보호를 목적으로 설립되었다. 회원국은 184개국으로 24개의 국제조약을 관장하고 있다. 우리나라는 1979년에 WIPO에 가입했고, 1980년에 파리 조약에 가입했다.

TRIPs는 특허권, 디자인권, 상표권, 저작권 등 지식재산권을 다루는 세계 최초의 다자간 규범으로 WTO 협정의 부속서로 발효되었다. 7개의 장으로 구성된 협정의 내용은 일반규정과 기본원칙, 보호기준, 지식재산권 집행절차, 지식재산권 획득과 유지 및 관련 내부 절차, 분쟁 예방과 해결 절차, 경과 조치, 그리고 제도 관련 규정을 담고 있다. TRIPs의 체결로 지식재산권 규제는 대폭 강화되었다.

미국은 2차 산업혁명기에 발명 특허가 쏟아졌고, 그에 비례해서 특허 전쟁도 치열해졌다. 발명 특허를 얻은 후 그 특허로 회사를 차린 사례도 많았다. 타이어 원료인 가황고무를 개발한 굿이어(1844), 엘리베이터를 개발한 오티스(1852), 에어브레이크를 개발한 웨스팅하우스(1868), 롤필름을 개발한 이스트먼(1884), 에어컨을 발명한 윌리스 캐리어(1902), 자동차의 대량생산을 시작한 포드(1903) 등은 특허권자의 이름으로 세운 회사가 현재도 존속하는 경우이다.

2) 4차 산업혁명 시대 지식재산권의 성격

4차 산업혁명과 지식재산권의 융합형 모델 지식재산권은 창의적 활동을 촉진하고 지식재산을 보호해서 시장의 창출과 확대를 지원하는 제도이다. 기본 개념과 재산권 존중의 정신은 4차 산업혁명에서도 여전히 유효하다. 그러나 역사상 유례없는 초융합 혁신으로 특허권과 저작권이 결합되고 있는 상황에서는 역동적인 지식 환경을 반영하면서 혁신을 유인할 수 있는 유연한 형태로 보완될 필요가 있다.

자동차 산업에서도 특허와 함께 저작권의 중요성이 커지고 있다. 자율주행이 가능한 커넥티드 카에서는 인터넷 연결을 기반으로 속도와 결함 등의 정보를 추적하고 기록하는 사고 기록 장치(Event Data Recorders : EDR)가 블랙박스 기능을 한다. 이 경우 EDR에 축적되는 데이터는 저작권 보호를 받아야 하고, EDR의 작동에 필요한 기술은 특허권을 보장받아야 한다. 즉 두 가지 권한이 연계되어야 커넥티드 카가 작동할 수 있다.

최근에는 특허권과 저작권의 연계로 멀티 지식재산권을 탑재한 제품과 서비스 시장이 형성되고 있다. 따라서 그에 걸맞은 새로운 규제로의 전환이 불가피하고, 저작권과 특허권의 융합형 권리를 확대하는 모델로 전환될 필요가 있다. 공유지식의 창출과 이용 등 시장이 요구하는 변화를 수용하는 것도 중요하다. 우리나라의 양적인 특허 확대는 이른바 장롱 특허를 양산한다는 지적에서 벗어날 수 있도록 성과평가 기준을 개선해야 한다. 즉 기존의 특허권의 양적 성장 위주에서 핵심 특허 중심으로 지표화해서 질적 성장을 꾀해야 할 것이다.

또한 IoT와 AI는 빅데이터의 관리와 분석의 의미를 확대시키고 있다. 연구개발 기획과 비즈니스 분석, 향후 시장 전망 등에서 빅데이터 분석을 통한 전략 수립은 점차 더 중요해지고 있고, 빅데이터 활용은 기업의 핵심 역량에서도 주요 전략이 되었다. 따라서 정확하고 유효한 데이터의 필터링이 중요하며, 그 지식재산의 보호와 활용에 대한 저작권이 보완될 필요가 있다.

4차 산업혁명의 특성인 융합으로 인해서 공유 기술에 대한 수요가 확대되고 있어, 기존의 연구개발 특허 전략으로는 4차 산업혁명의 핵심기술 시장의 확보가 어렵다. 시장의 새로운 변화에 대비하기 위해서는 특허권에 의한 혁신 유인과 발명자의 권익 보호의 기본 취지는 유지하되, 시장과 기술의 파괴적 혁신에 대응할 수 있도록 표준특허(Essential Patent)를 중심으로 특허권을 전환할 필요가 있다. 표준특허란 국제표준화 기구가 정한 표준 규격에 따라서 제품을 기술적으로 구현하는 과정에서 반드시 이용해야 하는 특허를 가리킨다.

상표 관리의 유연 체계 구축 적층 가공 또는 3D 프린팅을 통한 제조 혁신은 제조업의 생산성과 효율성을 크게 높이고 있다. 그러나 3D 프린팅에 의한 제품 생산은 기존의 상표권에 대한 위협이 될 수가 있다. 3D 프린터에 입력된 디자인 데이터와 그로부터 생산된 제품에 대해서 기존 제품의 모조 여부를 둘러싼 논란이 불거지고 있기 때문이다. 앞으로 온라인상의 정보 네트워킹에 의해서 저작권 보호를 받는 대상물이나 디자인을 복제하는 일이 점점 더 쉬워질 것이고, 3D 관련 특허의 공개된 기술정보는 프린팅의 확대를 촉진하게 될 것이므로 이런 변화에 대한 대비가 필요하다.

4차 산업혁명의 특성으로 인해서 지식재산 정책은 새로운 도전에 직면하고 있다. 지식재산권 환경의 변화로 유연성이 커지고 있어 지식재산권도 재해석되어야 할 상황이 되고 있다. 사이버 환경의 출현으로 인간과 인공의 개념, 현실과 가상공간, 지식창출과 이용의 경계가 모호해지는 상황이므로 지식재산권 부여의 대상과 규모에 대한 새로운 기준 설정이 필요하다.

시대 변화를 반영하는 지식재산권의 가이드라인은 무엇일까? 재산권은 보호하되 혁신 활동을 유인해서 지식 공유에 의한 활용과 확산의 공적 기능을 수행할 수 있어야 한다. 예를 들면 18세기 이후에 나타난 상금 제도는 이런 취지에서 도입된 것이다. 일례로 1815년 천연두 백신을 개발한 에드워드 제너(1749-1823)는 상금 규모로는 최고액인 3만 파운드를 받았다. 이런 포상 제도는 기초지식의 창출과 확산을 위한 중장기 공공 연구개발 사업 모델로 설계된 것이다.

4차 산업혁명기의 산업 환경은 가상과 현실의 융합, 소비자 중심의 맞춤형 생산, 제품 생산과 순환의 단주기화 등이 특징이다. 따라서 이들 환경 변화에 따른 새로운 지식재산권은 기존의 형태와는 달라야 한다. 지식재산권의 범위가 개방형이 되고, 다양한 모델 개발이 필요하다. 독점적인 권한의 부여보다는 사회적 공유와 확산에 초점을 맞추고, 빠르게 진화하는 기술과 시장의 단주기에 적합한 기준으로 바꿔야 한다. 또한 글로벌 위기를 해소할 수 있는 국제 협력 기준을 강화하는 것도 중요하다.

우리나라의 지식재산권 정책 관련 조직은 대통령 직속의 국가 지식재산위원회를 비롯해서 과학기술정보통신부의 지식재산전략기획단, 특허청, 문화체육관광부, 산업통상자원부 등으로 분산되어 있다. 초융합 혁신의 시대적 변화에 대응하기 위해서는 분산 체제 간의 시너지 창출이 필수이다. 예컨대 산업재산권의 시각에서 저작권과 신지식재산권을 연계하고, 동시에 저작권 시각에서 산업재산권과 신지식재산권을 연계하는 등의 통합적 운용이 필요하다.

지식재산권 보호 제도는 만능인가? 그 필요와 명분에도 불구하고, 지식재산권 보호제도가 경제적, 사회적 발전에 얼마나 기여해왔는지에 대해서는 논란이 있다. 지식재산권보다는 오히려 다양한 제도와 조치가 기술 혁신

과정의 성과를 높였다는 연구결과도 많다. 18세기 영국의 1차 산업혁명에서 볼턴-와트의 증기기관의 경우에도 오히려 경쟁에 장애 요인이 됨으로써 증기기관차의 개발을 지연시켰다는 지적도 있었다.

3) 특허의 최근 동향과 새로운 이슈

특허의 세계적 추세 세계적으로 특허의 빅5 국가는 중국, 미국, 일본, 한국, EU이다. 그런데 2017년에는 중국의 특허 출원 건수가 미국, 일본, EU, 한국의 건수를 합친 것보다 더 많아지는 이변이 일어났다. 특허 건수는 기술 혁신의 지표로서 최근 중국과 미국 간 무역 분쟁은 기술 선점과 무관하지 않다는 분석이다. 주요국의 특허 등록 현황을 보면, 중국은 급증세, 일본은 약간 감소세, 미국과 한국과 유럽은 약간의 점진적 증가세라고 요약할 수 있다. 특허의 주요 5개 국가와 지역은 주로 정보통신기술 분야의 특허가 주류를 이룬다. 미국, 중국, 유럽은 컴퓨터 기술 특허가 많고, 한국은 반도체 분야, 일본은 음향과 영상기술 분야의 특허가 좀더 많은 것으로 나타난다.

우리나라는 1948년에 최초의 특허 등록 이후 2019년 9월에 특허 200만 호를 달성했다. 현재는 1년에 21만 건을 내며 세계 4위의 특허 강국에 오를 만큼 양적으로 비약적인 성장을 하면서 압축성장의 역사와 궤를 같이 했다. 최초의 특허는 1948년 중앙 공업연구소가 등록한 유화염료 제조법이었다. 이후 1977년 상공부 특허국이 특허청으로 승격된 이후 연간 수백 건이던 특허는 1992년에 1만 건을 넘어섰고 2006년에는 10만 건대를 돌파했다.

우리나라의 특허 등록이 100건을 돌파하는 데에는 60년이 더 걸렸으나, 200만 건에 진입하는 데에는 9년이 걸렸다. 분야로는 휴대전화와 반도체 산업의 급성장이 견인했고, 최근에는 4차 산업혁명 관련 특허가 타 분야보다 빠르게 늘고 있다. 그러나 양적 성장이 질적 성장을 뜻하지는 않는다. 이른바 장롱 특허가 많아서 연구개발 투자 상용화율이 지극히 저조하고, 특허제도의 심사와 절차 등에 대한 개선의 필요성도 제기되고 있다. 이제는 질적 성장에 눈을 돌려서 성과를 거두어야 할 때이다.

특허협력조약과 중국의 약진 중국의 특허청은 최근 5년간 20퍼센트라는 급격한 연평균 증가율을 기록하며 세계적으로 가장 앞서고 있다. 2016년 중국 내국인의 특허출원 비중이 90퍼센트를 넘었고, 특허협력조약(Patent Cooperation Treaty : PCT) 출원에서도 중국의 약진이 두드러진다. 일례로 PCT에서 2012-2016년 사이 중국의 특허 출원의 연평균 증가율(23.4퍼센트)은 상위 5대 국가의 평균 증가율(4.5퍼센트)을 크게 웃돌았다.

분야로는 정보통신기술 관련 디지털 통신과 컴퓨터 기술 분야가 가장 높은 출원 건수를 보였으며, 2016년 PCT 출원 상위 10대 기업 모두가 정보통신기술 관련 분야였다. PCT는 1970년에 워싱턴에서 18개국이 체결한 국제조약으로 1978년에 발효되었고, 2006년 128개 회원국으로 확대되면서 지식재산 보호의 글로벌 규범으로 자리하고 있다. 한국은 1984년에 가입했다.

4차 산업혁명 기술 관련 세계 특허 등록 건수는 2010년 400여 건에 불과했으나, 2015년에는 12배로 늘어나서 연평균 65퍼센트의 증가율을 보였다. 2016년 기준으로 국가별 4차 산업혁명 관련 기술의 상위 30대 기업의 특허 현황에서도 중국이 최대 보유국으로 나타났고, 특허 소송 건수는 전년도에 비해서 크게 줄었다. 그러나 정보통신기술 관련 산업과 기술에 관련된 분쟁의 비중은 계속 많은 편이다. 1997-2016년 사이, 미국의 특허 소송 관련 상위 10대 산업 목록에서 정보통신기술 관련 분야가 가장 높은 비율인 26퍼센트를 차지했다.

해양생물 자원에 관한 특허 편중 심각 2018년에 발표된 연구결과(스톡홀름 대학교의 로버트 블라시악 박사 연구진)에 의하면, 2017년까지 해양생물 862종으로부터 1만2,998건의 유전자 특허가 등록되었다. 세계 최대 화학회사인 독일 BASF가 그중 47퍼센트를 보유하고 있다. BASF는 향유고래로부터 녹조류, 플랑크톤, 크릴, 해양미생물에 이르기까지 방대한 해양생물의 유전자 특허를 가지고 있다. 국가별로는 독일, 미국, 일본의 3개국이 해양생물 특허의 75퍼센트를 보유하고 있다.

여기에 노르웨이, 영국, 프랑스, 덴마크, 캐나다, 이스라엘, 네덜란드 등의 선진국 10개국이 가세해서 전 세계 해양생물 특허의 98퍼센트를 보유하면서, 해양자원으로부터의 신소재 개발을 주도하고 있다. 향유고래의 분비물에서는 고급 화장품과 향수의 원료를 추출하고, 멍게에서는 항암제를 개발하고, 남극의 갑각류 크릴에서는 생체 부동액을 추출하고 있다. 심해저에 사는 극한 미생물도 가치가 크다. 산소가 없는 고온, 고압에 견디는 유전자를 찾게 되면 사막에서도 키울 수 있는 농작물을 개발할 수 있기 때문이다.

개발도상국은 해양생물 특허권 독점을 규제할 것을 주장한다. 2010년 채택된 나고야 의정서에 의거해서 유전자원으로부터 얻는 이익을 공유해야 한다는 것이다. 나고야 의정서는 특정 국가의 생물자원을 이용하여 상용화하는 경우 해당 국가의 승인을 받아야 하고 이익도 공유하도록 규제하고 있다. 개발도상국은 해양생물 유전자로 얻는 수익을 세계 공동기금으로 조성하여 해양생물 보호에 쓰자고 제안했으나 타결되지 않고 있다.

선진국은 나고야 의정서의 취지가 특정 국가의 생물자원을 자의적으로 쓰지 못하게 한 것이므로 공해상의 해양생물에 적용할 수 없다고 반박한다. 연안에서 370킬로미터 떨어진 공해는 특정 국가의 사법권이 미치지 않는 영역이므로 공해에서 자유롭게 어업 활동을 하고 있으니 유전자 특허권도 허용해야 한다는 것이다.

기후변화 대응기술 이전에서도 선진국과 개발도상국의 특허권 이용 논쟁은 해소되지 않고 있다. 환경 분야의 지식재산권과 관련해서 한국은 대체로 선진국과 비슷한 입장에 서 있다. 2018년 「사이언스」에 따르면, 중국, 스페인, 대만, 일본, 한국의 5개국이 공해상의 어업 생산의 85퍼센트를 차지하고 있다. 개발도상국의 해양생물 유전자의 특허에 관한 규제 강화가 가시화되는 경우, 원양어업에 영향을 미칠 가능성이 있다.

이런 쟁점에 대해서 1982년에 체결된 UN 해양법협약의 규정이 가이드라인이 될 것이라는 전망이 나온다. 심해저는 공동자산으로 공동관리하되, 수면의 물은 자유롭게 이용할 수 있도록 한 규정이다. EU도 공해상의 해양생물의 유전자 특허는 인정하되, 염기서열을 공개 또는 비공개로 이용하는 경우 국제기금 조성에 기여하게 하는 방안을 제시했다. 이에 관한 절충안이 언제쯤 어떻게 매듭지어질지 주목된다. 삼면이 바다인 우리나라로서도 해양자원의 국제 관리에 적극 참여할 필요가 있다.

6. 새롭게 등장하는 자본주의 유형

근대 자본주의는 스미스 이래로 여러 유형의 수정자본주의로 진화해왔다. 최근에는 4차 산업혁명기의 핵심기술과 관련되는 자본주의 용어가 등장하고 있다. 대체로 부정적인 영향을 우려하는 시각에서 제기된 개념으로, 플랫폼 자본주의, 감시 자본주의, 불로소득 자본주의 등이 그것이다. 경제학계의 정론은 아니라고 하더라도 앞으로 논의가 어떻게 전개될지, 사회적 영향은 어느 정도가 될지 주목된다.

1) 스르니첵의 플랫폼 자본주의

플랫폼은 디지털 시대의 새로운 비즈니스 모델이다. 여러 집단을 하나로 묶는 것이 특징인 이 개념은 영국의 닉 스르니첵(1982-)의 2016년 『플랫폼 자본주의(*Platform Capitalism*)』에서 정의되었고, 그는 플랫폼 기업의 핵심은 데이터이고 그 팽창적 속성 때문에 자본주의 경제의 중심이 될 것이라고 내다봤다.

페이스북과 구글은 광고주와 기업, 사용자를 연결하고, 아마존과 지멘스 등은 플랫폼 인프라를 구축해서 임대하고 있다. 이들 플랫폼 기업의 기본자산은 데이터이고, 플랫폼은 데이터 추출과 이용의 메커니즘으로 설계된다. 이들 플랫폼은 인프라를 제공하거나 다양한 집단을 연결하는 매체로서 그 내부에서 일어나는 상호작용을 모조리 감시하고 추출할 수 있고, 그런 행위는 경제적, 정치적 힘으로 연결된다.

빅데이터 시대, 데이터를 축적한 뒤 AI 알고리즘으로 분석하고 가공해서 비즈니스에 활용하는 것은 당연한 추세이다. 기업이 플랫폼 요소를 강화하는 이유는 어느 분야에서나 데이터 이용의 플랫폼이 핵심 자원이자 솔루션이기 때문이다. 구글, 아마존, 페이스북 등이 정보를 독점하는 비대칭 현상이 일어난다고 해서, 사용자들에게 곧바로 부담이 돌아가는 것은 아니다. 그러나 소비자의 이용 행위 자체가 빅데이터의 일부를 구성하는 것이고 기업 이윤의 원천이기 때문에 서비스 이용 과정에서 기업에게 정보와 이윤을 제공하고 있는 것이다.

최근에는 데이터주의라는 용어가 주목을 받고 있다. 데이터주의는 최초로 2013년 「뉴욕 타임스」의 기자 데이비드 브룩스(1961-)가 쓴 용어이다. 데이터 시대의 사람들은 자유의지보다는 AI 알고리즘의 결정에 따르는 쪽으로 무의식 중에 바뀌고 있다. 데이터주의가 일종의 신앙이 되고 있는 것이다. 이미 사람들은 아마존의 에코, MS의 코타나, 구글의 홈, 애플의 홈팟 등에 빠져들고 있다. 국내에는 SK 텔레콤의 누구, 네이버의 클로버 등이 있다.

마크 저커버그(1984-)는 마치 정부처럼 페이스북은 정보가 어디로 갈지, 데이터로 무엇을 해야 할지 결정하고 있다고 말했다. 그만큼 막강한 정보 권력을 확보하면서, 플랫폼 기업은 세금도 없이 사용자들로부터 데이터를 추출하고, 그것을 기반으로 서비스 비즈니스 모델을 개발해서 막대한 수익을 올리고 있는 것이다. 그 과정에서 정보 시스템을 자의적으로 조작할 수 있다고 본다면 정보를 상업화한 소수 대기업의 독점을 우려하지 않을 수 없다. 「가디언(*The Guardian*)」의 보도에 따르면, 구글의 모회사인 알파벳은 지난 20년 동안 사용자들의 개인정보 디지털 데이터를 토대로 700억 달러 이상의 수익을 얻었다. 이른바 타깃 광고라는 광고 정보활동이 주요 수익원이었다. 페이스북이 보유한 사용자들의 개인정보 빅데이터의 경제적 가치는 무려 4,750억 달러이다.

플랫폼 기업의 비즈니스 모델에 대해서 제기되는 또다른 이슈는 프라이버시 침해이다. 2018년 페이스북 사용자 5,000만 명의 신상정보가 유출되는 사건이 있었다. 2016년 미국 대선 당시에는 영국 기업이 개인정보를 트럼프 후보의 선거운동에 활용했다는 충격적인 보도가 있었다. SNS를 이용해서 러시아가 미국 대선 과정에 개입했다는 의혹도 제기되었다.

플랫폼은 본연적으로 데이터 확대의 욕구를 지니고 있다. 데이터가 기본 자원이고, 데이터 확보가 경쟁력이기 때문에 팽창의 속성을 지닌다. 애플, 알파벳, 페이스북, 아마존, MS의 빅5가 지난 10년 동안 500여 개 기업을 합병한 것은 이상한 일이 아니다. 이들 기업은 핵심 사업에 머물지 않고, 계속 새로운 영역으로 데이터 추출 기구를 확장한다. 검색 엔진 회사였던 구글은 자율주행 자동차, 소비자 IoT 등의 벤처 사업에 투자하면서 소셜 네트워킹 사이트로 시작한 페이스북과 경쟁하는 상황이 되었다. 그리고 두 기업 모두 한때 전자상거래 회사였던 아마존과 경쟁하게 되었다.

주요 플랫폼의 사업이 서로 중첩되면서 자연스럽게 경쟁도 치열해지고 있다. 소비자 IoT를 둘러싸고도 아마존과 구글은 지배력 경쟁에 돌입했다. 온라인 상거래에서도 페이스북이 영역을 확장하고 구글과 아마존은 이를 방어하는 상황이다. 이처럼 데이터를 놓고 무한 경쟁이 벌어지면서, 플랫폼 기업의 경영은 더욱 공격적이 될 것이라는 전망이 나온다.

플랫폼의 핵심 특징은 네트워크 효과에의 의존성이다. 플랫폼의 사용자가 많아질수록 기업 가치가 올라가고 SNS 영역에서 독점력이 강화된다. 그러나 기업의 독점적인 지위 자체가 이윤을 보장하는 것은 아니다. 외형적으로는 공유경제 플랫폼으로 성공한 것처럼 보이지만 실제로는 고전하는 사례도 있다. 예를 들면 우버, 에어비앤비 등은 외주화의 비중이 높고, 노동자들이 연료비, 유지비, 보험료 등을 부담해야 하기 때문에 대부분 저임금에 시달린다고 한다.

플랫폼은 관련 거래에서 임대료를 받지만 이윤을 내지 못한 채 벤처 자본의 복지 대책에 의존하는 경우도 많다. 미국 플랫폼 기업은 실리콘밸리 기금으로 겨우 명맥을 유지한다고 한다. 더욱이 규제 신설과 노동자들의 적정 임금 요구로 플랫폼 기업의 재정은 어려워지고 있다. 그러나 우버는 큰 적자에도 불구하고 새로 진입하는 지역의 이용료를 낮게 책정하고 기사에게는 보조금을 지급하고 있다. 당장은 적자를 보더라도 새로운 고객을 유입하는 것이 수익원이 될 수 있다고 보기 때문이다. 현재 상황으로만 본다면 공유경제가 성공하리라는 전망은 아직은 불투명하다는 목소리가 나온다. 공유경제의 이상적인 목표와 현실에서의 공유경제 시스템의 불완전성을 극복할 수 있는 묘수는 없는 것일까?

2) 공유경제란 무엇인가?

현재로서 공유경제를 정확하게 규정하는 것은 쉽지 않다. 초기 단계이고 아직 불확실하기 때문이다. 전통적으로 공유경제는 품앗이나 두레의 형태로 존재했다. 도서관도 각 분야의 책을 모아놓고 나눠서 읽게 하는 일종의 공유 모델이었다. 그러나 21세기 공유경제의 개념은 2000년대 초반 자본주의가 디지털 시대를 반영하는 형태로 수정될 것이라는 예측과 함께 등장했고, 2008년 하버드 대학교의 로런스 레시그(1961-) 법학대학 교수가 이에 대해서 최초로 정의했다.

한편 2011년 『3차 산업혁명』을 펴낸 리프킨은 디지털 플랫폼 기반의 생산과 소비의 활성화로 개인 소유 중심의 산업사회가 마감되고 새로운 공유사회가 도래한다고 전망했다. 그는 21세기 공유경제 사회는 네트워크가 시장을 대체하고 소유권 대신 접근권이 들어서며 부에 대한 욕구가 삶의 질 향상으로 대체될 것이라고 내다봤다.

공유경제는 2차 산업혁명 이후 정착된 대량생산, 대량소비, 대량폐기의 악순환을 끊는 대전환의 길이 될 수 있다. 디지털 시대의 플랫폼 기술은 자원의 효율적인 이용, 생태계 보전, 환경오염을 제어하는 지속 가능한 발전에 적합한 전략이 될 수 있기 때문이다. 사익 추구에서 벗어나 공동체적 연대를 공고히 하는 공유재(Commons) 경제의 바람직한 모습이기도 하다. 이런 맥락에서 「타임」은 2011년 '세상을 바꿀 수 있는 10가지 아이디어'에 공유경제를 포함시켰다.

공유경제는 모빌리티와 주거 분야에서의 탈소유와 플랫폼 기반의 산업으로 나타나기 시작했다. 플랫폼은 중개자로서 제공자와 사용자를 연결하는 기능을 한다. 플랫폼 시장은 새로운 수요 창출에 의해서 플랫폼 자본주의를 탄생시키고 있다. 자동차의 경우 하루에 사용하는 시간은 몇 시간일 뿐 대부분 주차장에 세워두는데, 이 시간 동안 자동차를 다른 사람들과 공유해서 활용을 극대화할 수 있다.

실제로 2010년대 실리콘밸리 등을 중심으로 모빌리티 분야에서 투자와 창업이 이루어졌고, 우버와 에어비앤비 등 이른바 캘리포니아형 공유경제가 탄생한다. 서비스 수요자와 유휴 자산을 보유한 공급자를 중개하는 플랫폼 비즈니스 모델의 등장으로 중간 수수료를 받아서 수익을 얻는 플랫폼 기업이 탄생한 것이다. 컨설팅그룹 PwC는 전 세계의 주요 공유경제 산업의 매출 규모가 2013년 150억 달러에서 2025년에는 3,350억 달러가 될 것이라고 추산했다. 우리나라의 GDP에 포함되는 디지털 공유경제의 부가가치 규모도 2015년 204억 원에서 2018년 1,978억 원으로 늘어났다.

2009년 샌프란시스코에 설립된 우버는 택시 기사가 아니라도 운전면허와 차량만 있으면 누구나 운전자가 될 수 있다. 승객은 언제 어디서나 차량을 부를 수 있다. 우버 이후 2012년 중국에서는 디디추싱이 설립되어 대만, 멕시코, 호주, 일본까지 진출했다. 우버는 60여 개 국가의 600개 도시에서 서비스를 제공하고 있다. 미국의 리프트, 싱가포르의 그랩, 인도네시아의 고젝 등 승차 공유 업체들도 우버의 뒤를 이었다. 2013년 한국에 상륙한 우버는 불법 유상 운송이라는 이유로 밀려났다.

우리나라의 카카오 T 등은 공유경제 비즈니스 모델에는 속하지 않는 택시 호출 애플리케이션이다. 택시 업계의 반발로 일반 차량 공유가 막혔기 때문이다. 2019년 3월 택시 단체들과 정부, 그리고 2,200만 사용자를 확보한 카카오 모빌리티는 택시 자원을 활용한 플랫폼 구축에 합의했다. 카풀 업체들도 최근 택시 업계와 타협하면서 영업시간을 하루 4시간으로 제한하는 협상을 했다. 현재 카카오 T로 서비스를 제공할 수 있는 운전자는 택시 기사 23만 명이다.

해외 기업은 이미 차량 공유 서비스와 자율주행 기술 연구를 동시에 진행하고 있다. 우버는 구글 출신 공학자가 만든 자율주행 스타트업인 오토(OTTO)를 인수해서 자율주행에 적극적으로 투자하고 있다. 소프트뱅크는 승차 공유의 궁극적인 미래가 자율주행 자동차에 달려 있다고 보고, 일찍부터 관련 비즈니스의 지분을 확보하고, 우버, 디디추싱 등에 투자하면서 전 세계의 승차 공유 네트워크의 90퍼센트를 장악하고 있다. 우리도 자율주행 자동차 시대에 대비해서 해외 기술에 종속되지 않도록 해야 한다는 목소리가 나오고 있다.

이와 같은 공유형 수송수단의 활용도는 소유형에 비해서 10배 이상으로 평가되고 있다. 수송 시장의 10-20퍼센트를 점유하는 경우 공유 모빌리티 시장은 성장의 변곡점을 맞을 것으로 추정된다. 과도기적으로 기존 자동차 업체와 공유형 업체 간에 탑승객 확보 경쟁이 심해지겠지만, 자율주행 기술의 수용으로 결판이 날 것이다. 차량은 1일 운용시간 증가로 수명은 단축될 것이나, 2030년경에는 내구성 강화로 100만 마일 주행도 가능할 것으로 보고 있다.

공유경제는 지역 기반의 자원 공유 비즈니스 모델의 보급으로 지역경제 활성화에 기여할 수 있어야 한다. 글로벌 대기업의 승자독식 시장이 아니라 지역 기반의 발전 모델에 활용하는 계획이 필요하다. 공유경제의 또다른 분야로서 공간 활용이 있다. 2008년에 설립된 에어비앤비는 공간 제공자의 수입 창출, 이용자의 비용 절감 등으로 성공을 거두었다. 스마트폰 혁명으로 간편하게 이용할 수 있다는 것도 성공 요인이었다. 현재 세계 191개국의 10만 개 도시에서 600만 개 숙소가 영업 중인데, 이용자 수는 하루 평균 200만 명이다.

에어비앤비 서비스는 관광 분야 고용에 긍정적인 영향을 미치고 있고, 우버 서비스는 도심 지역의 교통 혼잡을 줄여주는 기능을 하고 있다. 당초 에어비앤비는 숙박 예약 서비스로 시작했다가 숙소 인근의 여행과 레스토랑 예약 등으로 서비스를 확대하고 있다. 5G 이동통신이 확대, 보급되면 고객들이 예약할 때 VR 고글을 끼고 미리 숙소를 탐색하는 등의 서비스를 제공할 수 있어 SNS에서의 영향력이 커질 것으로 예상된다.

『4차 산업혁명 시대의 공유경제(*The Sharing Economy*)』의 저자인 뉴욕대학교의 교수 아룬 순다라라잔은 공유경제 모델에 적합한 분야로 헬스케어를 꼽았다. 간단한 의료 처치를 받는 경우에는 인가받은 의료인이 가정을 방문해서 치료하는 일이 가능할 것인데, 이때 플랫폼 신뢰도가 열쇠라고 본다. 이런 비즈니스 모델에는 강력한 규제가 수반될 것이지만 의료계의 거센 반발이 예상된다. 에너지 분야에서도 배터리의 기술 발전에 따라서 마을에 태양광 패널을 공동 설치하고 전기 사용을 공유하는 형태를 도입할 수 있다. 부동산도 이미 컴패스라는 플랫폼을 통해서 부동산 중개가 이루어지고 있다.

이런 긍정적인 반응과 달리 공유경제에 대한 비판의 목소리도 있다. 기존 시스템과의 가치와 이해의 충돌, 기존 라이선스를 보유한 업계와의 마찰로 갈등도 빚어지고 있다. 비판의 골자는 공유경제 모델은 시장에서 온라인을 통해서 수요와 공급이 만나는 온디맨드 경제의 새로운 비즈니스 모델에 지나지 않는다는 것이다. 차량 공유 업체의 사례 연구에서는 소비자가 자신이 공유를 하고 있음을 전혀 느끼지 못했다는 결과도 있었다. 즉 공유라는 개념의 실체가 보이지 않으므로 대여경제, 임대경제, 접속경제 등으로 부르는 것이 실체에 가까우며, 일종의 플랫폼 경제라는 것이다.

현장에서 공유경제 모델의 일부 부작용도 보고되고 있다. 우버가 운행되는 도시 중에서 차량 등록 대수와 교통체증이 늘어난 곳이 있다거나, 다른 사람의 차량을 빌려서 우버 운전자로 일한다거나, 부동산을 여러 채 구입해서 에어비앤비에 임대를 맡긴다거나 하는 내용이다. 공유재인 고객의 데이터를 무상으로 이용하는 것에 대해서도 논란이 빚어질 소지가 있다.

이용자가 많아질수록 네트워크 효과가 커지게 되어 있는 플랫폼 경제의 특성상 또다른 독점화의 우려도 있다. 플랫폼 노동자가 처한 현실도 쟁점이 될 수 있다. 플랫폼 경제에서는 노동의 파편화로 인해서 노동자의 지위가 위협받을 수 있다는 주장인데, 정규직 택시 기사 1명의 임금을 우버 기사 여러 명이 나누는 결과가 된다는 것이다.

그러나 공유경제 수익의 대부분을 플랫폼 회사가 가져간다는 비판에 대해서 순다라라잔 교수는 "19세기 중반 노동자가 창출한 잉여물이 자본가에게 돌아가면서 마르크시즘이 출현했다. 그러나 공유경제는 부의 편중을 악화키는 것이 아니라 개인의 능력을 배가시킨다. 에어비앤비는 개인이 하기 어려운 비즈니스 행위를 용이하게 했고, 우버와 리프트 등은 많은 소상공인을 배출했다. 그들 기업이 기업 공개(Initial Public Offering : IPO)를 할 때 소속 운전자들에게도 주식을 배정하는 것이 바람직하리라고 본다. 공유경제 플랫폼을 통해서 기회가 더 평등하게 주어진다"고 주장했다.

소비자들의 반응은 어떨까? 스마트폰 애플리케이션 등을 이용하는 디지털 플랫폼은 이미 생활 속에 깊숙이 들어왔다. 택시, 숙박, 배달 등 편리한 세상을 열어주고 있으니 소비자로서는 이 편리한 서비스의 정착을 기대하게 된다. 해외에서는 공유경제 모델의 정착을 위한 인센티브 부여 사례가 나오고 있다. 호주의 뉴사우스웨일스 주는 우버 등 공유 차량을 호출할 때마다 이용자에게 1달러씩 부담금을 물린다. 그로써 5년간 2억5,000만 달러의 펀드를 조성해서 기존 택시 업계를 지원하고 있다.

아직까지 공유경제의 상황은 복잡하다. 그러나 기술 혁신의 고삐는 풀렸고, 앞으로의 사회 변동이 필연적이라면 미래의 변화에 대비하는 적극적인 자세와 준비가 불가피하다. 어차피 휩쓸리게 될 대전환기에서 기술 혁신은 막을 수도 없고 막아봤자 결국 닥치게 되어 있다. 새로운 기술의 보급으로 부정적인 영향을 받는 집단에게는 살 길을 마련해주고 신기술의 진입은 허용하는 조화로운 정책이 필요한 때이다.

그렇게 하기 위해서는 이해관계자를 혁신의 파트너로 삼고 합의에 이를 만한 인센티브를 부여해야 할 것이다. 2차 산업혁명기, 산업 분야를 주도하던 독점 체제에 대응해서 반독점법이 나왔던 역사적 교훈을 상기한다면, 건전한 생태계 조성을 위한 사전적인 좋은 규제는 플랫폼 기업에게도 의미가 있다. 디지털 시대에 대기업의 독점 체제가 소비자에 대한 지배력의 강화로 이어진다면 기업의 지속 가능성은 낮아질 것이기 때문이다.

3) 주보프의 감시 자본주의

감시 자본주의(Surveillance Capitalism)에 대해서 처음 언급한 사람은 오리건 주립대학교의 사회학 교수인 존 포스터와 로버트 맥체스니였다. 감시 자본주의의 핵심은 데이터 획득으로 이윤을 창출하는 자본주의의 전개에서 소비자인 데이터 제공자들이 감시를 당하게 된다는 것이다. 그후 2016년 하버드 대학교 경영학과 명예교수인 쇼사나 주보프(1951-)는 『감시 자본주의 시대(*The Age of Surveillance Capitalism*)』에서 디지털 기술의 막강한 힘과 지난 30년을 주도했던 금융자본주의의 결합으로 감시 자본주의로 바뀌고 있다고 분석했다.

주보프 교수는 감시 자본주의를 "자본주의의 불량한 돌연변이"라고 규정하고, 그 컴퓨터 아키텍처를 "빅 아더"라고 명명했다. 조지 오웰의 『1984』에 나오는 '빅 브라더'를 연상시키는 이름이다. 그러나 그 차이는 초연결 시대에 걸맞게 천문학적인 양의 데이터를 수집하는 알고리즘을 형상화한 것이다. 글로벌 플랫폼은 자본과 디지털 기술의 결합 형태로서, 이용자들의 데이터를 10여 년간 수집해서 거대 비즈니스를 구축했다. 그러나 소비자들은 데이터가 수집되고 서비스되는 상세한 과정과 결과에 대해서는 알지 못한다. 아마도 실상을 알게 되면 놀랄 것이다.

1980년대부터 '스마트 기계' 시대를 경고한 주보프 교수는 거대 정보기업이 사람의 행동에 관한 빅데이터를 축적하고 그것을 분석한 정보를 이용하여 수익을 극대화하고 있는 시장 메커니즘에 대해서 비판했다. 이용자들은 자신들이 받는 서비스에 필요한 자료를 제공하는 과정에서 자신도 모르게 감시당하고 있고, 그것을 통해서 거대기업이 이윤을 창출하고 있다는 것이다. 그러나 소비자들은 아무 문제의식도 없이 서비스를 받기며 중독 상태에 빠져들고 있다.

주목해야 할 것은 플랫폼 기업은 그 기업의 서비스를 통해서 인간의 행동을 통제하는 힘을 가지게 된다는 것이다. 그 데이터에 의해서 인간 행동에 대한 현재와 미래를 예측할 수 있기 때문이다. 감시 자본주의는 2001년 미국의 세계무역 센터를 공격한 비행기 테러 사건으로 전환점을 맞았다. 그 충격적인 테러 사건을 계기로 미국 정부는 개인의 사생활에 개입할 수 있는 명분을 얻었고, 구글은 그런 사회적 분위기 속에서 새로운 비즈니스 모델을 탄생시켰다. 이후 아마존, 페이스북, MS 등도 합류했고, 그들 간의 치열한 경쟁에 의해서 감시 자본주의가 확대되고 가속화되는 경로를 밟았다.

인터넷 비즈니스 모델은 원천적으로 대량 감시에 기반을 두고 있다. 국가안보국은 사람들에게 새 친구를 사귈 때마다 보고하도록 요구할 권한이 없지만, 사람들은 앞 다투어 자발적으로 페이스북에 자신의 정보를 시시콜콜하게 통보하고 있는 것이다. 인터넷 기반의 디지털 도구는 사용자들이 검색한 내용과 소비한 콘텐츠 등 방대한 양의 디지털 개인정보를 서버에 차곡차곡 수집한다. 그리고 그것을 기반으로 기업과 거래한다. 구글은 애드워즈, 유니버설 앱 캠페인(Universal App Campaigns : UAC) 등을 이용하고 있고, 페이스북은 오디언스 네트워크 등의 비즈니스 기능을 활용하고 있다.

고삐 풀린 감시 자본주의의 앞날은 야누스의 두 얼굴과 같다. 1978년 제한된 상황에서의 의사결정 모델에 관한 이론으로 노벨 경제학상을 받은 허버트 사이먼(1916-2001)은 정보시대에 인간은 집중력을 상실하고 있다고 우려한다. 정보의 홍수 속에서 사람들이 집중력 결핍증에 걸렸다는 것이다. 아닌 것이 아니라 신문 읽기도 어려워하고 SNS상의 뉴스도 앞부분만 대충 읽는 사람들이 도처에서 늘고 있다. 넷플릭스의 CEO 리드 헤이스팅스(1960-)는 "우리 회사의 최대 경쟁자는 유튜브나 아마존이 아니라 바로 사람들의 수면"이라고 말했다. 놀라운 발상이다.

정보통신기술 자체는 가치중립적이다. 그러나 그릇된 인간의 욕망이 기술의 남용과 왜곡을 유발한다. 코딩과 알고리즘, 빅데이터와 데이터 마이닝 등을 정치적으로 이용해서 권력과 자본을 지배하려는 것이 병폐의 근원이다. 레시그 교수는 "코드는 법이며, 코드의 아키텍처는 민주주의 국가의 법률만큼 중요하므로, 반드시 시민사회 통제 하에 있어야 한다"고 강조한다.

사람들의 감시를 위해서 개인정보를 수집하는데 데이터 기술을 이용한다면 재앙이 되고 만다. 글로벌 설문조사에 의하면, 1,000명 중에서 데이터 기술이 인간에게 해로움보다는 이익을 주고 있다고 답한 사람은 48퍼센트였다. 최근의 북미에서 실시한 여론조사에 따르면, 과학이나 과학자라는 전문직에 대한 일반대중의 인식은 좋은 편으로 나온다. 그러나 기술과 기술 기반의 기업에 대한 이미지는 부정적으로 나왔다. 이런 반응은 기술의 이용이 가지는 윤리적 차원의 중요성과 과학기술의 사회적 책임을 돌아보게 한다.

컴퓨터 암호 전문가인 브루스 슈나이어(1963-)도 "감시는 인터넷 비즈니스의 모델로서, 우리는 감시 자본주의 시대에 살고 있다"고 했다. 월드와이드웹의 창시자 버너스 리는 "최근 몇 년간 우리는 소셜 미디어에서 음모론이 횡행하고, 트위터와 페이스북의 가짜 계정이 사회적 긴장을 유발하고, 외부 행위자들이 선거에 개입해 소중한 개인정보를 훔치는 것을 지켜보았다"고 했다. 2018년 인터넷 탄생 29주년을 기념하는 서한에서는 "구글은 전 세계 온라인 검색의 87퍼센트를 차지하고 있다. 페이스북은 매달 22억 명 이상이 이용한다"면서, "두 회사가 전 세계 디지털 광고 지출의 60퍼센트 이상을 차지하고 있다"고 지적했다. 그리고 "이들 기업은 사회적 이익의 극대화보다는 자사의 이익 창출에 치우쳐 있다"고 비판했다.

4) 스탠딩의 불로소득 자본주의

플랫폼 자본주의가 플랫폼 기업체의 약진으로 새롭게 기세를 떨치는 가운데, 영국의 가이 스탠딩은 『불로소득 자본주의(*The Corruption of capitalism*)』에서 플랫폼 경제에 대해서 신랄하게 비판하면서 불로소득 자본주의의 등장에 대하여 경고했다. 스탠딩은 이른바 '공유경제'라는 듣기 좋은 용어로 포장된 플랫폼 자본주의에는 심각한 기만이 내재되어 있다고 주장한다. 플랫폼 자본주의는 노동을 저임금의 일자리로 떨어뜨리고, 노동자들의 협상력을 약화시키고, 좋은 일자리를 감소시키기 때문이라는 것이다. 결국 플랫폼 자본주의는 주된 생산수단이 없이 기술적 장치를 지배함으로써 부와 권력을 획득하는 것이므로 '불로소득 자본주의'라고 규정한다.

스탠딩은 '불안정한(precarious)'과 '프롤레타리아트(proletariat)'를 합쳐서 '프레카리아트(precariat)'라는 단어를 만들었다. 사회경제적으로 불안정한 여건에 놓여 있는 비정규직 근로자, 실업자, 미혼모 등을 일컫는 신조어이다. 그는 불로소득 자본주의로 인해서 사회경제적 불평등이 어떻게 고착되고 있는지를 비판한다. 예를 들면 우버 등의 공유경제 기업은 기존의 기업과는 달리 생산기술 혁신을 수단으로 하지 않고 플랫폼에 의해서 수익을 창출하는 구조이므로, 불로소득 자본주의의 일종이라고 본다.

주류 경제학에서는 불로소득은 비생산적이고 부당한 것이므로 사회적으로 수용되지 않음으로써 사라질 것이라고 말하고 있었다. 이에 대해서 스탠딩은 불로소득 자본주의 기업은 국가 보조금으로 지원되고 있어 생명력을 계속 키우고 있는 셈이라고 지적한다. 정부가 자산가들에게 다양한 방식의 보조금을 지급함으로써 민간부문에 공급되어야 할 공적 자금이 축나고 있고 그로써 소득 불평등이 심화된다는 주장이다.

세계경제 포럼은 2018년과 2019년에 각각 "불로소득 자본주의가 어떻게 불평등을 악화시키고 있는가?"와 "기술은 공공재인가?"라는 주제로 포럼을 개최했다. 여기서 스탠딩이 제시한 논거를 살펴보면 시대적 변화를 꿰뚫는 혜안이 보인다. 스탠딩의 주장을 요약하면 이렇다. 재산에는 사유, 국유, 공유라는 세 가지 유형이 있다. 공유자산은 자연적, 사회적, 문화적, 시민사회, 지식이라는 다섯 가지 유형으로, 이들 공유자산이 보전될 때 건전한 사회가 유지된다. 그러나 1980년대 이후의 신자유주의 체제 속에서 독점 자본주의가 확산되면서 공유자산이 훼손되고 있었다. 지식 자산은 정보, 지적재산, 교육으로 구분된다. 디지털 기술 혁신과 자본주의의 전개과정에서 이들 세 가지 지식 공유물이 사유화되는 변화가 일어나게 되었다.

그 과정에서 특허와 지식재산권을 포함한 임대소득의 비중이 점점 더 커졌다. 임대소득은 생산 활동에 의해서가 아니라 희소해지는 자산을 소유하고 통제함으로써 얻는 소득으로서, 토지, 부동산, 금융 투자 등이 보편적이다. 그러나 기술사회에서는 지식재산, 즉 특허권, 저작권, 상표 등의 소유권에서 발생하는 소득이 갈수록 많아지고 있는데, 이것들도 일종의 임대소득이라고 할 수 있다.

1995년 TRIPs가 발효된 이후, 세계적으로 특허와 지식재산권이 급증세를 보이고 있다. 특허는 1995년 이전에 100만 건 이하이던 것이 2016년 300만 건, 현재는 1,200만 건으로 급증하고 있다. 특허 소득은 7배로 급증했고, 특허 소득이 20조 달러를 넘는다. 스탠딩은 기술 혁신이 유례없이 가속화되고 있는 상황에서, 특허 독점권 시한을 14년에서 20년으로 확대하고 저작권의 경우 평생 보장에 더해서 사후 70년을 보호하는 것이 과연 타당한지 문제를 제기하고 있다.

그는 최근의 특허권은 혁신에 대한 보상 기능을 하기보다는 오히려 다른 사람들의 혁신 기회를 저해하고 있다고 지적한다. 그리고 특허권을 획득한 신기술과 결과물은 세금을 투입한 연구개발 보조금 지원에 의해서 얻어진 것이 대부분인데, 이에 대해서 사적인 이익을 과도하게 보호하는 것이 합당한지 의문을 제기한다. 1990년대를 풍미한 세계화 바람은 전 지구적 신자유주의 경제의 자유시장이라기보다는 일부 소수 계층이 임대소득을 극대화하는 제도의 정착이었다는 것이다.

그로써 오늘날 서구사회의 기업 이윤은 30퍼센트 이상이 1990년대 신자유주의 협정 체제에서 시행된 특허권, 저작권, 등록 상표 등에 기반을 둔 임대소득이며 해당 비중은 1999년 17퍼센트로부터 계속 상승하고 있다. 예를 들면 애플은 특허권, 저작권, 등록 상표가 아이폰 관련 수익의 40퍼센트에 달하고 있다. 실제로 디지털 기술의 빅5인 애플, 알파벳, 아마존, 페이스북, MS는 지난 10년 동안 500개 이상의 기업을 합병했고, 그것은 특허와 지적재산권의 매입에 의한 정보의 독점화를 의미했다.

예로부터 공유자산의 독점 형태는 다양하게 존재해왔다. 근세 초 유럽에서의 소작농 토지가 그러했고, 아메리카와 오스트레일리아의 이주민 사회에서는 토지의 독점이 전형적이었다. 또한 라틴아메리카의 대농장 경영은 물론, 제국주의하에서도 석유와 광물 자원의 약탈 등 공유자산 독점 행위가 있었다. 19세기 땅 부자들이 땅을 독차지하고 일꾼을 부린 것처럼, 지금은 소수가 디지털 정보를 독점하는 시대가 되고 있다.

스탠딩은 공공재가 인류 역사에서 어떻게 훼손되었으며, 그것을 지키기 위해서 어떤 노력을 했는지를 고찰하면서, 공공재를 사용하는 것에 대한 세금 부과가 있었음을 지적한다. 또한 인류 공동체가 문화적, 심리적, 사회적으로 공유자산인 공공재를 보호하는 노력을 강화해야 한다고 강조한다. 20세기 말 신자유주의 체제에서는 국가가 사유재산권을 보호한다는 명분으로 공유자산의 독점을 옹호하는 체제가 공고해졌다. 1990년대에는 세계화 바람과 더불어 금융위기가 세계를 휩쓸었고, 현재도 온전히 해결되지 않는 상황이다.

이른바 4차 산업혁명이라고 부를 만한 대전환이 진행되고 있는 오늘의 시점에서, 새로 태동하는 자본주의 유형의 전개에 대해 주목하고 공유경제의 이상과 현실 사이의 격차를 메우는 노력과 함께 플랫폼 경제에 대한 우려를 극복할 수 있는 길을 찾아서 위기를 기회로 반전시켜야 할 것이다.

7. 4차 산업혁명 시대의 도전과 과제 : 수정자본주의의 미래

18세기 영국에서의 1차 산업혁명 이후 미국을 무대로 한 2차 산업혁명, 그리고 1970년대의 3차 산업혁명을 거치며 인류사회의 삶의 질과 복지와 안전은 획기적으로 향상되었다. 산업혁명의 주변에 있던 국가들도 그 영향으로 놀라운 경제성장과 사회 발전을 이룩한 결과, 오늘날의 세계경제는 30년 전에 비해서 5배의 성장을 기록했다. 1980년 GDP 성장률이 4퍼센트 이상인 나라는 60개국이었으나 2007년에는 2배로 늘었고, 세계 도처에서 금융위기를 겪은 현재에도 80개국에 이른다.

2,000년간의 세계경제사에서 10대 열강은 중국, 인도, 스페인, 영국, 독일, 이탈리아, 러시아, 프랑스, 일본, 그리고 미국이었다. 이들이 부를 축적

할 수 있었던 원천은 제국주의적 팽창과 산업혁명이었다. 18세기에 태어난 신생국가 미국의 약진은 GDP의 상승에서 여실히 드러난다. 미국의 GDP는 1840년에 스페인과 이탈리아를 앞서고, 1860년에 독일과 프랑스를 앞섰다, 1872년에는 영국 본토의 GDP를 추월하고, 1880년에는 러시아 제국을 앞섰다. 1890년에는 그때까지 최고의 경제국이었던 중국의 청나라를 추월했다. 1916년에는 식민지와 자치령까지 포함하는 대영제국을 앞섰다. 2019년 기준 미국은 전 세계 GDP의 24.5퍼센트를 점유하고 있다. 미국 GDP의 67퍼센트 정도인 중국의 14억3,000만 명의 인구도 50년 전에 비해서 현재 10배의 부자가 되었다.

이런 변화 속에서 세계 권력은 2차 산업혁명의 막바지이자 제1차 세계대전이 종전된 1920년대부터 유럽에서 미국으로 이동한다. 1925–1935년 사이 미국의 GDP는 연평균 5퍼센트 이상의 성장을 기록했고, 경제 대공황과 제2차 세계대전 기간인 1934–1944년 미국은 세계 최대의 GDP 붐을 기록했다. 미국의 1인당 국민소득은 1919년 7,500달러에서 2019년 5만7,000달러가 되어 760퍼센트의 성장률을 보였다. 미국인의 평균 기대수명은 1919년 55세에서 2019년 79세로 오른다.

20세기 후반 우리나라의 성장도 놀라웠다. 1953년 한국전쟁의 폐허를 딛고 60년 후인 2013년에 GNP가 1,000배로 뛰었고, 2006년 1인당 국민소득은 2만 달러를 돌파했다. 사회 개발 지표도 놀랍게 개선되었다. 예를 들면 1947년 영아사망률은 출생아(4만9,000명) 12명 중 1명이 1세 이전에 죽는 정도였다. 1948년의 문맹률은 78퍼센트였다. 신생아 1,000명당 영아사망률은 1960년 80명에서 2015년 3명으로 줄어들었다. 평균 기대수명은 1960년 53세에서 2015년 82세로 올랐다.

2015년 기준 한국의 대학 진학률은 68퍼센트로 OECD 국가 중 단연 최고이다. 2010년의 79퍼센트보다는 조금 낮아지기는 했으나, 너무 높아서 오히려 대졸 실업이라는 어려움이 가중되고 있다. 이어서 대학 진학률 2위는 캐나다(58퍼센트), 3위는 영국(49퍼센트), 4위는 미국(46퍼센트)이다.

OECD 국가의 평균 대학 진학률은 41퍼센트이다. 2차 산업혁명의 핵심 범용 기술인 전기를 예로 들면, 우리나라는 1964년 4월 이전까지 제한 송전을 하고 있었다. 가뭄이 들어서 수력 발전이 떨어진 것이 이유였다. 그러나 1979년에는 전국의 전기 보급률이 96.7퍼센트로 올라서 농촌 마을에도 전등불을 밝히게 된다. 처음 전기가 들어갔을 때 전등불을 보고 또 보며 가족이 밤을 새웠다고 할 정도였다.

20세기 미국의 약진을 가능하게 한 것은 2차 산업혁명이었다. 전화, 전기, 자동차, 백신, TV, 비행기, 컴퓨터 등 핵심적인 문명의 이기(利器)와 혁신 시스템이 미국에서 나왔다는 사실이 20세기 강국의 위상을 웅변하고 있다. 산업화 과정에서 숱한 도전을 극복하고 성공을 견인한 것은 민간과 공공의 제도와 기관이었고, 규제와 세제, 금융, 자유무역 등의 정책이 주효했다. 그중에서도 대학의 연구와 인재 양성에 바탕을 둔 자유 민주주의 리더십이 거둔 값진 결실이었다.

하버드 대학교의 스티븐 핑커(1954-) 교수는 오늘날의 세상을 가리켜 인류 역사상 가장 평화로운 시절이라고까지 말한다. 뉴스를 보면 세계 곳곳에서 무슨 일이 터질 것 같아 보이지만, 전쟁도 냉전도 없고 세계가 하나의 경제공동체로서 성장과 발전을 하고 있으며, 통계 수치가 그것을 말해준다는 것이다. 무엇보다도 보건의료 기술과 제도의 발전으로 수명이 엄청나게 늘어나서 지금 선진국 신생아의 3분의 1은 100세를 살게 될 것이고, 하루에 평균 5시간씩 수명이 늘어나고 있는 세상이 된 것은 사실이다.

수정자본주의의 미래 산업혁명이 창출한 물질적 풍요에 의해 편하고 좋은 세상을 살게 된 것은 분명하다. 그러나 최근까지 세계 곳곳에서 겪었던 금융위기는 풍요 속의 불안을 드러내고 있다. 세계적 금융위기가 금융자본의 위력이 비대해진 금융자본주의에 기인한다는 데 대해서는 이론의 여지가 없다. 문제는 4차 산업혁명기에 급부상하고 있는 정보자본과 금융자본이 결합하는 경우 자본주의의 앞날이 어떻게 될지 알 수 없다는 것이다.

이른바 감시 자본주의, 플랫폼 자본주의, 불로소득 자본주의의 확대로 개인의 자유가 침해되고 민주주의가 위협받고, 빈부격차가 더 벌어지고, 급기야 정치, 경제, 사회적으로 전체주의 사회로 바뀔 수 있다는 우려가 단순한 기우가 아닐 수도 있다. 또한 4차 산업혁명의 대전환기에서, 이들 자본주의의 새로운 유형에 대한 비판과 갈등이 곳곳에서 나타날 개연성도 배제할 수 없다.

이론적으로 공유경제는 소유에 기반을 둔 자본주의로부터 소유는 최소화하면서 삶의 질을 크게 향상시킬 수 있는 수정 자본주의의 이상적인 모델이 될 수 있다. 더욱이 2000년대 후반부터 스마트폰 기술에 의한 모바일 혁명은 언제 어디서나 누구나가 연결되는 초융합의 시대를 열고 있어, 공유경제의 실현 가능성을 더 높이고 있다. 5G 이동통신 서비스가 본격 상용화된다면 공유경제는 더욱 탄력을 받을 수 있다.

더욱이 자율주행 자동차가 본격 도입된다면, 모빌리티 분야에서의 공유경제의 획기적인 성공 모델이 확산될 수도 있다. 자율주행 자동차가 필요한 시간에 필요한 장소로 찾아가는 시스템이 구축된다면, 그리고 그 시스템으로의 전환을 위한 기술적, 제도적, 사회적 인프라가 갖추어진다면, 자동차의 탈소유로 자원 절약과 환경오염 해소, 공간 활용에 기여하고 효율성을 높이는 문명사적 전환이 가능해질 것이기 때문이다.

플랫폼 기업의 급성장으로 이른바 플랫폼 자본주의는 진행형이 되고 있다. 그 잠재적인 부작용을 제어하는 길은 규제의 합리적 설정과 신기술의 확산에 따른 윤리적 이슈를 풀어가는 일이다. 그리고 초융합의 혁신에 대응하는 지식재산권과 특허 제도의 개선에 대한 논의에서 인류공동체의 발전을 구현할 수 있도록 가닥이 잡혀야 할 것이다. 그러나 이는 어느 특정 국가만의 현안도 아니고 긴밀한 국제 협력이 필수이다. 문명사의 대전환기에서 인류사회의 공동 번영을 추구하고, 복지와 안전을 도모하고, 빈부격차와 같은 자본주의의 폐해를 해소할 수 있는 방향으로 수정자본주의의 돌파구를 찾는 것이 4차 산업혁명의 역사적 의미를 살리는 길이 될 것이다.

미중 무역 분쟁의 전개 최근의 미중 무역 분쟁에서 비롯된 국제 정세가 일시적 현상일 것인지가 초미의 관심사가 되고 있다. 흔히 어느 경제이론이 당시의 경제 상황을 설명하지 못하는 경우, 시간이 지나면서 문제가 저절로 해결될 것이라고 기대하면서 실기를 하는 경우가 많았다. 1929년에 닥친 경제 대공황은 그런 식으로 사전에 대비하지 못해서 사태를 키웠던 나쁜 사례로 꼽힌다.

미중 간의 무역 분쟁으로 인해서 고전하고 있는 나라가 독일이라는 보도가 나오고 있다. 제조업 강국으로 특히 금융위기 이후 산업 정책의 롤 모델이던 국가가 경제위기를 우려하는 상황이 된 것이다. 2005년 메르켈 총리의 집권 이후 2018년까지 39.7퍼센트의 경이로운 경제성장률을 기록하고 있었다. 그러나 최근에는 특히 자동차 산업이 크게 위축되고 있어서, 벤츠, 폭스바겐, BMW는 2019년 상반기 생산과 수출에서 전년 대비 모두 10퍼센트 이상의 감소세를 기록했다. 가장 큰 시장인 중국에서 독일 자동차의 판매는 2018년(2,370만 대)에 전년 대비 4.1퍼센트 떨어지며 29년 만의 하락세를 보였고 2019년 상반기 판매량은 14퍼센트 떨어졌다.

세계적인 경쟁력을 자랑하던 제조업에서 독일의 2019년 9월 구매관리자지수는 10년 내의 최저치를 보였다. 그동안 유럽 경제를 견인해온 독일 경제의 침체는 유로 존을 넘어서 세계적인 경제위기를 촉발시킬 수 있다는 우려가 나오고 있다. 제조업과 수출 의존도가 높은 독일의 GDP는 46퍼센트가 수출에서 나온다. 우리나라의 수출 비중 42퍼센트보다 좀더 높다. 대외 경제 상황에 민감할 수밖에 없는 경제구조에서, 앞으로 경기가 더 악화될 가능성에 대비해서 조속히 경기부양에 나서야 한다는 지적이 나오고 있다.

독일은 1989년 베를린 장벽의 붕괴로 막대한 통일 비용과 과도한 복지비용을 지불하게 되면서 경제 침체의 늪에 빠졌던 시절이 있었다. 이후 독일은 정부의 구조적 재정 적자를 연간 GDP의 0.35퍼센트 범위에서 조정하고 있었다. 이에 대해서 크루그먼 뉴욕 시립대학교 교수는 부채 비율에 집착하는 독일의 정책이 전 세계경제에 악영향을 끼칠 것이라고 경고했다.

크루그먼 교수는 1997년 아시아 외환위기의 발생과 2007년 미국 서브프라임 모기지 사태를 예견해서 유명해졌고, 2008년에는 노벨 경제학상도 받았다. 최근의 미중 무역 분쟁이 세계경제에 끼칠 영향에 대해서도 그의 예측에 관심이 쏠리고 있는 것은 케인스 이론의 편에 서 있는 그의 진단에 무게를 두는 것으로 보아 케인스의 부활을 예고하는 것 같다.

2019년 서울을 방문한 크루그먼 교수는 미중 무역 갈등에 대해서 제2차 세계대전 이후의 가장 강력한 보호무역주의의 등장이라고 표현했다. 미국은 중국, 인도와 무역전쟁을 하고 있고, 그로 인해서 세계적으로 기업이 투자를 꺼리는 현상이 나타나고 있으며, 미중 무역 분쟁이 중국발 경제위기를 촉발시킬 수도 있는 것으로 보았다. 분쟁이 격화되는 경우에는 중국 경제가 위기를 맞게 되는 티핑포인트(Tipping Point, 작은 변화들이 쌓이다가 어느 작은 변화로 해서 급격히 대변화로 번지는 단계)가 될 가능성이 있다는 진단이다.

한국에 대해서는 세계 경기 전망이 어두울 때에는 정부가 디플레이션을 막을 수 있도록 확장적인 재정을 펴서 경기를 부양해야 한다면서, 국가 재무구조로 보았을 때 그만한 여력이 있는 국가라고 한국을 평가했다. 덧붙여 한국이 미중 갈등에 직접적인 영향력을 행사할 수는 없으므로 최대한 무역 분쟁을 멀리하면서 미국, 중국, 유럽 연합과 계속 교역을 해야 할 것이라고 조언했다.

2019년의 상황은 강대국의 보호무역주의 팽배로 세계화의 시대가 마감되고 있고, 이에 따라서 개도국으로의 기술이전이 정체되는 등 세계경제가 성장의 추동력을 잃을 것으로 전망된다. 크루그먼 교수는 "한국은 2010년까지 총 요소생산성이 꾸준히 올라가면서, 특히 1990년대부터 기술 혁신, 글로벌 무역, 투자 글로벌화로 성장하고 있었으나, 2010년 이후 성장 엔진이 둔화되었다"고 진단했다.

그동안 글로벌 가치사슬의 확산은 세계 각국 기업의 생산 비용을 낮춰주었고, 소비자에게는 품질 좋은 '세계 제조'의 제품을 싸게 살 수 있게 해주었다. 그 과정에서 선진국과 개발도상국 사이에서 기술이전과 지식전파가 일어나서 글로벌 분업에 의한 상생의 시너지도 창출되었다. 한국도 글로벌 가치사슬에 적극 참여했기 때문에 생산성을 향상시킬 수 있었다. 강대국의 무역 분쟁은 비단 독일만의 위기가 아니라 특히 제조업 비중이 높은 국가에게 더 타격을 줄 가능성이 있다. 문명의 대전환기에서, 글로벌 가치사슬이 훼손되고 세계적인 성장 동력이 상실되는 시점에서 한국은 어떤 비상대책을 세워야 하는지가 절체절명의 과제이다.

8. 기술 진화의 특성과 전망

이 책에서는 역사 속의 산업혁명이 인류 문명사에서 어떤 경로를 거치며 이른바 4차 산업혁명으로까지 진화했는가, 앞으로 어떻게 전개될 것인가, 긍정적인 측면을 살리고 부작용을 줄이기 위해서는 무엇을 해야 하는가를 개략적으로 다루었다. 3차 산업혁명까지를 비교적 상세히 개관한 것은 기술 진화 메커니즘의 성격을 들여다보기 위한 것이다.

세계적인 IT 전문지 「와이어드(*Wired*)」를 공동 창간한 케빈 켈리(1952-)는 『기술의 충격(*What Technology Wants*)』에서 테크늄(technium)이라는 개념을 제시했다. 테크늄이란 기술의 하드웨어뿐 아니라 문화, 제도, 예술, 철학 등 광범위한 요소가 복합적으로 작용하는 상호 연결된 기술계를 가리킨다. 테크늄은 마치 생물체처럼 자율적으로 진화하고 있다. 그는 기술과 문화, 인간과 비인간적인 요소의 복합체인 테크늄이 자기 추진적인 본성 또는 관성에 의해서 오늘날의 모습에 이르렀다고 보았다.

기술 진화의 특성을 요약하면 첫째, 기술 진보에는 그 기술의 자체적 본성에 따른 방향성이 작용한다. 이를테면 문명사회는 먼저 불을 다스린 다음에 금속을 다룰 수 있었고, 그 뒤에 전기 문명으로 넘어갔고, 전기산업 출현 이후에 통신망이 등장하는 순서를 밟았다. 이처럼 기술 혁신에는 일정 부분 방향성이 작용하고 있다. 둘째, 기술 시스템은 역사적 산물의 성격을 띠고 있다. 그 과정에서 자체적인 추진력을 획득하고, 다양한 다른 범용 기술과 복합되는 방식으로 조상 기술들에 의존하며 진화하고 있다. 우주 만물이 만유인력의 영향권에 들어 있듯이, 기술도 역사적 추진력에 의해서 미래가 결정된다.

셋째, 기술 진화에서는 필연적으로 인간사회의 의지와 선택이라는 사회적, 경제적, 정책적인 요소가 작용한다. 기술 혁신 과정에서 인간의 창의성과 지능, 의도와 특이성, 선택이 개입되기 때문이다. 생물학적 진화와는 달리, 테크늄의 세계에서는 사피엔스라는 지적 설계자가 존재한다. 요약하면, 테크늄의 진화는 이들 세 가지 요소의 복합적인 작용에 의해서 전개되고 있고, 물리학적 기본 법칙에 따르는 구조적 요소, 과거 발명에 관성적으로 연관되는 역사적 요소, 그리고 인간사회의 지적 선택에 의한 의도적 요소라는 언뜻 서로 충돌할 것 같지만 상보적인 세 가지 요소가 상호작용하는 총체적 결과라고 할 수 있다.

그렇다면 4차 산업혁명은 어떤 모습으로 전개될 것인가? 현재 진행되는 대전환은 그 규모와 범위, 복잡성에서 역사상 유례없는 대변혁이자 가장 빠르고 폭넓은 파장을 몰고 올 것으로 예상된다. 그 때문에 테크늄의 세 번째 요소, 즉 인간의 의도와 선택이 그 어느 산업혁명에서보다도 중요하다. 이미 제3차 산업혁명을 겪으며 그 위력에 대한 충격으로 현대 문명은 기술 진화에 대한 근본적인 물음을 제기하고 있었다. "기술은 인간의 선택에 따라서 사용할 수 있는 도구인가, 아니면 인간의 조종을 벗어나 버린 체계인가?", "기술 진보는 인간의 삶을 바람직한 방향으로 인도하는가, 아니면 오히려 훼손시키고 있는가?"

이런 물음은 기술 진화를 추동하는 위의 세 가지 요소에서 인간사회의 선택이라는 의도적 요소가 흔들리고 있음을 시사하고 있다. 인간의 내면세계에 대한 감지력과 해석력 등 문화 현상의 주체로서의 정체성에 혼돈을 겪고 있는 징조로 보이기 때문이다. 특히 앞으로 AI가 몰고 올 충격은 이런 질문에 대한 가장 심각한 혼돈을 초래할 것이 분명하다. 산업자본주의는 디지털 자본주의로 전환될 것이고, 그에 따라서 기존의 산업자본주의에서 중요한 역할을 했던 생산자의 지위는 약화되고 디지털 자본주의에서는 소비자가 차지하게 될 것이다.

역사적으로 산업혁명기에는 그것을 이용하는 쪽과 그렇지 못한 쪽 사이에 양극화와 불평등이 심화되는 것이 공통적인 특징이었다. 4차 산업혁명에서는 그 어느 때보다도 모든 부문과 영역에서 양극화가 더 크게 벌어질 것이다. 나아가서 4차 산업혁명은 물질적 성장뿐만 아니라 가치관의 변화, 사회 체제 혁신과 조응하며 전개될 것이고, 필경 산업, 경제, 고용, 사회, 정부의 형태까지 바꿀 것이다. 이 파괴적 혁신을 적절히 관리하지 못한다면 사회적 분절, 고립, 배제 현상은 기술 혁신의 긍정적 효과를 상쇄하면서 막중한 국가적 부담을 지우게 될 것이다. 따라서 국가적, 국제적으로 부익부 빈익빈 심화로 인한 불만과 좌절, 갈등의 심화를 예방하고 대응하는 포용적 성장 정책이 구현되어야 한다.

21세기 4차 산업혁명의 전개에 적절히 대응하기 위해서는 과학기술과 산업의 관점에서 나아가 사회문화적인 차원을 아우르는 통합적이고 학제적인 접근이 필요하다. 탁상행정이 아니라 정책 추진 상황을 모니터링하고 보완하는 현장 중심의 실전형 행정으로 시행착오를 줄이는 것이 어느 때보다도 중요하다. 따라서 정치권이나 정책 결정 차원에서 시대 변화를 어떻게 읽고 있으며, 새로운 시대 비전의 구현에 대한 의지가 어느 정도인지가 그 어느 때보다도 중요하다.

1–2차 산업혁명의 사각지대에 있다가 3차 산업혁명 후반에 편승하여 기적이라고 할 만한 압축성장을 일군 나라가 대한민국이다. 그러나 만성적 위기에 처한 오늘날의 상황에서 4차 산업혁명이라는 대전환을 기회로 다시 도약할 수 있는가의 기로에 놓였다. 위기를 기회로 만들기 위해서는 산적한 과제를 해결하고 새로운 길로 나아가야 한다. 요컨대 '이미 와 있는 미래'에 대하여 능동적으로 대응하는 정부 정책과 국민 의식이 필요하다. 결국 중요한 것은 인간적인 참된 삶의 모습이므로, 기술 자체의 발전에 못지않게 급

속도로 전개될 사회 변동의 폭과 깊이를 미리 가늠하고 새로운 질서를 만들 수 있어야 한다.

정답이 주어져 있지 않은 새로운 길을 가기 위해서는 발상의 대전환이 불가피하다. 치밀하고도 유연한 종합 계획, 기술 혁신과 산업혁신을 이룰 수 있는 합리적인 규제, 다양한 이해 당사자의 공감과 협동을 이끌어낼 수 있는 시스템, 포용적 사회 구현을 향한 실질적인 정책, 새 시대를 이끌어갈 수 있는 리더십, 융합과 협력의 지적, 물적 인프라 조성, 리더십을 실행할 수 있는 신뢰 기반 구축 등 전천후의 새로운 생태계가 구축되어야 한다.

글로벌 불평등과 갈등을 예방하고 대처하기 위한 21세기형 국제 협력 시스템 구축도 절실하다. 지구촌 공동 번영과 사회 안전을 지향하는 지속 가능 발전의 거버넌스 시스템이 재구성되어야 하기 때문이다. 기업 간에 유연한 자세로 협력하는 것이 더불어 성공하는 길이 되듯이, 국제 협력에서도 다극화된 세계 환경에 걸맞게 화합을 위한 질서와 신뢰 구축을 위한 포용적 리더십과 파트너십이 절실히 요구되는 때이다.

참고 자료

* 참고 자료의 순서는 글의 흐름에 맞게 정리했다.

제2장 1차 산업혁명, 영국에서 비롯되어 세상을 바꾸다

BBC Documentary. "History of the World-Full Episodes" https://www.youtube.com/playlist?list=PLPItERt69I2pOXEIjZENtctfAsFjDUEmT

Survival-Ep1 https://www.youtube.com/watch?v=dCmdpixogn8

Age of Empire-Ep2 https://www.youtube.com/watch?v=32xNkhtxWw8

The Word and the Sword-Ep3 https://www.youtube.com/watch?v=Pu6S9L8ekRE

Into the Light-Ep4 https://www.youtube.com/watch?v=iMO2kg3VQqI

Age of Plunder-Ep5 https://www.youtube.com/watch?v=3wuymPfScQA

Revolution-Ep6 https://www.youtube.com/watch?v=vLteWHhNYE0

Age of Industry-Ep7 https://www.youtube.com/watch?v=qztOdj8Tr-A

Age of Extremes-Ep8 https://www.youtube.com/watch?v=hVWkqUTxYjo

______. "The Industrial Revolution" https://www.youtube.com/watch?v=GYln_S2PVYA

"Learn the History of Industrial Revolution" https://www.youtube.com/watch?v=pl67IhTFH9g

"Alan Turing-Celebrating the life of a genius" https://www.youtube.com/watch?v=gtRLmL70TH0

"Erik Brynjolfsson & Andrew McAfee : "The Second Machine Age" | Talks at Google" https://www.youtube.com/watch?v=kum_7D9EORs

"Yuval Harari-Sapiens : A Brief History of Humankind" https://www.youtube.com/watch?v=eOO5xrEiC0M

"Yuval Noah Harari on the Rise of Homo Deus" https://www.youtube.com/watch?v=JJ1yS9JIJKs

"Homo Deus : A Brief History of Tomorrow with Yuval Noah Harari" https://www.youtube.com/watch?v=4ChHc5jhZxs

"Yuval Noah Harari : "21 Lessons for the 21st Century" | Talks at Google" https://www.youtube.com/watch?v=Bw9P_ZXWDJU&feature=youtu.be

"Guns, Germs, and Steel Documentary-Jared Diamond" https://www.youtube.com/watch?v=eA-7ypl2-KU

"Jared Diamond-Collapse : How Societies Choose to Fail or Succeed" https://www.youtube.com/watch?v=KYegWOTFqGI&feature=youtu.be

"Industrial Revolution : Spinning Mills" https://www.youtube.com/watch?v=ssi6ZXrp2_s
BBC Documentary. "Josiah Wedgwood, The Genius" https://www.youtube.com/watch?v=BTwOfJXnP4s
"The Real Adam Smith: Ideas That Changed The World" https://www.youtube.com/ watch?v=8ruiUOQERnw
"The Real Adam Smith : Morality and Markets" https://www.youtube.com/watch?v=V6S6pMsKzlI
"Karl Marx : Quotes, Theory, Communist Manifesto, Sociology, Biography, Economics" https://www.youtube.com/watch?v=VnJMEPQ8dRo&t=70s
BBC Documentary. "Masters of Money Karl Marx" https://www.youtube.com/watch?v=IyrhoHtSkzg&feature=youtu.be

제3장 2차 산업혁명과 현대 산업사회의 탄생

History Channel. "The Men Who Built America" https://www.history.com/shows/men-who-built-america
National Geographic. 2014. "Cosmos : A Spacetime Odyssey"
"The Second Industrial Revolution" https://www.youtube.com/watch?v=E6JUoJDiYPw
"The American Industrial Revolution" https://www.youtube.com/watch?v=7Cvofeaj0y0
"History Channel-The presidents 1849–1865 Taylor to Lincoln" https://www.youtube.com/watch?v=921FgXYX6Qc
"History Channel-The presidents 1885–1913 Cleveland to Taft" https://www.youtube.com/watch?v=xHMUNskKGrs
"History Channel-The presidents 1913–1945 Wilson to Franklin D." https://www.youtube. com/watch?v=Ij7074dxAno
National Geographic. "Environment Planet or Plastic?" https://www.nationalgeographic.com/environment/2019/03/un-environment-plastic-pollution-negotiations/
"Corn Flake Kings : The Kellogg Brothers" https://www.youtube.com/watch?v=PgygIuf8 b8E
"History Channel Trains Unlimited Pullman" https://www.youtube.com/watch?v=sVTHi gcaIq0
"WESTINGHOUSE_The Powerhouse Struggle of Patents & Business with Nikola Tesla" https://www.youtube.com/watch?v=8BUpF__h-IY
"Andrew Carnegie Documentary : One Of The Wealthiest Person Of All The Time" https://www.youtube.com/watch?v=JQI5ozFdNYs
PBS. "Biography: John D. Rockefeller, Senior" https://www.pbs.org/wgbh/americanexperience/features/rockefellers-john/
"The Story of Electricity Full Episode" https://www.youtube.com/watch?v=hVu844ZcCdU
"Thomas Edison : America's Greatest Inventor | Biography Documentary" https://www.

youtube.com/watch?v=Zg113IsZ7qk
"NAT GEO documentary 2015 Edison vs Tesla American Genius" https://www.youtube.com/watch?v=Kgf81Y3wXHA
"Nikola Tesla vs Thomas Edison EPIC NEW Documentary 2015" https://www.youtube.com/watch?v=Cidg4Xfpjmc
"NIKOLA TESLA documentary 2015" https://www.youtube.com/watch?v=qpZL9WCvuTI
"Top 10 Greatest Inventions by Nikola Tesla" https://www.youtube.com/watch?v=snQl_ rmpavg
"Free energy of Tesla. Film" https://www.youtube.com/watch?v=ecni9SjkWoM
"The True Story of Nikola Tesla Part 1" https://www.youtube.com/watch?v=cDxi6oz Dwhc&t=1s
"The True Story of Nikola Tesla Part 2" https://www.youtube.com/watch?v=Iie8U5rngwA
"Nikola Tesla's Secret Lost Journals Aliens Advanced Energy" https://www.youtube.com/watch?v=0NpGYPUGpyY
"Nikola Tesla-Biography" https://www.youtube.com/watch?v=sTG4JusXWA0
"The Missing Secrets of Nikola Tesla" https://www.youtube.com/watch?v=25W2hjySmbo
"Nikola Tesla : The Greatest Genius who Ever Lived" https://www.youtube.com/watch?v=vqBMTkA5c0w&t=30s
"TESLA-Everything is the Light-Interview with Nikola Tesla" https://www.youtube.com/watch?v=177vg1pEGbo
"Nikola Tesla : Master of Lightening(Full) History Channel Documentary" https://www.youtube.com/watch?v=6GavxUIF1Qg
"DEADLY INTELLIGENCE-Nikola Tesla Files Documentary 2018 HD" https://www.youtube.com/watch?v=NmFr20VVnW0
"Forbidden History, The Genius of Nikola Tesla" https://www.youtube.com/watch?v=NAWH3UyINKA
"Nikola Tesla's Last Secrets Revealed [Declassified Documentary] 2016" https://www.youtube.com/watch?v=c9XqMZ_Vgmk
"John Pierpont Morgan-Emperor of Wall Street" https://www.youtube.com/watch?v=IriQ S8D6bkI
"Ford and The American Dream" https://www.youtube.com/watch?v=ZrOikS5B2gs
"How Ford Built America-The Man Behind The Automobile" https://www.youtube.com/watch?v=n1IzetXHttI
Discovery Channel. "Inventions That Shook The World"
1900's https://www.youtube.com/ watch?v=ZGZPnj9QTao
1930's https://www.youtube. com/watch?v=uNaoKIe7Cto
NGC. "Apocalypse : The Second World War Ep1－6" http://natgeotv.com/asia/apocalypse-

the-second-world-war

Hitler's Rise To Power-Ep1 https://www.youtube.com/watch?v=h_LwdbFDuH0

The Collapse of France-Ep2 https://www.youtube.com/watch?v=oU1BbkK0EQo

Origins of the Holocaust-Ep3 https://www.youtube.com/watch?v=WLgxRSwU9jY

American Allies-Ep4 https://www.youtube.com/watch?v=n3zCpN0b7UI

Allies Strike Back-Ep5 https://www.youtube.com/watch'?v=IP8tO-W7Tdc

Retreat and Surrender-Ep6 https://www.youtube.com/watch?v=qEBFAPv2D0Y

BBC. "Nuclear Secrets Ep1-5"

The Spy from Moscow-Ep1 https://www.youtube.com/watch?v=yEirto3chaw

Superspy-Ep2 https://www.youtube.com/watch?v=FEa1izkc0pw

SuperBomb-Ep3 https://www.youtube.com/watch?v=giK5tt7RLjg

Vanunu and the Bomb-Ep4 https://www.youtube.com/watch?v=aO9n0gXYkpw

Nuclear Secrets-Ep5 https://www.youtube.com/watch?v=TCnE4v3JEP8

""The Bomb"(Documentary) Nuclear weapons-BBC 2017" https://www.youtube.com/watch?v=Qrze43Uchm8

"The Moment in Time: The Manhattan Project" https://www.youtube.com/watch?v=xwpgmEvlRpM

"The end of the "Great Illusion": Norman Angell and the founding of NATO" https://www.nato.int/docu/review/2019/Also-in-2019/the-end-of-the-great-illusion-norman-angell-and-the-founding-of-nato/EN/index.htm

"The Beginnings Of World War 1 Explained" https://www.youtube.com/watch?v=2JsFvc Sr7BA

"How World War One Turned Global | First World War EP3" https://www.youtube.com/watch?v=P56SMm49FNo

"The Long Shadow: Europe After World War One" https://www.youtube.com/watch?v=iPYxS5h4x34&t=649s

"The Treaty of Versailles" https://www.youtube.com/watch?v=74-HkCRozls

"The Crash Of 1929 | PBS American Experience | Documentary 2018" https://www.youtube.com/watch?v=9HIyHrJluIY

"Causes of the Great Depression" https://www.youtube.com/watch?v=ACrdmkX39cs&t=96s

"Hitler's Propaganda Machine: Power and Persuasion" https://www.youtube.com/watch?v=yDrjjWFwXkg

"The Complete History of the Second World War" https://www.youtube.com/watch?v=ECktl3jCK8o&t=61s

"Documentary about Normandy 44: The Battle Beyond D Day" https://www.youtube.com/watch?v=Utlg3Zjyyuc&t=17s

"Hitler and Stalin: Parallel Lives" https://www.youtube.com/watch?v=-I7AFBnzU5I

"Stalin Waiting for Hitler 1929–1941" https://www.youtube.com/watch?v=cNmvGTLmg2o
"FDR Volume 1" https://www.youtube.com/watch?v=-xW4QqeHGlI&t=1137s
"FDR Volume 2" https://www.youtube.com/watch?v=prplRbu2IiY
"Life Portrait Franklin Roosevelt" https://www.youtube.com/watch?v=dm_pIPCPIWk&t= 162s
"Winston Churchill | A Giant in The Century" https://www.youtube.com/watch?v=PEyWAVAPsxg
"Warlords : Churchill vs Roosevelt" https://www.youtube.com/watch?v=kRzmpCE96kU&list=RDPEyWAVAPsxg&index=2
"David Kennedy, Andrew Roberts and Stephen Kotkin Discuss the Big Three of the 20th Century" https://www.youtube.com/watch?v=1fgDu57N-Qw
"Britain in the 20th Century : Thatcherism, 1979–1990-Professor Vernon Bogdanor" https://www.youtube.com/watch?v=lOiJnNN8bmc
"John Maynard Keynes-Life, Ideas, Legacy" https://www.youtube.com/watch?v=JpIJvAt 3dTc
"Keynes and the Crisis Capitalism" https://www.youtube.com/watch?v=q1YA-RG5qG0
"The Economist as Philosopher : Adam Smith and John Maynard Keynes on human nature, social progress..." https://www.youtube.com/watch?v=kraBLXWrE2Y
"The Life & Thought of Friedrich Hayek" https://www.youtube.com/watch?v=gU8rQn KN_uo
"Hayek and Keynes-Nicholas Wapshott" https://www.youtube.com/watch?v=ZRICNB8 kqoA
"Keynes and Hayek Head to Head | Roger W. Garrison" https://www.youtube.com/watch?v=pNX1rMiCUO0
"Chairman Mao Documentary The Cultural Revolution Destruction of China" https://www.youtube.com/watch?v=W-ycLjk8sH0
"Ezra Vogel : "Deng Xiaoping and the Transformation of China" https://www.youtube.com/watch?v=9g7-akFVe0k
"Deng Xiaoping-The Making of a Leader (2007 documentary)" https://www.youtube.com/watch?v=zuzplkJkwww
"China A Century of Revolution 1949–1976" https://www.youtube.com/watch?v=PJyoX_ vrlns
송성수. 2018. 『발명과 혁신으로 읽는 하루 10분 세계사』. 생각의힘.
네이버 지식백과 연재. "세상을 바꾼 발명과 혁신" https://terms.naver.com/list.nhn?cid=55589&categoryId=55589
김명자. 2011. 『원자력 딜레마』. 사이언스북스.
김명자 · 최경희. 2013. 『원자력 트릴레마』. 까치글방.
스테드먼존스, 다니엘 저. 유승경 역. 2019. 『우주의 거장들–하이에크, 프리드먼 그리고 신자유주의 정치의 탄생』. 미래를소유한사람들.

제5장 3차 산업혁명, 정보통신기술 혁명으로 새로운 세상을 열다

Daniel Bell. 1973. *The Coming of Post-Industrial Society : A Venture in Social Forecasting*. New York : Basic Books.
______. 1976. *The Cultural Contradictions of Capitalism*. New York : Basic Books.
John Summers. 2011. "Daniel Bell and The End of Ideology". *Dissent Magazine*. Spring 2011. https://www.dissentmagazine.org/article/daniel-bell-and-the-end-of-ideology
Alvin Toffler. 1980. *The Third Wave*. Bantam Books.
"Television comes of age." https://www.youtube.com/watch?v=5SUWSYeSw98
NASA. "Robert Goddard : A Man and His Rocket" https://www.nasa.gov/missions/research/f_goddard.html
김명자. 1992. 『현대사회와 과학』. 동아출판사.
______. 1998. 『과학기술의 세계 : 산업혁명에서 정보통신혁명으로』. 웅진.
하정민. 2013년 9월 14일. "[글로벌 심층 포커스]지구촌 경제 '소방수' 버냉키 시대가 저문다" http://m.news.zum.com/articles/8881579

제6장 4차 산업혁명이란 무엇인가?

"The Rise of Surveillance Capitalism" https://www.youtube.com/watch?v=2s4Y-uZG5zk
"Shoshana Zuboff : Surveillance Capitalism and Our Democracy" https://www.youtube.com/watch?v=uJwf6oLvc2Q
"Shoshana Zuboff : A Human Future in the Age of Surveillance Capitalism" https://www.youtube.com/watch?v=DtHt1BMpCXs&t=1141s
"Age of Surveillance Capitalism : We Thought We Were Searching Google, But Google Was Searching Us" https://www.youtube.com/watch?v=Vo6K-bPh39M
"How Is Rentier Capitalism Aggravating Inequality?" https://www.youtube.com/watch?v=4mASPcIZvQg
"Davos 2019-Technology : A Common Good?" https://www.youtube.com/watch?v=5oI- Cx7T_z8
"Guy Standing | Rentier Capitalism and Basic Income" https://www.youtube.com/watch?v=c_M-8e9kys4
KISTEP. 2018. "인공지능". 『KISTEP 기술동향브리프』. 16호.
______. 2018. "빅데이터". 『KISTEP 기술동향브리프』. 11호.
한국정보통신기술협회. "나라별로 본 특허제도의 역사". 『TTA Journal』. no. 128.
STEPI. 2016. "제4차 산업혁명, 지식재산 정책의 변화". 『STEPI Insight』. Vol. 197.
LG CNS. "현실에 상상을 더하다. 디지털 트윈은 어떻게 진화했을까?" https://blog.lgcns.com/1612
삼성디스플레이. "농업도 스마트하고 똑똑하게! 스마트 팜(Smart Farm) 기술" http://news.samsungdisplay.com/16707
이영완. 2018년 9월 20일. "[IF] 獨 화학회사가 해양생물 특허 절반…개도국 "독점 막자"" http://

biz.chosun.com/site/data/html_dir/2018/09/20/2018092000153.html
한국과총. 2017. “4차 산업혁명의 본질과 이노베이션의 길”. KOFST ISSUE PAPER. Vol. 6.
______. 2017. “데이터사이언스의 현재와 미래”. KOFST ISSUE PAPER. Vol. 13.
______. 2018. “4차 산업혁명시대, 블록체인의 전망과 과제”. KOFST ISSUE PAPER. Vol. 22.
______. 2018. “4차 산업혁명시대의 농업혁신 동향과 R&D 정책방향 Ⅰ, Ⅱ, Ⅲ”. KOFST ISSUE PAPER. Vol. 28, 30, 34.
______. 2018. “포용적 성장과 혁신을 위한 과학기술”. KOFST ISSUE PAPER. Vol. 33.
______. 2018. “온실가스감축과 미세먼지 극복을 위한 에너지 믹스토론회”. KOFST ISSUE PAPER. Vol. 38.
______. 2018. “지능사회와 스마트시티 발전방안 Ⅰ, Ⅱ, Ⅲ”. KOFST ISSUE PAPER. Vol. 42, 46, 51.
______. 2018. “건강의료 분야 빅데이터 공유와 개인정보”. KOFST ISSUE PAPER. Vol. 44.
______. 2018. “Green Bio 산업 활성화 및 GMO 안전성 확보 방안”. KOFST ISSUE PAPER. Vol. 54.
______. 2018. “기후변화와 공중보건”. KOFST ISSUE PAPER. Vol. 56.
______. 2018. “4차 산업혁명시대, 신기술과 과학기술윤리”. KOFST ISSUE PAPER. Vol. 58.
______. 2019. “플라스틱 시대를 다시 본다”. KOFST ISSUE PAPER. Vol. 74.
______. 2019. “미세먼지에 관한 궁금증을 풀어드립니다”. KOFST ISSUE PAPER. Vol. 75.
______. 2019. “생명윤리 비전과 발전 방안, 생명공학 신기술과의 조화”. KOFST ISSUE PAPER. Vol. 77.
______. 2019. “사이버 세상에서 프라이버시 딜레마, 어떻게 풀 것인가”. KOFST ISSUE PAPER. Vol. 81.
______. 2019. “Smart Factory & Manufacturing Ⅰ : Digital Twin 기술”. KOFST ISSUE PAPER. Vol. 87.
______. 2019. “2019 대한민국과학기술연차대회 <과학기술계 총장포럼>”. KOFST ISSUE PAPER. Vol. 90.
______. 2019. “2019 대한민국과학기술연차대회 <대한민국 산업 경쟁력은 제조업 업그레이드로>”. KOFST ISSUE PAPER. Vol. 91.
______. 2019. “2019 대한민국과학기술연차대회 <4차 산업혁명이 바꾸는 경제, 사회, 문화>”. KOFST ISSUE PAPER. Vol. 92.
______. 2019. “2019 대한민국과학기술연차대회 <국민과 함께하는 과총포럼-미세먼지 국민포럼, 플라스틱 이슈포럼>”. KOFST ISSUE PAPER. Vol. 93.
______. 2019. “2019 대한민국과학기술연차대회 <좋은 일자리, Start up에서 지속가능한 Scale up으로>”. KOFST ISSUE PAPER. Vol. 94.

찾아보기